Fundamentals of Applied Probability and Random Processes

2nd Edition

Oliver C. Ibe
University of Massachusetts, Lowell, Massachusetts

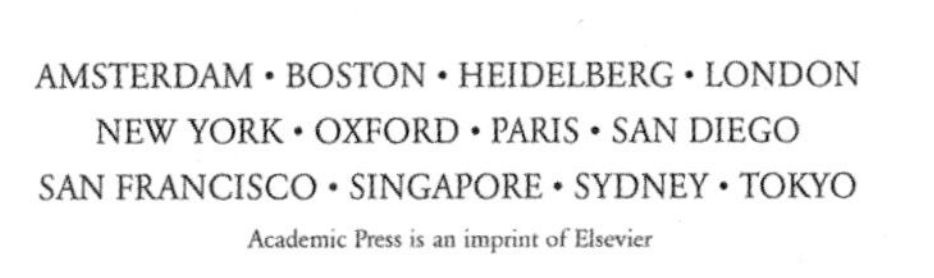

ISBN : 9780128008522
Translated Edition ISBN : 9788964212837
Publication Date in Korea : 22 February 2017

Translated by Hantee Media.
Printed in Korea

Edition 2

Fundamentals of Applied Probability and Random Processes

확률과 랜덤과정 기초와 응용

Oliver C. Ibe 지음

이호원 신원용 양연모 염석원 장재신 전준현 옮김

ELSEVIER

역자소개

이호원 한경대 전기전자제어공학과 hwlee@hknu.ac.kr
신원용 단국대 국제대학 모바일시스템공학과 wyshin@dankook.ac.kr
양연모 금오공대 전자공학부 통신전공 yangym@vivaldi.kumoh.ac.kr
염석원 대구대 정보통신공학부 yeom@daegu.ac.kr
장재신 인제대 전자IT기계자동차공학부 icjoseph@inje.ac.kr
전준현 동국대 전자전기공학부 memory@dgu.edu

Fundamentals of
Applied Probability and Random Processes

확률과 랜덤과정 기초와 응용 Edition 2

발행일 2017년 2월 22일 1쇄
지은이 Oliver C. Ibe
옮긴이 이호원 · 신원용 · 양연모 · 염석원 · 장재신 · 전준현
펴낸이 김준호
펴낸곳 한티미디어 | 주소 서울시 마포구 연남동 570-20
등 록 제 15-571 호
전 화 (02)332-7993~4 | 팩스 (02)332-7995
ISBN 978-89-6421-283-7 93560
정 가 33,000원

마케팅 박재인 · 최상욱 · 김원국 | **편 집** 이소영 · 박새롬 · 김현경 | **관 리** 김지영
내지디자인 이경은 | **표지디자인** 이소영
인쇄 갑우문화사

이 책에 대한 의견이나 잘못된 내용에 대한 수정 정보는 한티미디어 홈페이지나 이메일로 알려주십시오.
독자님의 의견을 충분히 반영하도록 늘 노력하겠습니다.
홈페이지 www.hanteemedia.co.kr | **이메일** hantee@empal.com

2판 서문

과학이나 공학에서 접하는 많은 시스템은 랜덤변수를 포함하기 때문에 확률 개념의 이해를 필요로 한다. 이러한 예로는, 교환기(switchboard)에 들어오는 메시지, 레스토랑, 영화관, 또는 은행에 들어오는 고객, 시스템 내 부품의 고장, 교차로에서의 교통량 및 서버에 도착하는 트래픽 등이 있다.

현재, 확률과 랜덤과정에 대해서는 많은 책들이 나와 있다. 이러한 책들은 다루는 범위와 깊이 측면에서 다양하다. 어떤 책은 확률을 표현하는 데 매우 엄격하여 이론을 평가하고 공리를 증명하는 데 많은 지면을 할애한다. 또 다른 책은 확률에 충분한 지면을 할애하지 않고 확률을 통계와 결합하여 설명한다. 그 중간 정도의 수준으로 확률을 랜덤과정과 결합한 책들이 있다. 이 책들은 이론적인 접근법을 피하고 이론이 기초로 하는 공리를 강조한다. 이 책은 이 부류에 속하며, 엔지니어에게 확률은 모델링하는 도구라는 전제하에 쓰였다. 따라서 공학도에게 확률과 랜덤과정이란 공학적인 문제의 해를 구하기 위해 확률을 적용하는 것이 중요하다는 것을 전제로 한다. 또한, 공학적인 문제 중 일부는 데이터 해석을 다루기 때문에 학생들은 통계적인 지식도 일부 습득해야 한다. 그러나 통계에 대한 대부분의 사전지식이 확률 과목에서 다루어지기 때문에 학생들은 통계에 대한 별도의 강좌를 들을 필요는 없다. 따라서 이 책은 통계의 요점들을 2개의 장(chapter)을 통해서 설명한다는 점에서 다른 책들과는 다르다.

이 책은 3학년과 4학년 학생들을 대상으로 하며, 대학원 기초로서도 사용될 수 있다. 이는 저자가 15년 동안 산업체에서 시스템의 확률적 모델 분석 및 개발에 대한 경험뿐만 아니라 두 곳의 다른 대학에서 10년 이상 확률과 랜덤과정을 가르쳤던 저자의 경험에서 출발한다. 책 전반에 걸쳐 확률의 응용에 중점을 두었으며, 실제 시스템을 다루는 몇 가지 예를 보여준다. 많은 학생들은 '문제를 푸는' 과정에서 배우므로 각 장의 끝에 나와 있는 문제를 꼭 풀어보기 바란다. 문제를 풀기 위해서는 몇 가지 수학적 지식이 필요한데, 특히 신입생 때 배우는 대수학이 필요하다.

이 책의 2판은 1판과 몇 가지가 다르다. 먼저, 장들의 배치가 약간 조정되었다. 특히 학생들이 랜덤과정을 공부하기 전에, 확률과 통계에 대한 이해를 돕기 위해서 랜덤과정에 대한 내용 이전에 통계에 대한 내용을 배치하였다. 또한, 1판의 11장이 기술통계를 다루는 8장과 추리통계를 다루는 9장으로 나뉘어졌다. 셋째로, 새로운 버전에는 과학, 공학 그리고 경영 분야에서 확률과 랜덤과정에 대한 학생들의 이해를 돕기 위해서 응용 중심의 예제들을 포함하였다. 지난 11년 동안 학생들에게 이 과목을 가르치면서 저자는 확률과 랜덤과정에 대한 학생들의 이해를 방해하는 몇 가지 약점들을 찾을 수 있었다. 따라서 이러한 약점들을 극복하기 위해서 문제를 푸는 스마트한 방법들을 소개한다.

이 책은 다음과 같은 세 부분으로 나뉜다.

- 1부: 1장부터 7장까지 나오는 확률과 랜덤변수들
- 2부: 8장부터 9장까지 나오는 통계의 기초
- 3부: 10장부터 12장까지 나오는 기본적인 랜덤과정들

각 장에 대한 자세한 설명은 다음과 같다. 1장에서는 확률에 나오는 기본 개념, 즉 표본공간 및 사건, 기초적인 집합이론, 조건부 확률, 독립사건, 기본적인 조합해석 및 확률의 응용을 다룬다.

2장에서는 랜덤변수, 이산랜덤변수, 연속랜덤변수, 누적분포함수, 이산랜덤변수의 확률질량함수 및 연속랜덤변수의 확률밀도함수로 정의되는 사건과 관련된 랜덤변수를 다룬다.

3장에서는 기댓값 및 분산, 고차 모멘트, 조건부 기댓값 및 체비셰프 및 마르코프 부등식의 개념을 포함한 랜덤변수의 모멘트를 다룬다.

4장에서는 특별한 랜덤변수와 그 분포를 다룬다. 이에는 베르누이분포, 이항분포, 기하분포, 파스칼분포, 초기하분포, 푸아송분포, 지수분포, 얼랑분포, 균일분포 및 정규분포 등이 있다.

5장에서는 결합누적분포함수, 조건부 분포, 공분산, 상관계수, 다중랜덤변수 및 다차원분포를 포함한 다중랜덤변수를 다룬다.

6장에서는 하나의 랜덤변수의 선형함수 및 멱함수, 하나의 랜덤변수의 함수의 모멘트, 2개의 독립적인 랜덤변수의 최대와 최소, 큰 수의 법칙, 중심극한정리 및 다른 통계를 포함한 랜덤변수의 함수에 대해 다룬다.

7장에서는 랜덤변수의 모멘트를 계산하는 데 유용한 변환방법에 대해 논한다. 특히, 특성함수, 이산랜덤변수의 확률질량함수의 z 변환 및 연속랜덤변수의 확률밀도함수의 s 변환을 다룬다.

8장에서는 기술통계에 대한 기초를 다루며, 중심화경향도, 산포도, 및 그래픽표시장치 등의 주제를 다룬다.

9장에서는 추리통계에 대한 기초를 다루며, 표본화이론, 추정이론, 가설이론, 선형회귀분석 등의 주제를 다룬다.

10장에서는 랜덤과정의 개념을 소개한다. 랜덤과정의 분류 및 랜덤변수의 자기상관함수, 공분산함수, 상호상관함수 및 상호분산함수를 포함한 랜덤과정의 특성화를 다루고 정적 랜덤과정, 에르고딕 랜덤과정, 전력밀도스펙트럼을 다룬다.

11장에서는 랜덤입력을 갖는 선형시스템을 다룬다. 또한, 자귀회귀이동평균 과정에 대해 다룬다.

12장에서는 몇 개의 특정한 랜덤분포로 가우시안 분포, 랜덤워크, 위너 과정, 푸아송 과정 및 마르코프 과정을 다룬다.

저자는 책의 각 장을 표현하는 데 다른 형식을 시도했다. 한 학기 강의로 12장을 제외한 모든 장을 소화할 수 있을 것이다. 그러나 이것은 학생들에게 많은 스트레스를 줄 수 있으므로 이 책의 1부와 2부의 모든 장들과 3부의 일부 장들을 선택하는 시도도 가능하다. 교육자들은 각자 다른 형태를 시도할 수 있고, 자신에게 최선의 부분을 선택할 수 있다.

풀이가 있는 예제의 시작과 풀이의 끝 부분은 단선으로 표시하였다. 이것은 풀이를 끝낸 예제와 그 논의 내용의 연속성을 분리하기 위함이다.

1판 서문

과학이나 공학에서 접하는 많은 시스템은 랜덤변수를 포함하기 때문에 확률 개념의 이해를 필요로 한다. 이러한 예에는 교환기에 들어오는 메시지, 레스토랑, 영화관, 또는 은행에 들어오는 고객, 시스템 내 부품의 고장, 교차로에서의 교통량 및 서버에 도착하는 트래픽 등이 있다.

현재 확률 및 랜덤과정에 대해서는 많은 책들이 나와 있다. 이러한 책들은 다루는 범위와 깊이 측면에서 다양하다. 어떤 책은 확률을 표현하는 데 매우 엄격하여 이론을 평가하고 공리를 증명하는 데 많은 지면을 할애한다. 또 다른 책은 확률에 충분한 지면을 할애하지 않고 확률을 통계와 결합하여 설명한다. 그 중간 정도의 수준으로 확률을 랜덤과정과 결합한 책들이 있다. 이 책들은 이론적인 접근법을 피하고 이론이 기초로 하는 공리를 강조한다. 이 책은 이 부류에 속하며, 엔지니어에게 확률은 모델링하는 도구라는 전제하에 쓰였다. 따라서 공학도에게 확률 및 랜덤과정이란 공학적인 문제의 해를 구하기 위해 확률을 적용하는 것이 중요하다는 것을 전제로 한다. 또한 공학적인 문제 중 일부는 데이터 해석을 다루기 때문에, 학생들은 통계적인 지식도 일부 습득해야 한다. 그러나 통계에 대한 대부분의 사전지식이 확률 과목에서 다루어지기 때문에 학생들은 통계에 대한 별도의 강좌를 들을 필요는 없다. 따라서 이 책은 마지막 장에 통계의 기초를 보여 준다는 의미에서 다른 책과는 조금 다르다.

이 책은 3학년과 4학년 학생들을 대상으로 하며, 대학원 기초로서도 사용될 수 있다. 이는 산업체에서 시스템의 확률적 모델을 해석하는 데 집중하였을 뿐만 아니라 2개의 다른 대학에서 4년 동안 확률 및 랜덤과정을 가르쳤던 저자의 15년 경험에서 출발한다. 책 전반에 걸쳐 확률의 응용에 중점을 두었으며, 실제 시스템을 다루는 몇 가지 예를 보여준다. 많은 학생들은 문제를 '푸는' 과정에서 배우므로 각 장의 끝에 나와 있는 문제를 꼭 풀어 보기 바란다. 문제를 풀기 위해서는 몇 가지 수학적

지식이 필요한데, 특히 신입생 때 배우는 대수학이 필요하다. 이 책은 다음과 같이 세 부분으로 나뉜다.

- 1부: 1장부터 7장까지의 확률 및 랜덤변수
- 2부: 8장부터 10장까지의 기본적인 랜덤과정
- 3부: 11장에 나오는 통계의 기초

각 장에 대한 자세한 설명은 다음과 같다. 1장에서는 확률에 나오는 기본 개념, 즉 표본공간 및 사건, 기초적인 집합이론, 조건부 확률, 독립사건, 기본적인 조합해석 및 확률의 응용을 다룬다.

2장에서는 랜덤변수, 이산랜덤변수, 연속랜덤변수, 누적분포함수, 이산랜덤변수의 확률질량함수 및 연속랜덤변수의 확률밀도함수로 정의되는 사건과 관련된 랜덤변수를 다룬다.

3장에서는 기댓값 및 분산, 고차 모멘트, 조건부 기댓값 및 체비셰프 및 마르코프 부등식의 개념을 포함한 랜덤변수의 모멘트를 다룬다.

4장에서는 특별한 랜덤변수와 그 분포를 다룬다. 이에는 베르누이 분포, 이항분포, 기하분포, 파스칼분포, 초기하분포, 푸아송분포, 지수분포, 얼랑분포, 균일분포 및 정규분포 등이 있다.

5장에서는 결합누적분포함수, 조건부 분포, 공분산, 상관계수, 다중랜덤변수 및 다차원분포를 포함한 다중랜덤변수를 다룬다.

6장에서는 하나의 랜덤변수의 선형함수 및 멱함수, 하나의 랜덤변수의 함수의 모멘트, 2개의 독립적인 랜덤변수의 최대와 최소, 큰 수의 법칙, 중심극한정리 및 다른 통계를 포함한 랜덤변수의 함수에 대해 다룬다.

7장에서는 랜덤변수의 모멘트를 계산하는 데 유용한 변환방법에 대해 논한다. 특히 특성함수, 이산랜덤변수의 확률질량함수의 z 변환 및 연속랜덤변수의 확률밀도함수의 s 변환을 다룬다.

8장에서는 랜덤과정의 개념을 소개한다. 랜덤과정의 분류 및 랜덤변수의 자기상관함수, 공분산함수, 상호상관함수 및 상호분산함수를 포함한 랜덤과정의 특성화를 다루고, 정적 랜덤과정, 에르고딕 랜덤과정, 전력밀도스펙트럼을 다룬다.

9장에서는 랜덤입력을 갖는 선형시스템을 다룬다.

10장에서는 몇 개의 특정한 랜덤분포로 가우시안 분포, 랜덤워크, 위너 과정, 푸아송 과정 및 마르코프 과정을 다룬다.

11장에서는 통계에 대한 기초를 다루며 표본화이론, 추정이론, 가설이론, 선형회귀 등의 주제를 다룬다.

저자는 책의 각 장을 표현하는 데 다른 형식을 시도했다. 한 학기 강의로 모든 장을 소화할 수 있을 것이다. 그러나 이것은 학생들에게 많은 스트레스를 줄 수 있으므로 이 책의 1부에서의 모든 주제와, 8장 및 9장과 나머지 2개의 장에서 일부를 선택하는 시도도 가능하다. 강사는 각자 최선의 부분을 선택할 수 있다.

i는 예제의 풀이의 끝을 나타낸다. 이것은 풀이를 끝낸 예제와 그 논의 내용의 연속성을 분리하기 위해 사용되었다.

역자 서문

확률과 랜덤과정(Probability and Random Processes)은 수학, 경영학, 전기전자공학, 정보통신공학, 기계공학, 더 나아가 지능정보공학 등 다양한 분야의 기초가 되는 핵심 교과목으로 대학의 학부 초년에 주로 배우게 되는 필수 교과이다. 이미 많은 확률과 랜덤과정 교재들이 시중에 출간되어 있지만, 처음 접하는 이들에게 그 내용과 범위가 방대하게 느껴지는 것이 사실이다. 이 때문에 확률과 랜덤과정을 공부하고자 하는 학생들이 일목요연하게 내용을 이해하기 어려워하며 정작 기초가 되는 핵심 내용들을 놓치게 되는 안타까운 경우들을 많이 접해 왔다.

그러나 이 책의 경우, 확률과 랜덤과정에 대한 전체적인 흐름을 보다 쉽게 접근할 수 있도록 기본 개념에 중점을 두어 자세히 다루고 있다. 기본 개념에 대한 이해도를 높일 수 있도록 쉬운 예제부터 실제 확률과 랜덤과정의 응용 분야에서 널리 사용되는 실제 응용 예제까지 모두 다루고 있기 때문에, 개념과 핵심을 파악하여 이해하기에 매우 적절한 교재라 생각된다. 역자들이 실제 강단에서 다양한 확률과 랜덤과정 교재로 강의했던 경험들을 되돌아보았을 때, 이 책으로 학습한 학생들이 확률과 랜덤과정의 기본 핵심 개념들에 대한 이해도가 높았으며 이를 바탕으로 추후 관련 응용 분야에 더 많은 관심을 갖게 되는 것을 볼 수 있었다. 교육과 연구로 분주한 와중에도 여러 교수님들께서 번역에 뜻을 모은 이유 역시 이 책을 통해 학생들이 확률과 랜덤과정을 보다 쉽고 명확하게 이해하게 되어 이를 토대로 관련 분야에서 연구에 활발히 활용하기를 바라는 마음이라고 할 수 있다.

이 책을 번역하면서 가장 중요하게 생각했던 것은 학생들이 이 확률과 랜덤과정의 기본 개념을 완벽하게 습득함으로써 다음 단계의 학습으로 확장할 수 있도록 준비시키는 것이었다. 이 책의 구성을 보면, 1장부터 7장까지는 확률과 랜덤변수에 대한 내용을, 8장부터 9장까지는 통계에 대한 내용을, 10장부터 12장까지는 기본 랜덤과정에 대한 내용을 다루고 있다. 초판과 가장 큰 차이점은 초판의 11장 통계 부분이 2판에서는 8장 기술통계 내용과 9장 추리통계 내용으로 세분화된 점, 그리고 다양한 응용 예제들과 풀이가 추가되어 학생들의 이해를 더욱 세심히 도울 수 있도록 한 점이다. 역자들의 확률과 랜덤과정 강의 경험에 비추어 볼 때, 한 학기에 이 책의 모든 내용을 강의하는 것은 학생들의 이해에 어려울 수 있으므로 1장부터 7장까지의 핵심 내용들을 중심으로 강의하고, 8장 이후의 부분은 한 학기 정도의 시간을 더 가지고 강의하는 것이 적합하다고 생각된다. 특히 각 장을 마무리하며 나오는 연습문제는 확률과 랜덤과정의 기본 개념을 확실하게 파악하는 데 큰 도움이 되므로 모든 문제를 학생들이 스스로 풀어볼 수 있도록 지도하는 것이 바람직하다고 사료된다.

처음 이 번역 작업 참여를 결정하였을 때는 수월하고 빠르게 진행할 수 있을 것이라 생각했지만, 막상 시작해 보니 독자의 입장에서 재차 숙고하게 되는 섬세한 작업이었다. 저를 포함하여 신원용 교수님, 양연모 교수님, 염석원 교수님, 장재신 교수님, 전준현 교수님께서 정성과 열정으로 본 역서의 출간에 수고해 주셨다. 번역에 함께 해주신 교수님들 모두 원서의 의미가 조금이라도 왜곡되지 않도록 원문에 충실하면서도, 이 책을 공부하는 학생들의 이해를 돕기 위하여 그 내용을 한국인의 사고방식과 교육 실정에 맞게 번역하고자 노력하였다. 그 외에도 이 책의 출간을 위해서 함께 노력해주신 한티미디어의 모든 분들과 한경대학교 전기전자제어공학과 무선통신연구실(WSL)의 학생들에게도 감사의 마음을 전한다.

마지막으로, 원서에 존재할 수 있는 오류들에 대한 고민과 수정을 반복하며 완성도를 높이기 위해서 노력하였지만 아직 남아 있을 수도 있는 작업상의 오류들에 대해서 독자 여러분들의 너그러운 이해를 구한다. 이 책이 확률과 랜덤과정의 기본 내용의 이해를 돕고, 확률과 랜덤과정을 기본으로 하는 다양한 수학, 경영학, 전기전자공학, 정보통신공학, 기계공학, 지능정보공학 등의 여러 분야에 큰 보탬이 될 수 있기를 희망하며 이 글을 마친다.

2017년 2월

대표역자 이호원

CONTENTS

CHAPTER 1

기본적인 확률 개념

1.1 개요

확률(probability)은 미래를 예측할 수 없는 성질(unpredictability)이나 무작위성(randomness, 또는 임의성)을 다루는 것이며, 확률 이론(probability theory)은 랜덤(random, 무작위한) 현상의 학습과 관련된 수학의 한 분야이다. 랜덤현상이란 반복된 실험을 하는 경우에 결정론적으로(deterministically) 예측할 수 없는 서로 다른 결과들을 산출하는 것을 말한다. 하지만 이러한 결과들이 발생할 상대빈도(relative frequency)는 통계적인 규칙성을 가지고 있으므로 대체로 정확하게 예측이 가능하다. 이러한 랜덤현상의 예로는 하루에 한 회사의 모든 종업원이 수신하는 이메일의 수, 주어진 기간 동안 한 대학의 전화교환기(switchboard)에서 연결하는 통화량, 한 시스템 내부를 구성하는 부품 중에서 일정한 시간 안에 고장 나는 부품의 수, 한 학기 동안 한 학생이 받을 수 있는 A학점의 수 등이 있다.

앞에서의 랜덤현상의 정의에 따라서, 우리는 가능한 결과 또는 사건의 집합을 갖는 반복된 실험이라는 생각에서부터 개념을 시작해야 한다. 사건의 확률은 반복된 실험을 실시하여 특정 사건이 발생하는 빈도 수와 관련된 실수로 정의된다. 따라서 사건의 확률은 0과 1 사이의 값을 가지며, 특정한 실험에 대한 결과의 확률을 다 더하면 1이 되어야 한다.

이 장은 랜덤실험(random experiment)과 관련된 사건부터 시작한다. 다음으로, 확률의 여러 정의를 다루며 기초적인 집합이론과 집합대수학을 다룬다. 또한, 책의 후반부에 자주 사용된 조합이론의 기초 개념도 다룬다. 마지막으로, 어떠한 시스템 안에서 구성요소들의 서로 다른 배치방법(component configurations)에 따른 신뢰도(reliability)를 계산하기 위해서 확률이 어떻게 사용되는지도 살펴본다.

1.2 표본공간과 사건

실험(experiment)과 **사건**(event)의 개념은 확률의 학습에서 매우 중요하다. 확률에서 실험이란 관찰(observation) 및 시행과정(process of trial)을 의미한다. 실험을 시행하기 전에 그 결과(outcome)가 불확실한 실험은 **랜덤실험**이라 불린다. 랜덤실험을 수행할 때 나타나는 기초적인 결과의 모음을 그 실험의 **표본공간**(sample space)이라고 부르며, 보통 Ω로 표시한다. 우리가 확률 실험을 할 경우, 여러 결과 중 하나만 나타나므로 그 결과를 기초적인 결과(elementary outcome)라 부른다. 한 실험의 기초적인 결과는 표본공간 내 **표본점**(sample point)이라 부르며 w_i, $i=1, 2, \ldots$로 표시한다. 하나의 실험에서 n개의 가능한 결과가 있다면 표본공간은 $\Omega=\{w_1, w_2, \ldots, w_n\}$이다.

사건(event)은 한 실험의 가능한 결과 중 하나이거나 미리 정의한 결과가 발생하는 경우를 말한다. 따라서 하나의 사건은 표본공간의 부분집합이다. 예를 들어 주사위를 던질 경우 1과 6 사이의 임의의 수가 나타난다. 따라서 이 실험에서 표본공간은 다음과 같이 정의된다.

$$\Omega=\{1, 2, 3, 4, 5, 6\} \tag{1.1}$$

'주사위를 던졌을 때 결과가 짝수(even number)인 경우'의 사건은 Ω의 부분집합으로 다음과 같이 정의된다.

$$E=\{2, 4, 6\} \tag{1.2}$$

두 번째 예로, 던질 때마다 앞면[head (H)] 또는 뒷면[tail (T)]이 나올 수 있는 동전 던지기 실험을 고려해보자. 하나의 동전을 세 번 던지고 '첫 번째 던질 때 x, 두 번째 던질 때 y, 세 번째 던질 때 z'라는 결과를 xyz로 정의한다면 이 실험의 표본공간은 다음과 같다.

$$\Omega = \{HHH, HHT, HTH, HTT, THH, THT, TTH, TTT\} \tag{1.3}$$

'하나의 앞면과 2개의 뒷면'이 나올 사건은 Ω의 부분집합으로 다음과 같이 정의된다.

$$E = \{HTT, THT, TTH\} \tag{1.4}$$

사건의 다른 예는 다음과 같다.

- 하나의 동전을 던지는 실험에서 표본공간은 $\Omega = \{H, T\}$이고, 사건 $E = \{H\}$는 앞면이 나올 사건이고, 사건 $E = \{T\}$는 뒷면이 나올 사건이다.
- 동전을 두 번 던지고, '첫 번째 던질 때 x, 두 번째 던질 때 y'라는 결과를 xy로 정의한다면 이 실험의 표본공간은 $\Omega = \{HH, HT, TH, TT\}$이다. 사건 $E = \{HT, TT\}$는 두 번째 던지는 동전이 뒷면이 나오는 사건이다.
- 칩(chip)과 같은 전자부품의 수명(lifetime)을 측정한다면 표본공간의 양의 실수로 다음과 같이 표현된다.

  $$\Omega = \{x | 0 \le x < \infty\}$$

  전자부품의 수명이 7시간 이하인 사건은 다음과 같다.

  $$E = \{x | 0 \le x \le 7\}$$

- 하나의 주사위를 두 번 던지고, '첫 번째 던질 때 x, 두 번째 던질 때 y'라는 결과를 (x,y)로 정의한다면 표본공간은 다음과 같이 표현된다.

$$\Omega = \begin{Bmatrix} (1,1) & (1,2) & (1,3) & (1,4) & (1,5) & (1,6) \\ (2,1) & (2,2) & (2,3) & (2,4) & (2,5) & (2,6) \\ (3,1) & (3,2) & (3,3) & (3,4) & (3,5) & (3,6) \\ (4,1) & (4,2) & (4,3) & (4,4) & (4,5) & (4,6) \\ (5,1) & (5,2) & (5,3) & (5,4) & (5,5) & (5,6) \\ (6,1) & (6,2) & (6,3) & (6,4) & (6,5) & (6,6) \end{Bmatrix} \tag{1.5}$$

두 번 던진 주사위의 합이 8인 사건은 다음과 같이 정의된다.

$$E = \{(2,6), (3,5), (4,4), (5,3), (6,2)\}$$

2개의 사건 A와 B가 표본공간 $\boldsymbol{\Omega}$에서 정의되는 경우 다음과 같은 새로운 사건을 정의할 수 있다.

- $A \cup B$는 표본점이 A 혹은 B이거나 A 및 B 모두에 해당하는 사건이다. $A \cup B$는 사건 A와 사건 B의 **합집합**(union)이라 불린다.
- $A \cap B$는 표본점이 A와 B 모두에 해당하는 사건이다. $A \cap B$는 사건 A와 사건 B의 **교집합**(intersection)이라 불린다. 두 사건의 교집합이 표본점을 가지고 있지 않다면, 2개의 사건은 **상호배타적**(mutually exclusive)이라고 정의된다. 즉, 공통의 결과가 없다는 뜻이다. 여러 사건 A_1, A_2, A_3, ...이 상호배타적이라면, 그 둘 중 2개의 사건이 공통의 결과가 없거나, 여러 개의 사건이 공통의 결과가 없어야 한다.
- $A-B(= A \backslash B)$는 표본점이 A에는 있지만 B에는 없는 사건이다. 사건 $A-B(= A \backslash B)$는 사건 A와 B의 **차집합**(difference)이라 불린다. 사건 $A-B$가 사건 $B-A$와는 다르다는 것에 주의하라.

사건들의 합집합(union), 교집합(intersection), 차집합(difference)에 관한 대수학은 이 장의 뒷부분에서 집합이론을 다룰 때 더 자세히 알아볼 것이다.

1.3 확률의 정의

확률을 정의하는 여러 방법이 있다. 이 절에서는 **공리적**(axiomatic) 정의, **상대빈도**(relative-frequency)에 의한 정의 및 **고전적**(classical) 정의, 이렇게 세 가지 정의를 알아본다.

1.3.1 공리적 정의

표본공간이 Ω인 랜덤실험을 고려하자. Ω 내의 각각의 사건 A에 대해 수 $P[A]$를 가정하고, 이를 사건 A의 **확률**(probability)이라고 부르며, 다음이 충족되도록 정의한다.

1. **Axiom 1**: $0 \le P[A] \le 1$, A의 확률이 0과 1 사이의 값을 갖는다는 것을 의미
2. **Axiom 2**: $P[\Omega]=1$, 결과가 표본공간 내의 하나의 표본점이 될 확률은 1이라는 것을 의미
3. **Axiom 3**: 임의의 n개의 상호배타적인 사건 A_1, A_2, ..., A_n에 대해 다음이 정의됨을 의미

$$P[A_1 \cup A_2 \cup A_3 \cup \ldots \cup A_n] = P[A_1] + P[A_2] + P[A_3] + \cdots + P[A_n] \tag{1.6}$$

즉, 같은 표본공간에서 정의된 임의의 상호배타적인 사건들의 임의의 집합에 대해, 적어도 하나 이상의 사건들이 발생할 확률은 각각의 개별 사건의 확률의 합이 된다.

1.3.2 상대빈도 정의

랜덤실험이 n번 시행되었다고 하자. 사건 A가 n_A번 일어난다면, 사건 A의 확률 $P[A]$는 다음과 같이 정의된다.

$$P[A] = \lim_{n \to \infty} \left\{ \frac{n_A}{n} \right\} \tag{1.7}$$

비율 n_A/n이 사건 A의 **상대빈도**(relative frequency)라 불린다. 확률에 대한 상대빈도의 정의는 많은 실질적인 문제에서 직관적으로 이해될 수 있지만, 몇 가지 제한(limitation)이 있다. 예를 들어, 실험이 반복될 수 없는 경우이다. 이러한 예로, 특히 값비싸고 희소한 자원들을 사용하는 유해한(destructive) 실험을 하는 경우를 들 수 있다. 또한, 한계점(the limit)이 존재하지 않는다는 제한이 있다.

1.3.3 고전적 정의

고전적인 정의에서, 사건 A의 확률 $P[A]$는 실험의 가능한 전체결과의 수 N에 대한 특정사건 A에 해당하는 실험결과의 수 N_A의 비율로 다음과 같다.

$$P[A] = \frac{N_A}{N} \tag{1.8}$$

이 확률은 실험을 실제적으로 수행하기 전에 **사전적**(a priori)으로 결정된다. 예를 들어, 동전던지기 실험에서 2개의 결과인 앞면과 뒷면이 가능하다. 따라서 동전에 흠이 없다면 $N=2$이고, 앞면이 나올 사건의 확률은 1/2이 된다.

예제 1.1

2개의 주사위가 던져졌다. 다음 각각의 사건이 일어날 확률을 구하라.

a. 2개의 주사위에 나타난 값의 합이 7과 같은 사건
b. 2개의 주사위에 나타난 값의 합이 7 또는 11과 같은 사건
c. 두 번째 주사위의 결과가 첫 번째 주사위의 결과보다 큰 사건
d. 2개의 주사위에 나타난 값이 짝수인 사건

풀이

먼저 실험의 표본공간을 정의해야 한다. '첫 번째 주사위에 x가 나오고, 두 번째 주사위에 y가 나올 결과'를 (x, y)라고 정의하면, 표본공간은 식 [1.5]와 같다. 표본점의 전체 수는 36이다. 이제 확률에 대한 고전적 정의를 사용하여 세 가지 확률을 구할 수 있다.

a. A_1을 2개의 주사위에 나타난 값의 합이 7과 같은 사건이라고 하면, A_1={(1,6), (2,5), (3,4), (4,3), (5,2), (6,2)}이다. 이 사건의 표본점의 수는 6이므로 $P[A_1]$ = 6/36 = 1/6이다.

b. B를 2개의 주사위에 나타난 값의 합이 7 또는 11과 같은 사건이라 하고, A_1을 2개의 주사위에 나타난 값의 합이 7과 같은 사건, A_2를 2개의 주사위에 나타난 값의 합이 11과 같은 사건이라고 하자. 이제, A_2={(5,6), (6,5)}이고 표본점은 2개이다. 따라서 $P[A_2]$ = 2/36 = 1/18이다. 사건 B는 A_1과 A_2의 합집합이며, 두 사건은 상호배타적이므로 사건 B의 확률은 다음과 같다.

$$P[B]=P[A_1\cup A_2]=P[A_1]+P[A_2]=\frac{1}{6}+\frac{1}{18}=\frac{2}{9}$$

c. C를 두 번째 주사위의 결과가 첫 번째 주사위의 결과보다 큰 사건이라 정의하자. 그러면

$$C=\left\{\begin{matrix}(1,2),(1,3),(1,4),(1,5),(1,6),(2,3),(2,4),(2,5), \\ (2,6),(3,4),(3,5),(3,6),(4,5),(4,6),(5,6)\end{matrix}\right\}$$

이고, 15개의 표본점을 갖는다. 따라서 $P[C]$ = 15/36 = 5/12이다.

d. D를 2개의 주사위에 나타난 값이 짝수인 사건이라 정의하자. 그러면

$$D=\{(2,2),(2,4),(2,6),(4,2),(4,4),(4,6),(6,2),(6,4),(6,6)\}$$

이고, 9개의 표본점을 갖는다. 따라서 $P[D]$ = 9/36 = 1/4이다.

이 문제는 그림 1.1에서처럼 표본공간 내에 2차원 그림을 고려하여 풀 수도 있다. 그림에서 정의된 서로 다른 사건들을 볼 수 있다. 사건 D의 표본점은 전체 표본공간에 퍼져 있고, 그림 1.1에서 사건 D는 표시되지 않았다.

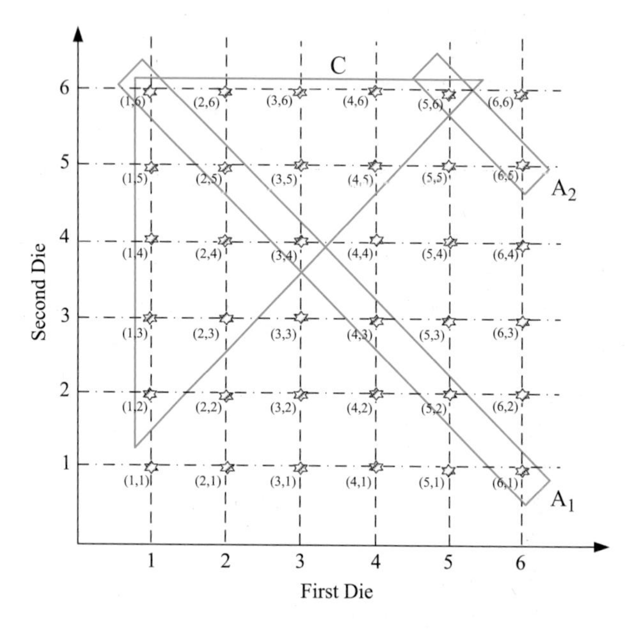

그림 1.1 예제 1.1에 대한 표본공간

1.4 확률의 응용

과학과 공학에서는 다양한 확률의 응용 분야가 있다. 이 중 몇 개를 예시하면 다음과 같다.

1.4.1 정보이론

정보이론은 수학의 한 분야이며, 통신이론의 두 가지 근본적인 문제와 관련이 있다: (a) 어떻게 정보를 정의하고 정량화 할 것인가? 그리고 (b) 통신 채널을 통해서 전송되는 최대 정보량을 나타낼 것인가? 정보이론은 통신 시스템을 비롯하여 열역학, 컴퓨터과학, 통계적 추론 등의 다양한 분야에 근본적이 공헌을 하고 있다. 통신 시스템은 메시지 신호원(전송할 메시지를 생성하는 사람이나 기계), 채널(메시지가 전송되는 매체), 그리고 수신단(메시지는 수신하는 목적지)으로 모델링된다. 또한, 채널을 통과하는 동안 메시지는 잡음에 의해 오염될 수 있다. 통신 시스템의 모델은 그림 1.2와 같다.

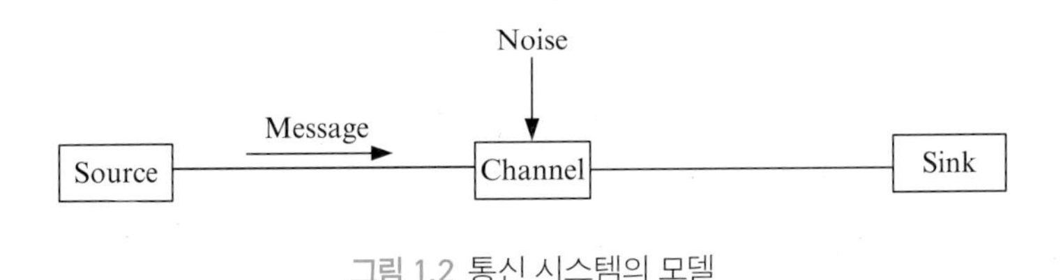

그림 1.2 통신 시스템의 모델

신호원에 의해서 생성된 메시지는 특정 정보를 전달한다. 정보이론의 목적 중의 하나는 메시지 내의 정보량을 정량화하는 것이다. 이러한 정량적인 측정치는 통신 시스템 디자이너가 메시지를 지원할 수 있는 채널을 대비하는 것을 가능하도록 한다. 메시지의 정보량에 대한 좋은 측정치는 메시지 발생의 확률이다. 메시지 발생 확률이 높아지면 메시지가 전달하는 정보가 줄어들고, 메시지 발생 확률이 낮아지면, 메시지 정보량의 커지게 된다. 예를 들어, '12월에 미국 북동부 지역의 기온이 90°F이다'라는 메시지는 '12월에 미국 북동부 지역의 기온이 10°F이다'라는 메시지보다 많은 정보량을 가지고 있다. 이는 두 번째 메시지가 첫 번째 메시지보다 발생할 가능성이 더 높기 때문이다.

따라서, 정보이론은 이벤트들에 관한 정보를 전달하는 이벤트들의 발생확률을 사용한다. 특히, $P[A]$는 사건 A의 발생확률이라고 하자. 그러면 A의 정보량, $I(A)$는 다음과 같이 주어진다.

$$I(A)=\log_2\left(\frac{1}{P[A]}\right)=\log_2(1)-\log_2(P[A])=0-\log_2(P[A])=-\log_2(P[A])$$

위의 식으로부터, 앞에서 언급했던 것과 같이 사건의 발생할 확률이 커지면, 사건에 대한 정보량이 줄어드는 것을 확인할 수 있다. 만약 사건 A의 발생이 확실하다면, $P[A]=1$이 되고 $I(A)=-\log_2(1)=0$이 된다. 이와 같이 사건이 발생할 확률이 줄어들면, 사건에 대한 정보량이 증가하게 된다. 특히 사건 A가 발생하지 않을 것이 확실하다면, $P[A]=0$이 되고 $I(A)=-\log_2(0)=\infty$이 된다. 따라서 발생할 가능성이 없는 사건이 실제로 발생한다면, 그것의 정보량은 무한대가 된다.

1.4.2 신뢰성 공학

신뢰성(reliability) 이론은 부품이나 부품으로 이루어진 시스템이 동작 가능한 시간과 관련이 있다. 시스템이 수명이 다 되어 동작을 멈추게 될 시간은 예측할 수 없다. 따라서 시스템이 고장 날 때까지의 시간을 시스템의 **수명**(time to failure)이라 하며, 확률함수에 의해 모델링한다. 확률의 신뢰성 응용은 이 장의 뒷부분에서 고려된다.

1.4.3 품질관리

품질관리(quality control)는 최종 제품이 원하는 요구조건이나 사양을 만족시키는지 관찰하는 것이다. 품질관리를 하는 하나의 방법은 생산라인에서 나오는 모든 제품을 실제로 측정/관찰하는 것인데, 이 경우 시간과 비용이 많이 들게 된다. 실질적인 방법은 일련의 생산품 중 1개의 표본을 임의로 선정하여 그 표본에 대해 여러 항목을 테스트하는 것이다. 일련의 생산품이 불량인지 아닌지는 선택된 표본의 테스트 항목의 결과에 의해 좌우된다. 따라서 양호한 생산품 전체가 불량으로 판단될 수 있는지와 불량인 생산품이 양호로 판단될 수 있는 확률을 최소화해야 하며, 이를 보장할 수 있는 판단 기준은 매우 중요한 문제가 된다. 보통 표본의 질을 정하는 파라미터가 미리 정한 임계값을 초과한다면 생산품은 양호하다고 판단된다. 마찬가지로 표본의 질을 정하는 파라미터가 미리 정한 임계값보다 작다면 생산품은 불량이라고 판단된다. 예를 들어, 생산품을 양호하다고 판단하는 하나의 규칙으로 선택된 표본에서 불량 항목의 수가 표본에 대해 미리 정한 수보다 작다면 양호하다고 판단하고, 그렇지 않다면 불량이라고 판단하는 경우가 있다.

1.4.4 채널 잡음

잡음은 원하지 않는 신호이다. 그림 1.2에서와 같이, 신호원으로부터 전송된 메시지가 여러 종류의 랜덤한 교란(disturbance)을 갖는 채널을 통과하게 되면, 수신단에서 수신되는 메시지에 에러가 발생할 수 있다. 다시 말해서, 채널 잡음은 메시지를 오염시킨다. 따라서 통신 시스템 모델링에서 잡음의 효과를 고려하는 것은 매우 중요하다. 채널 잡음은 랜덤한 특성을 가지기 때문에 성능 이슈들 중의 중요한 것은 수신한 메시지가 잡음에 의해 오염되지 않고 성공적으로 수신될 확률이다. 따라서 확률은 잡음이 있는 통신 채널들의 성능을 평가하는 데 매우 중요한 역할을 한다.

1.4.5 시스템 시뮬레이션

때때로 우리는 랜덤현상을 갖는 실질적인 문제에 대한 정확한 해를 구하기 어려운 경우가 있다. 이러한 어려움은 시스템이 매우 복잡한 경우에 발생하며, 예를 들어 시스템이 일반적이지 않은 특성을 가지는 경우가 이에 해당한다. 이러한 문제들을 다루는 하나의 방법은 문제를 간소화하여 해석적으로(analytically) 풀릴 수 있도록 몇 가지 가정을 통해 근사해를 구하는 것이다. 또 다른 방법으로 컴퓨터 시뮬레이션이 있다. 근사해가 가능한 경우에도 시뮬레이션은 문제를 간단하게 만들기 위해 사용한 가정이 올바른지 판단하기 위해서 사용되곤 한다.

시뮬레이션은 시스템의 동작을 시스템 내 개별 소자의 개별 사건에 의해 묘사한다. 모델은 여러 개별 소자 간의 상호관계를 포함하며, 서로 간의 상호작용의 효과는 능동과정(dynamic process)으로 포함시킨다.

시뮬레이션에서 중요한 것 중 하나는 모델링되는 시스템 내에서의 특정 사건(예를 들어 은행에 도착하는 고객)을 표현하기 위해 사용된 난수(random number)를 발생시키는 것이다. 이러한 사건은 본질적으로 랜덤하기 때문에 난수는 랜덤한 특성을 묘사하는 확률분포에 의해 유도되곤 한다. 따라서 확률이론에 대한 지식은 의미 있는 시뮬레이션 해석을 하는 데 있어 매우 중요하다.

1.5 기초 집합이론

집합은 원소로 알려진 성분들의 모음이다. 이 장의 앞부분에서 논의된 사건은 보통 집합으로 모델링되며, 집합의 연산이 사건을 학습하기 위해 사용된다. 하나의 집합은 다음의 예시에서처럼 다양한 방법에 의해 표현된다.

1과 5 사이에 1과 5를 포함한 양의 정수의 집합을 A라고 하면, A는

$$A = \{a | 1 \leq a \leq 5\} = \{1, 2, 3, 4, 5\}$$

이다. 유사하게, 10보다 작은 양의 홀수는 다음과 같이 정의된다.

$$B = \{1, 3, 5, 7, 9\}$$

k가 집합 E의 원소라면 우리는 k가 E에 속한다(또는 E의 멤버이다)고 말하며, $k \in E$라고 쓴다. k가 집합 E의 원소가 아니라면 우리는 k가 E에 속하지 않는다(또는 k가 E의 멤버가 아니다)고 말하며, $k \notin E$라고 쓴다.

집합 A의 모든 원소가 집합 B의 원소라면, 집합 A를 집합 B의 **부분집합**(subset)이라 부르며 $A \subset B$라고 쓴다. 마찬가지로, 집합 B가 집합 A를 포함한다고 부르며 $B \supset A$라고 쓴다.

모든 가능한 원소들을 포함하는 집합을 **전체집합**(universal set) Ω라고 부르며, 아무 원소도 포함하지 않는 (또는 비어있는) 집합을 **공집합**(null set) 또는 빈집합(empty set) $\emptyset$이라 부른다.

$$\emptyset = \{\}$$

1.5.1 집합의 연산

등가성(equality): 2개의 집합 A와 B가 있다. A가 B의 부분집합이고, B가 A의 부분집합이라는 필요충분조건이 충족되면, 즉 $A \subset B$이고, $B \subset A$이면 등가라고 정의

하며 $A=B$라고 쓴다.

상보성(complementation): $A \subset \Omega$라 하자. A의 여집합(complement)은 Ω의 모든 집합을 포함하지만 A는 포함하지 않는 집합으로 다음과 같다.

$$\overline{A} = \{k | k \in \Omega \text{ and } k \notin A\}$$

예제 1.2

$\Omega=\{1,2,3,4,5,6,7,8,9,10\}$, $A=\{1,2,4,7\}$, 그리고 $B=\{1,3,4,6\}$이라면, $\overline{A}=\{3,5,6,8,9,10\}$이고, $\overline{B}=\{2,5,7,8,9,10\}$이다.

합집합(union): 2개의 집합 A와 B의 합집합, $A \cup B$는 A와 B의 각각의 원소 및 A와 B 모두의 원소를 포함하는 집합으로 다음과 같다.

$$A \cup B = \{k | k \in A \text{ or } k \in B\}$$

예제 1.2에서 $A \cup B=\{1,2,3,4,6,7\}$이다. 만약, 어떤 원소가 A와 B에 둘 다 속해 있는 경우에 $A \cup B$에서는 한 번만 표시됨에 주의하라.

교집합(intersection): 2개의 집합 A와 B의 교집합 $A \cap B$는 A와 B의 원소 및 A와 B 모두에 속하는 원소를 포함하는 집합으로 다음과 같다.

$$A \cap B = \{k | k \in A \text{ and } k \in B\}$$

예제 1.2에서 $A \cap B=\{1,4\}$이다.

차집합(difference): 2개의 집합 A와 B의 차집합 $A-B$는 A의 원소는 포함하지만 B의 원소는 포함하지 않는 집합으로 다음과 같다.

$$A - B = \{k | k \in A \text{ and } k \notin B\}$$

$A-B \neq B-A$임에 주의하라. 예제 1.2에서 $A-B=\{2,7\}$이고, $B-A=\{3,6\}$이다. $A-B$는 집합 A의 원소이지만 집합 B의 원소가 아닌 것만 포함하고, 반면에 $B-A$는 집합 B의 원소이지만 집합 A의 원소가 아닌 것만 포함한다.

공통요소를 갖지 않는 집합(disjoint set): 2개의 집합 A와 B가 공통된 원소를 갖지 않는 경우 공통요소를 갖지 않는 집합 또는 상호배타적(mutually exclusive) 집합이라 불리며 $A \cap B=\emptyset$이다.

1.5.2 집합의 부분집합의 수

집합 A가 n개의 원소를 가지고 있고, a_1, a_2, ..., a_n이라 표시되면, A의 가능한 부분집합의 개수는 2^n개이다. 예를 들어, $n=3$인 경우 다음과 같이 얻을 수 있다. 8개의 부분집합은 다음과 같이 $\{\bar{a}_1, \bar{a}_2, \bar{a}_3\}=\emptyset$, $\{\bar{a}_1, \bar{a}_2, a_3\}$, $\{\bar{a}_1, a_2, \bar{a}_3\}$, $\{\bar{a}_1, a_2, a_3\}$, $\{a_1, \bar{a}_2, \bar{a}_3\}$, $\{a_1, \bar{a}_2, a_3\}$, $\{a_1, a_2, \bar{a}_3\}$, $\{a_1, a_2, a_3\}=A$으로 주어진다. 여기서 는 $\bar{a}_k$가 포함되지 않음을 의미한다. 관례상 a_k가 부분집합의 원소가 아니라면, 그것의 상보성분은 부분집합에 외부적으로 포함되지 않는다. 따라서 부분집합은 ø, $\{a_1\}$, $\{a_2\}$, $\{a_3\}$, $\{a_1, a_2\}$, $\{a_1, a_3\}$, $\{a_2, a_3\}$, $\{a_1, a_2, a_3\}=A$가 된다. 부분집합 안에 공집합이 포함되므로 적어도 1개 이상의 원소를 갖는 부분집합의 수는 2^n-1이다. 결과는 $n>3$ 이상인 경우로 확장될 수 있다.

집합 A의 모든 부분집합의 집합을 A의 **멱집합**(power set)이라고 하며, $s(A)$로 표시한다. 집합 A가 $A=\{a_1, a_2, a_3\}$인 경우, A의 멱집합은 다음과 같이 주어진다.

$$s(A)=\{ø, \{a_1\}, \{a_2\}, \{a_3\}, \{a_1, a_2\}, \{a_1, a_3\}, \{a_2, a_3\}, \{a_1, a_2, a_3\}\}$$

집합 A의 원소의 수는 A의 기수(cardinality)라고 부르며 $|A|$라 쓴다. 집합 A의 기수가 n이라면 A의 멱급수의 기수는 $|s(A)|=2^n$이다.

1.5.3 벤다이어그램

이전 절에서 논의한 여러 집합의 연산은 벤다이어그램을 이용하여 도시할 수 있다. 그림 1.3은 2개의 집합 A와 B의 여집합, 합집합, 교집합 및 차집합을 나타낸다. 전체집합은 사각형으로 표현하고, 집합 A와 B는 타원형으로 표현한다.

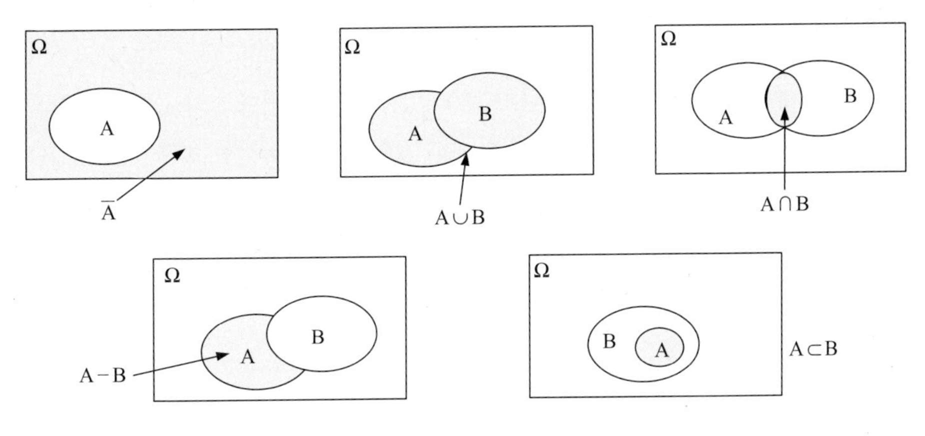

그림 1.3 여러 집합 연산의 벤다이어그램

1.5.4 집합의 항등식

합집합, 차집합, 교집합, 여집합 등의 연산은 대수학과 유사한 규칙을 따르며, 이러한 규칙으로 다음과 같은 것이 있다.

- **합집합의 교환법칙**: $A \cup B = B \cup A$, 두 집합의 합집합 연산에서 순서는 중요하지 않다.
- **교집합의 교환법칙**: $A \cap B = B \cap A$, 두 집합의 교집합 연산에서 순서는 중요하지 않다.
- **합집합의 결합법칙**: $A \cup (B \cup C) = (A \cup B) \cup C$, 세 집합의 합집합 연산은 다음의 두 가지 방법으로 계산한다. 먼저, 처음 두 집합의 합집합 연산을 하여 중간 결과를 구한 다음 이 결과와 세 번째 집합과의 합집합을 계산한다. 두 번째와 세 번째

집합의 합집합 연산을 한 후 그 결과와 첫 번째 집합의 합집합 연산을 해도 동일한 결과가 얻어진다.

- **교집합의 결합법칙**: $A\cap(B\cap C)=(A\cap B)\cap C$, 세 집합의 교집합 연산은 다음의 두 가지 방법으로 계산한다. 먼저, 처음 두 집합의 교집합 연산을 하여 중간 결과를 구한 다음 이 결과와 세 번째 집합과의 교집합을 계산한다. 두 번째와 세 번째 집합의 교집합 연산을 한 후 그 결과와 첫 번째 집합의 교집합 연산을 해도 동일한 결과가 얻어진다.
- **첫 번째 분배법칙**: $A\cap(B\cup C)=(A\cap B)\cup(A\cap C)$, 두 집합 B와 C의 합집합을 집합 A와 교집합 연산을 한 것은 집합 A와 B의 교집합과 집합 A와 C의 교집합을 합집합 연산한 것과 같다. 이 법칙은 다음과 같이 확장할 수 있다.

$$A\cap\left(\bigcup_{i=1}^{n} B_i\right)=\bigcup_{i=1}^{n}(A\cap B_i)$$

- **두 번째 분배법칙**: $A\cup(B\cap C)=(A\cup B)\cap(A\cup C)$, 두 집합 B와 C의 교집합을 집합 A와 합집합 연산을 한 것은 집합 A와 B의 합집합과 집합 A와 C의 합집합을 교집합 연산한 것과 같다. 이 법칙은 다음과 같이 확장할 수 있다.

$$A\cup\left(\bigcap_{i=1}^{n} B_i\right)=\bigcap_{i=1}^{n}(A\cup B_i) \tag{1.9}$$

- **드모르간의 첫 번째 법칙**: $\overline{A\cup B}=\overline{A}\cap\overline{B}$, 두 집합의 합집합의 여집합은 각각의 집합의 여집합의 교집합과 같다. 이 법칙은 다음과 같이 확장할 수 있다.

$$\overline{\bigcup_{i=1}^{n} A_i}=\bigcap_{i=1}^{n}\overline{A}_i \tag{1.10}$$

- **드모르간의 두 번째 법칙**: $\overline{A\cap B}=\overline{A}\cup\overline{B}$, 두 집합의 교집합의 여집합은 각각의 집합의 여집합의 합집합과 같다. 이 법칙은 다음과 같이 확장할 수 있다.

$$\overline{\bigcap_{i=1}^{n} A_i}=\bigcup_{i=1}^{n}\overline{A}_i \tag{1.11}$$

- 그 밖의 유사한 규칙은 다음과 같다.
  - $A-B=A\cap\overline{B}$, 집합 A와 집합 B의 차집합은 집합 A와 집합 B의 여집합의 교집합과 같다.
  - $A\cup\Omega=\Omega$, 집합 A와 전체집합 Ω의 합집합은 Ω와 같다.
  - $A\cap\Omega=A$, 집합 A와 전체집합 Ω의 교집합은 A와 같다.
  - $A\cup\varnothing=A$, 집합 A와 공집합 $\varnothing$의 합집합은 A와 같다.
  - $A\cap\varnothing=\varnothing$, 집합 A와 공집합 $\varnothing$의 교집합은 $\varnothing$와 같다.
  - $\overline{\Omega}=\varnothing$, 전체집합의 여집합은 $\varnothing$와 같다.
  - 두 집합 A와 B에 대하여, $A=(A\cap B)\cup(A\cap\overline{B})$이다. 집합 A는 집합 A와 B의 교집합 결과를 집합 A와 집합 B의 여집합을 교집합 연산한 결과의 합집합과 같다.

이러한 항등식을 증명하기 위해서는 항등식의 왼쪽의 사건에 포함된 점들이 항등식의 오른쪽의 사건에 포함된 점들과 같다는 것을 보여주거나, 그 반대를 보이면 된다.

1.5.5 쌍대성원리

쌍대성원리(duality principle)는 집합과 관련되어 참인 결과는 교집합을 합집합으로, 합집합을 교집합으로, 집합을 여집합으로, 부분집합 기호 $\subset$를 $\supset$로 바꾸어 표현한 결과 역시 참이라는 것이다. 예를 들어, 첫 번째 분배법칙에서 합집합을 교집합으로 교집합을 합집합으로 바꾸면 두 번째 분배법칙이 되거나 그 반대가 성립한다. 마찬가지 결과가 드모르간의 두 가지 법칙에 대해서도 성립한다.

1.6 확률의 특성

이제 집합에 대한 항등식의 결과를 확률의 공리적 정의(1.3.1절 참조)와 결합할 수 있다. 2개의 절로부터 다음과 같은 결과를 얻을 수 있다.

1. $P[\overline{A}] = 1 - P[A]$, 사건 A의 상보사건(compliment)이 일어날 확률은 1에서 사건 A의 확률을 뺀 값과 같다.
2. $P[\emptyset] = 0$, 불가능한 사건은 0의 확률을 갖는다.
3. $A \subset B$라면 $P[A] \le P[B]$이다. 즉, A가 B의 부분집합이라면, A의 확률은 기껏해야 B의 확률이다(또는 A의 확률은 B의 확률보다 클 수 없다).
4. $p[A] \le 1$, 사건 A의 확률이 최대 1이라는 것을 의미한다. 이는 $A \subset \Omega$라는 사실에 의거한다. $P[\Omega]=1$이기 때문에, 이 결과가 유효함을 알 수 있다.
5. $A_1 \cup A_2 \cup \cdots \cup A_n$이고, $A_1, A_2, \ldots, A_n$이 상호배타적인 사건이라면 다음이 성립한다.

   $$P[A] = P[A_1] + P[A_2] + \cdots + P[A_n]$$

6. 2개의 사건 A와 B에 대해, 집합의 항등식 $A = (A \cap B) \cup (A \cap \overline{B})$로부터 $P[A] = P[A \cap B] + P[A \cap \overline{B}]$이 성립한다. 이것은 $A \cap B$와 $A \cap \overline{B}$이 상호배타적인 사건이므로 성립된다.
7. 두 사건 A와 B에 대하여 $P[A \cup B] = P[A] + P[B] - P[A \cap B]$이 성립한다. 이 결과는 벤다이어그램을 그려 증명할 수 있다. 그림 1.4(a)에서 왼쪽 원은 사건 A를 나타내고 오른쪽 원은 사건 B를 나타낸다. 그림 1.4(b)는 3개의 상호배타적인 부분 I, II, III으로 나뉘며 I은 A에 속하나 B에 속하지 않는 점들을, II는 A와 B 모두에 속하는 점들을, III은 B에 속하나 A에 속하지 않는 점들을 나타낸다. 그림 1.4b에서 다음을 관찰할 수 있다.

   $$A \cup B = I \cup II \cup III$$
   $$A = I \cup II$$
   $$B = II \cup III$$

   I, II 및 III이 상호배타적이므로 특성 5(Property 5)에 의해 다음이 성립된다.

   $$P[A \cup B] = P[I] + P[II] + P[III]$$
   $$P[A] = P[I] + P[II] \Rightarrow P[I] = P[A] - P[II]$$
   $$P[B] = P[II] + P[III] \Rightarrow P[III] = P[B] - P[II]$$

따라서 이 결과는 다음과 같다.

$$P[A \cup B] = P[A] - P[II] + P[II] + P[B] - P[II]$$
$$= P[A] + P[B] - P[II] = P[A] + P[B] - P[A \cap B] \tag{1.12}$$

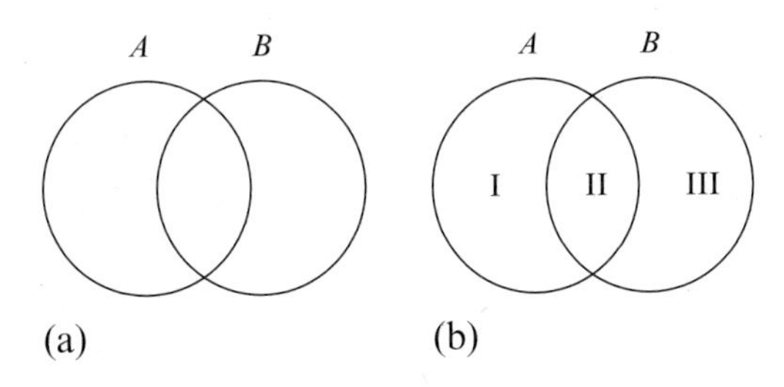

그림 1.4 $A \cup B$의 벤다이어그램

8. 특성 7(Property 7)을 3개의 사건으로 확장할 수 있다. A_1, A_2, A_3이 표본공간 Ω 내에서 세 가지 사건이라면 다음이 성립한다.

$$P[A_1 \cup A_2 \cup A_3] = P[A_1] + P[A_2] + P[A_3] - P[A_1 \cap A_2] - P[A_1 \cap A_3]$$
$$- P[A_2 \cap A_3] + P[A_1 \cap A_2 \cap A_3] \tag{1.13}$$

이 특성은 표본공간 Ω 내에서 임의의 사건 n의 경우로 확장할 수 있다.

$$P[A_1 \cup A_2 \cup \cdots \cup A_n] = \sum_{i=1}^{n} P[A_i] - \sum_{1 \le i \le j \le n} P\left[A_i \cap A_j\right]$$
$$+ \sum_{1 \le i \le j \le k \le n} P\left[A_i \cap A_j \cap A_k\right] - \cdots \tag{1.14}$$

즉 n개의 사건 A_i의 확률을 계산하기 위해서는 먼저 각각의 사건의 확률을 더한 후, 모든 가능한 2개의 교집합의 확률을 빼고, 그 다음에 3개의 사건의 교집합의 확률을 더하는 과정을 반복하면 된다.

1.7 조건부 확률

다음과 같은 실험을 고려하자. 우리는 2개의 주사위가 던져졌을 때 나타나는 수의 합에 관심이 있다. 2개의 주사위의 합이 7인 사건에 관심이 있을 때 첫 번째 주사위를 던신 결과 4가 관찰되었다. 이러한 사실을 기초로, 두 번째 주사위의 값은 6개의 가능한 결과 (4,1), (4,2), (4,3), (4,4), (4,5), (4,6)이 나온다는 것을 알 수 있다. 만약 첫 번째 주사위의 값에 대한 정보가 없다면 표본공간에서 36개의 표본점이 가능할 것이다. 하지만 첫 번째 주사위의 값을 알기 때문에 6개의 표본점만을 갖는다.

A를 두 주사위의 값이 7인 사건이라 하고, B를 첫 번째 주사위가 4가 나올 사건이라고 하자. 사건 B가 주어졌을 때 사건 A의 조건부 확률은 $P[A|B]$로 표시하며, 다음과 같다.

$$P[A|B]=\frac{P[A\cap B]}{P[B]} \qquad P[B]\neq 0 \tag{1.15}$$

따라서, 위의 문제에 대한 조건부 확률을 구해보면 다음과 같다.

$$\begin{aligned}P[A|B]&=\frac{P[(4,3)]}{P[(4,1)]+P[(4,2)]+P[(4,3)]+P[(4,4)]+P[(4,5)]+P[(4,6)]}\\&=\frac{(1/36)}{(6/36)}=\frac{1}{6}\end{aligned}$$

예제 1.3

가방 안에 8개의 빨간색 공, 4개의 초록색 공, 8개의 노란색 공이 있다. 하나의 공을 가방에서 임의로 꺼냈을 때, 그 공은 빨간색 공들 중의 하나가 아니라고 하자. 그것이 초록색 공일 확률은 얼마인가?

풀이

G를 선택된 공이 초록색 공일 사건이라 하고, $\overline{R}$를 빨간색 공이 아닐 사건이라고 하자. 이제 20개의 공 중에서 4개의 초록색 공이 있으므로 $P(G)=4/20=1/5$이며, 20개의 공 중에서 빨간색이 아닌 공

은 12개이므로 $P(\overline{R})=12/20=3/5$이다. 이제 조건부 확률은 다음과 같다.

$$P[G|\overline{R}]=\frac{P[G\cap\overline{R}]}{P[\overline{R}]}$$

그러나 만약 공이 초록색인 동시에 빨간색이 아니라면, 그 공은 반드시 초록색이어야 한다. 따라서 G는 $\overline{R}$의 부분집합이기 때문에 $\{G\cap\overline{R}\}=\{G\}$이고, 조건부 확률은 다음과 같이 구할 수 있다.

$$P[G|\overline{R}]=\frac{P[G\cap\overline{R}]}{P[\overline{R}]}=\frac{P[G]}{P[\overline{R}]}=\frac{1/5}{3/5}=\frac{1}{3}$$

예제 1.4

제대로 만든 동전을 두 번 던졌다. 첫 번째 동전이 앞면이 나왔을 때 두 번 던진 결과가 앞면이 나올 확률은 얼마인가?

풀이

동전을 제대로 만들었으므로 표본공간에서 표본점은 $\Omega=\{HH, HT, TH, TT\}$의 4개가 있으며, 같은 확률로 발생한다. X를 두 번 던진 경우 모두 앞면이 나오는 사건이라고 하면 $X=\{HH\}$이다. Y를 첫 번째 던진 결과가 앞면이 나올 사건이라고 하면, $Y=\{HH, HT\}$이다. 처음 던졌을 때 앞면이 나왔는데, 두 번째 던졌을 때 모두 앞면이 나올 확률은 다음과 같이 구할 수 있다.

$$P[X|Y]=\frac{P[X\cap Y]}{P[Y]}=\frac{P[X]}{P[Y]}=\frac{1/4}{2/4}=\frac{1}{2}$$

1.7.1 전체확률과 베이즈 정리

집합 A가 $\{A_1, A_2, ..., A_n\}$와 같은 작은 집합들로 분할된다고 하면 다음과 같은 특성을 갖는다.

a. $A_i \subseteq A$, $i=1,2,...,n$, A는 부분집합들의 집합을 의미한다.

b. $A_i \cap A_i = \emptyset$, $i=1,2,...,n$, $k=1,2,...,n$, $i \neq k$, 부분집합은 상호배타적이다. 즉, 2개의 부분집합은 공통된 원소를 갖지 않는다.

c. $A_1 \cup A_2 \cup \cdots \cup A_n = A$, 부분집합은 전체망라적(collectively exhaustive)이다. 즉 부분집합은 함께 모여서 A의 모든 가능한 값을 포함한다.

명제 1.1

표본공간 Ω가 $\{A_1, A_2, ..., A_n\}$로 분할되고, $A_1, A_2, ..., A_n$ 각각이 0이 아닌 확률을 갖는다고 가정하자. B가 표본공간 Ω내의 임의의 사건이라면 다음이 성립한다.

$$\begin{aligned} P[B] &= P[B|A_1]P[A_1] + P[B|A_2]P[A_2] + \cdots + P[B|A_n]P[A_n] \\ &= \sum_{i=1}^{n} P[B|A_i]P[A_i] \end{aligned}$$

증명

증명은 $\{A_1, A_2, ..., A_n\}$이 표본공간 Ω의 일부분이고, 집합 $\{B \cap A_1, B \cap A_2, ..., B \cap A_n\}$이 사건 B가 발생할 경우 A_i 중 하나와 관련되어 발생하므로 사건 B의 일부분이라는 관찰(observation)에 근거한다. 따라서, 우리는 B를 n개의 상호배타적(mutually exclusive)인 사건의 합집합으로 표현할 수 있다. 즉, 다음과 같다.

$$B = (B \cap A_1) \cup (B \cap A_2) \cup \ldots \cup (B \cap A_n)$$

이제, 이 사건은 상호배타적이므로 다음의 식을 얻을 수 있다.

$$P[B] = P[B \cap A_1] + P[B \cap A_2] + \ldots + P[B \cap A_n]$$

조건부 확률의 정의로부터, 사건 A_1, A_2, ..., A_n이 0이 아닌 확률을 가진다고 가정하였으므로, $P[B \cap A_i] = P[B|A_i]P[A_i]$가 성립한다. 조건부 확률의 정의를 대체하면 다음과 같은 결과를 얻을 수 있다.

$$P[B] = P[B|A_1]P[A_1] + P[B|A_2]P[A_2] + \ldots + P[B|A_n]P[A_n]$$

이 결과는 사건 B의 **전체확률**(total probability)로 정의하며, 이 책의 나머지 부분에서 유용하게 사용될 것이다.

예제 1.5

한 학생이 A 제조사로부터 1000개의 칩(chip)을 사고, B 제조사로부터 2000개의 칩을 사고, C 제조사로부터 3000개의 칩을 구매한다. 칩을 테스트한 결과 칩이 불량일 조건부 확률은 그것을 구매한 제조사에 의존한다는 것을 발견했다. 특히, 칩을 A사로부터 산 경우 불량확률은 0.05이고, B사로부터 산 경우 불량확률은 0.10이고, C사로부터 산 경우 불량확률은 0.10이었다. 3개의 제조사로부터 구매한 칩이 섞여 있고, 랜덤하게 칩을 선택할 경우 칩이 불량일 확률은 얼마인가?

풀이

$P[A]$, $P[B]$ 및 $P[C]$를 각각 제조사 A, B 및 C로부터 산 칩일 확률이라고 하자. 또한 $P[D|A]$를 A사로부터 구매한 칩이 불량일 확률이라 하고, $P[D|B]$를 B사로부터 구매한 칩이 불량일 확률이라 하고, $P[D|C]$를 C사로부터 구매한 칩이 불량일 확률이라고 하면 다음과 같이 계산된다.

$$P[D|A] = 0.05$$

$$P[D|B] = 0.10$$

$$P[D|C] = 0.10$$

$$P[A] = \frac{1000}{1000 + 2000 + 3000} = \frac{1}{6}$$

$$P[B] = \frac{2000}{1000 + 2000 + 3000} = \frac{1}{3}$$

$$P[C] = \frac{3000}{1000 + 2000 + 3000} = \frac{1}{2}$$

이제 $P[D]$를 임의로 선정한 칩이 불량일 무조건적인 확률이라고 하면 전체확률정리에 의해 다음과 같이 계산할 수 있다.

$$\begin{aligned} P[D] &= P[D|A]P[A] + P[D|B]P[B] + P[D|C]P[C] \\ &= (0.05)(1/6) + (0.10)(1/3) + (0.10)(1/2) \\ &= 0.09167 \end{aligned}$$

이제 일반적인 논의로 돌아가자. 사건 B가 발생하였지만 상호배타적(mutually exclusive)이며 전체망라적(collectively exhaustive)인지는 모르고 사건 $A_1, A_2, \ldots, A_n$이 참이라고 가정하자. 사건 B가 발생한 경우, 사건 A_k가 발생할 조건부 확률은 다음과 같이 주어진다.

$$P[A_k|B] = \frac{P[A_k \cap B]}{P[B]} = \frac{P[A_k \cap B]}{\sum_{i=1}^{n} P[B|A_i]P[A_i]}$$

여기서 두 번째 등가식(second equality)은 사건 B의 전체확률에 의해 주어진다. $P[A_k \cap B] = P[B|A_k]P[A_k]$이므로, 위의 식은 다음과 같이 다시 쓸 수 있다.

$$P[A_k|B] = \frac{P[A_k \cap B]}{P[B]} = \frac{P[B|A_k]P[A_k]}{\sum_{i=1}^{n} P[B|A_i]P[A_i]} \tag{1.16}$$

이 결과는 **베이즈 정리**(Bayes' fomular) 또는 **베이즈 규칙**(Bayes' rule)이라고 불린다.

예제 1.6

예제 1.5에서 임의로 선택한 칩이 불량인 경우 그것이 제조사 A로부터 만들어질 확률은 얼마인가?

풀이

예제 1.5와 동일한 기호(notation)를 사용하여, 임의로 선택된 칩이 불량인 경우에 칩이 제조사 A로부터 만들어질 확률은 다음과 같이 주어진다.

$$\begin{aligned} P[A|D] &= \frac{P[D \cap A]}{P[D]} = \frac{P[D|A]P[A]}{P[D|A]P[A] + P[D|B]P[B] + P[D|C]P[C]} \\ &= \frac{(0.05)(1/6)}{(0.05)(1/5) + (0.10)(1/3) + (0.10)(1/2)} \\ &= 0.0909 \end{aligned}$$

예제 1.7

(이진 대칭 채널) 이진 채널의 특성이 다음과 같이 입력 알파벳 $X=\{x_1, x_2, \ldots, x_n\}$, 출력 알파벳 $Y=\{y_1, y_2, \ldots, y_n\}$, 조건부 확률[천이확률(transition probability)이라고도 부름]의 집합에 의해 주어지며, P_{ij}는 다음과 같이 구할 수 있다.

$$P_{ij} = P\left[y_j | x_i\right] = P\left[\text{receiving symbol } y_j, \text{given that symbol } x_i \text{ was transmitted}\right]$$

이진 채널은 이산(discrete) 채널에서 $n=m=2$인 특별한 경우로 볼 수 있으며, 그림 1.5에 표시되어 있다.

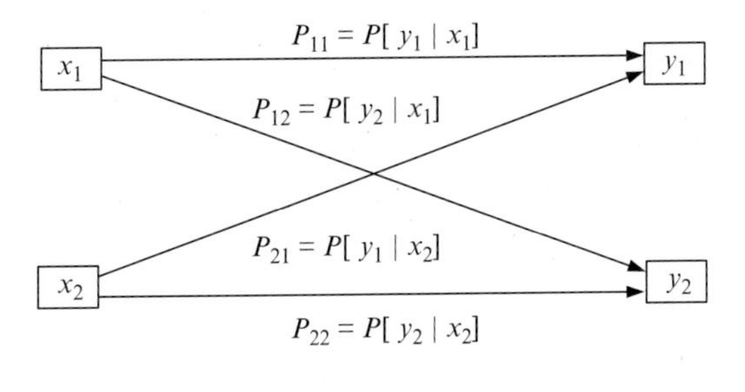

그림 1.5 이진 채널

이진 채널에서 x_1이 전송되었을 때 y_2가 수신되거나 x_2가 전송되었을때 y_1이 수신되는 경우 에러가 발생한다. 따라서 에러확률은 다음과 같이 주어진다.

$$P_e = P[x_1 \cap y_2] + P[x_2 \cap y_1] = P[y_2|x_1]P[x_1] + P[y_1|x_2]P[x_2]$$
$$= P[x_1]P_{12} + P[x_2]P_{21} \tag{1.17}$$

$P_{12}=P_{21}$이라면, 채널은 **이진 대칭 채널**(binary symmetrical channel : BSC)이 된다. 또한 BSC에서 $P(x_1)=p$이라면 $p(x_2)=1-p=q$가 된나.

그림 1.6과 같은 BSC를 고려하고, $P(x_1)=0.6$이고, $P(x_2)=0.4$일 경우 다음을 구하라.

a. x_1이 전송되었을 때 y_2가 수신될 확률
b. x_2이 전송되었을 때 y_1가 수신될 확률
c. x_1이 전송되었을 때 y_1가 수신될 확률
d. x_2이 전송되었을 때 y_2가 수신될 확률
e. 무조건적인 에러확률

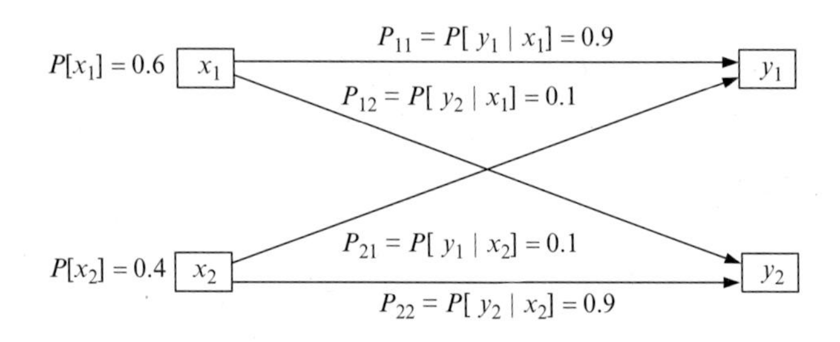

그림 1.6 예제 1.7에 대한 이진 대칭 채널

풀이

$P[y_1]$을 y_1이 수신될 확률이라 하고, $P[y_2]$를 y_2가 수신될 확률이라고 하자.

a. y_2가 수신된 조건에서 x_1이 전송되었을 확률은 다음과 같이 주어진다.

$$P[x_1|y_2] = \frac{P[x_1 \cap y_2]}{P[y_2]} = \frac{P[y_2|x_1]P[x_1]}{P[y_2|x_1]P[x_1] + P[y_2|x_2]P[x_2]}$$
$$= \frac{(0.1)(0.6)}{(0.1)(0.6) + (0.9)(0.4)}$$
$$= 0.143$$

b. y_1이 수신된 조건에서 x_2이 전송되었을 확률은 다음과 같이 주어진다.

$$P[x_2|y_1] = \frac{P[x_2 \cap y_1]}{P[y_1]} = \frac{P[y_1|x_2]P[x_2]}{P[y_1|x_1]P[x_1] + P[y_1|x_2]P[x_2]}$$

$$= \frac{(0.1)(0.4)}{(0.9)(0.6) + (0.1)(0.4)}$$

$$= 0.069$$

c. y_1이 수신된 조건에서 x_1이 전송되었을 확률은 다음과 같이 주어진다.

$$P[x_1|y_1] = \frac{P[x_1 \cap y_1]}{P[y_1]} = \frac{P[y_1|x_1]P[x_1]}{P[y_1|x_1]P[x_1] + P[y_1|x_2]P[x_2]}$$

$$= \frac{(0.9)(0.6)}{(0.9)(0.6) + (0.1)(0.4)}$$

$$= 0.931 = 1 - P[x_2|y_1]$$

d. y_2가 수신된 조건에서 x_2가 전송되었을 확률은 다음과 같이 주어진다.

$$P[x_2|y_2] = \frac{P[x_2 \cap y_2]}{P[y_2]} = \frac{P[y_2|x_2]P[x_2]}{P[y_2|x_1]P[x_1] + P[y_2|x_2]P[x_2]}$$

$$= \frac{(0.9)(0.4)}{(0.1)(0.6) + (0.9)(0.4)}$$

$$= 0.857 = 1 - P[x_1|y_2]$$

e. 무조건적인 에러 확률은 다음과 같이 주어진다.

$$P_e = P[x_1]P[y_2|x_1] + P[x_2]P[y_1|x_2] = P[x_1]P_{12} + P[x_2]P_{21} = (0.6)(0.1) + (0.4)(0.1)$$
$$= 0.1$$

예제 1.8

미식축구 팀에서 쿼터백은 0.6의 확률로 좋은 게임을 하고, 0.4의 확률로 게임을 망친다. 좋은 게임을 할 때 쿼터백은 0.2의 확률로 인터셉트를 당하고, 게임을 망칠 경우에는 0.5의 확률로 인터셉트를 당한다. 어떤 게임에서 인터셉트를 당했다면, 그 게임이 좋은 게임일 확률은 얼마인가?

풀이

G를 쿼터백이 좋은 게임을 할 확률이라 하고, B를 게임을 망칠 확률이라고 하자. 또한, I를 인터셉트를 당할 확률이라고 하면, 다음과 같이 쓸 수 있다.

$$P[G]=0.6$$

$$P[B]=0.4$$

$$P[I|G]=0.2$$

$$P[I|B]=0.5$$

$$P[G|I]=\frac{P[G\cap I]}{P[I]}$$

베이즈 정리(Bayes' formular)에 의하면, 마지막 공식은 다음과 같이 계산할 수 있다.

$$P[G|I]=\frac{P[G\cap I]}{P[I]}=\frac{P[I|G]P[G]}{P[I|G]P[G]+P[I|B]P[B]}$$

$$=\frac{(0.2)(0.6)}{(0.2)(0.6)+(0.5)(0.4)}=\frac{0.12}{0.32}$$

$$=0.375$$

예제 1.9

2개의 사건 A와 B에서 $P[A\cap B]=0.15$, $P[A\cup B]=0.65$, $P[A|B]=0.5$일 때, $P[B|A]$를 구하라.

풀이

$P[A\cup B]=P[A]+P[B]-P[A\cap B] \rightarrow 0.65=P[A]+P[B]-0.15$. 이것은 $P[A]+P[B]=0.65+0.15=0.80$을 의미하며, $P[A\cap B]=P[A|B]P[B]$이므로 다음과 같이 주어진다.

$$P[B]=\frac{P[A\cap B]}{P[A|B]}=\frac{0.15}{0.50}=0.30$$

이제, $P[A]=0.80-0.30=0.50$이다. $P[AB]=P[B|A]P[A]$이므로, 결과는 다음과 같다.

$$P[B|A]=\frac{P[A\cap B]}{P[A]}=\frac{0.15}{0.50}=0.30$$

예제 1.10

한 학생이 우체국에서 부모님께 소포를 보내려고 한다. 학생은 우체국 직원에게 지폐를 건네 주었는데 그 지폐가 $20이라고 생각했다. 그러나 우체국 직원은 학생에게 $10를 받은 것으로 생각하고 잔돈을 거슬러 주었다. 이 일로 논쟁이 발생했으며, 학생과 직원 둘 다 거짓을 말하고 있는 것은 아니지만 어디서인가 실수가 있다. 우체국의 현금 서랍에는 30개의 $20 지폐와 20개의 $10 지폐가 있었으며, 우체국 직원이 90%의 시간 동안 정확한 계산을 하고 있다고 한다면, 학생의 주장이 맞을 확률은 얼마인가?

풀이

사건 A를 학생이 우체국 직원에게 $10 지폐를 주었던 사건이라 하고, B를 학생이 우체국 직원에게 $20 지폐를 주었던 사건이라고 하자. V를 학생의 주장이 맞는 사건이라 하고, 마지막으로 L을 학생이 그녀에게 $10을 주었다고 우체국 직원이 말한 사건이라고 하자. 30개의 $20 지폐와 20개의 $10 지폐가 현금서랍에 있기 때문에 학생이 우체국 직원에게 준 돈이 $20 지폐일 확률은 30/(20+30)=0.6이고, $10 지폐일 확률은 1−0.6=0.4이다.

$$\begin{aligned}P[L]&=P[L|A]P[A]+P[L|B]P[B]=(0.90)(0.4)+(0.1)(0.6)\\&=0.42\end{aligned}$$

따라서 학생의 주장이 맞을 확률은 그가 우체국 직원에게 $20 지폐를 주었고, 그녀가 $10 지폐를 받았다고 주장할 확률이 된다. 베이즈 정리에 의하면 다음과 같이 계산할 수 있다.

$$P[V|L]=\frac{P[V\cap L]}{P[L]}=\frac{P[L|V]P[V]}{P[L]}=\frac{(0.10)(0.60)}{0.42}=\frac{1}{7}=0.1429$$

예제 1.11

항공정비회사는 항공기의 구조적 결함을 발견하기 위한 장비를 구매했다. 테스트 결과, 이 장비는 95%의 시간 동안 실제로 결함이 있는 것을 감지했으며, 1%의 시간 동안 실제로 결함이 없는데 구조적인 걸함이 있다고 잘못된 경고(false alarm)를 보냈다. 실제 항공기의 2%가 구조적인 결함이 있다고 가정하면, 장비가 구조적인 결함이 있다고 경고를 보낸 경우에 실제로 항공기가 구조적인 결함을 가지고 있을 확률은 얼마인가?

풀이

사건 D를 항공기가 구조적인 결함이 있는 사건이라 하고, B를 장비가 구조적인 결함이 있다고 경고하는 사건이라고 하자. 그러면 우리는 $P(D|B)$를 계산해야 한다. 베이즈 정리에 의하면 다음과 같이 계산할 수 있다.

$$P[D|B] = \frac{P[D \cap B]}{P[B]} = \frac{P[B|D]P[D]}{P[B|D]P[D] + P[B|\overline{D}]P[\overline{D}]}$$

$$= \frac{(0.95)(0.02)}{(0.95)(0.2) + (0.01)(0.98)} = 0.660$$

따라서, 66%의 항공기에 대해서만, 항공기가 실제로 구조적인 결함을 가지고 있을 때 장비가 구조적인 결함이 있다고 경고를 보낼 확률이 된다.

1.7.2 트리 다이어그램

조건부 확률은 실제 일어나는 실험을 모델링하기 위해 사용된다. 이러한 실험의 결과는 트리 다이어그램(tree diagram)을 이용하면 편리하게 표현할 수 있다. 트리는 원(또는 루프)을 포함하지 않고 연결된 그래프이다. 트리에서 모든 2개의 노드는 그것을 연결하는 유일한 경로를 갖는다. 선은 노드를 연결하는 가지(branch) 또는 간선(edge)이라 불린다. 각각의 가지는 다른 가지로 분할되거나 끝점을 갖는다. 실험을 모델링할 때 트리의 노드는 실험의 사건에 해당되며, 노드로부터 뻗어 나가는 가지의 수는 그 노드에서 일어날 수 있는 사건의 수를 표시한다. 앞에 연결가지가 있는 노드는 트리의 **뿌리**(root)라고 부르며, 더 이상 뻗어 나갈 가지가 없는 노드는 트리의 **잎**(leaf)이라고 부른다. 관심 있는 사건은 뿌리로부터 각각의 잎까지 실험의 결과를 따라가면서 정의될 수 있다.

조건부 확률은 사건을 표현하는 노드로부터 실험의 다음 사건을 표현하는 노드까지 뻗어가는 가지로 표현된다. 트리를 통한 경로는 실험의 가능한 결과에 해당한다. 따라서 트리의 뿌리로부터 어떤 노드까지의 모든 가지의 확률을 곱하면 그 노드로 표현된 사건의 확률과 같다.

한 개의 동전을 세 번 던지는 실험을 고려하자. p를 동전의 앞면이 나올 확률이라 하면, 동전의 뒷면이 나올 확률은 $1-p$이다. 그림 1.7은 이 실험의 트리 다이어그램을 보여준다.

사건 A를 '첫 번째 동전이 앞면이 나올 사건'이라 하고, B를 '두 번째 동전이 뒷면이 나올 사건'이라 하면, 그림 1.7로부터 $P(A)=p$이고, $P(B)=1-p$이다. $P(A\cap B)=p(1-p)$이므로 다음과 같이 계산할 수 있다.

$$\begin{aligned} P[A] &= P[HHH]+P[HHT]+P[HTH]+P[HTT] \\ &= p^3+2p^2(1-p)+p(1-p)^2 \\ &= p \\ P[B] &= P[HTH]+P[HTT]+P[TTH]+P[TTT] \\ &= p^2(1-p)+2p(1-p)^2+(1-p)^3 \\ &= 1-p \end{aligned}$$

$A\cap B=\{HTH,HTT\}$이므로, 다음과 같이 계산할 수 있다.

$$P[A\cap B]=P[HTH]+P[HTT]=p^2(1-p)+p(1-p)^2=p(1-p)\{p+1-p\}=p(1-p)$$

여기서, $A\cup B=\{HHH,HHT,HTH,HTT,TTH,TTT\}$이므로, 다음과 같이 계산할 수 있다.

$$\begin{aligned} P[A\cup B] &= P[HHH]+P[HHT]+P[HTH]+P[HTT]+P[TTH]+P[TTT] \\ &= p^3+2p^2(1-p)+2p(1-p)^2+(1-p)^3 \\ &= p^2\{p+2(1-p)\}+(1-p)^2\{2p+1-p\}=1-p+p^2 \\ &= 1-p(1-p) \end{aligned}$$

다음을 통하여 동일한 결과를 얻을 수 있다는 것을 주목하자.

$$\begin{aligned} P[A\cup B] &= P[A]+P[B]-P[A\cap B]=p+1-p-p(1-p) \\ &= 1-p(1-p) \end{aligned}$$

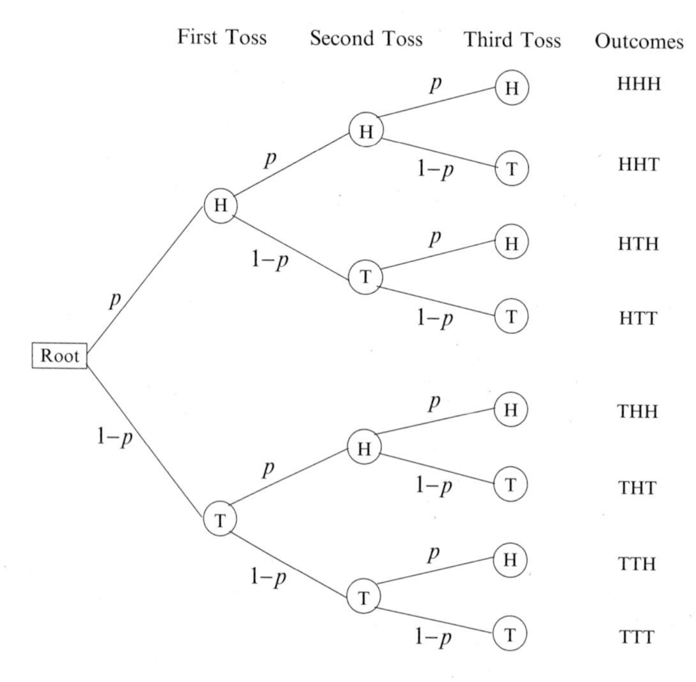

그림 1.7 하나의 동전을 세 번 던지는 경우의 트리 다이어그램

예제 1.12

한 대학에 대학원생보다 2배의 학부생이 재학 중이다. 대학원생의 25%가 캠퍼스 내에 살고 있고, 학부생의 10%가 캠퍼스 내에 살고 있다.

a. 한 학생을 임의로 선정한 경우, 그 학생이 캠퍼스에서 살고 있는 학부생일 확률은 얼마인가?
b. 캠퍼스에서 살고 있는 한 학생을 임의로 선정한 경우, 그 학생이 대학원생일 확률은 얼마인가?

풀이

문제를 풀기 위해 트리 다이어그램을 사용한다. 대학원생보다 학부생이 2배 많기 때문에 학부생의 인구 비율은 2/3이고, 대학원생의 인구 비율은 1/3이다. 이 정보 이외에 또 다른 정보가 그림 1.8처럼 트리의 가지에 라벨로 나타나 있다. 그림에서 G는 대학원생을 나타내고, U는 학부생을 나타낸다. ON은 캠퍼스에 살고 있는 학생을, OFF는 캠퍼스 밖에서 살고 있는 학생을 나타낸다.

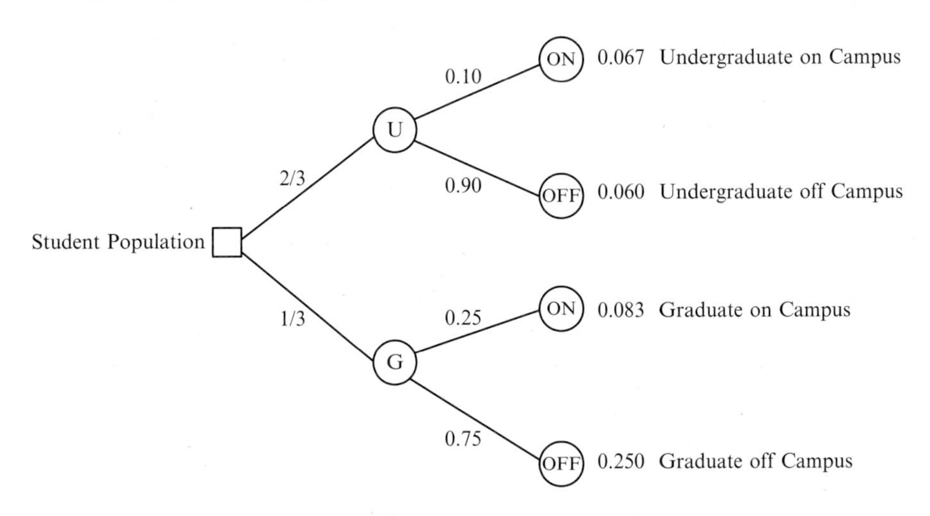

그림 1.8 예제 1.12에 대한 트리 다이어그램

a. 그림으로부터 임의로 선정한 한 학생이 학부생이며 캠퍼스에서 살고 있을 확률은 0.067이다. 또한, 다음과 같이 문제를 직접 풀 수도 있다. 우리는 캠퍼스에서 살고 있는 학부생을 선정할 확률을 찾는 것이 필요하다. 이것은 $P[U \rightarrow ON]$이며, 처음으로 U 가지(branch)로 이동하고 다음으로 ON 가지로 가는 확률이다. 다음과 같이 주어진다.

$$P[U \to ON] = \frac{2}{3} \times 0.10 = 0.067$$

b. 트리로부터, 선정된 학생이 캠퍼스에서 살 확률은 $P[U \to ON]+P[G \to ON]=0.067+0.083=0.15$이다. 따라서 캠퍼스에서 살고 있는 선정된 학생이 대학원생일 확률은 $P[G \to ON]/\{P[U \to ON]+P[G \to ON]\}=0.083/0.15=0.55$이다. 베이즈 정리를 이용하면 이 문제를 다음과 같이 풀 수 있다.

$$P[G|ON] = \frac{P[ON|G]P[G]}{P[ON|U]P[U]+P[ON|G]P[G]} = \frac{(0.25)(1/3)}{(0.25)(1/3)+(0.10)(2/3)}$$
$$= \frac{5}{9} = 0.55$$

예제 1.13

다지선다형(multiple-choice) 시험은 질문당 4개의 답안을 가지고 있다. 75%의 질문에 대해서 팻은 답을 알고 있다고 생각한다. 그리고 그녀는 나머지 25%의 질문에 대해서 답을 임의로 선택한다. 불행하게도, 팻은 답을 알고 있다고 생각하지만, 그녀는 현재 80%만 올바르게 답을 알고 있다.

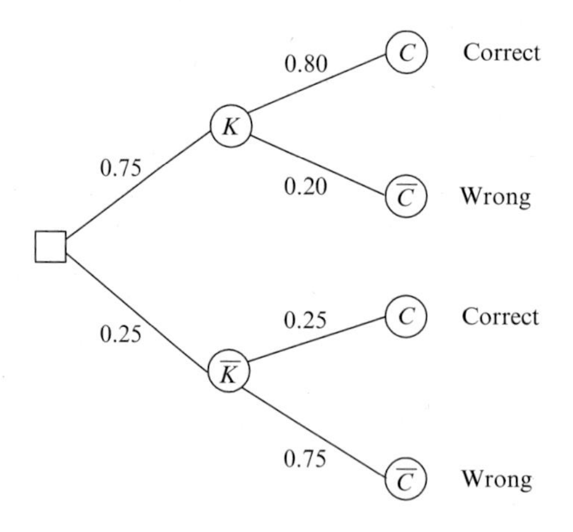

그림 1.9 예제 1.13에 대한 그림

a. 임의의 질문에 대해서 그녀의 답변이 정답일 확률은 얼마인가?

b. 만약 그녀의 답변이 정답이었다면, 그것이 그녀가 정답을 몰랐기 때문에 임의로 선택(lucky guess)한 것이었을 확률은 얼마인가?

풀이

우리는 다음과 같은 트리 다이어그램을 활용할 수 있다. 뿌리(root)로부터, 팻이 답을 알고 있다고 생각하는 K라는 사건과 팻이 답을 알지 못한다고 생각하는 $\overline{K}$라는 2개의 가지들이 존재한다. K인 경우에, 그녀가 정답일 확률(C)은 0 .80이고, 정답이 아닐 확률($\overline{C}$)은 0.20이다. $\overline{K}$인 경우에는 4개의 답안 중에서 동일한 확률로 답안을 선택하기 때문에 정답일 확률이 0.25이다. 그러므로 이 경우에 정답이 아닐 확률은 0.75이다. 그림 1.9는 이에 대한 트리 다이어그램이다.

a. 임의의 문제에 대해서 팻이 정답을 맞출 확률은 다음과 같다.

$$
\begin{aligned}
P[\text{Correct Answer}] &= P[K \to C] + P\left[\overline{K} \to C\right] = (0.75)(0.8) + (0.25)(0.25) \\
&= 0.6625
\end{aligned}
$$

이것은 직접적인 계산을 통해서도 계산할 수 있다.

$$
\begin{aligned}
P[\text{Correct Answer}] &= P[\text{Correct Answer}|K]P[K] + P\left[\text{Correct Answer}|\overline{K}\right]P\left[\overline{K}\right] \\
&= (0.80)(0.75) + (0.25)(0.25) = 0.6625
\end{aligned}
$$

b. 그녀가 정답을 맞추었을 경우, 그것이 임의로 추측한 것이었을 확률은 다음과 같다.

$$
\begin{aligned}
P[\text{Lucky Guess}|\text{Correct Answer}] &= P\left[\overline{K} \to C\right] / P[\text{Correct Answer}] = \frac{(0.25)(0.25)}{0.6625} \\
&= 0.0943
\end{aligned}
$$

이것은 직접적인 계산을 통해서도 계산할 수 있다.

$$
\begin{aligned}
P[\text{Lucky Guess}|\text{Correct Answer}] &= \frac{P\left[\text{Correct Answer}|\overline{K}\right]P\left[\overline{K}\right]}{P[\text{Correct Answer}]} = \frac{(0.25)(0.25)}{0.6625} \\
&= 0.0943
\end{aligned}
$$

1.8 독립사건

2개의 사건 A와 B가 있을 때 하나의 사건이 발생했다는 정보가 다른 사건이 일어날 확률에 영향을 주지 않는나면 이 두 사건은 독립(independent)이라고 정의된다. 특히, 사건 A와 B가 독립인 경우, 사건 B가 주어졌을 때 사건 A가 일어날 조건부 확률 $P[A|B]$는 사건 A의 확률과 같다. 즉, 다음 식이 성립한다면 사건 A와 B는 독립이 된다.

$$P[A|B] = P[A] \tag{1.18}$$

정의 $P[A \cap B] = P[A|B]P[B]$에 의해, 다음 식이 성립할 때 두 사건 A와 B는 독립이라고 정의할 수 있다.

$$P[A \cap B] = P[A]P[B] \tag{1.19}$$

독립의 정의는 다중 사건에 대해서 확장될 수 있다. n개의 사건 $A_1, A_2, \ldots, A_n$은 다음 조건이 충족될 때 독립이라고 말한다.

$$\begin{aligned} P[A_i \cap A_j] &= P[A_i]P[A_j] \\ P[A_i \cap A_j \cap A_k] &= P[A_i]P[A_j]P[A_k] \\ &\vdots \\ P[A_i \cap A_j \cap \cdots \cap A_n] &= P[A_i]P[A_j]\cdots P[A_n] \end{aligned}$$

이 식은 모든 $1 \le i < j < k < \cdots \le n$에 대해 참이다. 즉, 이 사건들은 쌍으로 독립이고, 세 사건 간에도 독립이 성립하며 그 이상에 대해서도 참이다.

예제 1.14

빨간 주사위와 파란 주사위를 같이 굴린다. 빨간 주사위에서 4가 나오고 파란 주사위에서 2가 나올 확률은 얼마인가?

풀이

R을 '빨간 주사위에서 4'일 사건이라 하고, B를 '파란 주사위에서 2'일 사건이라 하자. 따라서 $P(R\cap B)$를 구하는 문제가 된다. 주사위의 수는 다른 주사위의 수에 영향을 미치지 않으므로 사건 R과 사건 B는 독립이다. 따라서 $P(R)=1/6$이고, $P(B)=1/6$이므로, $P(R\cap B)=P(R)P(B)=1/36$이다.

예제 1.15

2개의 동전을 던졌다. 사건 A를 '2개 중에 많아야 하나가 앞면'일 확률이라 하고, B를 '2개 중에 하나의 앞면과 하나의 뒷면'일 사건이라 하자. A와 B는 독립사건인가?

풀이

실험의 표본공간은 $\Omega=\{HH, HT, TH, TT\}$이다. 이제 사건은 $A=\{HT, TH, TT\}$와 $B=\{HT, TH\}$로 정의된다. 또한, $A\cap B=\{HT, TH\}$이다. 따라서 다음이 성립한다.

$$P[A]=\frac{3}{4}$$
$$P[B]=\frac{2}{4}=\frac{1}{2}$$
$$P[A\cap B]=\frac{2}{4}=\frac{1}{2}$$
$$P[A]P[B]=\frac{3}{4}\times\frac{1}{2}=\frac{3}{8}$$

$P[A\cap B]\neq P[A]P[B]$이므로, 사건 A와 사건 B는 독립이 아니라는 결론이 나온다. B가 A의 부분집합이라는 것은 그들이 독립이 아니라는 것을 확증한다는 것에 주목하자.

명제 1.2

사건 A와 B가 독립사건이라면, 사건 A와 $\overline{B}$, 사건 $\overline{A}$와 B 및 사건 $\overline{A}$와 $\overline{B}$도 독립이다.

증명

사건 A는 항등식 $A=(A\cap B)\cup(A\cap\overline{B})$로 표현할 수 있다. 사건 $A\cap B$와 $A\cap\overline{B}$는 상호배타적이므로 다

음 식이 성립한다.

$$P[A] = P[A \cap B] + P[A \cap \overline{B}]$$
$$= P[A]P[B] + P[A \cap \overline{B}]$$

여기서 마지막 등식은 A와 B가 독립이라는 사실로부터 얻어진다. 따라서, 다음이 얻어진다.

$$P[A \cap \overline{B}] = P[A] - P[A \cap B] = P[A] - P[A]P[B] = P[A]\{1 - P[B]\} = P[A]P[\overline{B}]$$

이는 사건 A와 $\overline{B}$가 독립이라는 것을 증명한다. 사건 $\overline{A}$와 B가 독립이라는 것을 증명하기 위하여 $B=(A \cap B) \cup (\overline{A} \cap B)$에서 시작한다. 2개의 사건이 상호배타적이므로 독립조건을 유도할 수 있다. 마지막으로, 사건 $\overline{A}$와 $\overline{B}$도 독립이라는 것을 증명하기 위하여 $\overline{A}=(\overline{A} \cap B) \cup (\overline{A} \cap \overline{B})$에서 시작하면 앞에서 유도한 결과를 바탕으로 증명될 수 있다.

예제 1.16

A와 B가 2개의 독립된 사건으로 동일한 표본공간에서 정의된다. 각각의 확률은 $P[A]=x$이고 $P[B]=y$이다. x와 y로 다음 사건의 확률을 계산하라.

a. 사건 A도, 사건 B도 일어나지 않을 확률
b. 사건 A가 일어나지만 사건 B는 일어나지 않을 확률
c. 사건 A가 일어나거나 사건 B가 일어나지 않을 확률

풀이

사건 A와 B가 독립이므로 명제 1.2에 의해 사건 A와 $\overline{B}$, 사건 $\overline{A}$와 B 및 사건 $\overline{A}$와 $\overline{B}$도 독립이다.

a. 사건 A도 사건 B도 일어나지 않을 확률은 사건 A가 일어나지 않으며, 사건 B도 일어나지 않을 확률이므로 다음과 같이 정의된다.

$$P_{\overline{ab}} = P[\overline{A} \cap \overline{B}] = P[\overline{A}]P[\overline{B}] = (1-x)(1-y)$$

여기서, 두 번째 등식은 $\overline{A}$와 $\overline{B}$가 독립이기 때문이다.

b. 사건 A가 일어나지만 사건 B는 일어나지 않을 확률은 사건 A가 일어날 확률과 사건 B가 일

어나지 않을 확률이므로 다음과 같이 주어진다.

$$P_{a\bar{b}} = P[A \cap \bar{B}] = P[A]P[\bar{B}] = x(1-y)$$

여기서, 두 번째 등식은 A와 $\bar{B}$가 독립이기 때문이다.

c. 사건 A가 일어나거나 사건 B가 일어나지 않을 확률은 다음과 같이 주어진다.

$$\begin{aligned} P[A \cup \bar{B}] &= P[A] + P[\bar{B}] - P[A \cap \bar{B}] \\ &= P[A] + P[\bar{B}] - P[A]P[\bar{B}] = x + (1-y) - x(1-y) \\ &= 1 - y(1-x) \end{aligned}$$

여기서, 두 번째 등식은 A와 $\bar{B}$가 독립이기 때문이다.

예제 1.17

짐과 빌은 명사수(marksmen)이다. 짐은 0.8의 확률로 목표물을 맞힐 수 있으며, 빌은 0.7의 확률로 맞힐 수 있다. 둘이 동시에 쏘았을 때, 목표물이 적어도 한 번 맞을 확률은 얼마인가?

풀이

J를 짐이 목표물을 맞힐 사건, $\bar{J}$를 짐이 목표물을 못 맞힐 확률이라고 하고, B를 빌이 목표물을 맞힐 사건, $\bar{B}$를 빌이 목표물을 못 맞힐 확률이라고 하자. 빌의 사격과 짐의 사격은 서로 영향을 주지 않으므로 J와 B는 독립사건이 된다. B와 J가 독립사건이므로 J와 $\bar{B}$도 독립이고, 사건 B와 $\bar{J}$도 독립이다. 따라서, 목표물을 적어도 한 번 맞힐 확률은 한 번 맞힐 확률과 두 번 맞힐 확률의 합집합이 된다. 즉, 목표물을 적어도 한 번 이상 맞힐 확률 p는 다음과 같다.

$$\begin{aligned} p &= P[\{J \cap B\} \cup \{J \cap \bar{B}\} \cup \{\bar{J} \cap B\}] = P[J \cap B] + P[J \cap \bar{B}] + P[\bar{J} \cap B] \\ &= P[J]P[B] + P[J]P[\bar{B}] + P[\bar{J}]P[B] = (0.8)(0.7) + (0.8)(0.3) + (0.2)(0.7) \\ &= 0.94 \end{aligned}$$

이것은 짐과 빌이 모두 목표물을 맞히지 못할 확률의 상보사건(compliment)과 같다. 이는 다음과 같이 주어진다.

$$p = 1 - P[\bar{J} \cap \bar{B}] = 1 - P[\bar{J}]P[\bar{B}] = 1 - (0.2)(0.3) = 1 - 0.06 = 0.94$$

1.9 결합 실험

지금까지 우리의 논의는 단일 실험에만 한정되어 있었다. 때때로, 우리는 복수 개의 개별실험을 결합하는 실험을 형성할 필요가 있다. 하나의 실험이 N개의 표본점을 갖는 표본공간 Ω_1을 가지고, 다른 실험이 M개의 표본점을 갖는 표본공간 Ω_2를 가지는 경우를 고려하자. 즉, 다음과 같다.

$$\Omega_1 = \{x_1, x_2, \ldots, x_N\}$$
$$\Omega_2 = \{y_1, y_2, \ldots, y_M\}$$

만약 하나의 실험이 이 두 실험의 결합이라면, 결합실험의 표본공간은 **결합표본공간**(combined sample space 또는 Cartesian product space)이라고 부르며 다음과 같이 정의된다.

$$\Omega = \Omega_1 \times \Omega_2 = \left\{x_i, y_j | x_i \in \Omega_1, y_j \in \Omega_2; i = 1, 2, \ldots, N; j = 1, 2, \ldots, M\right\}$$

하나의 실험의 결합표본공간은 표본공간 Ω_k, $k=1,2,\ldots,N$의 N개의 실험의 결과로 다음과 같이 주어진다.

$$\Omega = \Omega_1 \times \Omega_2 \times \cdots \times \Omega_N$$

여기서 L_k가 표본공간 Ω_k, $k=1,2,\ldots,N$ 내의 표본점이라면, Ω의 표본점의 수(또한, Ω의 기수라고 부른다)는 다음과 같이 주어진다.

$$L = L_1 \times L_2 \times \cdots \times L_N$$

즉, Ω의 기수는 각각의 실험에 해당하는 표본공간의 기수의 곱이다.

예제 1.18

결합실험이 2개의 실험으로부터 만들어진다고 하자. 첫 번째 실험은 동전을 던지는 것이고, 두 번째 실험은 주사위를 굴리는 것이다. Ω_1을 첫 번째 실험의 표본공간이라 하고, Ω_2를 두 번째 실험의 표본공간이라 하자. 결합실험의 표본공간은 다음과 같이 주어진다.

$$\Omega_1 = \{H, T\}$$
$$\Omega_2 = \{1, 2, 3, 4, 5, 6\}$$
$$\Omega = \left\{ \begin{array}{l} (H, 1), (H, 2), (H, 3), (H, 4), (H, 5), (H, 6), \\ (T, 1), (T, 2), (T, 3), (T, 4), (T, 5), (T, 6) \end{array} \right\}$$

이처럼, Ω의 표본점의 수는 2개의 표본공간에서의 표본점의 수의 곱이 된다. 동전이나 주사위를 제대로 만들었다면, Ω의 표본점은 동일한 확률을 갖는다. 즉, 각각의 표본점은 동일하게 발생한다. 예를 들어, X를 '동전의 앞면과 주사위에서 짝수'가 나올 사건이라 하면 X와 그 확률은 다음과 같이 주어진다.

$$X = \{(H, 2), (H, 4), (H, 6)\}$$
$$P[X] = \frac{3}{12} = \frac{1}{4}$$

문제를 푸는 또 다른 방법은 다음과 같다. H를 동전의 앞면이 나오는 사건이라 하고, E를 주사위가 짝수가 나올 확률이라 하면 X는 $X=H \cap E$이다. 사건 H와 E는 독립이므로 다음과 같이 계산된다.

$$P[X] = P[H \cap E] = P[H]P[E] = \frac{1}{2} \times \frac{3}{6} = \frac{1}{4}$$

1.10 기초 조합해석

조합해석은 관심 있는 사건이 일어나는 순서를 계산할 때 사용된다. 확률 이론에서 사용되는 조합해석의 두 가지 기초적인 내용은 순열(permutation)과 조합(combination)이다.

1.10.1 순열

때때로, 우리는 실험의 결과가 어떻게 나타나는지에 관심이 있다. 예를 들어, 실험의 가능한 결과가 A, B 및 C일 경우, 이러한 결과가 나타나는 순서는 여섯 가지가 있을 수 있음을 알 수 있다. 즉 ABC, ACB, BAC, BCA, CAB 및 CBA가 그것이다. 이러한 각각의 순서를 **순열**(permutation)이라 부른다. 즉, 3개의 다른 개체를 갖는 집합은 6개의 순열을 갖는다. 이 숫자는 다음과 같이 유도된다. 첫 번째 개체를 선택하는 데는 세 가지 방법이 있다. 첫 번째 개체가 선택되면 두 번째 개체를 선택하는 두 가지 방법이 있다. 그리고 처음의 2개의 개체가 선택되고 나면 세 번째 개체를 선택하는 하나의 방법이 있다. 이것은 $3\times2\times1=6$의 순열이 있음을 의미한다.

n개의 개체가 있는 시스템에서 우리는 유사한 논리를 적용하여 다음과 같은 순열의 수를 얻을 수 있다.

$$n\times(n-1)\times(n-2)\times\cdots\times3\times2\times1=n!$$

여기서 $n!$은 'n 차례곱(n factorial)'이라 읽으며, 관례상 $0!=1$이다.

n개의 개체 중에 r개를 배열한다고 가정하면, 이제 문제는 $r\le n$인 경우 n개의 개체로부터 얻어진 r개의 개체의 순서가 얼마나 가능한지를 계산하는 문제가 된다. 이 수는 $P(n,r)$로 표현하며 다음과 같이 계산된다.

$$P(n,r)=\frac{n!}{(n-r)!}=n\times(n-1)\times(n-2)\times\cdots\times(n-r+1),\quad r=1,2,\ldots,n \tag{1.20}$$

$P(n,r)$의 값은 n개의 개체로부터 얻어진 r개의 개체의 순열(또는 순서)의 수를 나타내며, 이때 주어진 개체의 배열 순서가 중요하다. $r=n$인 경우는 다음과 같다.

$$P(n,n)=\frac{n!}{(n-n)!}=\frac{n!}{0!}=n!$$

예제 1.19

어린 소녀가 6개의 블록을 가지고 있는데 모델을 만들기 위해서 그중 4개를 선택해야 한다. 각각의 모델에서 블록의 순서가 중요할 때 소녀는 얼마나 많은 모델을 만들 수 있는가?

풀이

개체의 순서가 중요하기 때문에 이 문제는 순열 문제가 된다. 따라서 모델의 수는 다음과 같이 계산된다.

$$P(6,4)=\frac{6!}{(6-4)!}=\frac{6!}{2!}=\frac{6\times5\times4\times3\times2\times1}{2\times1}=360$$

이 소녀가 4개가 아닌 3개의 블록을 선택한다면 순열의 수는 120(=P(6,3))으로 줄어듦을 확인하라. 또한, 만약 이보다 더 적은 2개의 블록을 동시에 선택하였다면, 순열의 수는 30(=P(6,2))이 된다.

예제 1.20

SAMPLE이라는 단어로부터 얼마나 많은 단어가 만들어질 수 있는가? 만들어진 단어는 실제로 의미있는 영어 단어가 될 필요는 없으나, 원래 단어에 있는 문자의 수만큼만 포함해야 한다(예를 들어, 'mas'는 가능하지만, 'maa'는 SAMPLE이란 단어에서 'a'가 한 번만 나오므로 불가능하다).

풀이

단어는 한 글자 단어, 두 글자 단어, 세 글자 단어, 네 글자 단어, 다섯 글자 단어, 또는 여섯 글자 단어가 가능하다. SAMPLE이란 단어는 겹치는 단어가 없으므로 k-글자의 단어를 만드는 방법은 $P(6,k)$, $k=1,2,\ldots,6$이 있다. 따라서 단어의 수는 다음과 같이 계산된다.

$$\begin{aligned}N&=P(6,1)+P(6,2)+P(6,3)+P(6,4)+P(6,5)+P(6,6)\\&=6+30+120+360+720+720=1956\end{aligned}$$

다음의 정리를 증명 없이 사용한다.

정리

n개의 원소가 있을 때, $n_1, n_2, \ldots, n_k$가 $n_1+n_2+\cdots+n_k=n$인 양의 정수라고 하면, 크기가 각각 $n_1, n_2, \ldots,$

n_k인 k개의 부분그룹으로 나눌 수 있는 방법은 다음 식으로 계산된다.

$$N = \frac{n!}{n_1! \times n_2! \times \cdots \times n_k!} \tag{1.21}$$

예제 1.21

5개의 동일한 빨간 블록, 2개의 동일한 하얀 블록, 그리고 3개의 동일한 파란 블록이 열로 배열되어 있다. 얼마나 많은 배열의 순서가 가능한가?

풀이

이 예제에서 n=5+2+3=10, n_1=5, n_2=2, n_k=3이다. 이 경우 가능한 배열의 순서는 다음과 같다.

$$N = \frac{10!}{5! \times 2! \times 3!} = 2520$$

예제 1.22

단어 MISSISSIPPI의 모든 글자를 사용하여 얼마나 많은 단어를 만들 수 있는가?

풀이

이 단어는 11개의 문자를 가지고 있으며, 1개의 M, 4개의 S, 4개의 I, 2개의 P로 구성된다. 이제 단어의 수는 다음과 같이 주어진다.

$$N = \frac{11!}{1! \times 4! \times 4! \times 2!} = 34650$$

1.10.2 회전 배치

n명의 사람이 둥글게 앉아 있는 문제를 고려하자. 각 위치를 1, 2, ..., n으로 명명하자. 하나의 순서를 만든 후 모든 사람이 왼쪽이나 오른쪽으로 한 칸씩 이동한다면, 각각의 사람이 새로운 위치를 차지하고 있으므로 새로운 배치가 만들어진다. 하지만 각 사람의 이웃은 여전히 새로운 배치에서도 동일하다. 이것은 이러한 위치 이동이 새로운 의미 있는 배치 순서를 만들고 있지 못함을 의미한다. 이러한 문제를 풀기 위해서는 나머지 사람은 움직이더라도 하나의 사람은 고정되어 있어야 한다.

따라서 배치될 사람의 수는 $n-1$이 되며, 이것은 가능한 배치의 개수가 $(n-1)!$이 됨을 알 수 있다. 예를 들어, 10명의 사람이 원형으로 배치되는 방법은 $(10-1)!=9!=362,880$이 된다.

1.10.3 확률에서 순열의 응용

하나의 시스템이 n개의 구별되는 개체를 가지며, a_1, a_2, ..., a_n이라 명명하자. 다음과 같은 방법으로 이러한 개체로부터 r개를 선택한다고 가정하자. 첫 번째 개체를 선택하고 그것의 형태를 기록하고, 그리고 그것을 다시 원래 위치에 집어넣는다. 이 과정을 r개의 개체 모두를 선택할 때까지 반복한다. 이것은 n개의 개체로부터 r개를 선정하는 '순서화된 표본'을 의미한다. 이 문제는 순서화된 표본의 개수가 얼마나 가능한지를 구하는 문제가 되며, 여기서 2개의 순서화된 표본은 표본 내에서 특정한 위치에 적어도 하나의 개체가 다르다면 구별될 수 있다고 말할 수 있다. 각각의 실험에서 개체를 선택할 수 있는 방법은 n개가 있으므로 구별할 수 있는 표본의 전체 개수는 $n \times n \times \cdots \times n = n^r$이 된다.

이제 한 번 뽑은 것은 다시 집어넣지 않고 표본화한다고 가정하자. 즉 하나의 개체가 선택된다면, 그것은 원래 위치에 집어넣지 않는다. 다음 개체가 나머지 중에서 선택되고 이것을 다시 집어넣지 않는다. 이 과정이 r개의 개체가 선택될 때까지 반복된다. 이제 표본화하는 방법의 가능한 수는 첫 번째 개체에서 n번의 선택이, 두 번째 개체에서 $n-1$개의 선택이, 세 번째 개체에서 $n-2$개의 선택방법이 가능하며, 이것이 계속되어 마지막으로 r번째, 개체를 선택하는 방법은 $n-r+1$이 된다. 이제 분리 가능한 표본의 전체 수는 $n\times(n-1)\times(n-2)\times\cdots\times(n-r+1)$이 된다.

예제 1.23

지하철이 n개의 차량으로 구성되어 있다. 지하철을 타기 위해 기다리는 승객의 수는 $k<n$이고, 각각의 승객은 임의적으로 하나의 차량에 들어간다. 모두 k명의 승객이 지하철의 각기 다른 차량에 탈 확률은 얼마인가?

풀이

승객들과 관련된 제한사항이 있는 사건에 대한 확률 P는 다음과 같이 주어진다.

$$p=\frac{\text{제한이 있는 경우 배치 방법의 개수}}{\text{제한이 없는 배치 방법의 개수}}$$

여기서, 차량에 타는 데 특별한 제한이 없다면 k명의 승객 각각은 n개의 차량 중 아무데나 탈 수 있다. 따라서, 이 경우 차량 내에서 승객의 배치 방법의 개수는 $N=n\times n\times\cdots\times n=n^k$이다.

이제 승객이 하나의 차량에 한 명만 타는 방식으로 차량에 탄다면, 첫 번째 승객은 n개의 차량 중 아무 차량에나 타게 될 것이다. 첫 번째 승객이 하나의 차량에 타게 된 후 두 번째 승객은 $n-1$개의 차량 중 하나에 타게 된다. 마찬가지로, 세 번째 승객은 $n-2$개의 남아 있는 차량 중 하나를 탈 것이다. 마지막으로, k번째 승객은 $n-k+1$개의 남아 있는 차량에 타게 될 것이다. 이제 동일한 차량에 두 명의 승객이 없는 배치의 수는 $M=n\times(n-1)\times(n-2)\times\cdots\times(n-k+1)$이 된다. 따라서, 이 사건의 확률은 다음과 같다.

$$p=\frac{M}{N}=\frac{n\times(n-1)\times(n-2)\times\cdots\times(n-k+1)}{n^k}$$

예제 1.24

열 권의 책이 임의의 순서로 책장에 꽂혀있다. 세 권의 특정한 책이 나란히 놓여 있을 확률을 구하라.

풀이

책을 조건 없이 배치하는 방법은 10!로 주어진다. 세 권의 책이 'superbook'으로 같이 묶여 있는 경우를 고려하면, 이는 superbook을 포함하는 경우, 책장에 여덟 권의 책을 놓는다는 것을 의미한다. 이 경우, 책을 배치하는 방법은 8!이다. 이 배치에서 세 권의 책은 그 자체로 3!=6가지 방법으로 스스로 배치될 수 있다. 따라서 세 권의 책을 배치하는 방법은 모두 8!3!이며, 이제 요구되는 확률 p는 다음과 같이 계산된다.

$$p=\frac{8!3!}{10!}=\frac{6\times 8!}{10\times 9\times 8!}=\frac{6}{90}=\frac{1}{15}$$

1.10.4 조합

순열에서는 하나의 선택과정에서 개체의 순서가 중요하다. 즉 하나의 선택과정에서 개체의 배치가 매우 중요하다. 따라서 순서 ABC는 비록 3개의 개체가 동일할지라도 순서 ACB와는 다르다. 어떤 문제에서는 하나의 선택과정이 개체의 순서가 중요하지 않을 수 있다. 예를 들어, 졸업하기 위해서 6개의 과목 중에서 4개의 과목을 선택하는 것이 필요한 학생을 생각해 보자. 여기서 과목의 순서는 중요하지 않다. 중요한 것은 학생이 4개의 과목을 선정한다는 것이다.

선택과정에서 개체의 순서가 중요하지 않기 때문에, n개의 개체로부터 r개의 개체를 선정하는 방법의 수는 순서가 중요했을 때보다는 작아질 것이다. n개의 개체로부터 한 번에 r개의 개체를 선택하는 방법의 수는 그 순서가 중요하지 않을 때 이를 n개의 개체로부터 r개의 개체를 **조합**(combination)한다고 부르며 $C(n,r)$이라고 쓴다. 이 값은 다음과 같이 정의된다.

$$C(n,r)=\binom{n}{r}=\frac{P(n,r)}{r!}=\frac{n!}{(n-r)!r!} \tag{1.22}$$

$r!$이 r개의 개체로부터 r개를 선택하는 순열의 값임을 기억하라. 따라서 $C(n,r)$은

n개의 개체로부터 r개를 선택하는 순열의 값을 r개의 개체로부터 r개를 선택하는 순열의 값으로 나눈 것과 같다.

앞의 공식으로부터 $C(n,r)=C(n,n-r)$이 됨을 확인하라. 조합과 관련된 유용한 항등식으로 다음이 있다.

$$\binom{n+m}{k}=\sum_{i=0}^{k}\binom{n}{i}\binom{m}{k-i} \qquad (1.23)$$

이 항등식은 m명의 소년과 n명의 소녀로부터 k명을 선택하는 방법을 고려함으로써 쉽게 증명될 수 있다. 특히 $m=k=n$이면 다음과 같다.

$$\begin{aligned}\binom{2n}{n}&=\binom{n}{0}\binom{n}{n}+\binom{n}{1}\binom{n}{n-1}+\binom{n}{2}\binom{n}{n-2}+\cdots+\binom{n}{k}\binom{n}{n-k}+\cdots+\binom{n}{n}\binom{n}{0}\\&=\binom{n}{0}^2+\binom{n}{1}^2+\binom{n}{2}^2+\cdots+\binom{n}{k}^2+\cdots+\binom{n}{n}^2\\&=\sum_{k=0}^{n}\binom{n}{k}^2\end{aligned} \qquad (1.24)$$

여기서 마지막에서 두 번째 식은 다음으로부터 계산된다.

$$\binom{n}{k}=\binom{n}{n-k}$$

예제 1.25

$\binom{16}{8}$을 계산하라.

풀이

$$
\begin{aligned}
\binom{16}{8} &= \sum_{k=0}^{8}\binom{8}{k}^2 \\
&= \binom{8}{0}^2 + \binom{8}{1}^2 + \binom{8}{2}^2 + \binom{8}{3}^2 + \binom{8}{4}^2 + \binom{8}{5}^2 + \binom{8}{6}^2 + \binom{8}{7}^2 + \binom{8}{8}^2 \\
&= 1^1 + 8^2 + 28^2 + 56^2 + 70^2 + 56^2 + 28^2 + 8^2 + 1^1 \\
&= 12,870
\end{aligned}
$$

예제 1.26

어린 소녀가 6개의 블록을 가지고 있는데, 그중에서 한 번에 4개를 선택해서 모델을 만들려고 한다. 각각의 모델에서 블록의 순서가 중요하지 않다면 어린 소녀는 얼마나 많은 모델을 만들 수 있는가?

풀이

모델의 수는 다음과 같다.

$$C(6,4) = \frac{6!}{(6-4)!4!} = \frac{6!}{2!4!} = \frac{6\times5\times4!}{2\times1\times4!} = \frac{30}{2} = 15$$

$P[6,4]=360$이었음을 기억하라. 또한, $P[6,4]/C[6/4]=24=4!$이다. 이것은 각각의 조합에 대해 4!개의 배열(arrangement)이 가능함을 나타낸다.

예제 1.27

5명의 소년과 5명의 소녀가 파티를 하려고 한다.

a. 얼마나 많은 커플(남자-여자)이 만들어지는가?
b. 소년 중의 한 명이 5명의 소녀 중 2명과 남매 관계이기 때문에, 그 둘과는 커플이 될 수 없다고 할 때, 얼마나 많은 커플이 만들어지는가?
c. 성별과 상관없이 커플을 만들 수 있다고 가정하자. 다시 말해서, 소년은 소년끼리, 소녀는 소녀끼리도 커플을 만들 수 있다. 얼마나 많은 커플이 만들어지는가?

풀이

a. 제한이 없다면, 첫 번째 소년은 5명의 소녀들 중에 한 명, 두 번째 소년은 4명의 소녀들 중 한 명, 세 번째 소년은 3명의 소녀들 중 한 명, 네 번째 소년은 2명의 소녀들 중 한 명을 선택할 수 있고, 다섯 번째 소년은 단지 한 개의 선택권만을 가지게 된다. 따라서, 커플의 수는 5×4×3×2×1=5!=120이 된다.

b. 한 소년은 소녀 중 2명과 남매 관계이므로 3명의 소녀와 커플이 될 수 있지만, 나머지 4명은 모든 소녀와 커플이 될 수 있다. 커플을 맺어주는 것은 그룹 내에서 남매관계를 가지고 있는 소년부터 시작한다. 그는 3명의 소녀들 중 한 명을 선택할 수 있다. 그 다음으로, 첫 번째 소년은 4명의 소녀들 중 한 명, 두 번째 소년은 3명의 소녀들 중 한 명, 세 번째 소년은 2명의 소녀들 중 한 명을 선택할 수 있고, 네 번째 소년은 단지 한 개의 선택권만을 가지게 된다. 따라서, 가능한 커플의 수는 3×4×3×2×1=3×4!=72가 된다.

c. 임의로 10명의 소년, 소녀들에게 1부터 10까지의 번호를 부여하자. 그리고 오름차순대로 커플을 맺어주도록 한다. 첫 번째 아이는 9명의 아이들 중 한 명을 선택할 수 있다. 커플이 맺어지면, 8명의 아이들이 남게 된다. 다음으로 낮은 번호를 가지고 있는 아이가 7명의 아이들 중 한 명을 선택할 수 있다. 이렇게 두 커플이 맺어지면, 6명의 아이들이 남게 된다. 다음으로 낮은 번호를 가지고 있는 아이가 5명의 아이들 중 한 명을 선택할 수 있고, 4명의 아이들이 남게 된다. 다음으로 낮은 번호를 가지고 있는 아이가 3명의 아이들 중 한 명을 선택할 수 있고, 2명의 아이들이 남게 되는데 이들은 마지막 커플이 된다. 따라서, 커플의 수는 9×7×5×3×1=945가 된다.

1.10.5 이항정리

이항정리(binomial theorem)라 부르는 다음의 정리를 증명 없이 사용한다. 이 정리는 다음과 같다.

$$(a+b)^n = \sum_{k=0}^{n} \binom{n}{k} a^k b^{n-k} \tag{1.25}$$

이 정리는 이 장의 앞에서 했던 n개의 원소를 갖는 집합의 부분집합의 개수에 관한 설명에 대한 공식적인 증명에 사용될 수 있다. 크기 k의 부분집합의 개수는 $\binom{n}{k}$이며, 이것을 모든 가능한 k값에 대해 더하면 원하는 결과를 얻을 수 있다.

$$\sum_{k=0}^{n}\binom{n}{k}=\sum_{k=0}^{n}\binom{n}{k}(1)^k(1)^{n-k}=(1+1)^n=2^n$$

1.10.6 스털링의 공식

순열과 조합에 관련된 문제는 $n!$의 계산을 필요로 한다. 심지어, 적당히 큰 n에 대해서도 $n!$을 구하는 것은 매우 지루한 일이다. 큰 n값에 대한 근사공식(approximate formula)인 스털링의 공식(Stirling's formular)은 다음과 같이 주어진다.

$$n!\sim\sqrt{2\pi n}\left(\frac{n}{e}\right)^n=\sqrt{2\pi n}n^ne^{-n} \tag{1.26}$$

여기서 $e=2.71828...$로 자연로그의 기저가 되며, $a\sim b$는 오른쪽의 수가 왼쪽의 수와 근사적임을 의미한다. 이 공식의 정확도를 확인하기 위하여 10!을 직접 계산하면 3,628,800이 되나, 스털링의 공식으로는 3.60×10^6이 되며, 오차는 0.79%이다. 일반적으로, 근사화에 따른 퍼센트 오차는 $100/12n$ 정도이다. 이는 n이 커질수록 근사화 오차가 줄어듦을 의미한다.

예제 1.28

50!을 계산하라.

풀이

스털링의 공식을 사용하면 다음과 같다.

$$50! \sim \sqrt{100\pi}(50)^{50}e^{-50} = 10\sqrt{\pi}\left(\frac{50}{2.71828}\right)^{50} = 3.04 \times 10^{64}$$

이것은 정확한 값인 $50! = 3.04140932 \times 10^{64}$와 거의 유사하다.

예제 1.29

70!을 계산하라.

풀이

스털링의 공식을 사용하면 다음과 같다.

$$70! \sim \sqrt{140\pi}(70)^{70}e^{-70} = \sqrt{140\pi}\left(\frac{70}{2.71828}\right)^{70} = 1.20 \times 10^{100}$$

우리는 다음과 같은 결과를 얻을 수 있다.

$$N = 70! \sim \sqrt{140\pi}\left(\frac{70}{2.71828}\right)^{70}$$

$$\begin{aligned}\log N &= \frac{1}{2}\log 140 + \frac{1}{2}\log\pi + 70\log 70 - 70\log 2.71828 \\ &= 1.07306 + 0.24857 + 129.15686 - 30.40061 = 100.07788 = 100 + 0.07788\end{aligned}$$

$$N = 1.20 \times 10^{100}$$

1.10.7 기본적인 경우의 수 법칙

4장에서 보게 될 것이지만, 조합은 이항분포(binomial distribution)를 갖는 랜덤변수나 파스칼 또는 초기하분포를 갖는 랜덤변수들의 학습에 있어서 매우 중요한 역할을 한다. 이 절에서는, 여러 개의 서브그룹(subgroup)들을 포함하는 항목들을 선택하는 방법의 수를 계산하는 문제에 적용하는 방법을 논의한다. 이 응용을 이해하기 위해서는 먼저 다음과 같은 **기본적인 경우의 수 법칙**(fundamental counting rule)을 설명한다.

여러 종류의 다중선택을 할 경우, 첫 번째 선택에서 m_1개의 방법이, 두 번째 선택에서 m_2개의 방법이, 세 번째 선택에서 m_3개의 방법이 가능하며, 이렇게 계속된다고 가정하자. 이러한 선택이 독립적이라면, 이러한 선택을 하는 방법의 전체 수는 $m_1 \times m_2 \times m_3 \times \cdots$이 된다.

예제 1.30

어떤 미국 주에서는 자동차 번호판이 다음과 같이 7개의 문자를 갖는다. 첫 번째 문자는 숫자 1, 2, 3, 또는 4 중 하나가 되며, 다음 3개의 문자는 영문자$(a,b,\ldots,z)$ 로 중복이 가능하며, 마지막 3개의 문자는 숫자(0,1,...,9)로 중복이 가능하다.

a. 얼마나 많은 번호판이 가능한가?
b. 가능한 번호판 중에서 중복되지 않는 문자를 갖는 번호판은 얼마나 되는가?

풀이

m_1을 첫 번째 문제를 선택하는 방법의 수라 하고, m_2를 다음 3개의 문자를 선택하는 방법의 수라 하고, m_3을 마지막 3개의 문자를 선택하는 방법의 수라고 하자. 이 선택은 독립적으로 행해지기 때문에, 기본적인 경우의 수 법칙의 원리가 적용되어 이러한 선택을 하는 방법의 수는 $m_1 \times m_2 \times m_3$이 된다.

a. $m_1=C(4,1)=4$가 되고, 반복이 허용되기 때문에, $m_2=\{C(26,1)\}^3=26^3$이 되며, 또한 반복이 허용되기 때문에, $m_3=\{C(10,1)\}^3=10^3$이 된다. 따라서, 전체 가능한 번호판의 수는 $4\times26^3\times10^3=70{,}304{,}000$이 된다.
b. 반복이 허용되지 않을 때, $m_1=C(4,1)=4$가 된다. 새로운 m_2를 계산하기 위하여 첫 번째 문자가 선택되면 그것은 두 번째 및 세 번째에서 다시 사용될 수 없으며, 두 번째 문자가 선택되면 세 번째 문자로 사용될 수 없음을 기억하라. 이것은 $m_2=C(26,1)\times C(25,1)\times C(24,1)=26\times25\times24$개의 선택이 가능함을 의미한다. 마찬가지로, 반복이 허용되지 않으므로 번호판의 첫 번째 문자는 세 번째 문자 집합에서는 사용될 수 없다. 이것은 세 번째 문자 집합에서의 3개의 문자 중 첫 번째는 9개의 숫자 중에서 선택되어야 하며, 두 번째는 8개의 숫자 중에서, 세 번째는 7개의 문자 중에서 선택되어야 함을 의미한다. 따라서 $m_3=9\times8\times7$이 된다. 이제 가능한 번호판 중에서 중복되지 않는 문자를 갖는 번호판은 다음과 같이 주어진다.

$$M=4\times26\times25\times24\times9\times8\times7=31{,}449{,}600$$

예제 1.31

m개의 물품이 들어 있는 하나의 박스에서 k개의 불량품이 있다고 가정하자. $n<m$이라고 할 때, n개의 물품을 표본화한다면 j개의 불량품이 있을 확률은 얼마인가?

풀이

두 종류의 물품(불량품과 정상제품)이 있으므로 표본 내에 불량품의 수가 정의된다면 각각의 그룹에서 독립적으로 선택될 수 있다. 따라서, 박스에 k개의 불량품이 있다면 한 번에 k개의 물품 중에서 j개를 선택하는 방법의 수는 $0 \le j \le \min(k,n)$인 경우 $C(k,j)=\binom{k}{j}$이 된다. 마찬가지로 박스 안에서는 $m-k$개의 정상제품이 있으므로 한 번에 그중에서 $n-j$개를 선택하는 방법의 전체 수는 $C(m-k,n-j)=\binom{m-k}{n-j}$이 된다. 이러한 두 가지 선택이 독립적으로 행해지기 때문에 j개의 불량품과 $n-j$개의 정상제품을 선택하는 방법의 전체 수는 다음과 같다.

$$C(k,j) \times C(m-k,n-j) = \binom{k}{j}\binom{m-k}{n-j}$$

예제 1.32

컨테이너에 100개의 물품이 있으며, 그 중에 5개는 불량품이다. 컨테이너에서 20개의 물품을 선정하였을 경우 그 둘 중에 많아야 하나의 불량품을 갖는 표본의 전체 수는 얼마인가?

풀이

A를 선택된 표본에서 불량품이 없을 사건이라 하고, B를 선택된 표본에서 하나의 불량품이 있을 사건이라 하자. 사건 A는 2개의 부사건, 즉 0개의 불량품이 있는 사건과 20개의 불량품이 없는 사건으로 나눌 수 있다. 마찬가지로, 사건 B는 2개의 부사건, 즉 1개의 불량품이 있는 사건과 19개의 불량품이 없는 사건으로 나눌 수 있다. 사건 A가 일어날 방법의 수는 $C(5,0)\times C(95,20)=C(95,20)$이다. 마찬가지로, 사건 B가 일어날 방법의 수는 $C(5,1)\times C(95,19)=5C(95,19)$이다. 이 두 사건은 상호배타적이므로, 많아야 하나의 불량품을 가질 표본의 총 수는 이 둘의 합이 된다.

$$C(95, 20) + 5C(95, 19) = \frac{95!}{75!20!} + \frac{5 \times 95!}{76!19!} = \frac{176 \times 95!}{76!20!} = 3.9633 \times 10^{20}$$

예제 1.33

작은 대학의 특정 과에는 7명의 교수가 있는데, 그중 두 명은 정교수, 세 명은 부교수, 나머지 두 명은 조교수이다. 세 명의 교수로부터 교수, 부교수, 조교수 한 명씩 구성되는 위원회를 얼마나 많이 만들 수 있는가?

풀이

$C(2,1) \times C(3,1) \times C(2,1) = 12$의 위원회를 만들 수 있다.

1.10.8 확률에서 조합의 응용

순열의 경우에는, 조합들을 포함하는 사건들의 확률을 고려한다. 어떤 사건의 확률은 제한이 있는 경우의 조합의 수와 제한이 없는 경우의 조합의 수의 비율이다. 즉, 사건의 확률 p는 다음과 같이 주어진다.

$$p = \frac{\text{제한이 있는 경우에 대한 조합의 수}}{\text{제한이 없는 경우에 대한 조합의 수}}$$

예제 1.34

100개의 생산부품 중 10개의 부품을 임의로 선정하여 테스트한다. 10개의 부품 중에 아무것도 불량이 아니라면 검사자는 전체 생산부품을 수용한다. 그렇지 않다면 더 검사하게 된다. 10개의 불량품을 포함하는 생산부품이 한 번의 심사에서 통과될 확률은 얼마인가?

풀이

N을 100개의 생산부품 중에서 10개를 선정하는 방법의 수라고 하자. 그러면 N은 다음과 같이 주어진다.

$$N = C(100, 10) = \frac{100!}{90! \times 10!}$$

이제, E를 '10개의 불량부품을 포함하는 생산부품이 검사자에 의해 통과될' 사건이라고 하자. E가 일어날 방법의 수는 10개의 선정된 부품이 90개의 양호품 중에서 선정되는 것이다. 이때, $N(E)$는 다음과 같다.

$$N(E) = C(90, 10) \times C(10, 0) = C(90, 10) = \frac{90!}{80! \times 10!}$$

$N(E)$는 제한이 있는 경우에 대한 조합의 수이다. 부품이 임의로 선정되기 때문에, 조합들은 모두 같은 확률을 가진다. 따라서 E의 확률은 다음과 같다.

$$P[E] = \frac{N(E)}{N} = \frac{90!}{80! \times 10!} \times \frac{90! \times 10!}{100!} = \frac{90 \times 89 \times \cdots \times 81}{100 \times 99 \times \cdots \times 91} = 0.3305$$

예제 1.35

응용확률 교수는 학생들에게 12개의 복습문제를 내주고 12개의 문제 중에서 임의로 6개가 중간고사에 나온다고 말했다. 케이트는 12개의 문제 중에서 8개의 풀이를 외웠지만, 다른 4개의 문제는 풀 수 없었다. 그녀가 시험에서 4개 이상의 문제를 맞힐 확률은 얼마인가?

풀이

케이트는 12개의 문제를 2개의 집합, 즉 그녀가 공부한 8개의 문제와 그녀가 풀지 못하는 4개의 문제로 분류했다. 만약 그녀가 k개의 문제를 시험에서 받았을 때, $k=0,1,2,\ldots,6$인 경우 k개의 문제가 첫 번째 집합에서 나오고, $6-k$개의 문제가 두 번째 집합에서 나온다. 12개의 문제로부터 6개의 문제를 선택하는 방법의 수는 $C(12,6)$이다. 그녀가 공부한 8개의 문제에서 k개의 문제가 선택되는 방법의 수는 $C(8,k)$이고, 그녀가 공부하지 못한 4개의 문제에서 $6-k$개의 문제가 나올 방법의 수는 $C(4,6-k)$이다 (단, $6-k \leq 4$ 또는 $2 \leq k \leq 6$). 문제들이 이렇게 분류되었기 때문에, 케이트가 4개 이상을 맞힐 수 있도록 8개의 문제를 선택하는 방법의 수는 다음과 같다.

$$C(8, 4)C(4, 2) + C(8, 5)C(4, 1) + C(8, 6)C(4, 0) = 420 + 224 + 28 = 672$$

이것은 제한이 있는 경우에 대한 조합의 수이다. 따라서, 그녀가 4개 이상의 문제를 맞힐 확률은 다음과 같이 주어진다.

$$p = \frac{C(8, 4)C(4, 2) + C(8, 5)C(4, 1) + C(8, 6)C(4, 0)}{C(12, 6)} = \frac{672}{924} = \frac{8}{11}$$

1.11 신뢰성 응용

앞에서 논의한 것처럼 신뢰성 이론은 부품이나 부품으로 이루어진 시스템이 동작 가능한 시간과 관련된다. 즉, 가능한 많은 부품으로 이루어진 하나의 시스템이 시간 t 동안 제대로 동작하게 될 확률을 결정하는 것과 관련된다. 시스템의 부품은 2개의 기본적인 구조인 **직렬**(series)구조와 **병렬**(parallel)구조로 분류될 수 있다. 실제 시스템은 직렬부품과 병렬부품의 혼합으로 구성되며, 때때로 직렬구조의 등가 시스템이나 병렬구조의 등가 시스템으로 간단하게 나타낼 수 있다. 그림 1.10은 A와 B 사이의 2개의 기본적인 구조(configuration)를 보여준다.

직렬구조를 갖는 시스템은 모든 부품이 제대로 동작할 때만 동작하는 반면, 병렬구조의 시스템은 적어도 하나의 부품이 동작하면 제대로 동작하게 될 것이다. 논의를 간단히 하기 위하여 각각의 부품들은 독립적으로 고장난다고 가정한다.

$C_1, C_2, \ldots, C_n$으로 정의된 n개의 부품을 갖는 시스템을 고려하자. $R_k(t)$를 부품 C_k가 구간 $(0, t]$ 동안 고장나지 않을 확률이라고 정의하자. 여기서 $k = 1, 2, \ldots, n$이다. 즉, $R_k(t)$는 부품 C_k가 시간 t까지 고장나지 않을 확률이므로 부품 C_k의 **신뢰도 함수**(reliability function)라고 부른다. 부품들이 직렬로 연결된 시스템에서 시스템의 신뢰도 함수는 다음과 같이 주어진다.

$$R(t) = R_1(t) \times R_2(t) \times \ldots \times R_n(t) = \prod_{k=1}^{n} R_k(t) \tag{1.27}$$

이것은 모든 부품이 정상적으로 동작되어야 시스템이 제대로 동작한다는 사실로부터 얻어진다. 이 시스템은 어느 하나의 부품이라도 고장이 발생한다면 전체시스템이 제대로 동작되지 않게 되므로, **단일 장애 지점**(single point of failure, SPOF)을 가진다.

시스템이 병렬로 연결된 경우 A와 B 사이에 적어도 하나의 경로가 동작될 필요가 있다. 그러한 경로가 없을 확률은 모든 부품이 고장날 확률이 된다. 우리는 이것을 시스템의 **불신뢰도 함수 또는 비신뢰도 함수**(unreliability function)라고 부르며, 이것은 다음과 같이 주어진다.

$$\overline{R}(t) = [1 - R_1(t)] \times [1 - R_2(t)] \times \cdots \times [1 - R_n(t)] \tag{1.28}$$

따라서, 이 시스템의 신뢰도 함수는 이 불신뢰도 함수의 보수이며 다음과 같이 주어진다.

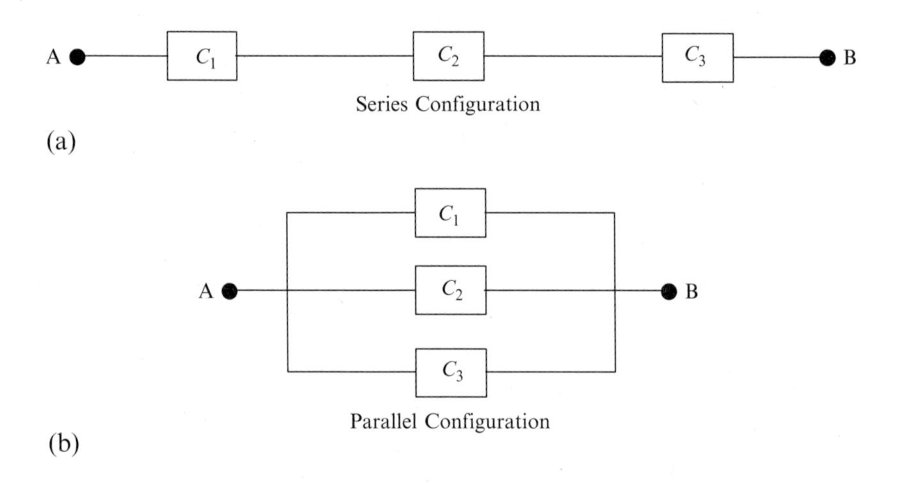

그림 1.10 기본적인 신뢰성 모델

$$R(t) = 1 - \overline{R}(t) = 1 - [1 - R_1(t)] \times [1 - R_2(t)] \times \cdots \times [1 - R_n(t)]$$
$$= 1 - \prod_{k=1}^{n}[1 - R_k(t)] \tag{1.29}$$

경우에 따라서, $R_x(t)$를 표현할 때 시간 파라미터를 생략하고 R_x로 표현한다.

예제 1.36

그림 1.11에서처럼 신뢰도 함수가 $R_1(t)$인 C_1과 신뢰도 함수가 $R_2(t)$인 C_2가 직렬로 연결되고, 이 2개가 신뢰도 함수가 $R_3(t)$인 C_3와 병렬로 연결된 시스템의 신뢰도 함수를 구하라.

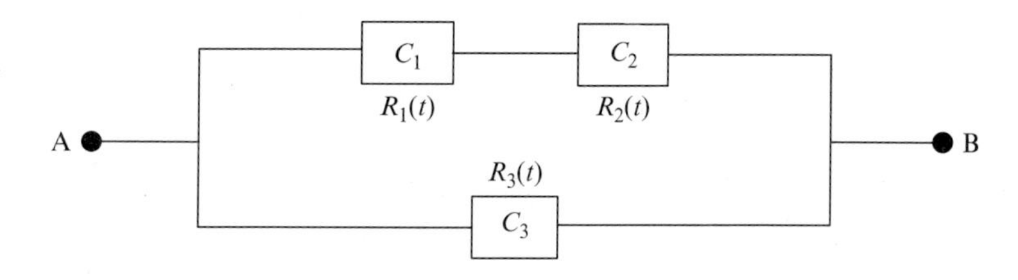

그림 1.11 예제 1.36에 대한 그림

풀이

먼저 직렬구조를 복합부품(composite component) C_{1-2}로 간소화하면 신뢰도 함수는 $R_{1-2}(t)=R_1(t)R_2(t)$이된다. 이제 그림 1.12와 같이 새로운 구조를 얻을 수 있다.

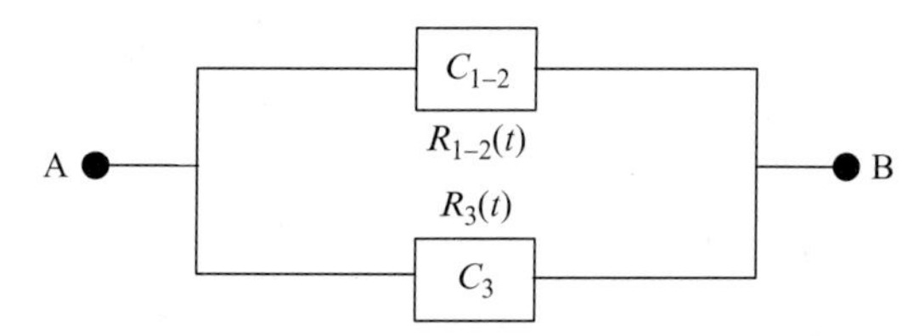

그림 1.12 예제 1.36에 대한 복합시스템

이제, 2개의 병렬부품들을 갖는 시스템의 신뢰도 함수는 다음과 같다.

$$R(t) = 1 - [1 - R_3(t)][1 - R_{1-2}(t)] = 1 - [1 - R_3(t)][1 - R_1(t)R_2(t)]$$

예제 1.37

그림 1.13과 같이 A와 B를 서로 연결하는 네트워크를 고려해보자. 스위치 S_1, S_2, S_3와 S_4는 보다 손쉬운 조작(manipulation)을 위해서 시간함수 관련 부분을 제외할 때, 각각 R_1, R_2, R_3와 R_4의 신뢰도 함수를 가진다. 스위치들이 각각 독립적으로 고장이 발생한다고 가정할 때, A와 B 사이 경로의 신뢰도 함수는 무엇인가?

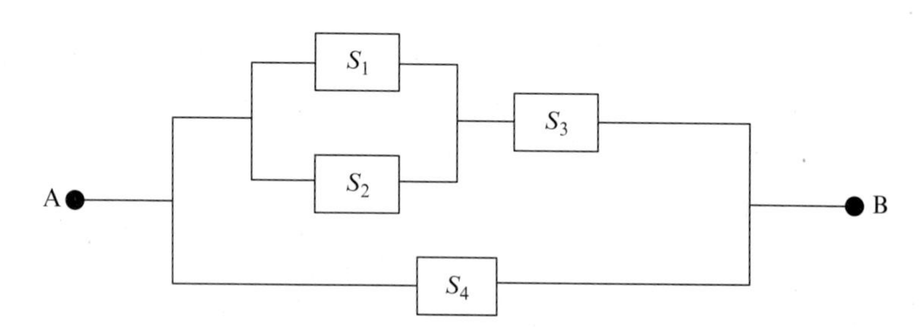

그림 1.13 예제 1.37을 위한 그림

풀이

그림 1.14에서와 같이 구조를 축소함으로써 시작한다. 여기서 S_{1-2}는 S_1과 S_2의 복합시스템이고, S_{1-2-3}은 S_{1-2}와 S_3의 복합시스템이다.

그림 1.14(a)로부터, S_{1-2}의 신뢰도는 $R_{1-2}=1-(1-R_1)(1-R_2)$이다. 유사하게, S_{1-2-3}의 신뢰도는 $R_{1-2-3}=R_{1-2}R_3$이다. 최종적으로, 그림 1.14(b)로부터 A와 B 사이 경로의 신뢰도는 다음과 같이 주어진다.

$$R_{AB}=1-(1-R_{1-2-3})(1-R_4)$$

여기서, R_{1-2-3}은 $R_{1-2-3}=R_{1-2}R_3=\{1-(1-R_1)(1-R_2)\}R_3$이다.

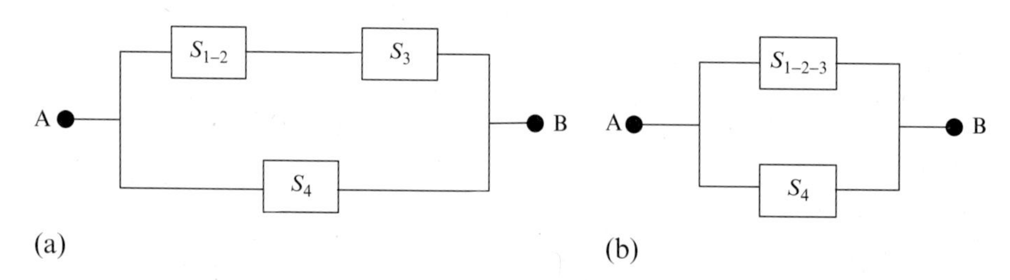

그림 1.14 그림 1.13의 축약형 그림

예제 1.38

그림 1.15에서처럼 **브리지 구조**(bridge structure)를 갖는 시스템의 신뢰도 함수를 구하라.

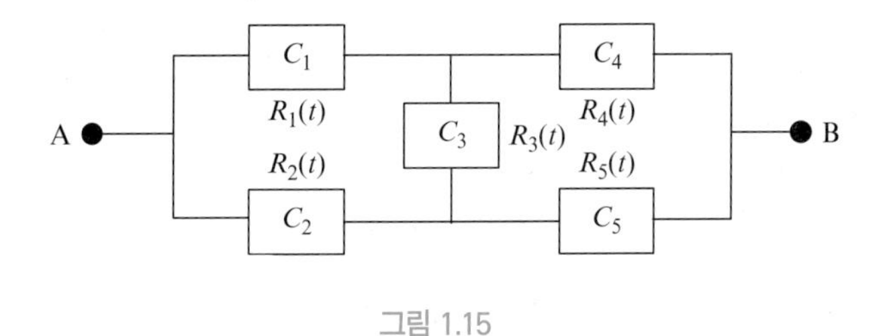

그림 1.15

풀이

이 시스템은 직렬연결인 C_1C_4, C_2C_5, $C_1C_3C_5$, $C_2C_3C_4$ 중 하나가 동작하는 경우에 동작된다. 따라서 이 시스템은 직-병렬연결을 갖는 시스템으로 대체할 수 있다. 그러나 각각의 경로가 공통 부품을 가지고 있기 때문에 독립적이지 않다. 이러한 복잡성을 피하기 위해서는 조건부 확률을 사용해야 한다. 먼저, C_3가 동작하는 경우 시스템의 신뢰도 함수를 고려해야 한다. 다음에 C_3가 동작하지 않는 경우의 시스템의 신뢰도 함수를 고려해야 한다. 그림 1.16이 이 두 가지 경우를 보여주고 있다.

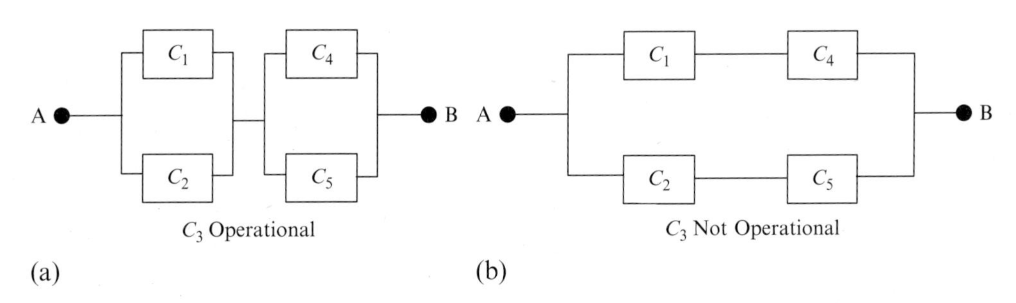

그림 1.16 그림 1.16 시스템 분할의 두 가지 경우

C_3가 동작할 때, 시스템은 그림 1.16(a)에서와 같이 C_1과 C_2로 구성되는 병렬 시스템과 C_4와 C_5로 구성되는 병렬 시스템이 직렬로 연결된 구조로 동작한다. 이 사건을 X라 하고, 시간함수 부분을 생략하면, 사건 X에 대한 시스템의 신뢰도는 다음과 같이 된다.

$$R_X = [1-(1-R_1)(1-R_2)][1-(1-R_4)(1-R_5)]$$

C_3가 동작하지 않을 때, 신호가 흘러가지 않으므로 시스템은 그림 1.16(b)와 같이 동작한다. 이 사건을 Y라 하자. 사건 Y에 대한 시스템의 신뢰도는 다음과 같다.

$$R_Y = 1 - (1 - R_1R_4)(1 - R_2R_5)$$

여기서 $P[X]=R_3$이고, $P[Y]=1-R_3$이다. 따라서, 시스템의 신뢰도를 구하기 위해 전체확률의 법칙을 사용하면 다음과 같이 주어진다.

$$\begin{aligned} R &= P[X]R_X + {}^X P[Y]R_Y = R_3R_X + {}^X(1 - R_3)R_Y \\ &= R_3[1-(1-R_1)(1-R_2)][1-(1-R_4)(1-R_5)] + (1-R_3)\{1-(1-R_1R_4)(1-R_2R_5)\} \\ &= R_1R_4 + R_2R_5 + R_1R_3R_5 + R_2R_3R_4 \\ &\qquad -R_1R_2R_3R_4 - R_1R_2R_3R_5 - R_1R_2R_4R_5 - R_1R_3R_4R_5 - R_2R_3R_4R_5 \\ &\qquad + 2R_1R_2R_3R_4R_5 \end{aligned}$$

처음 4개의 +항은 신호가 입력과 출력 사이의 경로를 통과할 수 있는 여러 방법을 보여준다. 이 경우, 등가시스템 구조는 그림 1.17과 같다. 나머지 항은 앞에 언급한 의존성에 의해 나타나는 항이다.

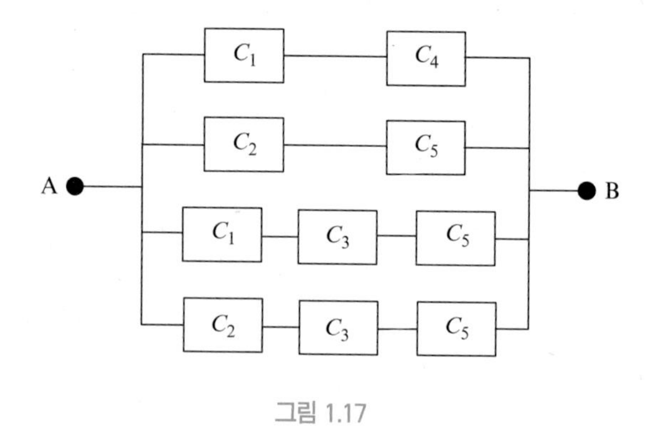

그림 1.17

1.12 요약

이 장에서는 확률, 랜덤실험 및 사건에 대한 기초 개념을 다루었다. 몇 개의 예제를 풀었으며 통신 및 신뢰성 공학 분야에서 확률의 응용에 대한 설명이 있었다. 마지막으로, 책의 후반부에 자주 사용될 조합과 순열의 개념이 도입되었다.

1.13 문제

1.2절: 표본공간과 사건

1.1 주사위를 던질 경우 다음 사건의 확률을 구하라.

a. 두 번째 수가 첫 번째 수의 두 배가 될 사건

b. 두 번째 수가 첫 번째 수보다 크지 않을 사건

c. 적어도 하나의 수가 3보다 클 사건

1.2 2개의 주사위 A와 B를 던졌다. 다음 각 사건의 확률을 구하라.

a. 적어도 하나의 4가 나올 확률

b. 단지 하나의 4가 나올 확률

c. 합이 7일 확률

d. 하나의 값이 3이고 2개의 값의 합이 5일 확률

e. 하나의 값이 3이거나 2개의 값의 합이 5일 확률

1.3 하나의 주사위를 두 번 굴리는 실험을 고려하자.

a. 실험의 표본공간 Ω를 그리라.

b. 두 값의 합이 6과 같을 사건 A를 표시하라.

c. 두 값의 차가 2와 같을 사건 B를 표시하라.

1.4 4개의 면을 갖는 주사위를 두 번 굴렸다. 처음에 굴려 나온 값이 두 번째 값보다 클 확률은 얼마인가?

1.5 동전을 앞면이 나올 때까지 던지고 앞면이 나오면 멈춘다. 이 실험의 표본공간을 정의하라.

1.6 동전을 4번 던지고 매번 앞면 또는 뒷면이 나오는지 관찰한다. 이 실험의 표본공간을 정의하라.

1.7 세 친구 밥과 척과 댄이 처음으로 '6'이 나올 때까지 하나의 주사위를 던진다. 처음으로 6이 나오는 사람이 이기는 게임이다. 이 게임에 대한 표본공간을 쓰라.

1.3절: 확률의 정의

1.8 작은 나라에 1700만 명의 인구가 있는데, 그중에 남자가 840만 명이고, 여자가 860만 명이다. 남자인구의 75%, 여자인구의 63%가 글을 쓸 수 있는 사람인 경우 전체 인구에서 글을 쓸 수 있는 사람은 몇 퍼센트인가?

1.9 A와 B가 독립사건이고 $P[A]=0.4$, $P[A \cup B]=0.7$인 경우 $P[B]$는 얼마인가?

1.10 2개의 사건 A와 B에 대해 확률 $P[A]$, $P[B]$, $P[A \cap B]$를 알고 있다. 2개의 사건 중에 정확히 하나만이 일어날 사건을 $P[A]$, $P[B]$, $P[A \cap B]$로 표현하라.

1.11 2개의 사건 A와 B에 대한 확률은 $P[A]=1/4$, $P[B|A]=1/2$, $P[A|B]=1/3$이다. (a) $P[A \cap B]$, (b) $P[B]$, (c) $P[A \cup B]$를 계산하라.

1.12 2개의 사건 A와 B에 대한 확률은 $P[A]=0.6$, $P[B]=0.7$, $P[A \cap B]=p$이다. p의 범위를 구하라.

1.13 2개의 사건 A와 B에 대한 확률은 $P[A]=0.5$, $P[B]=0.6$, $P[\overline{A} \cap \overline{B}]=0.25$이다. $P[A \cap B]$의 값을 구하라.

1.14 2개의 사건 A와 B에 대한 확률은 $P[A]=0.4$, $P[B]=0.5$, $P[A \cap B]=0.3$이다. 다음을 계산하라.

a. $P[A \cup B]$

b. $P[A \cap \overline{B}]$

c. $P[\overline{A} \cup \overline{B}]$

1.15 크리스티는 객관식 문제를 풀고 있는데 각 문제에는 4개의 답이 있다. 그녀는 문제의 40%에 대한 답을 알고 있고, 40%에 대해서는 2개의 답 중 하나임을 알고 있고, 20%의 문제에 대해서는 답을 모른다. 이 경우 그녀가 임의로 선택된 문제를 맞힐 확률은 얼마인가?

1.16 하나의 박스에 9개의 빨간 공, 6개의 하얀 공, 5개의 파란 공이 있다. 3개의 공을 연속적으로 뽑는 경우 다음을 구하라.

a. 공을 뽑은 후 다시 집어넣을 경우 빨간 공 → 하얀 공 → 파란 공의 순서로 뽑힐 확률은 얼마인가?

b. 공을 뽑은 후 다시 집어넣지 않을 경우 빨간 공–하얀 공–파란 공의 순서로 뽑힐 확률은 얼마인가?

1.17 A를 양의 정수 중 짝수의 집합, B를 3으로 나눌 수 있는 양의 정수의 집합, 그리고 C를 양의 정수 중 홀수의 집합이라고 하자. 다음을 구하라.

a. $E_1=A\cup B$

b. $E_2=A\cap B$

c. $E_3=A\cap C$

d. $E_4=(A\cup B)\cap C$

e. $E_5=A\cup(B\cap C)$

1.18 하나의 박스에 있는 4개의 빨간 공에 R_1, R_2, R_3와 R_4라고 표시되어 있고, 3개의 하얀 공에는 W_1, W_2와 W_3라고 표시되어 있다. 박스로부터 임의로 하나의 공을 뽑는 실험에서 다음 실험의 결과를 구하라.

a. E_1, 공의 수(표시된 수)가 짝수일 사건

b. E_2, 공의 색깔이 빨간색이고 그 수가 2보다 클 확률

c. E_3, 공의 수가 3보다 작을 사건

d. $E_4=E_1\cup E_3$

e. $E_5=E_1\cup(E_2\cap E_3)$

1.19 하나의 박스에 50개의 컴퓨터 부품이 있는데 그중에 8개가 불량이다. 하나의 부품을 임의로 선택해서 테스트한다.

a. 부품이 불량일 확률은 얼마인가?

b. 첫 번째 부품이 불량이고 그 부품을 박스 안에 다시 넣지 않을 경우 두 번째 부품을 임의로 골랐을 때 불량일 확률은 얼마인가?

c. 첫 번째 부품이 양호하고 그 부품을 박스 안에 다시 넣지 않을 경우 두 번째 부품을 임의로 골랐을 때 불량일 확률은 얼마인가?

1.5절: 기초 집합이론

1.20 집합 Ω에 4개의 원소 A, B, C 및 D가 있다. Ω의 모든 가능한 부분집합을 구하라.

1.21 3개의 집합 A, B 및 C가 있을 때 다음 집합에 해당되는 영역을 벤다이어그램을 사용해서 그려라.

a. $(A \cup C) - C$

b. $\overline{B} \cap A$

c. $A \cap B \cap C$

d. $(\overline{A} \cup \overline{B}) \cap C$

1.22 전체 집합 $\Omega = \{2, 4, 6, 8, 10, 12, 14\}$가 있다. 두 집합이 $A = \{2, 4, 8\}$, $B = \{4, 6, 8, 12\}$일 때 다음을 구하라.

a. $\overline{A}$

b. $B - A$

c. $A \cup B$

d. $A \cap B$

e. $\overline{A} \cap B$

f. $(A \cap B) \cup (\overline{A} \cap B)$

1.23 그림 1.18과 같은 스위칭 네트워크가 있다. $k=1, 2, 3, 4$일 때 사건 E_k는 스위치 S_k가 닫힐 사건이다. E_{AB}를 노드 A와 B 사이의 폐경로가 될 사건이라 할 때, 각각의 네트워크에서의 E_k로 E_{AB}를 표시하라.

1.24 3개의 사건 A, B 및 C가 있다. 다음과 같은 사건에 대한 수식을 집합기호를 사용하여 A, B 및 C로 표현하라.

a. 사건 A가 일어나나 B와 C는 일어나지 않는 사건

b. 사건 A와 B가 일어나나 C가 일어나지 않는 사건

c. 사건 A 또는 B가 일어나나 C가 일어나지 않는 사건

d. 사건 A가 일어나고 B가 일어나지 않거나, 또는 B가 일어나지만 A는 일어나지 않는 사건

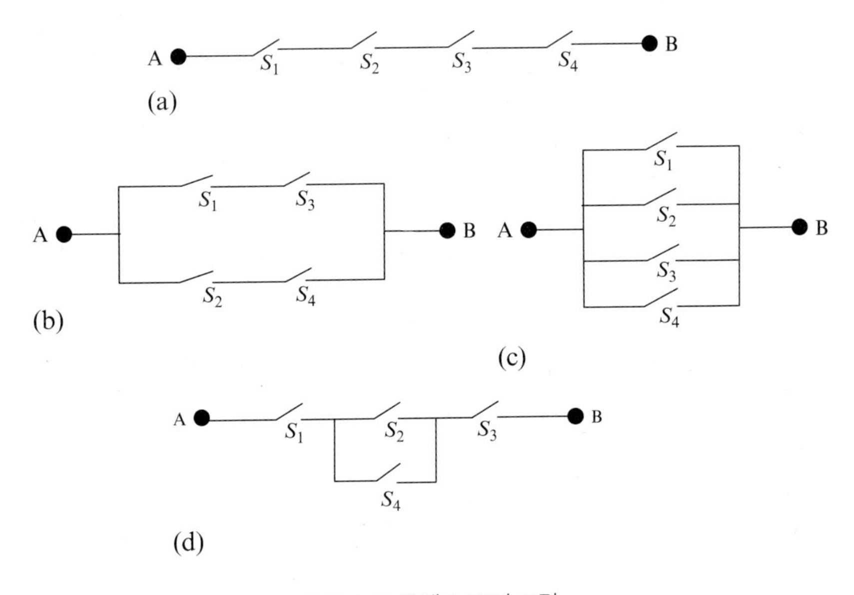

그림 1.18 문제 1.23의 그림

1.6절: 확률의 특성

1.25 마크와 리자는 물리학 101 수업에 등록하였다. 마크는 수업의 65%를 출석했고, 리자는 수업의 75%에 출석했으며 둘의 결석률은 독립적이다. 다음의 확률을 구하라.

a. 두 명 중 적어도 하나가 수업에 출석할 확률

b. 정확히 한 명이 수업에 출석할 확률

c. 한 명이 수업에 출석했는데 마크가 수업에 출석할 확률

1.26 어떤 도시에서 일 년 중 임의의 어떤 날에 비가 올 확률은 0.25이다. 기상예보가 비가 올 것을 맞힐 확률이 60%이고, 다른 기상예보에 대해서는 80%가 맞다. 임의의 날을 선택했을 때 기상예보가 맞을 확률은 얼마인가?

1.27 어떤 도시에서 성인의 53%가 여성이고, 성인의 15%가 직업이 없는 남자이다.

a. 이 도시의 성인을 임의로 선택했을 때 직업이 있는 남자일 확률은 얼마인가?

b. 도시이 실업률이 22%라면 임의로 선택된 성인이 직업이 있는 여성일 확률은 얼마인가?

1.28 100개의 회사를 설문조사해 보니 75개의 회사가 무선 LAN(WLAN)을 설치하고 있다. 이 회사 중 3개를 임의로 대체하지 않고 선택했을 때 3개의 회사가 WLAN을 설치했을 확률은 얼마인가?

1.7절: 조건부 확률

1.29 어떤 회사에서 A와 B라고 이름 붙인 2개의 공장에서 자동차를 생산한다. 공장 A에서 생산된 자동차의 10%는 불량인 반면, 공장 B에서 생산된 자동차는 5%가 불량이다. 공장 A가 일 년에 100,000대의 자동차를 생산하고, 공장 B가 일년에 50,000대의 자동차 를 생산할 때 다음을 계산하라.

a. 회사에서 불량인 자동차를 구매할 확률

b. 그 회사에서 구매한 자동차가 불량이라면 그것이 공장 A에서 생산되었을 확률을 얼마인가?

1.30 케빈은 2개의 주사위를 굴리며 적어도 하나는 6이라고 한다. 그 합이 적어도 9일 확률은 얼마인가?

1.31 척이 바보일 확률은 0.6, 도둑일 확률은 0.7이고, 둘 다 아닐 확률은 0.25이다.

a. 그가 바보이거나 도둑이지만 둘 다는 아닐 확률은 얼마인가?

b. 그가 바보가 아닐 때 도둑일 조건부 확률은 얼마인가?

1.32 결혼한 남자가 투표할 확률은 0.45이고 결혼한 여자가 투표할 확률은 0.40이며, 그녀의 남편이 투표했을 때 결혼한 여자가 투표할 확률은 0.60이라고 조사되었다. 다음 확률을 계산하라.

a. 남자와 그녀의 부인이 모두 투표할 확률

b. 그녀의 부인이 투표하였을 경우 남자가 투표할 확률

1.33 톰은 공항에서 친구를 마중하려고 한다. 비가 올 경우 비행기는 80% 연착되지만, 비가 오지 않을 경우에는 30%만 연착된다. 아침 일기예보에서 비가 올 확률이 40%라고 했다면 비행기가 연착될 확률은 얼마인가?

1.34 그림 1.19와 같은 통신채널을 고려하자. 전송될 심벌은 0과 1이다. 그러나 3개의 심벌 0, 1, E가 수신 가능하다. 따라서 입력심벌의 집합은 $X \in \{0,1\}$이고 출력 심벌의 집합은 $Y \in \{0, 1, E\}$이다. 천이 확률(또는 조건부 확률)은 X가 전송되었을 때 Y가 수신되는 확률로 $P[Y|X]$로 정의된다. 이제 $P[0|0]=0.8$(0이 전송되었을 때 0.8의 확률로 0을 수신한다)이고, $P[1|0]=0.1$(0이 전송되었을 때 0.1의 확률로 1을 수신한다)이며, $P[E|0]=0.1$(0이 전송되었을 때 0.1의 확률로 E를 수신한다)이다. 마찬가지로 $P[1|0]=0.2$, $P[1|1]=0.7$, 그리고 $P[E|0]=0.1$이다. $P[X=0]=P[X=1]=0.5$인 경우 다음을 구하라.

a. $P[Y=0]$, $P[Y=1]$, 그리고 $P[Y=E]$

b. 0이 수신되었을 때 0이 전송되었을 확률은 얼마인가?

c. E가 수신되었을 때 1이 전송되었을 확률은 얼마인가?

d. 1이 수신되었을 때 1이 전송되었을 확률은 얼마인가?

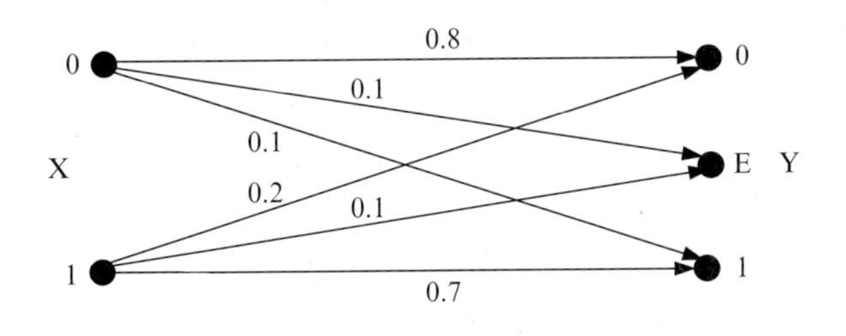

그림 1.19 문제 1.34의 그림

1.35 학생의 그룹이 60%의 남자와 40%의 여자로 구성된다. 남자 중에서 30%는 외국학생이고 여자 중에서 20%는 외국학생이다. 한 학생을 그룹에서 임의로 선택한 경우 외국학생이었다. 그 학생이 여자일 확률은 얼마인가?

1.36 조는 가끔 학교에서 말썽을 일으키는데 과거의 경험상 80%는 조가 먼저 말썽을 일으킨다. 조가 지금 또다시 말썽을 일으켰고 다른 두 학생, 크리스와 다나가 사고에 대한 책임이 누구에게 있는지 조사받기 위해 학생처에 불려갔다. 크리스는 조의 친구라서 조는 죄가 없다고 말할 것이지만 조가 유죄라면 0.2의 확률로 거짓말하게 될 것이다. 다나는 조를 싫어해서 조가 죄가 있다면 진실을 말할 것이지만 조가 무죄라면 0.3의 확률로 거짓말을 할 것이다.

a. 크리스와 다나가 심문을 혼란시킬 확률은 얼마인가?

b. 크리스와 다나가 심문을 혼란시킬 경우 조가 유죄일 확률은 얼마인가?

1.37 3개의 자동차 브랜드 A, B와 C가 있고 어떤 도시의 시장점유율은 A가 20%, B가 30%, C가 50%이다. 브랜드 A 자동차가 판매 첫해 수리가 필요할 확률은 0.05이고, 브랜드 B 자동차가 판매 첫해 수리가 필요할 확률은 0.10이며, 브랜드 C 자동차가 판매 첫해 수리가 필요할 확률은 0.15이다.

a. 임의로 그 도시의 자동차를 하나 선택했을 경우 판매 첫해에 수리가 필요할 확률은 얼마인가?

b. 그 도시의 자동차 한 대를 판매 첫해 수리한 경우 그 차가 브랜드 A의 차일 확률은 얼마인가?

1.8절: 독립사건

1.38 2개의 동전을 던지고 적어도 하나는 앞면이라고 말한 경우 첫 번째 동전이 앞면일 확률은 얼마인가?

1.39 2개의 주사위를 던지고 3개의 사건 A, B, C를 정의한다. A는 첫 번째 주사위가 홀수인 사건, B는 두 번째 주사위가 홀수인 사건, C는 총합이 홀수인 사건이다. 이 사건들이 부분적으로 독립이나 3개 모두가 독립이 아님을 보여라.

1.40 2개의 실험을 연달아 하는 게임이 있다. 첫 번째 실험은 출력이 A와 B이고, 두 번째 실험은 출력이 C와 D이다. 게임의 4개의 가능한 출력에 대한 확률이 다음과 같다.

Outcome	AC	AD	BC	BD
Probability	1/3	1/6	1/6	1/3

A와 C가 통계적으로 독립임을 확인하는 방법을 결정하라.

1.41 2개의 사건 A와 B가 상호배타적이고 $P[B]>0$이라고 가정한다. 어떤 조건하에서 A와 B는 독립인가?

1.10절: 기초 조합해석

1.42 4쌍의 결혼한 커플이 미식축구 관람을 위해 일렬로 8개의 자리를 구매했다.

a. 그들이 자리에 앉을 방법은 몇 가지인가?

b. 각각의 커플이 같이 앉는데 남편이 그의 부인 왼쪽에 앉게 될 방법은 몇 가지인가?

c. 각각의 커플이 서로 같이 앉을 방법은 얼마나 되는가?

d. 모든 남자가 같이 앉고 모든 여자가 같이 앉을 방법은 얼마나 되는가?

1.43 7명의 전자공학도와 5명의 기계공학도로 이루어진 그룹에서 3명의 전자공학도와 3명의 기계공학도를 뽑아 위원회를 만들려고 한다. 다음 조건이 충족되는 방법은 얼마인가?

a. 임의의 전자공학도와 임의의 기계공학도를 뽑는 경우

b. 한 명의 특정한 전자공학도가 위원회에 꼭 포함되어야 하는 경우

c. 두 명의 특정한 기계공학도가 동일한 위원회에 있어서는 안 되는 경우

1.44 스털링의 공식을 사용하여 200!를 계산하라

1.45 3명의 멤버로 구성된 위원회를 만들 때 노동자 대표 한 명, 경영진 대표 한 명, 시민 대표 한 명을 뽑는다. 노동자는 7명의 후보가 있고, 경영진으로는 4명의 후보가, 시민으로는 5명의 후보가 있을 때 얼마나 많은 위원회의 조합이 가능한가?

1.46 50개의 주로부터 2명씩 뽑힌 100명의 미국 상원위원이 있다.

a. 2명의 상원의원을 임의로 뽑았을 때, 그 둘이 동일한 주에서 나올 확률은 얼마인가?

b. 위원회를 구성하기 위해 10명의 상원위원을 뽑았을 때, 그들 모두가 다른 주에서 나올 확률을 얼마인가?

1.47 7명으로 구성된 위원회가 10명의 남자와 12명의 여자 후보 중에서 뽑힌 사람으로 결성된다.

a. 위원회가 3명의 남자와 4명의 여자로 구성될 확률을 얼마인가?

b. 위원회가 모두 남자로 구성될 확률은 얼마인가?

1.48 A, B, C, D, E로 이름 붙여진 5개의 과로 구성된 공과대학에서 세 명의 위원을 대학의 회의에 보내려고 한다. 위원회는 4명의 위원으로 구성되어 있다. 다음 확률을 구하라.

a. A과가 위원회에 뽑히지 않을 사건

b. A과가 정확히 한 명의 위원을 위원회에 보낼 사건

c. A과나 C과에서 위원회에 뽑히지 않을 사건

1.11절: 신뢰성 응용

1.49 그림 1.20의 시스템을 고려하자. 각각의 박스 안에 있는 숫자는 각 부품이 다음 2년 안에 독립적으로 불량이 될 확률을 나타낸다. 2년 안에 시스템이 고장날 확률을 구하라.

1.50 그림 1.21의 구조를 고려하자. 스위치 S_1과 S_2는 직렬로 연결되어 있고, 스위치 S_3과 S_4는 병렬로 연결되어 있는데 이 둘은 병렬로 다시 연결되어 있다. 각각의 신뢰도 함수를 $R_1(t)$, $R_2(t)$, $R_3(t)$, 그리고 $R_4(t)$라 하자. A와 B를 연결하는 전체시스템의 신뢰도 함수를 각각의 스위치가 독립적으로 고장날 경우 $R_1(t)$, $R_2(t)$, $R_3(t)$, 그리고 $R_4(t)$를 구하라.

1.51 노드 A와 노드 B를 연결하는 그림 1.22과 같은 네트워크를 고려하자. 스위치는 S_1, S_2, ..., S_8로 표기하고 각각의 신뢰도 함수는 $R_1(t)$, $R_2(t)$, ..., $R_8(t)$이다. 스위치가 독립적으로 고장날 경우 전체시스템의 신뢰도 함수를 구하라.

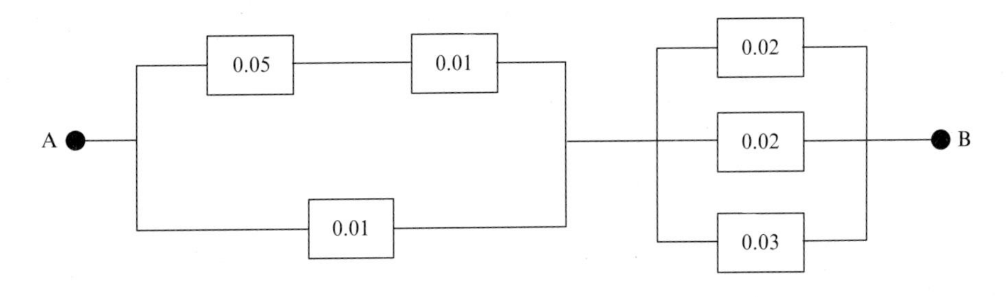

그림 1.20 문제 1.49의 그림

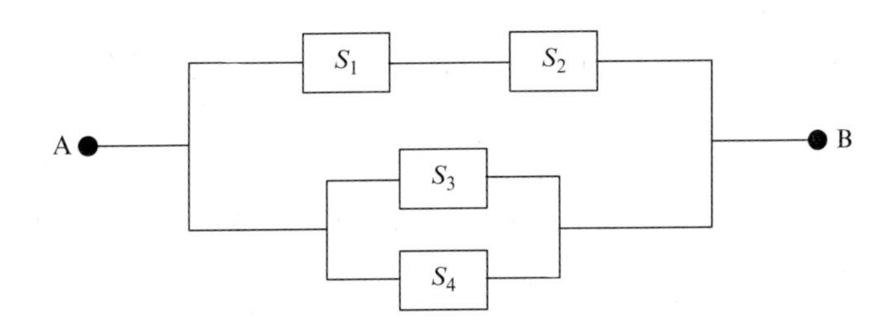

그림 1.21 문제 1.50의 그림

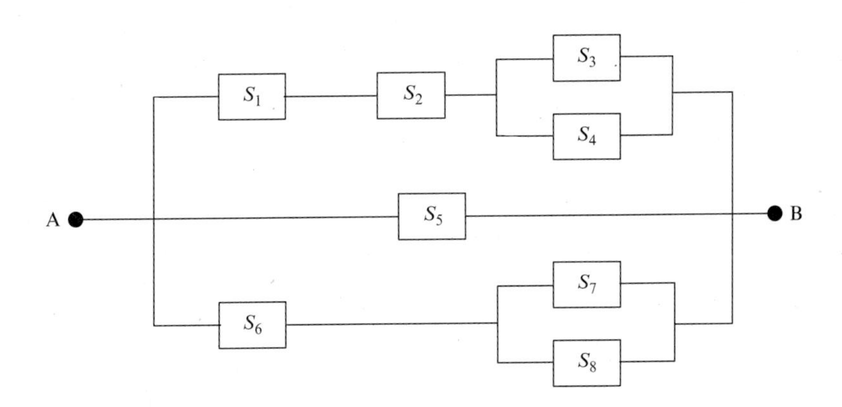

그림 1.22 문제 1.51의 그림

1.52 노드 A와 노드 B를 연결하는 그림 1.23과 같은 네트워크를 고려하자. 스위치는 $S_1, S_2, \ldots, S_8$로 표기하고 각각의 신뢰도 함수는 $R_1(t), R_2(t), \ldots, R_8(t)$이다. 스위치가 독립적으로 고장날 경우 전체시스템에 대한 신뢰도 함수를 구하라.

1.53 노드 A와 노드 B를 연결하는 그림 1.24와 같은 네트워크를 고려하자. 스위치는 $S_1, S_2, \ldots, S_7$로 표기하고 각각의 신뢰도 함수는 $R_1(t), R_2(t), \ldots, R_7(t)$이다. 스위치가 독립적으로 고장날 경우 전체시스템에 대한 신뢰도 함수를 구하라.

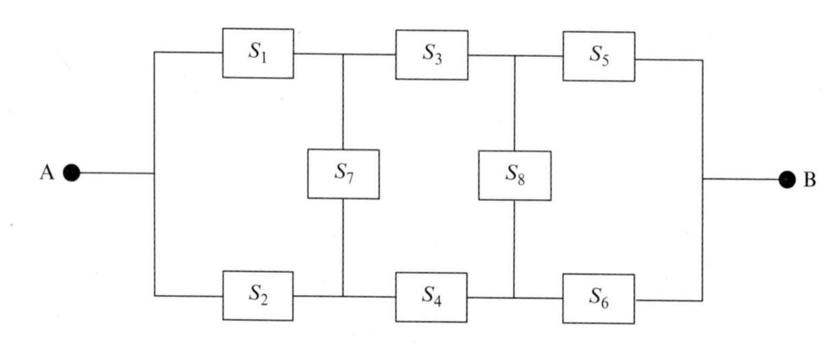

그림 1.23 문제 1.52의 그림

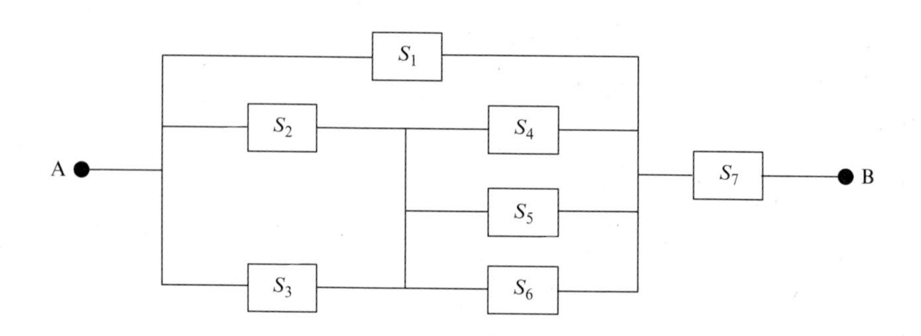

그림 1.24 문제 1.53의 그림

CHAPTER 2

랜덤변수

2.1 개요

1장에서는 랜덤실험의 결과를 모두 나타낼 수 있는 확률공간의 개념을 다루었다. 2장에서는 랜덤실험 결과에 대하여 정의되는 함수 개념을 다루게 되며, 이것은 매우 높은 수준의 확률변수(random variable) 또는 랜덤변수 정의가 된다. 결과적으로 랜덤변수 값은 랜덤현상으로, 수치 값으로 부여된다.

2.2 랜덤변수의 정의

표본공간 Ω를 가지는 랜덤실험을 생각해 보자. w를 표본공간 Ω에서의 하나의 표본점이라 하고, 각각의 $w \in \Omega$에 하나의 실수를 대응시키고자 한다. 이 경우 랜덤변수 $X(w)$는 하나의 실수 값을 각 표본점 $w \in \Omega$에 대응시키는 일대일 실수 함수가 된다. 즉 표본공간을 실수축 상에 사상시키는 함수이다.

일반적으로 랜덤변수는 함수 $X(w)$ 대신에 단일 문자 X로 나타낸다. 따라서 앞으로 이 책에서 우리는 랜덤변수를 X로 나타낸다. 표본공간 Ω는 랜덤변수 X의 **정의역**(domain)이며, 또한 X 값들의 모든 숫자들의 집합은 랜덤변수 X의 치역(range)이 된다. 정의역과 치역의 개념을 그림 2.1에 나타내었다.

예제 2.1

동전던지기 실험에서는 앞면과 뒷면의 두 가지 표본점을 가진다. 따라서 우리는 이 실험과 관련하여 랜덤변수 X를 다음과 같이 정의할 수 있다.

X(앞면) = 1

X(뒷면) = 0

이 경우 , 표본공간으로부터 실수축으로의 사상을 그림 2.2에 나타내었다.

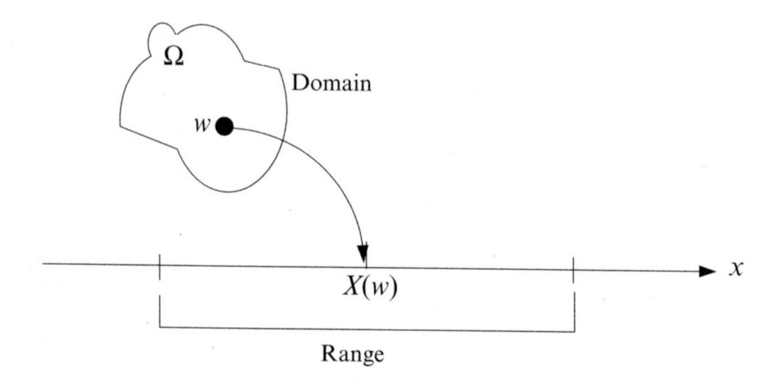

그림 2.1 하나의 표본점에 대응되는 하나의 랜덤변수

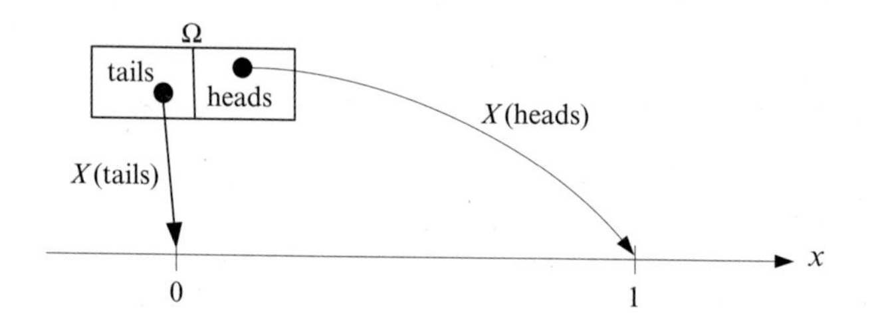

그림 2.2 동전던지기 실험에 대응되는 랜덤변수

2.3 확률변수에 따른 사건

X를 랜덤변수, x는 고정된 실수 값이라 하자. 랜덤변수 X에 숫자 x가 할당되는 모든 실수 표본점들로 구성되는 Ω의 부분집합을 사건 A_x로 정의하자. 즉

$$A_x = \{w|X(w) = x\} = [X = x]$$

A_x는 하나의 사건이므로, 다음과 같이 정의되는 확률을 가질 수 있다.

$$p = P[A_x]$$

다른 종류의 사건들도 하나의 랜덤변수의 항으로 정의할 수 있다. 고정 값 x, a, b에 대하여 다음과 같이 정의할 수 있다.

$$\begin{aligned} [X \le x] &= \{w|X(w) \le x\} \\ [X > x] &= \{w|X(w) > x\} \\ [a < X < b] &= \{w|a < X(w) < b\} \end{aligned}$$

이러한 사건들은 다음과 같이 표현되는 확률을 가진다.

- $P[X \le x]$은 X가 x보다 작거나 같은 값을 가질 확률이다.
- $P[X > x]$은 X가 x보다 큰 값을 가질 확률이며 이 값은 $1 - P[X \le x]$와 같다.
- $P[a < X < b]$은 X가 a와 b 사이의 값을 가질 확률이다.

예제 2.2

앞면과 뒷면이 나올 확률이 같은 동전을 두 번 던지는 실험을 고려하자. 표본공간은 같은 확률로 발생하는 4개의 표본점들로 구성된다.

$\Omega = \{HH, HT, TH, TT\}$

X를 각 표본점에서 앞면이 나오는 횟수를 나타내는 랜덤변수라 하자. 이 경우 X의 범위는 (0, 1, 2)가 된다. 만일 앞면이 나오는 횟수가 1번 이하인 사건 $[X \le 1]$ 을 고려하면, 다음과 같은 결과를 얻게 된다.

$$\begin{aligned} [X \le 1] &= \{TT, TH, HT\} \\ P[X \le 1] &= P[TT] + \{P[TH] + P[HT]\} \\ &= P[X = 0] + P[X = 1] \\ &= \frac{1}{4} + \frac{1}{2} = \frac{3}{4} \end{aligned}$$

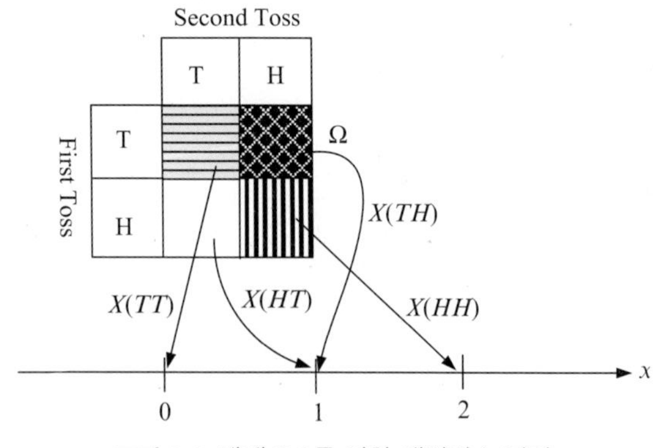

그림 2.3 예제 2.2를 위한 랜덤변수 정의

2.4 분포함수

X를 랜덤변수, x는 어떤 수라 하자. 앞서 언급한 바와 같이, 사건 $[X \le x] = \{x | X(w) \le x\}$를 정의할 수 있다. X에 대한 분포함수 또는 누적분포함수(cumulative distribution function, CDF)는 다음과 같이 정의된다.

$$F_X(x) = P[X \le x] \qquad -\infty < x < \infty \tag{2.1}$$

즉 $F_X(x)$는 랜덤변수 X가 x보다 작거나 같은 값을 가질 확률을 나타낸다. $F_X(x)$는 다음과 같은 성질을 가진다.

1. $F_X(x)$는 감소하지 않는 함수이다. 즉 $x_1 < x_2$이면, $F_X(x_1) \le F_X(x_2)$가 된다. 따라서 $F_X(x)$는 증가하거나 또는 일정 값을 유지하나, 감소하지는 않는다.
2. $0 \le F_X(x) \le 1$
3. $F_X(\infty) = 1$
4. $F_X(-\infty) = 0$
5. $P[a < X \le b] = F_X(b) - F_X(a)$
6. $P[X > a] = 1 - P[X \le a] = 1 - F_X(a)$

예제 2.3

랜덤변수 X에 대한 누적분포함수는 다음과 같다.

$$F_X(x) = \begin{cases} 0 & x < 0 \\ x + \frac{1}{2} & 0 \le x < \frac{1}{2} \\ 1 & x \ge \frac{1}{2} \end{cases}$$

a. 누적분포함수의 그래프를 그려라.

b. $P[X > 1/4]$의 확률값을 구하라.

풀이

a. 누적분포함수 그래프는 그림 2.4와 같다.

b. X가 1/4보다 클 확률은 다음과 같다.

$$P\left[X>\frac{1}{4}\right]=1-P\left[X\leq\frac{1}{4}\right]=1-F_X\left(\frac{1}{4}\right)=1-\left(\frac{1}{4}+\frac{1}{2}\right)$$
$$=\frac{1}{4}$$

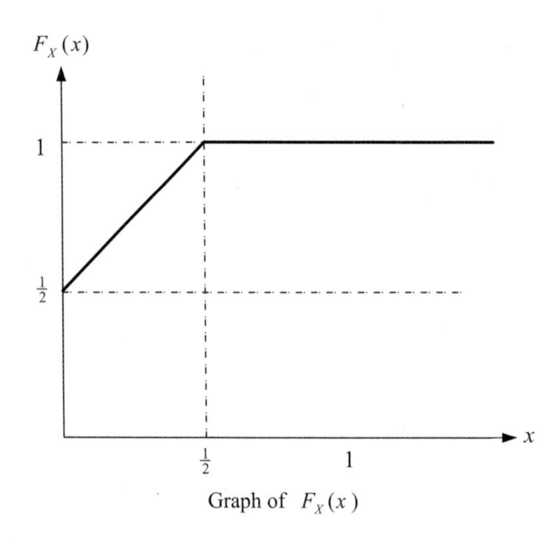

그림 2.4 $F_X(x)$에 대한 그래프

2.5 이산랜덤변수

이산랜덤변수는 셀 수 있는 개수의 값을 갖는 랜덤변수이다. 이산랜덤변수 X에 대한 확률질량함수(probability mass function, PMF) $p_X(x)$는 다음과 같이 정의된다.

$$p_X(x)=P[X=x] \tag{2.2}$$

셀 수 있는 개수의 x 값 또는 셀 수 있는 무한 개수의 x 값에 대하여 확률질량함수는, 0이 아닌 값을 갖는다. 특히, 만약 X가 x_1, x_2, ..., x_n 값 중 오직 하나의 값을 갖는다고 가정하면, 다음과 같이 된다.

$$p_X(x_i) \geq 0 \qquad i = 1, 2, \ldots, n$$
$$p_X(x_i) = 0 \qquad \text{otherwise}$$

X의 누적분포함수는 다음과 같이 $p_X(x)$의 항으로 나타낼 수 있다.

$$F_X(x) = \sum_{k \leq x} p_X(k) \tag{2.3}$$

이산랜덤변수의 누적분포함수는 계단함수가 된다. 즉 $x_1 < x_2 < x_3 < \cdots$이며, 만약 X가 x_1, x_2, $x_3, \ldots$의 값을 갖는다면, $F_X(x)$의 값은 x_{i-1}과 x_i 사이에서는 일정한 값을 가지며, x_i 값에서 $p_X(x_i)$의 크기로 도약한다. 여기서 $i = 1, 2, 3, \ldots$이다. 그러므로 이 경우에 $F_X(x)$는 $-\infty$부터 x까지 움직일 때 취하게 되는 확률질량함수 값들의 합을 나타낸다.

예제 2.4

X가 다음과 같은 확률질량함수를 가진다고 가정하면

$$p_X(x) = \begin{cases} \frac{1}{4} & x = 0 \\ \frac{1}{2} & x = 1 \\ \frac{1}{4} & x = 2 \\ 0 & \text{otherwise} \end{cases}$$

이 경우 누적분포함수는 다음과 같다.

$$F_X(x) = \begin{cases} 0 & x < 0 \\ \frac{1}{4} & 0 \leq x < 1 \\ \frac{3}{4} & 1 \leq x < 2 \\ 1 & x \geq 2 \end{cases}$$

그림 2.5(b)에는 X의 누적분포함수 그래프를 나타내었다.

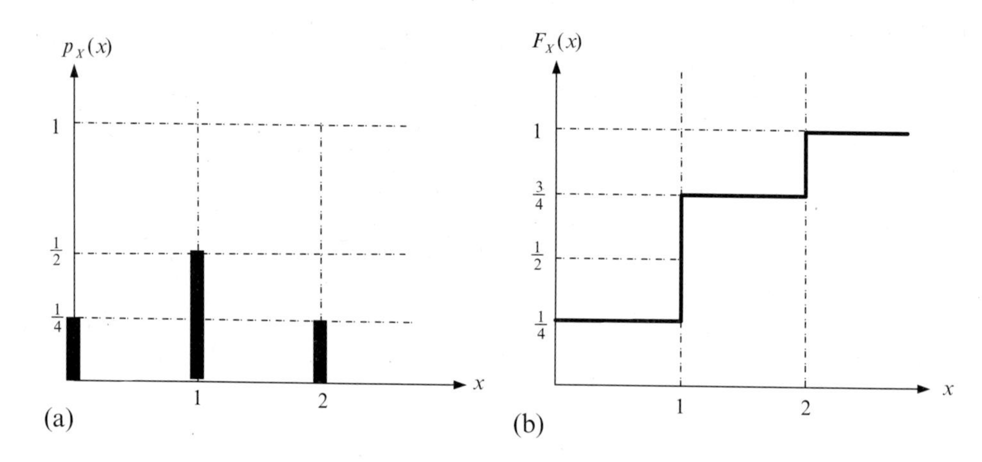

그림 2.5 예제 2.4에서 확률질량함수 $p_X(x)$ 및 누적분포함수 $F_X(x)$에 대한 그래프

예제 2.5

랜덤변수 X를 앞면과 뒷면이 나올 확률이 같은 동전을 3회 던졌을 때 나오는 앞면의 수라 하자.

a. X의 확률질량함수는 무엇인가?

b. X의 누적분포함수를 그려라.

풀이

a. 이 실험에 대한 표본공간은

$\mathbf{\Omega} = \{HHH, HHT, HTH, HTT, THH, THT, TTH, TTT\}$

이다. 랜덤변수 X에 의해 정의되는 다른 사건들은 다음과 같다.

$[X=0] = \{TTT\}$
$[X=1] = \{HTT, THT, TTH\}$
$[X=2] = \{HHT, HTH, THH\}$
$[X=3] = \{HHH\}$

$\mathbf{\Omega}$ 내의 8개의 표본점들은 같은 발생확률을 갖기 때문에, X의 확률질량함수는 다음과 같이 된다.

$$p_X(x)=\begin{cases}\frac{1}{8} & x=0\\ \frac{3}{8} & x=1\\ \frac{3}{8} & x=2\\ \frac{1}{8} & x=3\\ 0 & \text{otherwise}\end{cases}$$

확률질량함수를 그림 2.6(a)에 나타내었다.

b. X의 누적분포함수는 다음과 같다.

$$F_X(x)=\begin{cases}0 & x<0\\ \frac{1}{8} & 0\le x<1\\ \frac{1}{2} & 1\le x<2\\ \frac{7}{8} & 2\le x<3\\ 1 & x\ge 3\end{cases}$$

그림 2.6에는 $F_X(x)$의 그래프를 나타내었다.

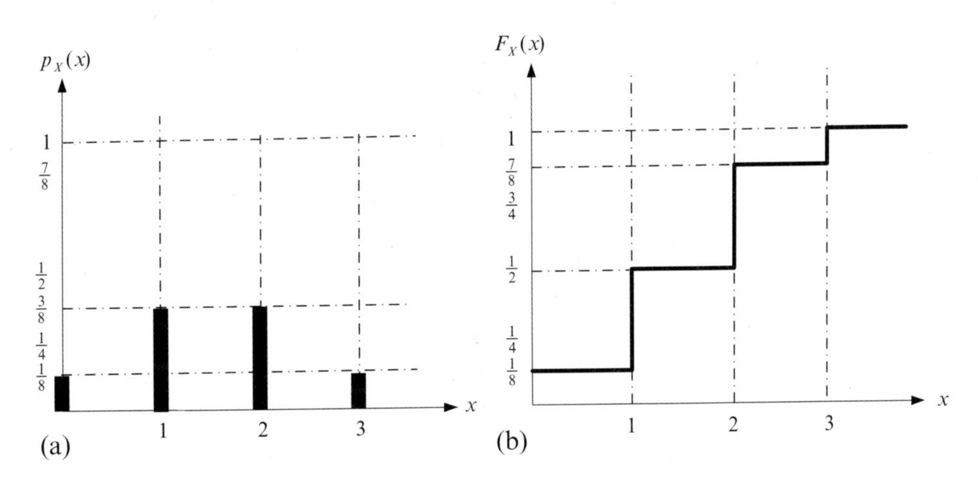

그림 2.6 예제 2.5에서 확률질량함수 $px(x)$ 및 누적분포함수 $Fx(x)$에 대한 그래프

예제 2.6

랜덤변수 X를 각 면이 나올 확률이 같은 주사위 한 쌍을 굴렸을 때 나오는 수의 합으로 놓자. X의 확률질량함수를 구하라.

풀이

주사위를 굴렸을 때 나오는 결과값 한 쌍을 (a, b)라 하자. 이때 a는 첫 번째 주사위의 결과이고 b는 나머지 다른 주사위의 결과이다. 따라서 결과들의 합은 $X = a+b$가 된다. 랜덤변수 X에 의해 정의되는 다른 사건들은 다음과 같다.

$$\begin{aligned}
[X=2] &= \{(1,1)\} \\
[X=3] &= \{(1,2),(2,1)\} \\
[X=4] &= \{(1,3),(2,2),(3,1)\} \\
[X=5] &= \{(1,4),(2,3),(3,2),(4,1)\} \\
[X=6] &= \{(1,5),(2,4),(3,3),(4,2),(5,1)\} \\
[X=7] &= \{(1,6),(2,5),(3,4),(4,3),(5,2),(6,1)\} \\
[X=8] &= \{(2,6),(3,5),(4,4),(5,3),(6,2)\} \\
[X=9] &= \{(3,6),(4,5),(5,4),(6,3)\} \\
[X=10] &= \{(4,6),(5,5),(6,4)\} \\
[X=11] &= \{(5,6),(6,5)\} \\
[X=12] &= \{(6,6)\}
\end{aligned}$$

표본공간 내의 36개의 표본점들은 발생확률이 다 같으므로, X의 확률질량함수는 다음과 같다.

$$p_X(x) = \begin{cases}
\frac{1}{36} & x=2 \\
\frac{2}{36} & x=3 \\
\frac{3}{36} & x=4 \\
\frac{4}{36} & x=5 \\
\frac{5}{36} & x=6 \\
\frac{6}{36} & x=7 \\
\frac{5}{36} & x=8 \\
\frac{4}{36} & x=9 \\
\frac{3}{36} & x=10 \\
\frac{2}{36} & x=11 \\
\frac{1}{36} & x=12 \\
0 & \text{otherwise}
\end{cases}$$

예제 2.7

어떤 시스템이 실패할 횟수를 K라 하면 이에 대한 확률질량함수는 다음과 같이 정의된다.

$$p_K(k) = \begin{cases} \binom{4}{k}(0.2)^k(0.8)^{4-k} & k = 0, 1, \ldots, 4 \\ 0 & \text{otherwise} \end{cases}$$

a. K의 누적분포함수는 무엇인가?

b. 시스템이 두 번보다 적은 횟수로 실패할 확률은 얼마인가?

풀이

a. K의 누적분포함수는 다음과 같다.

$$F_K(k) = P[K \leq k] = \sum_{m \leq k} p_K(m) = \sum_{m=0}^{k} p_K(m) = \sum_{m=0}^{k} \frac{4!}{(4-m)!m!}(0.2)^m(0.8)^{4-m}$$

$$= \begin{cases} 0 & k < 0 \\ (0.8)^4 & 0 \leq k < 1 \\ (0.8)^4 + 4(0.2)(0.8)^3 & 1 \leq k < 2 \\ (0.8)^4 + 4(0.2)(0.8)^3 + 6(0.2)^2(0.8)^2 & 2 \leq k < 3 \\ (0.8)^4 + 4(0.2)(0.8)^3 + 6(0.2)^2(0.8)^2 + 4(0.2)^3(0.8) & 3 \leq k < 4 \\ (0.8)^4 + 4(0.2)(0.8)^3 + 6(0.2)^2(0.8)^2 + 4(0.2)^3(0.8) + (0.2)^4 & k \geq 4 \end{cases}$$

$$= \begin{cases} 0 & k < 0 \\ 0.4096 & 0 \leq k < 1 \\ 0.8192 & 1 \leq k < 2 \\ 0.9728 & 2 \leq k < 3 \\ 0.9984 & 3 \leq k < 4 \\ 1.0 & k \geq 4 \end{cases}$$

b. 시스템이 두 번보다 적게 실패할 확률은 한 번도 실패하지 않거나 또는 한 번 실패할 확률이며, 이는 다음과 같다.

$$P[K < 2] = P[\{K = 0\} \cup \{K = 1\}] = P[K = 0] + P[K = 1] = F_K(1) = 0.8192$$

여기서 두 번째 등식은 두 사건이 상호배타적이기 때문에 성립한다.

예제 2.8

한 시간 간격 동안 지역 도서관을 방문하는 도서관 이용자 수 N에 대한 확률질량함수가 다음과 같이 정의된다.

$$p_N(n) = \begin{cases} \frac{5^n}{n!}e^{-5} & n = 0, 1, \ldots \\ 0 & \text{otherwise} \end{cases}$$

한 시간 내에 많아야 두 명의 도서관 이용자가 도서관에 도착할 확률은 얼마인가?

풀이

한 시간 내에 많아야 두 명의 이용자가 도서관에 도착할 확률은 한 시간 동안 아무도 오지 않거나 또는 한 명이나 두 명의 이용자가 도착할 확률이며, 이는 다음과 같다.

$$\begin{aligned} P[N \le 2] &= P[\{N=0\} \cup \{N=1\} \cup \{N=2\}] = P[N=0] + P[N=1] + P[N=2] \\ &= p_N(0) + p_N(1) + p_N(2) = e^{-5}\left\{1 + 5 + \frac{25}{2}\right\} = 18.5e^{-5} \\ &= 0.1246 \end{aligned}$$

여기서 첫 번째 줄의 두 번째 등식은 3개의 사건이 상호배타적이기 때문에 성립한다.

2.5.1 누적분포함수로부터 확률질량함수 구하기

지금까지 확률질량함수로부터 누적분포함수를 구하는 것을 살펴보았다. 즉 확률질량함수 $P_X(x)$를 가지는 이산랜덤변수 X에 대한 누적분포함수는 다음과 같다.

$$F_X(x) = \sum_{k \le x} p_X(k)$$

때때로 이산랜덤변수의 누적분포함수가 주어지고, 그것의 확률질량함수를 구해야 할 때가 있다. 우리는 그림 2.4와 2.6으로부터 이산랜덤변수의 확률질량함수가 0이 아닌 값을 가지는 그 랜덤변수에서 도약하는 계단 형태의 누적분포함수가 그려짐을 관찰하였다. 하나의 랜덤변수 값에서 도약하는 크기는 그 랜덤변수 값에서의 확률질량함수 값과 같다. 그러므로 이산랜덤변수의 누적분포함수 그림이 주어진다면, 랜덤변수는 도약이 발생하는 지점에서만 0이 아닌 확률값을 가지게 된다는 사실로부터 랜덤변수의 확률질량함수를 구할 수 있다. 랜덤변수가 도약이 발생하는 지점 외의 값을 가질 확률은 0이다. 더욱이 랜덤변수가 도약이 발생하는 지점에서의 값을 가질 확률은 그 도약의 크기와 같다.

예제 2.9

이산랜덤변수 X의 누적분포함수는 그림 2.7과 같다. X의 확률질량함수를 구하라.

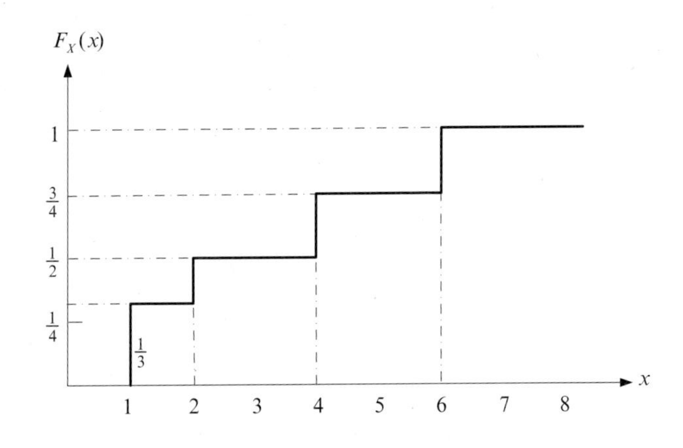

그림 2.7 예제 2.9에서 누적분포함수 $F_X(x)$의 그래프

풀이

랜덤변수는 $X = 1, X = 2, X = 4, X = 6$에서 0이 아닌 확률 값을 가진다. $X = 1$일 때 도약의 크기는 $1/3$, $X = 2$일 때 도약의 크기는 $1/2 - 1/3 = 1/6$, $X = 4$일 때 도약의 크기는 $3/4 - 1/2 = 1/4$, $X = 6$일 때 도약의 크기는 $1 - 3/4 = 1/4$이다. 그러므로 X의 확률질량함수는 다음과 같다.

$$p_X(x) = \begin{cases} \frac{1}{3} & x=1 \\ \frac{1}{6} & x=2 \\ \frac{1}{4} & x=4 \\ \frac{1}{4} & x=6 \\ 0 & \text{otherwise} \end{cases}$$

예제 2.10

이산랜덤변수 X의 누적분포함수가 다음과 같을 때 확률질량함수를 구하라.

$$F_X(x) = \begin{cases} 0 & x<0 \\ \frac{1}{6} & 0 \le x < 2 \\ \frac{1}{2} & 2 \le x < 4 \\ \frac{5}{8} & 4 \le x < 6 \\ 1 & x \ge 6 \end{cases}$$

풀이

이 예제에서 누적분포함수를 그릴 필요는 없다. $X = 0$, $X = 2$, $X = 4$, $X = 6$에서 누적분포함수 값이 변함을 알 수 있는데, 이것은 이 랜덤변수 값들에서 0이 아닌 확률을 갖는 것을 의미한다. 0이 아닌 확률을 갖는 이 값들에 대하여 다음으로 해야 할 일은 그 값들의 확률값을 구하는 것이다. 첫 번째 값은 $P_X(0)$이고 이것은 1/6이다. $X = 2$에서 도약의 크기는 $1/2 - 1/6 = 1/3 = p_X(2)$이 된다. 마찬가지로 $X = 4$에서 도약의 크기는 $5/8 - 1/2 = 1/8 = p_X(4)$이 된다. 마지막으로 $X = 6$에서 도약의 크기인 $p_X(6)$의 값은 $1 - 5/8 = 3/8$이 된다. 그러므로 X의 확률질량함수는 다음과 같다.

$$p_X(x) = \begin{cases} \frac{1}{6} & x=0 \\ \frac{1}{3} & x=2 \\ \frac{1}{8} & x=4 \\ \frac{3}{8} & x=6 \\ 0 & \text{otherwise} \end{cases}$$

2.6 연속랜덤변수

이산랜덤변수는 유한하거나 셀 수 있는 무한한 값들의 집합을 가진다. 반면에 가능한 값들의 셀 수 없는 집합을 가질 수 있는 랜덤변수의 다른 집단이 존재한다. 이러한 랜덤변수를 연속랜덤변수라 한다. 그러므로 만약 모든 실수 $x \in (-\infty, \infty)$에 대하여 정의되고, 임의의 실수 집합 A에 대하여 다음과 같은 성질을 갖는 음이 아닌 함수 $f_X(x)$가 존재하면, 연속랜덤변수가 되는 랜덤변수 X를 정의할 수 있다.

$$P[X \in A] = \int_A f_X(x)dx \tag{2.4}$$

함수 $f_X(x)$를 랜덤변수 X의 **확률밀도함수**(probability density function, PDF)라 하며 다음과 같이 정의된다.

$$f_X(x) = \frac{dF_X(x)}{dx} \tag{2.4}$$

$f_X(x)$의 성질은 다음과 같다.

1. $f_X(x) \geq 0$
2. 전체 확률은 1이 되어야 하므로, $\int_{-\infty}^{\infty} f_X(x)dx = 1$이 된다.

3. $P[a \le X \le b] = \int_a^b f_X(x)dx$이며, 이 식을 통하여 $P[X=a] = \int_a^a f_X(x)dx = 0$ 이 됨을 알 수 있다. 따라서 연속랜덤변수가 어떤 고정 값을 가질 확률은 0이 된다.

4. $P[X < a] = P[X \le a] = F_X(a) = \int_{-\infty}^{a} f_X(x)dx$

성질 (3)으로부터 다음 내용을 확인할 수 있다.

$$P[x \le X \le x + dx] = f_X(x)dx$$

예제 2.11

X를 다음과 같은 확률밀도함수를 갖는 연속랜덤변수라 가정하자.

$$f_X(x)dx = \begin{cases} A(2x - x^2) & 0 < x < 2 \\ 0 & \text{otherwise} \end{cases}$$

a. A값은 얼마인가?

b. $P[X > 1]$을 구하라.

풀이

a. $f_X(x)$가 확률밀도함수이므로 다음 식을 얻는다.

$$\int_{-\infty}^{\infty} f_X(x)dx = \int_{-\infty}^{0} 0dx + \int_0^2 A(2x - x^2)dx + \int_2^{\infty} 0dx = \int_0^2 A(2x - x^2)dx = 1$$

그러므로 다음과 같이 A를 구할 수 있다.

$$A\left[x^2 - \frac{x^3}{3}\right]_{x=0}^{2} = 1 = A\left(4 - \frac{8}{3}\right) = \frac{4A}{3} \Rightarrow A = \frac{3}{4}$$

b. 따라서 다음 식이 정리된다.

$$P[X > 1] = \int_1^{\infty} f_X(x)dx = \frac{3}{4}\int_1^2 (2x - x^2)dx = \frac{3}{4}\left[x^2 - \frac{x^3}{3}\right]_1^2 = \frac{3}{4}\left[\left(4 - \frac{8}{3}\right) - \left(1 - \frac{1}{3}\right)\right] = \frac{1}{2}$$

예제 2.12

다음 함수가 타당한 확률밀도함수인가?

$$g(x) = \begin{cases} \dfrac{x^2}{9} & 0 \le x \le 3 \\ 0 & \text{otherwise} \end{cases}$$

풀이

$g(x)$가 타당한 확률밀도함수가 되려면, $\int_{-\infty}^{\infty} g(x)dx = 1$이 성립하여야 한다. 이 예제의 경우

$$\int_{-\infty}^{\infty} g(x)dx = \int_{-0}^{3} \frac{x^2}{9}dx = \left[\frac{x^3}{27}\right]_0^3 = 1$$

이 되며, 따라서 $g(x)$는 타당한 확률밀도함수이다.

예제 2.13

다음 함수를 고려하자.

$$h(x) = \begin{cases} c & a \le x \le b \\ 0 & \text{otherwise} \end{cases}$$

a. $h(x)$가 타당한 확률밀도함수가 되기 위한 c값은 무엇인가?

b. 위의 확률밀도함수를 가지고 랜덤변수 X의 누적분포함수를 구하라.

풀이

a. $h(x)$가 타당한 확률밀도함수가 되려면, $\int_{-\infty}^{\infty} h(x)dx = 1$이 되어야 한다. 즉

$$\int_a^b cdx = 1 = [cx]_a^b = c(b-a)$$

이 되어야 하며 따라서 $c = 1/(b-a)$이 된다.

b. 누적분포함수는 다음과 같다.

$$H(x) = \int_{-\infty}^{x} h(u)du = \int_a^x \frac{du}{b-a} = \begin{cases} 0 & x < a \\ \dfrac{x-a}{b-a} & a \le x < b \\ 1 & x \ge b \end{cases}$$

예제 2.14

다음 함수를 고려하자.

$$f(x) = \begin{cases} 2x & 0 \leq x \leq b \\ 0 & \text{otherwise} \end{cases}$$

a. $f(x)$가 타당한 확률밀도함수가 되기 위한 b값은 무엇인가?

b. 위의 확률밀도함수를 가지고 랜덤변수 X의 누적분포함수를 구하라.

풀이

a. $f(x)$가 주어진 범위 내에서 타당한 확률밀도함수가 되려면, $\int_0^b f(x)dx = 1$이 되어야 한다. 즉

$$\int_0^b 2xdx = [x^2]_0^b = b^2 = 1$$

이 되어야 하며 따라서 b = 1이 된다.

b. X의 누적분포함수는 다음과 같다.

$$F(x) = \int_{-\infty}^{x} f(u)du = \int_0^x 2udu = \begin{cases} 0 & x < 0 \\ x^2 & 0 \leq x < 1 \\ 1 & x \geq 1 \end{cases}$$

예제 2.15

구성물의 수명 시간은 랜덤변수 X에 의해 나온다. 확률밀도함수는 다음과 같다.

$$f_X(x) = 0.1e^{-0.1x}, x \geq C$$

a. X의 누적분포함수는 무엇인가?

b. 구성물이 적어도 5시간 지속될 확률은 얼마인가?

풀이

a. X의 누적분포함수는 다음과 같이 구해진다.

$$F_X(x)=\int_{-\infty}^{x} f_X(u)du=\int_0^x 0.1e^{-0.1u}du=\left[-e^{-0.1u}\right]_0^x=\begin{cases}0 & x<0\\ 1-e^{-0.1x} & x\geq 0\end{cases}$$

b. X가 연속랜덤변수이기에, 구성물이 5시간 지속될 확률은 다음과 같다.

$$P[X\geq 5]=P[X>5]=1-P[X\leq 5]=1-F_X(5)$$

그러므로 다음과 같은 값을 가진다.

$$P[X\geq 5]=1-F_X(5)=1-\left\{1-e^{-0.1(5)}\right\}=e^{-0.5}=0.6065$$

예제 2.16

한 명의 은행 출납직원이 한 명의 고객 업무를 처리하는 데 걸리는 시간 T의 확률밀도함수는 다음과 같이 정의된다.

$$f_T(t)=\begin{cases}\dfrac{1}{6} & 2\leq t\leq 8\\ 0 & \text{otherwise}\end{cases}$$

a. T의 누적분포함수는 무엇인가?

b. 한 명의 고객에 대한 업무를 5분 이내로 마칠 확률은 얼마인가?

풀이

a. T의 누적분포함수는 다음과 같이 구해진다.

$$F_T(t)=P[T\leq t]=\int_{-\infty}^{t} f_T(u)du=\int_2^t \frac{du}{6}=\left[\frac{u}{6}\right]_2^t$$

$$=\begin{cases}0 & t<2\\ \dfrac{t-2}{6} & 2\leq t<8\\ 1 & t\geq 8\end{cases}$$

b. T는 연속랜덤변수이므로 한 명의 고객에 대한 업무를 5분 이내로 마칠 확률은 다음과 같다.

$$P[T<5]=P[T\leq 5]=F_T(5)=\frac{5-2}{6}=0.5$$

예제 2.17

랜덤변수 X의 누적분포함수는 다음과 같이 정의된다.

$$F_X(x) = \begin{cases} 0 & t < 2 \\ A(x-2) & 2 \le x < 6 \\ 1 & x \ge 6 \end{cases}$$

a. A의 값은 얼마인가?

b. 위의 A값을 이용하여 $P[X > 4]$를 구하라.

c. 위의 A값을 이용하여 $P[3 \leqq X \leqq 5]$를 구하라.

풀이

a. $F_X(6) = 1$을 이용하여 A를 구할 수 있다. 그러므로 누적분포함수의 정의로부터 다음을 구할 수 있다.

$$F_X(6) = A(6-2) = 4A = 1 \Rightarrow A = \frac{1}{4}$$

b. X가 4보다 클 확률은 다음과 같이 구해진다.

$$P[X > 4] = 1 - P[X \le 4] = 1 - F_X(4) = 1 - \frac{1}{4}(4-2) = \frac{1}{2}$$

c. X가 3과 5 사이에 있을 확률은 다음과 같다.

$$P[3 \le X \le 5] = F_X(5) - F_X(3) = \frac{1}{4}\{(5-2) - (3-2)\} = \frac{1}{2}$$

또한 다음과 같이 X의 확률밀도함수를 먼저 구하여 이 문제를 해결할 수도 있다.

$$f_X(x) = \frac{d}{dx}F_X(x) = \begin{cases} A & 2 \le x \le 6 \\ 0 & \text{otherwise} \end{cases}$$

남은 문제는 다음과 같이 확률밀도함수를 이용하여 구할 수 있다.

$$\int_{-\infty}^{\infty} f(x)dx = \int_{2}^{6} Adx = 1 = A[x]_{2}^{6} = 4A \Rightarrow A = \frac{1}{4}$$

$$P[X > 4] = \int_{4}^{6} Adx = \frac{1}{4}[x]_{4}^{6} = \frac{1}{2}$$

$$P[3 \le X \le 5] = \int_{3}^{5} Adx = \frac{1}{4}[x]_{3}^{5} = \frac{1}{2}$$

예제 2.18

랜덤변수 Y의 누적분포함수가 다음과 같이 정의된다.

$$F_Y(y) = \begin{cases} 0 & y < 0 \\ K\{1 - e^{-2y}\} & y \ge 0 \end{cases}$$

a. 타당한 누적분포함수가 되기 위한 K값은 얼마인가?

b. 위의 K값을 이용하여, $F_Y(3)$을 구하라.

c. 위의 K값을 이용하여, $P[2 < Y < \infty]$를 구하라.

풀이

a. $F_Y(\infty)=1$을 이용하여 K를 구할 수 있다. 따라서 누적분포함수의 정의로부터 다음을 구할 수 있다.

$$F_Y(\infty) = K\{1 - e^{-\infty}\} = K\{1 - 0\} = 1 \Rightarrow K = 1$$

b. $F_Y(3) = K\{1 - e^{-6}\} = 1 - e^{-6} = 0.9975$

c. $P[2 < Y < \infty] = F_X(\infty) - F_X(2) = 1 - F_X(2) = 1 - (1 - e^{-4}) = e^{-4} = 0.0183$

예제 2.17에서와 같이, Y의 확률밀도함수를 먼저 구한 후 다음과 같이 적절한 구간에 대하여 적분하여 문제를 해결할 수도 있다.

$$f_Y(y) = \frac{d}{dy}F_Y(y) = 2Ke^{-2y},\ y \geq 0$$

$$\int_0^\infty f_Y(y)dy = 1 = K\left[-e^{-2y}\right]_0^\infty \Rightarrow K = 1$$

$$F_Y(3) = \int_0^3 f_Y(y)dy = \left[-e^{-2y}\right]_0^3 = 1 - e^{-6}$$

$$P[2 < Y < \infty] = \int_2^\infty f_Y(y)dy = \left[-e^{-2y}\right]_2^\infty = e^{-4}$$

2.7 요약

2장에서는 랜덤현상의 결과에서 정의되는 함수의 개념을 다루었다. 랜덤변수로 일컬어지는 이 함수들은 유한하거나 셀 수 있는 무한한 값들의 집합을 갖는 이산랜덤변수와 가능한 값들의 셀 수 없는 집합을 가질 수 있는 연속랜덤변수의 두 가지 유형으로 분류될 수 있다.

2.8 문제

2.4절: 분포함수

2.1 밥(Bob)은 다음과 같은 누적분포함수로 그의 실험 공부 과정을 모델링 할 수 있다고 주장한다.

$$F_X(x) = \begin{cases} 0 & -\infty < x \leq 1 \\ B\left[1 - e^{-(x-1)}\right] & 1 < x < \infty \end{cases}$$

a. 타당한 누적분포함수가 되기 위한 B값은 얼마인가?

b. 위의 B값을 이용하여 $F_X(3)$을 구하라.

c. 위의 B값을 이용하여 $P[2 < X < \infty]$를 구하라.

d. 위의 B값을 이용하여 $P[1 < X \leq 3]$를 구하라.

2.2 랜덤변수 X의 누적분포함수가 다음과 같다.

$$F_X(x) = \begin{cases} 0 & x < 0 \\ 3x^2 - 2x^3 & 0 \le x < 1 \\ 1 & x \ge 1 \end{cases}$$

X의 확률밀도함수는 무엇인가?

2.3 랜덤변수 X의 누적분포함수는 다음과 같다.

$$F_X(x) = \begin{cases} 0 & x < 0 \\ 1 - e^{-x^2/2\sigma^2} & x \ge 0 \end{cases}$$

여기서 σ는 양의 상수이다.

a. $P[\sigma \le X \le 2\sigma]$를 구하라.

b. $P[X > 3\sigma]$를 구하라.

2.4 랜덤변수 T의 누적분포함수가 다음과 같다.

$$F_T(t) = \begin{cases} 0 & t < 0 \\ t^2 & 0 \le t < 1 \\ 1 & t \ge 1 \end{cases}$$

a. T의 확률밀도함수는 무엇인가?

b. $P[T > 0.5]$는 얼마인가?

c. $P[0.5 < T \le 0.75]$는 얼마인가?

2.5 연속랜덤변수 X의 누적분포함수가 다음과 같다.

$$F_X(x) = \begin{cases} 0 & x < -\frac{\pi}{2} \\ k\{1 + \sin(x)\} & -\frac{\pi}{2} \le x < \frac{\pi}{2} \\ 1 & x \ge \frac{\pi}{2} \end{cases}$$

a. k값을 구하라.

b. X의 확률밀도함수를 구하라.

2.6 랜덤변수 X의 누적분포함수가 다음과 같다.

$$F_X(x) = \begin{cases} 0 & x < 2 \\ 1 - \dfrac{4}{x^2} & x \geq 2 \end{cases}$$

a. $P[X < 3]$를 구하라.

b. $P[4 < X < 5]$를 구하라.

2.7 이산랜덤변수 K의 누적분포함수가 다음과 같다.

$$F_K(k) = \begin{cases} 0.0 & k < -1 \\ 0.2 & -1 \leq k < 0 \\ 0.7 & 0 \leq k < 1 \\ 1.0 & k \geq 1 \end{cases}$$

a. $F_K(k)$의 그래프를 그려라.

b. K의 확률질량함수인 $P_K(k)$를 구하라.

2.8 랜덤변수 N의 누적분포함수가 다음과 같다.

$$F_N(n) = \begin{cases} 0.0 & n < -2 \\ 0.3 & -2 \leq n < 0 \\ 0.5 & 0 \leq n < 2 \\ 0.8 & 2 \leq n < 4 \\ 1.0 & n \geq 4 \end{cases}$$

a. $F_N(n)$의 그래프를 그려라.

b. N의 확률질량함수인 $P_N(n)$을 구하라.

c. $P_N(n)$의 그래프를 그려라.

2.9 이산랜덤변수 Y의 누적분포함수는 다음과 같다.

$$F_Y(y) = \begin{cases} 0.0 & y < 2 \\ 0.3 & 2 \le y < 4 \\ 0.8 & 4 \le y < 6 \\ 1.0 & y \ge 6 \end{cases}$$

a. $P[3 < Y < 4]$는 얼마인가?

b. $P[3 < Y \le 4]$는 얼마인가?

2.10 랜덤변수 Y의 누적분포함수가 다음과 같을 때 확률질량함수를 구하라.

$$F_Y(y) = \begin{cases} 0.0 & y < 0 \\ 0.50 & 0 \le y < 2 \\ 0.75 & 2 \le y < 3 \\ 0.90 & 3 \le y < 5 \\ 1.0 & y \ge 5 \end{cases}$$

2.11 이산랜덤변수 X의 누적분포함수가 다음과 같다.

$$F_X(x) = \begin{cases} 0 & x < 0 \\ \frac{1}{4} & 0 \le x < 1 \\ \frac{1}{2} & 1 \le x < 3 \\ \frac{5}{8} & 3 \le x < 4 \\ 1 & x \ge 4 \end{cases}$$

a. X의 확률질량함수 $P_X(x)$를 구하고 그래프를 그려라.

b. (i) $P[X < 2]$와 (ii) $P[0 \le X < 4]$의 값을 구하라.

2.5절: 이산랜덤변수

2.12 앞면과 뒷면이 나올 확률이 같은 동전을 4번 던졌을 때 앞면이 나오는 횟수를 랜덤변수 K라 하자.

a. $p_K(k)$의 그래프를 그려라.

b. $P[K \geq 3]$는 얼마인가?

c. $P[2 \leq K \leq 4]$는 얼마인가?

2.13 켄(Ken)은 사람들이 포커를 하는 것을 보면서, 그의 친구 조(Joe)가 이기는 게임을 포함하여 그때까지의 게임 횟수를 나타내는 랜덤변수 N에 대한 확률질량함수를 모델링하고자 했다. 만약 친구 조가 게임에서 이길 확률을 p라 하고, 이 게임들이 서로 독립이라고 가정하면, N에 대한 확률질량함수는 다음과 같이 주어질 것이라 추정하였다.

$$p_N(n) = p(1-p)^{n-1} \qquad n = 1, 2, \ldots$$

a. $p_N(n)$이 타당한 확률질량함수임을 보여라.

b. N의 누적분포함수를 구하라.

2.14 이산랜덤변수 K가 다음과 같은 확률질량함수를 가진다.

$$p_K(k) = \begin{cases} b & k=0 \\ 2b & k=1 \\ 3b & k=2 \\ 0 & \text{otherwise} \end{cases}$$

a. b의 값은 얼마인가?

b. (i) $P[K < 2]$, (ii) $P[K \leq 2]$, (iii) $P[0 < K < 2]$의 값을 구하라.

c. K의 누적분포함수를 구하라.

2.15 어떤 학생이 여름 동안 은행에서 아르바이트를 하였는데, 그의 임무는 은행에 오는 고객 수를 모델링하는 것이었다. 이 학생은 주어진 시간 동안에 은행에 온 고객 수 K에 대하여 확률질량함수가 다음과 같다는 것을 알아내었다.

$$p_K(k) = \begin{cases} \dfrac{\lambda^k}{k!}e^{-\lambda} & k = 0, 1, 2, \ldots; \lambda > 0 \\ 0 & \text{otherwise} \end{cases}$$

a. $p_K(k)$가 타당한 확률질량함수임을 보여라.

b. $P[K > 1]$는 얼마인가?

c. $P[2 \leq K \leq 4]$는 얼마인가?

2.16 X를 각 면이 나올 확률이 같은 주사위를 굴릴 때 처음으로 숫자 5가 나타날 때까지의 횟수를 나타내는 랜덤변수라 하자. $X = k$일 때의 확률을 구하라.

2.17 랜덤변수 X의 확률질량함수가 $p_X(x) = b\lambda^x/x!$, $x = 0, 1, 2, \ldots$과 같이 주어진다. 여기서 $\lambda > 0$이다. (a) $P[X = 1]$, (b) $P[X > 3]$의 값을 구하라.

2.18 랜덤변수 K에 대한 확률질량함수가 다음과 같다.

$$p_K(k) = \binom{5}{k}(0.1)^k(0.9)^{5-k} \qquad k = 0, 1, \ldots, 5$$

다음 값을 구하라.

a. $P[K = 1]$

b. $P[K \geq 1]$

2.19 4개의 면이 나올 확률이 서로 다른 주사위의 4개의 면에 1, 2, 3, 4를 나타내었다. 랜덤변수 X를 주사위를 굴렸을 때 나오는 결과라고 하자. 주사위를 많이 굴렸을 때 X에 대한 확률질량함수는 다음과 같다.

$$p_X(x) = \begin{cases} 0.4 & x = 1 \\ 0.2 & x = 2 \\ 0.3 & x = 3 \\ 0.1 & x = 4 \end{cases}$$

a. X의 누적분포함수를 구하라.

b. 주사위를 굴렸을 때 3보다 작은 수가 나올 확률은 얼마인가?

c. 주사위를 굴렸을 때 3 이상의 값이 나올 확률은 얼마인가?

2.20 한 시간 동안 교환기에 도착하는 전화 호출 수 N에 대한 확률질량함수가 다음과 같다.

$$p_N(n) = \frac{10^n}{n!}e^{-10} \qquad n = 0, 1, 2, \ldots$$

a. 한 시간에 적어도 두 번의 전화가 올 확률은 얼마인가?

b. 한 시간에 최대 세 번의 전화가 올 확률은 얼마인가?

c. 한 시간에 오는 전화의 수가 세 번보다 크고 여섯 번 이하일 확률은 얼마인가?

2.21 랜덤변수 K가 어떤 실험을 n번 하였을 때 그중 성공한 횟수를 나타낸다고 하자. 하나의 실험에 대한 성공 확률을 0.6이라 하면, K에 대한 확률질량함수는 다음과 같이 주어진다.

$$p_K(k) = \binom{n}{k}(0.6)^k(0.4)^{n-k} \qquad k = 0, 1, \ldots, n;\ n = 1, 2, \ldots$$

a. 다섯 번의 실험에서 적어도 한 번 성공할 확률은 얼마인가?

b. 다섯 번의 실험에서 최대 한 번 성공할 확률은 얼마인가?

c. 다섯 번의 실험에서 성공 횟수가 한 번보다 크고 네 번보다 작을 확률은 얼마인가?

2.22 함수 $p(x)$가 이산랜덤변수 X에 대하여 타당한 확률질량함수임을 증명하라. 여기서 $p(x)$는 다음과 같이 정의된다.

$$p(x) = \begin{cases} \dfrac{2}{3}\left(\dfrac{1}{3}\right)^x & x = 0, 1, 2, \ldots \\ 0 & \text{otherwise} \end{cases}$$

2.6절: 연속랜덤변수

2.23 다음과 같은 함수를 고려하자.

$$g(x) = \begin{cases} a(1-x^2) & -1 < x < 1 \\ 0 & \text{otherwise} \end{cases}$$

a. $g(x)$가 타당한 확률밀도함수가 되게 하는 a값을 구하라.

b. X가 이 확률밀도함수를 갖는 랜덤변수일 때, $P[0 < X < 0.5]$의 값을 구하라.

2.24 $\lambda > 0$에 대하여 연속랜덤변수 X의 확률밀도함수 $f(x)$가 다음과 같이 정의된다.

$$f_X(x) = \begin{cases} bxe^{-\lambda x} & 0 \le x < \infty \\ 0 & \text{otherwise} \end{cases}$$

a. b의 값은 얼마인가?

b. X의 누적분포함수는 무엇인가?

c. $P[0 \le X \le 1/\lambda]$는 얼마인가?

2.25 다음과 같은 누적분포함수를 갖는 연속랜덤변수 X의 확률밀도함수를 구하라.

$$F_X(x) = \begin{cases} 0 & x < 0 \\ 2x^2 - x^3 & 0 \le x < 1 \\ 1 & x \ge 1 \end{cases}$$

2.26 $K > 0$일 때, 랜덤변수 X가 다음과 같은 확률밀도함수를 갖는다.

$$f_X(x) = \begin{cases} 0 & x < 1 \\ K(x-1) & 1 \le x < 2 \\ K(3-x) & 2 \le x < 3 \\ 0 & x \ge 3 \end{cases}$$

a. K의 값은 얼마인가?

b. $f_X(x)$를 그려라.

c. X의 누적분포함수는 무엇인가?

d. $P[1 \le X \le 2]$는 얼마인가?

2.27 랜덤변수 X가 다음과 같은 누적분포함수를 갖는다.

$$F_X(x) = \begin{cases} 0 & x < -1 \\ A(1+x) & -1 \le x < 1 \\ 1 & x \ge 1 \end{cases}$$

a. A의 값은 얼마인가?

b. 위의 A값에 대하여, $P[X > 1/4]$는 얼마인가?

c. 위의 A값에 대하여, $P[-0.5 \le X \le 0.5]$는 얼마인가?

2.28 어떤 시스템의 주(week)로 표시되는 수명 X가 다음과 같은 확률밀도함수를 갖는다.

$$f_X(x) = \begin{cases} 0.25e^{-0.25x} & x \ge 0 \\ 0 & \text{otherwise} \end{cases}$$

a. 이 시스템이 2주 안에 고장 나지 않을 확률은 얼마인가?

b. 4주가 끝날 때까지 이 시스템이 고장 나지 않았다면, 4주와 6주 사이에 고장날 확률은 얼마인가?

2.29 군 레이더가 수리 설비 없이 멀리 떨어진 곳에 설치되어 있다. 레이더가 고장 날 때까지의 연(year)으로 표시되는 시간 T는 $f_T(t) = 0.2e^{-0.2t}$와 같은 확률밀도함수를 갖는다. 여기서 $t \ge 0$이다.4년 이상 레이더가 동작할 확률은 얼마인가?

2.30 랜덤변수 X의 확률밀도함수가 다음과 같다.

$$f_X(x) = \begin{cases} \dfrac{A}{x^2} & x > 10 \\ 0 & \text{otherwise} \end{cases}$$

a. A의 값은 얼마인가?

b. 위의 A값에 대하여, X의 누적분포함수를 구하라.

c. 위의 A값에 대하여, $P[X > 20]$는 얼마인가?

2.31 X를 다음과 같은 확률밀도함수를 갖는 연속랜덤변수라고 하자.

$$f_X(x) = \begin{cases} A(3x^2 - x^3) & 0 \le x < 3 \\ 0 & \text{otherwise} \end{cases}$$

a. A의 값은 얼마인가?

b. $P[1 < X < 2]$를 구하라.

2.32 랜덤변수 X는 다음과 같은 확률밀도함수를 갖는다.

$$f_X(x) = \begin{cases} k(1 - x^4) & -1 \le x \le 1 \\ 0 & \text{otherwise} \end{cases}$$

a. k의 값을 구하라.

b. X의 누적분포함수를 구하라.

c. $P[X < 1/2]$를 구하라.

2.33 랜덤변수 X의 확률밀도함수는 다음과 같다.

$$f_X(x) = \begin{cases} x & 0 < x < 1 \\ 2 - x & 1 \le x \le 2 \\ 0 & \text{otherwise} \end{cases}$$

a. X의 누적분포함수를 구하라.

b. $P[0.2 < X < 0.8]$를 구하라.

c. $P[0.6 < X < 1.2]$를 구하라.

2.34 차 소유주가 어느 특정 종류의 타이어를 사서 얻게 되는 마일리지(단위: 1,000 마일)는 다음과 같은 확률밀도함수를 갖는 랜덤변수 X가 된다.

$$f_X(x) = \begin{cases} Ae^{-x/20} & x \ge 0 \\ 0 & \text{otherwise} \end{cases}$$

a. A의 값을 구하라.

b. X의 누적분포함수를 구하라.

c. $P[X < 10]$는 얼마인가?

d. $P[16 < X < 24]$는 얼마인가?

2.35 X를 다음과 같은 확률밀도함수를 갖는 연속랜덤변수라고 하자.

$$f_X(x) = \begin{cases} 0 & x < 0.5 \\ ke^{-2(x-0.5)} & x \geq 0.5 \end{cases}$$

a. k의 값을 구하라.

b. X의 누적분포함수를 구하라.

c. $P[X < 1.5]$는 얼마인가?

d. $P[1.2 < X < 2.4]$는 얼마인가?

CHAPTER 3

랜덤변수의 모멘트

3.1 개요

데이터 집합 X_1, X_2, ..., X_N이 주어지면, 이에 대한 산술평균(또는 등차중앙)은 다음과 같음을 알 수 있다.

$$\overline{X} = \frac{X_1 + X_2 + \cdots + X_N}{N}$$

위의 수들이 서로 다른 빈도로 발생할 때, 그 수들에 대하여 가중치 w_1, w_2, ..., w_N을 할당하면, 이른바 가중산술평균은 다음과 같이 된다.

$$\overline{X} = \frac{w_1 X_1 + w_2 X_2 + \cdots + w_N X_N}{w_1 + w_2 + \cdots + w_N} = \frac{w_1}{w} X_1 + \frac{w_2}{w} X_2 + \cdots + \frac{w_N}{w} X_N \tag{3.1}$$

평균은 데이터 집합의 대푯값이며, 크기에 따라 정렬된 데이터 집합의 중심값에 해당하게 된다. 따라서 일반적으로 평균은 중심경향성 측도로 일컬어진다. 기댓값(expectation)이란 용어는 랜덤변수와 관계된 평균을 구하는 과정에서 사용된다. 이것은 랜덤변수 분포의 중심에 해당하는 수이다.

기본적으로 랜덤변수의 중심경향성에 관심이 있으며, 3장 뒷부분에서 보게 되겠지만, 랜덤변수의 기댓값(또는 중간값 또는 평균)은 위에서 정의된 가중산술평균과 같게 된다. 랜덤변수의 또 다른 중심경향성 측도는 랜덤변수의 퍼짐 정도를 나타내는 분산이다. 3장에서는 랜덤변수의 기댓값(또는 중간값 또는 평균)과 분산이 어떻게 계산될 수 있는지에 대해 다룬다.

3.2 기댓값

만약 X가 랜덤변수라면, $E[X]$로 표시되는 X의 기댓값(또는 기대되는 값 또는 평균)은 다음과 같이 정의된다.

$$E[X] = \overline{X} = \begin{cases} \sum_k x_k p_X(x_k) & X \text{ discrete} \\ \int_{-\infty}^{\infty} x f_X(x) dx & X \text{ continuous} \end{cases} \tag{3.2}$$

그러므로 X의 기댓값은 랜덤변수 X가 가질 수 있는 가능한 값들의 산술 또는 가중 평균으로, 여기서 각 값은 X가 그 값을 가질 빈도에 따라 가중되어 있다. 때때로 μ 또는 $\overline{X}$의 기댓값을 X로 나타낸다.

예제 3.1

다음과 같이 정의되는 a 확률밀도함수를 갖는 랜덤변수 X의 기댓값을 구하라.

$$f_X(x) = \begin{cases} \frac{1}{b-a} & a \le x \le b \\ 0 & \text{otherwise} \end{cases}$$

풀이

X의 확률밀도함수는 그림 3.1과 같다.

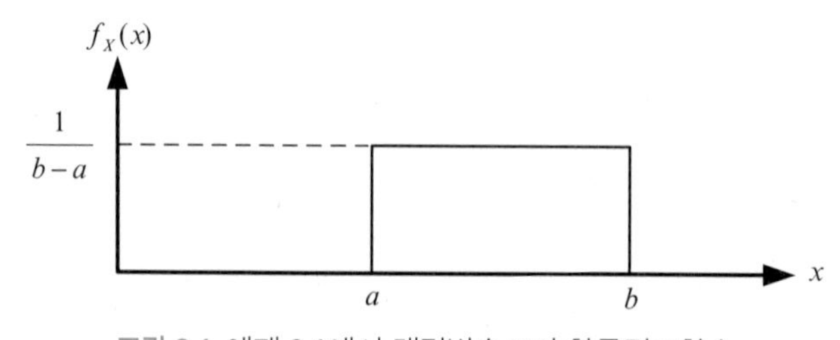

그림 3.1 예제 3.1에서 랜덤변수 X의 확률밀도함수

$$E[X]=\int_{-\infty}^{\infty}xf_X(x)dx=\int_a^b\frac{x}{b-a}dx=\left[\frac{x^2}{2(b-a)}\right]_a^b=\frac{b^2-a^2}{2(b-a)}=\frac{(b+a)(b-a)}{2(b-a)}$$
$$=\frac{b+a}{2}$$

예제 3.2

다음과 같은 확률질량함수를 갖는 이산랜덤변수 X의 기댓값을 구하라.

$$p_X(x)=\begin{cases}\frac{1}{3} & x=0\\ \frac{2}{3} & x=2\\ 0 & \text{otherwise}\end{cases}$$

풀이

$$E[X]=\sum_{x=-\infty}^{\infty}xp_X(x)=0p_X(0)+2p_X(2)=0\left(\frac{1}{3}\right)+2\left(\frac{2}{3}\right)=\frac{4}{3}$$

예제 3.3

다음과 같은 확률질량함수를 갖는 랜덤변수 K의 기댓값을 구하라.

$$p(k)=\frac{\lambda^k}{k!}e^{-\lambda}\qquad k=0,1,2,\ldots$$

풀이

$E[K]$는 다음과 같다.

$$E[K]=\sum_{k=0}^{\infty}kp_K(k)=\sum_{k=0}^{\infty}k\left(\frac{\lambda^k}{k!}e^{-\lambda}\right)=\sum_{k=1}^{\infty}\frac{\lambda^k}{(k-1)!}e^{-\lambda}=\lambda e^{-\lambda}\sum_{k=1}^{\infty}\frac{\lambda^{k-1}}{(k-1)!}=\lambda e^{-\lambda}\sum_{m=0}^{\infty}\frac{\lambda^m}{m!}$$

이므로, 다음과 같이 된다.

$$E[K]=\lambda e^{-\lambda}\sum_{m=0}^{\infty}\frac{\lambda^m}{m!}=\lambda e^{-\lambda}e^{\lambda}=\lambda$$

예제 3.4

다음과 같은 확률밀도함수를 갖는 랜덤변수 X의 기댓값을 구하라.

$$f_X(x) = \begin{cases} \lambda e^{-\lambda x} & x \geq 0 \\ 0 & x < 0 \end{cases}$$

풀이

X의 기댓값은 다음과 같다.

$$E[X] = \int_{-\infty}^{\infty} x f_x(x) dx = \int_0^{\infty} x \lambda e^{-\lambda x} dx$$

$dv = \lambda e^{-\lambda X} dx$ 그리고 $u = x$라 하면 $v = -e^{-\lambda X}$ 그리고 $du = dx$가 된다. 이를 이용하여 부분 적분하면 다음과 같은 결과를 얻는다.

$$E[X] = [uv]_0^{\infty} - \int_0^{\infty} v du = [-xe^{-\lambda x}]_0^{\infty} + \int_0^{\infty} e^{-\lambda x} dx = 0 - \left[\frac{e^{-\lambda x}}{\lambda}\right]_0^{\infty}$$
$$= \frac{1}{\lambda}$$

이때, 랜덤변수 x가 무한대로 증가함에 따라 함수($e^{-\lambda x}$)가 좀 더 빠르게 '0'으로 수렴함을 가정한다.

3.3 음이 아닌 랜덤변수의 기댓값

어떤 랜덤변수들은 음이 아닌 값으로만 가정된다. 예를 들어 어떤 성분이 실패할 때까지의 시간 X는 음수일 수 없다. 1장에서 우리는 어떤 성분이 t 시간까지 실패하지 않을 확률로 그 성분의 신뢰도 함수 $R(t)$를 정의하였다. 그러므로 만약 X의 확률밀도함수가 $f_x(x)$이고 누적분포함수가 $F_x(x)$라면, 그 성분의 신뢰도 함수를 $R_x(t)$로 정의할 수 있으며, 누적분포함수 및 확률밀도함수와 다음과 같은 관계를 가진다.

$$R_X(t) = P[X > t] = 1 - P[X \leq t] = 1 - F_X(t) \quad (3.3a)$$

$$F_X(t) = 1 - R_X(t) \quad (3.3b)$$

명제 3.1

누적분포함수 $F_x(x)$를 갖는 음이 아닌 랜덤변수 X에 대하여, 기댓값은 다음과 같다.

$$E[X]=\begin{cases}\displaystyle\int_0^\infty P[X>x]dx=\int_0^\infty\{1-F_X(x)\}dx & X\text{ continuous}\\ \displaystyle\sum_{x=0}^{\infty}P[X>x]=\sum_{x=0}^{\infty}\{1-F_X(x)\} & X\text{ discrete}\end{cases}$$

증명

$P[X>x]=\int_x^\infty f_X(u)du$ 이므로, 다음을 구할 수 있다.

$$\int_0^\infty P[X>x]dx=\int_0^\infty\int_x^\infty f_X(u)dudx$$

적분 영역 $\{(x,u)|0\le x<\infty;\ x\le u<\infty\}$은 그림 3.2와 같다.

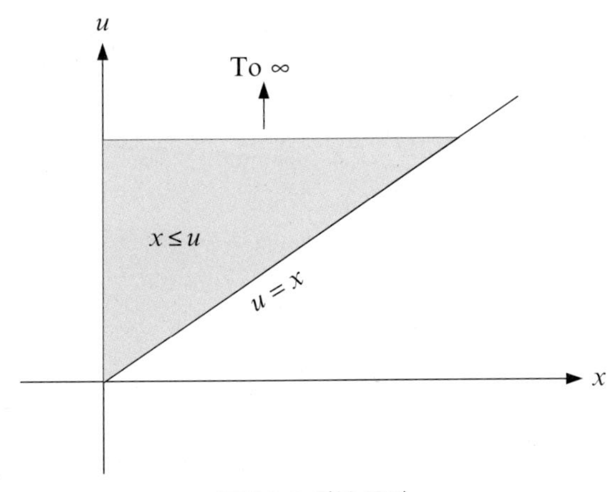

그림 3.2 적분 구간

그림에서 적분 영역은 $\{(x,u)|0\le x\le u;\ 0\le u<\infty\}$으로 변환될 수 있으므로, 다음과 같은 식을 얻는다.

$$\int_0^\infty P[X>x]dx=\int_0^\infty\int_x^\infty f_X(u)dudx=\int_{u=0}^{\infty}\left\{\int_{x=0}^{u}dx\right\}f_X(u)du=\int_{u=0}^{\infty}uf_X(u)du$$
$$=E[X]$$

따라서 연속 경우에 대하여 이 명제는 증명되었다.

이산 경우에서 랜덤 변수 X가 음수가 아닌 경우 증명은 아래와 같다.

$$
\begin{aligned}
E[X] &= \sum_{x=0}^{\infty} x p_X(x) = \sum_{x=1}^{\infty} x p_X(x) = 1p_X(1) + 2p_X(2) + 3p_X(3) + 4p_X(4) + \cdots \\
&= p_X(1) \\
&\quad + p_X(2) + p_X(2) \\
&\quad + p_X(3) + p_X(3) + p_X(3) \\
&\quad + p_X(4) + p_X(4) + p_X(4) + p_X(4) \\
&\quad + \cdots \\
&= \sum_{x=1}^{\infty} p_X(x) + \sum_{x=2}^{\infty} p_X(x) + \sum_{x=3}^{\infty} p_X(x) + \cdots \\
&= \{1 - F_X(0)\} + \{1 - F_X(1)\} + \{1 - F_X(2)\} + \cdots \\
&= \sum_{x=0}^{\infty} \{1 - F_X(x)\} = \sum_{x=0}^{\infty} P[X > x]
\end{aligned}
$$

예제 3.5

위의 방법을 이용하여, 예제 3.4에 주어진 확률밀도함수를 갖는 랜덤변수 X의 기댓값을 구하라.

풀이

예제 3.4에서 X의 확률밀도함수는 다음과 같다.

$$
f_X(x) = \begin{cases} \lambda e^{-\lambda x} & x \geq 0 \\ 0 & x < 0 \end{cases}
$$

따라서 X의 누적분포함수는 다음과 같다.

$$
F_X(x) = \int_0^x f_X(u)du = \int_0^x \lambda e^{-\lambda u} du = 1 - e^{-\lambda x}
$$

X의 기댓값은 다음과 같으며

$$
E[X] = \int_0^{\infty} \{1 - F_X(x)\}dx = \int_0^{\infty} e^{-\lambda x} dx = \frac{1}{\lambda}
$$

이것은 예제 3.4에서 구한 결과와 같다.

3.4 랜덤변수의 모멘트와 분산

랜덤변수 X의 n차 모멘트 $E[X^n]=\overline{X^n}$는 다음과 같이 정의된다.

$$E[X^n]=\overline{X^n}=\begin{cases}\sum_k x_k^n p_X(x_k) & X \text{ discrete}\\ \int_{-\infty}^{\infty} x^n f_X(x)dx & X \text{ continuous}\end{cases} \tag{3.4}$$

여기서 $n = 1, 2, 3, \ldots$이다. 1차 모멘트 $E[X]$는 X의 기댓값이다.

랜덤변수의 **중심모멘트**(central moment, 또는 **평균에 관한 모멘트**) 또한 정의할 수 있다. 중심모멘트는 랜덤변수와 그 랜덤변수 기댓값의 차에 대한 모멘트이다. n차 중심모멘트는 다음과 같이 정의된다.

$$E\left[(X-\overline{X})^n\right]=\overline{(X-\overline{X})^n}=\begin{cases}\sum_k (x_k-\overline{X})^n p_X(x_k) & X \text{ discrete}\\ \int_{-\infty}^{\infty} (x-\overline{X})^n f_X(x)dx & X \text{ continuous}\end{cases} \tag{3.5}$$

$n = 2$일 때의 중심모멘트는 매우 중요한데, 이를 특별히 **분산**(variance)이라 하며 보통 σ_X^2로 나타낸다.

$$\sigma_X^2=E\left[(X-\overline{X})^2\right]=\begin{cases}\sum_k (x_k-\overline{X})^2 p_X(x_k) & X \text{ discrete}\\ \int_{-\infty}^{\infty} (x-\overline{X})^2 f_X(x)dx & X \text{ continuous}\end{cases} \tag{3.6}$$

분산에 대한 표현을 간략화하기 전에, 먼저 다음 2개의 명제를 살펴보고 증명한다.

명제 3.2

X를 확률밀도함수 $f_x(x)$와 평균 $E[X]$를 갖는 랜덤변수라 하자. 또한 a와 b를 상수라 하자. Y를 $Y = aX + b$로 정의되는 랜덤변수라 하면, Y의 기댓값은 $E[Y] = aE[X] + b$로 주어진다.

증명

Y는 X의 함수이기 때문에, Y의 기댓값은 다음과 같다.

$$
\begin{aligned}
E[Y] &= E[aX + b] = \int_{-\infty}^{\infty} (ax+b) f_X(x)dx = \int_{-\infty}^{\infty} axf_X(x)dx + \int_{-\infty}^{\infty} bf_X(x)dx \\
&= a\int_{-\infty}^{\infty} xf_X(x)dx + b\int_{-\infty}^{\infty} f_X(x)dx \\
&= aE[X] + b
\end{aligned}
$$

여기서 마지막 줄의 첫 번째 항은 기댓값의 정의에 따른 것이고, 두 번째 항은 적분값이 1이 된다는 사실로부터 유도된다.

'랜덤변수의 함수' 부분은 6장에서 자세히 다룬다.

명제 3.3

X를 확률밀도함수 $f_x(x)$와 평균 $E[X]$를 갖는 랜덤변수라 하자. $g_1(x)$와 $g_2(x)$를 랜덤변수 X의 두 함수라 놓고, $g_3(x)$는 $g_3(X) = g_1(x) + g_2(x)$로 정의된다고 하자. 이 경우 $g_3(x)$의 기댓값은 $E[g_1(x)] + E[g_2(x)]$가 된다.

증명

$g_3(x)$는 X의 함수이기 때문에, $g_3(x)$ 기댓값은 다음과 같다.

$$
\begin{aligned}
E[g_3(x)] &= \int_{-\infty}^{\infty} g_3(x)f_X(x)dx = \int_{-\infty}^{\infty} \{g_1(x) + g_2(x)\}f_X(x)dx \\
&= \int_{-\infty}^{\infty} g_1(x)f_X(x)dx + \int_{-\infty}^{\infty} g_2(x)f_X(x)dx \\
&= E[g_1(x)] + E[g_2(x)]
\end{aligned}
$$

이러한 두 명제와, $\overline{X}$가 상수임을 이용하면 다음과 같이 $\overline{X}$의 분산을 얻게 된다.

$$\begin{aligned}\sigma_X^2 &= E\left[\left(X-\overline{X}\right)^2\right] = E\left[X^2 - 2X\overline{X} + (\overline{X})^2\right] = E\left[X^2\right] - 2\overline{X}E[X] + (\overline{X})^2 \\ &= E\left[X^2\right] - 2(\overline{X})^2 + (\overline{X})^2 = E\left[X^2\right] - (\overline{X})^2 \\ &= E\left[X^2\right] - \{E[X]\}^2\end{aligned} \tag{3.7}$$

분산의 제곱근 σ_X를 **표준편차**(standard deviation, SD)라 한다. 분산은 확률밀도함수나 확률질량함수의 '퍼짐' 정도를 나타낸다. 만약 확률밀도함수나 확률질량함수가 평균에 모여 있는 형태라면 랜덤변수의 분산은 작은 값이 될 것이다. 마찬가지로 만약 확률밀도함수나 확률질량함수가 넓게 퍼진 형태를 가진다면, 랜덤변수의 분산은 커질 것이다. 예를 들어 다음과 같은 확률밀도함수를 가지는 랜덤변수 X_1, X_2, X_3를 고려하자.

$$f_{X_1}(x) = \begin{cases} \frac{1}{4} & 0 \le x \le 4 \\ 0 & \text{otherwise} \end{cases}$$
$$f_{X_2}(x) = \begin{cases} \frac{1}{3} & 0.5 \le x \le 3.5 \\ 0 & \text{otherwise} \end{cases}$$
$$f_{X_3}(x) = \begin{cases} \frac{1}{2} & 1 \le x \le 3 \\ 0 & \text{otherwise} \end{cases}$$

위의 확률밀도함수를 그림 3.3에 나타내었다.

이 랜덤변수들의 평균값을 계산하면 $E[X_1] = E[X_2] = E[X_3] = 2$로 같음을 알 수 있다. 그러나 평균값을 중심으로 각 랜덤변수들의 퍼진 정도는 각기 다르다. 구체적으로 살펴보면, X_1이 평균에서 퍼진 정도가 가장 크고, 반면에 X_3가 평균에서 퍼진 정도가 가장 작다. 즉 X_3의 값들은 대부분이 평균값 주위에 모여 있는 경향이 있는 반면, X_3의 값들은 평균값 근처에 모여 있는 부분이 가장 작은 경향을 보인다. 분산으로 표현하면, X_1이 가장 큰 분산을 갖는 반면, X_3는 가장 작은 분산을 갖는다고 할 수 있다.

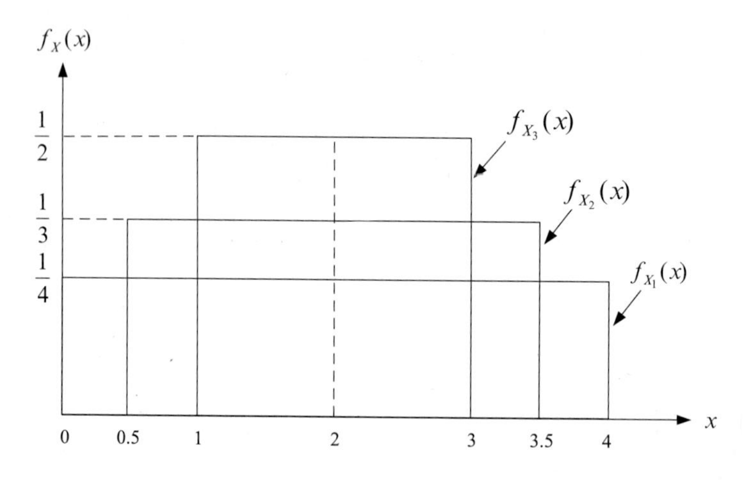

그림 3.3 X_1, X_2 및 X_3에 대한 확률밀도함수

예제 3.6

X를 다음과 같은 확률밀도함수를 갖는 연속랜덤변수라 하자.

$$f_X(x) = \begin{cases} \dfrac{1}{b-a} & a \le x \le b \\ 0 & \text{otherwise} \end{cases}$$

X의 기댓값과 분산을 구하라.

풀이

X의 기댓값은 다음과 같다.

$$E[X] = \frac{b+a}{2}$$

위에서 계산된 기댓값을 이용하여 다음과 같이 X의 분산을 구한다.

$$\begin{aligned} E\left[X^2\right] &= \int_a^b x^2 f_X(x)dx = \int_a^b \frac{x^2}{b-a}dx = \left[\frac{x^3}{3(b-a)}\right]_a^b = \frac{b^3-a^3}{3(b-a)} \\ &= \frac{(b-a)\left(b^2+ab+a^2\right)}{3(b-a)} = \frac{b^2+ab+a^2}{3} \end{aligned}$$

$$\sigma_X^2 = E\left[X^2\right] - (E[X])^2 = \frac{b^2+ab+a^2}{3} - \left(\frac{b+a}{2}\right)^2$$
$$= \frac{b^2+ab+a^2}{3} - \frac{b^2+2ab+a^2}{4} = \frac{b^2-2ab+a^2}{12}$$
$$= \frac{(b-a)^2}{12}$$

이러한 결과는 그림 3.3에서 표시한 확률밀도함수에 대한 의견과 일치한다. 구한 결과를 그림에 적용하면 다음과 같은 결과를 얻을 수 있다.

$$\sigma_{X_1}^2 = \frac{(4-0)^2}{12} = \frac{16}{12} = 1.33$$
$$\sigma_{X_2}^2 = \frac{(3.5-0.5)^2}{12} = \frac{9}{12} = 0.75$$
$$\sigma_{X_3}^2 = \frac{(3-1)^2}{12} = \frac{4}{12} = 0.33$$

그래서 $E[X_1]=E[X_2]=E[X_3]$ 만족할 때 분산들이 다르며 X_1은 가장 크고 X_3은 가장 작은 분산을 가진다. 즉 평균에 대하여 가장 작은 퍼짐이 된다.

예제 3.7

다음과 같은 확률질량함수를 갖는 랜덤변수 K의 분산을 구하라.

$$p(k) = \frac{\lambda^k}{k!}e^{-\lambda} \qquad k = 0, 1, 2, \ldots$$

(이것은 예제 3.3의 연장이다.)

풀이

예제 3.3에서 $E[K] = \lambda$이었다. K의 2차 모멘트는 다음과 같다.

$$E\left[K^2\right] = \sum_{k=0}^{\infty} k^2 p_K(k) = \sum_{k=0}^{\infty} k^2 \frac{\lambda^k}{k!}e^{-\lambda} = \lambda e^{-\lambda}\sum_{k=1}^{\infty}\frac{k\lambda^{k-1}}{(k-1)!}$$

다음 관계식을 이용하고

$$\sum_{k=1}^{\infty}\frac{\lambda^k}{(k-1)!} = \lambda\sum_{k=1}^{\infty}\frac{\lambda^{k-1}}{(k-1)!} = \lambda\sum_{m=0}^{\infty}\frac{\lambda^m}{m!} = \lambda e^{\lambda}$$

또한

$$\frac{d}{d\lambda}\left[\sum_{k=1}^{\infty}\frac{\lambda^k}{(k-1)!}\right]=\sum_{k=1}^{\infty}\frac{d}{d\lambda}\left[\frac{\lambda^k}{(k-1)!}\right]=\sum_{k=1}^{\infty}\frac{k\lambda^{k-1}}{(k-1)!}$$

이므로

$$\sum_{k=1}^{\infty}\frac{k\lambda^{k-1}}{(k-1)!}=\frac{d}{d\lambda}\{\lambda e^{\lambda}\}=(1+\lambda)e^{\lambda}$$

이다. 따라서 K의 2차 모멘트는 다음과 같다.

$$E\left[K^2\right]=\lambda e^{-\lambda}\sum_{k=1}^{\infty}\frac{k\lambda^{k-1}}{(k-1)!}=\lambda e^{-\lambda}(1+\lambda)e^{\lambda}=\lambda+\lambda^2$$

또한 K의 분산은 다음과 같다.

$$\sigma_K^2=E\left[K^2\right]-(E[K])^2=\lambda+\lambda^2-\lambda^2=\lambda$$

그러므로 K의 기댓값과 분산은 동일한 값을 갖는다.

예제 3.8

어느 검사 기술자가 어떤 장비에 대한 수명 연수의 누적분포함수가 다음과 같다는 것을 발견하였다.

$$F_X(x)=\begin{cases}0 & x<0\\ 1-e^{-x/5} & 0\leq x<\infty\end{cases}$$

a. a. 이 장비 수명의 기댓값은 얼마인가?

b. b. 이 장비 수명의 분산은 얼마인가?

풀이

누적분포함수 정의에 따라, X는 음이 아닌 값만을 가지는 랜덤변수임을 알 수 있다. 따라서

a. 이 장비 수명의 기댓값은 다음과 같다.

$$E[X]=\int_0^{\infty}P[X>x]dx=\int_0^{\infty}[1-F_X(x)]dx=\int_0^{\infty}e^{-x/5}dx=5$$

b. 분산을 구하기 위해 먼저 확률밀도함수를 구하면

$$f_X(x) = \frac{d}{dx}F_X(x) = \frac{1}{5}e^{-x/5} \qquad x \geq 0$$

가 된다. 따라서 X의 2차 모멘트는 다음과 같다.

$$E\left[X^2\right] = \int_0^{\infty} x^2 f_X(x)dx = \frac{1}{5}\int_0^{\infty} x^2 e^{-x/5}dx$$

$u = x^2$이라 하면 $du = 2xdx$이고, $dv = e^{-x/5}dx$라 하면, $v = -5e^{-x/5}$이다. 그러면

$$E\left[X^2\right] = \left[-\frac{5x^2e^{-x/5}}{5}\right]_0^{\infty} + \frac{10}{5}\int_0^{\infty} xe^{-x/5}dx = 0 + 2\int_0^{\infty} xe^{-x/5}dx = 2\int_0^{\infty} xe^{-x/5}dx$$

이 된다. $u = x$라 하면 $du = dx$이고, $dv = e^{-x/5}dx$라 하면 $v = -5e^{-x/5}$이다. 그러면 다음과 같은 결과를 얻는다.

$$E\left[X^2\right] = 2\left[-5xe^{-x/5}\right]_0^{\infty} + 10\int_0^{\infty} e^{-x/5}dx = 0 + 10\left[-5xe^{-x/5}\right]_0^{\infty} = 50$$

최종적으로 X의 분산은 다음과 같다.

$$\sigma_X^2 = E\left[X^2\right] - (E[X])^2 = 50 - 25 = 25$$

예제 3.9

쇼핑 카트에 다음과 같은 무게의 책 10권이 들어 있다. 각각 1.8파운드짜리 4권, 2파운드짜리 1권, 2.5파운드짜리 2권, 그리고 3.2파운드짜리 3권이다.

a. 책의 평균 무게는 얼마인가?
b. 책 무게의 분산은 얼마인가?

풀이

책은 총 10권이다. 각 무게별 책의 비율은 다음과 같다.

- 1.8파운드짜리 책의 비율은 4/10 = 0.4
- 2.0파운드짜리 책의 비율은 1/10 = 0.1
- 2.5파운드짜리 책의 비율은 2/10 = 0.2

- 3.2파운드짜리 책의 비율은 3/10 = 0.3

Y를 책의 무게를 나타내는 랜덤변수라 하자. 위의 비율들은 해당 책 무게의 발생확률이므로, 평균은 다음과 같이 된다.

$$E[Y] = (0.4\times 1.8) + (0.1\times 2.0) + (0.2\times 2.5) + (0.3\times 3.2) = 2.38$$

$$\begin{aligned}\sigma_Y^2 &= \sum_{k=1}^{4}(y_k - E[Y])^2 p_Y(y_k)\\ &= \left\{(1.18-2.38)^2\times 0.4\right\} + \left\{(2.0-2.38)^2\times 0.1\right\} + \left\{(2.5-2.38)^2\times 0.2\right\}\\ &\quad + \left\{(3.2-2.38)^2\times 0.3\right\} = 0.3536\end{aligned}$$

분산은 다음과 같이 된다.

$$E\left[Y^2\right] = \left(0.4\times 1.8^2\right) + \left(0.1\times 2.0^2\right) + \left(0.2\times 2.5^2\right) + \left(0.3\times 3.2^2\right) = 6.018$$

$$\sigma_Y^2 = E\left[Y^2\right] - (E[Y])^2 = 6.018 - 2.38^2 = 0.3536$$

예제 3.10

다음과 같은 확률밀도함수를 갖는 랜덤변수 X의 분산을 구하라.

$$f_X(x) = \begin{cases}\lambda e^{-\lambda x} & x \geq 0\\ 0 & x < 0\end{cases}$$

(이것은 예제 3.4의 연장이다.)

풀이

예제 3.4에서 X의 기댓값은 $1/\lambda$이었다. X의 2차 모멘트는 다음과 같다.

$$E\left[X^2\right] = \int_0^\infty x^2 f_X(x)dx = \int_0^\infty x^2 \lambda e^{-\lambda x}dx$$

$dv = \lambda e^{-\lambda x}dx$, $u = x^2$이라 하면 $v = -e^{-\lambda x}$, $du = 2xdx$가 된다. 따라서 부분적분하면 다음과 같은 결과를 얻는다.

$$E\left[X^2\right] = \left[-x^2 e^{-\lambda x}\right]_0^\infty + 2\int_0^\infty xe^{-\lambda x}dx = 0 + 2\int_0^\infty xe^{-\lambda x}dx = 2\int_0^\infty xe^{-\lambda x}dx$$

그러므로 X의 분산은 다음과 같다.

$$\sigma_X^2 = E\left[X^2\right] - (E[X])^2 = \frac{2}{\lambda^2} - \frac{1}{\lambda^2} = \frac{1}{\lambda^2}$$

아래 내용을 참고한다.

$$\frac{2}{\lambda}\int_0^\infty e^{-\lambda x}dx = \frac{2}{\lambda^2}\int_0^\infty \lambda e^{-\lambda x}dx = \frac{2}{\lambda^2}$$

이때 확률밀도함수에 대한 적분은 '1'인 성질을 이용하며 X에 대한 분산은 다음 식과 같다,

$$\sigma_X^2 = E\left[X^2\right] - (E[X])^2 = \frac{2}{\lambda^2} - \frac{1}{\lambda^2} = \frac{1}{\lambda^2}$$

예제 3.11

다음과 같은 확률질량함수를 갖는 이산랜덤변수 X의 분산을 구하라.

$$p_X(x) = \begin{cases} \frac{1}{3} & x=0 \\ \frac{2}{3} & x=2 \\ 0 & \text{otherwise} \end{cases}$$

(이것은 예제 3.2의 연장이다.)

풀이

예제 3.2에서, $E[X]$ = 4/3이었다. 그러므로 X의 2차 모멘트와 분산은 다음과 같다.

$$E\left[X^2\right] = \sum_{x=-\infty}^{\infty} x^2 p_X(x) = 0^2 p_X(0) + 2^2 p_X(2) = 0^2\left(\frac{1}{3}\right) + 2^2\left(\frac{2}{3}\right) = \frac{8}{3}$$

$$\sigma_X^2 = E\left[X^2\right] - (E[X])^2 = \frac{8}{3} - \left(\frac{4}{3}\right)^2 = \frac{8}{3} - \frac{16}{9} = \frac{8}{9}$$

예제 3.12

어느 회사에서 여름 인턴십을 수행하게 된 학생이 그 회사가 만드는 장비의 수명을 모델링하는 임무를 맡게 되었다. 일련의 검사과정을 통하여, 그 학생은 장비의 수명이 다음과 같은 확률밀도함수를 갖는 랜덤변수 X로 모델링될 수 있음을 제안하였다.

$$f(x)=\begin{cases}\dfrac{xe^{-x/10}}{100} & x\geq 0\\ 0 & \text{otherwise}\end{cases}$$

a. $f(x)$가 타당한 확률밀도함수임을 보여라.
b. 장비의 수명이 20을 초과할 확률은 얼마인가?
c. X의 기댓값은 얼마인가?

풀이

a. $f(x)$가 타당한 확률밀도함수가 되려면, $\int_{-\infty}^{\infty}f(x)dx=1$을 만족시켜야 한다. 위 식을 대입하면

$$\int_{-\infty}^{\infty}f(x)dx=\int_{0}^{\infty}\frac{xe^{-x/10}}{100}dx$$

$u=x$라 하면 $du=dx$이고, $dv=e^{-x/10}dx$라 하면 $v=-10e^{-x/10}$이다. 그러므로

$$\int_{-\infty}^{\infty}f(x)dx=\int_{0}^{\infty}\frac{xe^{-x/10}}{100}dx=\frac{1}{100}\left\{\left[-10xe^{-x/10}\right]_{0}^{\infty}+10\int_{0}^{\infty}e^{-x/10}dx\right\}$$
$$=\frac{1}{100}\left\{0-\left[100e^{-x/10}\right]_{0}^{\infty}\right\}=\frac{100}{100}=1$$

이 성립하게 되며, 이것은 주어진 함수 $f(x)$가 타당한 확률밀도함수임을 나타낸다.

b. a에서 구한 결과를 이용하여, 장비의 수명이 20을 초과할 확률을 구하면 다음과 같다.

$$P[X>20]=\int_{20}^{\infty}f(x)dx=\frac{1}{100}\left\{\left[-10xe^{-x/10}\right]_{20}^{\infty}+10\int_{20}^{\infty}e^{-x/10}dx\right\}$$
$$=\frac{1}{100}\left\{200e^{-2}-\left[100e^{-x/10}\right]_{20}^{\infty}\right\}=2e^{-2}+e^{-2}=3e^{-2}$$
$$=0.4060$$

c. X의 기댓값은 다음과 같다.

$$E[X]=\int_{-\infty}^{\infty}xf(x)dx=\int_{0}^{\infty}\frac{x^2e^{-x/10}}{100}dx$$

$u = x^2$이라 하면 $du = 2xdx$이고, $dv = e^{-x/10}dx$라 하면 $v = -10e^{-x/10}$이다. 그러므로

$$E[X] = \left[-\frac{10x^2e^{-x/10}}{100}\right]_0^\infty + 20\int_0^\infty \frac{xe^{-x/10}}{100}dx = 0 + 20 = 20$$

이 되며 여기서 두 번째 등식은 피적분함수가 타당한 확률밀도함수로 증명된 $f(x)$이므로, 0부터 무한대까지의 적분값이 1이 된다는 것으로부터 성립된다.

예제 3.13

어느 고등학생이 SAT 시험에서 2,000점 이상의 점수를 받는 것을 개인적인 목표로 삼고 있다. 그 학생은 이 목표를 달성할 때까지 시험을 계속 보기로 계획했다. 시간은 문제가 되지 않는다. 학생이 SAT 시험을 한 번 볼 때, 2,000점 이상의 점수를 받을 확률은 p이다. 각 SAT 시험에서 그의 성적은 다른 SAT 시험에서의 성적과 서로 독립적이다. 확률 수업 과정을 막 마친 그의 친구가 그 학생에게 알려준 바에 따르면, SAT 시험에서 2,000점 이상의 점수를 받기까지 그 학생이 K번의 시험을 봐야 한다면, K의 확률질량함수는 다음과 같이 주어진다.

$$p_K(k) = p(1-p)^{k-1} \qquad k = 1, 2, \ldots$$

a. 그의 친구가 제안한 함수가 타당한 확률질량함수임을 증명하라.
b. 위의 확률질량함수가 주어졌을 때, 그 학생이 다섯 번을 초과하여 시험을 봐야만 할 확률은 얼마인가?
c. 그 학생이 시험을 봐야만 하는 횟수에 대한 기댓값은 얼마인가?

풀이

a. 그의 친구가 제안한 함수가 타당한 확률질량함수임을 증명하려면, 그 확률질량함수의 합이 1이 됨을 보이면 된다. 즉

$$\sum_{k=1}^{\infty} p_K(k) = \sum_{k=1}^{\infty} p(1-p)^{k-1} = p\sum_{m=0}^{\infty}(1-p)^m = \frac{p}{1-(1-p)} = 1$$

그러므로 제안된 함수는 타당한 확률질량함수이다.

b. 그 학생이 다섯 번을 초과하여 시험을 봐야만 할 확률은

$$P[K>5]=\sum_{k=6}^{\infty}p(1-p)^{k-1}=p(1-p)^5\sum_{k=6}^{\infty}(1-p)^{k-6}$$

이다. $m = k - 6$이라 하자. $(1 - p) < 1$이므로, 다음 식을 얻을 수 있다.

$$P[K>5]=p(1-p)^5\sum_{m=0}^{\infty}(1-p)^m=\frac{p(1-p)^5}{1-(1-p)}=(1-p)^5$$

이것은 그 학생이 최초 다섯 번의 시도에서 목표한 점수를 얻지 못할 확률과 같다.

c. 그가 시험을 봐야만 하는 횟수의 기댓값은 다음과 같다.

$$E[K]=\sum_{k=1}^{\infty}kp_K(k)=\sum_{k=1}^{\infty}kp(1-p)^{k-1}=p\sum_{k=1}^{\infty}k(1-p)^{k-1}$$

$$G=\sum_{k=0}^{\infty}(1-p)^k=\frac{1}{p}$$

$$\frac{dG}{dp}=\frac{d}{dp}\sum_{k=0}^{\infty}(1-p)^k=\sum_{k=0}^{\infty}\frac{d}{dp}(1-p)^k=-\sum_{k=0}^{\infty}k(1-p)^{k-1}=-\sum_{k=1}^{\infty}k(1-p)^{k-1}$$

$$E[K]=p\sum_{k=1}^{\infty}k(1-p)^{k-1}=-p\frac{dG}{dp}=-p\frac{d}{dp}\left(\frac{1}{p}\right)=-p\left(-\frac{1}{p^2}\right)=\frac{1}{p}$$

이것은 p값이 작아질수록, 그 학생이 봐야만 하는 시험의 평균 횟수가 늘어난다는 것을 보여준다. 예를 들어 $p = 1/5$일 경우, 그는 평균 5회의 시험을 봐야 할 것이고, $p = 1/10$일 경우 그는 평균 10회의 시험을 봐야 할 것이다.

3.5 조건부 기댓값

때때로 어떤 특성을 가지는 모집단의 부분집합의 평균을 계산해야 할 경우가 있다. 예를 들어 시험을 통과한 학생들의 평점이나 박사학위를 소지한 교수들의 평균 나이에 관심이 있을 수 있다.

사건 A가 발생했다는 조건하에, X의 조건부 기댓값(conditional expectation)은 다음과 같다.

$$E[X|A] = \begin{cases} \sum_{k} x_k p_{X|A}(x_k|A) & X \text{ discrete} \\ \int_{-\infty}^{\infty} x f_{X|A}(x|A)\, dx & X \text{ continuous} \end{cases} \tag{3.8}$$

여기서 조건부 확률질량함수 $P_{X|A}(x|A)$와 조건부 확률밀도함수 $f_{X|A}(x|A)$는 다음과 같이 정의된다.

$$p_{X|A}(x|A) = \frac{p_X(x)}{P[A]} \quad P[A] > 0$$

$$f_{X|A}(x|A) = \frac{f_X(x)}{P[A]} \quad P[A] > 0$$

위 식에서 $P[A]$는 사건 A가 발생할 확률이다.

예제 3.14

A를 $A = \{X \le a\}$, $-\infty < a < \infty$를 만족시키는 사건이라고 하자. $E[X/A]$를 구하라.

풀이

먼저 조건부 확률밀도함수는 다음과 같이 구할 수 있다.

$$f_{X|A}(x|X \le a) = \begin{cases} \dfrac{f_X(x)}{P[X \le a]} = \dfrac{f_X(x)}{F_X(a)} & x \le a \\ 0 & x > a \end{cases}$$

$$E[X|A] = \frac{\int_{-\infty}^{a} x f_X(x) dx}{F_X(a)}$$

예제 3.15

예제 3.14에서, 랜덤변수 X가 다음과 같은 확률밀도함수를 가진다고 하자.

$$f_X(x) = \begin{cases} \frac{1}{20} & 40 \le x \le 60 \\ 0 & \text{otherwise} \end{cases}$$

a = 55일 때 조건부확률을 구하라.

풀이

$$F_X(55) = \int_{40}^{55} f_X(x)dx = \left[\frac{x}{20}\right]_{40}^{55} = \frac{55-40}{20} = \frac{3}{4}$$

그러므로 $E[X|X \le 55]$는 다음과 같이 구할 수 있다.

$$E[X|X \le 55] = \frac{\int_{40}^{55} xf_X(x)dx}{F_X(55)} = \frac{\int_{40}^{55}\left(\frac{x}{20}\right)dx}{F_X(55)} = \frac{4}{3}\left[\frac{x^2}{40}\right]_{40}^{55}$$
$$= \frac{4}{3}\left(\frac{3025-1600}{40}\right) = \frac{4}{3} \times \frac{1425}{40} = 47.5$$

이 문제는 예제 3.1을 이용하여 직관적으로도 풀 수 있다. 예제 3.1에서, a와 b 사이에 균일하게 분포된 랜덤변수의 기댓값은 $(a+b)/2$이었다. 이 예제에서는 $X \le 55$라고 주어졌으므로, 기댓값은 $(40+55)/2 = 47.5$가 된다.

3.6 체비셰프 부등식

체비셰프 부등식(Chebyshev inequality)은 유한한 평균값 $E[X] = \mu_x$와 분산 예를 갖는 랜덤변수 X가 취하는 값과 평균 $E[X]$의 차가 고정된 수 σ_X^2보다 크거나 같을 확률의 경계(범위)를 나타낸다. 그 경계는 분산에 비례하며 a^2에 반비례한다. 즉 다음과 같은 식을 얻을 수 있다.

$$P[|X - E[X]| \ge a] \le \frac{\sigma_X^2}{a^2}, \quad a > 0 \tag{3.9}$$

이것은 다음과 같이 얻을 수 있는 느슨한 경계이다.

$$\begin{aligned}\sigma_X^2 &= \int_{-\infty}^{\infty} (x-\mu_X)^2 f_X(x)dx \\ &= \int_{-\infty}^{-(\mu_X-a)} (x-\mu_X)^2 f_X(x)dx + \int_{-(\mu_X-a)}^{(\mu_X-a)} (x-\mu_X)^2 f_X(x)dx \\ &\quad + \int_{\mu_X-a}^{\infty} (x-\mu_X)^2 f_X(x)dx\end{aligned}$$

만약 가운데에 있는 적분식을 생략한다면, 다음과 같은 결과를 얻게 되며 위 수식으로부터 체비셰프 부등식을 구할 수 있다.

$$\begin{aligned}\sigma_X^2 &\ge \int_{-\infty}^{-(\mu_X-a)} (x-\mu_X)^2 f_X(x)dx + \int_{\mu_X-a}^{\infty} (x-\mu_X)^2 f_X(x)dx \\ &= \int_{|x-\mu_X|\ge a} (x-\mu_X)^2 f_X(x)dx \ge \int_{|x-\mu_X|\ge a} a^2 f_X(x)dx \\ &= a^2 \int_{|x-\mu_X|\ge a} f_X(x)dx \\ &= a^2 P[|X-\mu_X| \ge a]\end{aligned}$$

예제 3.16

어느 랜덤변수 X의 평균은 4, 분산은 2이다. 체비셰프 부등식을 사용하여 $P[|X-4| \ge 3]$의 상계(upper bound)를 구하라.

풀이

체비셰프 부등식을 이용하면

$$P[|X-4| \ge 3] \le \frac{\sigma_X^2}{3^2} = \frac{2}{9}$$

가 된다. 체비셰프 부등식은 가끔 의미 없는 결과를 제공할 수 있는 근사식임을 명심하라. 예를 들어 예제 3.16의 값들을 이용하여 $P[|X-4| \ge 1]$의 값을 구한다고 가정하자. 이 경우 다음과 같은 결과를 얻게 되는데

$$P[|X-4|\geq 1]\leq \frac{\sigma_X^2}{1^2}=\frac{2}{1}=2$$

이것은 의미 없는 결과이다.

주석

체비셰프 부등식은 랜덤변수의 평균뿐만 아니라 분산에 대한 정보도 사용하기 때문에 마르코프 부등식보다 더 정확한 경계(범위)를 제공하므로, 마르코프 부등식보다 더 효율적이라고 할 수 있다.

3.7 마르코프 부등식

마르코프 부등식(Markov inequality)은 음이 아닌 값만을 갖는 랜덤변수에 적용된다. 만약 X가 음이 아닌 값만을 갖는 랜덤변수라면, 임의의 값 $a > 0$에 대하여 다음 식을 얻을 수 있다.

$$P[X\geq a]\leq \frac{E[X]}{a} \tag{3.10}$$

이 부등식은 다음과 같이 증명될 수 있다.

$$\begin{aligned}E[X]&=\int_0^\infty xf_X(x)dx=\int_0^a xf_X(x)dx+\int_a^\infty xf_X(x)dx\geq\int_a^\infty xf_X(x)dx\\&\geq\int_a^\infty af_X(x)dx=aP[X\geq a]\end{aligned}$$

예제 3.17

0과 6 사이의 값을 갖는 랜덤변수 X를 고려하자. X의 기댓값이 3.5일 때, 마르코프 부등식을 사용하여 $P[X \geq 5]$ 에 대한 상계를 구하라.

풀이

$$P[X \geq 5] \leq \frac{3.5}{5} = 0.7.$$

주석

체비셰프 부등식과 같이, 마르코프 부등식도 때때로 의미 없는 결과를 제공할 수 있다. 예를 들어 예제 3.17에서 마르코프 부등식을 적용하면 $P[X \geq 2] \leq 3.5/2 = 1.75$가 되는데 이것은 의미 없는 결과이다.

3.8 요약

3장에서는 두 가지의 가장 일반적으로 사용되는 랜덤변수 중심경향성 측도인 기댓값(또는 중간값 또는 평균)과 분산의 계산 방법을 살펴보았다. 이러한 측도들과 관련된 두 가지 극한정리인 체비셰프 부등식과 마르코프 부등식도 살펴보았고, 여러 예제 풀이를 통하여 이러한 측도들이 이산랜덤변수와 연속랜덤변수에 대하여 어떻게 계산되는지 알아보았다.

3.9 문제

3.2절: 기댓값

3.1 그림 3.4에 주어진 삼각 확률밀도함수를 가지는 랜덤변수의 평균과 분산을 구하라.

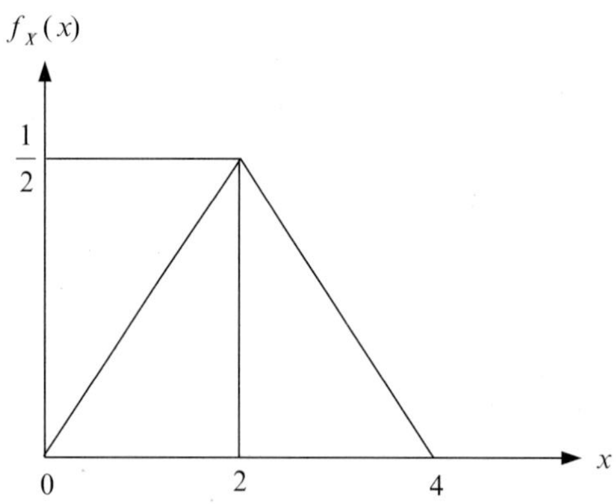

그림 3.4 문제 3.1의 확률밀도함수

3.2 어느 보험회사에서 50세 남자 1,000명의 가입자를 조사하고 있다. 이 보험회사는 50세의 남자가 1년 안에 죽을 확률을 0.02로 산정하고 있다. 1년 안에 회사는 이 남자들의 보험 수혜자들로부터 평균 몇 회의 보험금 지불 요구를 받겠는가?

3.3 어떤 반의 학생 20명의 키는 다음과 같다. 4명의 키는 5.5피트, 5명의 키는 5.8피트, 3명의 키는 6.0피트, 5명의 키는 6.2피트, 나머지 3명의 키는 6.5피트이다. 이 반에서 학생 한 명을 무작위로 뽑는다면 그 학생의 키의 기댓값은 얼마인가?

3.4 어떤 기계가 작업을 수행하는 데 걸리는 시간은 시작버튼이 눌려졌을 때의 모드에 따라 다르다. 고속, 중속, 저속의 세 가지 모드가 있다. 고속모드에서는 2분이 걸리고, 중속모드에서는 4분, 저속모드에서는 7분이 걸린다. 시작버튼이 눌려졌을 때 60%의 시간은 고속모드로, 25%의 시간은 중속모드로, 15%의 시간은 저속모드로 동작한다면, 이 기계가 작업을 수행하는 데 걸리는 평균시간은 얼마인가?

3.5 어떤 학생이 문제를 푸는 세 가지 방법을 알고 있다. A방법을 이용하면 문제를 푸는 데는 1시간이 걸리고, B방법은 45분, C방법은 30분이 걸린다. 이 학생이 문제를 푸는 10% 시간 동안에는 A방법, 40% 시간 동안에는 B방법, 50% 시간 동안에는 C방법을 사용하였다. 이 학생이 문제를 푸는 데 걸린 평균 시간은 얼마인가?

3.6 각 면이 나올 확률이 같은 주사위를 던지는 게임을 고려하자. 한 번 던져서 짝수가 나오면 2달러를 얻게 된다. 만약 1이나 3이 나오면 1달러를 잃게 되며, 만약 5가 나오면 3달러를 잃게 된다. 얻을 수 있는 금액의 기댓값은 얼마인가?

3.7 응용확률수업을 듣는 45명의 학생을 랜덤현상 콘테스트에 참가시키기 위해 3대의 승합차가 사용되었다. 첫 번째 승합차에는 12명, 두 번째 승합차에는 15명, 세 번째 승합차에는 18명의 학생이 타고 왔다. 콘테스트 장에 도착하였을 때 전체 학생 중 한 명의 학생이 무작위로 선택되어 근처 식당의 무료식권이 선물로 주어진다. 선택된 학생이 타고 온 승합차의 평균 학생 수는 얼마인가?

3.8 다음과 같은 확률질량함수를 갖는 이산랜덤변수 N의 기댓값을 구하라.

$$p_N(n) = p(1-p)^{n-1} \qquad n = 1, 2, \ldots$$

3.9 다음과 같은 확률질량함수를 갖는 이산랜덤변수 K의 기댓값을 구하라.

$$p_K(k) = \frac{5^k e^{-5}}{k!} \qquad k = 0, 1, 2, \ldots$$

3.10 다음과 같은 확률밀도함수를 갖는 연속랜덤변수 X의 기댓값을 구하라.

$$f_X(x) = 2e^{-2x} \qquad x \geq 0$$

3.11 각각 $p_1, p_2, \ldots, p_n$의 확률을 가지고 $x_1, x_2, \ldots, x_n$의 이산 값을 갖는 랜덤변수 X를 가정하자. 즉 $P[X=x_i]=p_i$, $i= 1, 2, \ldots, n$이다. x의 관측값으로 제공되는 정보량으로도 정의될 수 있는 X의 엔트로피는 다음과 같이 정의된다.

$$H(X) = \sum_{i=1}^{n} p_i \log\left(\frac{1}{p_i}\right) = -\sum_{i=1}^{n} p_i \log(p_i)$$

로그의 밑수가 2이면, 엔트로피의 단위는 비트가 된다. 각 면이 나올 확률이 같은 주사위를 한 번 굴릴 때의 결과를 X라 하자. 비트 단위로 나타낸 X의 엔트로피는 얼마인가?

3.4절: 렌덤변수의 모멘트와 분산

3.12 각각 p와 q의 확률을 가지고 4와 7의 값을 취하는 랜덤변수 X를 가정하자. 여기서 $q = 1 - p$이다. X의 평균과 표준분산을 구하라.

3.13 다음 확률질량함수를 가지는 이산랜덤변수 X의 평균과 분산을 구하라.

$$p_X(x) = \begin{cases} \frac{2}{5} & x = 3 \\ \frac{3}{5} & x = 6 \end{cases}$$

3.14 N을 다음과 같은 누적분포함수를 가지는 랜덤변수라 하자.

$$F_N(n) = \begin{cases} 0 & n < 1 \\ 0.2 & 1 \le n < 2 \\ 0.5 & 2 \le n < 3 \\ 0.8 & 3 \le n < 4 \\ 1 & n \ge 4 \end{cases}$$

a. N의 확률질량함수는 무엇인가?

b. N의 기댓값은 얼마인가?

c. N의 분산은 얼마인가?

3.15 각 면이 나올 확률이 같은 주사위를 한 번 던질 때 나오는 결과를 랜덤변수 X라 하자.

a. X의 확률질량함수는 무엇인가?

b. X의 기댓값은 얼마인가?

c. X의 분산은 얼마인가?

3.16 $f_x(x)=ax^3$, $0 < x < 1$의 확률밀도함수를 가지는 랜덤변수 X를 가정하자.

a. a의 값은 얼마인가?

b. X의 기댓값은 얼마인가?

c. X의 분산은 얼마인가?

d. $P[X \le m] = 1/2$이 되는 m의 값은 얼마인가?

3.17 다음과 같은 누적분포함수를 갖는 랜덤변수 X에서

$$F_X(x) = \begin{cases} 0 & x < 1 \\ 0.5(x-1) & 1 \le x < 3 \\ 1 & x \ge 3 \end{cases}$$

a. X의 확률밀도함수는 무엇인가?

b. X의 기댓값은 얼마인가?

c. X의 분산은 얼마인가?

3.18 $f(x)=x^2/9$, $0 \le x \le 3$의 확률밀도함수를 가지는 랜덤변수 X에 대하여, X의 평균, 분산 그리고 3차 모멘트를 구하라.

3.19 랜덤변수 X가 $f_X(x) = \lambda e^{-\lambda x}$, $x \ge 0$의 확률밀도함수를 가진다고 가정하자. X의 3차 모멘트 $E[X^3]$을 구하라

3.20 확률밀도함수 $f_X(x)$, 평균 $E[X]$, 분산 σ_X^2을 갖는 랜덤변수 X를 가정하자. 랜덤변수 $Y = X^2$으로 정의한다면, Y의 평균과 분산을 X의 평균과 분산 그리고 다른 고차 모멘트의 항으로 구하라.

3.21 랜덤변수 X의 확률밀도함수가 $f_X(x) = 4x(9-x^2)/81$, $0 \le x \le 3$이다. X의 평균, 분산 그리고 3차 모멘트를 구하라.

3.5절: 조건부 기댓값

3.22 랜덤변수 X의 확률밀도함수가 $f_X(x) = 4x(9-x^2)/81$, $0 \le x \le 3$로 주어진다면, $X \le 2$ 조건하에 X의 조건부 기댓값을 구하라.

3.23 x가 0보다 크거나 같은 경우에 대하여, 연속랜덤변수 X의 확률밀도함수는 다음과 같다.

$$f_X(x) = 2e^{-2x}$$

$X \le 3$일 때, X의 조건부 기댓값을 구하라.

3.24 랜덤변수 X의 확률밀도함수가 다음과 같다.

$$f_X(x) = \begin{cases} 0.1 & 30 \le x \le 40 \\ 0 & \text{otherwise} \end{cases}$$

$X \le 35$일 때, X의 조건부 기댓값을 구하라.

3.25 각 면이 나올 확률이 같은 주사위를 한 번 굴린다. 이때 나오는 결과를 N이라 하자. 짝수가 나왔다는 조건하에, N의 기댓값을 구하라.

3.26 월 단위의 전구 수명을 다음과 같은 확률밀도함수를 갖는 랜덤변수로 나타낸다면

$$f_X(x) = 0.5e^{-0.5x},\ x \ge 0$$

$X \le 1.5$일 때, X의 기댓값을 구하라.

3.6절 및 3.7절: 체비셰프 부등식과 마르코프 부등식

3.27 랜덤변수 X의 확률밀도함수가 $f_X(x) = 2e^{-2x}$, $x \ge 0$이다. 마르코프 부등식을 이용하여 $P[X \ge 1]$에 대한 상한 값을 구하라.

3.28 랜덤변수 X의 확률밀도함수가 $f_X(x) = 2e^{-2x}$, $x \ge 0$이다. $P[|X-E[X]| \ge 1]$에 대한 상한 값을 구하라.

3.29 랜덤변수 X의 평균이 4, 분산이 2이다. 체비셰프 부등식을 사용하여 $P[|X-4| \ge 2]$에 대한 상한 값을 구하라.

3.30 랜덤변수 X는 다음과 같은 확률밀도함수를 가진다.

$$f_X(x) = \begin{cases} \frac{1}{3} & 1 \le x \le 4 \\ 0 & \text{otherwise} \end{cases}$$

체비셰프 부등식을 사용하여 $P[|X-2.5| \ge 2]$를 추정하라.

CHAPTER 4

특별한 확률분포함수들

4.1 개요

2장과 3장에서는 랜덤변수의 일반적인 성질들을 다루었다. 이제 과학과 공학의 여러 분야에서 특별한 확률분포를 가지는 랜덤변수들을 접하게 될 것이다. 4장에서는 기댓값과 분산을 포함하여 이러한 특별한 분포함수들을 살펴본다. 이러한 특별한 분포함수로는 베르누이분포, 이항분포, 기하분포, 파스칼분포, 초기하분포, 푸아송분포, 지수분포, 얼랑분포, 균일분포, 그리고 정규분포 등이 포함된다. 그림 4.1은 이산랜덤변수와 연속랜덤변수에 대한 분포함수들의 관계도를 나타낸 것이다.

4.2 베르누이 시행과 베르누이 분포

베르누이 시행(Bernoul li trial)은 성공(success) 또는 실패(failure)의 두 가지 결과만을 갖는 실험이다. 베르누이 시행의 한 예로는 앞면 또는 뒷면의 결과를 갖게 되는 동전던지기를 들 수 있다. 베르누이 시행에서는 성공할 확률과 실패할 확률을 다음과 같이 정의할 수 있다.

$$P[\text{success}] = p \qquad 0 \le p \le 1$$
$$P[\text{ failure}] = 1 - p$$

시행의 결과가 성공이었을 때는 $X=1$로 정의하고, 결과가 실패일 때는 $X=0$으로 정의하는 랜덤변수 X를 갖는 베르누이 시행의 사건을 생각해 보자. 이때 랜덤변수 X를 베르누이 랜덤변수라 하며 X의 확률질량함수는 다음과 같다.

$$p_X(x)=\begin{cases}1-p & x=0\\ p & x=1\end{cases} \tag{4.1}$$

X의 확률질량함수를 정의하는 다른 방법은 다음과 같다.

$$p_X(x)=p^x(1-p)^{1-x} \quad x=0,1 \tag{4.2}$$

X의 확률질량함수는 그림 4.2와 같이 그려질 수 있다.

누적분포함수는 다음과 같다.

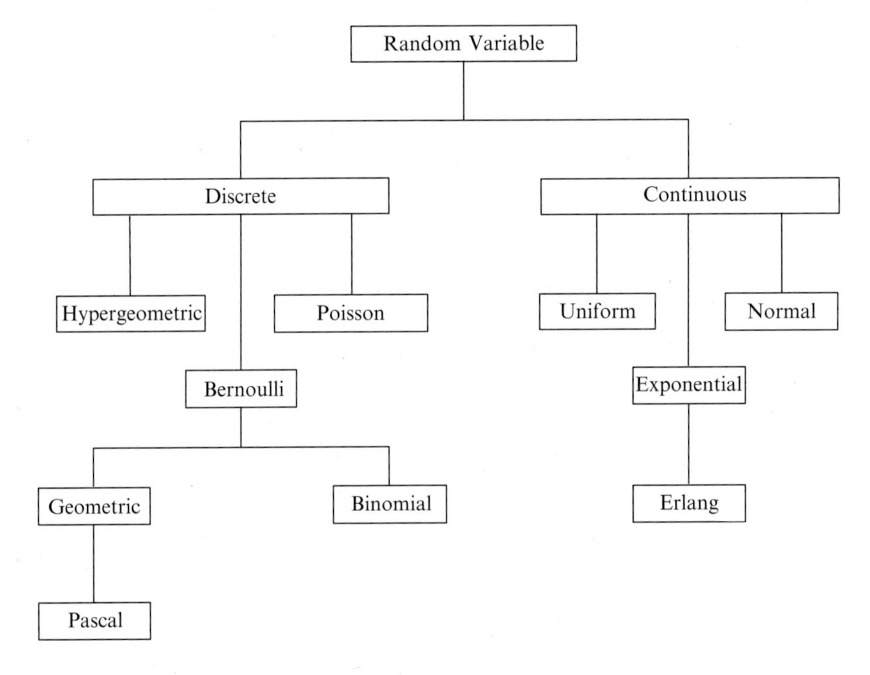

그림 4.1 랜덤변수와의 관계

$$F_X(x) = \begin{cases} 0 & x < 0 \\ 1-p & 0 \le x < 1 \\ 1 & x \ge 1 \end{cases} \tag{4.3}$$

또한 X의 기댓값은 다음과 같다.

$$E[X] = 0(1-p) + 1(p) = p \tag{4.4}$$

마찬가지로 X의 2차 모멘트는 다음과 같이 구할 수 있다.

$$E[X^2] = 0^2(1-p) + 1^2(p) = p \tag{4.5}$$

따라서 X의 분산은 다음과 같다.

$$\sigma_X^2 = E[X^2] - \{E[X]\}^2 = p - p^2 = p(1-p) \tag{4.6}$$

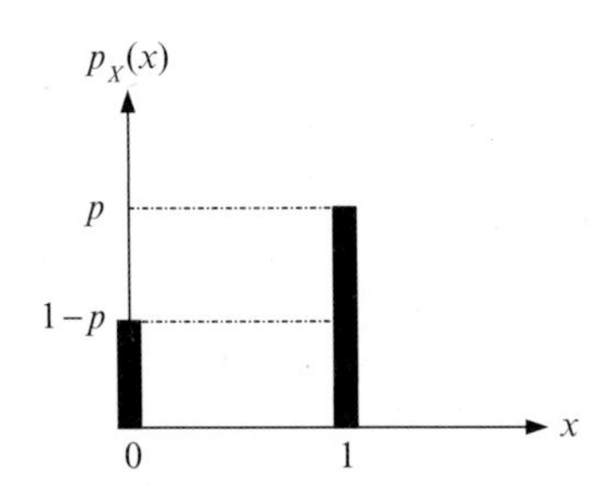

그림 4.2 베르누이 랜덤변수의 확률질량함수

4.3 이항분포

독립적인 베르누이 시행을 n번 수행한다고 가정하고, n번 시행에서 성공할 횟수를 랜덤변수 $X(n)$으로 나타내자. 그러면 $X(n)$은 (n, p)를 매개변수로 갖는 이항랜덤변수로 정의된다. (n, p)를 매개변수로 갖는 랜덤변수 $X(n)$의 확률질량함수는 다음과 같다.

$$p_{X(n)}(x) = \binom{n}{x} p^x (1-p)^{n-x} \quad x = 0, 1, \dots, n \tag{4.7}$$

이항계수 $\binom{n}{x}$는 x번을 성공하고 $n-x$번을 실패하는 경우에 나열될 수 있는 경우의 수를 나타낸다. $X(n)$의 확률질량함수의 모양은 매개변수 n과 p에 따라 변화한다. $p=0.5$일 때, 확률질량함수 그래프는 평균값 np를 중심으로 대칭이 된다. 평균값이 np가 되는 것은 바로 뒤에서 보인다. 이 경우, 확률질량함수는 그림 4.3과 같이 나타낼 수 있다.

다음 식을 주목하라.

$$\sum_{x=0}^{n} p_{X(n)}(x) = \sum_{x=0}^{n} \binom{n}{x} p^x (1-p)^{n-x} = [p + (1-p)]^n = 1^n = 1$$

$X(n)$의 평균은 다음과 같이 구할 수 있다.

$$\begin{aligned} E[X(n)] &= \sum_{x=0}^{n} x p_{X(n)}(x) = \sum_{x=0}^{n} x \binom{n}{x} p^x (1-p)^{n-x} \\ &= \sum_{x=0}^{n} x \frac{n!}{(n-x)!x!} p^x (1-p)^{n-x} = \sum_{x=1}^{n} \frac{n!}{(n-x)!(x-1)!} p^x (1-p)^{n-x} \\ &= \sum_{x=1}^{n} \frac{n(n-1)!}{(n-x)!(x-1)!} p^x (1-p)^{n-x} = np \sum_{x=1}^{n} \frac{(n-1)!}{(n-x)!(x-1)!} p^{x-1} (1-p)^{n-x} \end{aligned}$$

$m=x-1$이라 하면, $x=1$일 때 $m=0$이 되고, $x=n$일 때 $m=n-1$이 된다. 따라서 다음과 같은 결과를 얻을 수 있다.

$$\begin{aligned} E[X(n)] &= np \sum_{m=0}^{n-1} \frac{(n-1)!}{(n-m-1)!m!} p^m (1-p)^{n-m-1} = np \sum_{m=0}^{n-1} \binom{n-1}{m} p^m (1-p)^{n-m-1} \\ &= np[p + (1-p)]^{n-1} = np(1)^{n-1} \\ &= np \end{aligned} \tag{4.8}$$

$X(n)$의 분산을 구하기 위하여, 먼저 다음과 같이 2차 모멘트를 구한다.

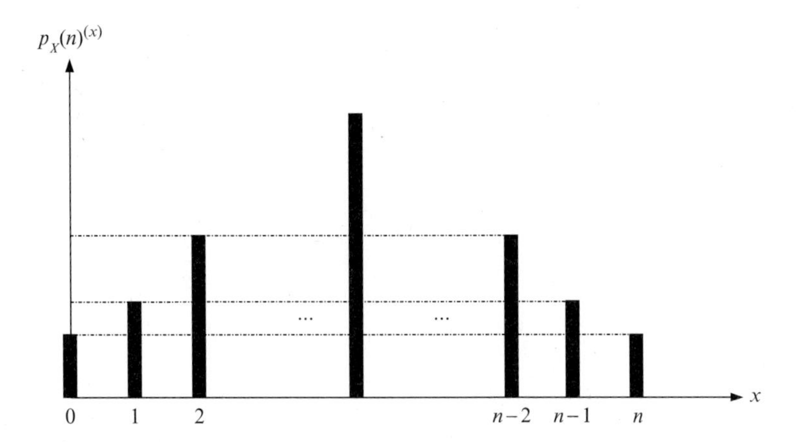

그림 4.3 p=0.5를 갖는 이항랜덤변수의 확률질량함수

$$
\begin{aligned}
E[X(n)\{X(n)-1\}] &= \sum_{x=0}^{n} x(x-1)p_{X(n)}(x) = \sum_{x=0}^{n} x(x-1)\binom{n}{x} p^x (1-p)^{n-x} \\
&= \sum_{x=0}^{n} \frac{x(x-1)n!}{(n-x)!x!} p^x (1-p)^{n-x} \\
&= p^2 \sum_{x=2}^{n} \frac{x(x-1)n(n-1)(n-2)!}{(n-x)!x(x-1)(x-2)!} p^{x-2}(1-p)^{n-x} \\
&= n(n-1)p^2 \sum_{x=2}^{n} \frac{(n-2)!}{(n-x)!(x-2)!} p^{x-2}(1-p)^{n-x}
\end{aligned}
$$

$m=x-2$라 하면, $x=2$일 때 $m=0$이 되고, $x=n$일 때 $m=n-2$가 된다. 따라서 다음과 같은 결과를 얻을 수 있다.

$$
\begin{aligned}
E[X(n)\{X(n)-1\}] &= n(n-1)p^2 \sum_{m=0}^{n-2} \frac{(n-2)!}{(n-m-2)!m!} p^m (1-p)^{n-m-2} \\
&= n(n-1)p^2 \sum_{m=0}^{n-2} \binom{n-2}{m} p^m (1-p)^{n-m-2} \\
&= n(n-1)p^2 [p+(1-p)]^{n-2} \\
&= n(n-1)p^2
\end{aligned}
$$

한편 $E[X(n)\{X(n)-1\}]=E[X^2(n)]-E[X(n)]$이므로

$$E[X^2(n)] = E[X(n)\{X(n)-1\}] + E[X(n)] = n(n-1)p^2 + np$$

가 된다. 위 결과들을 이용하여 $X(n)$의 분산을 다음과 같이 구할 수 있다.

$$\begin{aligned}\sigma^2_{X(n)} &= E[X^2(n)] - (E[X(n)])^2 = n(n-1)p^2 + np - n^2p^2 \\ &= np(1-p)\end{aligned} \tag{4.9}$$

$X(n)$의 누적분포함수를 구하면 다음과 같다.

$$F_{X(n)}(x) = P[X(n) \le x] = \sum_{k=0}^{x} \binom{n}{k} p^k (1-p)^{n-k} \quad x = 0, 1, \ldots, n \tag{4.10}$$

예제 4.1

앞면과 뒷면이 나올 확률이 같은 동전 4개를 던진다. 그 결과들을 서로 독립이라고 가정한다면, 이때 앞면이 나온 횟수에 대한 확률질량함수를 구하라.

풀이

동전을 4번 던졌을 때 앞면이 나온 횟수를 $X(n)$이라 하자. 이 경우 X는 n=4이고 p=1/2인 이항랜덤변수가 된다. 따라서 $X(n)$의 확률질량함수는 다음과 같다.

$$p_{X(4)}(x) = \binom{4}{x}\left(\frac{1}{2}\right)^x\left(\frac{1}{2}\right)^{4-x} = \binom{4}{x}\left(\frac{1}{2}\right)^4$$
$$p_{X(4)}(0) = \binom{4}{0}\left(\frac{1}{2}\right)^4 = \frac{1}{16}$$
$$p_{X(4)}(1) = \binom{4}{1}\left(\frac{1}{2}\right)^4 = \frac{4}{16}$$
$$p_{X(4)}(2) = \binom{4}{2}\left(\frac{1}{2}\right)^4 = \frac{6}{16}$$
$$p_{X(4)}(0) = \binom{4}{3}\left(\frac{1}{2}\right)^4 = \frac{4}{16}$$
$$p_{X(4)}(0) = \binom{4}{4}\left(\frac{1}{2}\right)^4 = \frac{1}{16}$$

예제 4.2

100개의 공을 50개의 상자에 던져 넣는다. 열 번째 상자 안에 있을 공의 개수에 대한 기댓값은 얼마인가?

풀이

만약 이것을, 열 번째 상자 안에 공이 들어 있는 경우를 성공으로 정의하는 베르누이 시행으로 간주한다면, p=1/50이 된다. X를 열 번째 상자에 들어간 공의 개수라 하자. 그러면 X는 (100, 1/50)을 매개변수로 갖는 이항랜덤변수가 된다. 따라서

$$E[X] = np = 100 \times \frac{1}{50} = 2$$

이다.

예제 4.3

동전을 10번 던진다. 10번 중 앞면이 6번 나왔다면, 최초 5번을 던졌을 때 앞면이 나올 횟수의 기댓값은 얼마인가?

풀이

10번을 던졌을 때, 6번은 앞면이 나오고 4번은 뒷면이 나오기 때문에, 어느 가방 안에 6개의 앞면과 4개의 뒷면이 들어 있는 경우로 비유할 수 있다. 따라서 앞면일 확률은 6/10=0.6이다. 만약 Y를 동전을 최초 5번을 던졌을 때 앞면이 나온 횟수라고 하면, Y는 (5, 0.6)을 매개변수로 갖는 이항랜덤변수가 되고, $E[Y]=np=5\times0.6=3$이 된다.

4.4 기하분포

기하랜덤변수는 첫 번째 성공이 발생할 때까지의 베르누이 시행 횟수를 나타내는 데 사용된다. 첫 번째 실패가 발생할 때까지의 베르누이 시행 횟수를 나타내는 데

사용되는 변형된 형태의 기하랜덤변수는 이후에 다룰 것이다. X를 첫 번째 성공이 발생할 때까지의 베르누이 시행 횟수를 나타내는 랜덤변수라 하자. 만약 첫 번째 성공이 x번째 시행에서 발생한다면, 그 이전의 $x-1$회의 시행들은 실패로 발생하였음을 알 수 있다. 따라서 기하랜덤변수 X의 확률질량함수는 다음과 같다.

$$p_X(x) = p(1-p)^{x-1} \quad x = 1, 2, \ldots \tag{4.11}$$

X의 확률질량함수를 그림 4.4에 나타내었는데, x가 증가함에 따라 지수적으로 감소하는 함수임을 알 수 있다.

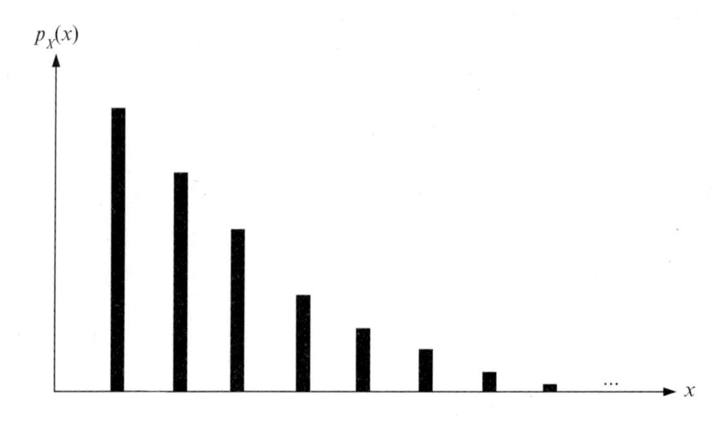

그림 4.4 기하랜덤변수의 확률질량함수

예제 4.4

가방 안에 파란 공 6개와 빨간 공 4개가 들어 있다. 빨간 공이 나올 때까지 가방에서 공을 한 번에 하나씩 임의로 꺼낸다. 이전에 꺼낸 공을 다음 공을 꺼내기 전에 다시 가방에 넣는다고 가정한다면, 정확히 5개의 공을 꺼낸 후 이 실험을 마치게 될 확률은 얼마인가?

풀이

빨간 공을 꺼낼 때까지 필요한 공의 개수를 X로 나타내자. 가방에서 꺼낸 공을 다시 가방에 집어넣기 때문에, 임의의 시행에서 각각의 공을 가방에서 꺼낼 확률은 일정하다. 따라서 빨간 공을 꺼낼 성공 확률은 $p=4/(6+4)=0.4$이고, 파란 공을 꺼낼 실패 확률은 $1-p=0.6$이다. 만약 이 실험을 마치기 전에 정확히 5개의 공을 꺼냈다면, 파란 공을 연속적으로 네 번 꺼낸 후(또는 네 번 연속으로 실패한 후), 다섯 번째에 빨간 공(즉 성공)을 꺼낸 경우가 된다. 그러므로 우리가 구하고자 하는 확률은 다음과 같다.

$$P[X=5]=p_X(5)=p(1-p)^{5-1}=p(1-p)^4=(0.4)(0.6)^4=0.05184$$

X의 기댓값은 다음과 같이 나타낼 수 있다.

$$E[X]=\sum_{x=1}^{\infty}xp_X(x)=\sum_{x=1}^{\infty}xp(1-p)^{x-1}=p\sum_{x=1}^{\infty}x(1-p)^{x-1}$$

다음 식들이 충족됨을 알고 있으며

$$\sum_{x=0}^{\infty}(1-p)^x=\frac{1}{1-(1-p)}=\frac{1}{p}$$

또한 앞의 식은 다음과 같이 나타낼 수 있다.

$$\frac{d}{dp}\sum_{x=0}^{\infty}(1-p)^x=\sum_{x=0}^{\infty}\frac{d}{dp}(1-p)^x=-\sum_{x=0}^{\infty}x(1-p)^{x-1}=-\sum_{x=1}^{\infty}x(1-p)^{x-1}$$

그러므로

$$\begin{aligned}E[X]&=p\sum_{x=1}^{\infty}x(1-p)^{x-1}=-p\frac{d}{dp}\sum_{x=0}^{\infty}(1-p)^x\\&=-p\frac{d}{dp}\left(\frac{1}{p}\right)=-p\left(-\frac{1}{p^2}\right)\\&=\frac{1}{p}\end{aligned}\tag{4.12}$$

이 된다.

2차 모멘트도 위와 같은 방법을 이용하여 다음과 같이 구할 수 있다.

$$E[X^2] = \sum_{x=1}^{\infty} x p_X(x) = \frac{2-p}{p^2}$$

위의 결과를 이용하여 분산을 구하면 다음과 같다.

$$\sigma_X^2 = E[X^2] - (E[X])^2 = \frac{2-p}{p^2} - \frac{1}{p^2} = \frac{1-p}{p^2} \qquad (4.13)$$

예제 4.5

50개의 상자에 임의로 공을 던져 넣는다. 네 번째 상자에 처음으로 공이 들어갈 때까지 요구되는 던지는 횟수에 대한기댓값을 구하라.

풀이

처음으로 공이 네 번째 상자에 들어갈 때까지 던진 횟수를 Y라 하면 Y는 p=1/50인 기하분포를 갖는다. 따라서 Y의 기댓값은 다음과 같다.

$$E[X] = \frac{1}{p} = 50$$

첫 실패 때까지의 시행 횟수가 n보다 클 확률은 다음과 같다.

$$\begin{aligned} P[X>n] &= \sum_{x=n+1}^{\infty} p_X(x) = \sum_{x=n+1}^{\infty} p(1-p)^{x-1} = p(1-p)^n \sum_{x=n+1}^{\infty} (1-p)^{x-n-1} \\ &= p(1-p)^n \sum_{m=0}^{\infty} (1-p)^m = p(1-p)^n \left\{ \frac{1}{1-(1-p)} \right\} = \frac{p(1-p)^n}{p} \qquad (4.14) \\ &= (1-p)^n \end{aligned}$$

이것은 n 시행 횟수가 실패하는 확률이라는 것을 알 수가 있다.

예제 4.6

미사일이 목표물에 명중될 확률이 p이다. 만약 미사일이 목표물에 명중될 때까지 독립적으로 발사된다면, 목표물을 맞히기 위해 미사일이 3개 넘게 사용될 확률은 얼마인가?

풀이

p가 성공 확률이므로, 이 문제에서는 단지 성공 전까지 발사된 미사일 수가 3보다 클 확률을 구하면 된다. 즉 성공 전까지 연속으로 3번 실패하였다는 것을 의미한다. 미사일 발사는 서로 독립이므로, 원하는 답은 $(1-p)^3$ 이다.

4.4.1 기하분포의 누적분포함수

위의 식 (4.14)의 결과를 사용하여 X의 누적분포함수를 계산하면 다음과 같다.

$$\begin{aligned} F_X(x) &= P[X \le x] = \sum_{k=1}^{x} p(1-p)^{k-1} = 1 - P[X > x] \\ &= 1-(1-p)^x \end{aligned} \tag{4.15}$$

위의 식은 다음과 같이 직접적인 계산에 의하여 동일한 결과를 얻을 수 있다.

$$\begin{aligned} F_X(x) &= \sum_{k=1}^{x} p(1-p)^{k-1} = p\sum_{m=0}^{x-1}(1-p)^m = p\left\{\frac{1-(1-p)^x}{1-(1-p)}\right\} = p\left\{\frac{1-(1-p)^x}{p}\right\} \\ &= 1-(1-p)^x \end{aligned}$$

$(1-p)^x$은 x번째 시도가 끝나더라도 단 1회의 성공도 일어나지 않은 확률이기 때문에 $F_X(x)$는 x 시행에서 적어도 하나의 성공이 발생했을 확률이다.

4.4.2 변형 기하분포

앞에서 언급하였듯이, 기하랜덤변수는 또한 일련의 베르누이 시행에서 첫 실패가 발생할 때까지의 시행 횟수를 나타내는 데 사용될 수 있다. 이 랜덤변수를 Y로 나타낸다면, Y는 변형 기하분포로 정의되며, Y의 확률질량함수는 다음과 같이 주어진다.

$$p_Y(y) = (1-p)p^{y-1} \quad y = 1, 2, \ldots \tag{4.16}$$

'기존의' 기하분포에 대한 결과들에서 p와 $1-p$를 바꾸어 쓰면, Y의 기댓값과 분산을 다음과 같이 구할 수 있다.

$$E[Y] = \frac{1}{1-p} \tag{4.17a}$$

$$\sigma_Y^2 = \frac{p}{(1-p)^2} \tag{4.17b}$$

Y의 누적분포함수는 다음과 같다.

$$F_Y(y) = P[Y \le y] = \sum_{k=1}^{y} (1-p)p^{k-1} = 1 - P[Y > y] = 1 - p^y \tag{4.18}$$

예제 4.7

아들을 낳을 확률이 p인 집단에서 한 부부가 아이를 가질 계획을 하고 있다.

a. 만약 이 부부가 딸을 낳을 때까지 계속 아이를 낳는다면, 평균 몇 명의 아이를 낳게 되겠는가?
b. 이 부부가 최소 네 명의 아이를 가질 계획이라고 가정하자. 그러나 만약 네 명의 아이가 모두 아들이라면, 딸을 낳을 때까지 아이를 계속 낳을 것이다. 만약 네 명의 아이들 중 적어도 한 명이 딸이라면, 넷에서 멈출 것이다. 이 부부가 갖게 될 아이들의 수에 대한 기댓값은 얼마인가?

풀이

아들이나 딸을 낳을 출산은 베르누이 시행이고, 여기서 딸을 낳을 성공 확률은 $1-p$이다.

a. 따라서 이 부부가 딸을 낳을 때까지의 시행 횟수는 $1/(1-p)$의 평균을 갖는 변형 기하분포가 된다.

b. 이 부부가 갖게 될 아이들의 수 Y는 네 명의 아이가 모두 아들인지 아닌지에 좌우된다. 만약 네 명의 아이가 모두 아들이라면, 딸을 낳을 때까지의 시행 횟수에 대한 기댓값은 $1/(1-p)$이다. 그들이 이미 네 명의 아이를 가졌으므로, 네 명의 아이가 모두 아들이라는 조건하에 아이들의 수에 대한 기댓값은 $4+1(1-p)$이다. 만약 네 명의 아이들 중 적어도 한 명이 딸이라면, 아이들의 수에 대한 기댓값은 4이다. 네 명의 아이가 모두 아들일 확률은 p^4이므로, 이 부부가 갖게 될 아이들의 수에 대한 기댓값은 다음과 같다.

$$E[Y] = p^4\left\{4 + \frac{1}{1-p}\right\} + (1-p^4)(4) = 4 + \frac{p^4}{1-p}$$

4.4.3 기하분포의 '건망증' 특성

X를 첫 번째 성공이 발생할 때까지의 베르누이 시행 횟수를 나타내는 랜덤변수라 하자. n번 시행해서 모두 실패가 발생하였다고 가정하자. 이때 첫 번째 성공이 발생할 때까지 추가로 시행하여야 하는 횟수 K를 구하고자 한다. 즉 이 문제에서 $K=X-n$이 된다. 이것은 그림 4.5에 나타나 있다.

따라서 이 경우 $X>n$의 조건이 주어지므로, 다음과 같이 K의 조건부 확률질량함수를 구하는 것으로 전개할 수 있다.

$$\begin{aligned} p_{K|X>n}(k|X>n) &= P[K=k|X>n] = P[X-n=k|X>n] \\ &= P[X=n+k|X>n] = \frac{P[\{X=n+k\}\cap\{X>n\}]}{P[X>n]} \end{aligned}$$

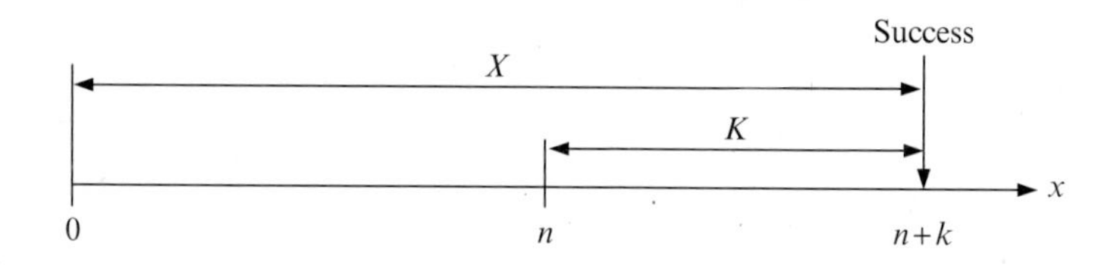

그림 4.5 성공 전까지 추가 시도의 예

$\{X=n+k\} \subset \{X>n\}$이므로, $\{X=n+k\} \cap \{X>n\} = \{X=n+k\}$이 된다. 따라서

$$\begin{aligned} p_{K|X>n}(k|X>n) &= \frac{P[X=n+k]}{P[X>n]} = \frac{p(1-p)^{n+k-1}}{(1-p)^n} \\ &= p(1-p)^{k-1} = p_X(k) \quad k=1, 2, \ldots \end{aligned} \tag{4.19}$$

여기서 두 번째 등식은 앞에서 구한 $P[X>n]=(1-p)n$으로부터 유도된 것이다.

위의 결과는 처음 n번의 시행에서 성공이 발생하지 않았다는 조건하에, 첫 번째 성공이 발생할 때까지 남은 시행 횟수에 대한 조건부 확률은 원래 X의 확률질량함수와 같다는 것을 보여주고 있다. 이 특성을 기하분포의 **건망증 특성**(forgetfulness property) 또는 **무기억 특성**(memorylessness property)이라 한다. 이것은 이제까지 성공이 발생하지 않았다면 얼마나 오랫동안 이 시행이 계속되어 왔는지를 기억하지 않음으로써 그 분포가 과거를 '잊는다'라는 것을 의미한다. 따라서 아직까지 첫 번째 성공이 발생하지 않았다면, 첫 번째 성공이 발생할 때까지의 시행 횟수를 알고 싶을 때마다, 이 과정은 처음부터 '시작'되는 것이다.

예제 4.8

토니가 공을 임의로 50개의 상자에 던져 넣고 있는데, 그의 목표는 8번째 상자에 처음으로 공이 들어가면 멈추는 것이다. 처음 20개의 공이 8번째 상자에 들어가지 않았다면, 이 상태에서 8번째 상자에 처음으로 공이 들어갈 때까지 추가적으로 던져야 할 평균 횟수는 몇 번인가?

풀이

8번째 상자에 대하여, 각 던지기 시행은 $p=1/50$ 의 성공 확률을 갖는 베르누이 시행이 된다. X를 8번째 상자에 처음으로 공이 들어갈 때까지 던진 횟수를 나타내는 랜덤변수라 하자. 이 경우 X는 기하분포가 된다. K를 처음 20개의 공이 8번째 상자에 들어가지 않았다는 조건하에, 이후 8번째 상자에 처음으로 공이 들어갈 때까지 추가로 던져야 할 횟수라 하자. 기하분포의 건망증 특성으로 인하여 K는 X와 같은 분포를 갖는다. 따라서

$$E[K]=\frac{1}{p}=50$$

이다.

4.5 파스칼(또는 음의 이항)분포

파스칼 랜덤변수는 기하랜덤변수의 확장이다. 파스칼분포는 k번째 성공이 발생할 때까지의 시행 횟수를 나타내는데, 이로 인하여 때때로 '베르누이 과정의 k차 도착간격시간'이라 한다. 파스칼분포를 또한 **음의 이항분포**(negative binomial distribution)라고도 한다.

베르누이 시행에서, k번째 성공이 n번째 시행에서 발생한다고 하자. 이것은 과거 $n-1$번의 시행 동안 $k-1$번의 성공이 발생하였다는 것을 의미한다. 앞 절에서 이항분포를 살펴보았으므로, 이 사건의 확률은 다음과 같음을 알 수 있다.

$$p_{X(n-1)}(k-1)=\binom{n-1}{k-1}p^{k-1}(1-p)^{n-k}$$

여기서 $X(n-1)$은 $(n-1, p)$를 매개변수로 갖는 이항랜덤변수이다. 그 다음 시행에서는 독립적으로 p라는 확률로 성공의 결과가 나온다. 이것은 그림 4.6에 예시되어 있다.

따라서 만약 베르누이 랜덤변수를 확률질량함수로 $p_{X_0}(x)=p^x(1-p)^{1-x}$ (여기서 x는 0 또는 1)를 갖는 X_0로 정의한다면, k차 파스칼 랜덤변수 X_k의 확률질량함수는 X_k가 2개의 겹치지 않는 프로세스에서 파생된다는 것을 알면 쉽게 얻을 수 있다. 즉, $k-1$ 시행 성공을 나타내는 $B(n-1,p)$ 프로세스와 한 번의 성공을 갖는 베르누이 프로세서이다. 따라서 확률질량함수는 다음과 같이 구해진다.

$$\begin{aligned} p_{X_k}(n) &= P[\{X(n-1)=k-1\}\cap\{X_0=1\}] = P[X(n-1)=k-1]P[X_0=1] \\ &= p_{X(n-1)}(k-1)p_{X_0}(1) = \binom{n-1}{k-1}p^{k-1}(1-p)^{n-k}p \\ &= \binom{n-1}{k-1}p^k(1-p)^{n-k} \qquad k=1,2,\ldots;n=k,\,k+1,\ldots \end{aligned} \tag{4.20}$$

위 식의 $p_{X_k}(n)$은 확률질량함수이므로, 다음의 조건을 만족해야 한다.

$$\sum_{n=k}^{\infty}p_{X_k}(n)=\sum_{n=k}^{\infty}\binom{n-1}{k-1}p^k(1-p)^{n-k}=p^k\sum_{n=k}^{\infty}\binom{n-1}{k-1}(1-p)^{n-k}=1 \tag{4.20a}$$

따라서

$$\sum_{n=k}^{\infty}\binom{n-1}{k-1}(1-p)^{n-k}=\frac{1}{p^k} \tag{*}$$

관계식을 얻을 수 있으며, X_k의 기댓값과 분산은 다음과 같이 얻어진다.

$$E[X_k]=\sum_{n=k}^{\infty}np_{X_k}(n)=\sum_{n=k}^{\infty}n\binom{n-1}{k-1}p^k(1-p)^{n-k}=p^k\sum_{n=k}^{\infty}n\binom{n-1}{k-1}(1-p)^{n-k}$$

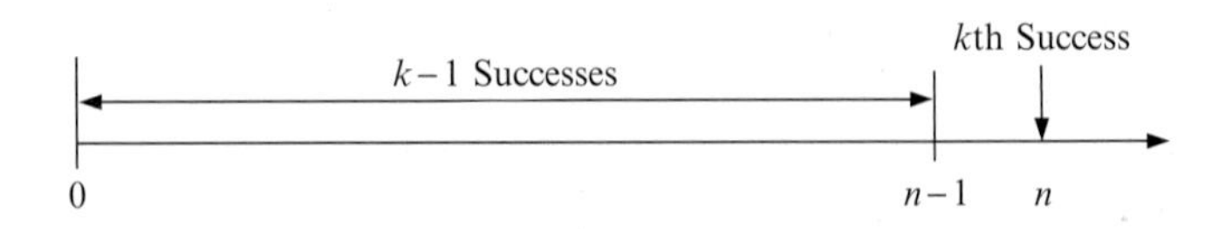

그림 4.6 파스칼 랜덤변수의 예

$q=1-p$로정의하면

$$E[X_k]=(1-q)^k\sum_{n=k}^{\infty}n\binom{n-1}{k-1}q^{n-k}$$

이 된다. 다음과 같은 음의 이항분포의 매클로린 급수 전개를 고려하자.

$$g(q)=(1-q)^{-k}=\sum_{m=0}^{\infty}\binom{k+m-1}{k-1}q^m=\sum_{n=k}^{\infty}\binom{n-1}{k-1}q^{n-k}$$

$g(q)$를 미분하면

$$\begin{aligned}\frac{d}{dq}g(q)&=\frac{k}{(1-q)^{k+1}}=\sum_{n=k}^{\infty}(n-k)\binom{n-1}{k-1}q^{n-k-1}\\&=\frac{1}{q}\left\{\sum_{n=k}^{\infty}n\binom{n-1}{k-1}q^{n-k}-k\sum_{n=k}^{\infty}\binom{n-1}{k-1}q^{n-k}\right\}\end{aligned}$$

이 된다. 이 결과를 앞에서 구한 (*) $E[X_k]$에 대한 결과와 연립하면, 다음의 식이 되며

$$\frac{k}{(1-q)^{k+1}}=\frac{1}{q}\left\{\frac{E[X_k]-k}{(1-q)^k}\right\}$$

이를 이용하여 $E[X_k]$를 다음과 같이 구할 수 있다.

$$E[X_k]=\frac{k}{1-q}=\frac{k}{p} \tag{4.21}$$

X_k의 2차 모멘트는 다음과 같다.

$$\begin{aligned}E[X_k^2]&=\sum_{n=k}^{\infty}n^2p_{X_k}(n)=\sum_{n=k}^{\infty}n^2\binom{n-1}{k-1}p^k(1-p)^{n-k}\\&=p^k\sum_{n=k}^{\infty}n^2\binom{n-1}{k-1}(1-p)^{n-k}\end{aligned}$$

$g(q)$의 2차 도함수는 다음과 같으며

$$\frac{d^2}{dq^2}g(q) = \frac{k(k+1)}{(1-q)^{k+2}} = \sum_{n=k}^{\infty}(n-k)(n-k-1)\binom{n-1}{k-1}q^{n-k-2}$$
$$= \frac{1}{q^2}\sum_{n=k}^{\infty}(n^2-2nk-n+k^2+k)\binom{n-1}{k-1}q^{n-k}$$
$$= \frac{1}{q^2}\left\{\frac{E[X_k^2]-(2k+1)E[X_k]+k(k+1)}{(1-q)^k}\right\}$$

이로부터 $E[X_k^2]$를 구하면 다음과 같다.

$$E[X_k^2] = \frac{k^2+kq}{(1-q)^2} = \frac{k^2+k(1-p)}{p^2}$$

따라서 X_k의 분산은 다음과 같다.

$$\sigma_{X_k}^2 = E[X_k^2]-(E[X_k])^2 = \frac{k(1-p)}{p^2} \tag{4.22}$$

X_k의 누적분포함수는다음과같다.

$$F(x) = P[X_k \le x] = \sum_{n=k}^{x}\binom{n-1}{k-1}p^k(1-p)^{n-k} \tag{4.23}$$

예제 4.9

각 시행의 성공 확률이 p인 독립적인 베르누이 시행을 고려하자. r번 실패 전에 m번 성공할 확률은 얼마인가?

풀이

이것은 파스칼분포에 대한 예제이다. m번의 성공과 r번의 실패가 있기 때문에, 총 시행 횟수는

$m+r$이다. r번의 실패 전에 m번의 성공이 발생하기 위해서는, m번째 성공이 $(m+r-1)$번째 시행보다 늦지 않게 발생해야만 한다. m번째 성공이 $(m+r-1)$번째 또는 그 이전에 발생한다면, r번째 실패 전에 m번의 성공이 발생한다고 할 수 있기 때문이다. 따라서 m번째 시행과 $(m+r-1)$번째 시행 사이의 어느 시점에서든지 m번째 성공이 발생한다면, 명시된 조건을 만족시키게 된다. 그러므로 구하고자 하는 확률은 다음과같다.

$$\gamma = \sum_{n=m}^{m+r-1} \binom{n-1}{m-1} p^m (1-p)^{n-m}$$

예제 4.10

어느 학생이 여름방학 아르바이트로 대학교의 장학기금 조성을 위해 그 대학 동문들에게 전화를 거는 일을 한다. 통계적으로 그 대학 동문들이 전화에 응답할 확률은 1/3이다. 이 학생의 여섯 번째 전화에서 두 번째 응답을 받을 확률은 얼마인가?

풀이

이것은 p=1/3 인, 2차 파스칼분포에 대한 예제이다. 따라서 구하고자 하는 확률은 다음과 같다.

$$p_{X_2}(6) = \binom{6-1}{2-1}\left(\frac{1}{3}\right)^2\left(\frac{2}{3}\right)^4 = \binom{5}{1}\left(\frac{1}{9}\right)\left(\frac{16}{81}\right) = \frac{80}{729} = 0.1097$$

예제 4.11

걸스카우트 단원들이 어느 교외 마을의 집집마다 방문하며 과자를 팔고 있다. 그들이 방문한 집에서 과자 한 세트(즉 하나 또는 그 이상의 과자 포장)를 판매할 확률은 0.4이다.

a. 만약 그들이 어느 날 저녁에 여덟 군데의 집을 방문했다면, 정확하게 다섯 군데의 집에서 과자를 판매했을 확률은 얼마인가?

b. 만약 그들이 어느 날 저녁에 여덟 군데의 집을 방문했다면, 그들이 판매한 과자 세트 개수의 기댓값은 얼마인가?

c. 그들이 방문한 여섯 번째 집에서 세 번째 과자 세트를 판매했을 확률은 얼마인가?

풀이

X를 걸스카우트단이 판매한 과자 세트 개수라 하자.

a. 만약 그들이 여덟 군데의 집을 방문했다면, X는 p=0.4의 성공 확률을 갖는 이항랜덤변수 $X(8)$로 나타낼 수 있다. 따라서 X의 확률질량함수는 다음과 같다.

$$p_{X(8)}(x) = \binom{8}{x}(0.4)^x(0.6)^{8-x} \qquad x = 0, 1, 2, \ldots, 8$$

그러므로 그들이 정확하게 5개의 과자 세트를 판매하였을 확률은 다음과 같이 8번의 시행에서 5번 성공할 확률이 된다.

$$p_{X(8)}(5) = \binom{8}{5}(0.4)^5(0.6)^3 = \frac{8!}{5!3!}(0.4)^5(0.6)^3 = 0.1239$$

b. 여덟 군데의 집을 방문한 후, 그들이 판매한 과자 세트 개수에 대한 기댓값은 다음과 같다.

$$E[X(8)] = 8p = 8 \times 0.4 = 3.2$$

c. X_k를 그들이 세 번째 과자 세트를 판매한 집을 포함한 그때까지의 집들의 수라 하자. 그러면 X_k는 3차 파스칼 랜덤변수 X_3가 되고, 구하고자 하는 확률은 다음과 같이 된다.

$$\begin{aligned} P[X_3 = 6] = p_{X_3}(6) &= \binom{6-1}{3-1}(0.4)^3(0.6)^3 = \binom{5}{2}(0.24)^3 \\ &= \frac{5!}{3!2!}(0.24)^3 = 0.1382 \end{aligned}$$

4.5.1 이항분포와 파스칼분포의 차이

식 (4.7)로부터 이항랜덤변수 $X(n)$의 확률질량함수는 다음과 같이 주어진다.

$$p_{X(n)}(x) = \binom{n}{x}p^x(1-p)^{n-x} \qquad x = 0, 1, \ldots, n$$

또한, 식 (4.20)으로부터 파스칼 k 랜덤변수 X_k의 확률질량함수는 다음과 같이 유사한 식으로 표현됨을 알 수가 있다.

$$p_{X_k}(n) = \binom{n-1}{k-1} p^k (1-p)^{n-k} \qquad k = 1, 2, \ldots; n = k, k+1, \ldots$$

위의 두 확률질량함수들의 경우 조합 항과 값들의 범위 외에는 구조적으로 비슷하다고 판단할 수 있으나, 이 랜덤변수들은 다른 문제들을 다루고 있다.

이항랜덤변수는 시행 과정에서 성공 횟수를 고려하기 전에 고정된 시행 횟수가 완료되었다는 것을 가정한다. 파스칼 랜덤변수는 미리 정한 종료점까지 처리하다가 조건이 충족되면 중지한다. 이것은 파스칼 랜덤변수가 원칙적으로 영원히 지속될 수 있는 시행을 다루기 때문에 결과적으로 수행된 횟수에 제한이 없음을 의미한다. 이와는 달리, 이항랜덤변수는 유한 횟수의 시행을 다루고 있다. 또한 파스칼 랜덤변수는 세 번째, 여섯 번째와 같은 순서 번호에 따라 다루어지는 반면에 이항랜덤변수는 3, 6 등과 같은 기수에 따른다.

4.6 초기하분포

N개의 객체가 있다고 가정하자. 여기서 $N_1 < N$은 A 형태, $N - N_1$은 B 형태로 가정한다. 만약 이 모집단에서 랜덤표본으로 n개의 객체를 뽑은 후, 그 표본의 형태를 살펴보고, 각 시행 후에 그 객체들을 복원시킨다면(즉 복원추출), 그 표본에 포함된 A형태 객체 수는 (N, p)를 매개변수로 갖는 이항분포가 된다. 여기서 $p = N_1/N$이다. 이것은 어느 특정 그룹에서 하나의 항목을 뽑을 확률이 시행마다 일정하다는 사실에 기인한다. 다시 말해, 결과들은 서로 독립이며, 크기가 n인 표본에서 A형태 객체 수를 나타내는 랜덤변수 X의 확률질량함수는 다음과 같이 된다.

$$p_X(x) = \binom{n}{x} \left(\frac{N_1}{N}\right)^x \left(\frac{N-N_1}{N}\right)^{n-x} \qquad x = 0, 1, 2, \ldots, n$$

그러나 만약 각 표본을 뽑은 후에 객체들을 복원시키지 않는다면, 결과들은 더 이상 서로 독립이 아니며, 더 이상 이항분포를 적용시킬 수 없다. 크기가 n인 표본이 비복원 추출된다고 가정하자. K_n을 그 표본에서 A형태의 객체 수를 나타내는 랜덤변수라 하자. 이 경우 랜덤변수 K_n은 다음과 같이 정의되는 **초기하**(hypergeometric) 확률질량함수를 가지게된다.

$$p_{K_n}(k) = \frac{\binom{N_1}{k}\binom{N-N_1}{n-k}}{\binom{N}{n}} \qquad k = 0, 1, 2, \ldots, \min(n, N_1) \tag{4.24}$$

이 확률질량함수는 1장에서 정의된 기본계산규칙(fundamental counting rule)으로부터 얻어진다. 특히 두 형태의 객체가 있기 때문에, 일단 각 형태에서 선택될 객체 수가 정해지면, 각 형태에서 독립적으로 선택될 수 있다. 따라서 A형태로 k개의 객체를 뽑고 B형태로 $n-k$개의 객체를 뽑는다고 한다면, 각 그룹에서의 선택과정은 다른 그룹에서의 선택과정과는 독립적으로 이루어진다. 이를 염두에 두고 생각하면, 그 표본에서 A형태의 k개의 객체를 뽑는 방법은 $\binom{N_1}{k}$개이고, 마찬가지로 그 표본에서 B 형태의 $n-k$개의 객체를 뽑는 방법은 $\binom{N-N_1}{n-k}$개이다. 앞에서 명시한 형태를 갖는 크기 n의 모든 가능한 표본 수는 앞의 두 경우 수의 곱이 된다. 따라서 모집단으로부터 얻을 수 있는 크기 n의 모든 가능한 표본 수는 $\binom{N}{n}$이 된다. 만약 표본이 랜덤하게 뽑아진다면, 각 표본이 선택될 확률은 같고, 위의 확률질량함수로 설명된다.

K_n의 평균과 분산은 디음과 같다.

$$E[K_n] = \frac{nN_1}{N} = np \tag{4.25a}$$

$$\sigma_{K_n}^2 = \frac{nN_1(N-N_1)(N-n)}{N^2(N-1)} = \frac{np(1-p)(N-n)}{N-1} \tag{4.25b}$$

여기서 $p=N_1/N$이다. $N\to\infty$로 주어진다면(또는 N이 n에 비하여 크다면), 위 식들은 이항분포의 기댓값 및 분산과 같게 된다. 즉

$$E[K_n]=np$$
$$\sigma_{K_n}^2=np(1-p)$$

가 된다. 초기하분포는 다음 예제에서 설명되는 것과 같이 품질관리에서 널리 쓰인다.

예제 4.12

M개의 물품이 들어 있는 상자 안에 결함이 있는 물품은 M_1개라고 가정하자. 이 상자에서 랜덤하게 n개의 물품을 표본으로 선택했을 때, 그중 결함이 있는 물품이 k개일 확률은 얼마인가?

풀이

표본이 랜덤하게 선택되기 때문에, n개의 모든 표본들의 발생 확률은 같다. 그러므로 가능한 총 표본 수는 다음과 같다.

$$C(M,n)=\binom{M}{n}$$

상자에는 M_1개의 결함이 있는 물품이 들어 있기 때문에, M_1개의 물품에서 k개를 선택할 모든 경우의 수는 $C(M_1,k)=\binom{M_1}{k}$가 된다. 마찬가지로 상자에는 $M-M_1$개의 결함이 없는 물품이 들어 있기 때문에 $M-M_1$개의 물품으로부터 $n-k$개를 선택할 모든 경우의 수는 $C(M-M_1,n-k)=\binom{M-M_1}{n-k}$가 된다. 이 두 가지 선택은 독립적으로 이루어지기 때문에 k개의 결함이 있는 물품과 $n-k$개의 결함이 없는 물품을 선택할 모든 경우의 수는 $C(M_1,k)\times(M-M_1,n-k)$가 된다. 그러므로 랜덤하게 선택한 표본에 k개의 결함이 있는 물품과 $n-k$개의 결함이 없는 물품이 있을 확률은, 다음과 같이 크기가 n인 표본을 선택할 모든 경우의 수 $C(M,n)$에 대한 $C(M_1,k)\times(M-M_1,n-k)$의 비로 구할 수 있다.

$$p=\frac{C(M_1,k)\times C(M-M_1,n-k)}{C(M,n)}=\frac{\binom{M_1}{k}\binom{M-M_1}{n-k}}{\binom{M}{n}}$$

예제 4.13

한 컨테이너에 100개의 물품이 들어 있다. 이 컨테이너에 물품을 실은 일꾼들은 5개의 물품에 결함이 있는 것을 알고 있다. 어느 상인이 이러한 정보를 모른 채, 컨테이너를 구매하려 한다. 그러나 상인은 컨테이너에서 임의로 20개의 물품을 꺼내 본 후, 선택한 표본 중 결함이 있는 물품이 한 개 이하가 되어야 그 컨테이너를 구매할 것이다. 상인이 그 컨테이너를 구매할 확률은 얼마인가?

풀이

선택한 표본 중에 결함이 있는 물품이 하나도 없는 사건을 A라 하고, 선택한 표본 중에 결함이 있는 물품이 단 하나만 있는 사건을 B라 하자. Q는 상인이 컨테이너를 구매할 확률을 나타낸다고 하자. 그러면 사건 A는 결함이 있는 물품이 0개인 경우와 결함이 없는 물품이 20개인 경우의 두 가지 부분사건으로 구성된다. 마찬가지로 사건 B는 결함이 있는 물품이 1개인 경우와 결함이 없는 물품이 19개인 경우의 두 가지 부분사건으로 구성된다. A와 B는 상호배타적인 사건이기 때문에 다음과 같은 결과를 얻게 된다.

$$P[A] = \frac{C(5,0)C(95,20)}{C(100,20)} = 0.3193$$
$$P[B] = \frac{C(5,1)C(95,19)}{C(100,20)} = 0.4201$$
$$q = P[A \cup B] = P[A] + P[B] = 0.7394$$

예제 4.14

표본 크기를 다르게 하여 예제 4.13을 반복하자. 표본의 크기를 20으로 하여 컨테이너 품질을 테스트하였던 것 대신에, 상인은 표본의 크기를 50으로 하여 컨테이너를 테스트하기로 결정했다. 전과 동일하게, 선택한 표본 중 결함이 있는 물품이 한 개 이하가 되어야 상인은 그 컨테이너를 구매할 것이다. 상인이 그 컨테이너를 구매할 확률은 얼마인가?

풀이

A, B, 그리고 q를 예제 4.13에서 정의한 것과 같은 것으로 놓자. 그러면 사건 A는 결함 물품이 0개인 경우와 결함이 없는 물품이 50개인 경우의 두 가지 부분사건으로 구성된다. 마찬가지로 사건

B는 결함 물품이 1개인 경우와 결함이 없는 물품이 49개인 경우의 두 가지 부분사건으로 구성된다. A와 B는 상호배타적인 사건이기 때문에 다음과 같은 결과를 얻게 된다.

$$P[A] = \frac{C(5,0)C(95,50)}{C(100,50)} = 0.0281$$
$$P[B] = \frac{C(5,1)C(95,49)}{C(100,50)} = 0.1530$$
$$q = P[A \cup B] = P[A] + P[B] = 0.1811$$

위 예제들은 표본의 크기가 어떤 결정에 미치는 영향을 설명하고 있다. 표본의 크기가 더 클수록, 결함이 있는 물품들이 표본에 포함될 확률이 더 커지기 때문에, 상인은 더 나은 결정을 내리게 될 것이다. 예를 들어 만약 물품 10개의 랜덤표본을 근거로 결정하게 된다면 q=0.9231이 될 것이다. 마찬가지로 만약 40개의 랜덤표본을 근거로 결정하게 된다면 q=0.3316이 될 것이며, 60개의 랜덤표본을 근거로 결정하게 된다면 q=0.0816이 될 것이다. 표본의 크기가 커질수록 컨테이너에 결함이 있는 물품이 다소 포함되는 경향을 보이게 되지만, 이는 또한 더 많은 테스트를 필요로 하게 된다. 따라서 보다 나은 정보를 얻기 위해서는 더 많은 테스트를 해야만 하며, 이것이 품질관리의 기본법칙이다.

예제 4.15

어느 도서관이 확률이론에 대한 책 열 권을 소장하고 있다. 이 책들 중 여섯 권은 미국인 저자들에 의해 저술되었으며, 네 권은 다른 나라 저자들에 의해 저술되었다.

a. 만약 이 책들 중 한 권을 임의로 선택한다면, 그것이 미국인 저자에 의해 저술된 책일 확률은 얼마인가?

b. 만약 이 책들 중 다섯 권을 임의로 선택한다면, 그중 두 권은 미국인 저자에 의해 저술된 책이고, 세 권은 다른 나라 저자에 의해 저술된 책일 확률은 얼마인가?

풀이

a. 미국인 저자에 의해 저술된 책 한 권을 선택할 경우의 수는 $\binom{6}{1}$=6이다. 그리고 임의로 책 한

권을 선택할 경우의 수는 $\binom{10}{1}$=10이다. 따라서 임의로 선택한 한 권의 책이 미국인 저자에 의해 저술된 책일 확률은 p=6/10=0.6이다.

b. 이것은 초기하분포에 대한 예제이다. 따라서 임의로 선택된 다섯 권의 책 중 두 권은 미국인 저자에 의해 저술된 책이고, 세 권은 다른 나라 저자에 의해 저술된 책일 확률은 다음과 같다.

$$p=\frac{\binom{6}{2}\binom{4}{3}}{\binom{10}{5}}=\frac{15\times 4}{252}=0.2381$$

4.7 푸아송분포

만약 이산랜덤변수 K의 확률질량함수가 다음과 같다면, K는 λ를 매개변수로 갖는 푸아송 랜덤변수라 한다. 여기서 $\lambda>0$이다.

$$p_K(k)=\frac{\lambda^k}{k!}e^{-\lambda} \quad k=0,1,2,\ldots \tag{4.26}$$

K의 누적분포함수는 다음과 같다.

$$F_K(k)=P[K\le k]=\sum_{n=0}^{k}\frac{\lambda^n}{n!}e^{-\lambda} \tag{4.27}$$

K의 기댓값은 다음과 같다.

$$\begin{aligned}E[K]&=\sum_{k=0}^{\infty}kp_K(k)=\sum_{n=0}^{\infty}k\frac{\lambda^k}{k!}e^{-\lambda}=\sum_{k=1}^{\infty}\frac{\lambda^k}{(k-1)!}e^{-\lambda}=\lambda e^{-\lambda}\sum_{k=1}^{\infty}\frac{\lambda^{k-1}}{(k-1)!}\\&=\lambda e^{-\lambda}\sum_{m=0}^{\infty}\frac{\lambda^m}{m!}=\lambda e^{-\lambda}e^{\lambda}\\&=\lambda\end{aligned} \tag{4.28}$$

K의 2차 모멘트는 다음과 같다.

$$E[K^2]=\sum_{k=0}^{\infty}k^2p_K(k)=\sum_{n=0}^{\infty}k^2\frac{\lambda^k}{k!}e^{-\lambda}=\lambda e^{-\lambda}\sum_{k=1}^{\infty}\frac{k\lambda^{k-1}}{(k-1)!}$$

다음 관계식을 이용하면

$$\sum_{k=1}^{\infty}\frac{\lambda^k}{(k-1)!}=\lambda\sum_{k=1}^{\infty}\frac{\lambda^{k-1}}{(k-1)!}=\lambda\sum_{m=0}^{\infty}\frac{\lambda^m}{m!}=\lambda e^{\lambda}$$

$$\frac{d}{d\lambda}\sum_{k=1}^{\infty}\frac{\lambda^k}{(k-1)!}=\sum_{k=1}^{\infty}\frac{d}{d\lambda}\left\{\frac{\lambda^k}{(k-1)!}\right\}=\sum_{k=1}^{\infty}\frac{k\lambda^{k-1}}{(k-1)!}=\frac{d}{d\lambda}\{\lambda e^{\lambda}\}=e^{\lambda}(1+\lambda)$$

2차 모멘트는 다음과 같이 된다.

$$E[K^2]=\lambda e^{-\lambda}\sum_{k=1}^{\infty}\frac{k\lambda^{k-1}}{(k-1)!}=\lambda e^{-\lambda}e^{\lambda}(1+\lambda)=\lambda^2+\lambda$$

K의 분산은 다음과 같다.

$$\sigma_K^2=E[K^2]-(E[K])^2=\lambda^2+\lambda-\lambda^2=\lambda \tag{4.29}$$

이것은 푸아송 랜덤변수의 평균과 분산이 동일함을 의미한다. 푸아송분포는 과학과 공학에서 많이 적용된다. 예를 들어 다양한 시간 간격 동안 교환기에 걸려온 전화 호출 수, 또는 다양한 시간 간격 동안 은행에 오는 고객 수 등은 보통 푸아송 랜덤변수로 모델링된다.

예제 4.16

시간당 평균 6개의 메시지가 푸아송분포를 가지고 교환기에 접속된다. 다음 각 사건에 대한 확률을 구하라.

a. 1시간 동안 정확히 2개의 메시지가 접속된다.

b. 1시간 동안 아무 메시지도 접속되지 않는다.

c. 1시간 동안 적어도 3개의 메시지가 접속된다.

풀이

K를 1시간 동인 교환기에 접속된 메시시 수를 나타내는 랜덤변수라 하자. K의 확률질량함수는 다음과 같다.

$$p_K(k) = \frac{6^k}{k!}e^{-6} \qquad k = 0, 1, 2, \ldots$$

a. 1시간 동안 정확히 2개의 메시지가 접속될 확률은 다음과 같다.

$$p_K(2) = \frac{6^2}{2!}e^{-6} = 18e^{-6} = 0.0446$$

b. 1시간 동안 아무 메시지도 접속되지 않을 확률은 다음과 같다.

$$p_K(0) = \frac{6^0}{0!}e^{-6} = e^{-6} = 0.0024$$

c. 1시간 동안 적어도 3개의 메시지가 접속될 확률은 다음과 같다.

$$\begin{aligned} P[K \geq 3] &= 1 - P[K < 3] = 1 - \{p_K(0) + p_K(1) + p_K(2)\} \\ &= 1 - e^{-6}\left\{\frac{6^0}{0!} + \frac{6^1}{1!} + \frac{6^2}{2!}\right\} = 1 - e^{-6}\{1 + 6 + 18\} = 1 - 25e^{-6} \\ &= 0.9380 \end{aligned}$$

4.7.1 이항분포에 대한 푸아송 근사

X를 (n, p)를 매개변수로 갖는 이항랜덤변수라 하면 확률질량함수는 다음과 같다.

$$p_X(x) = \binom{n}{x}p^x(1-p)^{n-x} \qquad x = 0, 1, 2, \ldots, n$$

위의 확률질량함수는 웬만한 n값에 대해서도 매우 큰 값이 나오게 되는 $n!$ 계산을 포함하기 때문에, 큰 n값에 대한 근사 방법을 전개하겠다. 앞에서 $E[X]=np$라는 것을 유도하였으므로 $\lambda=np$라 하자. 즉 $p=\lambda/n$가 되고, 위의 확률밀도함수에서 p를 치환하면 다음과 같은 결과를 얻게 된다.

$$\begin{aligned} p_X(x) &= \binom{n}{x}\left(\frac{\lambda}{n}\right)^x\left(1-\frac{\lambda}{n}\right)^{n-x} = \frac{n(n-1)(n-2)(n-3)\cdots(n-x+1)}{x!n^x}\lambda^x\left(1-\frac{\lambda}{n}\right)^{n-x} \\ &= \frac{n^x\left(1-\frac{1}{n}\right)\left(1-\frac{2}{n}\right)\left(1-\frac{3}{n}\right)\cdots\left(1-\frac{x-1}{n}\right)}{x!n^x}\lambda^x\left(1-\frac{\lambda}{n}\right)^{n-x} \\ &\approx \frac{\left(1-\frac{1}{n}\right)\left(1-\frac{2}{n}\right)\left(1-\frac{3}{n}\right)\cdots\left(1-\frac{x-1}{n}\right)}{x!}\lambda^x\left(1-\frac{\lambda}{n}\right)^{n} \end{aligned}$$

n이 매우 커짐에 따라 극한값은 다음과 같이 된다.

$$\lim_{n\to\infty}\left(1-\frac{a}{n}\right)=1 \quad a<n$$

만약 λ가 고정된 값이라면 $n\to\infty$로 감에 따라 $p\to 0$이 된다. 또한 정의에 따라

$$\lim_{n\to\infty}\left(1+\frac{a}{n}\right)^n=e^a$$

이므로 다음과 같은 결과를 얻을 수 있으며

$$\lim_{n\to\infty}p_X(x)=\frac{\lambda^x}{x!}e^{-\lambda}$$

이것은 푸아송분포가 된다.

4.8 지수분포

연속랜덤변수 X의 확률밀도함수가 다음과 같으면 X는 지수랜덤변수(또는 X는 지수분포를 갖는다)로 정의된다. 여기서 $\lambda>0$ 이다.

$$f_X(x)=\begin{cases}\lambda e^{-\lambda x} & x\geq 0\\ 0 & x<0\end{cases} \tag{4.30}$$

X의 누적분포함수는 다음과 같다.

$$\begin{aligned}F_X(x)&=P[X\leq x]=\int_0^x f_X(y)dy=\int_0^x \lambda e^{-\lambda y}dy=\left[-e^{-\lambda y}\right]_0^x\\&=1-e^{-\lambda x}\end{aligned} \tag{4.31}$$

X의 기댓값은 다음과 같다.

$$E[X]=\int_0^\infty xf_X(x)dx=\int_0^\infty x\lambda e^{-\lambda x}dx$$

$u=x$, $dv=\lambda e^{-\lambda x}dx$라고 하면 $du=dx$, $v=-e^{-\lambda x}$가 된다. 이를 이용하여 부분적분하면 다음과 같은 식을 얻게 된다.

$$\begin{aligned}E[X]&=\int_0^\infty x\lambda e^{-\lambda x}dx=\left[-xe^{-\lambda x}\right]_0^\infty+\int_0^\infty e^{-\lambda x}dx=0+\left[\frac{1}{\lambda}e^{-\lambda x}\right]_0^\infty\\&=\frac{1}{\lambda}\end{aligned} \tag{4.32}$$

여기서 $x\to\infty$의 경우 $x\to\infty$보다 빠르게 $xe^{-\lambda x}\to 0$이 되므로 첫 번째 항은 0이 된다. 또한 X가 음수가 아니기 때문에 아래와 같은 결과를 얻을 수 있다.

$$E[X]=\int_0^\infty \{1-F(x)\}dx=\int_0^\infty \{1-\left[1-e^{-\lambda x}\right]\}dx=\int_0^\infty e^{-\lambda x}dx=\frac{1}{\lambda}$$

부분적분을 반복하여 X의 n차 모멘트를 다음과 같이 구할 수 있다.

$$E[X^n] = \int_0^\infty x^n f_X(x)dx = \frac{n!}{\lambda^n} \qquad n = 1, 2, \ldots \tag{4.33}$$

따라서 X의 분산을 구하면 다음과 같다.

$$\sigma_X^2 = E[X^2] - (E[X])^2 = \frac{2}{\lambda^2} - \frac{1}{\lambda^2} = \frac{1}{\lambda^2} \tag{4.34}$$

이것은 지수적으로 분포된 랜덤변수의 평균 및 표준편차(즉, 분산의 제곱근)가 동일함을 의미한다.

예제 4.17

어느 특정한 전화부스에서 이루어지는 통화 시간이 평균 3분의 지수분포를 따른다고 가정하자. 크리스가 막 통화를 하기 시작하였을 때 우리가 전화부스에 도착하였다고 가정하고, 다음을 구하라.

a. 크리스의 통화가 끝날 때까지 5분 넘게 기다릴 확률
b. 크리스의 통화가 2분에서 6분까지 계속될 확률

풀이

X를 전화부스에서 이루어지는 통화 시간을 나타내는 랜덤변수라 하자. 평균 통화시간은 $1/\lambda=3$ 이므로, X의 확률밀도함수는 다음과 같다.

$$f_X(x) = \lambda e^{-\lambda x} = \frac{1}{3}e^{-x/3}$$

a. 5분 넘게 기다릴 확률은 X가 5분보다 클 확률로, 다음과 같이 구할 수 있다.

$$P[X > 5] = \int_5^\infty \frac{1}{3}e^{-x/3}dx = \left[-e^{-x/3}\right]_5^\infty = e^{-5/3} = 0.1889$$

b. 통화가 2분에서 6분까지 계속될 확률은 다음과 같다.

$$P[2 \le X \le 6] = \int_2^6 \frac{1}{3}e^{-x/3}dx = \left[-e^{-x/3}\right]_2^6 = F_X(6) - F_X(2) = e^{-2/3} - e^{-2} = 0.3781$$

4.8.1 지수분포의 '건망증' 특성

지수랜덤변수는 시스템의 수명을 모델링하기 위한 신뢰성 공학에서 광범위하게 쓰인다. 어느 장치의 수명 X가 평균이 $1/\lambda$인 지수분포를 가진다고 가정하자. 또한 t시간까지 장치가 고장 나지 않았다고 가정하자. 이제 장치가 t시간까지 고장 나지 않았다는 조건하에, X의 조건부 확률밀도함수를 구하고자 한다. 음수가 아닌 추가의 시간 s에 대하여 $X>t$ 조건이 주어진 경우에 $X \le t+s$인 확률을 구하는 것으로 시작하자. 이것은 그림 4.7에서 나타낸다.

이를 구하면 다음과 같다.

$$
\begin{aligned}
P[X \le t+s | X > t] &= \frac{P[\{X \le t+s\} \cap \{X > t\}]}{P[X > t]} = \frac{P[t < X \le t+s]}{P[X > t]} \\
&= \frac{F_X(t+s) - F_X(t)}{1 - F_X(t)} = \frac{\{1 - e^{-\lambda(t+s)}\} - \{1 - e^{-\lambda t}\}}{e^{-\lambda t}} \\
&= \frac{e^{-\lambda t} - e^{-\lambda(t+s)}}{e^{-\lambda t}} = 1 - e^{-\lambda s} = F_X(s) \\
&= P[X \le s]
\end{aligned}
$$

위의 결과식은 그 과정이 과거가 아닌 현재만을 기억함을 나타낸다. 만약 $x=s+t$라고 정의하면, $s=x-t$이 되고, 위의 결과는 다음과 같이 된다.

$$
\begin{aligned}
P[X \le t+s | X > t] &= 1 - e^{-\lambda(x-t)} = F_{X|X>t}(x|X > t) \\
f_{X|X>t}(x|X > t) &= \frac{d}{dx} F_{X|X>t}(x|X > t) \\
&= \lambda e^{-\lambda(x-t)}
\end{aligned}
\tag{4.35}
$$

따라서 조건부 확률밀도함수는 그림 4.8에 나타낸 것과 같이 원래 확률밀도함수가 시간축 상에서 t만큼 이동된 형태가 된다. 기하분포와 마찬가지로, 이것을 지수분포의 건망증 또는 무기억 특성이라 한다. 이것은 장치가 t시간까지 고장나지 않았다는 조건하에 그 장치의 나머지 수명은, t시간 이전의 그 장치의 수명에 대한 확률밀도함수와 같은 확률밀도함수를 갖는다는 것을 의미한다.

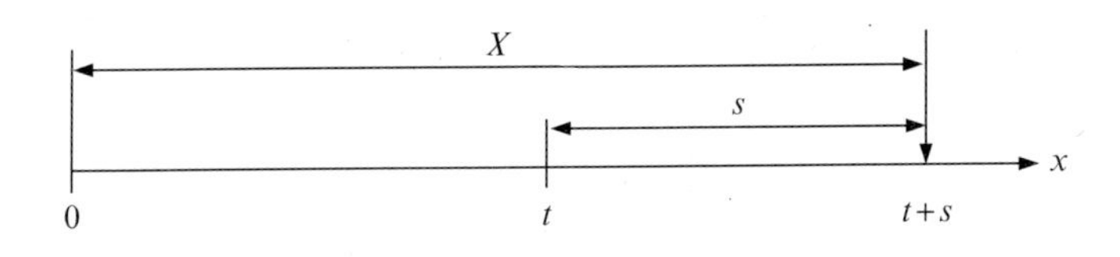

그림 4.7 잔여 수명의 예

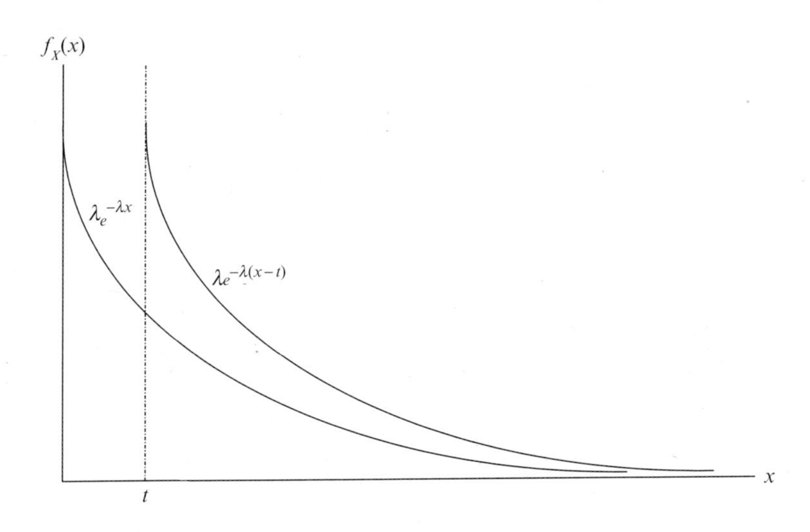

그림 4.8 지수랜덤변수의 확률밀도함수

예제 4.18

예제 4.17의 전화부스에서 전화를 사용했던 크리스가 우리가 도착하기 2분 전부터 통화하고 있었다고 가정하자. 지수분포의 건망증 특성에 따르면, 크리스의 통화가 끝날 때까지의 평균 시간은 여전히 3분이 된다. 지수랜덤변수는 우리가 도착하기 전에 지속되었던 통화 시간은 기억하지 않는다.

4.8.2 지수분포와 푸아송분포의 관계

λ를 단위 시간당, 이를테면 초당 평균 푸아송 도착 횟수를 나타낸다고 하자. 그러면 t초 동안에 평균 도착 횟수는 λt가 된다. 만약 K가 이 푸아송 랜덤변수를 나타

낸다면, t초 동안에 도착 횟수의 확률질량함수는 다음과 같다.

$$p_K(k,t)=\frac{(\lambda t)^k}{k!}e^{-\lambda t} \qquad k=0,1,2,\ldots;\ \ t\geq 0$$

t초 동안에 아무것도 도착하지 않을 확률은 $p_K(0,t)=e^{-\lambda t}$이고, t초 동안에 적어도 한 개가 도착할 확률은 $1-e^{-\lambda t}$이다. 또한 λ를 매개변수로 갖는 지수랜덤변수 Y에 대하여, t 이하의 시간까지 어떤 사건이 발생할 확률은 다음과 같이 주어진다.

$$P[Y\leq t]=F_Y(t)=1-e^{-\lambda t}$$

따라서 λ를 매개변수로 갖는 지수분포 Y는, 평균이 λt인 푸아송 랜덤변수 K로 정의되는 사건들의 발생간격을 나타낸다. 만약 단위 시간당 평균 푸아송 도착 횟수를 λ로 정의한다면, Y의 평균이 왜 $1/\lambda$인지가 매우 명확해진다. 그러므로 사건들 간의 간격이 지수랜덤변수로 모델링될 수 있다면, 특정한 시간 간격 동안에 발생한 사건 수는 푸아송 랜덤변수로 모델링될 수 있다. 마찬가지로 만약 특정한 시간 간격 동안에 발생한 사건 수가 푸아송 랜덤변수로 모델링될 수 있다면, 연속되는 사건들 간의 간격은 지수랜덤변수로 모델링될 수 있다.

4.9 얼랑분포

얼랑분포는 지수분포를 일반화한 것이다. 지수랜덤변수가 인접 사건들 간의 시간 간격을 나타내는 반면, 얼랑랜덤변수는 어떤 사건과 k번째 후의 사건과의 시간 간격을 나타낸다. 따라서 얼랑랜덤변수는 파스칼 랜덤변수가 기하학적 랜덤변수라 하는 것처럼 지수랜덤변수라고도 한다.

만약 임의의 랜덤변수 X_k의 확률밀도함수가 다음과 같이 주어지면, X_k는 λ를 매개변수로 갖는 k차 얼랑(또는 얼랑-k) 랜덤변수라 한다.

$$f_{X_k}(x) = \begin{cases} \dfrac{\lambda^k x^{k-1} e^{-\lambda x}}{(k-1)!} & k=1, 2, 3, \ldots; x \geq 0 \\ 0 & x < 0 \end{cases} \tag{4.36}$$

이 확률밀도함수는 시간 x와 $x+dx$ 사이에 도착하는 k번째 사건을 나타내는 그림 4.9를 통하여 얻을 수 있다. 만약 k번째 사건이 위 간격 내에 도착하는 것이라고 한다면, 그때 $k-1$개 사건들은 시간 x에 의해 발생/도착한다. 이 사건의 확률은 파라미터 λx를 갖는 푸아송 랜덤변수가 $k-1$ 값을 가질 확률이며, $(\lambda x)^{k-1} e^{-\lambda x}/(k-1)!$가 된다. 푸아송 과정에 따르면 x와 $x+dx$ 사이에 정확히 하나의 사건이 발생할 확률은 λdx이다. 따라서 서로 떨어져 있는 두 간격 속에서 발생하는 사건들은 독립적이므로 다음과 같은 등식을 이용하였을 때

$$f_{X_k}(x)dx = P[x \leq X_k \leq x + dx] = \left\{ \frac{(\lambda x)^{k-1}}{(k-1)!} e^{-\lambda x} \right\} \times \{\lambda dx\} = \frac{\lambda^k x^{k-1}}{(k-1)!} e^{-\lambda x} dx$$

X_k의 확률밀도함수는

$$f_{X_k}(x) = \frac{\lambda^k x^{k-1}}{(k-1)!} e^{-\lambda x} \qquad x \geq 0$$

이 되므로, 식 (4.36)을 얻을 수 있음을 알 수 있다. 이로부터 X_k의 누적분포함수는 부분적분을 반복하여 다음과 같이 구할 수 있다.

$$F_{X_k}(x) = P[X_k \leq x] = \int_0^x f_{X_k}(x)dx = 1 - \sum_{m=0}^{k-1} \frac{(\lambda x)^m}{m!} e^{-\lambda x} \qquad x \geq 0 \tag{4.37}$$

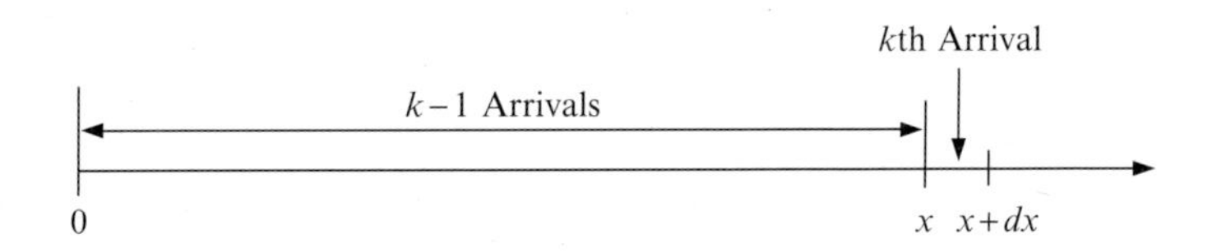

그림 4.9 얼랑랜덤변수

그림 4.10은 k=2일 때 X_k의 확률밀도함수를 나타낸 것이다. 이를 이용하여 X_k의 모멘트를 구하기 위해서 직접적인 방법과 스마트 방법 두 가지가 사용된다.

a. **직접적인 방법**

X_k의 기댓값은 다음과 같다.

$$E[X_k]=\int_0^\infty xf_{X_k}(x)dx=\int_0^\infty x\frac{\lambda^k x^{k-1}}{(k-1)!}e^{-\lambda x}dx=\frac{1}{(k-1)!}\int_0^\infty (\lambda x)^k e^{-\lambda x}dx$$

만약 $u=\lambda x$하면 $dx=du/\lambda$가 된다. 따라서 위 식은 다음 식과 같이 된다.

$$E[X_k]=\frac{1}{(k-1)!}\int_0^\infty u^k e^{-u}\frac{du}{\lambda}=\frac{1}{\lambda(k-1)!}\int_0^\infty u^k e^{-u}du$$

$\int_0^\infty u^k e^{-u}du$의 적분 결과를 k+1의 감마함수, 즉 $\Gamma(k+1)$이라 하며, 다음 식으로 나타낸다.

$$\Gamma(k+1)=\int_0^\infty u^k e^{-u}du=k\Gamma(k)$$

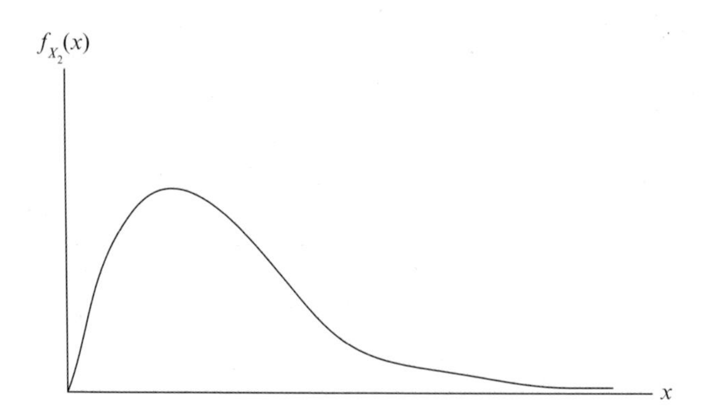

그림 4.10 2차 얼랑랜덤변수의 확률밀도함수

k가 정수일 때, 감마함수는 다음과 같이 된다.

$$\Gamma(k+1)=k! \quad k=0, 1, 2, \ldots$$

그러므로 X_k의 기댓값은 다음과 같이 된다.

$$\begin{aligned} E[X_k] &= \frac{1}{\lambda(k-1)!}\int_0^\infty u^k e^{-u}du = \frac{\Gamma(k+1)}{\lambda(k-1)!} = \frac{k!}{\lambda(k-1)!} = \frac{k(k-1)!}{\lambda(k-1)!} \\ &= \frac{k}{\lambda} \end{aligned} \tag{4.38}$$

X_k의 기댓값을 계산하는 다른 방법은, X_k가 음이 아닌 랜덤변수라는 것을 이용하는 것이다. 따라서

$$E[X_k] = \int_0^\infty \{1-F_{X_k}(x)\}dx = \int_0^\infty \left\{\sum_{m=0}^{k-1}\frac{(\lambda x)^m}{m!}e^{-\lambda x}\right\}dx = \sum_{m=0}^{k-1}\frac{1}{m!}\int_0^\infty (\lambda x)^m e^{-\lambda x}dx$$

이 되고, $u=\lambda x$라 하면 $dx=du/\lambda$가 된다. 따라서 다음 식을 얻을 수 있다.

$$\begin{aligned} E[X_k] &= \sum_{m=0}^{k-1}\frac{1}{m!}\int_0^\infty (\lambda x)^m e^{-\lambda x}dx = \sum_{m=0}^{k-1}\frac{1}{m!}\left(\frac{1}{\lambda}\right)\int_0^\infty u^m e^{-u}dx = \sum_{m=0}^{k-1}\frac{1}{m!}\left(\frac{1}{\lambda}\right)m! \\ &= \sum_{m=0}^{k-1}\left(\frac{1}{\lambda}\right) = \frac{k}{\lambda} \end{aligned}$$

얼랑분포의 기댓값은 원래의 지수분포에 대한 지수분포의 기댓값의 k배임을 주목하라. 마찬가지로 X_k의 2차 모멘트는 디음과 같다.

$$E[X_k^2] = \int_0^\infty x^2 f_{X_k}(x)dx = \int_0^\infty x^2\frac{\lambda^k x^{k-1}}{(k-1)!}e^{-\lambda x}dx = \frac{1}{\lambda(k-1)!}\int_0^\infty (\lambda x)^{k+1}e^{-\lambda x}dx$$

앞에서와 같이 $u=\lambda x$라 하면 다음 식을 얻게 된다.

$$E\left[X_k^2\right]=\frac{1}{\lambda^2(k-1)!}\int_0^\infty u^{k+1}e^{-u}du=\frac{\Gamma(k+2)}{\lambda^2(k-1)!}=\frac{(k+1)!}{\lambda^2(k-1)!}=\frac{(k+1)k(k-1)!}{\lambda^2(k-1)!}$$
$$=\frac{k(k+1)}{\lambda^2} \tag{4.39}$$

그러므로 X_k의 분산은 다음과 같이 된다.

$$\sigma_{X_k}^2=E\left[X_k^2\right]-(E[X_k])^2=\frac{k(k+1)}{\lambda^2}-\frac{k^2}{\lambda^2}=\frac{k}{\lambda^2} \tag{4.40}$$

이것은 기본지수분포 분산의 k배가 된다.

b. **스마트 방법**

X_k의 모멘트를 구하기 위한 스마트 방법은 지수랜덤변수 X의 n차 모멘트를 구하는 식 (4.33)을 사용하는 데 있다.

$$E[X^n]=\int_0^\infty x^n f_X(x)dx=\int_0^\infty x^n\lambda e^{-\lambda x}dx=\frac{n!}{\lambda^n}\quad n=1,2,\ldots$$

따라서 다음 식과 같이 유도된다.

$$E[X_k]=\int_0^\infty x\frac{\lambda^k x^{k-1}}{(k-1)!}e^{-\lambda x}\mathrm{dx}=\frac{1}{(k-1)!}\int_0^\infty \lambda^k x^k e^{-\lambda x}\mathrm{dx}=\frac{\lambda^{k-1}}{(k-1)!}\int_0^\infty \lambda x^k e^{-\lambda x}\mathrm{dx}$$
$$=\frac{\lambda^{k-1}}{(k-1)!}E\left[X^k\right]=\frac{\lambda^{k-1}}{(k-1)!}\times\frac{k!}{\lambda^k}=\frac{\lambda^{k-1}}{(k-1)!}\times\frac{k(k-1)!}{\lambda^k}=\frac{k}{\lambda}$$
$$E\left[X_k^2\right]=\int_0^\infty x^2\frac{\lambda^k x^{k-1}}{(k-1)!}e^{-\lambda x}\mathrm{dx}=\frac{1}{(k-1)!}\int_0^\infty \lambda^k x^{k+1}e^{-\lambda x}\mathrm{dx}=\frac{\lambda^{k-1}}{(k-1)!}\int_0^\infty \lambda x^{k+1}e^{-\lambda x}\mathrm{dx}$$
$$=\frac{\lambda^{k-1}}{(k-1)!}E\left[X^{k+1}\right]=\frac{\lambda^{k-1}}{(k-1)!}\times\frac{(k+1)!}{\lambda^{k+1}}=\frac{\lambda^{k-1}}{(k-1)!}\times\frac{(k+1)k(k-1)!}{\lambda^{k+1}}=\frac{k(k+1)}{\lambda^2}$$

예제 4.19

어느 교수의 면담시간이 있는 날, 학생들이 교수의 연구실을 방문하는 시간 간격이 평균 10분의 지수분포를 갖는다. 두 번째 도착한 학생과 여섯 번째 도착한 학생 사이의 시간 간격이 20분보다 클 확률은 얼마인가?

풀이

두 번째 학생에 비해 여섯 번째 학생은 상대적으로 네 번째 후에 도착한다. 그러므로 두 학생의 도착 사이의 시간 간격을 나타내는 랜덤변수는 4차 얼랑(또는 얼랑-4)랜덤변수가 된다. 즉 X_4 > 20분일 확률을 구하면 된다. X_4의 누적분포함수는 다음과 같고

$$F_{X_4}(x) = P[X_4 \le x] = 1 - \sum_{m=0}^{3} \frac{(\lambda x)^m}{m!} e^{-\lambda x}$$

λ=1/10이므로, 다음과 같은 결과를 얻게 된다.

$$P[X_4 > 20] = 1 - P[X_4 \le 20] = \sum_{m=0}^{3} \frac{2^m}{m!} e^{-2} = e^{-2} + \frac{2}{1}e^{-2} + \frac{4}{2}e^{-2} + \frac{8}{6}e^{-2} = \frac{19}{3}e^{-2} = 0.8571$$

위의 결과는 20분 동안 4명보다 적은 수의 학생이 도착할 확률과 같음을 주목하라.

예제 4.20

어떤 전화부스의 통화 시간은 평균 4분의 지수분포를 갖는다. 우리가 전화부스에 도착하였을 때 톰이 통화하고 있었으며, 우리가 오기 2분 전부터 통화하고 있었다고 했다.

a. 톰의 통화가 끝날 때까지 우리가 기다려야 하는 평균 시간은 얼마인가?
b. 우리가 도착한 후, 3분에서 6분까지 톰의 통화가 계속될 확률은 얼마인가?
c. 우리가 톰 다음에 전화를 사용하기 위해 전화부스에 줄 서 있는 첫 번째 사람이라 가정하고, 톰이 통화를 마칠 때까지 전화를 사용하기 위해 우리 뒤에 5명이 넘는 사람들이 기다리고 있었다고 가정하자. 우리가 통화를 시작한 후 우리 뒤의 네 번째 사람이 통화를 시작할 때까지의 시간 간격이 15분을 넘을 확률은 얼마인가?

풀이

전화부스에서의 통화 시간을 X로 나타내면 X의 확률밀도함수는 다음과 같이 된다.

$$f_X(x) = \begin{cases} \lambda e^{-\lambda x} & x \geq 0 \\ 0 & x < 0 \end{cases}$$

여기서 λ=1/4 이다.

a. 지수분포의 건망증 특성 때문에, 톰의 통화가 끝날 때까지 우리가 기다리게 되는 평균 시간은 평균 통화 시간과 같은 4분이다.

b. 지수분포의 건망증 특성 때문에, 우리가 도착했을 때 톰의 통화가 '처음부터 다시 시작'된다. 그러므로 우리가 도착한 후 톰의 통화가 3분에서 6분까지 계속될 확률은 다음과 같이 임의의 새로운 통화가 3분에서 6분까지 계속될 확률과 같다.

$$\begin{aligned} P[3 < X < 6] &= F_X(6) - F_X(3) = \{1 - e^{-6\lambda}\} - \{1 - e^{-3\lambda}\} = e^{-3\lambda} - e^{-6\lambda} \\ &= e^{-3/4} - e^{-6/4} = 0.2492 \end{aligned}$$

c. 통화를 시작하는 순간부터 우리 뒤의 세 번째 사람이 시작한 통화가 끝날 때까지, 즉 우리 뒤의 네 번째 사람이 통화를 시작하는 순간까지의 경과 시간을 Y_k로 나타내자. 그러면 Y_k는 4차 얼랑랜덤변수 Y_4가 되고, Y_4의 확률밀도함수는 다음과 같이 된다.

$$f_{Y_4}(x) = \begin{cases} \dfrac{\lambda^4 y^3 e^{-\lambda y}}{3!} & y \geq 0 \\ 0 & \text{otherwise} \end{cases}$$

여기서 λ=1/4이다. Y_4의 누적분포함수는 다음과 같다.

$$F_{Y_4}(y) = P[Y_4 \leq y] = 1 - \sum_{k=0}^{3} \frac{(\lambda y)^k}{k!} e^{-\lambda y}$$

그러므로

$$\begin{aligned} P[Y_4 > 15] &= 1 - F_{Y_4}(15) = \sum_{k=0}^{3} \frac{(15\lambda)^k}{k!} e^{-15\lambda} = \sum_{k=0}^{3} \frac{(3.75)^k}{k!} e^{-3.75} \\ &= e^{-3.75} \left\{ 1 + 3.75 + \frac{(3.75)^2}{2} + \frac{(3.75)^3}{6} \right\} = 0.4838 \end{aligned}$$

이다.

4.10 균일분포

연속랜덤변수 X의 확률밀도함수가 다음과 같이 주어진다면, X는 a와 b 사이에서 균일분포를 가진다고 한다.

$$f_X(x) = \begin{cases} \dfrac{1}{b-a} & a \le x \le b \\ 0 & \text{otherwise} \end{cases} \tag{4.41}$$

균일분포는 주어진 시간 구간 내의 어느 시간에서나 발생할 확률이 같은 사건을 모델링하는 데 사용된다. 그림 4.11에는 균일 확률밀도함수를 나타내었다.

X의 누적분포함수는 다음과 같다.

$$F_X(x) = PX \le x] = \begin{cases} 0 & x < a \\ \dfrac{x-a}{b-a} & a \le x < b \\ 1 & x \ge b \end{cases} \tag{4.42}$$

X의 기댓값은 다음과 같다.

$$\begin{aligned} E[X] &= \int_{-\infty}^{\infty} x f_X(x)dx = \int_a^b \frac{x}{b-a}dx = \left[\frac{x^2}{2(b-a)}\right]_a^b = \frac{b^2-a^2}{2(b-a)} \\ &= \frac{(b+a)(b-a)}{2(b-a)} = \frac{b+a}{2} \end{aligned} \tag{4.43}$$

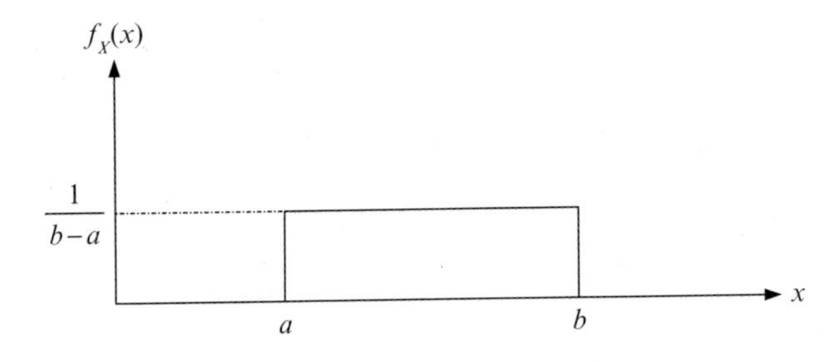

그림 4.11 균일랜덤변수의 확률밀도함수

X의 2차 모멘트는 다음과 같다.

$$\begin{aligned} E[X^2] &= \int_{-\infty}^{\infty} x^2 f_X(x)dx = \int_a^b \frac{x^2}{b-a}dx = \left[\frac{x^3}{3(b-a)}\right]_a^b = \frac{b^3-a^3}{3(b-a)} \\ &= \frac{(b-a)(b^2+ab+a^2)}{3(b-a)} = \frac{b^2+ab+a^2}{3} \end{aligned} \tag{4.44}$$

따라서 X의 분산은 다음과 같다.

$$\begin{aligned} \sigma_X^2 &= E[X^2] - (E[X])^2 = \frac{b^2+ab+a^2}{3} - \left(\frac{b^2+2ab+a^2}{4}\right) \\ &= \frac{b^2-2ab+a^2}{12} = \frac{(b-a)^2}{12} \end{aligned} \tag{4.45}$$

예제 4.21

수업조교인 조가 답안지 하나를 채점하는 데 걸리는 시간은 5분에서 10분까지 균일하게 분포한다. 조가 답안지를 채점하는 데 걸리는 시간의 평균과 분산을 구하라.

풀이

X를 조가 답안지 하나를 채접하는 데 걸리는 시간을 나타내는 랜덤변수라 하자. X가 균일하게 분포하기 때문에 평균과 분산은 다음과 같다.

$$E[X] = \frac{10+5}{2} = 7.5$$

$$\sigma_X^2 = \frac{(10-5)^2}{12} = \frac{25}{12}$$

4.10.1 이산균일분포

이산랜덤변수 K의 확률질량함수가 아래와 같이 주어진다면, K는 $k=a,\ a+1,$

$a+2, \ldots, a+N-1$의 범위에서 균일분포를 갖는다고 한다.

$$p_K(k) = \begin{cases} \dfrac{1}{N} & k = a, a+1, a+2, \ldots, a+N-1 \\ 0 & \text{otherwise} \end{cases} \tag{4.46}$$

K의 평균은 다음과 같다.

$$\begin{aligned} E[K] &= \sum_{k=a}^{a+N-1} k p_K(k) = \sum_{k=a}^{a+N-1} \frac{k}{N} = \frac{1}{N}\left\{\sum_{k=1}^{a+N-1} k - \sum_{k=1}^{a-1} k\right\} \\ &= \frac{1}{N}\left\{\frac{(a+N-1)(a+N)}{2} - \frac{a(a-1)}{2}\right\} = \frac{1}{2}\{N+2a-1\} \\ &= \frac{(a+N-1)+a}{2} \end{aligned} \tag{4.47}$$

여기서 두 번째 줄은 아래 관계식에서 유도된다.

$$\sum_{k=1}^{n} k = \frac{n(n+1)}{2}$$

그러므로 연속 균일랜덤변수의 경우와 마찬가지로, K의 기댓값은 랜덤변수의 가장 큰 값과 가장 작은 값의 산술평균이 된다. 2차 모멘트는 다음과 같다.

$$E[K^2] = \sum_{k=a}^{a+N-1} k^2 p_K(k) = \sum_{k=a}^{a+N-1} \frac{k^2}{N} = \frac{1}{N}\left\{\sum_{k=1}^{a+N-1} k^2 - \sum_{k=1}^{a-1} k^2\right\}$$

다음 관계식을 이용하면

$$\sum_{k=1}^{n} k^2 = \frac{n(n+1)(2n+1)}{6}$$

2차 모멘트는 다음과 같이 된다.

$$E\left[K^2\right]=\frac{2N^2+6aN+6a^2-6a-3N+1}{6} \tag{4.48}$$

따라서 분산은 다음과 같다.

$$\sigma_K^2=\frac{N^2-1}{12}$$

예제 4.22

X를 여섯 면이 나올 확률이 같은 주사위를 굴려서 나온 결과를 나타내는 랜덤변수라 하자. X의 확률질량함수는 다음과 같다.

$$p_X(x)=\frac{1}{6} \qquad x=1, 2, \ldots, 6$$

X의 평균과 분산은 직접 구할 수도 있고 앞의 공식들을 이용하여 구할 수도 있다. 먼저, 직접 구하여 보면 다음과 같다.

$$E[X]=\frac{1+2+3+4+5+6}{6}=\frac{21}{6}=\frac{7}{2}$$
$$E\left[X^2\right]=\frac{1^2+2^2+3^2+4^2+5^2+6^2}{6}=\frac{91}{6}$$
$$\sigma_X^2=E\left[X^2\right]-(E[X])^2=\frac{91}{6}-\frac{49}{4}=\frac{35}{12}$$

다음으로, 공식을 이용하여 $N=6$과 $a=1$을 대입하면 다음과 같이 된다.

$$E[X]=\frac{(a+N-1)+a}{2}=\frac{7}{2}$$
$$\sigma_K^2=\frac{N^2-1}{12}=\frac{35}{12}$$

따라서 두가지 방법의 결과는 똑같다.

4.11 정규분포

만약 연속랜덤변수 X의 확률밀도함수가 다음과 같다면 X는 μ_X와 σ_X^2를 매개변수로 갖는 정규랜덤변수로 정의된다.

$$f_X(x) = \frac{1}{\sqrt{2\pi\sigma_X^2}} e^{-(x-\mu_X)^2/2\sigma_X^2} \qquad -\infty < x < \infty \tag{4.49}$$

이 확률밀도함수는 X의 평균인 μ_X를 중심으로 대칭이 되는 종 모양의 곡선을 이루게 된다. 매개변수 σ_X^2는 분산이다. 그림 4.12에는 이 확률밀도함수의 형태를 나타내었다. 분산(또는 더욱 엄밀하게는 표준편차)은 평균을 중심으로 퍼진 정도를 나타낸다. 분산이 클수록 곡선의 최댓값은 낮아지며 곡선은 더 퍼지게 된다.

X의 누적분포함수는 다음과 같다.

$$F_X(x) = P[X \le x] = \frac{1}{\sigma_X\sqrt{2\pi}} \int_{-\infty}^{x} e^{-(u-\mu_X)^2/2\sigma_X^2} du$$

μ_X와 σ_X^2를 매개변수로 갖는 정규랜덤변수 X는 일반적으로 $X=N(\mu_X, \sigma_X^2)$로 나타낸다.

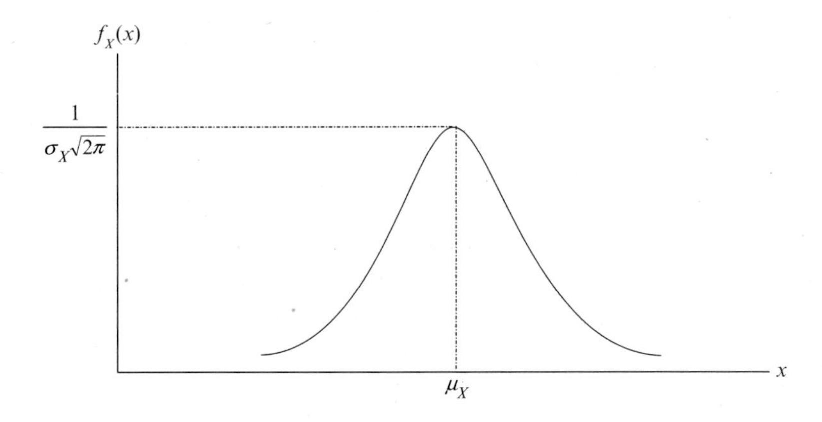

그림 4.12 정규랜덤변수의 확률밀도함수

평균이 0이고 분산이 1인 특별한 경우는(즉 $\mu_X=0$이고 $\sigma_X^2=1$) $X=N(0,\ 1)$로 나타내고, 이를 **표준 정규 랜덤변수**(standard normal random variable)라 부른다. $y=(u-\mu_X)/\sigma_X^2$ 라하면 $du=\sigma_X dy$가 되고 X의 누적분포함수는 다음과 같이 된다.

$$F_X(x)=P[X\le x]=\frac{1}{\sqrt{2\pi}}\int_{-\infty}^{(x-\mu_X)/\sigma_X} e^{-y^2/2}dy$$

따라서 위의 변환을 수행하게 되면 X는 표준 정규랜덤변수가 된다. 위의 적분은 닫힌 형식(closed form)으로 구해지지 않기 때문에 일반적으로 다음과 같은 $\Phi(x)$ 함수를 정의하여 수치적으로 계산한다.

$$\Phi(x)=\frac{1}{\sqrt{2\pi}}\int_{-\infty}^{x} e^{-y^2/2}dy \tag{4.50}$$

따라서 X의 누적분포함수는 다음과 같이 나타낼 수 있다.

$$F_X(x)=\frac{1}{\sqrt{2\pi}}\int_{-\infty}^{(x-\mu_X)/\sigma_X} e^{-y^2/2}dy=\Phi\left(\frac{x-\mu_X}{\sigma_X}\right) \tag{4.51}$$

일반적으로 $\Phi(x)$의 값은 음이 아닌 x 값들에 대하여 주어진다. 음의 x 값에 대해서는 다음과 같은 관계식을 이용하여 $\Phi(x)$를 구할 수 있다.

$$\Phi(-x)=1-\Phi(x) \tag{4.52}$$

$\Phi(x)$의 값들을 부록 1의 표 1에 나타내었다.

예제 4.23

$X=N(3,\ 9)$, 즉 X가 $\mu_X=3$, $\sigma_X^2=9$인 정규랜덤변수일 때, X가 2와 5 사이에 있을 확률을 구하라.

풀이

다음과 같이 $P[2<X<5]$를 구할 수 있다.

$$P[2<X<5]=F_X(5)-F_X(2)=\Phi\left(\frac{5-3}{3}\right)-\Phi\left(\frac{2-3}{3}\right)=\Phi\left(\frac{2}{3}\right)-\Phi\left(-\frac{1}{3}\right)$$
$$=\Phi(0.67)-\Phi(-0.33)=\Phi(0.67)-\{1-\Phi(0.33)\}$$
$$=\Phi(0.67)+\Phi(0.33)-1$$

부록 1의 표 1에서 $\Phi(2/3)=\Phi(0.67)=0.7486$이고 $\Phi(1/3)=\Phi(0.33)=0.6293$이다. 그러므로

$$P[2<X<5]=0.7486+0.6293-1=0.3779$$

이다. 또한 2/3는 대략 0.66으로도 나타낼 수 있으므로 $\Phi(2/3)=\Phi(0.66)=0.74547$가 된다. 그러므로 원하는 결과는 0.3747이 될 수도 있다.

예제 4.24

소포배달회사 창고에 도착하는 소화물의 무게(단위: 파운드)는 $N(5, 16)$인 정규랜덤변수 N으로 모델링될 수 있다.

a. 무게가 1~10파운드인 소화물이 임의로 선택될 확률은 얼마인가?
b. 무게가 9파운드를 초과하는 소화물이 임의로 선택될 확률은 얼마인가?

풀이

X는 $N(5, 16)$인 정규랜덤변수이므로, 평균은 $\mu_X=5$이고 분산은 $\sigma_X^2=16$이다. 그러므로 표준편차는 $\sigma_X=4$이다.

a. 1파운드와 10파운드 사이의 소화물이 임의로 선택될 확률은 다음과 같다.

$$P[1<X<10]=F_X(10)-F_X(1)=\Phi\left(\frac{10-5}{4}\right)-\Phi\left(\frac{1-5}{4}\right)=\Phi\left(\frac{5}{4}\right)-\Phi\left(-\frac{4}{4}\right)$$
$$=\Phi(1.25)-\Phi(-1.00)=\Phi(1.25)-\{1-\Phi(1.00)\}$$
$$=\Phi(1.25)+\Phi(1.00)-1=0.8944+0.8413-1$$
$$=0.7357$$

b. 무게가 9파운드를 초과하는 소화물이 임의로 선택될 확률은 다음과 같다.

$$P[X>9]=1-P[X\le 9]=1-F_X(9)=1-\Phi\left(\frac{9-5}{4}\right)=1-\Phi(1)$$
$$=1-0.8413=0.1587$$

4.11.1 이항분포에 대한 정규 근사

X를 (n, p)를 매개변수로 갖는 이항랜덤변수라 하면 X의 확률질량함수는 다음과 같다.

$$p_X(x)=\binom{n}{x}p^x(1-p)^{n-x} \qquad x=0, 1, 2, \ldots, n$$

p나 q=1−p가 0에 가깝지 않도록 n이 클 때, 이항분포는 다음과 같은 정규화된 값을 가지고 표준 정규랜덤변수로 근사화될 수 있다.

$$Z=\frac{X-\mu_X}{\sigma_X}=\frac{X-np}{\sqrt{np(1-p)}}$$

그러므로

$$P[a\le X\le b]=P\left[\frac{a-np}{\sqrt{np(1-p)}}\le Z\le\frac{b-np}{\sqrt{np(1-p)}}\right]$$

가 되며, np와 $n(1-p)$가 5보다 클 때 매우 정확한 근사가 된다.

예제 4.25

하나의 동전을 10회 던진다고 하자. (a) 이항분포와 (b) 이항분포의 정규 근사를 각각 이용하여 앞면이 4회 이상 7회 이하 나올 확률을 구하라.

풀이

X를 동전을 10번 던져 나온 앞면의 수를 나타내는 랜덤변수라고 하자. 이때 $P[4 \le X \le 7]$를 구하면 된다.

a. 이항분포를 이용하면 다음과 같은 결과를 얻는다.

$$P[4 \le X \le 7] = \sum_{x=4}^{7} p_X(x) = \sum_{x=4}^{7} \binom{10}{x} \left(\frac{1}{2}\right)^x \left(\frac{1}{2}\right)^{10-x} = \left(\frac{1}{2}\right)^{10} \sum_{x=4}^{7} \binom{10}{x}$$
$$= \frac{\frac{10!}{4!6!} + \frac{10!}{5!5!} + \frac{10!}{6!4!} + \frac{10!}{7!3!}}{1024} = \frac{792}{1024} = 0.7734$$

b. 이항분포의 정규 근사를 이용하면 다음과 같은 결과를 얻는다.

$$np = 5$$
$$np(1-p) = 2.5$$
$$P[4 \le X \le 7] = P\left[\frac{4-5}{\sqrt{2.5}} \le Z \le \frac{7-5}{\sqrt{2.5}}\right] = P[-0.63 \le Z \le 1.26]$$
$$= \Phi(1.26) - \Phi(-0.63) = \Phi(1.26) - \{1 - \Phi(0.63)\}$$
$$= \Phi(1.26) + \Phi(0.63) - 1 = 0.8962 + 0.7357 - 1$$
$$= 0.6319$$

근사적으로 구한 결과가 직접 구한 결과보다 훨씬 작음을 알 수 있다. 이것은 정수 4와 7을 연속 정규랜덤변수가 가질 수 있는 적절한 정수가 아닌 값으로 변환하지 않았기 때문이다. 통계학에서는, 정수 4와 7을 앞의 계산에서 사용하기 전에, 각각 3.5와 7.5로 변환하는 것이 통례이다. 그러므로 이것을 염두에 두고 다음과 같이 전개한다.

$$P[4 \le X \le 7] = P\left[\frac{3.5-5}{\sqrt{2.5}} \le Z \le \frac{7.5-5}{\sqrt{2.5}}\right] = P[-0.95 \le Z \le 1.58]$$
$$= \Phi(1.58) - \Phi(-0.95) = \Phi(1.58) - \{1 - \Phi(0.95)\}$$
$$= \Phi(1.58) + \Phi(0.95) - 1 = 0.9429 + 0.8289 - 1$$
$$= 0.7718$$

따라서 변환하지 않았을 때보다 더 좋은 근삿값을 얻는 것을 확인할 수 있다.

4.11.2 오차함수

정규분포는 다음과 같이 나타낼 수 있었다.

$$f_X(x)=\frac{1}{\sqrt{2\pi\sigma_X^2}}e^{-(x-\mu_X)^2/2\sigma_X^2} \qquad -\infty<x<\infty$$

앞에서 언급된 바와 같이, X의 누적분포함수는 다음과 같다.

$$F_X(x)=P[X\le x]=\frac{1}{\sigma_X\sqrt{2\pi}}\int_{-\infty}^{x}e^{-(u-\mu_X)^2/2\sigma_X^2}du$$

랜덤변수 X의 또 다른 변환은 다음과 같다. $y=(u-\mu_X)/\sigma_X\sqrt{2}$라 하면, $du=\sqrt{2}\sigma_X dy$이고, 변환된 랜덤변수는 $N(0,\frac{1}{2})$의 정규랜덤변수가 된다. X의 누적분포함수는 다음과 같이 된다.

$$F_X(x)=\frac{1}{\sqrt{\pi}}\int_{-\infty}^{(x-\mu_X)/\sigma_X\sqrt{2}}e^{-y^2}dy$$

X가 $-V\le X\le V$의 범위 안의 값을 가질 확률을 구한다고 가정하자. 여기서 V는 상수 매개변수이다. 이것은 다음과 같이 구할 수 있는데

$$P[-V\le X\le V]=\frac{1}{\sqrt{\pi}}\int_{-(V-\mu_X)/\sigma_X\sqrt{2}}^{(V-\mu_X)/\sigma_X\sqrt{2}}e^{-y^2}dy=\frac{2}{\sqrt{\pi}}\int_{0}^{(V-\mu_X)/\sigma_X\sqrt{2}}e^{-y^2}dy$$

여기서 마지막 등식은 분포함수가 원점에 대하여 대칭이기 때문에 성립한다. 수학 문헌에서는 이 적분을 **오차함수**(error function)라 하며 다음과 같이 정의한다.

$$\text{erf}(x)=\frac{2}{\sqrt{\pi}}\int_{0}^{x}e^{-y^2}dy \tag{4.53}$$

오차함수의 값은 보통 수치표(mathematical table)로 제공된다. **여오차함수**(complementary error function)는 다음과 같이 정의된다.

$$\mathrm{erfc}(x) = 1 - \mathrm{erf}(x) = \frac{2}{\sqrt{\pi}} \int_x^{\infty} e^{-y^2} dy \tag{4.54}$$

따라서 X가 V보다 클 확률은 다음과 같다.

$$P[X > V] = \frac{1}{\sqrt{\pi}} \int_{(V-\mu_X)/\sigma_X\sqrt{2}}^{\infty} e^{-y^2} dy = \frac{1}{2}\mathrm{erfc}\left(\frac{V-\mu_X}{\sigma_X\sqrt{2}}\right)$$

오차함수와 $\Phi(x)$의 관계는 다음과 같다.

$$\Phi(x) = \frac{1}{2}\left[1 + \mathrm{erf}\left(\frac{x}{\sqrt{2}}\right)\right] \tag{4.55}$$

오차함수 수치표 대신에 $\Phi(x)$에 대한 수치표가 주어진다면, 오차함수는 다음과 같이 구할 수 있다.

$$\mathrm{erf}(x) = 2\Phi\left(x\sqrt{2}\right) - 1 \tag{4.56}$$

4.11.3 Q함수

$\Phi(x)$와 밀접한 관련이 있으며 전자공학에서 일반적으로 사용되는 또 다른 함수는 다음과 같이 정의되는 Q함수이다.

$$Q(x) = \frac{1}{\sqrt{2\pi}} \int_x^{\infty} e^{-y^2/2} dy \tag{4.57}$$

Q함수는 다음과 같은 성질을 갖는다.

$$Q(-x) = 1 - Q(x) \tag{4.58}$$

따라서 정의에 따라 X의 누적분포함수는 Q함수와 다음과 같은 관계를 갖는다.

$$F_X(x) = 1 - Q\left(\frac{x-\mu_X}{\sigma_X}\right) \tag{4.59}$$

마찬가지로 Q함수와 오차함수의 관계는 다음과 같다.

$$Q(x) = \frac{1}{2}\left[1 - \mathrm{erf}\left(\frac{x}{\sqrt{2}}\right)\right] \tag{4.60}$$

4.12 고장률 함수

어떤 한 장비가 고장이 날 때까지 걸리는 시간을 랜덤변수 X라고 하고, $f_X(x)$와 $F_X(x)$를 각각 X의 확률밀도함수와 누적분포함수라고 하면, 랜덤변수 X의 고장률 함수 $h_X(x)$는 다음과 같이 나타낼 수 있다.

$$h_X(x) = \frac{f_X(x)}{1 - F_X(x)} \quad F_X(x) \neq 1 \tag{4.61}$$

이 함수의 의미는 x시간 직전까지 고장이 없다가 x시간에 장비가 고장나는 비율이며, $h_X(x)dx$는 시간 x와 시간 $x+dx$ 사이에 장비가 고장날 조건부 확률이 된다. 이와는 다른 관점인 조건부 확률의 지식을 바탕으로 이야기한다면, $h_X(x)$를 $X>x$인 조건하에서의 X 조건부 확률밀도함수라고 할 수 있다.

앞의 1장에서 논의되었던 신뢰도 함수 $R(t)$를 어떤 부품이 시간 t까지 고장나지 않을 확률로 정의하였으므로 이를 이용하여, 랜덤변수 X의 신뢰도 함수 $R_X(x)$를 X의 누적 분포함수로 나타내면 다음과 같은 관계를 얻을 수 있다.

$$R_X(x) = P[X > x] = 1 - P[X \leq x] = 1 - F_X(x) \tag{4.62}$$

따라서 고장률 함수는 위의 신뢰도 함수를 이용하여 다음 식과 같이 표현할 수가 있다.

$$h_X(x) = \frac{f_X(x)}{R_X(x)} \tag{4.63}$$

또한 신뢰도 함수와 누적분포함수의 관계식으로부터 얻은 $F_X(x)=1-R_X(x)$을 이용하여 확률밀도함수를 구하면

$$f_X(x) = \frac{d}{dx}F_X(x) = \frac{d}{dx}[1 - R_X(x)] = -\frac{d}{dx}R_X(x)$$

이 되므로, 위의 고장률 함수는 아래와 같이 신뢰도 함수 $R_X(x)$에 관하여 나타낼 수 있다.

$$h_X(x) = \frac{f_X(x)}{R_X(x)} = \frac{\frac{d}{dx}F_X(x)}{R_X(x)} = \frac{-\frac{d}{dx}R_X(x)}{R_X(x)} = -\frac{d}{dx}\ln R_X(x)$$

이때 양변을 0부터 x까지 아래와 같이 적분하고

$$[\ln R_X(u)]_0^x = -\int_0^x h_X(u)du$$

정의에 따라 $R_X(0)=1$을 대입하면, 아래와 같은 식을 얻을 수 있다.

$$\begin{aligned} \ln R_X(x) &= -\int_0^x h_X(u)du \\ R_X(x) = 1 - F_X(x) &= \exp\left\{-\int_0^x h_X(u)du\right\} \end{aligned} \tag{4.64}$$

예제 4.26

장비가 고장날 때까지 걸리는 시간은 200시간을 평균으로 하는 지수분포를 갖고 있다고 할 때, 150시간 동안 고장나지 않은 장비에 대해 고장률 함수를 계산하라.

풀이

장비가 고장날 때까지의 시간을 T라고 정하면 T에 대한 확률밀도함수와 누적분포함수는 다음과 같이 주어진다.

$$f_T(t) = \lambda e^{-\lambda t} \qquad \lambda = 1/200,\ t \geq 0$$
$$F_T(t) = 1 - e^{-\lambda t}$$

따라서 고장률 함수는 아래와 같이 주어지며,

$$h_T(t) = \frac{f_T(t)}{1 - F_T(t)} = \frac{\lambda e^{-\lambda t}}{e^{-\lambda t}} = \lambda$$

λ가 고장률이기 때문에 우리는 이 경우에 대해 고장률 함수가 고장률과 같이 상수임을 알 수 있다.

예제 4.27

고장까지 걸리는 시간 X가 λ와 ρ 파라미터를 갖는 와이불(Weibull) 랜덤변수라고 하고, 그것의 확률밀도함수와 누적분포함수가 각각 다음과 같이 주어진다고 할 때 고장률 함수를 결정하라.

$$f_X(x) = \lambda \rho x^{\rho-1} e^{-\lambda x^{\rho}} \qquad x \geq 0;\ \lambda,\ \rho \geq 0$$
$$F_X(x) = 1 - e^{-\lambda x^{\rho}}$$

풀이

와이불 분포는 신뢰성 모델링에 널리 이용되는 함수이며, $\rho=1$일 때 지수분포함수가 되고, $\rho=2$일 경우는 통신 시스템에서의 다양한 형태의 간섭을 모델링하는 데 잘 쓰이는 레일리(Rayleigh) 분포가 된다. 와이불 분포의 고장률 함수는 아래와 같이 계산된다.

$$h_X(x) = \frac{f_X(x)}{1 - F_X(x)} = \frac{\lambda \rho x^{\rho-1} e^{-\lambda x^{\rho}}}{e^{-\lambda x^{\rho}}} = \lambda \rho x^{\rho-1}$$

예제 4.28

어떤 랜덤변수 Y의 고장률 함수가 $h_Y=0.5y$, 단 $y \ge 0$일 때, Y에 대한 확률밀도함수는 무엇인가?

풀이

Y에 대한 신뢰도 함수는 아래와 같이 주어지며

$$R_Y(y) = \exp\left\{-\int_0^y h_Y(u)du\right\} = \exp\left\{-\int_0^y 0.5u du\right\} = e^{-0.25y^2} = 1 - F_Y(y)$$

따라서 Y에 대한 누적분포함수는

$$F_Y(y) = 1 - R_Y(y) = 1 - e^{-0.25y^2}$$

이며, 마지막으로 Y에 대한 확률밀도함수는

$$f_Y(y) = \frac{d}{dy}F_Y(y) = 0.5ye^{-0.25y^2} \qquad y \ge 0$$

이다.

4.13 절단확률분포

일부 응용문제에서는 랜덤변수가 취할 수 있는 값의 범위는 물리적 제약 조건들에 의해 제한된다. 예를 들어, 만일 확률변수 X가 고속도로 상에 있는 자동차에 타고 있는 사람의 수를 나타낸다고 가정하면, X는 0의 값을 가질 수가 없다. 이것은 자동차가 스스로 운전하지 않는 한 불가능하기 때문이다. 만약 랜덤변수 X의 범위 속에 일부 집합(값들 또는 범위)이 포함되지 않았다면, 이 경우 X에 대한 확률분포는 해당부분이 잘리도록 정의된다.

랜덤변수 X가 확률밀도함수 $f_X(x)$와 누적분포함수 $F_X(x)$를 가진다고 하고, X가 주어진 범위 $a<X<b$에서 어떻게 분포되어 있는지 알기 원한다고 가정하자. 또한 확률변수 Y를 $Y=X|a<X \le b$로 정의하였을 때, Y의 확률밀도함수는 다음 관계식에

서 얻을 수 있다.

$$f_Y(y) = \theta f_X(y) \qquad a < y \le b$$

여기서 θ는 비례상수로 다음과 같이 $f_Y(y)$가 확률밀도함수 특성 조건을 만족하는 등식으로부터 얻어진다.

$$\int_{-\infty}^{\infty} f_Y(y)dy = 1 = \theta\int_a^b f_X(y)dy = \theta[F_X(b) - F_X(a)]$$

이것으로부터 θ는

$$\theta = \frac{1}{F_X(b) - F_X(a)}$$

이 되므로 다음의 식 (4.65)를 구할 수 있다.

$$f_Y(y) = \frac{f_X(y)}{F_X(b) - F_X(a)} \qquad a < y \le b \tag{4.65}$$

따라서 Y의 기댓값은 다음과 같다.

$$E[Y] = \int_a^b y f_Y(y)dy = \frac{\int_a^b y f_X(y)dy}{F_X(b) - F_X(a)} \tag{4.66}$$

만약 절단이 분포의 하위 범위 부분을 제거하는 것이라고 하면, 조건부 확률밀도함수와 이에 따른 기댓값은 다음과 같이 구해진다.

$$\begin{aligned} f_X(x|X > b) &= \frac{f_X(x)}{1 - F_X(b)} \qquad x > b \\ E[X|X > b] &= \frac{\int_b^{\infty} x f_X(x)dx}{1 - F_X(b)} \end{aligned} \tag{4.67}$$

이와 마찬가지로 만약 절단이 분포의 상위 범위 부분을 제거하는 것이라고 하면, 이때 조건부 확률밀도함수와 이에 따른 기댓값은 다음과 같이 구하면 된다.

$$f_X(x|X \le a) = \frac{f_X(x)}{F_X(a)} \qquad x \le a$$

$$E[X|X \le a] = \frac{\int_{-\infty}^{a} x f_X(x)dx}{F_X(a)} \tag{4.68}$$

이 장의 나머지 부분에서는 다음의 서로 다른 4개의 절단 확률분포들을 각각 서술하였다.

a. 절단이항분포
b. 절단기하분호
c. 절단푸아송분포
d. 절단정규분포

이러한 분포는 종종 통계 및 계량 경제학 연구에서 많이 다룬다.

4.13.1 절단이항분포

랜덤변수 X의 확률질량함수가 이항분포이고 랜덤변수의 값이 반드시 0보다 큰 경우, X는 절단이항분포를 가진다고 할 수 있다. 따라서 X의 확률질량함수는 식 (4.69)와 같이 주어지며, 이때 X의 기댓값과 분산은 식 (4.70)과 같다.

$$p_X(x) = \frac{\binom{n}{x} p^x (1-p)^{n-x}}{1-(1-p)^n} \qquad x = 1, 2, \ldots, n \tag{4.69}$$

$$E[X] = \frac{np}{1-(1-p)^n}$$
$$\text{Var}(X) = \frac{\sigma_X^2 + n^2p^2}{1-(1-p)^n} - \frac{n^2p^2}{[1-(1-p)^n]^2} \tag{4.70}$$

여기서 σ_X^2는 절단되지 않은 이항랜덤변수의 분산으로 $\sigma_X^2 = np(1-p)$이 된다.

4.13.2 절단기하분포

랜덤변수 K의 확률질량함수가 다음 식과 같이 주어진다면, K는 절단기하분포를 가진다고 말할 수 있다.

$$p_K(k) = \frac{p(1-p)^{k-1}}{1-(1-p)^n} \qquad k = 1, 2, \ldots, n \tag{4.71}$$

따라서 K는 n보다 큰 값을 취할 수 없으며, K의 기댓값을 구하면 다음과 같이 표현된다.

$$E[K] = \sum_{k=1}^{n} kp_K(k) = \frac{p}{1-(1-p)^n}\sum_{k=1}^{n} k(1-p)^{k-1} = \frac{1-(np+1)(1-p)^n}{p[1-(1-p)^n]}$$

만일 K가 $a \geq 1$에 대하여 a와 n 사이에 있는 값으로 한정한다면, K의 확률질량함수는 다음 식으로 표현된다.

$$p_K(k) = \frac{p(1-p)^{k-1}}{(1-p)^{a-1} - (1-p)^n} \qquad k = a, a+1, \ldots, n;\ a \geq 1 \tag{4.72}$$

4.13.3 절단푸아송분포

만약 랜덤변수 Y의 확률질량함수가 식 (4.73)과 같이 주어진다면, Y는 표준 푸아송 랜덤변수 X의 절단형으로 정의된다.

$$p_Y(y) = P[X = y | y > 0] = \frac{p_X(y)}{1 - p_X(0)} = \frac{\lambda^y e^{-\lambda}}{y!(1 - e^{-\lambda})} \qquad y = 1, 2, \ldots \tag{4.73}$$

따라서 Y는 0보다 큰 값을 가지며, Y의 기댓값과 분산은 다음과 같이 주어진다.

$$\begin{aligned} E[Y] &= \frac{\lambda}{1 - e^{-\lambda}} \\ \sigma_Y^2 &= \frac{\lambda}{(1 - e^{-\lambda})^2} \end{aligned} \tag{4.74}$$

4.13.4 절단정규분포

만약 랜덤변수 X가 평균 μ_X와 분산 σ_X^2를 갖는 정규분포 $X \sim N(\mu_X, \sigma_X^2)$를 가진다고 하고, $-\infty < a < b < \infty$에 대하여 랜덤변수 Y를 $Y = X | a < X < b$라 하자. 그때 Y는 절단정규분포를 가지며, 확률밀도함수 $f_Y(y)$는 다음과 같이 주어진다.

$$f_Y(y) = \frac{\frac{1}{\sigma_X} \varphi\left(\frac{y - \mu_X}{\sigma_X}\right)}{\Phi\left(\frac{b - \mu_X}{\sigma_X}\right) - \Phi\left(\frac{a - \mu_X}{\sigma_X}\right)} \qquad a \le y \le b \tag{4.75}$$

여기서 $\varphi(v) = \frac{1}{\sqrt{2\pi}} \exp(-\frac{1}{2} v^2)$은 표준정규분포의 확률밀도함수이고, $\Phi(\cdot)$는 누적분포함수이다. 위 식을 이용하며 Y의 기댓값을 구하면 다음과 같다.

$$E[Y] = \mu_X + \sigma_X \left\{ \frac{\varphi\left(\frac{a - \mu_X}{\sigma_X}\right) - \varphi\left(\frac{b - \mu_X}{\sigma_X}\right)}{\Phi\left(\frac{b - \mu_X}{\sigma_X}\right) - \Phi\left(\frac{a - \mu_X}{\sigma_X}\right)} \right\} \tag{4.76}$$

4.14 요약

이 장에서는 다양한 종류의 랜덤변수들 중 일부를 소개하였다. **베르누이 랜덤변수**는 실패와 성공으로 나누어지는 단순한 두 가능성의 결과를 모델링하는 실험에 쓰인다. 또한 n번의 시행을 진행하고 멈춘다고 가정하면, n번의 베르누이 시행 동안 일어나는 성공의 횟수를 랜덤변수로 하는 것은 **이항랜덤변수**라고 하고, 만일 목표가 성공할 때까지 시행을 계속하는 것이라면 시행이 성공할 때까지의 베르누이 시행 횟수를 랜덤변수로 하는 것을 **기하랜덤변수**라 부른다. 때때로 우리는 첫 번째 성공보다는 k번째의 성공에 관심을 가질 때가 있는데, 베르누이 시행이 계속되어 k번째 성공이 일어나는 것을 랜덤변수로 하는 것을 k차 파스칼 랜덤변수라고 한다.

대중적인 확률의 응용 분야는 품질관리(quality control, QC)이다. 같은 생산라인을 통과하여 만들어진 제품 중 어떤 제품들은 불량하고 어떤 제품들은 양호하다. 만일 우리가 미리 생산품의 묶음에서 좋은 제품의 비율을 안다면, 아마도 표본에 포함된 불량품의 명확한 수에 대한 확률을 알려고 할 것이다. 이러한 수에 대한 랜덤변수를 **초기하랜덤변수**라고 한다.

푸아송 랜덤변수는 주어진 기간에 대해 도착되는 수를 세는 데 사용되는 것이다. 이것은 식당에 손님들이 도착하는 수나 교환대에 오는 서신의 수 그리고 일정한 시간 동안의 준비 실패 횟수 등과 같은 것을 모델링할 때 많이 쓰인다. 위의 모든 랜덤변수들은 모두 이산랜덤변수이다.

연속랜덤변수는 일반적으로 **지수랜덤변수**를 포함하는데, 이 지수랜덤변수는 어떠한 사건이 일어나는 사이의 시간의 길이와 같은 것을 나타내는 데 사용된다. 이 지수랜덤변수와 연관된 것이 **얼랑-k 랜덤변수**이다. 이것은 어떠한 사건이 일어난 것을 관측한 시작점으로부터 k번째의 사건 발생이 일어난 시점까지의 시간 간격의 길이를 나타내는 것이다.

그 외의 두 연속랜덤변수가 이 장에 포함되어 있다. 하나는 **균일분포 랜덤변수**이며 이것은 임의의 시각에서 주어진 기간 동안 어떠한 사건이 일어날 확률이 동등한 것을 나타낼 때 사용된다. 다른 하나는 **표준랜덤변수**인데 이것은 평균 근처에서는 어

표 4-1 각 랜덤변수들의 요약

Random Variable	PMF	CDF	Mean	Variance
Bernoulli	$p_X(x)=\begin{cases}1-p & x=0\\0 & x=1\end{cases}$	$F_X(x)=\begin{cases}0 & x<0\\1-p & 0\le x<1\\1 & x\ge 1\end{cases}$	p	$p(1-p)$
Binomial	$p_{X(n)}(x)=\binom{n}{x}p^x(1-p)^{n-x}$ $x=0,1,2,\ldots,n$	$F_{X(n)}(x)=\begin{cases}0 & x<0\\\sum_{k=0}^{x}\binom{n}{k}p^k(1-p)^{n-k} & 0\le x<n\\1 & x\ge n\end{cases}$	np	$np(1-p)$
Geometric	$p_X(x)=p(1-p)^{x-1}$ $x=1,2,\ldots$	$F_X(x)=\begin{cases}1-(1-p)^x & x\ge 1\\0 & \text{otherwise}\end{cases}$	$\frac{1}{p}$	$\frac{1-p}{p^2}$
Pascal-k	$p_{X_k}(n)=\binom{n-1}{k-1}p^k(1-p)^{n-k}$ $k=1,2,\ldots;n=k,k+1,\ldots$	$F_{X_k}(x)=\begin{cases}0 & x<k\\\sum_{n=k}^{x}\binom{n-1}{k-1}p^k(1-p)^{n-k} & 0\le x<n\\1 & x\ge n\end{cases}$	$\frac{k}{p}$	$\frac{k(1-p)}{p^2}$
Hypergeometric	$p_{K_n}(k)=\frac{\binom{N_1}{k}\binom{N-N_1}{n-k}}{\binom{N}{k}}$ $k=0,1,\ldots,\min(n,N_1)$	$F_{K_n}(k)=\sum_{m=0}^{k}\left\{\frac{\binom{N_1}{m}\binom{N-N_1}{n-m}}{\binom{N}{k}}\right\}$ $k=0,1,\ldots,\min(n,N_1)$ $F_{K_n}(k)=1\ \ k\ge\min(n,N_1)$	np, where $p=\frac{N_1}{N}$	$\frac{np(1-p)(N-n)}{N-1}$
Poisson	$p_K(k)=\frac{\lambda^k}{k!}e^{-\lambda}$ $k=0,1,\ldots$	$F_K(k)=\sum_{r=0}^{k}\frac{\lambda^r}{r!}e^{-\lambda}\ \ k\ge 0$	λ	λ

떠한 사건이 일어날 확률이 높고, 평균으로부터 멀수록 사건이 일어날 확률이 낮아지는 형태를 나타낼 때 이용한다.

표 4.1과 표 4.2는 이산랜덤변수들과 연속랜덤변수들의 평균, 분산, 확률밀도함수와 누적분포함수들을 요약한 것이다.

표 4-2 연속랜덤변수들의 요약

Random Variable	PDF	CDF	Mean	Variar
Exponential	$f_X(x)=\lambda e^{-\lambda x}$ $x\geq 0$	$F_X(x)=\begin{cases}1-e^{-\lambda x} & x\geq 0\\ 0 & \text{otherwise}\end{cases}$	$\frac{1}{\lambda}$	$\frac{1}{\lambda^2}$
Erlang-k	$f_{X_k}(x)=\frac{\lambda^k x^{k-1}}{(k-1)!}e^{-\lambda x}$ $k=1,2,\ldots;\ x\geq 0$	$F_{X_k}(x)=1-\sum_{r=0}^{k-1}\frac{(\lambda x)^r}{r!}e^{-\lambda x}$ $x\geq 0$	$\frac{k}{\lambda}$	$\frac{k}{\lambda^2}$
Uniform	$f_X(x)=\begin{cases}\frac{1}{b-a} & a\leq x\leq b\\ 0 & \text{otherwise}\end{cases}$	$F_X(x)=\begin{cases}0 & x<a\\ \frac{x-a}{b-a} & a\leq x<b\\ 1 & x\geq b\end{cases}$	$\frac{b+a}{2}$	$\frac{(b-a)}{12}$
Normal	$f_X(x)=\frac{e^{-(x-\mu_X)^2/2\sigma_X^2}}{\sqrt{2\pi\sigma_X^2}}$ $-\infty<x<\infty$	$F_X(x)=\Phi\left(\frac{x-\mu_X}{\sigma_X}\right)$	μ_X	σ_X^2

4.15 문제

4.3절: 이항분포

4.1 4개의 주사위가 던져졌다고 가정하자. 적어도 하나 이상의 6이 나올 확률은 얼마인가?

4.2 어떤 장비가 9개의 부품으로 이루어져 있으며 각 부품은 독립적으로 p의 확률로 고장이 난다. 만일 이 장비가 6개 이상의 부품이 잘 작동하면 동작이 이뤄진다고 할 때 이 장비가 잘 작동할 확률은 얼마인가?

4.3 일반 동전이 세 번 던져졌다고 가정하자. 랜덤변수 X를 윗면이 나올 경우라고 할 때, 평균과 분산을 결정하라.

4.4 어느 학생이 신호와 처리 수업에 30% 지각하는 것으로 알려져 있다. 일주일에 이 수업이 네 번 열린다고 할 때, 다음을 계산하라.

a. 이 학생이 어느 한 주에 적어도 세 번 지각할 확률

b. 이 학생이 어느 한 주에 한 번도 지각하지 않을 확률

4.5 각각 가능한 답이 3개인 6개의 객관식 문항이 있다. 존이 우연치 않게 선택하여 4개 이상의 정답을 맞힐 확률은 얼마인가?

4.6 100비트의 정보가 이진 채널을 통해 전송되었고 비트에러의 확률 p는 0.001이다. 셋 이상의 비트가 에러가 난 상태에서 수신될 확률은 얼마인가?

4.7 어느 회사에 4개의 전화선이 있다. 각 전화회선은 전체 시간의 10%가 통화 중이다. 각 전화회선이 독립적으로 운용되고 있다고 한다.

a. 4개의 모든 회선이 모두 통화 중일 확률은 얼마인가?

b. 세 전화회선이 통화 중일 확률은 얼마인가?

4.8 XYZ 회사에서 만들어진 노트북은 조립라인에서 나올 때 불량일 확률이 0.10이다. ABC 회사가 8대를 사무용으로 구입하였다면

a. ABC 회사가 구입한 여덟 대의 노트북 중 불량품의 수를 K라고 할 때, K의 확률질량함수는 얼마인가?

b. 여덟 대 중 하나 이상이 불량일 확률은 얼마인가?

c. 여덟 대 중 단 한 대가 불량일 확률은 얼마인가?

d. 여덟 대 중 불량인 노트북의 기댓값은 얼마인가?

4.9 어떤 회사가 만들어 낸 제품의 25%가 평균적으로 불량인 것으로 밝혀졌다. 임의로 4개의 제품을 선택하고 그중 불량품의 개수를 랜덤변수 X라고 할 때 X의 평균과 분산을 구하라.

4.10 5개의 동전이 던져졌다. 각 결과가 독립적이라면, 실험을 통해 얻어진 앞면의 수에 대한 확률질량함수를 구하라.

4.11 어떤 회사가 8개의 장치로 이루어진 한 묶음을 만들었다. 이 회사에 의해 만들어진 한 장치의 불량률은 다른 장치에 상관없이 독립적으로 0.1이다. 만일 이 회사가 1개 이상의 불량 장치가 들어 있는 제품에 대하여 물건 값을 되돌려준다면, 돈을 다시 돌려받을 사람의 확률은 얼마인가?

4.12 어떤 피의자가 유죄로 판결되려면 12명의 배심원 중 10명의 배심원이 유죄로 인정해야 한다. 각 배심원이 독립적으로 행동한다고 가정하고 각각의 배심원들이 유죄로 인정할 확률이 0.7이라고 한다면, 한 피의자가 유죄로 판결될 확률은 얼마인가?

4.13 레이더 시스템은 한 번의 스캔으로 어떤 목표물을 찾아 낼 확률이 0.1이다. 다음 조건에서 목표물이 찾아질 확률을 구하라.

a. 네 번의 연속적인 스캔에 적어도 두 번 찾을 경우

b. 20번의 연속적인 스캔으로 적어도 한 번 찾을 경우

4.14 어떤 기계가 임의의 작동 중에 에러가 날 확률은 p이다. 에러의 두 가지 종류는 A타입과 B타입이다. A타입의 에러의 비율은 a이고 B타입의 에러의 비율은 $1-a$이다.

a. n번의 운행 중에 k번의 에러가 날 확률은 얼마인가?

b. A타입의 에러가 날 확률 k_A는 얼마인가?

c. B타입의 에러가 날 확률 k_B는 얼마인가?

d. n번의 운행 중에 A타입의 에러가 날 확률 k_A와 B타입의 에러가 날 확률 k_B는 얼마인가?

4.15 한 연구 결과에 따르면, 이혼이 각각 독립적으로 일어난다는 가정하에 결혼 중 40%가 이혼하는 것으로 보고되었다. 결혼한 10쌍에 대해 다음의 확률을 결정하라.

a. 오직 두 쌍이 결혼을 유지할 확률

b. 열 쌍 중 단 두 쌍만 결혼을 유지할 확률

4.16 자동차가 목적지까지 가는 데 각각의 독립적인 5개의 교통신호등을 만나게

된다. 차가 신호등에 도달할 때 붉은 등이 들어와 차를 멈추게 할 확률이 0.4일 경우에 대하여

a. 자동차를 세우는 신호등의 수를 K라는 랜덤변수로 놓았을 때, K의 확률질량함수는 얼마인가?

b. 정확히 신호등 2개에 걸려 차를 멈추게 될 확률은 얼마인가?

c. 두 번 이상 차가 서게 되는 확률은 얼마인가?

d. K의 기댓값은 얼마인가?

4.17 18명의 남학생과 12명의 여학생이 한 학급에 있다. 주어진 문제에 대해 남학생의 경우는 1/3의 확률로 알고 있다고 하고, 여학생의 경우는 1/2의 확률로 알고 있다고 한다. 각각의 학생들이 모두 독립적이라고 할 때, 선생님이 낸 문제를 아는 학생의 수를 랜덤변수 K라고 하여 다음을 구하라.

a. K의 확률질량함수

b. K의 평균

c. K의 분산

4.18 하나의 가방 안에 2개의 빨간 공과 6개의 녹색 공이 있다. 이 가방 안에서 임의로 공을 꺼낸 후 색을 병기하고 다시 공을 가방에 집어넣고 잘 섞는다. 이러한 10번의 선택에 있어 정확히 빨간 공이 4번 선택될 확률을 다음을 통해 결정하라.

a. 이진분포를 이용

b. 이진분포에 푸아송 근사를 이용

4.19 10개의 공이 $B_1, B_2, \ldots, B_5$로 이름 붙여진 5개의 상자에 던져질 때, 다음 확률들을 구하라.

a. 모든 상자에 각각 2개의 공이 들어가는 경우

b. B_3상자가 빌 경우

c. B_2상자에 6개의 공이 들어가는 경우

4.4절: 기하분포

4.20 공정한 주사위가 6의 눈이 나올 때까지 반복적으로 던져진다.

a. 네 번째 실험에서 끝날 경우의 확률은 얼마인가?

b. 세 번만에 실험이 끝난 경우 그때까지 나온 눈의 합이 12보다 클 경우의 확률은 얼마인가?

4.21 어떤 문이 6개의 열쇠 중 오직 하나에 의해서만 열린다. 만일 당신이 이 열쇠를 하나하나 맞추어 볼 때 문이 열릴 때까지 맞추어 본 횟수의 기댓값은 얼마인가?

4.22 하나의 상자에 R개의 빨간 공과 B개의 파란 공이 있다고 하고 이 상자에서 공을 임의로 선택하여 공의 색을 적고 다시 공을 상자에 넣는 실험을 파란 공이 선택될 때까지 반복하여 시행한다고 하자.

a. 정확히 n번의 시도 만에 시행이 끝날 확률은 얼마인가?

b. 실험이 끝날 때까지 적어도 k번의 실험을 하게 되는 확률을 구하라.

4.23 어느 한 도시 인구의 20%가 안경을 쓴다고 한다. 이 도시에서 당신이 임의로 사람을 고를 경우, 다음 확률을 구하라.

a. 안경 쓴 사람을 열 번만에 선택할 경우

b. 안경 쓴 사람을 적어도 열 번 이상 선택하여 찾게 되는 경우

4.24 어떤 여학생이 좋은 대학에 입학하기 위해 수학능력시험(SAT)을 칠 계획이다. 그녀는 적어도 2,000점을 받을 때까지 시험을 계속 치르고자 한다. 그녀의 성적은 800점에서 2,200점까지 균일분포를 갖고, 그녀의 한 시험에서의 성적은 다른 시험 성적에 대해 독립적이다.

a. 임의 횟수의 시험을 치를 때 적어도 2,000점 이상을 받아 그녀의 목표를 이루게 될 확률은 얼마인가?

b. 그녀의 목표를 이루기 전까지 본 시험 횟수의 확률질량함수는 얼마인가?

c. 그녀가 치를 시험의 기대 횟수는 얼마인가?

4.5절: 파스칼분포

4.25 샘은 장거리 여행을 좋아하는데, 그의 차바퀴는 각 여행을 다니는 동안 100마일당 0.05의 확률로 고장난다고 한다. 그는 최근 800마일의 여행을 시작하였는데 2개의 예비 바퀴를 가지고 출발하였다.

a. 출발점으로부터 300마일 지점에서 첫 타이어를 바꿔야 할 확률은 얼마인가?

b. 출발점으로부터 500마일 지점에서 두 번째 타이어를 바꿔야 할 확률은 얼마인가?

c. 타이어를 한 번도 교체하지 않고 여행이 끝날 확률은 얼마인가?

4.26 어떤 회사에 입사하기 위해 여섯 명이 입사시험에 응시했으며, 회사는 이 응시자들의 순위를 정하였다. 이 회사에는 3개의 자리가 있으며, 과거의 경험으로 보아 회사가 제공한 자리에 지원한 지원자 중 20%는 회사가 제공한 자리를 받아들이지 않는다고 한다. 6위에 오른 지원자가 회사가 제공한 세 자리 중 한 자리에 대해 제안받을 확률은 얼마인가?

4.27 어느 한 도시 인구의 20%가 안경을 쓴다고 한다. 이 도시에서 당신이 임의로 사람을 고를 경우, 다음 확률을 구하라.

a. 안경 쓴 사람을 열 번 만에 선택할 경우

b. 안경 쓴 사람을 적어도 열 번 이상 선택하여 찾게 되는 경우

4.28 한 번 던져 앞면이 나올 확률이 q로 조정된 어떤 동전이 있다고 하자. 반복되는 동전던지기를 30회 반복하는 실험 동안 18번 앞면이 나올 확률은 얼마인가?

4.29 피트는 각 집들을 방문하여 아이들이 있는 집에 책을 나누어 주는 일을 한다. 그는 그가 초인종을 눌렀을 때 그에게 문을 열어 준 집들 중 아이가 있는 경우에 단 한 권의 책을 나누어 준다. 연구에 따르면 피트가 초인종을 눌렀을 경우 문을 열어 주는 확률은 0.75이고 아이가 살고 있는 확률은 0.5이다. '문이 열리는' 사건과 '아이가 살고 있는' 사건이 서로 독립적이라고 할 때, 다음을 결정하라.

a. 피트가 그의 첫 책을 세 번째 방문한 집에 나누어 줄 확률

b. 피트가 그의 두 번째 책을 다섯 번째 방문한 집에 나누어 줄 확률

c. 피트가 그의 네 번째 책을 여덟 번째 방문한 집에 나누어 주었을 경우에 대하여, 그의 다섯 번째 책을 열한 번째 방문한 집에 나누어 주는 조건부 확률

d. 피트가 두 번째 책을 두 번째 방문한 집에 나누어 주지 못하였을 경우, 그 두 번째 책을 다섯 번째 방문한 집에 나누어 줄 확률

4.30 카터 가족은 서점을 운영하고 있다. 기초확률론 수업을 수강한 아들은 서점을 방문한 손님들 중 책을 사는 확률이 0.3이라는 것을 알아내었다. 만일 이 서점에서 책을 산 손님에게 근처의 아이스크림 판매점의 쿠폰을 제공한다면, 어느 날 서점에 들어오는 여덟 번째 손님이 세 번째 쿠폰을 받을 확률은 얼마인가?

4.31 어떤 텔레마케터는 상품 하나를 판매할 때마다 1달러를 받는다. 그 텔레마케터가 전화하여 물건을 팔 확률이 0.6이라고 한다.

a. 그녀가 여섯 번 전화하여 3달러를 벌게 될 확률은 얼마인가?

b. 만일 그녀가 시간당 여섯 통화를 한다고 하면, 2시간 동안 8달러를 벌게 될 확률은 얼마인가?

4.6절: 초기하분포

4.32 4명의 여학생과 6명의 남학생의 이름이 들어 있는 명단이 있다. 이 명단에서 다섯 명의 학생이 임의로 선택된다면, 2명의 여학생과 3명의 남학생이 선택될 확률은 얼마인가?

4.33 미국에는 50개의 주가 있으며, 각 주는 미국 상원에 속해 있는 2명의 상원의원이 대표한다. 임의로 100명의 상원의원 중 20명의 상원의원 한 그룹이 선택되어 세계 분쟁지역을 방문한다.

a. 매사추세츠 주의 두 상원의원 모두가 선택된 의원 그룹에 속할 확률은 얼마인가?

b. 매사추세츠 주의 두 상원의원 모두가 선택된 의원 그룹에 속하지 못할 확률은 얼마인가?

4.34 어떤 교수가 시험을 대비하여 12개의 복습문제를 내주면서 학생들에게 이 12개의 문제 중 임의로 6개를 선택하여 시험을 치르겠다고 말하였다. 알렉스는 12문제 중 8문제의 답을 외우기로 결정하였다. 만일 알렉스가 답을 기억하지 못하는 나머지 4문제를 풀 수 없다면, 시험에서 4문제 이상을 맞힐 확률은 얼마인가?

4.35 어떤 학급이 1명의 남학생과 12명의 여학생으로 이루어져 있다. 선생님이 대회에 나갈 15명의 학급 대표선수를 임의로 고를 경우, 다음을 결정하라.

a. 학급대표 중 8명이 여학생인 경우

b. 학급대표 중 남학생의 기댓값

4.36 어떤 서랍에는 10개의 왼쪽 장갑과 12개의 오른쪽 장갑이 들어 있다. 4개의 장갑 한 묶음을 꺼냈을 때, 오른쪽 장갑 2개와 왼쪽 장갑 2개가 나올 확률은 얼마인가?

4.7절: 푸아송분포

4.37 주유소에 도착하는 자동차의 수는 시간당 50대의 평균을 갖는 푸아송 랜덤변수이다. 주유소는 종업원이 오직 한 명이며 각 차량은 주유를 마치는 데 1분의 시간이 소요된다. 어떤 시각 주유소에 두 대 이상의 차량이 있게 되는 경우 '대기열'을 설정한다고 하면, 이 주유소에서 '대기열'이 만들어질 확률은 얼마인가?

4.38 어느날 한 교통 경찰관이 발급하는 과태료 고지서의 수는 평균을 갖는 푸아송분포로 알려져 있다.

a. 어느 특정한 날 교통 경찰관이 한 장의 범칙금 고지서도 발급하지 않을 확률은 얼마인가?

b. 어느 특정한 날 교통 경찰관이 네 장보다 적은 범칙금 고지서를 발급할

확률은 얼마인가?

4.39 가이거 계수관은 방사능 물질에 의해 방출되는 입자의 수를 센다. 어떤 방사능 물질이 초당 방출하는 입자의 수가 10개를 평균으로 하는 푸아송분포를 이룰 경우, 다음을 결정하라.

a. 1초에 최대 3개까지의 입자가 방출될 확률

b. 1초에 1개 이상의 입자가 방출될 확률

4.40 어떤 은행의 드라이브인(drive-in) 방식의 창구에 도착하는 자동차의 수는 20분당 4대의 평균을 갖는 푸아송 랜덤변수이다. 20분의 시간 간격 동안 3대 이상의 차가 창구에 도착할 확률은 얼마인가?

4.41 어느 비서에게 걸려 오는 전화의 수는 시간당 4통화의 평균을 갖는 푸아송분포를 갖는다.

a. 주어진 한 시간 동안 한 통의 전화도 오지 않을 확률은 얼마인가?

b. 주어진 한 시간 동안 두 통 이상의 전화가 올 확률은 얼마인가?

4.42 안(Ann)이 한쪽의 타이핑을 치는 동안 일어나는 오타의 수는 평균 3개의 푸아송분포를 갖는다.

a. 주어진 한쪽에서 7개의 오타를 칠 확률은 얼마인가?

b. 주어진 한쪽에서 4개 이하의 오타를 칠 확률은 얼마인가?

c. 주어진 한쪽에서 1개의 오타도 내지 않을 확률은 얼마인가?

4.8절: 지수분포

4.43 어느 랜덤변수 T의 확률밀도함수는 아래와 같이 주어진다.

$$f_T(t) = ke^{-4t} \qquad t \geq 0$$

a. k의 값은 얼마인가?

b. T의 기댓값은 얼마인가?

c. $P[T<1]$를 구하라.

4.44 어느 시스템의 수명 X(단위: 주)는 다음 확률밀도함수를 갖는다.

$$f_X(x) = 0.25e^{-0.25x} \qquad x \geq 0$$

a. X의 기댓값은 얼마인가?

b. X의 누적분포함수는 무엇인가?

c. X의 분산은 얼마인가?

d. 2주 동안 수명이 멈추지 않을 확률은 얼마인가?

e. 4주의 마지막까지 시스템이 멈추지 않았다면, 4주와 6주 사이에서 수명이 멈출 확률은 얼마인가?

4.45 로웰 시 도심의 한 버스정류장에 도착하는 버스 사이의 시간 간격 T시간은 다음 확률밀도함수를 갖는 랜덤변수이다.

$$f_T(t) = 2e^{-2t} \qquad t \geq 0$$

a. T의 기댓값은 얼마인가?

b. T의 분산은 얼마인가?

c. $P[T > 1]$를 구하라.

4.46 변두리 지역의 버스 정류장에 도착하는 연속적인 버스들 사이의 시간 간격의 확률밀도함수는 다음과 같다.

$$f_T(t) = 0.1e^{-0.1t} \qquad t \geq 0$$

여기서 T의 단위는 분이다. 어느 거북이가 버스가 출발하자마자 바로 이 정류장의 길을 건너기 시작하여 완전히 건너는 데 15분이 걸린다고 한다. 이 거북이가 다음 버스가 정류장에 도착할 때 이미 길을 건너 보이지 않을 확률은 얼마인가?

4.47 변두리 지역의 버스 정류장에 도착하는 연속적인 버스들 사이의 시간의 확률

밀도함수는 다음과 같다.

$$f_T(t) = 0.2e^{-0.2t} \quad t \geq 0$$

여기서 T의 단위는 분이다. 어떤 개미가 버스의 출발과 동시에 이 정류장의 길을 건너기 시작하여 완전히 건너는 데 10분이 걸린다고 한다. 개미가 출발한 이후 8분 동안 버스가 이 정류장에 도착하지 않을 경우, 다음을 구하라.

a. 다음 버스가 오기 전에 개미가 길을 건널 확률은 얼마인가?

b. 다음 버스가 도착하는 데 걸리는 기대 시간은 얼마인가?

4.48 교환대에 걸려 오는 전화들 사이의 시간은 평균 30분인 지수분포를 갖는다. 방금 전화가 걸려 왔다면, 다음 전화가 올 때까지 적어도 2시간 이상 걸릴 확률은 얼마인가?

4.49 라디오 토크쇼에 걸려 오는 전화들의 통화시간은 평균 3분인 지수분포를 갖는다.

a. 통화시간이 2분 이하일 확률은 얼마인가?

b. 통화시간이 적어도 4분 이상일 확률은 얼마인가?

c. 통화시간이 이미 4분이 흘렀다고 한다면, 통화시간이 4분 더 유지될 확률은 얼마인가?

d. 통화시간이 이미 4분이 흘렀다고 한다면, 통화가 끝날 때까지의 기대 시간은 얼마인가?

4.50 어떤 브랜드의 건전지 수명은 4주를 평균으로 하는 지수분포를 갖는다. 당신은 갖고 있는 장비에 방금 이 브랜드의 건전지를 갈아 끼웠다.

a. 이 건전지의 수명이 2주 이상 갈 확률은 얼마인가?

b. 만일 이 건전지가 6주 이상 유지되었다면, 이 건전지가 5주 더 유지될 확률은 얼마인가?

4.51 어느 회사의 종업원들이 일으킨 파업 사이의 시간의 확률밀도함수는 주 단위로 다음과 같이 주어졌다.

$$f_T(t) = 0.02e^{-0.02t} \qquad t \geq 0$$

a. 이 회사의 각 파업 사이의 기대 시간은 얼마인가?

b. 모든 t에 대하여 $P[T \leq t \mid T < 40]$를 구하라.

c. $P[40 < t < 60]$를 구하라.

4.52 고장률 함수가 0.05[$h_x(x)$=0.05]인 랜덤변수 X의 확률밀도함수를 구하라.

4.9절: 얼랑분포

4.53 통신 채널은 임의적 방식으로 사라진다. 각각의 사라지는 기간 X는 $1/\lambda$를 평균으로 하는 지수분포를 갖는다. 한 채널의 사라짐의 끝과 새로운 채널의 사라짐의 시작 사이의 간격 T는 다음 확률밀도함수를 갖는 얼랑랜덤변수이다.

$$f_T(t) = \frac{\mu^4 t^3 e^{-\mu t}}{3!} \qquad t \geq 0$$

만일 어느 채널이 임의의 시간에 선택된 것을 관찰하였다면, 그 채널이 사라지는 상태일 확률은 얼마인가?

4.54 두 연속적인 사건 사이의 간격을 나타내는 랜덤변수 X는 다음과 같은 확률밀도함수를 갖는다.

$$f_X(x) = 4x^2 e^{-2x} \qquad x \geq 0$$

각 사건 사이의 간격이 독립적일 경우 다음을 구하라.

a. X의 기댓값

b. 11번째 사건과 13번째 사건 사이의 기간에 대한 기댓값

c. $X \leq 6$일 확률

4.55 전자, 컴퓨터공학부 학생들은 어느 수업의 일환으로 학부 강의실에 비디오를 시청하러 오는데 한 시간에 5명의 비율로 푸아송 프로세스를 따른다고 한다. VCR을 틀어 주는 담당자는 이 강의실에 적어도 5명 이상이 있어야 VCR을 틀어 준다고 한다.

a. 지금 이 강의실에 아무도 없다면, VCR이 켜질 때까지의 기대 대기시간은 얼마인가?

b. 지금 이 강의실에 아무도 없다면, 지금으로부터 한 시간 이내에 VCR이 켜지지 않을 확률은 얼마인가?

4.10절: 균일분포

4.56 잭은 카센터에서 머플러를 설치하는 일을 전문으로 하는 유일한 종사자이다. 잭이 머플러를 설치하는 데 걸리는 시간 T는 다음 확률밀도함수를 갖는다.

$$f_T(t) = \begin{cases} 0.05 & 10 \le t \le 30 \\ 0 & \text{otherwise} \end{cases}$$

a. 잭이 머플러를 설치하는 데 걸리는 기대 시간은 얼마인가?

b. 잭이 머플러를 설치하는 데 걸리는 시간의 분산은 얼마인가?

4.57 랜덤변수 X는 0과 10 사이의 균일분포를 이루고 있다. X가 표준편차 σ_X와 평균 $E[X]$ 사이에 있을 확률을 구하라.

4.58 랜덤변수 X는 3과 15 사이의 균일분포를 이루고 있다. 다음 파라미터들을 구하라.

a. X의 기댓값

b. X의 분산

c. X가 5와 10 사이에 있을 확률

d. X가 6 보다 작을 확률

4.59 버스들이 어느 대학 캠퍼스 내의 정류장에 15분 간격으로 오전 7시부터 도착한다고 한다(즉 7시, 7시 15분, 7시 30분 등). 조(Joe)는 이 노선을 자주 이용하는 승객이며, 조가 버스를 타기 위하여 매일 아침 도착하는 시간은 7시에서 7시 30분까지 균일분포를 이룬다고 한다.

a. 조가 버스를 5분 이하로 기다리게 될 확률은 얼마인가?

b. 조가 버스를 10분 이상 기다리게 될 확률은 얼마인가?

4.60 어떤 은행 상담원이 고객 한 명과 상담하는 데 걸리는 시간은 2분과 6분 사이의 균일분포를 갖는다고 한다. 고객이 방금 창구에 들어왔으며, 바로 다음 차례라고 한다.

a. 당신이 상담받기 전까지 기다려야 할 기대 시간은 얼마인가?

b. 고객이 상담받을 때까지 1분 미만으로 기다리게 될 확률은 얼마인가?

c. 고객이 상담받을 때까지 3~5분 기다리게 될 확률은 얼마인가?

4.11절: 정규분포

4.61 어느 대학의 학생 200명의 평균 몸무게는 140파운드이며, 표준편차는 10파운드이다. 몸무게가 정규분포를 나타낼 경우 다음을 구하라.

a. 몸무게가 110파운드와 145파운드 사이인 학생의 기댓값(단위: 명)

b. 몸무게가 120파운드 이하인 학생의 기댓값(단위: 명)

c. 몸무게가 170파운드 이상인 학생의 기댓값(단위: 명)

4.62 어느 지역 하적장에 하적되는 소포의 무게를 나타내는 랜덤변수 X는 평균 $\mu_X=70$을 갖고 표준편차 $\sigma_X=10$이다. 다음을 구하라.

a. $P[X>50]$

b. $P[X<60]$

c. $P[60<X<90]$

4.63 12번 던져진 동전 중 4번에서 8번까지 앞면이 나올 확률을 다음 방법을 이용하여 구하라.

a. 이진분포 방법

b. 이진분포로의 표준 근사 방법

4.64 어떤 과목의 시험 성적 X는 평균 μ_X를 갖고 표준편차가 σ_X인 정규분포에 거의 일치한다. 따라서 교수는 표 4.3과 같이 성적을 매기려고 한다. A, B, C, D, 그리고 F의 비율은 각각 얼마나 되는가?

표 4-3 성적 등급표

Test Score	Letter Grade
$X < \mu_X - 2\sigma_X$	F
$\mu_X - 2\sigma_X \leq X < \mu_X - \sigma_X$	D
$\mu_X - \sigma_X \leq X < \mu_X$	C
$\mu_X \leq X < \mu_X + \sigma_X$	B
$X \geq \mu_X + \sigma_X$	A

4.65 랜덤변수 X는 평균이 0이고 표준편차가 σ_X인 정규랜덤변수이다. $P[|X| \leq 2\sigma_X]$를 구하라.

4.66 어느 지역의 연간 강수량은 평균 40인치이며 분포 16의 정규분포를 따른다고 한다. 어느 한 해의 이 지역의 강수량이 30~48인치일 확률을 구하라.

CHAPTER 5

다중랜덤변수

5.1 개요

지금까지 우리는 주어진 표본공간에서 정의된 하나의 랜덤변수의 특성에 관련된 내용을 다루었다. 때때로 하나의 샘플공간에서 정의된 둘 혹은 그 이상의 랜덤변수를 다루는 문제에 마주치게 된다. 이 장에서는 이러한 다중랜덤변수 시스템을 다루고자 한다. 우선 2개의 랜덤변수를 갖는 이중랜덤변수 시스템을 설명하면 다음과 같다.

5.2 이중랜덤변수의 결합누적분포함수

하나의 표본공간을 갖는 X와 Y로 정의된 두 랜덤변수를 생각해 보자. 예를 들어 같은 집단에 속하는 학생들의 학점과 신장을 각각 X, Y라고 해도 무방할 것이다. 이때 X와 Y의 결합누적분포함수는 다음과 같이 표현할 수 있으며

$$F_{XY}(x, y) = P[\{X \leq x\} \cap \{Y \leq y\}] = P[X \leq x, Y \leq y] \tag{5.1}$$

(X, Y) 한 쌍은 **이중**(bivariate)랜덤변수가 된다. $F_X(x) = P[X \leq x]$와 $F_Y(y) = P[Y \leq y]$를 각각 X와 Y의 **한계**(marginal) 누적분포함수라 정의하였을 때, 만일 랜덤변수 X와 Y의 결합누적분포함수가

$$F_{XY}(x, y) = F_X(x) F_Y(y)$$

로 표현된다면, 랜덤변수 X와 Y는 통계적으로 서로 독립이라고 정의할 수 있다.

5.2.1 결합누적분포함수의 특성

확률 함수로서 $F_{XY}(x, y)$는 아래와 같은 특성을 지닌다.

a. $F_{XY}(x, y)$가 확률이므로 $-\infty < X < \infty$, $\infty < y < \infty$에 대하여 $0 \le F_{XY}(x, y) \le 1$이다.

b. 만일 $x_1 \le x_2$이고 $y_1 \le y_2$이면, $F_{XY}(x_1, y_1) \le F_{XY}(x_2, y_1) \le F_{XY}(x_2, y_2)$이다. 이와 마찬가지로, $F_{XY}(x_1, y_1) \le F_{XY}(x_1, y_2) \le F_{XY}(x_2, y_2)$이다. 이러한 사실은 $F_{XY}(x, y)$가 x, y에 대하여 비감소 함수인 것에 기인한다.

c. $\lim_{\substack{x\to\infty \\ y\to\infty}} F_{XY}(x,y) = F_{XY}(\infty,\infty) = 1$

d. $\lim_{x\to-\infty} F_{XY}(x,y) = F_{XY}(-\infty,y) = 0$

e. $\lim_{y\to-\infty} F_{XY}(x,y) = F_{XY}(x,-\infty) = 0$

f. $P[x_1 < X \le x_2,\ Y \le y] = F_{XY}(x_2, y) - F_{XY}(x_1, y)$

g. $P[X \le x,\ y_1 < Y \le y_2] = F_{XY}(x, y_2) - F_{XY}(x, y_1)$

h. 만일 $x_1 \le x_2$와 $y_1 \le y_2$이라면 다음을 만족시킨다.

$$P[x_1 < X \le x_2, y_1 < Y \le y_2] = F_{XY}(x_2,y_2) - F_{XY}(x_1,y_2) - F_{XY}(x_2,y_1) + F_{XY}(x_1,y_1) \ge 0$$

또한 한계누적분포함수는 아래의 관계식으로부터 얻을 수 있다.

$$F_X(x) = F_{XY}(x,\infty) \tag{5.2a}$$

$$F_Y(y) = F_{XY}(\infty,y) \tag{5.2b}$$

예제 5.1

결합누적분포함수 $F_{XY}(x, y)$, 한계누적분포함수 $F_X(x)$와 $F_Y(y)$가 주어진 X, Y 두 랜덤변수가 있다고 할 때, X가 a보다 크고 Y가 b보다 큰 경우의 결합확률을 계산하라.

풀이

우리가 원하는 값은 다음과 같이 알 수 있다. 드모르간의 제2법칙으로부터 $\overline{A \cap B} = \overline{A} \cup \overline{B}$인 것을 알 수 있다. 따라서

$$\begin{aligned} P[X > a, Y > b] &= P[\{X > a\} \cap \{Y > b\}] = 1 - P\left[\overline{\{X > a\} \cap \{Y > b\}}\right] \\ &= 1 - P\left[\overline{\{X > a\}} \cup \overline{\{Y > b\}}\right] = 1 - P[\{X \le a\} \cup \{Y \le b\}] \\ &= 1 - \{P[X \le a] + P[Y \le b] - P[X \le a, Y \le b]\} \\ &= 1 - F_X(a) - F_Y(b) + F_{XY}(a, b) \end{aligned}$$

이다.

5.3 이산랜덤변수

두 랜덤변수 X와 Y가 모두 이산랜덤변수라면, 결합확률질량함수를 다음과 같이 정의할 수 있다.

$$p_{XY}(x, y) = P[X = x, Y = y] \tag{5.3}$$

결합확률질량함수의 특성은 다음과 같다.

a. 확률질량함수는 확률이므로 0 미만이거나 1을 넘을 수 없다. 따라서 $0 \le P_{XY}(x, y) \le 1$이다.

b. $\sum_x \sum_y p_{XY}(x, y) = 1$

c. $\sum_{x \le a} \sum_{y \le b} p_{XY}(x, y) = F_{XY}(a, b)$

한계확률질량함수는 다음과 같이 구할 수 있다.

$$p_X(x) = \sum_y p_{XY}(x, y) = P[X = x] \tag{5.4a}$$

$$p_Y(y) = \sum_x p_{XY}(x, y) = P[Y = y] \tag{5.4b}$$

만일 X와 Y가 독립랜덤변수들이면

$$p_{XY}(x, y) = p_X(x)p_Y(y)$$

이다.

예제 5.2

k는 상수이고 두 X, Y 변수의 결합확률질량함수가 다음과 같이 주어질 때

$$p_{XY}(x, y) = \begin{cases} k(2x+y) & x = 1, 2;\ y = 1, 2, 3 \\ 0 & \text{otherwise} \end{cases}$$

a. k값은 얼마인가?

b. X와 Y의 한계확률질량함수를 구하라.

c. X와 Y는 독립적인가?

풀이

a. k값을 구하기 위해서 다음 식을 이용할 수 있다.

$$\sum_x \sum_y p_{XY}(x, y) = 1 = \sum_{x=1}^{2} \sum_{y=1}^{3} k(2x+y)$$

따라서

$$\begin{aligned}\sum_{x=1}^{2} \sum_{y=1}^{3} k(2x+y) &= k\sum_{x=1}^{2}\{(2x+1)+(2x+2)+(2x+3)\} \\ &= k\sum_{x=1}^{2}\{6x+6\} = k\{(6+6)+(12+6)\} = 30k = 1\end{aligned}$$

이고 $k=1/30$이다.

b. 한계확률질량함수는 각각

$$p_X(x)=\sum_y p_{XY}(x,y)=\frac{1}{30}\sum_{y=1}^{3}(2x+y)=\frac{1}{30}\{(2x+1)+(2x+2)+(2x+3)\}=\frac{1}{30}(6x+6)$$
$$=\frac{1}{5}(x+1) \qquad x=1,2$$
$$p_Y(y)=\sum_x p_{XY}(x,y)=\frac{1}{30}\sum_{x=1}^{2}(2x+y)=\frac{1}{30}\{(2+y)+(4+y)\}=\frac{1}{30}(2y+6)$$
$$=\frac{1}{15}(y+3) \qquad y=1,2,3$$

임을 알 수 있다.

c. $p_X(x)p_Y(y) \neq p_{XY}(x,y)$이므로 X와 Y는 독립적이지 않다.

예제 5.3

어느 경찰서에 걸려 오는 응급전화는 λ를 평균으로 하는 푸아송분포를 이룬다. 이 전화들 중 강도사건을 신고하는 전화가 올 확률이 p라고 하면, 강도사건 신고의 수를 나타내는 Y의 확률질량함수는 얼마인가?

풀이

경찰서에 전화가 오는 이유들이 모두 독립적이라고 가정하자. 만일 $X=x$이고 Y는 (x, p)를 파라미터로 하는 이항랜덤변수라고 한다면, X와 Y의 결합확률질량함수는 다음과 같이 주어진다.

$$p_{XY}(x,y)=P[X=x,Y=y]=P[Y=y|X=x]P[X=x]$$
$$=\binom{x}{y}p^y(1-p)^{x-y}\left\{\frac{\lambda^x}{x!}e^{-\lambda}\right\}=\frac{e^{-\lambda}(\lambda p)^y[\lambda(1-p)]^{x-y}}{y!(x-y)!}$$

따라서

$$p_Y(y)=\sum_x p_{XY}(x,y)=\frac{e^{-\lambda}(\lambda p)^y}{y!}\sum_{x\geq y}\frac{[\lambda(1-p)]^{x-y}}{(x-y)!}$$

가 된다. 여기서 $x-y=k$로 놓으면

$$p_Y(y) = \frac{e^{-\lambda}(\lambda p)^y}{y!}\sum_{k=0}^{\infty}\frac{[\lambda(1-p)]^k}{k!} = \frac{e^{-\lambda}(\lambda p)^y}{y!}e^{\lambda(1-p)}$$
$$= \frac{(\lambda p)^y}{y!}e^{-\lambda p} \qquad y = 0, 1, \ldots$$

이것은 Y가 평균 λp을 갖는 푸아송분포임을 의미한다.

예제 5.4

동전이 세 번 던져졌다. 첫 번째 던졌을 때 뒷면이 나오면 0을 갖고, 앞면이 나오면 1을 갖는 랜덤변수를 X라 하고, 세 번 던졌을 때 앞면이 나오는 횟수를 랜덤변수 Y라고 한다.

a. X와 Y의 결합확률질량함수를 구하라.

b. X와 Y는 독립적인가?

풀이

H를 동전의 앞면이 나온 경우로 하고 T를 뒷면이 나온 경우로 표시하자. 세 번 던진 동전의 표본공간과 두 랜덤변수의 값들은 표 5.1에 나와 있다.

표 5-1 랜덤변수의 공간과 값

Sample Space	Value of X	Value of Y
HHH	1	3
HHT	1	2
HTH	1	2
HTT	1	1
THH	0	2
THT	0	1
TTH	0	1
TTT	0	0

a. X는 0과 1의 값을 갖고, Y는 0, 1, 2, 3의 값을 가지므로 X와 Y의 결합확률질량함수는 다음과 같이 얻어진다.

$$p_{XY}(0,0)=P[X=0,Y=0]=P[TTT]=\frac{1}{8}$$
$$p_{XY}(0,1)=P[X=0,Y=1]=P[\{THT\}\cup\{TTH\}]=P[THT]+P[TTH]=\frac{1}{4}$$
$$p_{XY}(0,2)=P[X=0,Y=2]=P[TTH]=\frac{1}{8}$$
$$p_{XY}(0,3)=P[X=0,Y=3]=0$$
$$p_{XY}(1,0)=P[X=1,Y=0]=0$$
$$p_{XY}(1,1)=P[X=1,Y=1]=P[HTT]=\frac{1}{8}$$
$$p_{XY}(1,2)=P[X=1,Y=2]=P[\{HHT\}\cup\{HTH\}]=P[HHT]+P[HTH]=\frac{1}{4}$$
$$p_{XY}(1,3)=P[X=1,Y=3]=P[HHH]=\frac{1}{8}$$

b. 만일 X와 Y가 독립적이라고 한다면, 모든 x와 y에 대하여 $p_{XY}(x, y)=p_X(x)p_Y(y)$이다. 따라서 X와 Y가 독립적이지 않다는 것을 보이려면 위의 조건이 맞지 않음을 보여주면 될 것이다. 다음 식에 의해 $(x, y)=(0, 0)$인 점을 고려하면

$$p_X(0)=\sum_y p_{XY}(0,y)=p_{XY}(0,0)+p_{XY}(0,1)+p_{XY}(0,2)+p_{XY}(0,3)=\frac{1}{2}$$
$$p_Y(0)=\sum_x p_{XY}(x,0)=p_{XY}(0,0)+p_{XY}(1,0)=\frac{1}{8}$$

$p_X(0)p_Y(0) = (1/2)\times(1/8)=1/16 \neq p_{XY}(0, 0)$이므로 우리는 X와 Y가 독립적이지 않다고 결론내릴 수 있다. 더 확실하게 하려면 X와 Y의 한계확률질량함수와 x와 y 각 쌍에 대한 값을 테스트해서 얻는 것이 좋겠으나, 이 문제에 대한 답은 위와 같이 독특한 한 부분을 비교함으로써도 충분하다.

5.4 연속랜덤변수

만일 두 랜덤변수 X와 Y가 연속랜덤변수이고 그들의 결합확률밀도함수가 다음과 같이 주어질 때

$$f_{XY}(x,y)=\frac{\partial^2}{\partial x\partial y}F_{XY}(x,y) \tag{5.5}$$

결합확률밀도함수는 다음 조건을 만족시킨다.

$$F_{XY}(x, y) = \int_{-\infty}^{x} \int_{-\infty}^{y} f_{XY}(u, v) dv du \tag{5.6}$$

또한 결합확률밀도함수는 다음 특성을 갖는다.

a. 모든 x와 y에 대하여 $f_{XY}(x, y) \geq 0$

b. $\int_{-\infty}^{\infty} \int_{-\infty}^{\infty} f_{XY}(x, y) dy dx = 1$

c. $(-\infty, -\infty) < (x, y) < (\infty, \infty)$에 대하여 $f_{XY}(x, y)$는 연속이다.

d. $P[x_1 < X \leq x_2, y_1 < Y \leq y_2] = \int_{x_1}^{x_2} \int_{y_1}^{y_2} f_{XY}(x, y) dy dx$

한계확률밀도함수는 다음과 같이 주어진다.

$$f_X(x) = \int_{-\infty}^{\infty} f_{XY}(x, y) dy \tag{5.7a}$$

$$f_Y(y) = \int_{-\infty}^{\infty} f_{XY}(x, y) dx \tag{5.7b}$$

만일 X와 Y가 독립랜덤변수들이라면

$$f_{XY}(x, y) = f_X(x) f_Y(y)$$

가 된다.

예제 5.5

연속랜덤변수인 X와 Y의 결합확률밀도함수가 다음과 같이 주어지면

$$f_{XY}(x,y)=\begin{cases} e^{-(x+y)} & 0\le x<\infty;\ 0\le y<\infty \\ 0 & \text{otherwise} \end{cases}$$

X와 Y는 독립적인가?

풀이

이 문제를 풀기 위해서 우선 아래와 같이 X와 Y의 한계확률밀도함수들을 구해야 한다.

$$f_X(x)=\int_{-\infty}^{\infty} f_{XY}(x,y)dy=\int_0^{\infty} e^{-(x+y)}dy=e^{-x}\int_0^{\infty} e^{-y}dy=e^{-x}\quad x\ge 0$$
$$f_Y(y)=\int_{-\infty}^{\infty} f_{XY}(x,y)dx=\int_0^{\infty} e^{-(x+y)}dx=e^{-y}\int_0^{\infty} e^{-x}dx=e^{-y}\quad y\ge 0$$

이로부터 $f_X(x)f_Y(y)=e^{-x}e^{-y}=e^{-(x+y)}=f_{XY}(x,y)$이므로 X와 Y가 독립적임을 알 수 있다.

예제 5.6

결합확률밀도함수가 아래와 같이 주어졌을 때 랜덤변수 X와 Y가 독립적인지를 결정하라.

$$f_{XY}(x,y)=\begin{cases} 2e^{-(x+y)} & 0\le x\le y;\ 0\le y<\infty \\ 0 & \text{otherwise} \end{cases}$$

풀이

X와 Y 사이의 관계를 이용하여 한계확률밀도함수를 먼저 구하고, 그림 5.1에 나와 있는 영역에 대하여 이 영역이 $y=\infty$일 때의 영역까지 포함한다는 것에 주의하여 값을 구한다.

그 결과는 아래와 같으며

$$f_X(x)=\int_{-\infty}^{\infty} f_{XY}(x,y)dy=2\int_x^{\infty} e^{-(x+y)}dy=2e^{-x}\int_x^{\infty} e^{-y}dy=2e^{-x}[-e^{-y}]_x^{\infty}$$
$$=2e^{-2x}$$
$$f_Y(y)=\int_{-\infty}^{\infty} f_{XY}(x,y)dx=2\int_0^{y} e^{-(x+y)}dx=2e^{-y}\int_0^{y} e^{-x}dx=2e^{-y}[-e^{-x}]_0^{y}$$
$$=2e^{-y}\{1-e^{-y}\}$$

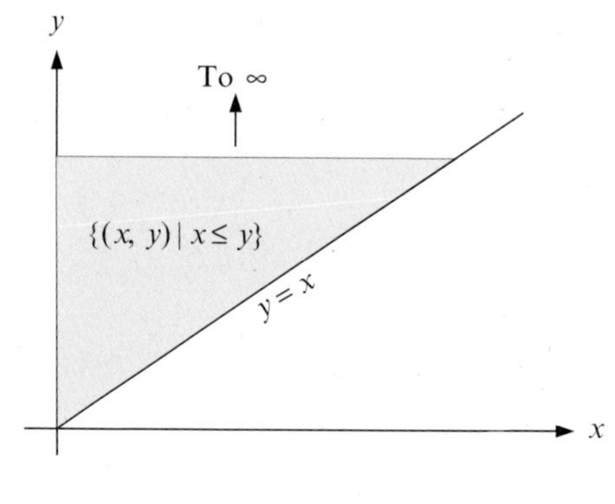

그림 5.1 X와 Y의 관계

$f_X(x)f_Y(y)=4\{e^{-(2x+y)}-e^{-2(x+y)}\}\neq f_{XY}(x, y)$이므로 X와 Y는 독립적이지 않다.

5.5 결합누적분포함수로부터 확률의 계산

한계누적분포함수가 주어진 X와 Y 랜덤변수에 대하여, 어떠한 사건에 대한 확률을 구해야 할 경우가 있다. 이러한 경우 사건을 $x-y$ 평면에 도시함으로써 문제를 해결하기 시작한다. 예를 들면 그림 5.2에 나와 있는 것과 같이 네 영역으로 나누어진 상태에서 $P[a<X\leq b, c<Y\leq d]$인 경우를 구해야 할 것이다.

다음 사건을 고려해 보면

$$E_1=\{(X\leq b)\cap(Y\leq d)\}$$
$$E_2=\{(X\leq b)\cap(Y\leq c)\}$$
$$E_3=\{(X\leq a)\cap(Y\leq d)\}$$
$$E_4=\{(X\leq a)\cap(Y\leq c)\}$$
$$E_5=\{(a<X\leq b)\cap(c<Y\leq d)\}$$

우리가 관심을 갖는 영역은 B이고 이 영역은 E_5 사건에 속한다. 그리고 이것은 다음과 같이 얻어질 수 있다.

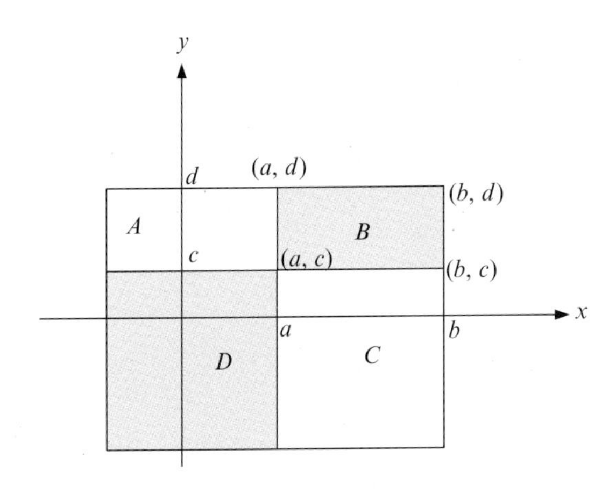

그림 5.2 정의역 분할

$$E_5 = E_1 - E_2 - E_3 + E_4$$

따라서

$$P[a < X \leq b, c < Y \leq d] = F_{XY}(b, d) - F_{XY}(b, c) - F_{XY}(a, d) + F_{XY}(a, c)$$

가 된다. 여기서 확률은 단순히 X와 Y 각 영역의 큰 값들의 누적분포함수와 작은 값들의 누적분포함수를 더하고, 각 영역들의 큰 값과 작은 값이 섞여 있는 누적분포함수를 빼는 것으로 이루어짐을 주의해야 한다. 만일 X와 Y가 독립랜덤변수라고 한다면, 위의 결과는

$$\begin{aligned}
P[a < X \leq b, c < Y \leq d] &= F_{XY}(b, d) - F_{XY}(b, c) - F_{XY}(a, d) + F_{XY}(a, c) \\
&= F_X(b)F_Y(d) - F_X(b)F_Y(c) - F_X(a)F_Y(d) + F_X(a)F_Y(c) \\
&= F_X(b)\{F_Y(d) - F_Y(c)\} - F_X(a)\{F_Y(d) - F_Y(c)\} \\
&= \{F_X(b) - F_X(a)\}\{F_Y(d) - F_Y(c)\} \\
&= P[a < X \leq b]P[c < Y \leq d]
\end{aligned}$$

가 될 것이다. 마지막으로 이산랜덤변수일 경우에 대해서 결합누적분포함수는 결합확률질량함수로부터 다음과 같이 얻을 수 있을 것이다.

$$F_{XY}(x, y) = \sum_{m \le x} \sum_{n \le y} p_{XY}(m, n)$$

예를 들어 X와 Y가 비음수 값을 갖는다고 하면

$$\begin{aligned} F_{XY}(1, 2) &= \sum_{m \le 1} \sum_{n \le 2} p_{XY}(m, n) \\ &= p_{XY}(0, 0) + p_{XY}(0, 1) + p_{XY}(0, 2) + p_{XY}(1, 0) + p_{XY}(1, 1) + p_{XY}(1, 2) \end{aligned}$$

가 된다.

예제 5.7

두 랜덤변수 X와 Y의 결합누적분포함수가 다음과 같이 주어진 경우

$$F_{XY}(x, y) = \begin{cases} \frac{1}{8} & x = 1, \ \ y = 1 \\ \frac{5}{8} & x = 1, \ \ y = 2 \\ \frac{1}{4} & x = 2, \ \ y = 1 \\ 1 & x = 2, \ \ y = 2 \end{cases}$$

다음을 구하라.

a. X와 Y의 결합확률질량함수

b. X의 한계확률질량함수

c. Y의 한계확률질량함수

풀이

결합확률질량함수는 $F_{XY}(x, y) = \sum_{m \le x} \sum_{n \le y} p_{XY}(m, n)$의 관계로부터 얻어진다. 따라서

$F_{XY}(1, 1) = p_{XY}(1, 1) = 1/8$
$F_{XY}(1, 2) = p_{XY}(1, 1) + p_{XY}(1, 2) = 5/8 \Rightarrow p_{XY}(1, 2) = 5/8 - 1/8 = 1/2$
$F_{XY}(2, 1) = p_{XY}(1, 1) + p_{XY}(2, 1) = 1/4 \Rightarrow p_{XY}(2, 1) = 1/4 - 1/8 = 1/8$
$F_{XY}(2, 2) = p_{XY}(1, 1) + p_{XY}(1, 2) + p_{XY}(2, 1) + p_{XY}(2, 2) = 1 \Rightarrow p_{XY}(2, 2) = 1/4$

가 되고, 한계확률질량함수는

$$p_{XY}(x, y) = \begin{cases} \frac{1}{8} & x=1, \ y=1 \\ \frac{1}{2} & x=1, \ y=2 \\ \frac{1}{8} & x=2, \ y=1 \\ \frac{1}{4} & x=2, \ y=2 \end{cases}$$

이 된다. X의 한계확률질량함수는

$$p_X(x) = \begin{cases} p_{XY}(1, 1) + p_{XY}(1, 2) = \frac{5}{8} & x=1 \\ p_{XY}(2, 1) + p_{XY}(2, 2) = \frac{3}{8} & x=2 \end{cases}$$

로 얻어지며, Y의 한계확률질량함수는

$$p_Y(y) = \begin{cases} p_{XY}(1, 1) + p_{XY}(2, 1) = \frac{1}{4} & y=1 \\ p_{XY}(1, 2) + p_{XY}(2, 2) = \frac{3}{4} & y=2 \end{cases}$$

로 얻어진다.

5.6 조건부 분포

A와 B 두 사건에 대하여, B 사건의 확률이 주어졌을때 A 사건이 일어날 조건부 확률은 $P[B]>0$인 조건하에서

$$P[A|B] = \frac{P[A \cap B]}{P[B]}$$

로 정의된다. 이 절에서는 결합누적분포함수 $F_{XY}(x, y)$에 의해 지배되는 두 X와 Y 랜덤변수로 이러한 개념을 확장하려고 한다.

5.6.1 이산랜덤변수에 대한 조건부 확률질량함수

결합확률질량함수 $p_{XY}(x, y)$를 갖는 이산랜덤변수 X와 Y를 생각해 보자. $X=x$로 주어지고 $p_X(x)>0$일 때 Y의 조건부 확률질량함수는 아래와 같이 주어진다.

$$p_{Y|X}(y|x)=\frac{P[X=x,\ Y=y]}{P[X=x]}=\frac{p_{XY}(x,y)}{p_X(x)} \tag{5.8}$$

마찬가지로 $Y=y$로 주어지고 $p_Y(y)>0$인 경우에 대해 X의 조건부 확률질량함수는 다음과 같이 주어진다.

$$p_{X|Y}(x|y)=\frac{P[X=x, Y=y]}{P[Y=y]}=\frac{p_{XY}(x,y)}{p_Y(y)} \tag{5.9}$$

만일 X와 Y가 독립랜덤변수라면, $p_{X|Y}(x|y)=p_X(x)$이고 $p_{Y|X}(y|x)=p_Y(y)$이다. 또한 조건부 누적분포함수는 아래와 같이 주어진다.

$$F_{X|Y}(x|y)=P[X\le x|Y=y]=\sum_{u\le x}p_{X|Y}(u|y)$$
$$F_{Y|X}(y|x)=P[Y\le y|X=x]=\sum_{v\le y}p_{Y|X}(v|x)$$

예제 5.8

랜덤변수 X와 Y의 결합확률질량함수가 아래와 같이 주어진 경우

$$p_{XY}(x,y)=\begin{cases}\frac{1}{30}(2x+y) & x=1,2;\ y=1,2,3\\ 0 & \text{otherwise}\end{cases}$$

a. 주어진 X의 조건부 확률질량함수는 무엇인가?

b. 주어진 Y의 조건부 확률질량함수는 무엇인가?

풀이

예제 5.2로부터 한계확률질량함수가 다음과 같이 주어짐을 알고 있다.

$$p_X(x)=\sum_y p_{XY}(x,y)=\frac{1}{30}\sum_{y=1}^{3}(2x+y)=\frac{1}{5}(x+1) \qquad x=1,2$$
$$p_Y(y)=\sum_x p_{XY}(x,y)=\frac{1}{30}\sum_{x=1}^{2}(2x+y)=\frac{1}{15}(y+3) \qquad y=1,2,3$$

따라서 조건부 확률질량함수들은 아래와 같이 구할 수 있다.

$$p_{X|Y}(x|y)=\frac{p_{XY}(x,y)}{p_Y(y)}=\frac{2x+y}{2(y+3)} \qquad x=1,2$$
$$p_{Y|X}(y|x)=\frac{p_{XY}(x,y)}{p_X(x)}=\frac{2x+y}{6(x+1)} \qquad y=1,2,3$$

5.6.2 연속랜덤변수에 대한 조건부 확률밀도함수

결합확률밀도함수 $f_{XY}(x, y)$를 갖는 두 연속랜덤변수 X와 Y를 생각해 보자. 주어진 x에 대해, Y의 조건부 확률밀도함수는 $f_X(x)>0$라는 조건하에서 다음과 같이 정의된다.

$$f_{Y|X}(y|x)=\frac{f_{XY}(x,y)}{f_X(x)} \tag{5.10}$$

마찬가지로 $f_Y(y)>0$의 조건하에서 주어진 y에 대한 X의 조건부 확률밀도함수 또한 아래와 같이 주어진다.

$$f_{X|Y}(x|y)=\frac{f_{XY}(x,y)}{f_Y(y)} \tag{5.11}$$

만일 X와 Y가 서로 독립적이라면, $f_{X|Y}(x|y)=f_X(x)$이고 $f_{Y|X}(y|x)=f_Y(y)$이다.

예제 5.9

두 랜덤변수 X와 Y는 다음과 같은 결합확률밀도함수를 갖는다.

$$f_{XY}(x,y)=\begin{cases} xe^{-x(y+1)} & 0\le x<\infty;\ 0\le y<\infty \\ 0 & \text{otherwise} \end{cases}$$

주어진 Y에 대하여 X의 조건부 확률밀도함수와 주어진 X에 대하여 Y의 조건부 확률밀도함수를 구하라.

풀이

조건부 확률밀도함수들을 구하기 위해서, 아래와 같이 얻어지는 한계확률밀도함수들의 값을 구해야 한다.

$$f_X(x)=\int_0^\infty f_{XY}(x,y)dy=\int_0^\infty xe^{-x(y+1)}dy=xe^{-x}\int_0^\infty e^{-xy}dy=xe^{-x}\left[-\frac{e^{-xy}}{x}\right]_{y=0}^{\infty}$$
$$=e^{-x}\qquad 0\le x<\infty$$
$$f_Y(y)=\int_0^\infty f_{XY}(x,y)dx=\int_0^\infty xe^{-x(y+1)}dx$$

$u=x$라 놓는다면, $du=dx$라 할 수 있고, $dv=e^{-x(y+1)}dx$라고 놓으면, $v=-e^{-x(y+1)}/(y+1)$이 된다. 이것을 넣고 부분적분하면 다음과 같이 얻게 된다.

$$f_Y(y)=\int_0^\infty xe^{-x(y+1)}dx=\left[-\frac{xe^{-x(y+1)}}{y+1}\right]_{x=0}^{\infty}+\frac{1}{y+1}\int_0^\infty e^{-x(y+1)}dx=0-\frac{1}{(y+1)^2}\left[e^{-x(y+1)}\right]_{x=0}^{\infty}$$
$$=\frac{1}{(y+1)^2}\qquad 0\le y<\infty$$

따라서 조건부 확률밀도함수들은 다음과 같이 얻을 수 있다.

$$f_{X|Y}(x|y)=\frac{f_{XY}(x,y)}{f_Y(y)}=\frac{xe^{-x(y+1)}}{1/(y+1)^2}=x(y+1)^2e^{-x(y+1)}\qquad 0\le x<\infty$$
$$f_{Y|X}(y|x)=\frac{f_{XY}(x,y)}{f_X(x)}=\frac{xe^{-x(y+1)}}{e^{-x}}=xe^{-xy}\qquad 0\le y<\infty$$

5.6.3 조건부 평균과 분산

결합확률질량함수 $p_{XY}(x, y)$를 갖는 이산랜덤변수 X와 Y가 있다고 하면, $X=x$인 경우에 대한 Y의 조건부 기댓값은 아래와 같이 정의된다.

$$\mu_{Y|X} = E[Y|X] = \sum_{y} y p_{Y|X}(y|x) \tag{5.12}$$

$X=x$인 경우에 대한 Y의 조건부 분산은 다음과 같다.

$$\begin{aligned}\sigma_{Y|X}^2 &= E\left[\left(Y-\mu_{Y|X}\right)^2 |X\right] = \sum_{y}\left(y-\mu_{Y|X}\right)^2 p_{X|Y}(y|x) \\ &= E\left[Y^2|X=x\right] - \left(E[Y|X=x]\right)^2\end{aligned} \tag{5.13}$$

마찬가지로 $Y=y$일 경우에 대하여 조건부 기댓값과 분산은 아래와 같이 주어진다.

$$\mu_{X|Y} = E[X|Y] = \sum_{x} x p_{X|Y}(x|y) \tag{5.14a}$$

$$\begin{aligned}\sigma_{X|Y}^2 &= E\left[\left(X-\mu_{X|Y}\right)^2 |Y\right] = \sum_{x}\left(x-\mu_{X|Y}\right)^2 p_{X|Y}(x|y) \\ &= E\left[X^2|Y=y\right] - \left(E[X|Y=y]\right)^2\end{aligned} \tag{5.14b}$$

만일 결합확률밀도함수 $f_{XY}(x, y)$를 갖는 연속랜덤변수 X와 Y가 있다고 한다면, $X=x$일 경우 Y의 조건부 기댓값과 분산은

$$\mu_{Y|X} = E[Y|X=x] = \int_{-\infty}^{\infty} y f_{Y|X}(y|x)dy \tag{5.15a}$$

$$\begin{aligned}\sigma_{Y|X}^2 &= E\left[\left(Y-\mu_{Y|X}\right)^2 |X\right] = \int_{-\infty}^{\infty}\left(y-\mu_{Y|X}\right)^2 f_{Y|X}(y|x)dy \\ &= E\left[Y^2|X=x\right] - \left(E[Y|X=x]\right)^2\end{aligned} \tag{5.15b}$$

로 주어진다. 마지막으로 $Y=y$의 경우에서 X의 조건부 기댓값과 분산은

$$\mu_{X|Y} = E[X|Y=y] = \int_{-\infty}^{\infty} x f_{X|Y}(x|y)dx \tag{5.16a}$$

$$\sigma_{X|Y}^2 = E\left[\left(X-\mu_{X|Y}\right)^2 |Y\right] = \int_{-\infty}^{\infty}\left(x-\mu_{X|Y}\right)^2 f_{X|Y}(x|y)dx \tag{5.16b}$$
$$= E\left[X^2|Y=y\right] - (E[X|Y=y])^2$$

가 된다.

예제 5.10

X와 Y의 결합확률밀도함수가 다음과 같이 주어졌을 때 조건부 평균 $E[X|Y=y]$을 계산하라.

$$f_{XY}(x,y) = \begin{cases} \dfrac{e^{-x/y}e^{-y}}{y} & 0 \le x < \infty;\ 0 < y < \infty \\ 0 & \text{otherwise} \end{cases}$$

풀이

우선 아래에 주어진 한계확률밀도함수 $f_Y(y)$와 조건부 확률밀도함수 $f_{X|Y}(x|y)$의 값을 계산한다.

$$f_Y(y) = \int_0^{\infty} f_{XY}(x,y)dx = \int_0^{\infty} \frac{e^{-x/y}e^{-y}}{y}dx = \frac{e^{-y}}{y}\int_0^{\infty} e^{-x/y}dx = e^{-y}$$
$$f_{X|Y}(x|y) = \frac{f_{XY}(x,y)}{f_Y(y)} = \frac{e^{-x/y}e^{-y}}{ye^{-y}} = \left(\frac{1}{y}\right)e^{-x/y}$$

따라서 조건부 평균은 다음과 같이 주어진다.

$$E[X|Y=y] = \int_0^{\infty} x f_{X|Y}(x|y)dx = \left(\frac{1}{y}\right)\int_0^{\infty} xe^{-x/y}dx$$

부분적분 적용을 위하여 $u=x$와 $v=ye^{-x/y}$로 놓으면, $du=dx$와 $dv=e^{-x/y}dx$가 되므로 위 식은 다음과 같이 얻어진다.

$$E[X|Y=y] = \left(\frac{1}{y}\right)\int_0^{\infty} xe^{-x/y}dx = \left(\frac{1}{y}\right)\left\{\left[-xye^{-x/y}\right]_{x=0}^{\infty} + y\int_0^{\infty} e^{-x/y}dx\right\}$$
$$= y$$

5.6.4 독립에 대한 간단한 규칙

많은 경우 랜덤변수 X와 Y에 대해 결합확률밀도함수가 주어지며 이 두 변수가 독립랜덤변수인가를 결정해야 할 필요가 있다. 이러한 결정은 확률밀도함수 자체의 특성과 확률밀도함수가 속한 공통의 표본공간에 근거하여 이루어지는 것을 의미한다. 다음은 X와 Y가 독립적인 경우 적용되는 일반적인 규칙이다.

만일 X와 Y의 결합확률밀도함수가 $a \le x \le b$, $c \le y \le d$인 직사각형 영역(유한한 영역이든 무한한 영역이든 상관없이) $f_{XY}(x, y)$=상수×x인자×y인자의 형태를 가졌다면 X와 Y는 독립적이다. 더욱이, 만일 결합확률밀도함수가 위와 같은 형태로 분해할 수 없는 형태이거나 공통 표본공간이 직사각형의 형태가 아니면, X와 Y는 독립적이 아니다.

$f_X(x)$와 $f_Y(y)$가 실제 확률밀도함수 형태로 분포되어 있고, 그것에 상수를 곱한다는 방식의 전제하에 x인자는 $f_X(x)$이고, y인자는 $f_Y(y)$이다.

예제 5.11

랜덤변수 X와 Y가 다음의 결합확률밀도함수를 가진다고 할 때

$$f_{XY}(x, y) = \frac{1}{2}x^3 y \qquad 0 \le x \le 2,\ 0 \le y \le 1$$

a. X와 Y가 독립적인가를 결정하라.

b. 한계확률밀도함수를 무엇인가 ?

풀이

a. 위의 규칙을 적용하면 결합확률밀도함수가 X와 Y의 항들로 분리되며 공통 표본공간이 직사각형이므로 X와 Y는 독립적이다.

b. 따라서 다음의 식

$$f_{XY}(x, y) = f_X(x) \times f_Y(y) = \frac{1}{2} \times x^3 \times y \qquad 0 \le x \le 2,\ 0 \le y \le 1$$

인 조건하에서

$$f_X(x) = Ax^3 \quad 0 \le x \le 2$$
$$f_Y(y) = By \quad 0 \le y \le 1$$
$$\frac{1}{2} = AB$$

라는 것을 알 수 있다. A와 B의 값은 다음과 같이 알 수 있다.

$$\int_0^2 f_X(x)dx = 1 = \int_0^2 Ax^3 dx = A\left[\frac{x^4}{4}\right]_0^2 = 4A \Rightarrow A = \frac{1}{4}$$

따라서

$$B = \frac{1/2}{A} = \frac{1/2}{1/4} = 2$$

이다. 위에서 얻은 값들로부터 한계확률밀도함수들은 다음과 같이 얻어진다.

$$f_X(x) = \frac{1}{4}x^3 \quad 0 \le x \le 2$$
$$f_Y(y) = 2y \quad 0 \le y \le 1$$

5.7 공분산과 상관계수

기댓값 $E[X] = \mu_X$과 $E[Y] = \mu_Y$ 및 분산 σ_X^2와 σ_Y^2를 갖는 랜덤변수 X와 Y에 대해 $\text{Cov}(X, Y)$ 또는 σ_{XY}로 표현되는 X와 Y의 공분산(covariance)은 아래와 같이 정의된다.

$$\begin{aligned}\text{Cov}(X, Y) &= \sigma_{XY} = E[(X - \mu_X)(Y - \mu_Y)] \\ &= E[XY - \mu_Y X - \mu_X Y + \mu_X \mu_Y] \\ &= E[XY] - \mu_Y E[X] - \mu_X E[Y] + \mu_X \mu_Y \\ &= E[XY] - \mu_X \mu_Y - \mu_X \mu_Y + \mu_X \mu_Y \\ &= E[XY] - \mu_X \mu_Y\end{aligned} \tag{5.17}$$

만일 X와 Y가 독립적이라면 $E[XY] = \mu_X \mu_Y$이고 $\text{Cov}(X, Y) = 0$이다. 그러나 X와

Y의 공분산이 0이라고 해도 X와 Y가 항상 독립랜덤변수라는 것을 의미하지는 않는다. 만일 두 랜덤변수의 공분산이 0이라면, 이것을 두 랜덤변수가 **상관되지 않는다**(uncorrelated)라고 정의한다.

$\rho(X,Y)$ 또는 ρ_{XY}로 표현되는 X와 Y의 **상관계수**(correlation coefficient)는 다음과 같이 정의되며

$$\rho_{XY} = \frac{\mathrm{Cov}(X,Y)}{\sqrt{\mathrm{Var}(X)\mathrm{Var}(Y)}} = \frac{\sigma_{XY}}{\sigma_X \sigma_Y} \tag{5.18}$$

이 상관계수는

$$-1 \le \rho_{XY} \le 1 \tag{5.19}$$

와 같은 특성을 갖는다. 이것은 다음과 같이 증명될 수 있는데, 분산이 항상 비음수라는 것을 고려하여 만일 X와 Y가 분산 σ_X^2와 σ_Y^2를 각각 갖는다면, 다음 관계에서

$$0 \le \mathrm{Var}\left(\frac{X}{\sigma_X} + \frac{Y}{\sigma_X}\right) = \frac{\mathrm{Var}(X)}{\sigma_X^2} + \frac{\mathrm{Var}(Y)}{\sigma_Y^2} + \frac{2\mathrm{Cov}(X,Y)}{\sigma_X \sigma_Y} = 2(1+\rho_{XY})$$

를 얻으며 이것은 $-1 \le \rho_{XY}$를 의미하며, 또한

$$0 \le \mathrm{Var}\left(\frac{X}{\sigma_X} - \frac{Y}{\sigma_X}\right) = \frac{\mathrm{Var}(X)}{\sigma_X^2} + \frac{\mathrm{Var}(Y)}{\sigma_Y^2} - \frac{2\mathrm{Cov}(X,Y)}{\sigma_X \sigma_Y} = 2(1-\rho_{XY})$$

의 관계로부터 $\rho_{XY} \le 1$인 값을 얻게 되어

$$-1 \le \rho_{XY} \le 1$$

의 관계를 얻게 된다. 상관계수 ρ_{XY}는 두 랜덤변수 중 한 변수의 관찰된 값에 기반을 두어 얻은 다른 한 변수의 예상 값이 얼마나 잘 맞는가를 가늠하는 값을 제공한다. 따라서 X와 Y 사이의 관계를 선형 방정식 $Y=a+bX$로 나타낼 경우, ρ_{XY}는 -1 혹은 $+1$ 근처가 되며 이것은 X와 Y 사이의 선형성이 상당히 높은 정도임을 의미한

다. 여기서 양의 ρ_{XY}는 $b>0$임을 의미하고, 음의 ρ_{XY}는 $b<0$임을 의미한다. 이것은 양의 ρ_{XY}는 X가 증가함에 따라 Y가 증가하는 것을 의미하며, 음의 ρ_{XY}는 X가 증가함에 따라 Y가 감소하는 것을 의미한다. $\rho_{XY}=0$일 경우는 X와 Y 사이에 어떠한 **선형 상관관계**(linear correlation)도 없음을 의미한다. 그러나 이것은 두 변수 사이에 어떠한 상관관계도 없음을 의미하지는 않는다. 왜냐하면 두 변수 사이에 높은 차수의 **비선형 상관관계**(nonlinear correlation)가 있을 가능성이 있기 때문이다. 일반적으로 ρ_{XY}는 Y의 실제 값에 대해 X의 함수로 표현되는 Y 값이 어느 정도 잘 맞는가에 대한 척도를 나타내며, 이것은 이 값이 X의 함수로 표현되는 Y 값이 실제로 측정(관찰)된 Y 값에 어느 정도 일치하는지를 나타낸다고 할 수 있다.

예제 5.12

랜덤변수 X와 Y의 결합확률밀도함수는 다음과 같다.

$$f_{XY}(x,y)=\begin{cases}25e^{-5y} & 0\le x<0.2;\ y\ge 0\\ 0 & \text{otherwise}\end{cases}$$

a. X와 Y의 한계확률밀도함수들을 구하라.

b. X와 Y의 공분산은 얼마인가?

풀이

한계확률밀도함수들은 다음과 같이 얻어진다.

$$f_X(x)=\int_0^\infty f_{XY}(x,y)dy=\int_0^\infty 25e^{-5y}dy=\begin{cases}5 & 0\le x<0.2\\ 0 & \text{otherwise}\end{cases}$$
$$f_Y(y)=\int_0^{0.2} f_{XY}(x,y)dx=\int_0^{0.2} 25e^{-5y}dx=\begin{cases}5e^{-5y} & y\ge 0\\ 0 & \text{otherwise}\end{cases}$$

따라서 X는 균일분포를 나타내며 Y는 지수분포를 갖는다. X와 Y의 기댓값은

$$E[X]=\mu_X=\frac{0+0.2}{2}=0.1$$
$$E[Y]=\mu_Y=\frac{1}{5}=0.2$$

가 되며, 또한

$$E[XY] = \int_{x=0}^{0.2}\int_{y=0}^{\infty} xyf_{XY}(x, y)dydx = \int_{x=0}^{0.2}\int_{y=0}^{\infty} 25xye^{-5y}dydx$$
$$= \int_{x=0}^{0.2} x\left\{\int_{y=0}^{\infty} 25ye^{-5y}dy\right\}dx = \int_{x=0}^{0.2} xdx = \left[\frac{x^2}{2}\right]_0^{0.2}$$
$$= 0.02$$

이다. 따라서 X와 Y의 공분산은 아래와 같이 계산된다.

$$\sigma_{XY} = E[XY] - \mu_X\mu_Y = 0.02 - (0.1)(0.2) = 0$$

이것은 X와 Y가 상관관계가 없음을 의미한다. X와 Y가 독립적이기 때문에 σ_{XY}=0인 이유에 주의하라. 이것은 $f_{XY}[x, y]$ 의 함수 x와 y의 함수로 분리 가능하고 관심영역이 직사각형이라는 사실로부터 따른다. 따라서 $f_{XY}(x, y)=f_X(x)f_Y(y)$이다.

예제 5.13

한스와 안은 어느 날 오후 6:30쯤에 그들이 좋아하는 식당에서 만나기로 하였다. 둘은 각자 따로 기차를 타고 그 식당에 도착하는데, 그들은 시내의 반대편에 살고 있어서 각각 독립적인 열차 시간표에 따라 움직이는 기차를 타고 도착할 예정이다. 한스의 열차가 식당 근처의 역에 도착하는 것은 오후 6:00부터 7:00까지 균일하게 분포한다고 하고, 안의 열차가 같은 역에 도착하는 것은 오후 6:15부터 6:45까지 균일하게 분포한다고 한다. 그들 중 누구라도 식당에 먼저 도착하는 사람이 5 분만 기다리고 떠난다고 할 때, 다음에 답하라.

a. 그들이 만날 확률은 얼마인가?
b. 안이 한스보다 먼저 도착할 확률은 얼마인가?

풀이

X를 한스가 도착하는 시간을 나타내는 랜덤변수라고 하고 Y를 안이 도착하는 시간을 나타내는 랜덤변수라고 하자. 문제에서 설명되었듯이 X와 Y는 독립랜덤변수이다. 만일 오후 6:00부터 7:00까지를 고려한다면 X와 Y의 확률밀도함수들은 다음과 같이 나타낼 수 있다.

$$f_X(x) = \begin{cases} \dfrac{1}{60} & 0 \le x \le 60 \\ 0 & \text{otherwise} \end{cases}$$

$$f_Y(y) = \begin{cases} \dfrac{1}{30} & 15 \le x \le 45 \\ 0 & \text{otherwise} \end{cases}$$

따라서 위의 한계확률밀도함수들의 곱인 결합확률밀도함수 $f_{XY}(x, y)$는 그림 5.3에 나와있는 직사각형의 영역에 균일분포를 이루고 있다.

a. 그들이 만날 확률은 $p=P[|X-Y| \le 5]$가 될 것이며 이 영역은 그림의 직사각형 내부의 빗금 친 부분일 것이다. 직사각형 전체의 면적이 60×30=1800이고, A 영역의 면적은 D 영역과 마찬가지로 10×30=300이다. B 영역의 면적은 C 영역과 마찬가지로 30×30/2=450이다. 따라서 빗금 친 영역의 면적은 1800−2(450+300)=300이 되고 이 영역의 확률은

$$p = \frac{300}{1800} = \frac{1}{6}$$

가 된다.

b. 한스보다 안이 먼저 도착할 확률은 $P[Y<x]$이며, 이것은 직사각형 중 $Y=X$를 나타내는 선의 윗부분을 나타낸다. 다이어그램의 대칭성으로부터 이것은 1/2이라는 것을 쉽게 알 수 있다.

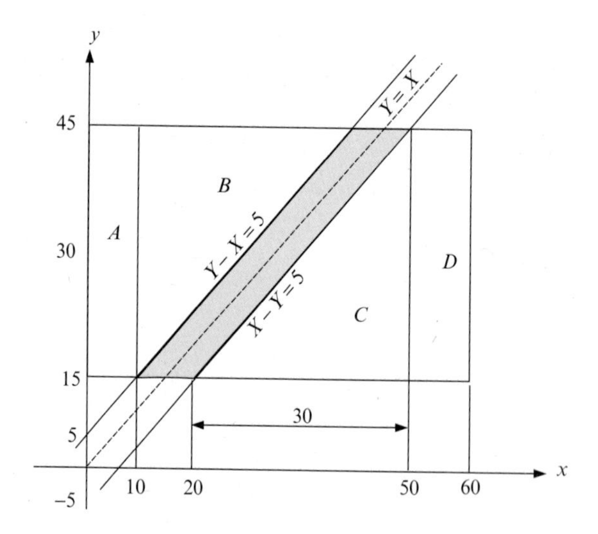

그림 5.3 결합분포의 정의역

5.8 다양한 랜덤변수들

앞 절에서 우리는 이중랜덤변수에 대해 고려해 보았다. 이 절에서는 이중랜덤변수에 대하여 전개하였던 개념을 둘 이상의 랜덤변수에 대해 전개해 보기로 한다.

랜덤변수의 집합을 똑같은 표본공간을 갖는 $X_1, X_2, \ldots, X_n$을 원소로 하는 것으로 정의하면, 그들의 결합누적분포함수는 아래와 같이 정의될 수 있다.

$$F_{X_1X_2\ldots X_n}(x_1, x_2, \ldots, x_n) = P[X_1 \le x_1, X_2 \le x_2, \ldots, X_n \le x_n] \tag{5.20}$$

만일 모든 랜덤변수가 이산랜덤변수라면, 그들의 결합확률질량함수는 다음과 같이 정의된다.

$$p_{X_1X_2\ldots X_n}(x_1, x_2, \ldots, x_n) = P[X_1 = x_1, X_2 = x_2, \ldots, X_n = x_n] \tag{5.21}$$

결합확률질량함수의 특성은 다음 특성들을 포함한다.

a. $0 \le p_{X_1X_2\ldots X_n}(x_1, x_2, \ldots, x_n) \le 1$

b. $\sum_{x_1}\sum_{x_2}\cdots\sum_{x_n} p_{X_1X_2\ldots X_n}(x_1, x_2, \ldots, x_n) = 1$

c. 한계확률질량함수들은 적당한 영역에 대한 결합확률질량함수를 합하여 얻는다. 예를 들면 X_n의 한계확률질량함수는 다음과 같다.

$$p_{X_n}(x_n) = \sum_{x_1}\sum_{x_2}\cdots\sum_{x_{n-1}} p_{X_1X_2\ldots X_n}(x_1, x_2, \ldots, x_n)$$

d. 조건부 확률질량함수들 또한 비슷하게 얻어진다. 예를 들면

$$\begin{aligned} p_{X_n|X_1\ldots X_{n-1}}(x_n|x_1, \ldots, x_{n-1}) &= P[X_n = x_n|X_1 = x_1, \ldots, X_{n-1} = x_{n-1}] \\ &= \frac{p_{X_1X_2\ldots X_n}(x_1, x_2, \ldots, x_n)}{p_{X_1X_2\ldots X_{n-1}}(x_1, x_2, \ldots, x_{n-1})} \end{aligned}$$

$p_{X_1X_2\ldots X_{n-1}}(x_1, x_2, \ldots, x_{n-1}) > 0$를 제공한다. 랜덤변수는 다음 조건하에서 상호 독립적이다.

$$p_{X_1X_2...X_n}(x_1, x_2, \ldots, x_n) = \prod_{k=1}^{n} p_{X_k}(x_k)$$

만일 모든 랜덤변수가 연속랜덤변수라면, 그들의 결합확률밀도함수는 다음과 같은 결합누적분포함수로부터 얻어질 수 있다.

$$f_{X_1X_2...X_n}(x_1, x_2, \ldots, x_n) = \frac{\partial^n}{\partial x_1 \partial x_2 \ldots \partial x_n} F_{X_1X_2...X_n}(x_1, x_2, \ldots, x_n) \qquad (5.22)$$

결합확률밀도함수는 다음과 같은 특성을 가진다.

a. $f_{X_1X_2...X_n}(x_1, x_2, \ldots, x_n) \geq 0$

b. $\int_{-\infty}^{\infty}\int_{-\infty}^{\infty}\cdots\int_{-\infty}^{\infty} f_{X_1X_2...X_n}(x_1, x_2, \ldots, x_n)dx_1dx_2\ldots dx_n = 1$

c. 조건부 확률밀도함수들 또한 정의될 수 있다. 예를 들면

$$f_{X_n|X_1...X_{n-1}}(x_n|x_1, \ldots, x_{n-1}) = \frac{f_{X_1X_2...X_n}(x_1, x_2, \ldots, x_n)}{f_{X_1X_2...X_{n-1}}(x_1, x_2, \ldots, x_{n-1})}$$

$f_{X_1X_2...X_{n-1}}(x_1, x_2, \ldots, x_{n-1}) > 0$를 제공한다. 만일 랜덤변수들이 상호 독립적이라면 다음의 식과 같다.

$$f_{X_1X_2...X_n}(x_1, x_2, \ldots, x_n) = \prod_{k=1}^{n} f_{X_k}(x_k)$$

예제 5.14

기계에는 N개의 동일한 구성요소가 있다. 각 구성요소는 확률밀도함수 $\lambda e^{-\lambda t}$인 지수분포 주기 T를 가진다. 정확히 n개의 구성요소가 시간 $v \geq 0$에 의해 실패한 확률은 얼마인가?

풀이

p는 $t=v$에서 평가된 T의 누적분포함수인 시간 v만큼 구성요소가 실패할 확률을 나타낸다. 즉,

$$p = P[T \le v] = F_T(v) = 1 - e^{-\lambda v}$$

만약 구성요소가 독립적으로 실패한다고 가정하면, q_n은 시간에 의해 정확히 n개가 실패한 확률이다.

$$\begin{aligned} q_n &= \binom{N}{n} p^n (1-p)^{N-n} = \binom{N}{n} \left[1 - e^{-\lambda v}\right]^n \left(e^{-\lambda v}\right)^{N-n} \\ &= \binom{N}{n} \left[1 - e^{-\lambda v}\right]^n e^{-\lambda(N-n)v} \end{aligned}$$

5.9 다항분포

다항분포는 앞의 4장에서 논의되었던 이항분포의 확장이라고 할 수 있다. 이러한 상황은 n번의 독립적 실험이 수행되었을 때 나타나는데, 각 실험이 m개의 가능성 중 하나의 결과를 내며 그 각각의 확률이 $p_1, p_2, \ldots, p_m$이라고 한다면

$$\sum_{k=1}^{m} p_k = 1$$

가 된다. $i = 1, 2, \ldots, m$이고, i번째의 결과를 낸 n번의 실험 횟수를 K_i라고 한다면, $\sum_{i=1}^{m} k_i = n$, $k_i = 0, 1, \ldots, n$, $i = 1, 2, \ldots, m$의 조건에서 다음을 얻을 수 있다.

$$\begin{aligned} p_{K_1 K_2 \cdots K_m}(k_1, k_2, \cdots, k_m) &= P[K_1 = k_1, K_2 = k_2, \cdots, K_m = k_m] \\ &= \binom{n}{k_1\, k_2 \cdots k_m} p_1^{k_1} p_2^{k_2} \cdots p_m^{k_m} \\ &= \frac{n!}{k_1! k_2! \cdots k_m!} p_1^{k_1} p_2^{k_2} \cdots p_m^{k_m} \end{aligned} \tag{5.23}$$

여기서 $m=2$일 경우, 이항분포함수를 얻게 된다.

예제 5.15

주사위를 7번 굴린다. 숫자 1이 두 번 나오고 숫자 2가 한 번 나올 확률을 구하라.

풀이

문제는 숫자 1과 2에 대하여 물어 보고 있다. 다른 네 개의 숫자(즉 3에서 6까지)는 하나의 사건으로 처리될 수 있다. 따라서 일반적인 여섯 가지 사건 대신에 세 가지 사건으로 처리할 수도 있다(1, 2, 나머지). K_1을 7번의 시행에 숫자 1이 나오는 횟수를 나타낸다고 하고, K_2를 같은 시행에 숫자 2가 나오는 횟수를 나타낸다고 하고, K_3를 같은 시행에 나머지 네 가지 숫자(3, 4, 5, 6)가 나올 횟수라고 한다고 하자. 비슷한 방식으로 p_1은 주사위를 굴렸을 때 1이 나올 확률, p_2는 주사위를 굴렸을 때 2가 나올 확률, 그리고 p_3는 주사위를 굴렸을 때 1과 2 외의 수가 나올 확률이라고 하지 공정한 주사위를 사용했다는 가정하에, $p_1=p_2=1/6$과 $p_3=4/6$를 얻을 수 있다. 따라서 원하는 결과는

$$
\begin{aligned}
p_{K_1K_2K_3}(2, 1, 4) &= \binom{7}{2\ 1\ 4} p_1^2 p_2^1 p_3^4 = \frac{7!}{2!1!4!}\left(\frac{1}{6}\right)^2\left(\frac{1}{6}\right)\left(\frac{4}{6}\right)^4 = \frac{(105)(256)}{6^7} \\
&= \frac{26,880}{279,936} = 0.0960
\end{aligned}
$$

가 된다.

예제 5.16

매사추세츠 주에 있는 대학의 학생 수는 다음과 같은 구성을 가지고 있다. 50%는 매사추세츠 주 출신의 학생, 20%는 미국 내의 다른 주 출신의 학생, 그리고 30%는 외국에서 유학온 학생이다. 만일 통계조사를 하는 회사가 이 학교에서 10명의 학생을 선택할 경우 그들 중 6명이 매사추세츠 주 출신이고 2명이 미국 내 다른 주 출신이며 남은 2명이 외국 유학생일 확률은 얼마인가?

풀이

선택된 10명의 학생 중 매사추세츠 주 출신의 학생 수를 K_1이라 하고, 미국 내 다른 주 출신의 학생 수를 K_2라고 하고, 외국에서 온 유학생의 수를 K_3라고 하자. 비슷한 방식으로 p_1을 매사추세츠 주 출신의 학생이 선택될 확률, p_2를 미국 내 다른 주 출신의 학생이 선택될 확률, 그리고 p_3를 외국에서

온 유학생이 선택될 확률이라고 하면, 각 확률은 p_1=0.5, p_2=0.2, 그리고 p_3=0.3이다. 따라서 원하는 확률을 구하면

$$p_{K_1K_2K_3}(6,2,2)=\binom{10}{6\ 2\ 2}(0.5)^6(0.2)^2(0.3)^2=\frac{10!}{6!2!2!}(0.5)^6(0.2)^2(0.3)^2$$
$$=1260(0.5)^6(0.2)^2(0.3)^2=0.0709$$

가 된다.

5.10 요약

이 장에서는 이중 혹은 다중랜덤변수를 다루는 문제에 대해 논의하였고, 두 랜덤변수에 대한 공분산과 상관계수의 개념 또한 논의하였다. 또한 앞의 4장에서 논의된 이항분포의 확장 형태인 다항분포에 대해서도 논의하였다. 때때로 다항분포에 연관된 문제들은 우리가 다양한 분포군들 중 오직 하나의 군에만 관련된 결과에 관심이 있을 경우, 이항분포의 문제로 환원하여 풀기도 한다.

5.11 문제

5.3절: 이산랜덤변수

5.1 두 이산랜덤변수들 X와 Y의 결합확률질량함수는 아래와 같다.

$$p_{XY}(x,y)=\begin{cases} kxy & x=1,2,3;\ y=1,2,3 \\ 0 & \text{otherwise} \end{cases}$$

a. 상수 k의 값을 결정하라.

b. X와 Y의 한계확률질량함수들을 구하라.

c. $P[1\le X\le 2,\ Y\le 2]$를 구하라.

5.2 동전이 세 번 던져졌다. 랜덤변수 X는 두 번째 던졌을 때 앞면이 나올 경우이고 랜덤변수 Y는 세 번째 던졌을 때 앞면이 나올 경우라고 할 때, X와 Y의 결합확률질량함수 $p_{XY}(x, y)$를 구하라.

5.3 두 랜덤변수 X와 Y의 결합확률질량함수가 아래와 같이 주어졌을 때

$$p_{XY}(x, y) = \begin{cases} 0.10 & x=1, y=1 \\ 0.35 & x=2, y=2 \\ 0.05 & x=3, y=3 \\ 0.50 & x=1, y=1 \\ 0 & \text{otherwise} \end{cases}$$

a. 결합누적분포함수 $F_{XY}(x, y)$를 결정하라.

b. $P[1 \le X \le 2,\ Y \le 2]$를 구하라.

5.4 두 이산랜덤변수 X와 Y의 결합누적분포함수가 아래와 같이 정의되어 있다.

$$F_{XY}(x, y) = \begin{cases} \frac{1}{12} & x=0, y=0 \\ \frac{1}{3} & x=0, y=1 \\ \frac{2}{3} & x=0, y=2 \\ \frac{1}{6} & x=1, y=0 \\ \frac{7}{12} & x=1, y=1 \\ 1 & x=1, y=2 \end{cases}$$

다음을 계산하라.

a. $P[0 < X < 2,\ 0 < Y < 2]$

b. X와 Y의 한계누적분포함수[즉 $F_X(x)$와 $F_Y(y)$]

c. $P[X=1,\ Y=1]$

5.5 두 이산랜덤변수 X와 Y는 다음에 정의된 결합확률질량함수를 갖는다.

$$p_{XY}(x,y)=\begin{cases}\frac{1}{12} & x=1, y=1\\ \frac{1}{6} & x=1, y=2\\ \frac{1}{12} & x=1, y=3\\ \frac{1}{6} & x=2, y=1\\ \frac{1}{4} & x=2, y=2\\ \frac{1}{12} & x=2, y=3\\ \frac{1}{12} & x=3, y=1\\ \frac{1}{12} & x=3, y=2\\ 0 & \text{otherwise}\end{cases}$$

다음을 계산하라.

a. X와 Y의 한계확률질량함수[즉 $p_X(x)$와 $p_Y(y)$]

b. $P[X<2.5]$

c. Y가 홀수일 확률

5.6 두 이산랜덤변수 X와 Y는 아래와 같은 결합확률질량함수를 갖는다.

$$p_{XY}(x,y)=\begin{cases}0.2 & x=1, y=1\\ 0.1 & x=1, y=2\\ 0.1 & x=2, y=1\\ 0.2 & x=2, y=2\\ 0.1 & x=3, y=1\\ 0.3 & x=3, y=2\\ 0 & \text{otherwise}\end{cases}$$

다음을 물음에 답하라.

a. X와 Y의 한계누적분포함수[즉 $p_X(x)$와 $p_Y(y)$]

b. 주어진 Y에 대한 X의 조건부 확률질량함수 $p_{X|Y}(x|y)$

c. X와 Y가 독립적인가?

5.4절: 연속랜덤변수

5.7 두 연속랜덤변수들 X와 Y의 결합확률질량함수는 아래와 같다.

$$f_{XY}(x, y) = \begin{cases} kx & 0 < y \le x < 1 \\ 0 & \text{otherwise} \end{cases}$$

a. 상수 k의 값을 결정하라.

b. X와 Y의 한계확률밀도함수를 구하라.

c. $P\left[0 < X < \frac{1}{2}, 0 < Y < \frac{1}{4}\right]$를 구하라.

5.8 연속랜덤변수들 X와 Y의 결합누적분포함수는 아래와 같다.

$$F_{XY}(x, y) = \begin{cases} 1 - e^{-ax} - e^{-by} + e^{-(ax+by)} & x \ge 0, y \ge 0 \\ 0 & \text{otherwise} \end{cases}$$

a. X와 Y의 한계확률밀도함수를 구하라.

b. 왜 X와 Y가 독립적인가 혹은 독립적이지 않은가를 보여라.

5.9 두 랜덤변수 X와 Y의 결합확률밀도함수는 아래와 같다.

$$f_{XY}(x, y) = \begin{cases} ke^{-(2x+3y)} & x \ge 0, y \ge 0 \\ 0 & \text{otherwise} \end{cases}$$

다음을 구하라.

a. $f_{XY}(x; y)$가 실제 결합확률밀도함수를 갖게 되는 상수 k의 값

b. X와 Y의 한계확률밀도함수

c. $P[X<1, Y<0.5]$

5.10 두 랜덤변수 X와 Y의 결합확률밀도함수는 아래와 같다.

$$f_{XY}(x, y) = \begin{cases} k(1 - x^2 y) & 0 \le x \le 1; 0 \le y \le 1 \\ 0 & \text{otherwise} \end{cases}$$

다음을 구하라.

a. $f_{XY}(x, y)$가 실제 결합확률밀도함수를 갖게 되는 상수 k의 값

b. 주어진 Y에 대해 X의 조건부 확률밀도함수 $f_{X|Y}(x|y)$와 주어진 X에 대한 Y의 조건부 확률밀도함수 $f_{Y|X}(y|x)$

5.11 두 랜덤변수들 X와 Y의 결합확률밀도함수는 아래와 같다.

$$f_{XY}(x, y) = \frac{6}{7}\left(x^2 + \frac{xy}{2}\right) \quad 0 < x < 1, 0 < y < 2$$

a. X의 누적분포함수 $F_X(x)$는 무엇인가?

b. $P[X > Y]$를 구하라.

c. $P[Y > \frac{1}{2} | X < \frac{1}{2}]$를 구하라.

5.12 두 랜덤변수 X와 Y의 결합확률밀도함수는 아래와 같다.

$$f_{XY}(x, y) = \begin{cases} ke^{-(x+y)} & x \geq 0, y \geq x \\ 0 & \text{otherwise} \end{cases}$$

다음을 구하라.

a. $f_{XY}(x, y)$가 실제 결합확률밀도함수를 갖게 되는 상수 k의 값

b. $P[Y < 2X]$

5.13 두 랜덤변수 X와 Y의 결합확률밀도함수는 아래와 같다.

$$f_{XY}(x, y) = \frac{6x}{7} \quad 1 \leq x + y \leq 2, x \geq 0, y \geq 0$$

a. 적분을 하지 않고서, $P[Y > X^2]$을 의미하는 적분 값을 구하라(즉 적분의 의미를 이용하여 풀라).

b. 합리적인 방법으로 $P[X > Y]$의 정확한 값을 구하라.

5.14 두 랜덤변수 X와 Y의 결합확률밀도함수는 아래와 같다.

$$f_{XY}(x, y) = \begin{cases} \frac{1}{2}e^{-2y} & 0 \leq x \leq 4, y \geq 0 \\ 0 & \text{otherwise} \end{cases}$$

X와 Y의 한계확률밀도함수를 구하라.

5.6절: 조건부 분포

5.15 3개의 빨간색 공과 2개의 초록색 공을 담아 놓은 상자가 있다. 공 하나를 상자에서 임의로 꺼내어 그 색을 확인하고 다시 상자 안에 집어넣는다. 그런 후 두 번째 공 또한 같은 방법으로 확인하고 다시 집어넣는다. 랜덤변수 X와 Y를 정의함에 있어 첫 공이 초록색이면 $X=0$을, 첫 공이 빨간색이면 $X=1$을, 두 번째 공이 초록색이면 $Y=0$을, 두 번째 공이 빨간색이면 $Y=1$을 할당한다고 하자.

a. X와 Y의 결합확률질량함수를 구하라.

b. 주어진 Y에 대한 X의 조건부 확률질량함수를 구하라.

5.16 두 랜덤변수들 X와 Y의 결합확률밀도함수가 $f_{XY}(x, y)=2e^{-(x+2y)}$, $x \geq 0, y \geq 0$로 주어졌다.

a. 주어진 Y에 대한 X의 조건부 기댓값은 얼마인가?

b. 주어진 X에 대한 Y의 조건부 기댓값은 얼마인가?

5.17 동전이 네 번 던져졌다. 처음 두 번 던졌을 때 모두 앞면이 나오는 경우를 X라 하고, 마지막 두 번 던졌을 때 모두 앞면이 나오는 경우를 Y라고 하자.

a. X와 Y의 결합확률질량함수를 구하라.

b. X와 Y가 독립랜덤변수들임을 보여라.

5.18 두 랜덤변수 X와 Y의 결합확률밀도함수는 아래와 같다.

$$f_{XY}(x, y) = xye^{-y^2/4} \qquad 0 \leq x \leq 1, \ \ y \geq 0$$

a. X와 Y의 한계확률밀도함수를 구하라.

b. X와 Y가 독립적인가를 결정하라.

5.19 두 랜덤변수 X와 Y의 결합확률밀도함수는 아래와 같다.

$$f_{XY}(x, y) = \frac{6x}{7} \qquad 1 \le x + y \le 2, x \ge 0, y \ge 0$$

a. X와 Y의 한계확률밀도함수를 구하라.

b. X와 Y가 독립적인가를 결정하라.

5.7절: 공분산과 상관계수

5.20 두 이산랜덤변수 X와 Y의 결합확률질량함수는 아래와 같다.

$$p_{XY}(x, y) = \begin{cases} 0 & x = -1, \quad y = 0 \\ \frac{1}{3} & x = -1, \quad y = 1 \\ \frac{1}{3} & x = 0, \quad y = 0 \\ 0 & x = 0, \quad y = 1 \\ 0 & x = 1, \quad y = 0 \\ \frac{1}{3} & x = 1, \quad y = 1 \end{cases}$$

a. X와 Y가 독립적인가?

b. X와 Y의 공분산은 얼마인가?

5.21 두 사건 A와 B에 대하여 $P[A]=1/4$, $P[B|A]=1/2$, 그리고 $P[A|B]=1/4$이다. 랜덤변수 X를 사건 A가 일어났을 경우 X=1로, 사건 A가 일어나지 않았을 경우 X=0로 정의하고, 마찬가지로 랜덤변수 Y를 사건 B가 일어났을 경우 Y=1로, 사건 B가 일어나지 않았을 경우 y=0로 정의한다면,

a. $E[X]$와 X의 분산을 구하라.

b. $E[Y]$와 Y의 분산을 구하라.

c. ρ_{XY}를 구하고 X와 Y가 상관되었는지 그렇지 않은지를 결정하라.

5.22 주사위가 세 번 던져졌다. 랜덤변수 X를 1이 나온 횟수로 하고 랜덤변수 Y를 3이 나온 횟수로 할 때 X와 Y의 상관계수를 결정하라.

5.9절: 다항분포

5.23 상자 안에 A제공자로부터 온 10개의 칩과 B제공자로부터 온 16개의 칩, C제공자로부터 온 14개의 칩이 있다. 한 개의 칩을 상자에서 꺼내어 제공자가 누구였는지를 확인하고 다시 상자에 넣는 시행을 20차례 반복한다. B제공자로부터 온 칩이 9차례 뽑힐 확률은 얼마인가?

5.24 위의 문제를 참고로 하여 A제공자가 보내 온 칩이 5번 뽑히고 C제공자가 보내온 칩이 6번 뽑힐 확률은 얼마인가?

5.25 어느 대학의 교수에 대한 학생 평가 시스템은 최상위, 상위, 보통, 나쁨의 네 단계로 되어 있다. 최근의 학생들에 의한 투표 결과에 따르면 교수들 중 20%가 최상위, 50%가 상위, 20%가 보통, 10%가 나쁜 것으로 나타났다. 이 대학에서 12명의 교수가 임의로 선택되었을 경우 다음에 답하라.

a. 6명이 최상위, 4명이 상위, 1명이 보통, 그리고 나쁨이 1명인 확률은 얼마인가?

b. 6명이 최상위, 4명이 상위, 2명이 보통인 확률은 얼마인가?

c. 6명이 최상위, 6명이 상위인 확률은 얼마인가?

d. 4명이 최상위, 3명이 상위인 확률은 얼마인가?

e. 4명이 나쁨인 확률은 얼마인가?

f. 나쁨인 경우가 한 명도 없는 확률은 얼마인가?

5.26 어느 회사가 만든 토스터기는 50%가 우량품이며, 35%가 정상이고, 10%가 토스트를 태우며, 5%가 화재가 나는 것으로 보고되었다. 어느 상점에서 이 토스터기를 40대 들여 놨다. 다음 확률을 구하라.

a. 30대는 우량품, 5대는 정상, 3대는 토스트를 태우며 2대는 화재가 나는 경우

b. 30대는 우량품, 4대는 정상인 경우

c. 한 대도 화재가 나지 않는 경우

d. 한 대도 토스트를 태우거나 화재가 나지 않는 경우

5.27 10개의 사탕을 소년 8명, 소녀 7명, 어른 5명으로 이루어진 모임에 나누어 주려고 한다. 만일 어느 누구나 1개 이상의 사탕을 가질 수 있다면 다음 확률은 얼마이겠는가?

a. 사탕 4개가 소녀에게 그리고 2개가 어른에게 갈 경우

b. 사탕 5개가 소년에게 갈 경우

CHAPTER 6

랜덤변수의 함수

6.1 개요

앞 장에서는 주어진 표본공간에서 정의된 사건과 사건을 대표하는 랜덤변수의 기본적인 특성들에 대해 논의하였다. 앞 장에서 언급된 논의의 바탕에는 사건이 항상 랜덤변수로 정의될 수 있다는 전제가 깔려 있다. 그러나 많은 응용 분야에 있어서 사건들은 다른 사건의 함수로 표현된다. 예를 들면 복잡한 시스템이 수명이 다할 때까지의 시간은 그 시스템을 구성하고 있는 각 부품의 수명 시간의 함수로 표현된다. 이것은 그 복잡한 시스템의 수명을 나타내는 랜덤변수는 그 시스템의 각 부분의 수명을 나타내는 랜덤변수의 함수를 의미한다. 이 장에서는 랜덤변수의 함수들을 다룰 것이다. 다중랜덤변수로 이루어진 함수의 누적분포함수 및 확률밀도함수 계산은 너무 복잡하기 때문에 이 장에서의 논의를 이중랜덤변수들로 이루어진 함수에 국한할 것이다.

6.2 단일랜덤변수의 함수

랜덤변수 X와 X의 함수인 새로운 랜덤변수 Y가 있다고 하자. 이것은 다음과 같이 표현될 수 있다.

$$Y = g(X)$$

여기서 우리가 관심을 가지는 것은 X의 확률밀도함수 또는 확률질량함수가 주어졌을 때 Y의 확률밀도함수 또는 확률질량함수를 계산하는 것이다. 예를 들어 $g(X)=X+5$라고 하면

$$F_Y(y)=P[Y\le y]=P[X+5\le y]$$

이 된다.

6.2.1 선형함수

a와 b가 상수이고 a가 양수일 때, 함수 $g(X)=aX+b$를 고려하자. 이때 Y의 누적분포함수는

$$F_Y(y)=P[Y\le y]=P[aX+b\le y]=P\left[X\le\frac{y-b}{a}\right]=F_X\left(\frac{y-b}{a}\right)$$

이 되고, $u=\dfrac{y-b}{a}$이고 $\dfrac{du}{dy}=\dfrac{1}{a}$인 경우 Y의 확률밀도함수는

$$f_Y(y)=\frac{dF_Y(y)}{dy}=\frac{dF_X\left(\frac{y-b}{a}\right)}{dy}=\left(\frac{dF_X(u)}{du}\right)\left(\frac{du}{dy}\right)$$

이 된다. 이것은 다시

$$f_Y(y)=\left(\frac{dF_X(u)}{du}\right)\left(\frac{du}{dy}\right)=f_X(u)\left(\frac{1}{a}\right)=\left(\frac{1}{a}\right)f_X\left(\frac{y-b}{a}\right)$$

로 표현된다. 만일 $a<0$이라면

$$F_Y(y) = P[Y \le y] = P[aX + b \le y] = P[aX \le y - b] = P\left[X \ge \frac{y-b}{a}\right]$$
$$= 1 - \left\{P\left[X \le \frac{y-b}{a}\right] - P\left[X = \frac{y-b}{a}\right]\right\}$$

가 성립하며, 위 수식 두 번째 줄의 부호의 변화는 a가 음수라는 것에 기인한다. 만약 X가 연속이라고 하면 $P\left[X = \frac{y-b}{a}\right] = 0$이 되며, 그에 따른 음수 a의 경우에 대한 누적분포함수 및 확률밀도함수는 다음과 같이 주어진다.

$$F_Y(y) = 1 - P\left[X \le \frac{y-b}{a}\right] = 1 - F_X\left(\frac{y-b}{a}\right)$$
$$f_Y(y) = \frac{d}{dy}F_Y(y) = -\left(\frac{1}{a}\right)f_X\left(\frac{y-b}{a}\right)$$

따라서 Y의 일반적인 확률밀도함수는 다음과 같이 주어진다.

$$f_Y(y) = \frac{1}{|a|}f_X\left(\frac{y-b}{a}\right) \tag{6.1}$$

예제 6.1

Y=2X+7이라면 X의 확률밀도함수로 나타낸 Y의 확률밀도함수는 무엇인가?

풀이

위 본문에서 얻어진 결과로부터

$$F_Y(y) = F_X\left(\frac{y-7}{2}\right)$$
$$f_Y(y) = \frac{d}{dy}F_Y(y) = \left(\frac{1}{2}\right)f_X\left(\frac{y-7}{2}\right)$$

가 된다.

6.2.2 멱함수

$a>0$인 이차 함수 $Y=aX^2$를 고려해보자. X에 대한 Y의 그래프가 그림 6.1에 나와 있으며, 하나의 Y값에 대하여 2개의 대응하는 X값, 즉 $\sqrt{Y/a}$와 $-\sqrt{Y/a}$를 갖는다.

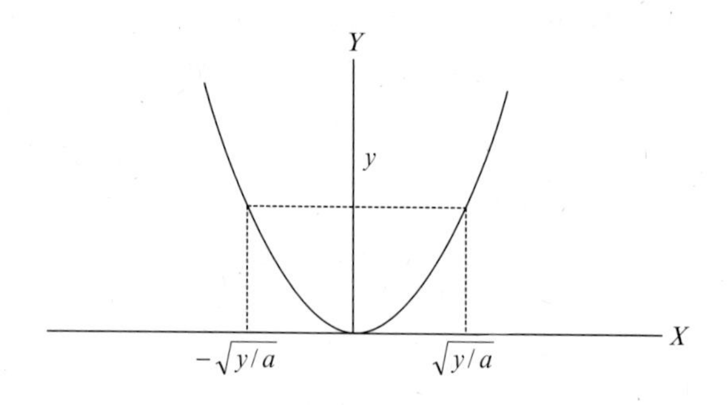

그림 6.1 $Y=aX^2$의 그래프

따라서 Y의 누적분포함수는 다음과 같이 주어진다.

$$\begin{aligned} F_Y(y) &= P[Y \le y] = P[aX^2 \le y] = P\left[X^2 \le \frac{y}{a}\right] = P\left[|X| \le \sqrt{\frac{y}{a}}\right] \qquad y>0 \\ &= P\left[-\sqrt{y/a} \le X \le \sqrt{y/a}\right] = F_X\left(\sqrt{y/a}\right) - F_X\left(-\sqrt{y/a}\right) \end{aligned}$$

Y의 확률밀도함수 또한 다음과 같이 주어진다.

$$f_Y(y) = \frac{d}{dy}F_Y(y) = \frac{d}{dy}\left\{F_X\left(\sqrt{y/a}\right) - F_X\left(-\sqrt{y/a}\right)\right\}$$

$u=\sqrt{y/a}=(y/a)^{1/2}$이라 놓으면, $\frac{du}{dy}=\frac{1}{2(ay)^{1/2}}=\frac{1}{2\sqrt{ay}}$이고

$$f_Y(y)=\frac{d}{dy}\left\{F_X\left(\sqrt{y/a}\right)-F_X\left(-\sqrt{y/a}\right)\right\}=\frac{dF_X(u)}{du}\frac{du}{dy}+\frac{dF_X(-u)}{du}\frac{du}{dy}$$
$$=\frac{1}{2\sqrt{ay}}\left\{\frac{dF_X(u)}{du}+\frac{dF_X(-u)}{du}\right\}=\frac{1}{2\sqrt{ay}}\left\{f_X\left(\sqrt{y/a}\right)+f_X\left(-\sqrt{y/a}\right)\right\} \quad (6.2)$$
$$=\frac{f_X\left(\sqrt{y/a}\right)+f_X\left(-\sqrt{y/a}\right)}{2\sqrt{ay}} \qquad y/a>0$$

이 된다.

$f_X(x)$가 우함수인 경우 $f_X(-x)=f_X(x)$이고 $f_X(-x)=1-f_X(x)$가 된다. 따라서

$$f_Y(y)=\frac{f_X\left(\sqrt{y/a}\right)+f_X\left(-\sqrt{y/a}\right)}{2\sqrt{ay}}=\frac{2f_X\left(\sqrt{y/a}\right)}{2\sqrt{ay}}=\frac{f_X\left(\sqrt{y/a}\right)}{\sqrt{ay}} \qquad y/a>0$$

를 얻는다.

예제 6.2

X가 표준 정규분포를 갖는 랜덤변수이고 $a>0$일 때, 랜덤변수 $Y=aX^2$의 확률밀도함수를 구하라.

풀이

X의 확률밀도함수는

$$f_X(x)=\frac{1}{\sqrt{2\pi}}e^{-x^2/2} \qquad -\infty<x<\infty$$

와 같이 주어지며 이것은 우함수이다. 따라서 앞선 결과로부터

$$f_Y(y)=\frac{f_X\left(\sqrt{y/a}\right)}{\sqrt{ay}}=\frac{e^{-y/2a}}{\sqrt{2\pi ay}} \qquad y>0$$

를 얻는다.

6.3 단일랜덤변수를 갖는 함수의 기댓값

랜덤변수 X와 X의 실수 함수 $g(X)$가 있다고 할 때, $g(X)$의 기댓값은 다음과 같이 정의된다.

$$E[g(X)] = \begin{cases} \sum_x g(x)p_X(x) & X \text{ discrete} \\ \int_{-\infty}^{\infty} g(x)f_X(x)dx & X \text{ continuous} \end{cases} \tag{6.3}$$

6.3.1 선형 함수의 모멘트

연속랜덤변수 X에 대해 $g(X)=aX+b$라 가정하면

$$\begin{aligned} E[g(X)] &= E[aX+b] = \int_{-\infty}^{\infty} g(x)f_X(x)dx = \int_{-\infty}^{\infty} (ax+b)f_X(x)dx \\ &= a\int_{-\infty}^{\infty} xf_X(x)dx + b\int_{-\infty}^{\infty} f_X(x)dx \\ &= aE[X]+b \end{aligned} \tag{6.4}$$

가 된다. 이것은 단일랜덤변수의 선형 함수의 기댓값은 랜덤변수를 그 기댓값으로 변환하여 얻어진 선형 함수임을 의미한다. 만일 X가 이산랜덤변수일지라도, 적분을 총합으로 바꾸어 생각하면 같은 결과를 얻게 된다.

$g(X)$의 분산은 다음과 같이 주어진다.

$$\begin{aligned} \text{Var}(g(X)) &= \text{Var}(aX+b) = E\left[(aX+b-E[aX+b])^2\right] \\ &= E[(aX+b-E[aX]-b])^2] = E\left[\{a(X-E[X])\}^2\right] \\ &= E\left[a^2\{X-E[X]\}^2\right] = a^2E\left[\{X-E[X]\}^2\right] \\ & a^2\sigma_X^2 \end{aligned} \tag{6.5}$$

6.3.2 조건부 기댓값

3장에서 사건 A가 발생했다는 조건하에 X의 조건부 기댓값은 다음과 같음을 확인하였다.

$$E[X|A]=\begin{cases}\sum_k x_k p_{X|A}(x_k|A) & X \text{ discrete}\\ \int_{-\infty}^{\infty} x f_{X|A}(x|A)\,dx & X \text{ continuous}\end{cases}$$

여기서 조건부 확률질량함수 $p_X|A(x|A)$와 조건부 확률밀도함수 $f_X|A(x|A)$는 다음과 같이 정의된다.

$$p_{X|A}(x|A)=\frac{p_X(x)}{P[A]}$$
$$f_{X|A}(x|A)=\frac{f_X(x)}{P[A]}$$

이때 $x\in A$이고 $P[A]>0$은 사건 A가 발생할 확률을 나타낸다. A가 랜덤변수일 경우, 즉 $A=Y$일 때, 조건부 기댓값 $E[X|Y]$은 Y의 함수로 표현되기 때문에 역시 랜덤변수가 된다. 따라서 연속랜덤변수의 경우 다음과 같이 기댓값을 갖게 된다.

$$\begin{aligned}E[E[X|Y]]&=\int_{-\infty}^{\infty}E[X|Y]f_Y(y)\,dy=\int_{-\infty}^{\infty}\left\{\int_{-\infty}^{\infty}xf_{X|Y}(x|y)dx\right\}f_Y(y)dy\\&=\int_{-\infty}^{\infty}x\left\{\int_{-\infty}^{\infty}f_{X|Y}(x|y)f_Y(y)dy\right\}dx\\&=\int_{-\infty}^{\infty}x\left\{\int_{-\infty}^{\infty}f_{XY}(x,y)dy\right\}dx=\int_{-\infty}^{\infty}xf_X(x)dx\\&=E[X]\end{aligned}\tag{6.6}$$

6.4 독립랜덤변수들의 합

두 독립적 연속랜덤변수 X와 Y를 고려하자. 여기에서 우리가 관심을 가져야 할 것은 이 두 랜덤변수의 합 $g(X,Y)=U=X+Y$에 대한 누적분포함수와 확률밀도함수를 계산하는 것이다. 랜덤변수 U는 그림 6.2에 나와 있는 것과 같이 대기 연결 상태를 갖는 시스템의 신뢰성을 모델링하는 데 사용된다. 이러한 시스템에서 수명이 랜덤변수 X로 표현되는 구성성분 A가 기본 구성체이며, 수명이 랜덤변수 Y로 표현되는 구성성분 B는 기본 구성체가 고장날 경우 대체될 수 있는 예비(backup) 구성체이다. 따라서 U는 전체시스템이 고장날 때까지 소요되는 시간이며, 이것은 두 구성체의 수명의 합으로 생각될 수 있다. U의 누적분포함수는 다음과 같이 구할 수 있다.

$$F_U(u)=P[U\le u]=P[X+Y\le u]=\iint_D f_{XY}(x,y)dxdy$$

여기서 D는 $D=\{(x,y)|x+y\le u\}$를 나타내는 집합이며, 이것은 그림 6.3에서 보이는 직선 $u=x+y$의 왼쪽 영역이다.

따라서 다음이 성립한다.

$$\begin{aligned}F_U(u)&=\int_{y=-\infty}^{\infty}\int_{x=-\infty}^{u-y}f_{XY}(x,y)dxdy=\int_{y=-\infty}^{\infty}\int_{x=-\infty}^{u-y}f_X(x)f_Y(y)dxdy\\&=\int_{y=-\infty}^{\infty}\left\{\int_{x=-\infty}^{u-y}f_X(x)dx\right\}f_Y(y)dy=\int_{y=-\infty}^{\infty}F_X(u-y)f_Y(y)dy\end{aligned}$$

U의 확률밀도함수는 누적분포함수를 다음과 같이 미분하여 얻게 된다.

$$\begin{aligned}f_U(u)&=\frac{d}{du}F_U(u)=\frac{d}{du}\int_{y=-\infty}^{\infty}F_X(u-y)f_Y(y)dy=\int_{y=-\infty}^{\infty}\frac{d}{du}F_X(u-y)f_Y(y)dy\\&=\int_{y=-\infty}^{\infty}f_X(u-y)f_Y(y)dy\end{aligned}\tag{6.7a}$$

여기서 우리는 미분과 적분 순서를 바꿀 수 있음을 가정하였다. 마지막 수식의 우변에 대한 표현은 **콘볼루션 적분**(convolution integral)이라 불리는 신호 분석에서 잘 알려진 결과이다. 따라서 두 독립랜덤변수 X와 Y의 합 U의 확률밀도함수는 두 랜덤변수의 확률밀도함수에 대한 콘볼루션으로 표현되며 이는 다음과 같다.

$$f_U(u) = f_X(u) * f_Y(u) \tag{6.7b}$$

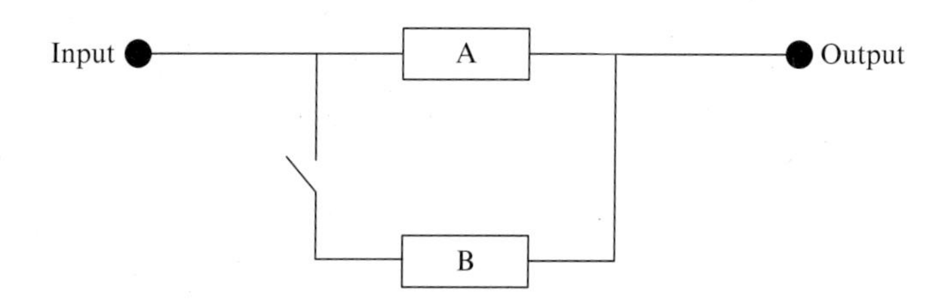

그림 6.2 랜덤변수 U에 의해 모델링된 대기 연결 상태

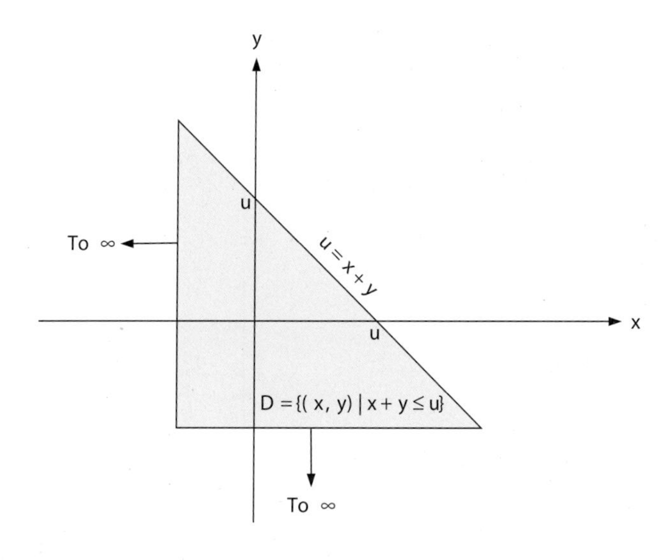

그림 6.3 D의 정의역

예제 6.3

만일 두 랜덤변수가 다음과 같은 공통적인 확률밀도함수를 갖는 독립랜덤변수일 경우, X와 Y의 합에 대한 확률밀도함수를 구하라.

$$f_X(u) = f_Y(u) = \begin{cases} \frac{1}{4} & 0 < u < 4 \\ 0 & \text{otherwise} \end{cases}$$

풀이

$U=X+Y$의 확률밀도함수의 적분 구간은 그림 6.4를 참조하여 계산할 수 있다. $0 \le u \le 4$ 영역의 경우 [그림 6.4(a)의 $f_Y(u-x)$에서 점선으로 나타내었음]

$$f_U(u) = \int_{y=-\infty}^{\infty} f_X(u-y) f_Y(y) dy = \int_{y=0}^{u} \frac{1}{16} dy = \frac{u}{16}$$

이고 $4 < u < 8$인 경우 [그림 6.4(b) 참조] 다음과 같이 얻을 수 있다.

$$f_U(u) = \frac{1}{16} \int_{u-4}^{4} dy = \frac{8-u}{16}$$

따라서 전체 확률밀도함수는

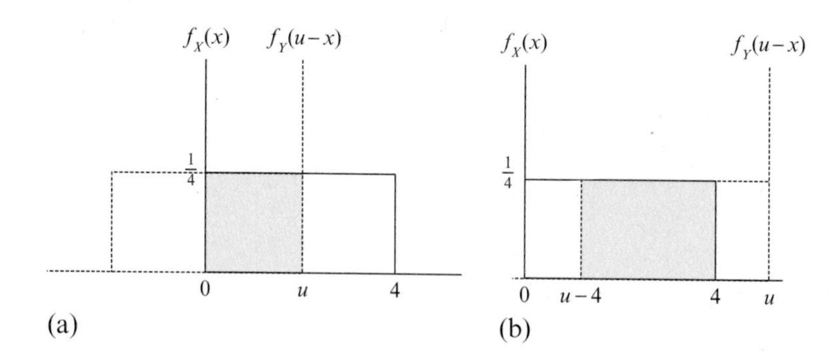

그림 6.4 확률밀도함수의 콘볼루션 (a)와 (b)

$$f_U(u) = \begin{cases} \dfrac{u}{16} & 0 \le u < 4 \\ \dfrac{8-u}{16} & 4 \le u < 8 \\ 0 & \text{otherwise} \end{cases}$$

이다. U의 확률밀도함수는 그림 6.5에 나타나 있다.

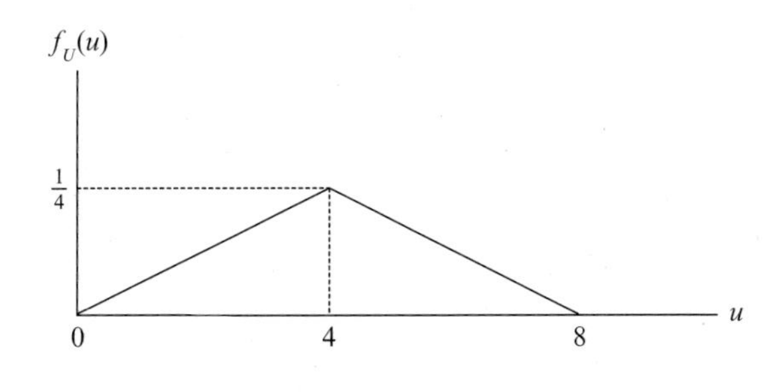

그림 6.5 $U=X+Y$의 확률밀도함수

예제 6.4

(예제 6.3의 일반형) X와 Y가 다음 확률밀도함수를 갖는 두 독립랜덤변수일 때 $Z=X+Y$의 확률밀도함수를 구하라.

$$f_X(x) = \begin{cases} \dfrac{1}{b-a} & a < x < b \\ 0 & \text{otherwise} \end{cases}$$

$$f_Y(y) = \begin{cases} \dfrac{1}{d-c} & c < y < d,\ d-c < b-a \\ 0 & \text{otherwise} \end{cases}$$

풀이

두 확률밀도함수는 그림 6.6에 나타나 있다.

Z의 확률밀도함수의 적분 영역을 구하기 위해서는 그림 6.7에 나와 있는 다이어그램의 각 영역들을 고려해야 한다.

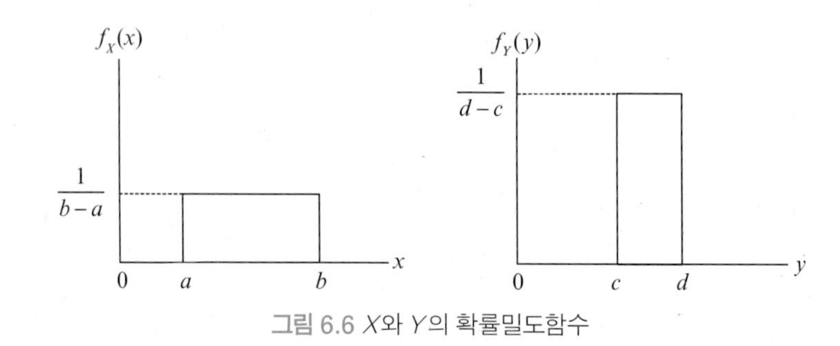

그림 6.6 X와 Y의 확률밀도함수

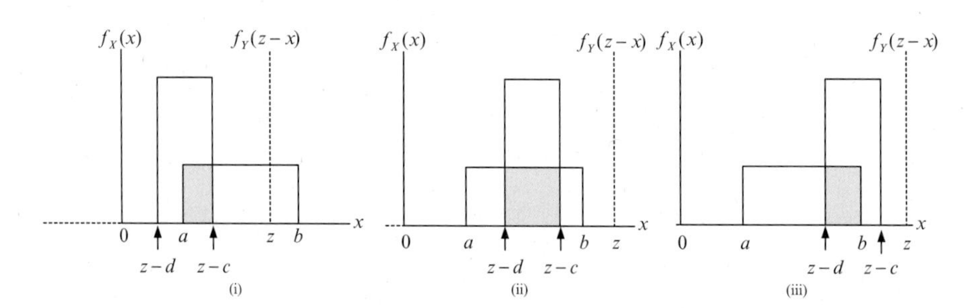

그림 6.7 여러 다른 z 값에 대한 확률밀도함수들의 콘볼루션

만일 $z<a+c$이면 함수 $f_X(x)$와 $f_Y(z-x)$가 겹치지 않기 때문에 $f_Z(z)=0$이 된다. $a+c \le z \le a+d$인 경우 [그림 6.7(i) 참조]

$$f_Z(z) = \frac{1}{(b-a)(d-c)} \int_a^{z-c} dy = \frac{z-c-a}{(b-a)(d-c)}$$

를 얻을 수 있으며, $a+d \le z \le b+c$인 경우 [그림 6.7(ii) 참조]

$$f_Z(z) = \frac{1}{(b-a)(d-c)} \int_{z-d}^{z-c} dy = \frac{1}{b-a}$$

를 얻게 되며, 만일 $b+c \le z \le b+d$인 경우 [그림 6.7(iii) 참조]

$$f_Z(z) = \frac{1}{(b-a)(d-c)} \int_{z-d}^{b} dy = \frac{b+d-z}{(b-a)(d-c)}$$

가 된다. 마지막으로 $z>b+d$인 경우는 $f_Z(z)=0$이 되므로, Z의 확률밀도함수는 다음과 같이 주어진다.

$$f_Z(z)=\begin{cases}0 & z<a+c\\ \dfrac{z-a-c}{(b-a)(d-c)} & a+c\le z\le a+d\\ \dfrac{1}{b-a} & a+d\le z\le b+c\\ \dfrac{b+d-z}{(b-a)(d-c)} & b+c\le z\le b+d\\ 0 & z>b+d\end{cases}$$

이 확률밀도함수는 그림 6.8에 나타나 있으며 사다리꼴 형태를 보인다. 여기서 $b-a=d-c$인 경우의 확률밀도함수는 그림 6.5와 유사한 형태인 $z=(a+c+b+d)/2$를 중심으로 하는 이등변 삼각형의 형태가 되는 것을 확인할 수 있다. 또한 $a=c$이고 $b=d$인 특별한 경우는 $z=a+b$를 중심으로 하는 이등변 삼각형의 형태가 된다.

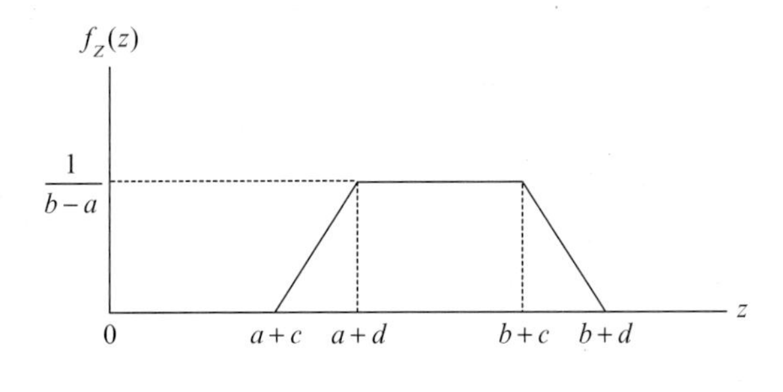

그림 6.8 $Z=X+Y$의 확률밀도함수

예제 6.5

겨울철에 나타나는 연속된 폭설 사이의 시간 간격 X는 다음의 확률밀도함수를 갖는 랜덤변수이다.

$$f_X(x)=\begin{cases}\lambda e^{-\lambda x} & x\ge 0\\ 0 & \text{otherwise}\end{cases}$$

이직까지 눈이 오지 않았다는 가정 하에 두 번째 폭설이 올 때까지의 시간 U의 확률밀도함수를 구하라.

풀이

X를 기준 시간으로부터 첫 폭설이 올 때까지의 기간을 나타내는 랜덤변수라 하고, Y를 첫 번째 폭설과 두 번째 폭설 사이의 시간을 나타내는 랜덤변수라 하자. 만일 폭설 사이의 시간이 독립적이라 한다면, X와 Y는 독립적이고 동일한 분포를 갖는 랜덤변수가 된다. 즉, Y의 확률밀도함수는 다음과 같이 주어지게 된다.

$$f_Y(y) = \begin{cases} \lambda e^{-\lambda y} & y \geq 0 \\ 0 & \text{otherwise} \end{cases}$$

따라서 $U=X+Y$이고 U의 확률밀도함수는 다음과 같이 주어진다.

$$f_U(u) = \int_{x=0}^{\infty} f_X(x) f_Y(u-x)dx$$

$x<0$일 때 $f_X(x)=0$이므로, 적분의 하한은 0이 된다. 적분의 상한을 구하기 위해 $y<0$일 때 $f_Y(y)=0$으로부터 $u-x<0$ (혹은 $x>u$)일 때 $f_Y(u-x)=0$가 된다는 점을 확인할 수 있다. 이러한 이유로 x의 적분 영역은 $0 \leq x \leq u$가 되고 이로부터 다음을 얻게 된다.

$$f_U(u) = \int_{x=0}^{u} f_X(x) f_Y(u-x)dx = \int_{x=0}^{u} \{\lambda e^{-\lambda x}\}\left\{\lambda e^{-\lambda(u-x)}\right\}dx = \lambda^2 e^{-\lambda u}\int_{x=0}^{u} dx$$
$$= \lambda^2 u e^{-\lambda u} \qquad u \geq 0$$

이 수식은 얼랑-2 분포라고 한다.

예제 6.6

다음 확률밀도함수를 갖는 독립랜덤변수 X와 Y의 합을 나타내는 U의 확률밀도함수를 구하라.

$$f_X(x) = \lambda e^{-\lambda x} \qquad x \geq 0$$
$$f_Y(y) = \lambda^2 y e^{-\lambda y} \qquad y \geq 0$$

풀이

X와 Y가 독립적이고 앞선 예제에 언급된 내용을 기반으로 하므로, U의 확률밀도함수는 다음과 같이 주어진다.

$$f_U(u)=\int_{x=0}^{u} f_X(x)f_Y(u-x)dx=\int_{x=0}^{u}\{\lambda e^{-\lambda x}\}\left\{\lambda^2(u-x)e^{-\lambda(u-x)}\right\}dx$$
$$=\lambda^3 e^{-\lambda u}\int_{x=0}^{u}(u-x)dx=\lambda^3 e^{-\lambda u}\left[ux-\frac{x^2}{2}\right]_0^u=\lambda^3 e^{-\lambda u}\left[u^2-\frac{u^2}{2}\right]$$
$$=\frac{\lambda^3u^2e^{-\lambda u}}{2}=\frac{\lambda^3u^2e^{-\lambda u}}{2!} \qquad u\geq 0$$

이 수식은 얼랑-3 분포라고 한다.

예제 6.7

다음 확률밀도함수를 갖는 독립랜덤변수 X와 Y의 합을 나타내는 W의 확률밀도함수를 구하라.

$$f_X(x)=\lambda e^{-\lambda x} \qquad x\geq 0$$
$$f_Y(y)=\mu e^{-\mu y} \qquad y\geq 0$$

단, $\lambda\neq\mu$이다.

풀이

X와 Y가 독립이므로, W의 확률밀도함수는 다음과 같이 주어진다.

$$f_W(w)=\int_{-\infty}^{\infty} f_X(x)f_Y(w-x)dx$$

그림 6.9에 나타난 사실로부터 적분 영역이 구해질 수 있으며, $x<0$일 때 $f_X(x)=0$으로부터 하한 영역은 0이다. 또한 $y<0$일 때 $f_Y(y)=0$으로부터, $w-x<0$일 경우 $f_Y(w-x)=0$이 된다. 이것은 적분이 $w-x\geq 0$ (즉, $x\leq w$)에 대해 정의됨을 의미한다. 따라서 상한은 w가 되며, 관심 적분 영역은 $0\leq x\leq w$이 된다.

그러므로 W의 확률밀도함수는 다음과 같이 주어진다.

$$f_W(w)=\int_{x=0}^{w} f_X(x)f_Y(w-x)dx=\int_{x=0}^{w}\{\lambda e^{-\lambda x}\}\left\{\mu e^{-\mu(w-x)}\right\}dx=\lambda\mu e^{-\mu w}\int_{x=0}^{w} e^{-(\lambda-\mu)x}dx$$
$$=\frac{\lambda\mu}{\lambda-\mu}e^{-\mu w}\left\{1-e^{-(\lambda-\mu)w}\right\}=\frac{\lambda\mu}{\lambda-\mu}\{e^{-\mu w}-e^{-\lambda w}\}$$

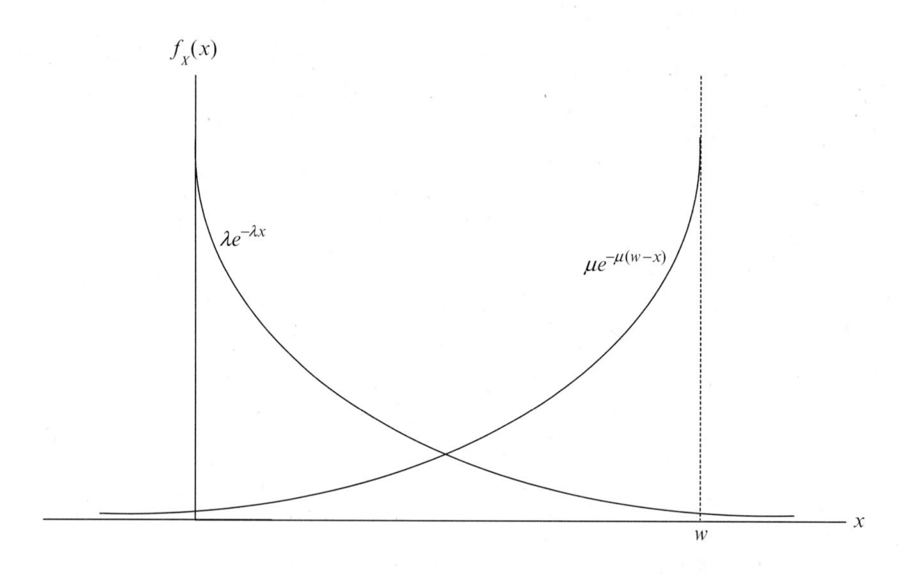

그림 6.9 $W=X+Y$의 확률밀도함수

주석

마지막 세 예제는 $x<0$에 대해 $f_X(x)=0$이고 $y<0$에 대해 $f_Y(y)=0$인 경우 합 $U=X+Y$의 확률밀도함수가 다음과 같이 주어진다는 사실을 보여준다.

$$f_U(u)=\int_{x=0}^{u} f_X(x)f_Y(u-x)dx=\int_{x=0}^{u} f_X(u-y)f_Y(y)dy$$

6.4.1 랜덤변수들의 합의 모멘트

결합확률밀도함수 $f_{XY}(x,y)$를 갖는 두 연속된 랜덤변수 X와 Y를 고려하자. 랜덤변수 U를 X와 Y의 합, 즉 $U=X+Y$라 한다면, U의 평균은 다음과 같이 주어진다.

$$
\begin{aligned}
E[U] &= E[X+Y] = \int_{y=-\infty}^{\infty}\int_{x=-\infty}^{\infty}(x+y)f_{XY}(x,y)dxdy \\
&= \int_{x=-\infty}^{\infty} x\left\{\int_{y=-\infty}^{\infty} f_{XY}(x,y)dy\right\}dx + \int_{y=-\infty}^{\infty} y\left\{\int_{x=-\infty}^{\infty} f_{XY}(x,y)dx\right\}dy \\
&= \int_{x=-\infty}^{\infty} xf_X(x)dx + \int_{y=-\infty}^{\infty} yf_Y(y)dy \\
&= E[X]+E[Y]
\end{aligned}
$$

유사한 방식으로 U의 분산은 다음과 같이 주어진다.

$$
\begin{aligned}
\sigma_U^2 &= E\left[\{U-E[U]\}^2\right] = E\left[\{X+Y-E[X]-E[Y]\}^2\right] \\
&= E\left[\{(X-E[X])+(Y-E[Y])\}^2\right] \\
&= E\left[(X-E[X])^2+(Y-E[Y])^2+2(X-E[X])(Y-E[Y])\right] \\
&= E\left[(X-E[X])^2\right]+E\left[(Y-E[Y])^2\right]+2E[(X-E[X])(Y-E[Y])] \\
&= \sigma_X^2+\sigma_Y^2+2\,\mathrm{Cov}(X,Y) = \sigma_X^2+\sigma_Y^2+2\sigma_{XY} \\
&= \sigma_X^2+\sigma_Y^2+2\rho_{XY}\sigma_X\sigma_Y
\end{aligned}
\tag{6.8}
$$

여기서 ρ_{XY}는 X와 Y의 상관계수, σ_X는 X의 표준편차, σ_Y는 Y의 표준편차를 나타낸다. 만일 X와 Y가 독립이라면, $\mathrm{Cov}(X,Y)=0$이고 이로부터 $\sigma_U^2=\sigma_X^2+\sigma_Y^2$를 얻게 된다.

6.4.2 이산랜덤변수들의 합

앞선 예제들은 모두 연속랜덤변수들을 다루었다. 이제 X와 Y가 이산랜덤변수인 경우 $U=X+Y$를 고려하자. 이때 U의 확률질량함수는 다음과 같이 주어진다.

$$
p_U(u) = P[U=u] = P[X+Y=u] = \sum_{k\le u} P[X=k, Y=u-k] = \sum_{k\le u} p_{XY}(k,u-k)
$$

만일 X와 Y가 독립랜덤변수들이면, U의 확률질량함수는 X의 확률질량함수와

Y의 확률질량함수의 콘볼루션이 된다. 즉,

$$p_U(u) = \sum_{k \le u} p_{XY}(k, u-k) = \sum_{k \le u} p_X(k) p_Y(u-k) \tag{6.9}$$

이는 $p_X(x)$와 $p_Y(y)$의 이산 콘볼루션을 나타낸다.

예제 6.8

만약 X가 다음의 확률질량함수

$$p_X(x) = \begin{cases} \dfrac{1}{M} & x = 0, 1, 2, \dots, M-1 \\ 0 & \text{otherwise} \end{cases}$$

를 갖는 랜덤변수이고 Y가 다음의 확률질량함수

$$p_Y(y) = \begin{cases} \dfrac{1}{N} & y = 0, 1, 2, \dots, N-1 \\ 0 & \text{otherwise} \end{cases}$$

를 갖는 랜덤변수라 하자. 단, $N > M$이다. $U = X+Y$일 때 U의 확률질량함수를 구하라.

풀이

X와 Y가 독립이라면,

$$p_U(u) = \sum_{k \le u} p_{XY}(k, u-k) = \sum_{k \le u} p_X(k) p_Y(u-k)$$

이 된다. $p_X(k)$와 $p_Y(u-k)$에 대한 그래프는 그림 6.10에서 보인다.

만약 $u<0$이면 $p_U(u)=0$이다. $0 \le u \le M-1$인 경우[그림 6.10(a) 참조], $p_U(u)=(u+1)/NM$이 된다. 또한, $M-1 \le u \le N-1$인 경우[그림 6.10(b) 참조], $p_U(u)=1/N$이 된다. $N-1 \le u \le M+N-2$인 경우[그림 6.10(c) 참조], $p_U(u)=(N+M-1-u)/NM$이 됨을 알 수 있다. 마지막으로 $u>N+M-2$인 경우 $p_U(u)=0$이 된다. 따라서 U의 확률질량함수는 다음 사다리꼴과 같이 주어진다.

$$p_U(u) = \begin{cases} 0 & u < 0 \\ \dfrac{u+1}{NM} & 0 \le u \le M-1 \\ \dfrac{1}{N} & M-1 \le u \le N-1 \\ \dfrac{N+M-1-u}{NM} & N-1 \le u \le N+M-2 \\ 0 & u > N+M-2 \end{cases}$$

그림 6.11은 U의 확률질량함수를 나타낸다.

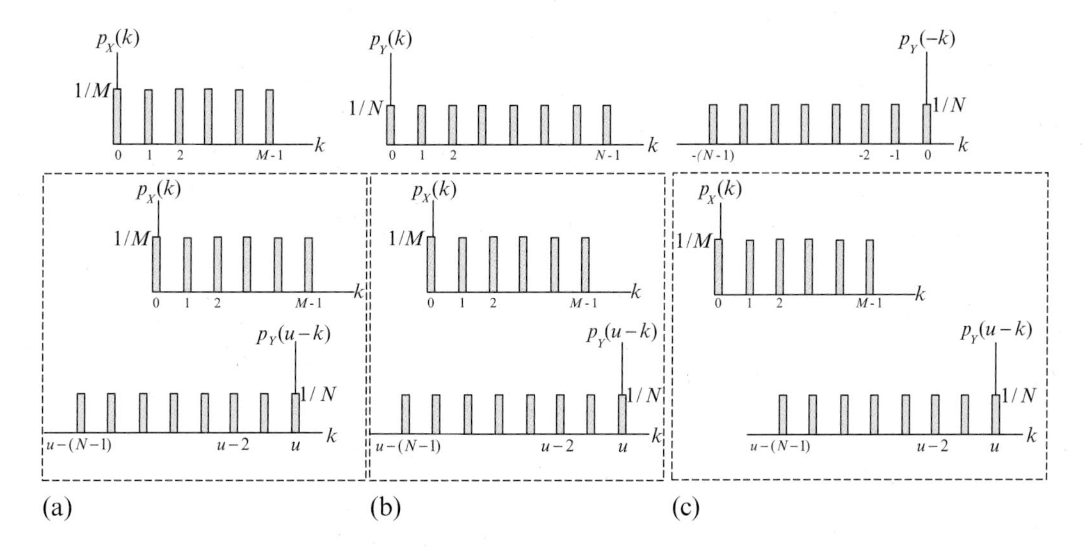

그림 6.10 U의 확률질량함수 유도

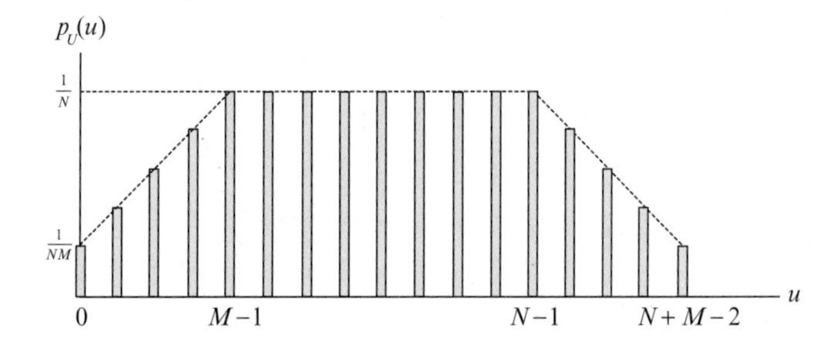

그림 6.11 U의 확률질량함수

예제 6.9

올바른(fair) 주사위를 16번 던졌을 때 나오는 각 숫자들의 합에 대한 기댓값은 얼마인가?

풀이

X를 주사위를 16번 던져 나온 숫자들의 합을 나타내는 랜덤변수라고 하고, $1 \le k \le 16$에 대해 X_k을 k번째 던질 경우 나오는 숫자라고 하자. 이때

$$X = X_1 + X_2 + \cdots + X_{16}$$

이 된다. 따라서 X_k가 동일하게 분포된 랜덤변수들이므로,

$$E[X] = \sum_{k=1}^{16} E[X_k] = 16E[X_1]$$

이 된다. 여기서 주사위를 던질 때 각 6개의 숫자가 나올 경우가 동일하므로

$$p_{X_k}(x) = \begin{cases} \frac{1}{6} & x = 1, 2, \ldots, 6 \\ 0 & \text{otherwise} \end{cases}$$

이 된다. 따라서 $E[X_1]=(1+2+3+4+5+6)/6=7/2$가 되므로 최종적으로

$$E[X] = 16E[X_1] = 16 \times \frac{7}{2} = 56$$

이 된다.

예제 6.10

남자고등학교의 N명의 졸업생들이 졸업식 예행연습이 끝나고 자신의 모자를 공중으로 던져 바닥에 떨어뜨려 놓고 졸업식장을 나가 버렸다. 경비원이 이 모자들을 주워 졸업식장 안에 던져둔다고 하자. 이때 각 학생이 나중에 돌아와 랜덤하게 모자를 가져간다면 자신이 던진 모자를 다시 가지게 될 학생 수의 기댓값은 무엇인가?

풀이

X를 자신이 던졌던 모자를 갖는 학생 수를 나타내는 랜덤변수라 하고, X_k를 다음과 같이 정의되는 지시 랜덤변수라 하자.

$$X_k = \begin{cases} 1 & \text{if the } k\text{th student picked his own cap} \\ 0 & \text{otherwise} \end{cases}$$

단, $1 \le k \le N$이다. 이러한 경우

$$X = X_1 + X_2 + \cdots + X_N$$

이 된다. 만일 모자를 줍는 일이 랜덤하게 발생한다면, 각각의 k에 대해 $E[X_k]=P[X_k=1]=1/N$이 됨을 알 수 있다. 따라서

$$E[X] = \sum_{k=1}^{N} E[X_k] = NE[X_1] = \frac{N}{N} = 1$$

이 된다.

예제 6.11

무도회장에 남자 한 명, 여자 한 명의 쌍으로 학생들이 모여들었다. 모두 N쌍이 있는데, 이 건물의 소유주는 $2N$명의 사람이 이 무도회장에 있는 것이 건축법상 위법인 것을 알게 되었다. 건축법을 따르기 위해서 소유주는 m명의 사람이 무도회장을 떠나줄 것을 요청해야만 한다. 만일 퇴장해줄 m명의 사람을 임의로 선택한다면, 무도회장에 남아 있는 쌍의 기댓값은 무엇인가?

풀이

X를 m명이 떠난 뒤에 남아 있는 쌍의 수를 나타내는 랜덤변수라 하고, X_k를 다음과 같이 정의되는 지시랜덤변수라고 하자.

$$X_k = \begin{cases} 1 & \text{if the } k\text{th couple remains} \\ 0 & \text{otherwise} \end{cases}$$

단, $1 \le k \le N$이다. 이때

$$X = X_1 + X_2 + \cdots + X_N$$

가 되며, 각 k에 대해 $E[X_k]=P[X_k=1]=1/N$이 된다. 그러나 특정 한 쌍이 남게 되는 확률은 전체 인원 $2N$명으로부터 m명을 선택하는 방법의 수와 자신들을 제외한 $2N-2$명 중에서 m명을 선택하는 방법의 수의 비율과 같으므로 다음과 같이 주어진다.

$$E[X_k]=P[X_k=1]=\frac{\binom{2N-2}{m}}{\binom{2N}{m}}=\frac{\frac{(2N-2)!}{(2N-m-2)!m!}}{\frac{(2N)!}{(2N-m)!m!}}=\frac{(2N-m)(2N-m-1)}{2N(2N-1)}$$

따라서

$$E[X]=\sum_{k=1}^{N}E[X_k]=NE[X_1]=\frac{N(2N-m)(2N-m-1)}{2N(2N-1)}=\frac{(2N-m)(2N-m-1)}{2(2N-1)}$$

한 예로, 만약 $N=50$이고 $m=15$인 경우 $E[X]=36.06$이 되며 이것은 36쌍이 무도회장에 남아 있는 것을 의미한다.

6.4.3 독립적 이항랜덤변수들의 합

X와 Y를 각각 파라미터 (n,p)와 (m,p)를 갖는 두 독립적 이항랜덤변수들이라고 하자. 이때 그들의 합을 V, 즉 $V=X+Y$라 하면 V의 확률질량함수는 다음과 같이 주어진다.

$$\begin{aligned}
p_V(v)=P[V=v]=P[X+Y=v]&=\sum_{k=0}^{n}P[X=k,Y=v-k]\\
&=\sum_{k=0}^{n}P[X=k]P[Y=v-k]\\
&=\sum_{k=0}^{n}\binom{n}{k}p^k(1-p)^{n-k}\binom{m}{v-k}p^{v-k}(1-p)^{m-v+k} \qquad (6.10)\\
&=p^v(1-p)^{m+n-v}\sum_{k=0}^{n}\binom{n}{k}\binom{m}{v-k}\\
&=\binom{n+m}{v}p^v(1-p)^{m+n-v}
\end{aligned}$$

여기서 다음의 조합 특성을 사용하였다.

$$\sum_{k=0}^{n}\binom{n}{k}\binom{m}{v-k}=\binom{n+m}{v}$$

이러한 결과는 변수 (n,p)와 (m,p)를 갖는 두 독립적 이항랜덤변수들의 합은 변수 $(n+m,p)$를 갖는 이항랜덤변수임을 나타낸다.

6.4.4 독립적 푸아송 랜덤변수들의 합

X와 Y를 파라미터 λ_X와 λ_Y를 갖는 2개의 독립적 푸아송 랜덤변수들이라 하고, Z를 그들의 합, 즉 $Z=X+Y$라고 하자. $0\le k\le z$에 대해 두 부분 사건 $\{Z=X+Y=z\}=\{X=k, Y=z-k\}$의 조합으로 표현될 수 있는 사건 $\{Z=z\}$를 고려할 때, Z의 확률질량함수는 다음과 같이 주어진다.

$$\begin{aligned}p_Z(z)&=P[Z=z]=P[X+Y=z]=\sum_{k=0}^{z}P[X=k,Y=z-k]\\&=\sum_{k=0}^{z}P[X=k]P[Y=z-k]=\sum_{k=0}^{z}\left\{\frac{\lambda_X^k}{k!}e^{-\lambda_X}\right\}\left\{\frac{\lambda_Y^{z-k}}{(z-k)!}e^{-\lambda_Y}\right\}\\&=e^{-(\lambda_X+\lambda_Y)}\frac{1}{z!}\sum_{k=0}^{z}\frac{z!}{(z-k)!k!}\lambda_X^k\lambda_Y^{z-k}=\frac{e^{-(\lambda_X+\lambda_Y)}}{z!}\sum_{k=0}^{z}\binom{z}{k}\lambda_X^k\lambda_Y^{z-k}\\&=\frac{(\lambda_X+\lambda_Y)^z}{z!}e^{-(\lambda_X+\lambda_Y)}\qquad z=0,1,2,\ldots\end{aligned}\tag{6.11}$$

여기서 다음의 이항 특성을 사용하였다.

$$\sum_{k=0}^{z}\binom{z}{k}\lambda_X^k\lambda_Y^{z-k}=(\lambda_X+\lambda_Y)^z$$

따라서 파라미터 λ_X와 λ_Y를 갖는 두 독립적 푸아송 랜덤변수들의 합은 파라미터 $\lambda_X+\lambda_Y$를 갖는 푸아송 랜덤변수임을 알 수 있다.

6.4.5 예비 부품 문제

그림 6.2로부터 독립랜덤변수들의 합을 구하는 것은 기본 구성체가 고장이 났을 경우 대체 구성체가 바로 교체되어 연속적인 기능을 수행할 수 있는 시스템의 수명을 구하는 것과 동일하다는 점을 배웠다. 여기서 재미있는 문제는 시스템의 수명이 주어진 값 이상을 초과할 확률을 구하는 것이다. 오직 하나의 예비 부품이 가능한 경우에 있어서 우리는 기본적으로 두 랜덤변수들의 합을 다루게 된다. 또한 $n-1$개의 예비 부품이 가능한 경우 n개의 랜덤변수들의 합을 다루게 된다. $n=2$인 경우에 대해, 기본 구성체의 수명이 X이고 예비 구성체의 수명이 Y이며 X와 Y가 독립이면, 시스템의 수명 W와 그 확률밀도함수는 다음과 같이 주어지게 된다.

$$W = X + Y$$
$$f_W(w) = \int_0^w f_X(w-y) f_Y(y) dy$$

따라서 만약 이 시스템의 신뢰성 함수를 $R_W(w)$로 정의할 때 시스템의 수명이 특정값 w_0를 초과할 확률은 다음과 같이 주어진다.

$$P[W > w_0] = \int_{w_0}^{\infty} f_W(w) dw = 1 - F_W(w_0) = R_W(w_0)$$

만일 $P[W>w_0] \geq \varphi$ (단, $0 \leq \varphi \leq 1$)의 조건이 요구된다면, 이 요구사항을 충족하는 X와 Y의 파라미터들을 찾는 것이 필요하다. 예를 들어 X와 Y가 독립적이고 동일하게 분포된 평균 $1/\lambda$를 갖는 지수랜덤변수라고 하면, 요구사항을 충족하는 랜덤변수들의 가장 작은 평균값을 찾을 수 있을 것이다.

가령 $n-1$개의 예비 부품들이 있는 경우 시스템의 수명 U는

$$U = X_1 + X_2 + \cdots + X_n$$

로 주어질 것이며, 여기서 X_k는 k번째 부품의 수명을 나타낸다. 만일 X_k를 독립이

라고 한다면, U의 확률밀도함수는 다음과 같이 n번 곱한 콘볼루션 적분에 의해 표현될 것이다.

$$f_U(u)=\int_0^u\int_0^{x_1}\cdots\int_0^{x_{n-1}} f_{X_1}(u-x_1)f_{X_2}(x_1-x_2)\cdots f_{X_{n-1}}(x_{n-1}-x_n)\times f_{X_n}(x_n)dx_n dx_{n-1}\cdots dx_1$$

X_k가 독립적이고 동일하게 분포된 평균 $1/\lambda$를 갖는 지수랜덤변수일 때, U는 n차 승수를 갖는 얼랑랜덤변수이며 확률밀도함수, 누적분포함수, 신뢰도 함수는 다음과 같이 주어진다.

$$f_U(u)=\begin{cases}\dfrac{\lambda^n u^{n-1}e^{-\lambda u}}{(n-1)!} & n=1,2,\ldots;\ u\geq 0\\ 0 & u<0\end{cases}$$

$$F_U(u)=1-\sum_{k=0}^{n-1}\frac{(\lambda u)^k e^{-\lambda u}}{k!} \tag{6.12}$$

$$R_U(u)=1-F_U(u)=\sum_{k=0}^{n-1}\frac{(\lambda u)^k e^{-\lambda u}}{k!}$$

예제 6.12

어느 시스템이 50시간을 평균으로 갖고 수명이 지수분포를 따르는 하나의 부품으로 이루어져 있다. 만일 부품이 고장하는 경우, 이 시스템이 멈추는 일 없이 원래의 부품과 같은 특성을 지니는 수명이 독립적이고 동일하게 분포된 부품으로 교체된다.

a. 100시간의 가동에도 이 시스템이 고장 나지 않을 확률은 얼마인가?
b. 만일 그 부품과 예비 부품의 평균 수명이 10% 정도 늘어난다면, 시스템이 100시간의 수명을 초과할 확률에 얼마나 영향을 주겠는가?

풀이

X를 부품의 수명을 나타내는 랜덤변수라 하고 U를 시스템의 수명을 나타내는 랜덤변수라 하자. 이때 U는 얼랑-2 랜덤변수가 되며, 그것의 확률밀도함수, 누적분포함수, 신뢰도 함수는

$$f_U(u)=\begin{cases}\lambda^2 ue^{-\lambda u} & u\geq 0\\ 0 & u<0\end{cases}$$

$$F_U(u)=1-\sum_{k=0}^{1}\frac{(\lambda u)^k e^{-\lambda u}}{k!}=1-e^{-\lambda u}\{1+\lambda u\}$$

$$R_U(u)=1-F_U(u)=\sum_{k=0}^{1}\frac{(\lambda u)^k e^{-\lambda u}}{k!}=e^{-\lambda u}\{1+\lambda u\}$$

가 된다.

a. $1/\lambda=50$이므로 다음과 같이 계산할 수 있다.

$$P[U>100]=R_U(100)=e^{-100/50}\left\{1+\frac{100}{50}\right\}=3e^{-2}=0.4060$$

b. 만일 부품의 평균 수명이 10% 증가하면, 평균 수명은 $1/\lambda=50(1+0.1)=55$이 된다. 따라서 새로운 시스템의 평균은 $\lambda u=100/55$가 되고 이에 따른 신뢰도 함수 $R_U(100)$는

$$R_U(100)=e^{-100/55}\left\{1+\frac{100}{55}\right\}=2.8182e^{-1.82}=0.4574$$

와 같다.

이것은 시스템의 수명이 100시간 이상일 확률이 13% 증가함을 의미한다.

예제 6.13

어느 시스템의 한 부품이 고장 날 시간은 평균 100시간을 갖는 지수분포를 따른다. 이 부품이 고장 날 경우, 이전 부품과 같은 특성을 지니며 고장 시간이 독립적인 예비 부품으로 즉시 교체되어 시스템이 멈추는 일은 없게 된다. 이 시스템이 적어도 300시간 동안 연속으로 가동되는 확률이 최소 0.95 이상 되기 위해 요구되는 최소한의 예비 부품 개수는 얼마인가?

풀이

X를 부품의 수명을 나타내는 랜덤변수라 하고 예비 부품의 개수가 $n-1$개라 하자. U를 시스템의 수명을 나타내는 랜덤변수라 할 때 $U=X_1+X_2+\cdots+X_n$로 주어지며 이것은 얼랑-n 랜덤변수로 그 신뢰성

함수는 다음과 같이 주어진다.

$$R_U(u) = 1 - F_U(u) = \sum_{k=0}^{n-1} \frac{(\lambda u)^k e^{-\lambda u}}{k!} = e^{-\lambda u}\left\{1 + \lambda u + \frac{(\lambda u)^2}{2!} + \cdots + \frac{(\lambda u)^{n-1}}{(n-1)!}\right\} \geq 0.95$$

$1/\lambda$=100이므로 다음과 같이 계산할 수 있다.

$$R_U(300) = e^{-3}\left\{1 + 3 + \frac{(3)^2}{2!} + \frac{(3)^3}{3!} + \frac{(3)^4}{4!} + \cdots + \frac{(3)^{n-1}}{(n-1)!}\right\} \geq 0.95$$

다음에 나타나 있는 표는 n 값에 따른 $R_U(300)$의 값을 보여준다.

$n-1$=5인 경우 요구되는 가동 확률을 충족시키지 못하며, $n-1$=6인 경우 요건이 충족되는 것을 알 수 있다. 이것은 요구조건을 충족시키기 위해 최소 6개의 예비 부품이 필요함을 의미한다.

$n-1$	$R_U(300)$
0	0.0498
1	0.1991
2	0.4232
3	0.6472
4	0.8153
5	0.9161
6	0.9665

6.5 두 독립랜덤변수들의 최솟값

두 독립적 연속랜덤변수 X와 Y를 고려하자. 이때 우리가 관심을 가질 것은 X와 Y의 최솟값을 나타내는 랜덤변수 V, 즉 $V=\min(X,Y)$이다. 랜덤변수 V는 그림 6.12에서 보이듯이 직렬 연결을 갖는 시스템의 신뢰성을 나타내는 데 사용될 수 있다. 이러한 시스템은 모든 부품들이 가동되어야만 가동이 유지되는 특성을 가진다. 즉 어떤 부품이 고장 나면 시스템은 멈추게 된다. 따라서 그림 6.12에서 보이는 예제에서와 같이 고장까지의 시간은 랜덤변수 X와 Y로 표현될 수 있다. 이때 V는 시스템이 고장 날 때까지의 시간이며, 이것은 두 부품 중 최소 수명이 된다.

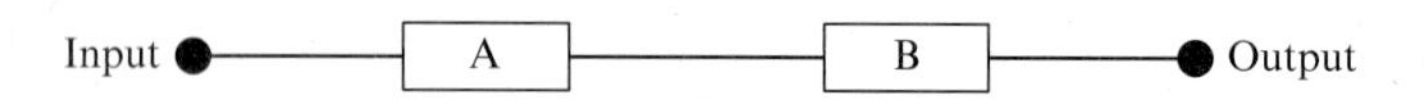

그림 6.12 랜덤변수 V에 의해 모델링된 직렬 연결

V의 누적분포함수는 다음과 같이 얻을 수 있다.

$$F_V(v) = P[V \le v] = P[\min(X, Y) \le v] = P[(X \le v, X \le Y) \cup (Y \le v, X > Y)]$$

여기서 $P[A \cup B] = P[A] + P[B] - P[A \cap B]$이므로, 다음 식을 도출할 수 있다.

$$F_V(v) = P[X \le v] + P[Y \le v] - P[X \le v, Y \le v] = F_X(v) + F_Y(v) - F_{XY}(v, v)$$

또한 X와 Y가 독립이므로, V의 누적분포함수와 확률밀도함수는 다음과 같이 표현된다.

$$\begin{aligned} F_V(v) &= F_X(v) + F_Y(v) - F_{XY}(v,v) = F_X(v) + F_Y(v) - F_X(v)F_Y(v) \\ f_V(v) &= \frac{d}{dv}F_V(v) = f_X(v) + f_Y(v) - f_X(v)F_Y(v) - F_X(v)f_Y(v) \\ &= f_X(v)\{1 - F_Y(v)\} + f_Y(v)\{1 - F_X(v)\} \end{aligned} \tag{6.13}$$

예제 6.14

각각 다음 확률밀도함수를 갖는 X와 Y가 독립랜덤변수일 때, $V=\min\{X,Y\}$라 하자.

$$f_X(x) = \lambda e^{-\lambda x} \quad x \ge 0$$
$$f_Y(y) = \mu e^{-\mu y} \quad y \ge 0$$

여기서 $\lambda>0$이고 $\mu>0$이다. V의 확률밀도함수는 무엇인가?

풀이

우선 X와 Y의 누적분포함수들은 다음과 같이 주어진다.

$$F_X(x) = P[X \le x] = \int_0^x \lambda e^{-\lambda u} du = 1 - e^{-\lambda x}$$
$$F_Y(y) = P[Y \le y] = \int_0^y \mu e^{-\mu w} dw = 1 - e^{-\mu y}$$

따라서 V의 확률밀도함수는 다음과 같다.

$$f_V(v) = f_X(v)\{1 - F_Y(v)\} + f_Y(v)\{1 - F_X(v)\} = \lambda e^{-\lambda v} e^{-\mu v} + \mu e^{-\mu v} e^{-\lambda v} = \lambda e^{-(\lambda+\mu)v} + \mu e^{-(\lambda+\mu)v}$$
$$= (\lambda + \mu) e^{-(\lambda+\mu)v} \qquad v \ge 0$$

λ와 μ가 부품들의 고장률이므로, 이 결과는 고장률이 두 고장률의 합과 같은 단일 장비와 같은 시스템과 같이 동작함을 알 수 있다. 무엇보다도 V는 기댓값이 $E[V]=1/(\lambda+\mu)$인 지수분포랜덤변수임을 알 수 있다.

6.6 두 독립랜덤변수들의 최댓값

두 독립연속랜덤변수 X와 Y를 고려하자. 우리가 관심을 가질 것은 X와 Y의 최댓값을 나타내는 랜덤변수 W, 즉 $W=\max(X, Y)$이다. 랜덤변수 W는 그림 6.13에서 보이듯이 병결 연결을 갖는 시스템의 신뢰성을 나타내는 데 사용될 수 있다. 이러한 시스템에서는 A와 B로 표시된 두 부품을 통해 양 끝단 사이로 신호가 통과하는 것을 생각할 수 있다. 따라서 두 부품 중 하나라도 동작을 하고 있으면, 시스템은 작동을 하게 된다. 이것은 이 시스템이 고장이 날 경우, 두 방향의 부품 모두를 사용할 수 없게 될 때를 의미한다. 즉, 시스템의 신뢰성이 마지막으로 고장 나는 부품의 신뢰성임을 의미한다.

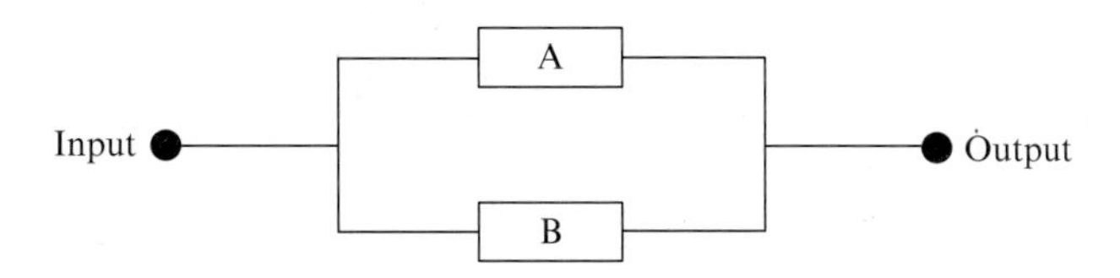

그림 6.13 랜덤변수 W로 모델링되는 병렬 연결

W의 누적분포함수는 두 랜덤변수 중 큰 값이 w보다 작거나 같은 경우, 랜덤변수 중 작은 값이 반드시 w보다 작거나 같다는 점을 이용하여 구할 수 있다. 따라서

$$F_W(w) = P[W \le w] = P[\max(X, Y) \le w] = P[(X \le w) \cap (Y \le w)] = F_{XY}(w, w)$$

이며, X와 Y가 독립이므로, W의 누적분포함수 및 확률밀도함수는 다음과 같이 얻을 수 있다.

$$\begin{aligned} F_W(w) &= F_{XY}(w,w) = F_X(w)F_Y(w) \\ f_W(w) &= \frac{d}{dw}F_W(w) = f_X(w)F_Y(w) + F_X(w)f_Y(w) \end{aligned} \tag{6.14}$$

예제 6.15

2개의 부품 A와 B가 각각 독립랜덤변수인 수명 X와 Y를 갖는다. 부품들은 수명이 W인 시스템을 생성하기 위해 병결로 연결된다. 시스템이 부품 중 최소 하나 이상이 동작하는 것을 필요로 하고, X와 Y의 확률밀도함수는 다음과 같이 주어진다.

$$\begin{aligned} f_X(x) &= \lambda e^{-\lambda x} \qquad x \ge 0 \\ f_Y(y) &= \mu e^{-\mu y} \qquad y \ge 0 \end{aligned}$$

여기서 $\lambda>0$이고 $\mu>0$이다. 이때 W의 확률밀도함수를 구하라.

풀이

W=max(X,Y)라고 하자. 우선 X와 Y의 누적분포함수들은 다음과 같이 주어진다.

$$\begin{aligned} F_X(x) &= P[X \le x] = \int_0^x \lambda e^{-\lambda u} du = 1 - e^{-\lambda x} \\ F_Y(y) &= P[Y \le y] = \int_0^y \mu e^{-\mu w} dw = 1 - e^{-\mu y} \end{aligned}$$

따라서 W의 확률밀도함수는 다음과 같이 주어진다.

$$\begin{aligned} f_W(w) &= f_X(w)F_Y(w) + F_X(w)f_Y(w) = \lambda e^{-\lambda w}(1 - e^{-\mu w}) + \mu e^{-\mu w}(1 - e^{-\lambda w}) \\ &= \lambda e^{-\lambda w} + \mu e^{-\mu w} - (\lambda + \mu)e^{-(\lambda + \mu)w} \qquad w \ge 0 \end{aligned}$$

W의 기댓값이 다음과 같이 나옴을 확인할 수 있다.

$$E[W] = \frac{1}{\lambda} + \frac{1}{\mu} - \frac{1}{\lambda+\mu}$$

이 결과는 다음과 같이 설명할 수 있다. 예제 6.14의 결과에 따라 첫 번째 고장이 날 때까지의 평균 시간은 $1/\lambda+\mu$로 주어진다. 첫 번째 부품이 고장 난 후 두 번째 고장이 발생할 때까지의 평균 시간은 부품 B가 먼저 고장 나는 경우에는 $1/\lambda$로 주어지고, 부품 A가 먼저 고장 나는 경우에는 $1/\mu$로 주어진다. 부품 B 이전에 부품 A가 먼저 고장 날 확률은 $\lambda/(\lambda+\mu)$이고, 부품 A 이전에 부품 B가 고장 날 확률은 $\mu/(\lambda+\mu)$가 된다. 따라서 시스템의 평균 수명은 다음과 같이 주어진다.

$$E[W] = \frac{1}{\lambda+\mu} + \frac{1}{\lambda}\left(\frac{\mu}{\lambda+\mu}\right) + \frac{1}{\mu}\left(\frac{\lambda}{\lambda+\mu}\right) = \frac{\lambda\mu + \mu^2 + \lambda^2}{\lambda\mu(\lambda+\mu)} = \frac{2\lambda\mu + \mu^2 + \lambda^2 - \lambda\mu}{\lambda\mu(\lambda+\mu)}$$

$$= \frac{(\lambda+\mu)^2 - \lambda\mu}{\lambda\mu(\lambda+\mu)} = \frac{\lambda+\mu}{\lambda\mu} - \frac{1}{\lambda+\mu} = \frac{1}{\lambda} + \frac{1}{\mu} - \frac{1}{\lambda+\mu}$$

6.7 상호연결 모델들의 비교

지금까지 두 부품들의 상호연결에 대한 세 가지 모델, 즉 대기 모델, 직렬 모델, 병렬 모델을 고려하였다. 그림 6.14는 이 세 가지 모델들을 보여준다. X를 부품 A의 수명을 나타내는 랜덤변수라 하고, Y를 부품 B의 수명을 나타내는 랜덤변수라 하자.

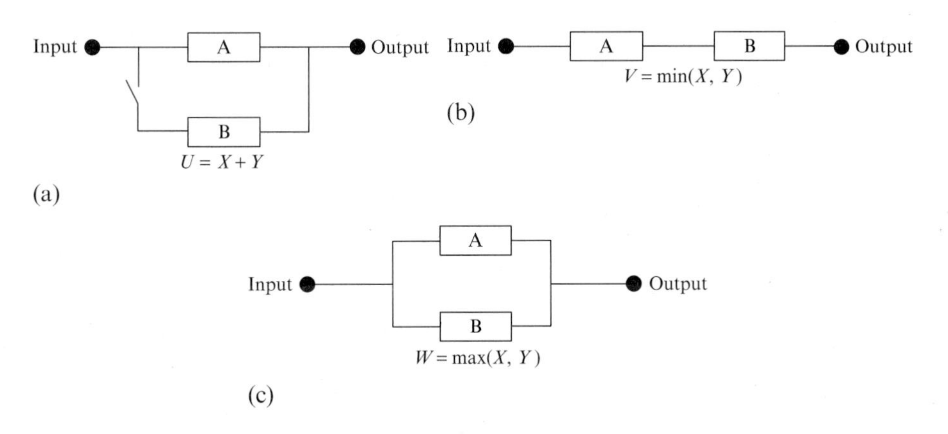

그림 6.14 세 가지 상호연결 모델들

랜덤변수들을 다음과 같이 정의한다.

$$U = X + Y$$
$$V = \min(X, Y)$$
$$W = \max(X,Y)$$

X와 Y의 확률밀도함수들이 다음과 같이 각각 정의된다고 하자.

$$f_X(x) = \lambda e^{-\lambda x} \qquad x \geq 0, \lambda > 0$$
$$f_Y(y) = \mu e^{-\mu y} \qquad y \geq 0, \mu > 0$$

아래의 사항들은 X와 Y의 확률밀도함수 측면에서 U, V, W에 대한 확률밀도함수에 대해 앞에서 구한 결과에 대한 요약을 보여준다.

$$f_U(y) = \frac{\lambda\mu}{\lambda - \mu}\{e^{-\mu u} - e^{-\lambda u}\} \qquad u \geq 0$$
$$f_V(v) = (\lambda + \mu)e^{-(\lambda+\mu)v} \qquad v \geq 0$$
$$f_W(w) = \lambda e^{-\lambda w} + \mu e^{-\mu w} - (\lambda + \mu)e^{-(\lambda+\mu)w} \qquad w \geq 0$$

유사한 방식으로 랜덤변수들의 평균값은

$$E[U] = \frac{1}{\lambda} + \frac{1}{\mu}$$
$$E[V] = \frac{1}{\lambda + \mu}$$
$$E[W] = \frac{1}{\lambda} + \frac{1}{\mu} - \frac{1}{\lambda + \mu}$$

로 주어진다. 위의 결과로부터 $E[U]>E[W]$임을 알 수 있다. 또한 $E[W]$와 $E[V]$를 비교함으로써

$$E[W] - E[V] = \frac{1}{\lambda} + \frac{1}{\mu} - \frac{1}{\lambda + \mu} - \frac{1}{\lambda + \mu} = \frac{1}{\lambda} + \frac{1}{\mu} - \frac{2}{\lambda + \mu}$$
$$= \frac{\mu(\lambda + \mu) + \lambda(\lambda + \mu) - 2\mu\lambda}{\lambda\mu(\lambda + \mu)} = \frac{\lambda^2 + \mu^2}{\lambda\mu(\lambda + \mu)} > 0$$

임을 알 수 있다. 따라서 우리는 $E[U]>E[W]>E[V]$ 관계를 알 수 있다. 즉, 대기 연결이 가장 큰 평균 수명을 가지며, 그 뒤를 병결 연결이 그리고 직렬 연결이 최소 평균 수명을 가지게 된다. 이러한 결과는 직렬 연결의 고장률이 두 부품의 고장률의 합이며, 이것은 직렬 연결의 평균 수명이 두 부품 중 하나의 평균 수명보다 작아짐을 의미하므로 놀랄만한 일은 아니다. 이와 유사하게 대기 연결의 평균 수명은 각 부품들의 평균 수명의 합이 된다. 마지막으로 병결 연결의 평균 수명은 더 오랜 시간을 유지하는 부품의 평균 수명과 같게 되므로, 다른 두 모델들의 수명 사이에 위치하게 된다.

6.8 이중랜덤변수들의 두 함수

주어진 결합확률밀도함수 $f_{XY}(x,y)$를 갖는 두 랜덤변수를 X와 Y라 하자. U와 W를 X와 Y의 두 함수들, 즉 $U=g(X,Y)$ 그리고 $W=h(X,Y)$라고 가정한다. 때때로 X와 Y의 확률밀도함수로 표현된 U와 W의 결합확률밀도함수 $f_{UW}(u,w)$를 얻어야할 필요가 있다.

이때 (x_1,y_1), (x_2,y_2), …, (x_n,y_n)이 식 $u=g(x,y)$와 $w=h(x,y)$의 실수해이면, $f_{UW}(u,w)$는 다음과 같이 주어짐을 보일 수 있다.

$$f_{UW}(u,w)=\frac{f_{XY}(x_1,y_1)}{|J(x_1,y_1)|}+\frac{f_{XY}(x_2,y_2)}{|J(x_2,y_2)|}+\cdots+\frac{f_{XY}(x_n,y_n)}{|J(x_n,y_n)|} \tag{6.15}$$

여기서 $J(x,y)$는 다음과 같이 정의되는 변환 $\{u=g(x,y),\ w=h(x,y)\}$의 야코비안(Jacobian)이다.

$$J(x,y)=\begin{vmatrix} \frac{\partial g}{\partial x} & \frac{\partial g}{\partial y} \\ \frac{\partial h}{\partial x} & \frac{\partial h}{\partial y} \end{vmatrix}=\left(\frac{\partial g}{\partial x}\right)\left(\frac{\partial h}{\partial y}\right)-\left(\frac{\partial g}{\partial y}\right)\left(\frac{\partial h}{\partial x}\right) \tag{6.16}$$

예제 6.16

$U=g(X,Y)=X+Y$이고 $W=h(X,Y)=X-Y$일 때, $f_{UW}(u,w)$를 구하라.

풀이

식 $u=x+y$와 $w=x-y$의 유일 해는 $x=(u+w)/2$와 $y=(u-w)/2$이다. 따라서 단지 하나의 해만 존재하게 된다.

$$J(x,y)=\begin{vmatrix} \frac{\partial u}{\partial x} & \frac{\partial u}{\partial y} \\ \frac{\partial w}{\partial x} & \frac{\partial w}{\partial y} \end{vmatrix}=\begin{vmatrix} 1 & 1 \\ 1 & -1 \end{vmatrix}=-2$$

이므로

$$f_{UW}(u,w)=\frac{f_{XY}(x,y)}{|J(x,y)|}=\frac{1}{|-2|}f_{XY}\left(\frac{u+w}{2},\frac{u-w}{2}\right)=\frac{1}{2}f_{XY}\left(\frac{u+w}{2},\frac{u-w}{2}\right)$$

를 얻게 된다.

예제 6.17

$U=X^2+Y^2$이고 $W=X^2$일 때 $f_{UW}(u,w)$를 구하라.

풀이

두 번째 식으로부터 $x=\pm\sqrt{w}$이다. 이 값을 첫 번째 식의 x값에 치환하면 $y=\pm\sqrt{(u-w)}$를 얻게 되며, 이것은 $u \geq w$일 때 실수해를 갖는다. 또한

$$J(x,y)=\begin{vmatrix} \frac{\partial u}{\partial x} & \frac{\partial u}{\partial y} \\ \frac{\partial w}{\partial x} & \frac{\partial w}{\partial y} \end{vmatrix}=\begin{vmatrix} 2x & 2y \\ 2x & 0 \end{vmatrix}=-4xy$$

이므로

$$f_{UW}(u,w)=\frac{f_{XY}(\sqrt{w},\sqrt{u-w})}{4\left|\sqrt{w(u-w)}\right|}+\frac{f_{XY}(\sqrt{w},-\sqrt{u-w})}{4\left|-\sqrt{w(u-w)}\right|}+\frac{f_{XY}(-\sqrt{w},\sqrt{u-w})}{4\left|-\sqrt{w(u-w)}\right|}$$
$$+\frac{f_{XY}(-\sqrt{w},-\sqrt{u-w})}{4\left|\sqrt{w(u-w)}\right|}$$
$$=\frac{f_{XY}(\sqrt{w},\sqrt{u-w})+f_{XY}(\sqrt{w},-\sqrt{u-w})+f_{XY}(-\sqrt{w},\sqrt{u-w})}{4\left|\sqrt{w(u-w)}\right|}$$
$$+\frac{f_{XY}(-\sqrt{w},-\sqrt{u-w})}{4\left|\sqrt{w(u-w)}\right|}$$

가 된다.

6.8.1 변환 방법의 응용

$U=g(X,Y)$라 할 때 U의 확률밀도함수를 구한다. 우리는 U와 W의 결합확률밀도함수 $f_{UW}(u,w)$를 구하기 위하여 보조 함수 $W=X$ 또는 $W=Y$를 정의함으로써 위의 변환 방식을 사용할 수 있다. 이렇게 되면 다음과 같이 요구되는 주변(marginal) 확률밀도함수 $f_U(u)$를 구할 수 있다.

$$f_U(u)=\int_{-\infty}^{\infty}f_{UW}(u,w)dw$$

예제 6.18

X와 Y의 결합확률밀도함수 $f_{XY}(x,y)$가 주어졌을 때 랜덤변수 $U=X+Y$의 확률밀도함수를 구하라.

풀이

보조 랜덤변수를 $W=X$로 정의하면, 두 식에 대한 유일 해는 $x=w$와 $y=u-w$가 되며 변환의 야코비안은

$$J(x,y) = \begin{vmatrix} \frac{\partial u}{\partial x} & \frac{\partial u}{\partial y} \\ \frac{\partial w}{\partial x} & \frac{\partial w}{\partial y} \end{vmatrix} = \begin{vmatrix} 1 & 1 \\ 1 & 0 \end{vmatrix} = -1$$

이 된다. 이것이 오직 하나의 해답을 가지므로 다음과 같이 나타낼 수 있다.

$$f_{UW}(u,w) = \frac{f_{XY}(x,y)}{|J(x,y)|} = \frac{1}{|-1|} f_{XY}(w,u-w) = f_{XY}(w,u-w)$$

$$f_U(u) = \int_{-\infty}^{\infty} f_{UW}(u,w)dw = \int_{-\infty}^{\infty} f_{XY}(w,u-w)dw$$

이것은 X와 Y가 독립일 때 얻은 콘볼루션 적분으로 환원된다.

예제 6.19

X와 Y의 결합확률밀도함수 $f_{XY}(x,y)$가 주어졌을 때 랜덤변수 $U=X-Y$의 확률밀도함수를 구하라.

풀이

보조 랜덤변수를 $W=X$로 정의하면, 두 식에 대한 유일 해는 $x=w$와 $y=w-u$가 되며 변환의 야코비안은

$$J(x,y) = \begin{vmatrix} \frac{\partial u}{\partial x} & \frac{\partial u}{\partial y} \\ \frac{\partial w}{\partial x} & \frac{\partial w}{\partial y} \end{vmatrix} = \begin{vmatrix} 1 & -1 \\ 1 & 0 \end{vmatrix} = 1$$

이 된다. 이것이 오직 하나의 해답을 가지므로 다음과 같이 나타낼 수 있다.

$$f_{UW}(u,w) = \frac{f_{XY}(x,y)}{|J(x,y)|} = f_{XY}(w,w-u)$$

$$f_U(u) = \int_{-\infty}^{\infty} f_{UW}(u,w)dw = \int_{-\infty}^{\infty} f_{XY}(w,w-u)dw$$

예제 6.20

두 랜덤변수 X와 Y의 결합확률밀도함수가 $f_{XY}(x,y)$로 주어진다. 랜덤변수를 $U=XY$로 정의한다면, U의 확률밀도함수는 무엇인가?

풀이

보조 랜덤변수를 $W=X$로 정의하자. 이때 두 식에 대한 유일 해는 $x=w$와 $y=u/x=u/w$가 되며 변환의 야코비안은

$$J(x,y)=\begin{vmatrix} \frac{\partial u}{\partial x} & \frac{\partial u}{\partial y} \\ \frac{\partial w}{\partial x} & \frac{\partial w}{\partial y} \end{vmatrix}=\begin{vmatrix} y & x \\ 1 & 0 \end{vmatrix}=-x=-w$$

가 된다. 이것이 오직 하나의 해답을 가지므로 다음과 같이 나타낼 수 있다.

$$f_{UW}(u,w)=\frac{f_{XY}(x,y)}{|J(x,y)|}=\frac{1}{|w|}f_{XY}(w,u/w)$$
$$f_U(u)=\int_{-\infty}^{\infty} f_{UW}(u,w)dw=\int_{-\infty}^{\infty}\frac{1}{|w|}f_{XY}(w,u/w)dw$$

예제 6.21

두 랜덤변수 X와 Y의 결합확률밀도함수가 $f_{XY}(x,y)$로 주어진다. 랜덤변수를 $V=X/Y$로 정의한다면, V의 확률밀도함수는 무엇인가?

풀이

보조 랜덤변수를 $W=Y$로 정의하자. 이때 두 식에 대한 유일 해는 $y=w$와 $x=vy=vw$가 되며 변환의 야코비안은

$$J(x,y)=\begin{vmatrix} \frac{\partial v}{\partial x} & \frac{\partial v}{\partial y} \\ \frac{\partial w}{\partial x} & \frac{\partial w}{\partial y} \end{vmatrix}=\begin{vmatrix} \frac{1}{y} & -\frac{x}{y^2} \\ 0 & 1 \end{vmatrix}=\frac{1}{y}=\frac{1}{w}$$

이 된다. 이것이 오직 하나의 해답을 가지므로 다음과 같이 나타낼 수 있다.

$$f_{VW}(v, w) = \frac{f_{XY}(x, y)}{|J(x, y)|} = |w| f_{XY}(vw, w)$$

$$f_V(v) = \int_{-\infty}^{\infty} f_{VW}(v, w) dw = \int_{-\infty}^{\infty} |w| f_{XY}(vw, w) dw$$

6.9 큰 수의 법칙

확률적 수열들의 행동을 제한하는 것을 다루는 두 가지 근본적인 법칙이 있다. 한 법칙은 '약한' 큰 수의 법칙이라 불리며, 다른 하나는 '강한' 큰 수의 법칙이라 불린다. 약한 법칙은 확률의 수열이 어떻게 수렴하는가를 기술하며 강한 법칙은 랜덤변수들의 수열이 극한에서 어떠한 변화를 보이는지를 기술한다. 이 절에서는 약한 법칙을 소개 및 증명하도록 하고, 강한 법칙은 소개만 하도록 한다.

명제 6.1

(약한 큰 수의 법칙) $X_1, X_2, \ldots, X_n$을 상호 독립적이며 동일한 분포를 갖는 랜덤변수들의 수열이라고 하고, 각각 유한한 평균 $E[X_k] = \mu_X < \infty$(단, k=1,2, ...,n)를 갖는다고 하자. S_n을 n개 랜덤변수들의 선형 합, 즉

$$S_n = X_1 + X_2 + \cdots + X_n$$

라 할 때, 임의의 $\varepsilon > 0$에 대하여

$$\lim_{n\to\infty} P\left[\left|\frac{S_n}{n} - \mu_X\right| \geq \varepsilon\right] \to 0 \tag{6.17a}$$

또는 다른 방식으로 표현하면

$$\lim_{n\to\infty} P\left[\left|\frac{S_n}{n} - \mu_X\right| < \varepsilon\right] \to 1 \tag{6.17b}$$

가 성립한다.

증명

정의에 의해 다음을 얻을 수 있다.

$$S_n = X_1 + X_2 + \cdots + X_n$$
$$\overline{S}_n = \frac{S_n}{n} = \frac{X_1 + X_2 + \cdots + X_n}{n} = \frac{n\mu_X}{n} = \mu_X$$
$$\begin{aligned}\mathrm{Var}(\overline{S}_n) &= \mathrm{Var}\left\{\frac{X_1 + X_2 + \cdots + X_n}{n}\right\} \\ &= \frac{1}{n^2}\{\mathrm{Var}(X_1) + \mathrm{Var}(X_2) + \cdots + \mathrm{Var}(X_n)\} = \frac{n\sigma_X^2}{n^2} \\ &= \frac{\sigma_X^2}{n}\end{aligned}$$

체비셰프(Chebyshev) 부등식으로부터

$$P[|\overline{S}_n - \mu_X| \geq \varepsilon] \leq \frac{\mathrm{Var}(\overline{S}_n)}{\varepsilon^2} = \frac{\sigma_X^2}{n\varepsilon^2}$$

이 성립한다. 따라서

$$\lim_{n\to\infty} P[|\overline{S}_n - \mu_X| \geq \varepsilon] = 0$$

을 얻을 수 있고 약한 법칙을 증명할 수 있다.

명제 6.2

(강한 큰 수의 법칙) $X_1, X_2, \ldots, X_n$을 상호 독립적이며 동일한 분포를 갖는 랜덤변수들의 수열이라고 하고, 각각 유한한 평균 $E[X_k] = \mu_X < \infty$(단, $k=1,2,\ldots,n$)를 갖는다고 하자. S_n을 n개 랜덤변수들의 선형 합, 즉

$$S_n = X_1 + X_2 + \cdots + X_n$$

라 할 때, 임의의 $\varepsilon>0$에 대하여

$$P\left[\lim_{n\to\infty} |\overline{S}_n - \mu_X| > \varepsilon\right] = 0 \qquad (6.18a)$$

가 성립한다. 여기서 $\overline{S}_n = S_n/n$이다. 이 법칙의 또 다른 방식 표현은

$$P\left[\lim_{n\to\infty}|\overline{S}_n - \mu_X| \le \varepsilon\right] = 1 \tag{6.18b}$$

와 같이 주어진다.

주석

약한 큰 수의 법칙은 본질적으로 0이 아닌 구체화된 여분(margin)에 대해 얼마나 작은지 상관없이, 충분히 많은 수의 관찰 값들의 평균이 주어진 여분 이내에서 기댓값에 가까워질 수 있는 높은 확률을 가짐을 나타낸다. 즉,

$$\lim_{n\to\infty}\overline{S}_n \to \mu_X$$

과 같이 표현될 수 있다. 또는 다른 방식으로 표현하면, 랜덤변수 X의 독립적인 관찰 값들의 수열의 산술 평균 $\overline{S}_n$이 X의 기댓값 μ_X로 수렴할 확률이 1이 된다는 것을 의미한다. 따라서 약한 법칙은 확률 수열에 대한 수렴 법칙이며, n이 매우 클 경우 랜덤변수 $\{\overline{S}_n\}$의 수열이 모집단(population) 평균인 μ_X로 수렴함을 의미한다.

강한 큰 수의 법칙은 확률 1로 표본(sample) 평균 $\overline{S}_n$의 수열이 상수 값 μ_X로 수렴함을 의미하고, 이는 n이 매우 클 경우 랜덤변수의 모집단 평균이 된다. 이것은 확률의 상대빈도(relative frequency)의 정의를 입증함을 뜻한다.

6.10 중심극한정리

강한 큰 수의 법칙이 확률의 상대빈도의 정의를 입증하는 반면, 이것은 합 S_n의 제한적 분포에 대해서는 아무런 사실도 알려주지 못한다. 중심극한정리(central limit theorem)는 이러한 문제를 해결하기 위한 정리이다. $X_1, X_2, \ldots, X_n$를 상호 독립적이며 동일하게 분포하는 랜덤변수들이라 하고, 각각 유한한 평균 μ_X와 유한한 분산 σ_X^2를 갖는다고 하자.

$$S_n = X_1 + X_2 + \cdots + X_n$$

이라 하면, 중심극한정리는 큰 n값에 대해 S_n의 분포는 각 X_k의 분포의 형태에 관계없이 근사적으로 정규분포를 따른다는 것을 의미한다. 즉, 우리가 많은 수의 독립적이고 동일하게 분포된 변수들을 함께 더하면 결과적인 합은 더해진 랜덤변수들의 분포와는 상관없이 정규분포를 가지게 된다. 따라서,

$$\overline{S}_n = E[S_n] = n\mu_X$$
$$\sigma_{S_n}^2 = n\sigma_X^2$$

가 된다. S_n을 표준 정규랜덤변수(즉, 평균이 0이며 분산이 1)로 변환하면 다음을 얻을 수 있다.

$$Z_n = \frac{S_n - \overline{S}_n}{\sigma_{S_n}} = \frac{S_n - n\mu_X}{\sqrt{n\sigma_X^2}} = \frac{S_n - n\mu_X}{\sigma_X\sqrt{n}}$$

여기서 중심극한정리는 $F_{Zn}(z)$가 Z_n의 누적분포함수라 할 때

$$\lim_{n\to\infty} F_{Z_n}(z) = \lim_{n\to\infty} P[Z_n \le z] = \frac{1}{\sqrt{2\pi}}\int_{-\infty}^{z} e^{-u^2/2}du = \Phi(z) \tag{6.19}$$

로 주어진다. 이것은 곧 $\lim_{n\to\infty} Z_n \sim N(0,\ 1)$이 됨을 의미한다. 이는 $n \ge 30$일 때 성립한다.

예제 6.22

랜덤변수 S_n은 확률밀도함수가 다음과 같이 주어진 랜덤변수 X의 48개의 독립적인 실험값들의 합이라 가정하자.

$$f_X(x) = \begin{cases} \frac{1}{3} & 1 \le x \le 4 \\ 0 & \text{otherwise} \end{cases}$$

S_n이 $108 \le S_n \le 126$ 영역 사이에 있을 확률을 구하라.

풀이

X의 기댓값과 분산은 다음과 같이 주어진다.

$$E[X]=\frac{4+1}{2}=\frac{5}{2}$$
$$\sigma_X^2=\frac{(4-1)^2}{12}=\frac{3}{4}$$

또한 $S_n=X_1+X_2+\cdots+X_{48}$으로 주어진다. X_i가 독립적이고 동일하게 분포하기 때문에, S_n의 평균 및 분산은 다음과 같이 주어진다.

$$E[S_n]=48E[X]=120$$
$$\sigma_{S_n}^2=48\sigma_X^2=36$$

합이 정규랜덤변수에 근사한다고 하면(이것은 일반적으로 $n\geq30$일 경우 성립함), 정규화된 S_n의 랜덤변수의 누적분포함수는

$$P[S_n\leq s]=F_{S_n}(s)=\Phi\left(\frac{s-E[S_n]}{\sigma_{S_n}}\right)=\Phi\left(\frac{s-120}{6}\right)$$

이 된다. 따라서 S_n이 $108\leq S_n\leq126$ 영역에 놓일 확률은 다음과 같게 된다.

$$\begin{aligned}P[108\leq S_n\leq126]&=F_{S_n}(126)-F_{S_n}(108)=\Phi\left(\frac{126-120}{6}\right)-\Phi\left(\frac{108-120}{6}\right)\\&=\Phi(1)-\Phi(-2)=\Phi(1)-\{1-\Phi(2)\}=\Phi(1)+\Phi(2)-1\\&=0.8413+0.9772-1=0.8185\end{aligned}$$

단, $\Phi(1)$과 $\Phi(2)$의 값은 부록 1의 표 1에서 찾을 수 있다.

6.11 정렬 통계

$1,2,\ldots,n$의 라벨이 붙은 n개의 동일한 형태의 전구를 동시에 켜는 실험을 고려하자. 이 실험에서 우리가 관심을 갖는 것은 n개의 전구 각각이 고장 날 때까지 걸리는 시간을 결정하는 것이다. 전구가 고장 날 때까지의 시간 변수 X가 확률밀도함수 $f_X(x)$와 누적분포함수 $f_X(x)$를 갖는다고 하자. $X_1,X_2,\ldots,X_n$이 각 전구가 고장 날

때까지 걸리는 시간을 나타낸다. 이 실험이 끝날 때 전구의 수명에 따라 정렬을 한다고 하고, 특히 새로운 랜덤변수 Y_k (단, $k=1,2, \ldots, n$)를 다음과 같이 정의한다.

$$Y_1 = \max(X_1, X_2, \ldots, X_n)$$
$$Y_2 = \text{second largest of } X_1, X_2, \ldots, X_n$$
$$\vdots$$
$$Y_n = \min(X_1, X_2, \ldots, X_n)$$

랜덤변수 $Y_1, Y_2, \ldots, Y_n$들을 랜덤변수 $X_1, X_2, \ldots, X_n$에 대응하는 **정렬 통계**라고 부른다. 특히 Y_k를 k번째 정렬 통계라고 한다. $Y_1 \geq Y_2 \geq \cdots \geq Y_n$인 사실과 X_k가 연속랜덤변수인 경우 확률 1과 함께 $Y_1 > Y_2 > \cdots > Y_n$인 사실은 명백하다.

Y_k의 누적분포함수 $F_{Y_k}(y) = P[Y_k \leq y]$는 다음과 같이 계산된다.

$$\begin{aligned} F_{Y_k}(y) &= P[Y_k \leq y] = P[\text{at most } (k-1)\, X_i \geq y] \\ &= P[\{\text{all } X_i \leq y\} \cup \{[(n-1)\, X_i \leq y] \cap [1\, X_i \geq y]\} \cup \cdots \\ &\quad \cup \{[(n-k+1)\, X_i \leq y] \cap [(k-1)\, X_i \geq y]\}] \\ &= P[\text{all } X_i \leq y] + P[\{(n-1)\, X_i \leq y\} \cap \{1\, X_i \geq y\}] + \cdots \\ &\quad + P[\{(n-k+1)\, X_i \leq y\} \cap \{(k-1)\, X_i \geq y\}] \end{aligned}$$

만일 이 문제를 각 시행이 다음과 같은 특성을 갖는 n번의 베르누이 시행의 결과로 얻어진 사건들로 생각한다면

$$P[\text{success}] = P[X_i \leq y] = F_X(y)$$
$$P[\text{failure}] = P[X_i > y] = 1 - F_X(y)$$

다음과 같은 결과를 얻을 수 있다.

$$\begin{aligned}F_{Y_k}(y) &= P[n\,\text{successes}] + P[(n-1)\,\text{successes}] + \cdots + P[(n-k+1)\,\text{successes}] \\ &= [F_X(y)]^n + \binom{n}{n-1}[F_X(y)]^{n-1}[1-F_X(y)] + \cdots \\ &\quad + \binom{n}{n-k+1}[F_X(y)]^{n-k+1}[1-F_X(y)]^{k-1} \\ &= \sum_{m=0}^{k-1}\binom{n}{n-m}[F_X(y)]^{n-m}[1-F_X(y)]^m\end{aligned} \tag{6.20}$$

여기서 Y_k의 확률밀도함수를 구하는 방법은 두 가지가 있다. 하나는 $f_{Y_k}(y)$를 얻기 위해 $F_{Y_k}(y)$를 미분하는 것이며, 다른 하나는 다음에 전개되는 것과 같은 방식이다.

$$\begin{aligned}f_{Y_k}(y)dy &= P[Y_k \approx y] = P[1\,X_i \approx y, (k-1)\,X_i \geq y, (n-k)\,X_i \leq y] \\ &= \frac{n!}{1!(k-1)!(n-k)!}[f_X(y)dy]^1[1-F_X(y)]^{k-1}[F_X(y)]^{n-k}\end{aligned}$$

여기서 dy'를 제거하면 다음의 식을 얻게 된다.

$$f_{Y_k}(y) = \frac{n!}{(k-1)!(n-k)!}f_X(y)[1-F_X(y)]^{k-1}[F_X(y)]^{n-k} \tag{6.21}$$

예제 6.23

랜덤변수 $X_1, X_2, \ldots, X_{10}$이 독립적이고 동일하게 분포되며 공통된 확률밀도함수 $f_X(x)$와 공통된 누적분포함수 $F_X(x)$를 갖는다고 하자. 다음 확률밀도함수와 누적분포함수를 구하라.

a. 세 번째로 큰 랜덤변수
b. 다섯 번째로 큰 랜덤변수
c. 가장 큰 랜덤변수
d. 가장 작은 랜덤변수

풀이

a. 세 번째로 큰 랜덤변수는 k=3과 n=10을 식 (6.20)과 (6.21)에 치환하여 얻을 수 있다. 따라서

$$F_{Y_3}(y) = [F_X(y)]^{10} + \binom{10}{9}[F_X(y)]^9[1-F_X(y)] + \binom{10}{8}[F_X(y)]^8[1-F_X(y)]^2$$

$$= [F_X(y)]^{10} + 10[F_X(y)]^9[1-F_X(y)] + 45[F_X(y)]^8[1-F_X(y)]^2$$

$$f_{Y_3}(y) = \frac{10!}{2!7!}f_X(y)[1-F_X(y)]^2[F_X(y)]^7 = 360f_X(y)[1-F_X(y)]^2[F_X(y)]^7$$

가 된다.

b. 다섯 번째로 큰 랜덤변수는 k=5과 n=10을 치환하면 되므로

$$F_{Y_5}(y) = [F_X(y)]^{10} + \binom{10}{9}[F_X(y)]^9[1-F_X(y)] + \binom{10}{8}[F_X(y)]^8[1-F_X(y)]^2$$

$$+ \binom{10}{7}[F_X(y)]^7[1-F_X(y)]^3 + \binom{10}{6}[F_X(y)]^6[1-F_X(y)]^4$$

$$= [F_X(y)]^{10} + 10[F_X(y)]^9[1-F_X(y)] + 45[F_X(y)]^8[1-F_X(y)]^2$$

$$+ 120[F_X(y)]^7[1-F_X(y)]^3 + 210[F_X(y)]^6[1-F_X(y)]^4$$

$$f_{Y_5}(y) = \frac{10!}{4!5!}f_X(y)[1-F_X(y)]^4[F_X(y)]^5 = 1260f_X(y)[1-F_X(y)]^4[F_X(y)]^5$$

가 된다.

c. 가장 큰 랜덤변수는 k=1이고 n=10인 경우를 의미하므로

$$F_{Y_1}(y) = [F_X(y)]^{10}$$

$$f_{Y_1}(y) = \frac{10!}{(1-1)!(10-1)!}f_X(y)[1-F_X(y)]^{1-1}[F_X(y)]^{10-1} = 10f_X(y)[F_X(y)]^9$$

가 된다.

d. 가장 작은 랜덤변수는 k=10인 경우를 의미하므로

$$F_{Y_{10}}(y) = \sum_{m=0}^{9}\binom{10}{10-m}[F_X(y)]^{10-m}[1-F_X(y)]^m$$

$$f_{Y_{10}}(y) = \frac{10!}{(10-1)!(10-10)!}f_X(y)[1-F_X(y)]^{10-1}[F_X(y)]^{10-10} = 10f_X(y)[1-F_X(y)]^9$$

가 된다.

예제 6.24

랜덤변수 $X_1, X_2, \ldots, X_{32}$이 독립적이고 동일하게 분포되며 공통된 확률밀도함수 $f_X(x)$와 공통된 누적분포함수 $F_X(x)$를 갖는다고 하자. 다음 확률밀도함수와 누적분포함수를 구하라.

a. 네 번째로 큰 랜덤변수
b. 스물일곱 번째로 큰 랜덤변수
c. 가장 큰 랜덤변수
d. 가장 작은 랜덤변수
e. 네 번째로 큰 랜덤변수가 8과 9 사이의 값을 가질 확률은 얼마인가?

풀이

식 (6.20)과 (6.21)로부터, k번째로 큰 랜덤변수의 누적분포함수와 확률밀도함수는 각각 다음과 같이 주어진다.

$$F_{Y_k}(y) = \sum_{m=0}^{k-1} \binom{n}{n-m} [F_X(y)]^{n-m} [1 - F_X(y)]^m$$

$$f_{Y_k}(y) = \frac{n!}{(k-1)!(n-k)!} f_X(y) [1 - F_X(y)]^{k-1} [F_X(y)]^{n-k}$$

a. 네 번째로 큰 랜덤변수의 누적분포함수와 확률밀도함수는 k=4와 n=32를 위 식에 치환하여 얻을 수 있고 결과는 다음과 같다.

$$\begin{aligned} F_{Y_4}(y) &= [F_X(y)]^{32} + \binom{32}{31} [F_X(y)]^{31} [1 - F_X(y)] + \binom{32}{30} [F_X(y)]^{30} [1 - F_X(y)]^2 \\ &\quad + \binom{32}{29} [F_X(y)]^{29} [1 - F_X(y)]^3 \\ &= [F_X(y)]^{32} + 32[F_X(y)]^{31} [1 - F_X(y)] + 496[F_X(y)]^{30} [1 - F_X(y)]^2 \\ &\quad + 4960[F_X(y)]^{29} [1 - F_X(y)]^3 \end{aligned}$$

$$f_{Y_4}(y) = \frac{32!}{3!28!} f_X(y) [1 - F_X(y)]^3 [F_X(y)]^{28} = 14384060 f_X(y) [1 - F_X(y)]^3 [F_X(y)]^{28}$$

b. 스물일곱 번째로 큰 랜덤변수의 누적분포함수와 확률밀도함수는 k=27을 치환하면 되므로

$$F_{Y_{27}}(y) = \sum_{m=0}^{26} \binom{32}{32-m} [F_X(y)]^{32-m} [1 - F_X(y)]^m$$

$$f_{Y_k}(y) = \frac{32!}{26!5!} f_X(y)[1 - F_X(y)]^{26} [F_X(y)]^5 = 5437152 f_X(y)[1 - F_X(y)]^{26} [F_X(y)]^5$$

가 된다.

c. 가장 큰 랜덤변수는 k=1인 경우를 의미하므로 누적분포함수와 확률밀도함수는 다음과 같이 주어진다.

$$F_{Y_1}(y) = [F_X(y)]^{32}$$

$$f_{Y_1}(y) = \frac{32!}{(1-1)!(32-1)!} f_X(y)[1 - F_X(y)]^{1-1} [F_X(y)]^{32-1} = 32 f_X(y)[F_X(y)]^{31}$$

d. 가장 작은 랜덤변수는 k=32인 경우를 의미하므로 누적분포함수와 확률밀도함수는 다음과 같이 주어진다.

$$F_{Y_{32}}(y) = \sum_{m=0}^{31} \binom{32}{32-m} [F_X(y)]^{32-m} [1 - F_X(y)]^m$$

$$f_{Y_{32}}(y) = \frac{32!}{(32-1)!(32-32)!} f_X(y)[1 - F_X(y)]^{32-1} [F_X(y)]^{32-32} = 32 f_X(y)[1 - F_X(y)]^{31}$$

e. 네 번째로 큰 랜덤변수가 8과 9 사이에 있을 확률은 다음과 같다.

$$P[8 < Y_4 < 9] = F_{Y_4}(9) - F_{Y_4}(8)$$

여기서 $F_{Y_4}(y)$는 위의 (a)에서 구한 것을 사용하면 된다.

6.12 요약

이 장에서는 랜덤변수들의 몇몇 함수들이 어떻게 모델링될 수 있는지에 대하여 논의하였다. 랜덤변수들의 합의 개념은 대기 여분 부품을 갖는 시스템의 개념과 연관되어 있고, 그 개념은 예비 부품 문제로 확장될 수 있다. 직렬로 연결된 시스템을 모델링하는 데 사용된 두 랜덤변수의 최솟값, 병렬로 연결된 시스템을 모델링하는 데 사용된 두 랜덤변수의 최댓값, 중심극한정리, 큰 수의 법칙, 증가하는 순서로 관측된 자료의 집합을 배열하는 것과 관련된 정렬 통계, 그리고 변환 방식을 사용하여 계산되는 이중랜덤변수의 두 함수들을 포함한 다른 함수들에 대해 논의하였다.

6.13 문제

6.2절: 단일랜덤변수의 함수

6.1 X를 랜덤변수라 하고 $Y=aX-b$(단, a와 b는 상수)라 할 때, Y의 확률밀도함수, 기댓값, 분산을 구하라.

6.2 $Y=aX^2+b$(단, $a>0$와 b는 상수)라 하고 X의 확률밀도함수 $f_X(x)$가 알려져 있다고 할 때, 다음을 구하라.

a. Y의 확률밀도함수

b. $f_X(x)$가 우함수일 경우 Y의 확률밀도함수

6.3 $Y=aX^2$(단, $a>0$는 상수)라 하고 X의 평균 및 다른 모멘트들이 알려져 있다고 한다면 X의 모멘트를 사용하여 다음을 구하라.

a. Y의 평균

b. Y의 분산

6.4 $Y=|X|$이고 X의 확률밀도함수 $f_X(x)$가 알려져 있다고 할 때, $f_X(x)$를 사용하여 Y의 확률밀도함수를 표현하라.

6.5 랜덤변수 X의 확률밀도함수는 다음과 같다.

$$f_X(x) = \begin{cases} \dfrac{1}{3} & -1 < x < 2 \\ 0 & \text{otherwise} \end{cases}$$

$Y=2X+3$으로 정의한다면, Y의 확률밀도함수는 무엇인가?

6.6 $Y=a^X$(단, $a>0$는 상수)라 하고 X의 확률밀도함수 $f_X(x)$가 알려져 있다고 할 때, 다음을 구하라.

a. Y의 확률밀도함수를 X의 확률밀도함수를 사용하여 나타내라.

b. $Y=e^X$이고 X의 확률밀도함수가 다음과 같이 주어질 때, Y의 확률밀도함수를 구하라.

$$f_X(x)=\begin{cases}1 & 0<x<1\\0 & \text{otherwise}\end{cases}$$

6.7 $Y=\ln X$이고 X의 확률밀도함수 $f_X(x)$가 알려져 있다고 하자. 이때 Y의 확률밀도함수를 X의 확률밀도함수를 사용하여 나타내라.

6.4절: 독립랜덤변수들의 합

6.8 랜덤변수 X는 $0 \le x \le 1$일 때 확률밀도함수 $f_X(x)=2x$, 그렇지 않으면 $f_X(x)=0$을 갖는다. X와는 독립인 어떤 랜덤변수 Y가 -1과 1 사이에 균일분포를 이루고 있다고 하자. 랜덤변수 W를 $W=X+Y$로 놓게 된다면 W의 확률밀도함수는 무엇인가?

6.9 X와 Y가 다음과 같은 확률밀도함수를 갖는 두 독립랜덤변수들이라고 하자.

$$f_X(x)=4e^{-4x} \quad x\ge 0$$
$$f_Y(y)=2e^{-2y} \quad y\ge 0$$

랜덤변수 U를 $U=X+Y$로 정의할 때 다음을 구하라.

a. U의 확률밀도함수

b. $P[U>0.2]$

6.10 2개의 주사위를 굴린다고 하자. 랜덤변수 X와 Y가 각 주사위의 숫자를 나타낸다고 할 때, $X+Y$의 기댓값은 무엇인가?

6.11 X를 1개의 동전을 두 번 던졌을 때 나오는 결과의 합을 나타내는 랜덤변수라고 하자. 여기서 '앞면'은 1을, '뒷면'은 0의 값을 가진다. X의 기댓값은 무엇인가?

6.12 10명의 남학생과 12명의 여학생으로 구성된 학급에서 4명의 학생을 임의로 선발한다고 하자. 랜덤변수 X는 선택된 남학생의 수, 랜덤변수 Y는 선택된 여학생의 수를 나타낸다고 할 때, $E[X-Y]$는 무엇인가?

6.13 8개의 공을 5개의 상자에 임의로 넣는다고 하자. 이때 빈 상자 개수의 기댓값은 무엇인가?

6.14 2개의 동전 A와 B가 실험에 사용된다. 동전 A는 앞면이 나올 확률이 1/4, 뒷면이 나올 확률이 3/4로 조정된 동전이고, 동전 B는 평범한 동전이다. 각 동전은 네 번씩 던져진다. X를 동전 A에서 앞면이 나오는 수를 나타내는 랜덤변수라 하고 Y를 동전 B에서 앞면이 나오는 수를 나타내는 랜덤변수라고 할 때 다음을 구하라.

a. $X=Y$일 확률

b. $X>Y$일 확률

c. $X+Y \le 4$일 확률

6.15 두 랜덤변수 X와 Y는 다음과 같이 주어진 결합확률밀도함수를 가진다.

$$f_{XY}(x, y) = 4xy \qquad 0 < x < 1, 0 < y < 1$$

랜덤변수 U를 $U=X+Y$로 정의할 때 U의 확률밀도함수를 구하라.

6.5절과 6.6절: 독립랜덤변수들의 최댓값과 최솟값

6.16 2개의 주사위를 굴린다고 하자. 랜덤변수 X와 Y는 주사위에 나타나는 숫자를 나타낸다. 다음 기댓값은 무엇인가?

a. $\max(X, Y)$

b. $\min(X, Y)$

6.17 어느 시스템이 직렬로 연결된 두 부품 A와 B로 구성되어 있다. 만약 A의 수명이 200시간을 평균으로 하는 지수분포를 따르고, B의 수명이 400시간을 평균으로 하는 지수분포를 따른다면, 시스템이 멈출 때까지의 시간 X의 확률밀도함수는 무엇인가?

6.18 어느 시스템이 병렬로 연결된 두 부품 A와 B로 구성되어 있다. 만약 A의 수명이 200시간을 평균으로 하는 지수분포를 따르고, B의 수명이 400시간을 평균으로 하는 지수분포를 따른다면, 시스템이 멈출 때까지의 시간 X의 확률밀도함수는 무엇인가?

6.19 랜덤변수들 X_1, X_2, X_3, X_4, X_5가 파라미터 λ를 갖는 독립적이고 동일한 지수분포를 따른다. 이때 $P[\max(X_1, X_2, X_3, X_4, X_5) \le a]$를 구하라.

6.20 어떤 시스템이 3개의 독립적 부품 X, Y, Z로 이루어져 있으며, 각 부품의 수명은 평균 $1/\lambda_X$, $1/\lambda_Y$, $1/\lambda_Z$를 갖는 지수분포를 따른다. 다음의 시스템 조건하에서 시스템이 멈출 때까지 시간 W의 확률밀도함수와 기댓값을 구하라.

a. 부품들이 직렬로 연결

b. 부품들이 병렬로 연결

c. 부품이 대기 연결 상태로 X가 처음 사용되고, 다음에 Y, 그리고 그 다음에 Z가 사용

6.8절: 이중랜덤변수들의 두 함수

6.21 두 독립랜덤변수 X와 Y가 분산 $\sigma_X^2=9$와 $\sigma_Y^2=25$를 각각 가진다. 새로운 랜덤변수들 U와 V를 다음과 같이 정의한다.

$$U = 2X + 3Y$$
$$V = 4X - 2Y$$

a. U와 V의 분산을 구하라.

b. U와 V의 상관계수를 구하라.

c. U와 V의 결합확률밀도함수를 $f_{XY}(x,y)$를 사용하여 구하라.

6.22 두 랜덤변수들 X와 Y가 분산 $\sigma_X^2=16$와 $\sigma_Y^2=36$을 각각 가진다. 그들의 상관계수가 0.5라고 할 때 다음을 구하라.

a. X와 Y의 합에 대한 분산

b. X와 Y의 차에 대한 분산

6.23 두 연속한 랜덤변수 X와 Y의 결합확률밀도함수가 다음과 같이 주어진다.

$$f_{XY}(x, y) = \begin{cases} e^{-(x+y)} & x \geq 0,\ y \geq 0 \\ 0 & \text{otherwise} \end{cases}$$

랜덤변수 W를 $W=X/Y$로 정의할 때, W의 확률밀도함수를 구하라.

6.24 X와 Y가 0에서 1 사이에서 균일분포를 따르는 두 독립랜덤변수라 하자. $Z=XY$라고 정의할 때, Z의 확률밀도함수를 구하라.

6.25 X와 Y가 연속 파라미터 p를 갖는 독립적이고 동일한 기하분포를 따른다고 하자. $S=X+Y$의 확률질량함수를 구하라.

6.26 3개의 독립적 연속랜덤변수들 X, Y, Z가 0과 1 사이에서 균일분포를 따른다. 랜덤변수 S를 $S=X+Y+Z$로 정의할 때 S의 확률밀도함수를 구하라.

6.27 X와 Y가 결합확률밀도함수 $f_{XY}(x,y)$를 갖는 두 연속랜덤변수라고 하자. 함수 U와 W를 $U=2X+3Y$, $W=X+2Y$로 정의할 때, 결합확률밀도함수 $f_{UW}(u,w)$를 구하라.

6.28 $U=X^2+Y^2$이고 $W=X^2-Y^2$일 때 $f_{XY}(x,y)$를 사용하여 $f_{UW}(u,w)$를 구하라.

6.29 X와 Y가 $X \sim N(\mu_X, \sigma_X^2)$와 $Y \sim N(\mu_Y, \sigma_Y^2)$인 독립적 정규랜덤변수들이라고 하자. $U=X+Y$, $W=X-Y$로 정의할 때 U와 W의 결합확률밀도함수를 구하라. [주의: $f_{UW}(u,w)$에 대한 정확한 표현을 사용하라.]

6.10절: 중심극한정리

6.30 30개의 주사위가 굴려졌다. 얻어진 주사위 눈의 합이 95와 125 사이의 값일 확률은 무엇인가?

6.31 $X_1, X_2, \ldots, X_{35}$가 독립랜덤변수들이며 각각은 0에서 1 사이에 균일분포를 따른다. $S = X_1 + X_2 + \cdots + X_{35}$이라 할 때 $S > 22$일 확률은 무엇인가?

6.32 랜덤변수 X는 1과 1 사이에 균일분포를 따른다. 만일 S가 X의 40개의 독립적인 실험값들의 합을 나타낸다고 할 때 $P[55 < S \leq 65]$를 구하라.

6.33 주사위를 600번 던져 숫자 4가 나오는 횟수를 나타내는 랜덤변수 K를 고려하자. 숫자 K가 100이 될 확률을 다음 방식을 사용하여 구하라.

a. $n! \approx \sqrt{2\pi n}\left(\frac{n}{e}\right)^n = n^n e^{-n}\sqrt{2\pi n}$로 주어지는 스털링(Stirling)의 식

b. 이항분포에 푸아송 근사를 이용

c. $K=100$을 $99.5 < K < 100.5$로 바꾸어 계산한 중심극한정리

6.11절: 정렬 통계

6.34 어떤 장치가 각각 수명 $X_1, X_2, \ldots, X_7$ 시간을 갖는 7개의 독립적으로 동작하는 동일한 부품들을 가진다. 그들의 공통적인 확률밀도함수와 누적분포함수는 각각 $f_X(x)$와 $F_X(x)$로 주어진다. 이 장치가 기껏해야 5시간 동안 유지될 확률을 다음 조건하에서 구하라.

a. 모든 부품이 고장 날 때까지 장치가 유지

b. 하나의 부품만 고장 나도 장치가 멈춤

c. 고장이 나지 않은 하나의 부품이 남을 때까지 장치가 유지

6.35 어느 장치가 6개의 독립적 부품 중 4개 부품의 동작이 유지될 때까지 동작을 계속한다. $X_1, X_2, \ldots, X_6$을 각 부품들의 수명이라고 하고 각 부품의 수명은 평균 $1/\lambda$시간을 갖는 지수분포를 따른다고 하자. 이때 다음을 구하라.

a. 장치의 수명에 대한 누적분포함수

b. 장치의 수명에 대한 확률밀도함수

6.36 랜덤변수 $X_1, X_2, \ldots, X_6$이 공통된 확률밀도함수 $f_X(x)$와 공통된 누적분포함수 $F_X(x)$를 가지며 독립적이고 동일하게 분포한다고 하자. 다음에 해당하는 확률밀도함수와 누적분포함수를 구하라.

a. 두 번째로 큰 랜덤변수

b. 최대 랜덤변수

c. 최소 랜덤변수

CHAPTER 7

변환방법

7.1 개요

과학과 공학 분야에 z 변환, 라플라스 변환, 푸리에 변환과 같은 다양한 형태의 변환방법(transform methods)이 사용된다. 이러한 변환을 많이 사용하는 이유 중 하나는 많은 문제들의 해를 구하는 과정에서 이러한 변환방법들을 사용할 경우 해를 구하는 과정이 매우 간단해지기 때문이다. 예를 들면, 미분과 적분을 포함하고 있는 방정식들의 해는 대부분 다음과 같이 두 함수의 콘볼루션(convolution)으로 표시된다: $a(x) * b(x)$. 신호 및 시스템을 공부한 학생들은 알고 있겠지만, 두 함수의 콘볼루션에 대한 푸리에 변환은 각 함수의 푸리에 변환의 곱으로 표시된다. 즉, 만약 $F\{g(x)\}$이 함수 $g(x)$의 푸리에 변환이라고 하면, 다음 식이 성립한다.

$$F\{a(x) * b(x)\} = A(w)B(w)$$

여기에서 $A(w)$는 $a(x)$의 푸리에 변환이고, $B(w)$는 $b(x)$의 푸리에 변환이다. 이것은 복잡한 콘볼루션 연산을 훨씬 간단한 곱의 연산으로 바꿀 수 있음을 의미한다. 사실 일부 형태의 문제에서는 변환방법이 해답을 구할 수 있는 유일한 기법인 경우도 있다.

이 장에서는 확률론에서 변환방법들이 어떻게 사용되고 있는지에 대해서 기술한다. 세 가지 종류의 변환방법을 기술하는데, 이것은 각각 특성함수, 확률질량함수의 z 변환(혹은 모멘트 생성함수), 그리고 확률밀도함수의 s 변환(혹은 라플라스 변환)이다. 특히, z 변환과 s 변환은 랜덤변수가 음이 아닌 값을 취할 경우에 사용된다. 그러므로 s 변환은 특별히 확률밀도함수의 단방향 라플라스 변환이 된다. 이러한 형태의 랜덤변수 예를 다양한 공학문제에서 자주 직면할 수 있다. 예를 들면 은행에 도착하는 고객의 수 또는 어떤 부품이 고장 날 때까지 걸리는 시간 등이 여기에 해당된다. 이 교재에서는 임의의 함수에 대한 변환이 아니라 확률밀도함수의 s 변환, 확률질량함수의 z 변환만 다룬다. 그렇기 때문에 이러한 변환들은 확률과 관련된 일련의 조건들을 만족한다.

7.2 특성함수

$f_X(x)$가 연속랜덤변수 X의 확률밀도함수라고 가정하자. 이때 랜덤변수 X의 특성함수를 다음 식과 같이 정의한다.

$$\Phi_X(w) = E\left[e^{jwX}\right] = \int_{-\infty}^{\infty} e^{jwx} f_X(x)dx \tag{7.1}$$

여기에서 $j = \sqrt{-1}$이며, $e^{jwx} = \cos(wx) + j\sin(wx)$이기 때문에 $\Phi_X(w)$는 일반적으로 복소함수이다. 즉, $\Phi_X(w) = U_X(w) + jV_X(w)$이며, $U_X(w)$와 $V_X(w)$는 다음 식으로 구할 수 있다.

$$U_X(w) = E[\cos(wx)] = \int_{-\infty}^{\infty} \cos(wx) f_X(x)dx$$
$$V_X(w) = E[\sin(wx)] = \int_{-\infty}^{\infty} \sin(wx) f_X(x)dx$$

$f_X(x)$는 다음 식을 사용하여 $\Phi_X(w)$로부터 구할 수 있다.

$$f_X(x) = \frac{1}{2\pi}\int_{-\infty}^{\infty} e^{-jwx}\Phi_X(w)dw \tag{7.2}$$

만약 X가 확률질량함수 $p_X(x)$인 이산랜덤변수라고 할 때, 특성함수는 다음과 같이 구할 수 있다.

$$\Phi_X(w) = \sum_{x=-\infty}^{\infty} e^{jwx} p_X(x) \tag{7.3}$$

여기에서 $\Phi_X(0) = 1$이 성립해야 하며, 이 조건은 w의 함수인 $\Phi_X(w)$가 주어진 랜덤변수의 타당한 특성함수인지 여부를 판단하는 중요한 기준이 된다.

7.2.1 특성함수의 모멘트 생성 특성

변환방법을 공부하는 주된 이유 중의 하나는 변환방법을 사용하여 다양한 확률분포함수들의 모멘트를 구할 수 있다는 것이다. 다음과 같은 특성함수 정의 식을 고려하자.

$$\Phi_X(w) = \int_{-\infty}^{\infty} e^{jwx} f_X(x) dx$$

$\Phi_X(w)$을 미분하면 다음과 같은 결과들을 구할 수 있다.

$$\frac{d}{dw}\Phi_X(w) = \frac{d}{dw}\int_{-\infty}^{\infty} e^{jwx} f_X(x) dx = \int_{-\infty}^{\infty} \frac{d}{dw} e^{jwx} f_X(x) dx = \int_{-\infty}^{\infty} jxe^{jwx} f_X(x) dx$$

$$\left.\frac{d}{dw}\Phi_X(w)\right|_{w=0} = \int_{-\infty}^{\infty} jxf_X(x) dx = jE[X]$$

$$\frac{d^2}{dw^2}\Phi_X(w) = \frac{d}{dw}\int_{-\infty}^{\infty} jxe^{jwx} f_X(x) dx = \int_{-\infty}^{\infty} j^2x^2e^{jwx} f_X(x) dx$$

$$\left.\frac{d^2}{dw^2}\Phi_X(w)\right|_{w=0} = \int_{-\infty}^{\infty} j^2x^2 f_X(x) dx = j^2E\left[X^2\right] = -E\left[X^2\right]$$

따라서 일반적으로 다음 식이 성립한다.

$$\left.\frac{d^n}{dw^n}\Phi_X(w)\right|_{w=0} = j^nE[X^n] \tag{7.4}$$

예제 7.1

확률밀도함수의 특성함수가 다음 식과 같을 때 랜덤변수 X의 평균과 2차 모멘트를 구하라.

$$\Phi_X(w) = \exp\left(jw\mu_X - \frac{w^2\sigma_X^2}{2}\right)$$

풀이

특성함수 $\Phi_X(w)$의 1차, 2차 미분은 다음 식으로 주어진다.

$$\frac{d}{dw}\Phi_X(w) = (j\mu_X - w\sigma_x^2)\exp\left(jw\mu_X - \frac{w^2\sigma_X^2}{2}\right)$$

$$\frac{d^2}{dw^2}\Phi_X(w) = \left\{(j\mu_X - w\sigma_x^2)^2 - \sigma_x^2\right\}\exp\left(jw\,\mu_X - \frac{w^2\sigma_X^2}{2}\right)$$

따라서 다음 식을 얻을 수 있다.

$$E[X] = \frac{1}{j}\frac{d}{dw}\Phi_X(w)\bigg|_{w=0} = \frac{1}{j}(j\mu_X - w\sigma_x^2)\exp\left(jw\,\mu_X - \frac{w^2\sigma_X^2}{2}\right)\bigg|_{w=0} = \mu_X$$

$$\begin{aligned} E\left[X^2\right] &= -\frac{d^2}{dw^2}\Phi_X(w)\bigg|_{w=0} = -\left\{(j\mu_X - w\sigma_x^2)^2 - \sigma_x^2\right\}\exp\left(jw\,\mu_X - \frac{w^2\sigma_X^2}{2}\right)\bigg|_{w=0} \\ &= \mu_X^2 + \sigma_x^2 \end{aligned}$$

7.2.2 독립랜덤변수의 합

랜덤변수 X_i가 독립항등분포를 갖는다고 할 때, 독립랜덤변수의 합 $Y=X_1+X_2+\cdots+X_n$을 정의하자. 일반적으로 Y의 확률밀도함수는 X_i의 확률밀도함수의 n배 콘볼루션으로 구할 수 있지만, Y의 특성함수는 다음 식으로 구할 수 있다.

$$\begin{aligned} \Phi_Y(w) &= E\left[e^{jwY}\right] = E\left[e^{jw(X_1+X_2+\cdots+X_n)}\right] = E\left[e^{jwX_1}e^{jwX_2}\cdots e^{jwX_n}\right] \\ &= E\left[e^{jwX_1}\right]E\left[e^{jwX_2}\right]\cdots E\left[e^{jwX_n}\right] = \Phi_{X_1}(w)\Phi_{X_2}(w)\cdots\Phi_{X_n}(w) \\ &= \left[\Phi_X(w)\right]^n \end{aligned} \tag{7.5}$$

여기에서 네 번째 등식은 X_i가 상호 독립인 특성 때문에 성립하며, 마지막 등식은

X_i가 항등분포인 특성 때문에 성립한다. 위 식은 특성함수를 사용함으로써 얻을 수 있는 대표적인 장점을 보여준다. 즉, 이전에 언급했던 바와 같이 복잡한 n배 콘볼루션을 간단한 곱셈으로 바꿀 수 있음을 알 수 있다.

7.2.3 대표적인 확률분포의 특성함수

여기에서는 4장에서 설명했던 확률분포들의 특성함수를 유도해보자.

a. **베르누이 분포**: 파라미터 p를 갖는 베르누이 랜덤변수의 확률질량함수는 다음과 같이 주어진다.

$$p_X(x) = \begin{cases} 1-p & x=0 \\ p & x=1 \end{cases}$$

따라서 특성함수는 다음과 같이 구할 수 있다.

$$\Phi_X(w) = \sum_{x=-\infty}^{\infty} e^{jwx} p_X(x) = 1-p+pe^{jw} \tag{7.6}$$

b. **이항분포**: 이항랜덤변수 $X(n) \sim B(n,p)$의 확률질량함수는 다음과 같이 주어진다.

$$p_{X(n)}(x) = \binom{n}{x} p^x (1-p)^{n-x} \quad x=0,1,\ldots,n$$

이항랜덤변수 $X(n)$는 독립항등분포를 갖는 n개의 베르누이 랜덤변수의 합이므로, 식 (7.5)와 (7.6)의 결과를 사용하여 $X(n)$의 특성함수를 다음과 같이 구할 수 있다.

$$\Phi_{X(n)}(w) = \left[1-p+pe^{jw}\right]^n \tag{7.7}$$

c. **기하분포**: 파라미터 p를 갖는 기하랜덤변수의 확률질량함수는 다음과 같이 주어진다.

$$p_X(x) = p(1-p)^{x-1} \quad x=1,2,\ldots$$

따라서 특성함수는 다음과 같이 구할 수 있다.

$$\begin{aligned}\Phi_X(w) &= \sum_{x=-\infty}^{\infty} e^{jwx} p_X(x) = \sum_{x=1}^{\infty} e^{jwx} p(1-p)^{x-1} \\ &= pe^{jw} \sum_{x=1}^{\infty} e^{jw(x-1)} (1-p)^{x-1} = pe^{jw} \sum_{x=1}^{\infty} \{e^{jw}(1-p)\}^{x-1} \\ &= \frac{pe^{jw}}{1-e^{jw}(1-p)}\end{aligned} \tag{7.8}$$

d. **파스칼분포**: 파라미터 p를 갖는 k차 파스칼 랜덤변수 X_k의 확률질량함수는 다음과 같이 주어진다.

$$p_{X_k}(n) = \binom{n-1}{k-1} p^k (1-p)^{n-k} \quad k = 1, 2, \ldots; n = k, k+1, \ldots$$

파스칼-k 랜덤변수는 독립항등분포를 갖는 k개 기하랜덤변수의 합이므로 식 (7.5)와 (7.8)의 결과를 사용하여 X_k의 특성함수를 다음과 같이 구할 수 있다.

$$\Phi_{X_k}(w) = \left\{\frac{pe^{jw}}{1-e^{jw}(1-p)}\right\}^k \tag{7.9}$$

e. **푸아송분포**: 푸아송 랜덤변수의 확률질량함수는 다음과 같이 주어진다.

$$p_X(x) = \frac{\lambda^x e^{-\lambda}}{x!} \quad x = 0, 1, 2, \ldots; \quad \lambda > 0$$

그러므로 특성함수는 다음과 같이 구할 수 있다.

$$\begin{aligned}\Phi_X(w) &= \sum_{x=-\infty}^{\infty} e^{jwx} p_X(x) = \sum_{x=0}^{\infty} e^{jwx} \frac{\lambda^x e^{-\lambda}}{x!} = e^{-\lambda} \sum_{x=0}^{\infty} \frac{(\lambda e^{jw})^x}{x!} = e^{-\lambda} e^{\lambda e^{jw}} \\ &= e^{-\lambda(1-e^{jw})}\end{aligned} \tag{7.10}$$

f. **지수분포**: 파라미터 $\lambda > 0$를 갖는 지수랜덤변수의 확률밀도함수는 다음과 같이 주어진다.

$$f_X(x) = \lambda e^{-\lambda x} \quad x \geq 0$$

따라서 특성함수는 다음과 같이 구할 수 있다.

$$\Phi_X(w) = E\left[e^{jwX}\right] = \int_0^\infty e^{jwx}\lambda e^{-\lambda x}dx = \lambda\int_0^\infty e^{-(\lambda - jw)x}dx$$
$$= \frac{\lambda}{\lambda - jw} \tag{7.11}$$

g. **얼랑분포:** k차 얼랑확률분포 X_k의 확률밀도함수는 다음과 같이 주어진다.

$$f_{X_k}(x) = \frac{\lambda^k x^{k-1}}{(k-1)!}e^{-\lambda x} \qquad x \geq 0$$

얼랑-k 랜덤변수는 k개 지수랜덤변수의 합이므로 식 (7.5)와 (7.11)의 결과를 사용하여 X_k의 특성함수를 다음과 같이 구할 수 있다.

$$\Phi_{X_k}(w) = \left[\frac{\lambda}{\lambda - jw}\right]^k \tag{7.12}$$

h. **균일분포:** a와 $b(a < b)$ 사이의 값을 취하는 균일랜덤변수 X의 확률밀도함수는 다음과 같이 주어진다.

$$f_X(x) = \begin{cases} \dfrac{1}{b-a} & a \leq x \leq b \\ 0 & \text{otherwise} \end{cases}$$

따라서 X의 특성함수는 다음과 같이 구할 수 있다.

$$\Phi_X(w) = \int_0^\infty e^{jwx}f_X(x)dx = \frac{1}{b-a}\int_a^b e^{jwx}dx = \left[\frac{e^{jwx}}{jw(b-a)}\right]_a^b$$
$$= \frac{e^{jbw} - e^{jaw}}{jw(b-a)} \tag{7.13}$$

i. **정규분포:** 정규랜덤변수 X의 확률밀도함수는 다음과 같이 주어진다.

$$f_X(x) = \frac{1}{\sqrt{2\pi\sigma_X^2}}e^{-(x-\mu_X)^2/2\sigma_X^2} \qquad -\infty < x < \infty$$

따라서 X의 특성함수는 다음과 같이 구할 수 있다.

$$\Phi_X(w) = E\left[e^{jwX}\right] = \int_{-\infty}^\infty e^{jwx}f_X(x)dx = \frac{1}{\sqrt{2\pi\sigma_X^2}}\int_{-\infty}^\infty e^{jwx}e^{-(x-\mu_X)^2/2\sigma_X^2}dx$$

$u=(x-\mu_X)/\sigma_X$와 같이 변수변환을 수행하면, $x=u\sigma_X+\mu_X$와 $dx=\sigma_X du$ 관계를 구할 수 있다. 이 관계식들을 위 식에 대입하면 다음과 같이 나타낼 수 있다.

$$\Phi_X(w)=\frac{1}{\sqrt{2\pi}}\int_{-\infty}^{\infty}e^{jw(u\sigma_X+\mu_X)}e^{-u^2/2}du=\frac{e^{jw\mu_X}}{\sqrt{2\pi}}\int_{-\infty}^{\infty}e^{-(u^2-2jw\sigma_X u)/2}du$$

위 식에서 적분 내의 지수 부분은 다음과 같이 정리할 수 있다.

$$\frac{u^2-2jw\sigma_X u}{2}=\frac{u^2-2jw\sigma_X u+(jw\sigma_X)^2}{2}-\frac{(jw\sigma_X)^2}{2}=\frac{(u-jw\sigma_X)^2}{2}+\frac{w^2\sigma_X^2}{2}$$

따라서 X의 특성함수는 다음과 같이 정리할 수 있다.

$$\Phi_X(w)=\frac{e^{jw\mu_X}}{\sqrt{2\pi}}\int_{-\infty}^{\infty}e^{-(u-jw\sigma_X)^2/2}e^{-w^2\sigma_X^2/2}du=e^{\left(jw\mu_X-w^2\sigma_X^2/2\right)}\int_{-\infty}^{\infty}\frac{e^{-(u-jw\sigma_X)^2/2}}{\sqrt{2\pi}}du$$

위 식에서 적분 내에 있는 함수 $g(u)=e^{-(u-jw\sigma_X)^2/2}/\sqrt{2\pi}$을 살펴보자. 변수 $v=u-jw\sigma_X$로 치환하면, $g(v)=e^{-v^2/2}/\sqrt{2\pi}$와 같이 바뀐다. 이때 $g(v)$는 $N(0,1)$인 랜덤변수의 확률밀도함수가 된다. 그러므로 위 적분은 1이 되며, X의 특성함수를 다음과 같이 구할 수 있다.

$$\Phi_X(w)=e^{\left(jw\mu_X-w^2\sigma_X^2/2\right)}=\exp\left(jw\mu_X-\frac{w^2\sigma_X^2}{2}\right) \tag{7.14}$$

7.3 s 변환

$f_X(x)$가 연속랜덤변수 X의 확률밀도함수라고 가정하자. 여기에서 랜덤변수 X는 음이 아닌 랜덤변수로 $f_X(x)=0,\ x<0$ 관계가 성립한다. 이때 $f_X(x)$의 s 변환 $M_X(s)$를 다음과 같이 정의한다.

$$M_X(s) = E[e^{-sX}] = \int_0^\infty e^{-sx} f_X(x)dx \tag{7.15}$$

s 변환의 중요한 성질 중의 하나는 $s = 0$일 때 s 변환 값이 항상 1이라는 것이다. 즉,

$$M_X(s)|_{s=0} = \int_0^\infty f_X(x)dx = 1$$

예제 7.2

함수 $A(s) = K/(s+5)$가 어떤 확률밀도함수의 s 변환이 되도록 적절한 K값을 구하라.

풀이

어떤 확률밀도함수의 s 변환이 되기 위해서는 $A(0)$ 값이 1이 되어야 한다. 즉, $K/(0+5) = K/5 = 1$이 성립해야 하며, 따라서 $K = 5$가 된다.

7.3.1 s 변환의 모멘트 생성 성질

앞에서 언급했던 바와 같이 변환방법을 공부하는 중요한 이유 중의 하나는 다양한 확률분포로부터 모멘트 값을 구하는 데 변환방법이 유용하게 사용되기 때문이다. s 변환의 정의로부터,

$$M_X(s) = \int_0^\infty e^{-sx} f_X(x)dx$$

$M_X(s)$에 미분을 수행하고, $s = 0$에서의 값을 취하면 다음 결과를 얻을 수 있다.

$$\frac{d}{ds}M_X(s) = \frac{d}{ds}\int_0^\infty e^{-sx} f_X(x)dx = \int_0^\infty \frac{d}{ds}e^{-sx} f_X(x)dx = -\int_0^\infty xe^{-sx} f_X(x)dx$$

$$\frac{d}{ds}M_X(s)\bigg|_{s=0} = -\int_0^\infty x f_X(x)dx = -E[X]$$

$$\frac{d^2}{ds^2}M_X(s) = \frac{d}{ds}(-1)\int_0^\infty xe^{-sx}f_X(x)dx = -\int_0^\infty \frac{d}{ds}xe^{-sx}f_X(x)dx$$
$$= \int_0^\infty x^2 e^{-sx} f_X(x)dx$$

$$\frac{d^2}{ds^2}M_X(s)\bigg|_{s=0} = \int_0^\infty x^2 f_X(x)dx = E[X^2]$$

따라서 일반적으로 다음 식이 성립한다.

$$\frac{d^n}{ds^n}M_X(s)\bigg|_{s=0} = (-1)^n E[X^n] \tag{7.16}$$

7.3.2 독립랜덤변수들 합에 대한 확률밀도함수의 s 변환

X_1, X_2, ..., X_n는 상호 독립인 연속랜덤변수이며, 이들 독립랜덤변수들의 합을 다음과 같이 나타내자.

$$Y = X_1 + X_2 + \ldots + X_n$$

Y의 확률밀도함수에 대한 s 변환을 다음과 같이 구할 수 있다.

$$\begin{aligned} M_Y(s) &= E\left[e^{-sY}\right] = E\left[e^{-s(X_1+X_2+\ldots+X_n)}\right] = E\left[e^{-sX_1}e^{-sX_2}\cdots e^{-sX_n}\right] \\ &= E\left[e^{-sX_1}\right]E\left[e^{-sX_2}\right]\cdots E\left[e^{-sX_n}\right] \\ &= \prod_{k=1}^{n} M_{X_k}(s) \end{aligned} \tag{7.17}$$

여기에서 네 번째 등식은 X_k가 상호 독립이라는 조건에 의해 성립한다. 따라서 Y의 확률밀도함수에 대한 s 변환은 합에 사용된 랜덤변수들의 확률밀도함수에 대한 s

변환의 곱으로 표현된다. 만약 랜덤변수들이 항등분포를 갖는다면 Y의 확률밀도함수에 대한 s 변환은 다음 식으로 표현된다.

$$M_Y(s) = [M_X(s)]^n \tag{7.18}$$

7.3.3 대표적인 확률밀도함수들의 s 변환

이 절에서는 4장에서 설명했던 몇 가지 랜덤변수들의 확률밀도함수에 대한 s 변환을 구하는 방법에 대해 기술한다. 여기에서 다룰 랜덤변수들이란 지수분포, 얼랑분포, 그리고 균일분포를 말한다.

a. **지수분포**: 파라미터가 $\lambda > 0$인 지수분포랜덤변수의 확률밀도함수는 다음과 같이 주어진다.

$$f_X(x) = \lambda e^{-\lambda x} \quad x \geq 0$$

따라서 랜덤변수 X의 확률밀도함수에 대한 s 변환은 정의 식으로부터 다음과 같이 구할 수 있다.

$$\begin{aligned} M_X(s) &= E\left[e^{-sX}\right] = \int_0^\infty e^{-sx}\lambda e^{-\lambda x}dx = \lambda\int_0^\infty e^{-(s+\lambda)x}dx \\ &= \frac{\lambda}{s+\lambda} \end{aligned} \tag{7.19}$$

b. **얼랑분포**: 파라미터가 $\lambda > 0$인 k차 얼랑 확률분포 (또는 얼랑-k 랜덤변수) X_k의 확률밀도함수는 다음과 같이 주어진다.

$$f_{X_k}(x) = \frac{\lambda^k x^{k-1}}{(k-1)!}e^{-\lambda x} \quad x \geq 0$$

얼랑-k 랜덤변수는 k개의 지수랜덤변수들의 합이므로 식 (7.18)과 (7.19)를 이용하여 다음과 같이 구할 수 있다.

$$M_{X_k}(s) = \left[\frac{\lambda}{s+\lambda}\right]^k \tag{7.20}$$

c. **균일분포**: X가 a와 $b(0 \le a < b)$ 사이의 값을 취하는 균일분포 랜덤변수라고 하면 X의 확률밀도함수는 다음과 같이 주어진다.

$$f_X(x) = \begin{cases} \dfrac{1}{b-a} & 0 \le a \le x \le b \\ 0 & \text{otherwise} \end{cases}$$

따라서 X의 확률밀도함수에 대한 s 변환은 다음과 같이 구할 수 있다.

$$\begin{aligned} M_X(s) &= \int_0^\infty e^{-sx} f_X(x)dx = \frac{1}{b-a}\int_a^b e^{-sx}dx = \left[-\frac{e^{-sx}}{s(b-a)}\right]_a^b \\ &= \frac{e^{-as}-e^{-bs}}{s(b-a)} \end{aligned} \tag{7.21}$$

예제 7.3

통신채널의 전송품질이 랜덤한 성질에 따라 사용할 수 없을 정도로 나빠진다. 어떤 유능한 학생이 사용할 수 없을 정도로 통신채널의 전송품질이 나빠지는 시간 주기 Y가 다음과 같은 확률밀도함수를 갖는다는 것을 알아내었다.

$$f_Y(y) = \frac{0.2^4 y^3 e^{-0.2y}}{3!} \quad y \ge 0$$

랜덤변수 Y의 확률밀도함수에 대한 s 변환을 구하라.

풀이

우선, 랜덤변수 Y가 얼랑랜덤변수라는 것을 알아야 한다. 얼랑랜덤변수의 차수를 알아내기 위해 얼랑분포 확률밀도함수의 일반식을 다음에 나타내었다.

$$f_Y(y) = \frac{\lambda^k y^{k-1} e^{-\lambda y}}{(k-1)!} \quad y \ge 0$$

위 식에서 y의 지수를 관찰하면 $k-1=3$이라는 것을 알 수 있다. 따라서 $k=4$이며, 랜덤변수 Y는 4

차 얼랑랜덤변수임을 알 수 있다. X를 해당 얼랑분포와 관련 있는 지수분포를 따르는 랜덤변수라고 하자. $\lambda=0.2$이기 때문에 랜덤변수 X의 확률밀도함수와 s 변환은 다음과 같이 나타낼 수 있다.

$$f_X(x)=0.2e^{-0.2x} \quad x\geq 0$$
$$M_X(s)=\frac{0.2}{s+0.2}$$

그러므로 $Y=X_1+X_2+X_3+X_4$이며, X_k는 위에 표시된 확률밀도함수를 갖는 독립항등랜덤변수이다. 독립랜덤변수들의 합으로 이루어진 랜덤변수의 확률밀도함수에 대한 s 변환은 각각의 s 변환의 곱과 같기 때문에 랜덤변수 Y의 확률밀도함수에 대한 s 변환은 다음과 같이 구할 수 있다.

$$M_Y(s)=[M_X(s)]^4=\left[\frac{0.2}{s+0.2}\right]^4$$

예제 7.4

확률밀도함수가 다음과 같이 표시되는 랜덤변수 X의 4차 모멘트를 간단한 방법으로 구하라.

$$f_X(x)=32x^2e^{-4x} \quad x\geq 0$$

풀이

이 문제를 해결하는 가장 쉬운 방법은 변환방법을 사용하는 것이다. 따라서 확률밀도함수 $f_X(x)$의 s 변환을 계산해야 한다. s 변환을 구하기 위한 네 가지 방법을 소개한다. 첫 번째 방법은 직접적 방법이라 하고, 나머지 세 가지는 스마트 방법이라고 하자.

a. **직접적(무차별, brute-force) 방법**

이 방법에서는 s 변환 $M_X(s)$를 다음과 같이 정의 식을 사용하여 직접 계산한다.

$$M_X(s)=\int_0^\infty e^{-sx}f_X(x)dx=32\int_0^\infty x^2e^{-(s+4)x}dx$$

이때 $u=x^2$와 같이 변수변환을 하자. 그러면 $du=2xdx$가 성립한다. 그러므로

$$M_X(s)=32\left[-\frac{x^2e^{-(s+4)x}}{s+4}\right]_0^\infty+\frac{32}{s+4}\int_0^\infty 2xe^{-(s+4)x}dx=\frac{64}{s+4}\int_0^\infty xe^{-(s+4)x}dx$$

$$M_X(s) = \frac{64}{s+4}\left\{\left[-\frac{xe^{-(s+4)x}}{s+4}\right]_0^\infty + \int_0^\infty \frac{e^{-(s+4)x}}{s+4}dx\right\} = \frac{64}{(s+4)^2}\int_0^\infty e^{-(s+4)x}dx$$
$$= \frac{64}{(s+4)^2}\left[-\frac{e^{-(s+4)x}}{s+4}\right]_0^\infty = \frac{64}{(s+4)^3} = \frac{4^3}{(s+4)^3} = \left(\frac{4}{s+4}\right)^3$$

b. **스마트 방법 1**

이 방법에서는 적분을 수행할 때 지수분포의 모멘트 특성을 이용한다. 그러므로 다음과 같이 진행한다.

$$M_X(s) = \int_0^\infty e^{-sx}f_X(x)dx = 32\int_0^\infty x^2e^{-(s+4)x}dx$$

이때 $u = s+4$와 같이 변수변환을 하자. 그러면 다음과 같은 식을 얻는다.

$$M_X(s) = 32\int_0^\infty x^2e^{-\mu x}dx = \frac{32}{\mu}\int_0^\infty \mu x^2e^{-\mu x}dx$$

위 식에서 적분 항은 파라미터가 μ인 지수랜덤변수의 2차 모멘트 정의 식과 동일하다. 4장에서 배웠던 내용을 토대로, 지수랜덤변수의 경우 n차 모멘트에 대한 일반식이 식 4.33을 참조하면 다음과 같이 됨을 알 수 있다.

$$E[X^n] = \frac{n!}{\mu^n} \qquad n = 1, 2, \ldots$$

따라서 s 변환을 다음과 같이 구할 수 있다.

$$M_X(s) = \frac{32}{\mu}\left\{\frac{2!}{\mu^2}\right\} = \frac{64}{\mu^3} = \frac{64}{(s+4)^3} = \left(\frac{4}{s+4}\right)^3$$

c. **스마트 방법 2**

이 방법에서 랜덤변수 X가 얼랑랜덤변수임을 알 수 있다. 얼랑랜덤변수에서 차수와 파라미터를 계산하기 위하여 얼랑 확률밀도함수의 표준 형식을 다음에 나타내었다.

$$f_X(x) = \frac{\lambda^k x^{k-1}e^{-\lambda x}}{(k-1)!} \equiv 32x^2e^{-4x} \quad x \geq 0$$

위 식에서 x의 지수를 관찰하면 $k-1=2$이라는 것을 알 수 있다. 따라서 $k=3$이며, 랜덤변수 X는 3차 얼랑랜덤변수임을 알 수 있다. 유사한 방법으로, 지수항으로부터 $\lambda=4$이라는 것을 알 수 있다. Y를 위 식과 관련된 지수랜덤변수라고 하자. 그러면 Y의 확률밀도함수와 s 변환은 각각 다음과 같이 나타낼 수 있다.

$$f_Y(y) = 4e^{-4y} \quad y \geq 0$$
$$M_Y(s) = \frac{4}{s+4}$$

따라서 $X = Y_1 + Y_2 + Y_3$이며, Y_k는 위에 표시된 확률밀도함수를 갖는 항등독립 지수랜덤변수이다. 독립랜덤변수들의 합으로 이루어진 랜덤변수의 확률밀도함수에 대한 s 변환은 각각의 s 변환의 곱과 같기 때문에 랜덤변수 X의 확률밀도함수에 대한 s 변환은 다음과 같이 구할 수 있다.

$$M_X(s) = [M_Y(s)]^3 = \left(\frac{4}{s+4}\right)^3$$

d. **스마트 방법 3**

이전 방법과 유사하게 다음 식으로부터 출발한다.

$$M_X(s) = 32\int_0^{\infty} x^2 e^{-(s+4)x} dx = 32\int_0^{\infty} x^2 e^{-\mu x} dx$$

적분 내의 식이 얼랑-3 확률밀도함수와 유사한 형태를 취하므로 식 모양을 다음과 같이 변경해 보자.

$$x^2 e^{-\mu x} = \left\{\frac{\mu^3 x^2 e^{-\mu x}}{2!}\right\}\left(\frac{2!}{\mu^3}\right) = \frac{2}{\mu^3}\left\{\frac{\mu^3 x^2 e^{-\mu x}}{2!}\right\} = \frac{2}{\mu^3} f_{X_3}(x)$$

따라서 s 변환을 다음과 같이 구할 수 있다.

$$\begin{aligned} M_X(s) &= 32\int_0^{\infty} x^2 e^{-\mu x} dx = \frac{(32)(2)}{\mu^3}\int_0^{\infty} \frac{\mu^3 x^2}{2!} e^{-\mu x} dx = \frac{64}{\mu^3}\int_0^{\infty} \frac{\mu^3 x^2}{2!} e^{-\mu x} dx \\ &= \frac{64}{\mu^3} = \frac{4^3}{\mu^3} = \left(\frac{4}{\mu}\right)^3 = \left(\frac{4}{s+4}\right)^3 \end{aligned}$$

위 식의 두 번째 줄의 첫 번째 등식은 타당한 확률밀도함수를 x가 취하는 전체 범위에 대해 적분하면 값이 1이 된다는 사실에 기인한다.

해에 대한 기타 사항

확률밀도함수에 대한 s 변환을 구한 후, X에 대한 4차 모멘트를 다음과 같이 구할 수 있다.

$$\begin{aligned} E[X^4] &= (-1)^4 \frac{d^4}{ds^4} M_X(s)\bigg|_{s=0} = \frac{d^4}{ds^4}\left(\frac{4}{s+4}\right)^3\bigg|_{s=0} \\ &= \frac{(-3)(-4)(-5)(-6)(4)^3}{(s+4)^7}\bigg|_{s=0} = \frac{(360)(4)^3}{(s+4)^7}\bigg|_{s=0} = 1.40625 \end{aligned}$$

7.4 z 변환

$p_X(x)$가 음이 아닌 이산랜덤변수 X의 확률질량함수라고 가정하자. 즉, $x < 0$에 대하여 $p_X(x) = 0$이다. 확률질량함수 $p_X(x)$의 z 변환을 $G_X(z)$라고 표시하며, 다음 식과 같이 정의한다.

$$G_X(z) = E[z^X] = \sum_{x=0}^{\infty} z^x p_X(x) \tag{7.22}$$

위 식에서 합이 수렴하고 따라서 z 변환이 존재하기 위한 조건은 반지름의 크기가 1인 원 내에서 존재해야 하는 것이다(즉, $|z| \leq 1$). 그러므로 다음 식이 성립한다.

$$G_X(1) = \sum_{x=0}^{\infty} p_X(x) = 1$$

위 식은 $z = 1$에서 값을 취했을 때 확률질량함수의 z 변환은 1이 되어야 함을 의미한다. 그러나 위 식은 확률질량함수의 z 변환에 대한 필요조건이지 충분조건은 아니다. z 변환의 정의 식으로부터 다음 식을 만들 수 있다.

$$G_X(z) = \sum_{x=0}^{\infty} z^x p_X(x) = p_X(0) + zp_X(1) + z^2 p_X(2) + z^3 p_X(3) + \cdots$$

이것은 위의 급수 전개식에서 $P[X = k] = p_X(k)$가 z^k의 계수임을 의미한다. 따라서 확률질량함수의 z 변환을 알고 있으면 확률질량함수를 정확하게 구할 수 있음을 보여준다. 이 문장이 의미하는 바는 $z = 1$에서 구한 다항식의 값이 1이라고 해서 반드시 이 다항식이 확률질량함수의 z 변환이라는 것을 의미하는 것은 아니라는 점이다. 예를 들어 함수 $A(z) = 2z - 1$를 고려해보자. 이 함수는 비록 $A(1) = 1$이지만, 이 함수가 급수 전개식에서 z^k의 계수가 음수이거나 1보다 큰 양의 값을 취하기 때문에 z 변환이 아니다. 특히 z의 계수가 2인데 위 식의 z 변환 정의 식과 비교하면 이 값은 $p_X(1)$에 해당된다. 그런데 해당 계수 값이 1보다 크기 때문에 적절한 값이 아니다. 유사하게 상수항은 z^0의 계수에 해당하기 때문에 $p_X(0)$에 해당되는데 이 값이 -1이므로 확률로 적절하지 않다. 그러므로 임의의 함수가 확률질량함수의 유효한 z 변환이 되기 위해서는 $z=1$에서 값을 취했을 때 반드시 1이 되어야 함은 물론이고, 급수 전개식에서 z의 계수는 1보다 크지 않으면서 음이 아닌 수가 되어야 한다.

확률질량함수의 개별 값들은 다음 식을 사용하여 구할 수 있다.

$$p_X(x) = \frac{1}{x!}\left[\frac{d^x}{dz^x}G_X(z)\right]_{z=0} \qquad x = 0, 1, 2, \ldots \tag{7.23}$$

위 식에 기술한 z 변환의 특성 때문에 z 변환을 종종 **확률생성함수**라고도 부른다.

예제 7.5

다음 함수가 어떤 확률질량함수의 z 변환으로 타당한지 보여라. 만약 타당한 z 변환이라면 관련된 확률질량함수 함수를 구하라.

$$g(z) = \frac{1-a}{1-az} \qquad 0 < a < 1$$

풀이

먼저, $g(1) = 1$이 성립하기 때문에 함수 $g(z)$가 타당한 z 변환이 되기 위한 일부 조건을 만족하였다. 다음에는 z의 함수 형태로 급수 전개했을 때 계수 값을 살펴보아야 한다. 따라서 급수 전개를 하면,

$$g(z) = (1-a)\sum_{k=0}^{\infty}(az)^k = (1-a)\{1 + az + a^2z^2 + a^3z^3 + \cdots + a^kz^k + \cdots\}$$

$0 < a < 1$이기 때문에 z의 모든 계수들은 음이 아니면서 1보다 크지 않은 값을 가짐을 알 수 있다. 따라서 $g(z)$은 확률질량함수의 타당한 z 변환 함수가 맞다. X를 해당 랜덤변수라고 하면, z 변환과 관련된 확률질량함수 함수는 다음과 같이 구할 수 있다.

$$p_X(x) = (1-a)a^x \qquad x = 0, 1, 2, \ldots$$

예제 7.6

함수 $F(z) = z^2 + z - 1$이 확률질량함수에 대한 타당한 z 변환인지 아닌지를 설명하라.

풀이

어떤 z 함수가 확률질량함수의 z 변환인지 아닌지를 판별하는 첫 번째 판단기준은 $z = 1$에서 해당 z 함수의 값이 1이 되어야 한다는 것이다. 이 판단기준을 적용하면, $F(1) = 1$이 된다. 그래서 첫 번째 판단기준은 만족함을 알 수 있다. 두 번째 판단기준은 급수 전개식에서 z의 계수가 음이 아니면서 1보다 크지 않은 수가 되어야 한다는 것이다. 왜냐하면 z^k의 계수는 랜덤변수가 k값을 취할 확률이기 때문이다. 함수 $F(z)$를 살펴보면 상수항은 랜덤변수가 0값을 취할 확률에 해당되는데 이 값이 -1임을 알 수 있다. 이 결과로부터 주어진 z 함수는 확률질량함수의 타당한 z 변환이 아니다.

예제 7.7

어떤 이산랜덤변수 K의 확률질량함수에 대한 z 변환이 다음과 같이 주어져 있다.

$$G_K(z) = A\left[\frac{10 + 8z^2}{2 - z}\right]$$

a. 랜덤변수 K의 기댓값을 구하라.

b. 랜덤변수 K가 1을 취할 때의 확률 $p_K(1)$을 구하라.

풀이

두 문제에 대한 답을 제시하기 전에 상수 A값을 구해야 한다. $G_K(z)$가 타당한 z 변환이 되기 위해서는 $G_K(1) = 1$이란 조건을 만족해야 한다. 따라서 다음과 같이 나타낼 수 있다.

$$G_K(1) = A\left[\frac{10 + 8}{2 - 1}\right] = 18A = 1 \Rightarrow A = \frac{1}{18}$$

위 식으로부터 $A = 1/18$ 것을 알 수 있다.

a. K의 기댓값은,

$$E[K] = \frac{d}{dz}G_K(z)\bigg|_{z=1} = A\left[\frac{(2 - z)16z - (10 + 8z^2)(-1)}{(2 - z)^2}\right]_{z=1} = \frac{34}{18} = 1.9$$

b. 다음과 같이 두 가지 방법을 사용하여 K의 확률질량함수를 구한다.

방법 1

다음 식이 성립함을 알 수 있다.

$$G_K(z) = A\left[\frac{10+8z^2}{2-z}\right] = \frac{A}{2}\left[\frac{10+8z^2}{1-\frac{z}{2}}\right] = \frac{A(10+8z^2)}{2}\sum_{k=0}^{\infty}\left(\frac{z}{2}\right)^k$$

$$= \frac{A(10+8z^2)}{2}\left\{1+\frac{z}{2}+\frac{z^2}{4}+\frac{z^3}{8}+\frac{z^4}{16}+\cdots\right\}$$

$$= \frac{A}{2}\left\{10+z\left[\frac{10}{2}\right]+z^2\left[\frac{10}{4}+8\right]+z^3\left[\frac{10}{8}+4\right]+z^4\left[\frac{10}{16}+2\right]+\cdots\right\}$$

그러므로 K가 1일 확률은 $G_K(z)$에서 z의 계수와 같다. 즉,

$$p_K(1) = \frac{A}{2}\times\frac{10}{2} = \frac{5}{36}$$

방법 2

$p_K(1)$ 값을 다음과 같이 구할 수도 있다.

$$p_K(1) = \frac{1}{1!}\frac{d}{dz}G_K(z)\bigg|_{z=0} = A\left\{\frac{(2-z)(16z)-(10+8z^2)(-1)}{(2-z)^2}\right\}\bigg|_{z=0}$$

$$= A\left\{\frac{10}{4}\right\} = \frac{1}{18}\times\frac{10}{4} = \frac{5}{36}$$

7.4.1 z 변환의 모멘트 생성 성질

앞에서 언급했던 바와 같이 변환방법을 공부하는 큰 이유 중 하나는 다양한 랜덤변수의 모멘트 값을 구하는 데 변환방법이 유용하게 사용되기 때문이다. 그러나 불행하게도 z 변환으로부터 모멘트를 계산하는 과정은 s 변환에서 모멘트를 계산하는 과정에 비해 간단하지가 않다.

z 변환의 모멘트 생성과정은 z 변환을 미분한 뒤, $z=1$을 대입함으로써 구할 수 있

다. 확률질량함수가 $p_X(x)$인 이산랜덤변수 X에 대하여 다음 관계식들을 얻을 수 있다.

$$G_X(z) = \sum_{x=0}^{\infty} z^x p_X(x)$$

$$\frac{d}{dz}G_X(z) = \frac{d}{dz}\sum_{x=0}^{\infty} z^x p_X(x) = \sum_{x=0}^{\infty}\frac{d}{dz}z^x p_X(x) = \sum_{x=0}^{\infty} xz^{x-1} p_X(x) = \sum_{x=1}^{\infty} xz^{x-1} p_X(x)$$

$$\left.\frac{d}{dz}G_X(z)\right|_{z=1} = \sum_{x=1}^{\infty} xp_X(x) = \sum_{x=0}^{\infty} xp_X(x) = E[X]$$

다시 정리하면,

$$E[X] = \sum_{x=0}^{\infty} xp_X(x) = \left.\frac{d}{dz}G_X(z)\right|_{z=1} \tag{7.24}$$

유사하게,

$$\frac{d^2}{dz^2}G_X(z) = \frac{d}{dz}\sum_{x=1}^{\infty} xz^{x-1} p_X(x) = \sum_{x=1}^{\infty} x\frac{d}{dz}z^{x-1} p_X(x) = \sum_{x=1}^{\infty} x(x-1)z^{x-2} p_X(x)$$

$$\left.\frac{d^2}{dz^2}G_X(z)\right|_{z=1} = \sum_{x=1}^{\infty} x(x-1)p_X(x) = \sum_{x=0}^{\infty} x(x-1)p_X(x) = \sum_{x=0}^{\infty} x^2 p_X(x) - \sum_{x=0}^{\infty} xp_X(x)$$

$$= E\left[X^2\right] - E[X]$$

그러므로 위 식을 다음과 같이 쓸 수 있다.

$$E\left[X^2\right] = \left.\frac{d^2}{dz^2}G_X(z)\right|_{z=1} + \left.\frac{d}{dz}G_X(z)\right|_{z=1} \tag{7.25}$$

따라서 분산을 다음과 같이 구할 수 있다.

$$\sigma_X^2 = E[X^2] - (E[X])^2 = \left[\frac{d^2}{dz^2} G_X(z) + \frac{d}{dz} G_X(z) - \left\{ \frac{d}{dz} G_X(z) \right\}^2 \right]_{z=1} \tag{7.26}$$

7.4.2 상호 독립인 랜덤변수들의 합에 대한 확률질량함수의 z 변환

$X_1, X_2, \ldots, X_n$이 상호 독립인 이산랜덤변수라고 할 때, 랜덤변수들의 합을 다음과 같이 정의하자.

$$Y = X_1 + X_2 + \ldots + X_n$$

Y의 확률질량함수에 대한 z 변환은 다음과 같이 구할 수 있다.

$$\begin{aligned} G_Y(z) &= E[z^Y] = E[z^{X_1 + X_2 + \ldots + X_n}] = E[z^{X_1} z^{X_2} \cdots z^{X_n}] = E[z^{X_1}] E[z^{X_2}] \cdots E[z^{X_n}] \\ &= G_{X_1}(z) G_{X_2}(z) \cdots G_{X_n}(z) = \prod_{k=1}^{n} G_{X_k}(z) \end{aligned} \tag{7.27}$$

여기에서 네 번째 등식은 랜덤변수들의 상호 독립 성질에 기인한 것이다. 랜덤변수들이 항등분포를 따르는 경우에는 다음과 같이 나타낼 수 있다.

$$G_Y(z) = [G_X(z)]^n \tag{7.28}$$

7.4.3 대표적인 확률질량함수들의 z 변환

이 절에서는 베르누이, 이항, 기하, 파스칼-k, 그리고 푸아송 확률질량함수에 대한 z 변환을 다룬다.

a. **베르누이 분포**: 파라미터 p를 갖는 베르누이 랜덤변수의 확률질량함수는 다음과 같이 주어진다.

$$p_X(x) = \begin{cases} 1-p & x=0 \\ p & x=1 \end{cases}$$

따라서 X의 확률질량함수에 대한 z 변환은 다음과 같이 구할 수 있다.

$$G_X(z) = \sum_{x=0}^{\infty} z^x p_X(x) = 1 - p + zp \tag{7.29}$$

b. **이항분포**: 이항랜덤변수 $X(n) \sim B(n,p)$의 확률질량함수는 다음과 같이 주어진다.

$$p_{X(n)}(x) = \binom{n}{x} p^x (1-p)^{n-x} \quad x = 0, 1, \ldots, n$$

이항랜덤변수 $X(n)$는 독립항등분포를 갖는 n개의 베르누이 랜덤변수의 합이므로, 식 (7.28)과 (7.29)의 결과를 사용하여 $X(n)$의 확률질량함수에 대한 z 변환을 다음과 같이 구할 수 있다.

$$G_{X(n)}(z) = [1 - p + zp]^n \tag{7.30}$$

그리고 z 변환 정의 식을 사용하여 직접 구할 수도 있다. 특히,

$$\begin{aligned} G_{X(n)}(z) &= \sum_{x=0}^{\infty} z^x p_{X(n)}(x) = \sum_{x=0}^{n} z^x \binom{n}{x} p^x (1-p)^{n-x} = \sum_{x=0}^{n} \binom{n}{x} (zp)^x (1-p)^{n-x} \\ &= [zp + 1 - p]^n \end{aligned}$$

위 식의 결과는 앞에서 구한 결과와 동일하다. 마지막 등식은 다음의 이항 성질에 의해 성립한다.

$$(a+b)^n = \sum_{k=0}^{n} \binom{n}{k} a^k b^{n-k}$$

c. **기하분포**: 파라미터 p를 갖는 기하랜덤변수의 확률질량함수는 다음과 같이 주어진다.

$$p_X(x) = p(1-p)^{x-1} \quad x = 1, 2, \ldots$$

따라서 X의 확률질량함수에 대한 z 변환은 다음과 같이 구할 수 있다.

$$G_X(z) = \sum_{x=0}^{\infty} z^x p_X(x) = \sum_{x=1}^{\infty} z^x p(1-p)^{x-1}$$
$$= zp\sum_{x=1}^{\infty} z^{x-1}(1-p)^{x-1} = zp\sum_{x=1}^{\infty}\{z(1-p)\}^{x-1} \tag{7.31}$$
$$= \frac{zp}{1-z(1-p)}$$

d. **파스칼분포**: 파라미터 p를 갖는 k차 파스칼 랜덤변수 (또는 파스칼-k) X_k의 확률질량함수는 다음과 같이 주어진다.

$$p_{X_k}(n) = \binom{n-1}{k-1} p^k (1-p)^{n-k} \qquad k = 1, 2, \ldots; n = k, k+1, \ldots$$

파스칼-k 랜덤변수는 독립항등분포를 갖는 k개 기하랜덤변수의 합이므로 식 (7.28)과 (7.31)의 결과를 사용하여 X_k의 확률질량함수에 대한 z 변환을 다음과 같이 구할 수 있다.

$$G_{X_k}(z) = \left\{\frac{zp}{1-z(1-p)}\right\}^k \tag{7.32}$$

e. **푸아송분포**: 푸아송 랜덤변수의 확률질량함수는 다음과 같이 주어진다.

$$p_X(x) = \frac{\lambda^x e^{-\lambda}}{x!} \quad x = 0, 1, 2, \ldots; \ \lambda > 0$$

그러므로 X의 확률질량함수에 대한 z 변환은 다음과 같이 구할 수 있다.

$$G_X(z) = \sum_{x=0}^{\infty} z^x p_X(x) = \sum_{x=0}^{\infty} z^x \frac{\lambda^x e^{-\lambda}}{x!} = e^{-\lambda}\sum_{x=0}^{\infty}\frac{(\lambda z)^x}{x!} = e^{-\lambda}e^{\lambda z}$$
$$= e^{-\lambda(1-z)} = e^{\lambda(z-1)} \tag{7.33}$$

7.5 랜덤변수들의 랜덤 합

X가 확률밀도함수가 $f_X(x)$이고, s 변환이 $M_X(s)$인 연속랜덤변수라고 하자. 랜덤변수 Y는 독립 항등분포를 갖는 랜덤변수 X의 n개의 합이라고 할 때, 랜덤변수 Y의 확률밀도함수에 대한 s 변환은 다음과 같이 구할 수 있다.

$$M_Y(s) = [M_X(s)]^n$$

위 결과는 n이 상수라고 가정하여 얻은 것이다. 그러나 합쳐진 랜덤변수의 개수가 또 다른 랜덤변수일 수 있다. 이러한 경우를 위해 N을 확률질량함수가 $p_N(n)$이고 z 변환이 $G_N(z)$인 이산랜덤변수라고 하자. 우리의 목표는 합쳐진 랜덤변수의 개수가 또 다른 랜덤변수 N인 경우, 랜덤변수 Y의 확률밀도함수에 대한 s 변환을 구하는 것이다. 그러므로 다음과 같은 랜덤변수의 랜덤을 고려하자.

$$Y = X_1 + X_2 + \dots + X_N$$

여기에서 N의 확률질량함수와 z 변환은 이미 알려져 있다고 가정하자. 먼저 $N = n$이라고 간주하면 N이 상수 n 값을 가지므로 다음과 같이 쓸 수 있다.

$$Y|_{N=n} = X_1 + X_2 + \dots + X_n$$

$$M_{Y|N}(s|n) = [M_X(s)]^n$$

그러므로 다음 식과 같이 나타낼 수 있다.

$$\begin{aligned} M_Y(s) &= \sum_{n=0}^{\infty} M_{Y|N}(s|n) p_N(n) = \sum_{n=0}^{\infty} [M_X(s)]^n p_N(n) \\ &= G_N(M_X(s)) \end{aligned} \tag{7.34}$$

즉 상호 독립 항등 확률분포를 갖는 랜덤변수들의 랜덤 합의 확률밀도함수에 대한 s 변환을 구하면, 이 값은 랜덤변수 합의 개수에 대한 확률질량함수의 z 변환을 개별 랜덤변수의 확률밀도함수에 대한 s 변환 값에서 취한 것임을 알 수 있다. $u = M_X(s)$라고 두자. 그러면

$$\frac{d}{ds}M_Y(s) = \frac{d}{ds}G_N(M_X(s)) = \left\{\frac{dG_N(u)}{du}\right\}\left\{\frac{du}{ds}\right\}$$

$$\frac{d}{ds}M_Y(s)\bigg|_{s=0} = \left[\left\{\frac{dG_N(u)}{du}\right\}\left\{\frac{du}{ds}\right\}\right]_{s=0}$$

여기에서 $u|_{s=0} = M_X(0) = 1$이 성립한다. 따라서 다음 식을 얻을 수 있다.

$$\begin{aligned}\frac{d}{ds}M_Y(s)\bigg|_{s=0} &= -E[Y] = \left[\left\{\frac{dG_N(u)}{du}\right\}\left\{\frac{du}{ds}\right\}\right]_{s=0} = \frac{dG_N(u)}{du}\bigg|_{u=1}\frac{dM_X(s)}{ds}\bigg|_{s=0}\\ &= E[N]\{-E[X]\} = -E[N]E[X]\end{aligned}$$

따라서 다음 식이 성립한다.

$$E[Y] = E[N]E[X] \tag{7.35}$$

마찬가지로 다음 식을 구할 수 있다.

$$\begin{aligned}\frac{d^2}{ds^2}M_Y(s) &= \frac{d}{ds}\left[\left\{\frac{dG_N(u)}{du}\right\}\left\{\frac{du}{ds}\right\}\right]\\ &= \left\{\frac{du}{ds}\right\}\frac{d}{ds}\left\{\frac{dG_N(u)}{du}\right\} + \left\{\frac{dG_N(u)}{du}\right\}\left\{\frac{d^2u}{ds^2}\right\}\\ &= \left\{\frac{du}{ds}\right\}^2\left\{\frac{d^2G_N(u)}{du^2}\right\} + \left\{\frac{dG_N(u)}{du}\right\}\left\{\frac{d^2u}{ds^2}\right\}\end{aligned}$$

$$\begin{aligned}\frac{d^2}{ds^2}M_Y(s)\bigg|_{s=0} &= E[Y^2] = \left[\left\{\frac{du}{ds}\right\}^2\left\{\frac{d^2G_N(u)}{du^2}\right\} + \left\{\frac{dG_N(u)}{du}\right\}\left\{\frac{d^2u}{ds^2}\right\}\right]_{s=0,\,u=1}\\ &= \{-E[X]\}^2\{E[N^2] - E[N]\} + E[N]E[X^2]\\ &= E[N^2]\{E[X]\}^2 + E[N]E[X^2] - E[N]\{E[X]\}^2\end{aligned}$$

Y의 분산은 다음과 같이 구할 수 있다.

$$\begin{aligned}\sigma_Y^2 &= E[Y^2] - \{E[Y]\}^2 \\ &= E[N^2]\{E[X]\}^2 + E[N]E[X^2] - E[N]\{E[X]\}^2 - \{E[N]E[X]\}^2 \\ &= E[N]\{E[X^2] - \{E[X]\}^2\} + \{E[X]\}^2\{E[N^2] - \{E[N]\}^2\} \\ &= E[N]\sigma_X^2 + \{E[X]\}^2\sigma_N^2\end{aligned} \tag{7.36}$$

만약 X가 이산랜덤변수라고 하면, 다음 관계를 구할 수 있다.

$$G_Y(z) = G_N(G_X(z)) \tag{7.37}$$

그리고 $E[Y]$와 σ_Y^2 값은 앞에서 구한 결과가 그대로 성립된다.

예제 7.8

책이 박스에 포장되어 있다. 책 한 권의 무게 W는 다음과 같은 확률밀도함수를 갖는 연속랜덤변수이다.

$$f_W(w) = \lambda e^{-\lambda w} \qquad w \geq 0$$

임의의 박스 1개에 들어있는 책의 수량 K는 다음과 같은 확률질량함수를 갖는 이산랜덤변수이다.

$$p_K(k) = \frac{\mu^k}{k!}e^{-\mu} \qquad k = 0, 1, 2, \ldots$$

만약 임의로 선택한 박스의 무게가 X라고 할 때, 다음 물음에 답하라.

a. 랜덤변수 X의 확률밀도함수에 대한 s 변환을 구하라.

b. $E[X]$를 구하라.

c. X의 분산을 구하라.

풀이

a. 랜덤변수 W의 s 변환은 다음과 같이 나타낼 수 있다.

$$M_W(s) = \frac{\lambda}{s + \lambda}$$

유사하게 랜덤변수 K의 확률질량함수에 대한 z 변환은 다음과 같이 나타낼 수 있다.

$$G_K(z) = e^{\mu(z-1)} = \exp(\mu(z-1))$$

따라서 랜덤변수 X의 확률밀도함수에 대한 s 변환은 공식에 의해 다음과 같이 구할 수 있다.

$$M_X(s) = G_K(M_W(s)) = \exp\left(\mu\left\{\frac{\lambda}{s+\lambda} - 1\right\}\right) = \exp\left(-\frac{\mu s}{s+\lambda}\right)$$

b. 임의로 선택된 박스의 평균 무게는 다음과 같이 구할 수 있다.

$$E[X] = E[K]E[W] = \mu\left(\frac{1}{\lambda}\right) = \frac{\mu}{\lambda}$$

c. 랜덤변수 X의 분산은 다음과 같이 구할 수 있다.

$$\sigma_X^2 = E[K]\sigma_W^2 + \{E[W]\}^2\sigma_K^2 = \mu\left(\frac{1}{\lambda^2}\right) + \left(\frac{1}{\lambda^2}\right)\mu = \frac{2\mu}{\lambda^2}$$

예제 7.9

택배회사 차량 운전자들이 트럭에 실을 수 있는 택배물품의 개수 K가 다음과 같은 확률질량함수를 갖는 랜덤변수라고 하자.

$$p_K(k) = \frac{40^k e^{-40}}{k!} \qquad k = 0, 1, 2, \ldots$$

택배물품 1개의 무게 W(단위는 파운드)는 다음과 같은 확률밀도함수를 갖는 연속랜덤변수이다.

$$f_W(w) = \begin{cases} \frac{1}{6} & 3 \le w \le 9 \\ 0 & \text{otherwise} \end{cases}$$

랜덤변수 X는 임의로 선택된 택배물품을 실은 트럭의 무게라고 하자.

a. 랜덤변수 X의 확률밀도함수에 대한 s 변환을 구하라.
b. 랜덤변수 X의 기댓값을 구하라.
c. 랜덤변수 X의 분산을 구하라.

풀이

a. 선택된 트럭에 있는 택배물품의 개수를 $K=k$라고 가정하자. 그리고 i번째 택배물품의 무게를 W_i, $1 \le i \le k$라고 하자. 그러면 랜덤변수 K가 상수 값 k로 고정되어 있기 때문에 다음과 같이 나타낼 수 있다.

$$X|_{K=k} = W_1 + W_2 + \cdots + W_k$$
$$M_{X|K}(s|k) = [M_W(s)]^k$$

그러므로 X의 확률밀도함수에 대한 s 변환은 다음과 같이 구할 수 있다.

$$M_X(s) = \sum_{k=0}^{\infty} M_{X|K}(s|k)p_K(k) = \sum_{k=0}^{\infty} [M_W(s)]^k p_K(k) = G_K(M_W(s))$$

여기에서 $G_K(z) = \exp(-40\{1-z\})$이며, 식 (7.21)로부터 $M_W(s)$는 다음과 같이 구할 수 있다.

$$M_W(s) = \frac{e^{-as} - e^{-bs}}{s(b-a)} = \frac{e^{-3s} - e^{-9s}}{6s}$$

b. K가 푸아송 랜덤변수이기 때문에 기댓값과 분산을 다음과 같이 나타낼 수 있다.

$$E[K] = \sigma_K^2 = 40$$

W는 균일분포를 가지고 있으므로, 평균과 분산을 다음과 같이 구할 수 있다.

$$E[W] = \frac{3+9}{2} = 6$$
$$\sigma_W^2 = \frac{(9-3)^2}{12} = 3$$

따라서 $E[X] = E[W]E[K] = 240$

c. X의 분산은 다음과 같이 구할 수 있다.

$$\sigma_X^2 = E[K]\sigma_W^2 + \{E[W]\}^2\sigma_K^2 = (40)(3) + \left(6^2\right)(40) = 1560$$

예제 7.10

제이의 슈퍼마켓에 물건을 구입하러 온 고객의 수 K는 다음과 같은 확률질량함수를 갖는 랜덤변수이다.

$$p_K(k) = \frac{\lambda^k e^{-\lambda}}{k!} \qquad k = 0, 1, 2, \ldots$$

어떤 고객이 슈퍼마켓에서 물건을 구입한 수 N는 K와 독립이며, 다음과 같은 확률질량함수를 갖는다.

$$p_N(n) = \frac{\mu^n e^{-\mu}}{n!} \qquad n = 0, 1, 2, \ldots$$

슈퍼마켓에서 판매한 물건의 총 수 Y의 확률질량함수에 대한 z 변환과 평균값을 구하라.

풀이

$K = k$라고 하고, 고객 i가 그날 구입한 총 물건의 수를 N_i, $1 \le i \le k$라고 하자. 그러면,

$$Y|_{K=k} = N_1 + N_2 + \cdots + N_k$$

$$\begin{aligned} G_{Y|K}(z|k) &= E\left[z^{Y|K}\right] = E\left[z^{N_1 + N_2 + \cdots + N_k}\right] = E\left[z^{N_1} z^{N_2} \cdots z^{N_k}\right] \\ &= E\left[z^{N_1}\right] E\left[z^{N_2}\right] \cdots E\left[z^{N_k}\right] = [G_N(z)]^k \end{aligned}$$

$$\begin{aligned} G_Y(z) &= \sum_{k=0}^{\infty} G_{Y|K}(z|k) p_K(k) = \sum_{k=0}^{\infty} [G_N(z)]^k p_K(k) \\ &= G_K(G_N(z)) \end{aligned}$$

여기에서 $G_K(z) = e^{\lambda(z-1)}$이며, $G_N(z) = e^{\mu(z-1)}$이기 때문에 위 식은 다음과 같이 된다.

$$G_Y(z) = \exp\left(\lambda\left(e^{\mu(z-1)} - 1\right)\right)$$

7.6 요약

이 장에서 확률문제 풀이과정에서 자주 사용되는 세 가지 변환방법을 기술하였다. 세 가지 변환방법이란 특성함수, s 변환, 그리고 z 변환을 의미한다. s 변환과 z 변환은 음이 아닌 값을 취하는 랜덤변수에 사용되며, 이런 랜덤변수는 실용적인 시스

템을 모델링하는 데 널리 사용된다. 각 변환방법들의 모멘트 생성 성질들도 기술하였다. 대표적인 이산랜덤변수의 확률질량함수에 대한 변환 결과들을 요약하여 표 7.1에 나타내었다. 그리고 대표적인 연속랜덤변수의 확률밀도함수에 대한 변환 결과들을 요약하여 표 7.2에 나타내었다.

표 7-1 잘 알려진 확률질량함수의 변환 요약표

PMF, $p_X(x)$	Characteristic Function, $\Phi_X(w)$	z-Transform, $G_X(z)$
Bernoulli, X	$1-p+pe^{jw}$	$1-p+zp$
Binomial, $X(n)$	$[1-p+pe^{jw}]^n$	$[1-p+zp]^n$
Geometric, X	$\frac{pe^{jw}}{1-e^{jw}(1-p)}$	$\frac{zp}{1-z(1-p)}$
Pascal-k, X_k	$\left\{\frac{pe^{jw}}{1-e^{jw}(1-p)}\right\}^k$	$\left\{\frac{zp}{1-z(1-p)}\right\}^k$
Poisson, X	$e^{-\lambda(1-e^{jw})}$	$e^{-\lambda(1-z)}=e^{\lambda(z-1)}$

표 7-2 잘 알려진 확률밀도함수의 변환 요약표

PDF, $f_X(x)$	Characteristic Function, $\Phi_X(w)$	s-Transform, $M_X(s)$
Exponential	$\frac{\lambda}{\lambda-jw}$	$\frac{\lambda}{s+\lambda}$
Erlang-k	$\left[\frac{\lambda}{\lambda-jw}\right]^k$	$\left[\frac{\lambda}{s+\lambda}\right]^k$
Uniform	$\frac{e^{jbw}-e^{jaw}}{jw(b-a)}$	$\frac{e^{-as}-e^{-bs}}{s(b-a)}$
Normal	$\exp\left(jw\mu_X-\frac{w^2\sigma_X^2}{2}\right)$	=

7.7 문제

7.2절: 특성함수

7.1 다음과 같은 확률밀도함수를 갖는 랜덤변수 X의 특성함수를 구하라.

$$f_X(x) = \begin{cases} \frac{1}{4} & 6 \le x \le 10 \\ 0 & \text{otherwise} \end{cases}$$

7.2 다음과 같은 확률밀도함수를 갖는 랜덤변수 Y의 특성함수를 구하라.

$$f_Y(y) = \begin{cases} 3e^{-3y} & y \ge 0 \\ 0 & \text{otherwise} \end{cases}$$

7.3 다음에 나타낸 확률밀도함수를 갖는 랜덤변수 X의 특성함수를 구하라.

$$f_X(x) = \begin{cases} 0 & x < -3 \\ \frac{x+3}{9} & -3 \le x < 0 \\ \frac{3-x}{9} & 0 \le x < 3 \\ 0 & x \ge 3 \end{cases}$$

7.4 랜덤변수 X의 특성함수를 $\Phi_X(w)$라고 하자. 새로운 랜덤변수 Y를 $Y = aX + b$와 같이 정의할 때 Y의 특성함수를 구하라.

7.3절: s 변환

7.5 다음에 기술된 각 함수들이 어떤 확률밀도함수의 s 변환인지 아닌지를 판단하고 그 이유를 설명하라.

a. $A(s) = \dfrac{1 - e^{-5s}}{s}$

b. $B(s) = \dfrac{7}{4+3s}$

c. $C(s) = \dfrac{5}{5+3s}$

7.6 랜덤변수 Y의 확률밀도함수에 대한 s 변환이 다음과 같다고 가정하자.

$$M_Y(s) = \frac{K}{s+2}$$

다음 물음에 답하라.

a. 확률밀도함수에 대한 s 변환이 타당한 함수가 되도록 K값을 결정하라.

b. $E[Y^2]$을 구하라.

7.7 X와 Y는 상호 독립이며 다음과 같은 확률밀도함수를 갖고 있는 랜덤변수이다.

$$f_X(x) = \begin{cases} \lambda e^{-\lambda x} & x \geq 0 \\ 0 & \text{otherwise} \end{cases}$$

$$f_Y(y) = \begin{cases} \mu e^{-\mu y} & y \geq 0 \\ 0 & \text{otherwise} \end{cases}$$

랜덤변수 R을 $R = X + Y$로 정의하였을 때, 다음을 구하라.

a. $M_R(s)$

b. $E[R]$

c. σ_R^2

7.8 랜덤변수 X는 다음과 같은 확률밀도함수를 갖고 있다.

$$f_X(x) = \begin{cases} 2x & 0 \leq x \leq 1 \\ 0 & \text{otherwise} \end{cases}$$

다음을 계산하라.

a. $\left[\frac{d}{ds}[M_X(s)]^3\right]_{s=0}$

b. $\left[\frac{d^3}{ds^3}M_X(s)\right]_{s=0}$

7.9 랜덤변수 X의 확률밀도함수에 대한 s 변환이 다음과 같이 주어져 있다.

$$M_X(s) = \frac{\lambda^6}{(s+\lambda)^6}$$

다음을 계산하라.

a. $E[X]$

b. σ_X^2

7.10 랜덤변수 X의 확률밀도함수에 대한 s 변환을 $M_X(s)$라고 하자. 만약 새로운 랜덤변수 $Y = aX + b$를 정의할 때, 랜덤변수 Y의 확률밀도함수에 대한 s 변환을 구하라.

7.11 연속랜덤변수 X와 Y의 확률밀도함수가 다음과 같이 주어져 있다.

$$f_X(x) = \begin{cases} 1 & 0 < x \leq 1 \\ 0 & \text{otherwise} \end{cases}$$

$$f_Y(y) = \begin{cases} 0.5 & 2 < y \leq 4 \\ 0 & \text{otherwise} \end{cases}$$

함수 $L(s)$를 다음과 같이 정의하자.

$$L(s) = [M_X(s)]^3[M_Y(s)]^2$$

다음 식의 값을 계산하라.

$$\left[\frac{d^2}{ds^2}L(s)\right]_{s=0} - \left\{\left[\frac{d}{ds}L(s)\right]_{s=0}\right\}^2$$

7.4절: z 변환

7.12 랜덤변수 X의 확률질량함수에 대한 z 변환이 다음과 같다.

$$G_X(z) = \frac{1 + z^2 + z^4}{3}$$

다음을 구하라.

a. $E[X]$

b. $p_X(E[X])$ (즉, $P[X = E[X]]$)

7.13 랜덤변수 X의 확률질량함수에 대한 z 변환이 다음과 같다.

$$G_X(z) = A(1 + 3z)^3$$

다음을 구하라.

a. $E[X^3]$

b. $p_X(2)$

7.14 랜덤변수 K의 확률질량함수에 대한 z 변환이 다음과 같다.

$$G_K(z) = \frac{A(14 + 5z - 3z^2)}{2 - z}$$

다음을 구하라.

a. A

b. $p_K(1)$

7.15 함수 $C(z) = z^2 + 2z - 2$가 어떤 랜덤변수의 확률질량함수에 대한 z 변환인지 아닌지를 보여라.

7.16 함수 $D(z) = \frac{1}{2 - z}$가 주어져 있을 때, 다음 물음에 답하라.

a. 함수 $D(z)$가 어떤 랜덤변수의 확률질량함수에 대한 타당한 z 변환인가?

b. 만약 타당한 z 변환이라면, 해당 확률질량함수를 구하라.

7.17 랜덤변수 N의 확률질량함수에 대한 z 변환이 다음과 같다.

$$G_N(z) = 0.5z^5 + 0.3z^7 + 0.2z^{10}$$

다음을 구하라.

a. N의 확률질량함수

b. $E[N]$

c. σ_N^2

7.18 랜덤변수 X의 확률질량함수에 대한 z 변환이 다음과 같이 주어져 있다.

$$G_X(z) = \left[\frac{zp}{1-z(1-p)}\right]^6$$

다음을 구하라.

a. $E[X]$

b. σ_X^2

7.19 랜덤변수 X의 확률질량함수에 대한 z 변환을 $G_X(z)$라고 하자. 만약 새로운 랜덤변수 $Y = aX + b$를 정의할 때, 랜덤변수 Y의 확률질량함수에 대한 z 변환을 구하라.

7.5절: 랜덤변수들의 랜덤 합

7.20 고객들이 가족 단위로 레스토랑에 도착하고 있다. 한 시간 동안 도착한 가족의 수 X가 평균값이 λ인 푸아송 랜덤변수임을 알았다. 레스토랑에 도착하는 가족 구성원의 수를 랜덤변수 N이라고 하고 N의 확률질량함수에 대한 z 변환이 다음과 같이 주어진다고 할 때 다음 물음에 답하라.

$$G_N(z) = \frac{1}{2}z + \frac{1}{3}z^2 + \frac{1}{6}z^3$$

a. 임의의 시간 동안 레스토랑에 도착한 전체 고객 수를 랜덤변수 M이라고 할 때, M의 확률질량함수에 대한 z 변환 $G_M(z)$을 구하라.

b. 세 시간 동안 도착한 전체 고객 수를 랜덤변수 Y라고 할 때 $E[Y]$를 구하라.

7.21 하루 동안 인근에 있는 가게에서 쇼핑을 하는 총 고객의 수를 랜덤변수 K라고 하고, K의 확률질량함수가 다음과 같다고 가정하자.

$$p_K(k) = \frac{\lambda^k e^{-\lambda}}{k!} \quad k = 0, 1, 2, \ldots$$

이때 각 고객이 구입한 물품의 수를 랜덤변수 N이라고 할 때, N은 랜덤변수 K와는 상호 독립이며, 확률질량함수는 다음과 같다.

$$p_N(n) = \begin{cases} \frac{1}{4} & n = 0 \\ \frac{1}{4} & n = 1 \\ \frac{1}{3} & n = 2 \\ \frac{1}{6} & n = 3 \\ 0 & \text{otherwise} \end{cases}$$

어떤 날 해당 가게에서 판매한 총 물품의 수 Y의 확률질량함수에 대한 z 변환을 구하라.

7.22 책이 박스에 포장되어 있다. 책 한 권의 무게 W는 (단위는 파운드) 다음과 같은 확률밀도함수를 갖는 연속랜덤변수이다.

$$f_W(w) = \begin{cases} \frac{1}{4} & 1 \le w \le 5 \\ 0 & \text{otherwise} \end{cases}$$

임의의 박스 1개에 들어있는 책의 수량 K는 다음과 같은 확률질량함수를 갖는 이산랜덤변수이다.

$$p_K(k) = \begin{cases} \frac{1}{4} & k=8 \\ \frac{1}{4} & k=9 \\ \frac{1}{3} & k=10 \\ \frac{1}{6} & k=12 \\ 0 & \text{otherwise} \end{cases}$$

만약 당신이 임의의 박스를 선택하고 선택된 박스의 무게가 X라고 할 때, 다음을 구하라.

a. 랜덤변수 X의 확률밀도함수에 대한 s 변환

b. $E[X]$

c. X의 분산

CHAPTER 8

서술적 통계학의 소개

8.1 개요

통계학(statistics)이라는 용어는 단수 또는 복수로 사용될 수 있다. 단수적 의미에서 통계학은 데이터를 이해하고 분석하는 절차로 언급되고 있다. 이 경우 우리는 통계학을 데이터를 모으고 분석하고 요약하며 데이터를 얻은 환경에 대한 결론을 내리는 수학적 견해로 정의한다. 복수적 의미에서 통계학은 관찰한 데이터의 한 세트로서 묘사되며 정량적인 값이다.

통계학은 확률에 대해 보완적이지만 다른 점이 있다. 완전히 정의된 확률 문제는 하나의 정확한 해답을 가지고 있고, 확률 법칙은 전체 개체에 적용된다. 하지만 통계학은 관찰된 개체군의 부분과 전체 개체 사이의 관계에 연관성이 있다. 즉, 통계학에서 우리는 관찰된 개체군에 기반을 둔 관찰과 어떻게 관찰된 데이터가 전체 개체에 적용될 수 있는가에 중점을 두었다.

통계학자는 먼저 의미가 있는 방식으로 데이터 양식 또는 형식을 설정하고, 나중에 개인적인 경험 또는 물리적 메커니즘에 대한 자신의 지식을 기반으로 분석하는 시스템에 대한 확률 모델을 가정하여 업무를 수행한다. 통계학자들은 통계학 모델이 실제 시스템과 유사한 동작 확률을 나타낼 것으로 예상하고 있다.

일반적으로 2개의 부분, **서술적 통계학**(descriptive statistics)과 **추론 통계**(inferential statistics)가 있다. 그림 8.1은 2개의 부분이 다른 양상이라는 것을 보여준다. 서술적 통계학은 데이터 수집, 분석, 그리고 여러 방법에서 비가공 데이터(raw data)를 요약하는 데 집중되어 있다. 이 비가공 데이터는 데이터로 언급되는 방법이나 관찰된 값이다. 비슷하게, 추론 통계는 개체 부분을 연구할 수 있는 절차나 기술을 다루고, 표본이 확률 이론의 도움으로 얻은 개체에 대한 일반화를 확인한다. 따라서 우리는 추론 통계학이 더 넓은 영역에서 적용될 수 있는 일반화된 데이터로부터 추론할 수 있게 해준다고 할 수 있다.

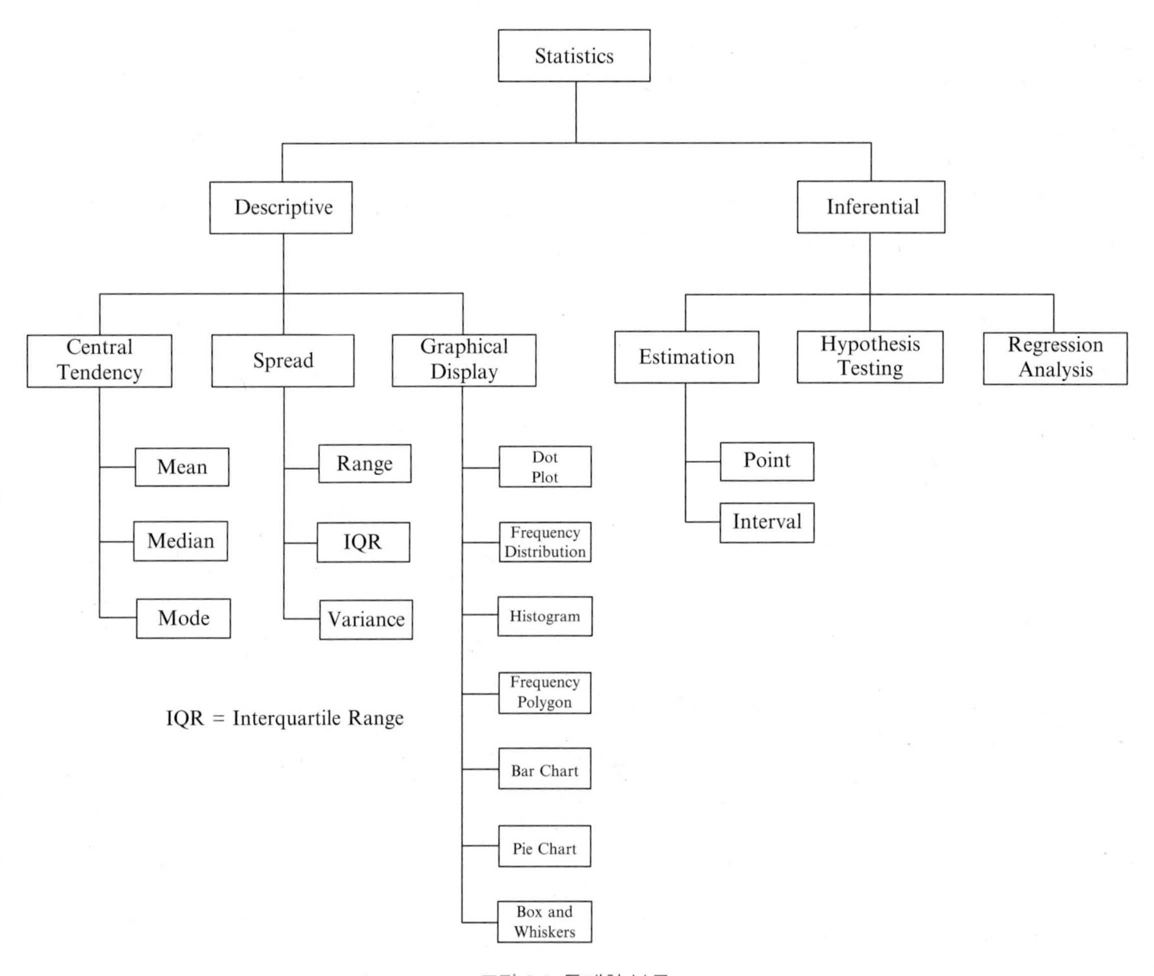

그림 8.1 통계학 분류

모집합(population)은 관심 있는 모든 개인, 항목 또는 데이터의 집합으로 정의된다. 이 그룹은 추론적 통계가 일반화를 시도한 것에 대한 것이다. 모집합을 기술하는 특징(일반적으로 숫자)은 모집단 **매개 변수**(parameter)로 지칭된다. 그러나 종종 우리는 우리가 관심 있어 하는 모집합에 접근하지 못할 때가 있다. 이 상황에서 대안은 모집단에서 구성의 일부 또는 표본을 선택하는 것이다. 따라서 표본은 흥미 있는 모집단으로부터 선택된 개인 항목 또는 데이터의 세트로 정의된다. 표본을 선택하는 것은 더 실용적이며, 대부분의 과학 연구는 모집합이 아니라 표본을 통하여 모의시험하고 결과를 구한다. 표본을 설명하는 특징을 **표본 통계치**(sample statistic)라고 부른다. 이것은 모집합이 아니라 표본에서 특징을 보여준다는 것을 제외하고 모집단의 매개 변수와 비슷하다. 추론 통계는 알 수 없는 매개 변수가 주어진 집단에서 무엇인지 추론하는 표본의 특성을 사용한다. 이러한 방식으로, 표본은 흥미 있는 모집합에서 특징을 더 알기 쉽게 해준다. 따라서 표본값이 정확하게 모집합을 표시하게 추출하는 것은 중요하다. 이 장에서 서술적 통계학을 다루며, 9장에서 추론적 통계학에 대해 살펴 볼 예정이다.

8.2 서술적 통계학

서술적 통계학은 데이터를 모으고, 그룹화하며 이해하기 쉬운 방식으로 데이터를 나타내고, 우리가 관찰을 할 수 있게 해준다. 서술적 통계학은 데이터가 많은 상황에서 데이터를 간단하게 나열했을 경우, 알아보기 힘들기 때문에 중요하다. 따라서 서술적 통계학은 우리가 더 의미 있는 방식으로 데이터를 나타낼 수 있게 해준다. 예를 들어, 만약 100명의 학생이 학급에 있으면 성적의 분포와 분산에 관심이 있을 것이다. 서술적 통계학은 이것을 할 수 있게 해준다. 이것은 그래프, 막대 차트, 주파수 분포의 집합에 의한 데이터를 구성하는 방식으로 작동한다. 이 방식에서 우리는 데이터가 나오는 방식을 볼 수 있다. 그러나 서술적 통계학은 우리가 분석한 데이터를 넘어서 결론을 짓는 것은 불가능하다. 그것은 단순히 시료와 측정에 대한 간단한 요약을 제공하여 관측 데이터(observation data)의 세트를 설명할 수 있는 방법이다.

관측 데이터의 집합 또는 세트를 설명하는 데 사용되는 세 가지 일반적인 방법은 다음과 같다.

a. **집중도 또는 중앙 성향 측정**(measures of central tendency): 데이터 그룹에서 주파수 분포의 중앙 위치를 묘사하는 방법인 중앙 성향 측정 및 표시
b. **퍼짐 정도 값**(measure of spread): 데이터의 값이 얼마나 퍼져있는가를 설명함에 따라 데이터 그룹을 요약하는 방법인 분산 측정
c. **통계값 가시화**(graphical displays): 데이터에서 특정한 패턴이 나타나는지 그리고 얼마나 나누어져 있는가를 보기 위한 그래픽 표시

8.3 중앙 성향 측정

비가공 데이터 세트를 특정하는 경우, 데이터를 요약하는 가장 유용한 방법 중 하나는 데이터 세트의 '중심'을 설명하는 방법을 찾는 것이다. 중앙 성향은 특정값 주위 무리에 대한 관찰의 성향을 설명한다. 중앙 성향 측정은 하나의 '전형적인' 수의 데이터 세트를 요약하기 위해 사용되는 수치 요약이다. 중앙 성향 측정에 흔히 사용되는 3개는 평균, 최빈값, 중앙값이 있다. 이것들은 모두 데이터 분포의 평균의 방법이다.

8.3.1 평균

평균(mean)은 수학적으로 전형적인 값으로 나타나는 수학적으로 계산된 값이다. 평균은 모든 값을 더하고 모든 데이터의 수를 의미하는 N으로 나눈 값이다. 만약 관찰 데이터가 $x_1, x_2, \ldots, x_N$이라면 평균은 다음과 같다.

$$\bar{x} = \frac{x_1 + x_2 + \cdots + x_N}{N} = \frac{1}{N}\sum_{n=1}^{N} x_n$$

예를 들어, 다음과 같은 관찰 값을 가지고 있다고 하자.

66,54,88,56,34,12,48,50,80,50,90,65

그러면, 평균은

$$\bar{x} = \frac{66+54+88+56+34+12+48+50+80+50+90+65}{12} = 57.75$$

평균은 데이터 값이 아닐 수가 있다.

8.3.2 중앙값

만약 데이터를 2개로 나누며, 이 2개가 각각 50%를 가지도록 나누었을 경우, 절반으로 나누어진 값을 중앙값(median)이라고 부른다. 중앙값을 계산하기 위해는 세 가지 절차가 있다. 첫째, 데이터들을 크기가 증가하는 순서대로 배열한다. 둘째, 중앙값 값을 계산한다. 이것은 데이터의 값이 홀수인지 짝수인지 결정하는 데이터 세트를 확인하는 것이 필요하다. R_M을 순위 정렬에서의 중앙값의 자리라고 하고, N을 데이터 값의 개수라고 하자. 첫 번째 절차는 다음과 같다.

N이 홀수면,

$$R_M = \frac{N+1}{2} \tag{8.1}$$

그리고 중앙값이 R_M의 데이터 값을 가지는 M이다. 만약 N이 짝수라면, 중앙값의 값은 아래가 된다.

$$M = \frac{d_{\frac{N}{2}} + d_{\frac{N}{2}+1}}{2} \tag{8.2}$$

d_k는 정렬된 것에서 k번째 데이터이고 M은 $N/2$의 값과 $N/2+1$번째의 값의 평균이

다. 홀수 개의 데이터에서 중앙값은 데이터 값에 있는 값이고, 짝수 개의 데이터에서 중앙값은 데이터 값에 포함되어 있지 않다. 예를 들어, 주어진 값에서 중앙값을 찾아낸다면 먼저 다음 증가하는 순서로 세트를 재정렬해야 한다.

$$12,34,48,50,50,54,56,65,66,80,88,90 \tag{8.2a}$$

두 번째, 여기엔 12개의 값이 있고 이는 중앙값이 데이터 세트 중 하나가 아니라는 말이 된다. 중앙값은 6번째(54)와 7번째(56)의 평균이다. 따라서 중앙값은

$$M = \frac{54+56}{2} = 55$$

만약 95를 데이터 세트에 넣는다면, 새로 정렬된 값을 얻을 수 있다.

$$12,34,48,50,50,54,56,65,66,80,88,90,95 \tag{8.2b}$$

이제 13개의 값이 있기 때문에, 중앙값은 7번째에 위치한 56이며 이는 데이터 세트 중 하나이다.

8.3.3 최빈값

최빈값(mode)은 데이터 세트에서 가장 자주 발생하는 값이다. (8.2a)와 (8.2b) 데이터 세트에서, 값 50은 다른 값이 한 번씩 나올 동안 두 번씩 나온다. 따라서 두 데이터 세트의 모드는 50이고 단일 최빈값 또는 단조(unimodal or signal frequency)라고 말할 수 있다. 때때로 데이터 세트가 다중 모델 세트일 경우에 하나 이상의 최빈값을 가질 수 있다.

8.4 분산의 측정

분산은 중심치 주변의 값의 퍼짐으로 언급된다. 중심치의 측정은 하나의 '전형적인' 숫자와 데이터 세트를 요약하는 동안, 또한 중앙값으로부터 얼마나 값들이 '퍼져 있는지'를 하나의 숫자로 설명하는 데 유용하다. 얼마나 데이터 세트가 퍼져 있는가를 설명하는 것은 범위, 사분범위, 변화 그리고 표준편차인 분산의 측정 중 하나를 통해서 할 수 있다.

8.4.1 범위

데이터 세트의 범위(range)는 가장 큰 데이터 값과 가장 작은 데이터 값 사이의 차이를 정의하는 방법이다. 이것은 통계학적 분산 또는 '퍼짐'의 가장 간단한 방법이다. 식 (8.2a)를 예로 들면,

$$\text{Range} = \text{Maximum} - \text{Minimum} = 90 - 12 = 78$$

8.4.2 사분위수와 백분위수

중앙값은 두 부분으로 데이터 세트를 분할하는 동안, 사용할 수 있는 다른 분할하는 점이 있다. 사분위수는 정렬된 데이터 세트를 4개로 나누는 데 사용된다. 비슷하게, 정렬된 데이터 세트의 $100p$번째 백분위는 적어도 $100p\%$보다 작거나 같거나 $100(1-p)\%$보다 작거나 같을 것이다($0 < p < 1$).

따라서

i. 첫 번째 사분위수 Q_1=25번째 백분위이며 p=0.25

ii. 두 번째 사분위수 Q_2=50번째 백분위이며 p=0.50

iii. 세 번째 사분위수 Q_3=75번째 백분위이며 p=0.75

두 번째 사분위수는 중앙값이다. **사분범위**(interquartile range, IQR)는 세 번째 사분위수와 첫 번째 사분위수와의 차이이다. 즉,

$$\mathrm{IQR} = Q_3 - Q_1 \tag{8.3}$$

따라서 사분범위는 정렬된 데이터 세트의 50%를 의미한다. 이것은 그림 8.2에서 설명된다. 중앙값과 같이, 사분위수의 계산은 데이터 값이 아니라 크기로 정렬된 데이터 세트에서 데이터 위치에 기반을 둔다.

100p번째 백분위수를 계산하는 절차는 아래와 같다.

i. 가장 작은 것으로부터 가장 큰 것까지 N번 관찰을 한다.
ii. Np를 결정한다. Np가 정수가 아니면, 정수로 반올림하고 상응하는 값을 찾는다. 만약 Np가 정수라면, k번째와 (k+1)번째 정렬된 데이터 값의 평균을 계산한다.

예로 식 (8.2a)에서 N=12에서 p=0.25를 가지는 첫 번째 사분위수이다. 우리는 Np=(12)(0.25)=3을 계산할 수 있다. 따라서 첫 번째 사분위수는 정렬된 세트에서 세 번째와 네 번째의 평균이고 Q_1은 (48+50)/2=49이다. 비슷하게, 세 번째 사분위수는 Np=(12)(0.75)=9이다. 따라서 정렬된 세트에서 아홉 번째와 열 번째의 평균을 찾을 수 있으며, Q_3=(66+80)/2=73이다. 따라서 사분범위 IQR=Q_3−Q_1=73−49=24이다. 두 번째 사분위수로부터 얻어지는 Np=(12)(0.5)=6이다. 따라서 중앙값은 여섯 번째와 일곱 번째 값의 평균이다. 즉, Q_2=(54+56)/2=55이다.

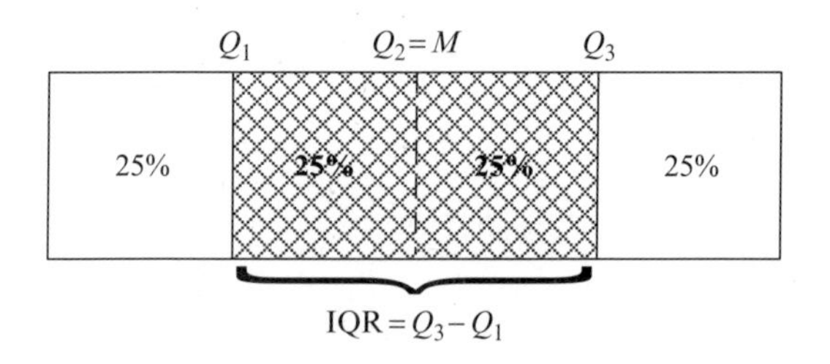

그림 8.2 사분범위(IQR)와 사분위(Quartile) 통계 사이의 관계

IQR을 계산하는 방법의 간단한 대안은 다음과 같다. 첫 번째, 전체 데이터 세트에서 중앙값을 찾고 반으로 나눈다. 값의 집합인 하반부는 중앙값보다 크지 않고 상반부는 중앙값보다 작지 않다. 그리고 하반부의 중앙값 Q_1을 찾는다. 그리고 상반부의 중앙값 Q_3를 찾는다. 식 (8.2a)를 예를 들면 다음과 같은 나열된 데이터 세트가 있다.

12,34,48,50,50,54,56,65,66,80,88,90

중앙값 Q_2는 (54+56)/2=55이며 12,34,48,50,54는 하반부이다. 개체 수가 짝수이기 때문에, 이 세트의 중앙값은 Q_1이고 세 번째와 네 번째 개체의 평균이다. 즉, Q_1=(48+50)/2=49이다. 비슷하게, 상반부는 56,65,66,80,88,90이다. 개체의 수가 짝수이기 때문에, 중앙값 Q_3는 세 번째와 네 번째의 평균이다. 즉 Q_3=(66+80)/2=73이다. 이 결과는 이 전 결과와 동일하다.

8.4.3 분산

만약 평균으로부터 각 데이터 값을 추출한다면, 우리는 데이터 값과 데이터의 '전형적인' 값의 수치적 거리를 뜻하는 **분산 또는 편차치**(variance score)를 값을 얻을 수 있다. 모든 편차치의 합은 0이고 이는 표 8.1에 나온다. 이는 데이터 값이 평균 위 아래로 양과 음의 편차치를 가지고 이를 상쇄시킨다는 것을 알려준다. 음수의 값을 제거하기 위해 편차치에 제곱을 하고 제곱한 편차치의 합을 얻는다. 만약 제곱의 합을 표본의 수로 나눈다면, 결과 값은 분산이다. 따라서 분산은 제곱한 분산치의 합의 평균이다. 표 8.1에서, 분산은 다음과 같이 나온다.

$$\sigma^2 = \frac{1}{12}\sum_{i=1}^{12}(x_i - \bar{x})^2 = 455.021$$

8.4.4 표준편차

만약 분산을 제곱근 한다면, 그 결과 값은 표준편차(standard deviation)라고 불린다. 표준편차는 데이터의 위치를 설명하는 평균 주위의 경계를 생성하는 데 사용된다. 다음과 같은 예에서 표준편차는 $\sigma = \sqrt{455.021} = 21.33$다. 그림 8.3은 평균이 0.6825인 하나의 표준편차에서 보이는 관찰 값에 대한 정규분포에 대한 확률, 평균이 0.9544인 표준편차에 놓인 확률, 평균이 0.9974인 표준편차에 놓인 확률을 보여준다.

즉,

$$P[\mu_X - \sigma_X \le X \le \mu_X + \sigma_X] = 0.6826$$
$$P[\mu_X - 2\sigma_X \le X \le \mu_X + 2\sigma_X] = 0.9544$$
$$P[\mu_X - 3\sigma_X \le X \le \mu_X + 3\sigma_X] = 0.9974$$

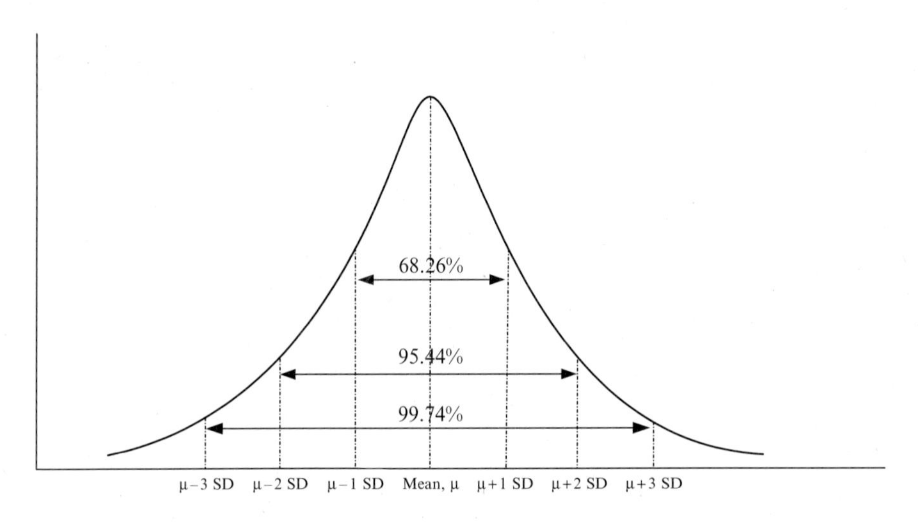

그림 8.3 평균에서 각 분산 또는 표준편차에 따른 면적

표 8-1 분산에 대한 실제 계산

Data Value x	Deviation $x - \bar{x}$	Squared Deviation $(x - \bar{x})^2$
66	8.25	68.0625
54	-3.75	14.0625
88	30.25	915.0625
56	-1.75	3.0625
34	-23.75	564.0625
12	-45.75	2093.0625
48	-9.75	95.0625
50	-7.75	60.0625
80	22.25	495.0625
50	-7.75	60.0625
90	32.25	1040.0625
65	7.25	52.5625
Sum	$\sum(x-\bar{x})=0$	$\frac{1}{12}\sum(x-\bar{x})^2=455.021$

8.5 그래프와 도표

데이터 분석 방법 중 하나로 그래프와 도표로 데이터를 분석하여 쉽게 데이터의 성향을 알아내는 방법이 있다. 다른 그래프 방법들은 이 목적으로 사용되고 그것들은 점그래프, 빈번도 분포, 막대그래프, 빈번도 폴리곤, 원그래프를 포함한다. 이 방법들은 이 장에서 다루어진다.

8.5.1 점그래프

점그래프(dot plots)는 점 차트로도 불리며 상대적으로 작은 데이터 시트이다. 점그래프는 점을 사용하여 데이터 값이 어디에 있는지 보여준다. 점들은 수평선에 점들의 실질적 값을 보여준다. 만약 동일한 데이터 값이 있으면, 점들은 각각의 위에 쌓는다. 따라서 점그래프를 그리는 것은 각각의 값에서 데이터의 위치를 계산하고 각각의 데이터 값에서 개수에 상응하는 점을 만드는 것이다. 그래프는 차이가 잘 보이도록 해주고 데이터의 클러스터는 축을 따라 얼마나 데이터가 퍼져 있는지를 보여준다. 예를 들어, 다음과 같은 데이터 시트가 있다고 하자.

35,48,50,50,50,54,56,65,65,70,75,80

값 50이 데이터 시트에서 세 번 발생했기 때문에, 50 위에 3개의 점이 있다. 비슷하게, 65는 두 번 발생했고, 65 위에 2개의 점이 있다. 따라서 그래프에서 각각의 점들은 데이터 수를 보여준다. 그래프에는 관찰한 만큼의 데이터 개수가 있다. 데이터 세트의 점그래프는 그림 8.4와 같다.

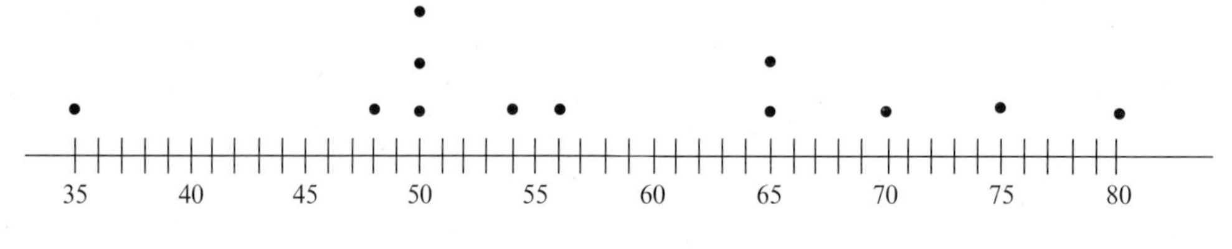

그림 8.4 점그래프 예

8.5.2 빈번도 분포

빈번도 분포(frequency distribution)는 데이터 시트에서 값과 그것들의 빈번도를 나열하는 표다. 예를 들어, 다음과 같이 데이터 세트 X가 있다면

35,48,50,50,50,54,56,65,65,70,75,80

이 세트의 빈번도 분포는 표 8.2와 같이 보인다.

종종 데이터가 간단한 데이터의 표시가 되기에는 너무 긴 넓은 범위의 값을 가진다. 이 경우 우리는 개개의 데이터 값보다 계급 간격이라 불리는 X열(column) 데이터 값들의 그룹들을 나열하는 **그룹화된 도수 분포표**를 이용한다. 각 계급 간의 넓이는 계급의 수에 따른 관찰의 범위를 나누는 것에 의해 결정된다. 동일한 수준의 폭을 가지는 것이 바람직하고, 클래스(class) 간격은 상호 배타적이며 중복되지 않아야 한다.

계급 한계(class limit)는 다른 것으로부터 계급을 분리시킨다. 계급 폭(class width)은 2개의 연속적인 클래스의 하한 또는 2개의 연속 클래스 상한값 사이의 차이이다. **계급값**(class mark or midpoint)은 계급의 중간에 있는 값이다. 이는 상부 및 하부 한계 값을 더한 이후 그 합을 2등분하면 구할 수 있다. 즉 상항과 하한의 평균값이다. 표 8.3은 다음 데이터 시트에서 어떻게 우리가 그룹 빈번도 분포를 정의할 수 있는지 보여준다.

35,48,50,50,50,54,56,65,65,70,75,80

표를 보면 우리는 계급 폭이 41−34=47−40=7이라는 것을 알 수 있다. 표는 또한 계급값도 보여준다. 계급값은 또한 계급 폭에 의해 분리됨을 확인할 수 있다.

표 8-2 빈번도 분포의 예

X	Frequency
35	1
48	1
50	3
54	1
56	1
65	2
70	1
75	1
80	1

표 8-3 계급값 분포의 예

Class	Frequency	Class Marks
34 ~ 40	1	37
41 ~ 47	0	44
48 ~ 54	5	51
55 ~ 61	1	58
62 ~ 68	2	65
69 ~ 75	2	72
76 ~ 82	1	79

8.5.3 막대그래프

빈번도 **막대그래프**(histograms; 간단히 막대그래프)는 시각적으로 수집된 빈번도 분포를 보여준다. 막대의 높이는 계급의 빈번도에 상응하며, 막대의 폭은 수치를 나타내는 수직선으로 구성된다. 따라서 열은 동일한 폭, 그리고 열 사이 공백은 없다. 예를 들어, 표 8.3의 막대그래프는 그림 8.5처럼 보인다.

8.5.4 빈번도 폴리곤

빈번도 폴리곤(frequency polygons)은 2개의 끝점이 수평선에 누워 히스토그램의 계급값을 만날 때 얻어지는 그래프이다. 이는 분포 모양을 보여준다. 이는 히스토그램의 계급값 위의 배치된 점들에 의해 중첩될 수 있고 이는 그림 8.6처럼 보이며, 주파수 폴리곤은 그림 8.5와 같다.

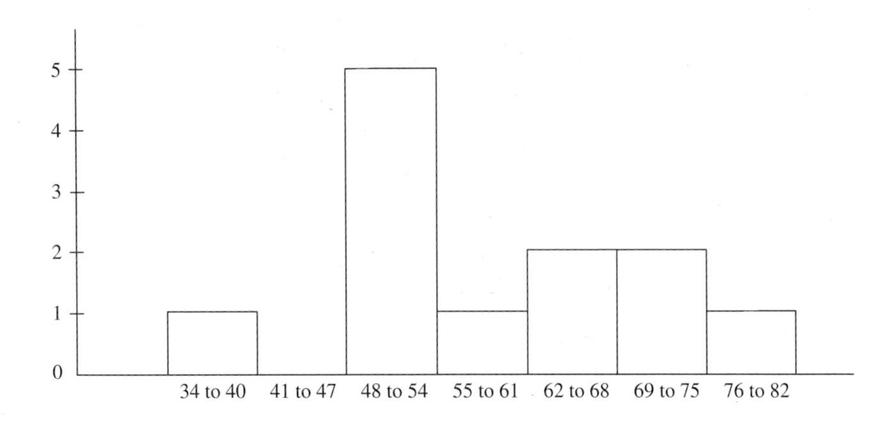

그림 8.5 표 8.3에 대한 막대그래프(histogram)

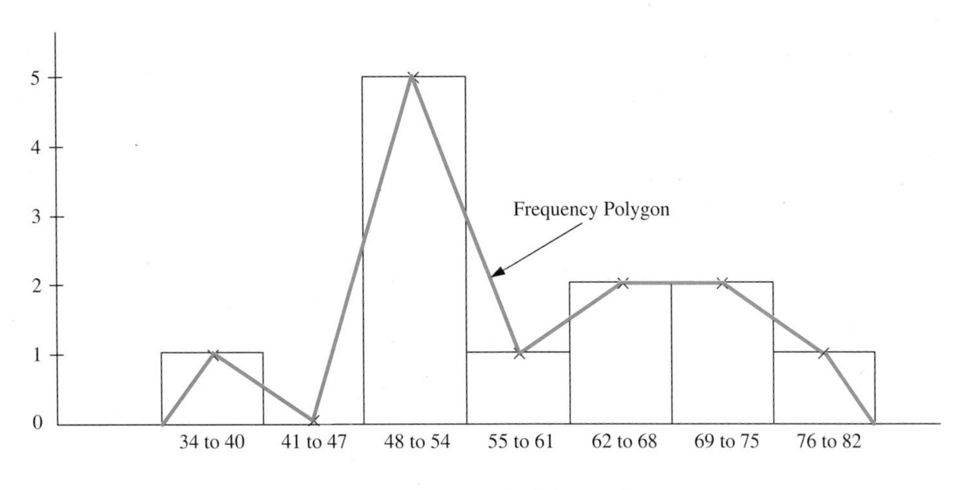

그림 8.6 표 8.3에 대한 빈번도 폴리곤

8.5.5 막대그래프

막대그래프(bar graphs)는 각 열(세로 또는 가로)에서 범주형 변수(categorical variables)를 나타내는 그래프의 유형이다. (범주형 변수는 범주에 어떤 순서가 없는 2개 이상의 변수다. 예를 들어, 성별은 2개의 변수를 가진 범주형 변수다: 남자, 여자) 막대그래프는 한 카테고리나 특성을 다른 카테고리나 특성과 비교하는 데 사용된다. 바의 높이 또는 길이는 각각 카테고리나 특성의 빈번도를 보여준다.

예를 들어, 100명의 전자, 컴퓨터 공학부 학생에게서 확률 및 통계, 전자, 전자기계, 로직 디자인, 전기자기학, 또는 신호 및 시스템에서 가장 좋아하는 수업을 조사하여 데이터를 얻는다고 가정하자. 그리고 데이터는 100명 중 30명이 확률 및 통계를 선택했고, 20명이 전자를 선택했고, 15명은 전자기계를 선택하였고, 15명은 로직 디자인을 선택했고, 10명은 전기자기학을 선택했으며, 나머지 10명은 신호 및 시스템을 선택했다. 이 결과는 그림 8.7에 막대그래프로 보인다.

각 열은 연속 측정에 대한 개별 범주가 아닌 간격을 나타내기 때문에, 간격은 막대 사이에 포함되어 있다. 또한, 상기 막대는 데이터에 영향을 주지 않고 임의의 순서로 배열될 수 있다. 막대그래프는 히스토그램과 비슷한 모습을 보여준다. 그렇지만 히스토그램은 정량적 데이터에 사용하는 동안 막대그래프는 범주 또는 정성적 데이터에 사용된다. 또한, 히스토그램에서 계급(막대)은 동일한 폭이고, 막대그래프에서 모두 만나지 않을 때도 히스토그램은 만난다.

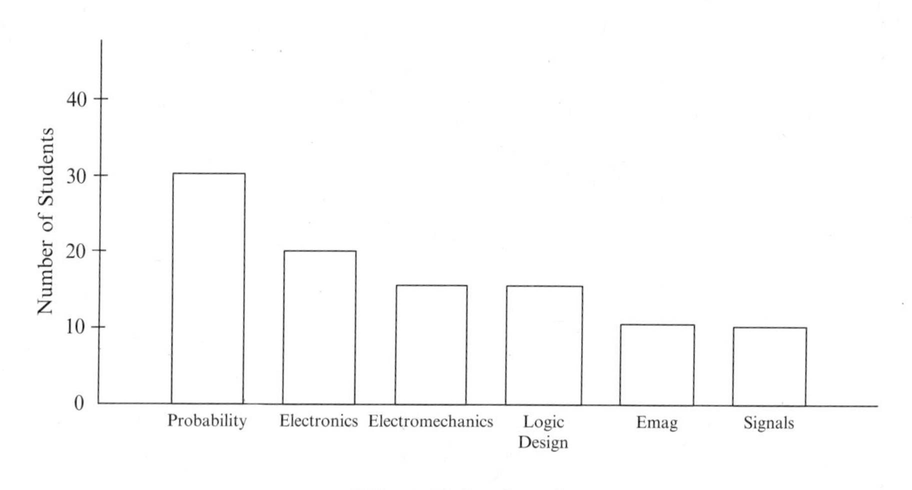

그림 8.7 막대그래프 예

8.5.6 원그래프

원그래프(pie chart)는 상대적인 데이터를 보여주기 위해 원 조각을 사용하는 특별한 그래프다. 예를 들어, 앞에서 제시했던 가장 좋아하는 수업을 알기 위한 전자,

컴퓨터 공학부 학생들의 조사를 보면 다음과 같은 결과를 알 수 있다.

a. 확률 및 통계(probability) 30%
b. 전자(electronics) 20%
c. 전자기계(electromechanics) 15%
d. 로직 디자인(logic design) 15%
e. 전기 자기학(electromagnetics) 10%
f. 신호 및 시스템(signals and systems) 10%

이 결과는 그림 8.8과 같이 나타낼 수 있다. 각 조각의 크기는 조각이 나타내는 사건의 확률에 비례한다.

가끔씩 우리는 설문 조사의 가공되지 않은 데이터를 얻고 원그래프로 보여주어야 한다. 예를 들어, 특정한 브랜드의 텔레비전을 산 25명의 고객들의 조사를 생각해보자. 고객들은 TV를 양호(good), 보통(fair), 불량(bad)으로 평가한다. 25명의 고객들의 답변은 다음과 같다.

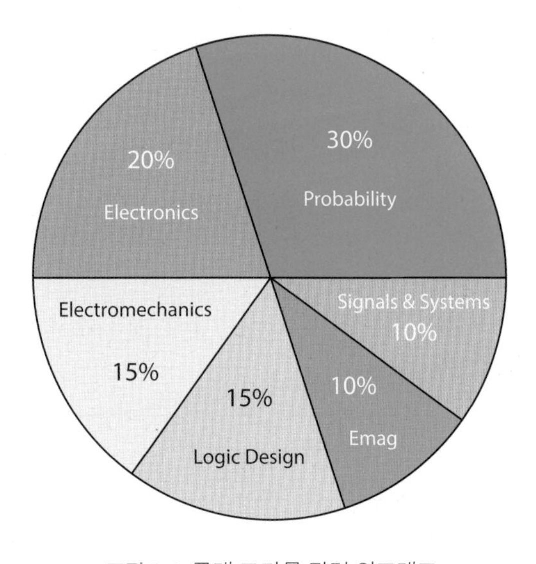

그림 8.8 공대 교과목 관련 원그래프

Good, good, fair, fair, fair, bad, fair, bad, bad, fair, good, bad, fair, good, fair, bad, fair, fair, good, bad, fair, good, fair, bad, and bad.

원그래프를 구성하기 위해서 우리는 먼저 카테고리의 목록을 작성하고 각 경우를 집계한다. 다음으로, 각 카테고리의 빈번도 또는 주파수를 알기 위해 집계 수를 더한다. 마지막으로 합이 25인 주파수에 주파수의 비율로 상대적인 빈번도를 얻는다. 이것은 표 8.4와 같이 보인다. 이 표로 그림 8.9와 같이 원그래프를 만들 수 있다.

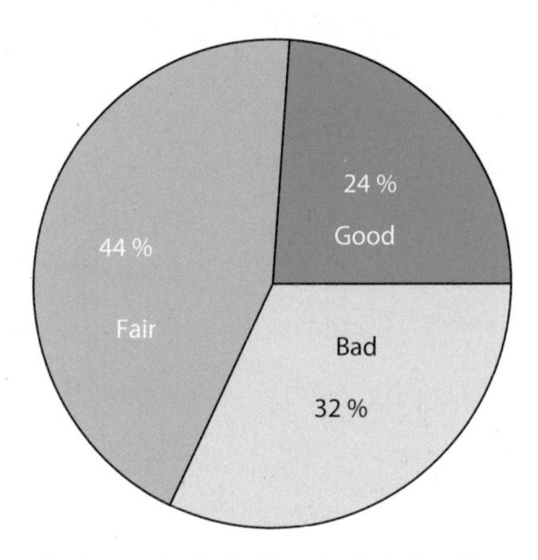

그림 8.9 TV 방송 예시에 대한 원그래프

표 8-4 상대빈도 작성의 예

Category	Tally	Frequency	Relative Frequency
Good	𝍸 |	6	0.24
Fair	𝍸 𝍸 |	11	0.44
Bad	𝍸 |||	8	0.32

8.5.7 상자와 수염 그림

상자와 수염 그림(box and whiskers plot; 또는 상자 표)은 시각적으로 사분 또는 분위수로 데이터를 구성하는 방법이다. 이 도표는 1분위와 3분위의 사이에 놓인 상자와 데이터 값의 최댓값과 최솟값이 상자의 끝이며 연장된 직선인 수염으로 만들어져 있다. 따라서 중앙의 2/4는 상자로 되어 있고 ¼과 다른 ¼은 수염으로 그려진다. 그 도표를 그리는 절차는 다음과 같다.

1. 큰 순서대로 데이터를 배열한다.
2. 중앙값을 찾는다.
3. 데이터 세트의 낮은 반의 중앙값인 첫 번째 사분위 Q_1을 찾고 높은 반의 중앙값인 세 번째 사분위 Q_3를 찾는다.
4. 선에서 중앙값, Q_1, Q_3 그리고 데이터 세트의 최솟값과 최댓값의 지점을 찍는다.
5. 데이터의 50%를 나타내는 첫 번째 사분위와 세 번째 사분위 사이를 상자로 그린다.
6. 첫 번째 사분위에서 최솟값까지 선을 그리고 세 번째 사분위에서 최댓값까지 선을 그린다. 이 선들은 표의 수염들이다.

그래서 상자 표는 데이터의 중간 50%, 중앙값, 그리고 극한값(extreme point)을 보여준다. 그림 8.10은 이전 장에서 사용한 순위 데이터 세트에 대한 분포를 보여준다.

12,34,48,50,50,54,56,65,66,80,88,90

앞서 언급했듯이, 중앙값 $M=Q_2=55$, 첫 번째 사분위 $Q_1=49$, 그리고 세 번째 사분위 $Q_3=73$이다. 최솟값은 12이고, 최댓값은 90이다. 이 값들은 그림 안에 모두 나타나 있다.

데이터를 모을 때, 가끔씩 결과는 '잘못'되어 보인다. 왜냐하면 그것이 다른 값들보다 매우 높거나 매우 낮기 때문이다. 이러한 점들을 '예외값, 비정상치 또는 이상치

(outliers)'라고 부른다. 이러한 예외값들은 상자와 수염 그림의 수염 부분으로부터 제외된다. 그것들은 개별적으로 표와 예외값으로 표시된다.

앞서 논의한 것처럼, 사분범위 IQR은 세 번째 사분위와 첫 번째 사분위 사이의 차이다. 즉, IQR=Q_3-Q_1이고 이는 상자와 수염 그림에서 상자 부분이다. IQR은 분산의 측정 중 하나이고, 통계학은 중앙값 근처에 데이터들이 모여 있다고 가정한다. IQR은 다른 값 중 몇몇이 중앙값으로부터 매우 멀 때를 말할 때 사용될 수 있다. 상자와 수염 그림에서, 이상치는 상자의 한쪽 끝에서 상자의 1.5배 이상 길게 놓여 있는 데이터 값이다. 즉, 만약 데이터가 $Q_1-1.5\times$IQR보다 아래이거나 $Q_3+1.5\times$IQR보다 높은 경우, 그것은 중앙값으로부터 너무 멀리 떨어졌다고 생각한다. 따라서 $Q_1-1.5\times$IQR와 $Q_3+1.5\times$IQR 사이의 값은 예외값으로부터 합리적인 값으로 구별되는 'fence'이다. 즉, 이상치는 'fence' 밖에 놓인 데이터 값이다. 따라서 다음과 같이 정의할 수 있다.

a. Lower fence $=Q_1-1.5\times$IQR
b. upper fence $=Q_3+1.5\times$IQR

그림 8.10을 예로 하면, IQR=$Q_3-Q_1=24$ → IQR$\times1.5=36$이다. 이것으로부터 우리는 하한 펜스(lower fence)가 $Q_1-36=49-36=13$이라는 것과, 상한 펜스(upper fence)가 $Q_3+36=73+36=109$라는 것을 알 수 있다. Fence 밖에 있는 유일한 데이터는 12다. 모든 다른 데이터들은 2개의 fence 안에 있다. 따라서 12는 데이터 세트에서 유일한 예외값이다.

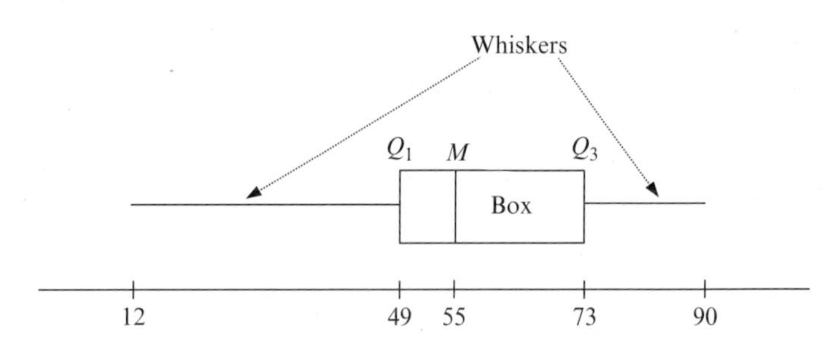

그림 8.10 상자와 수염 그림(box and whiskers plot)

다음의 예는 어떻게 이상치를 가진 상자와 수염 그림을 그리는지 보여준다. 10,12,8,1,10,13,24,15,15,24인 새로운 데이터 세트를 얻었다고 가정해 보자. 첫 번째로, 데이터를 큰 순서대로 나열한다.

1,8,10,10,12,13,15,15,24,24

10개의 개체가 있기 때문에, 중앙값은 다섯 번째와 여섯 번째 사이의 평균이다. 즉, $M=(12+13)/2=12.5$이다. 낮은 절반 데이터 세트는 1,8,10,10,12이고 중앙값 $Q_1=10$이다. 비슷하게, 높은 절반 데이터 세트는 13,15,15,24,24이고 중앙값 $Q_3=15$이다. 따라서 $IQR=15-10=5$이고, 하한 펜스는 $10-(1.5)(5)=2.5$이고 상한 펜스는 $15+(1.5)(5)=22.5$이다. 데이터 값 1,24와 24는 펜스 밖에 있기 때문에, 이들은 예외값들이다. 24인 2개의 값은 각각의 위에 쌓인다. 이것은 그림 8.11에 보인다. 예외값들은 명시적으로 그림에 표시된다.

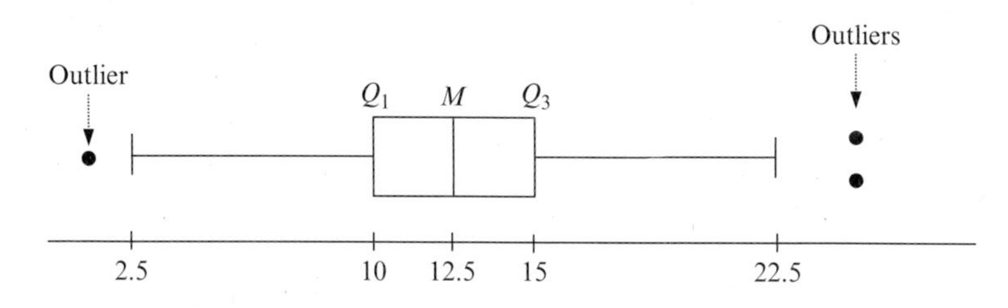

그림 8.11 극단값을 고려한 상자와 수염 그림의 예

8.6 빈번도 분산의 모양: 비대칭

빈번도 다각형의 곡선 모양은 데이터 세트의 중요한 특징이다. 하나의 중요한 분산은 이전 장의 설명처럼 가장 높은 지점에 대해 대칭인 종 모양의 곡선을 가진 정규 분표에 따른 분산이다. 수직 측에 대하여 대칭이 아닌 모든 분포를 **왜곡되었다**(skewed)고 말할 수 있다. 만약 확률 변수 값이 작은 데이터 값이 큰 확률 빈도를 가진다면, 분포는 **양 왜곡**(positively skewed)이라고 말한다. 만약 확률 변수 값이 큰 데이터 값이 큰 확률 빈도를 가진다면, 분포는 **음 왜곡**(negatively skewed)이다.

따라서 긍정적 왜곡 분포는 **오른쪽으로 꼬리가 긴 분포**이고, 부정적 왜곡 분포는 **왼쪽으로 꼬리가 긴 분포**이다. 이것은 그림 8.12에서 보인다.

정량적으로, 무작위 변수 X의 왜곡은 γ_1으로 표시되고, 다음과 같이 정의된다.

$$\gamma_1 = E\left[\left(\frac{X-\mu_X}{\sigma_X}\right)^3\right] = \frac{1}{(\sigma_X)^3}E\left[(X-\mu_X)^3\right] \tag{8.4}$$

여기서 μ_X는 평균이고 σ_X는 표준편차다. 크기 n의 데이터 세트의 왜곡을 계산하기 위해 다음과 같이 해야 한다.

$$g_1 = \frac{\frac{1}{n}\sum_{i=1}^{n}(x_i-\bar{x})^3}{\left[\frac{1}{n-1}\sum_{i=1}^{n}(x_i-\bar{x})^2\right]^{3/2}} \tag{8.5}$$

그렇지만 이 계산은 전 구간에서 데이터를 가지고 있다고 가정한다. 우리가 크기 n

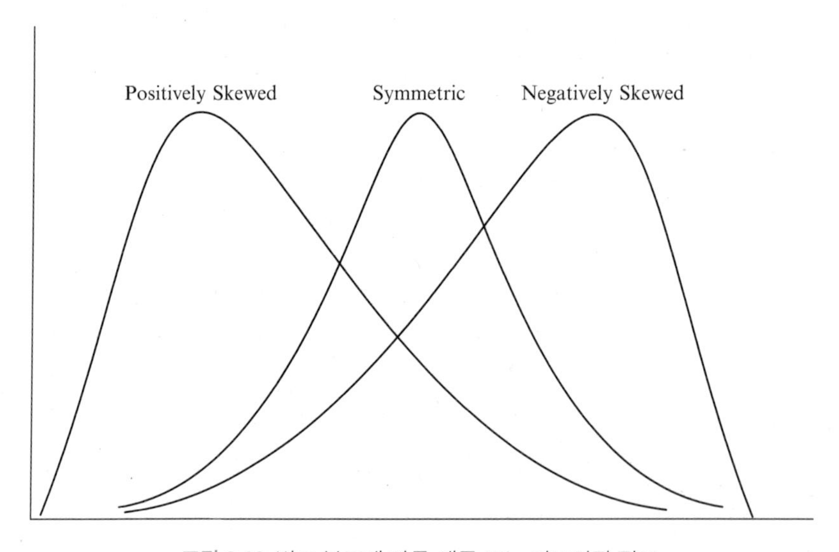

그림 8.12 빈도 분포에 따른 왜곡 또는 찌그러짐 정도

인 표본을 가질 때, 왜곡은 다음과 같다.

$$G_1 = \frac{\sqrt{n(n-1)}}{n-2} g_1 \tag{8.6}$$

가끔씩 왜곡은 **피어슨의 왜곡의 계수**(Pearson's coefficient of skewness)에 의해 측정된다. 이 계수는 2개의 버전이 있다. x_{Med}를 데이터 세트의 중앙값으로 표시하자. 그리고 x_{Mode}를 세트의 최빈값으로 표시하자. **피어슨 최빈값**(Pearson's mode) 또는 **첫 번째 왜곡 계수**(first skewness coefficient)는 정의된다.

$$\gamma_1 = \frac{\mu_X - x_{Mode}}{\sigma_X} \tag{8.7a}$$

피어슨 중앙값(Pearson's median) 또는 **두 번째 왜곡 계수**(second skewness coefficient)는 분포의 최빈값이 알려지지 않고 다음과 같이 나올 때 사용된다.

$$\gamma_1 = \frac{3(\mu_X - x_{Med})}{\sigma_X} \tag{8.7b}$$

위 식에서 계수 3은 실험 결과가 다음과 같이 나타난다는 사실 때문이다.

$$\text{Mean} - \text{Mode} \approx 3(\text{Mean} - \text{Median})$$

Pearson의 중앙값 계수는 더 자주 사용된다. 따라서 이 정의에서 평균이 중앙값보다 클 때 분포는 긍정적 왜곡이라는 것을 알 수 있다. 그리고 평균이 중앙값보다 작을 때 그것은 부정적 왜곡이 된다. 평균과 중앙값이 같을 때 왜곡은 0이고 분포는 대칭이다. 이 사실들은 그림 8.13과 같이 설명할 수 있다. 따라서 다음과 같은 규칙들로부터 평균, 중앙값, 최빈값 사이의 관계를 정리할 수 있다.

a. 긍정적 왜곡에서 평균 > 중앙값 > 최빈값

b. 부정적 왜곡에서 평균 < 중앙값 < 최빈값

c. 대칭 분포에서 평균 = 중앙값 = 최빈값

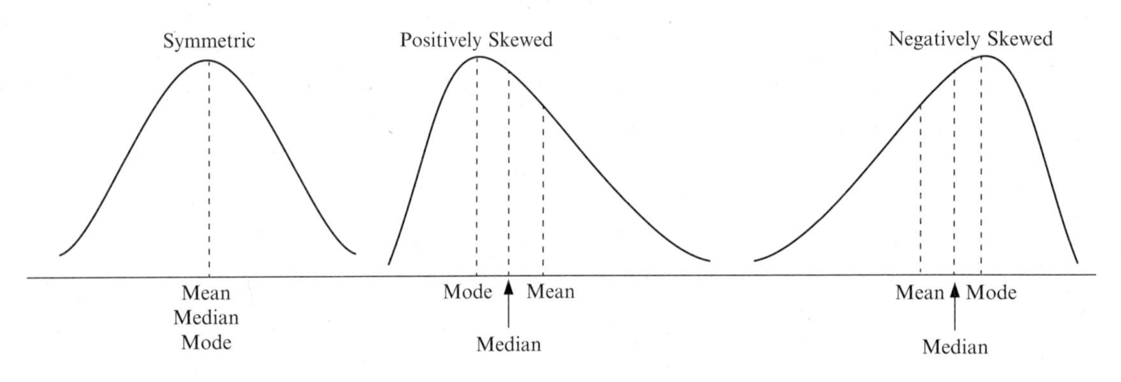

그림 8.13 평균, 중앙값, 최빈값 사이의 관계

8.7 빈번도 분포의 모양: 뾰족한 정도

다음에 설명하는 **크토시스**(Kurtosis: 첨도)는 모르는 통계적 데이터가 정규분포를 따르는지 확인하는 데 매우 유효하며 데이터 분류와 관련하여 많이 사용되고 있다. 빈번도 분포의 다른 중요한 부분은 그것들이 얼마나 뾰족한지를 나타내는 뾰족 첨도이다. 만약 곡선이 정규분포보다 뾰족하다면 '*leptokurtic*', 정규분포보다 덜 뾰족하면 '*platykurtic*'이라고 한다. 이것은 그림 8.14에 그려져 있다. 'playt–'라는 단어는 '넓은'을 의미한다. 그래서 형태의 측면에서 'platykurtic' 분포는 평균 근처에 낮고 넓은 꼭대기를 가지고 얇은 꼬리를 가진다. 비슷하게, 'lepto–'는 '얇은'을 의미하고 형태의 측면에서 'leptokurtic' 분포는 평균 근처에 더 가파른 꼭대기와 뚱뚱한 꼬리를 가진다.

정량적으로, 랜덤 변수 X의 첨도는 β_2로 표시되고 다음과 같이 정의된다.

$$\beta_2 = E\left[\left(\frac{X-\mu_X}{\sigma_X}\right)^4\right] = \frac{1}{[\sigma_X]^4}E\left[(X-\mu_X)^4\right] = \frac{1}{[\sigma_X^2]^2}E\left[(X-\mu_X)^4\right] \tag{8.8}$$

빈번도 분포의 뾰족함과 관련이 있는 다른 용어로 **초과 첨도**(excess kurtosis) γ_2가 있는데 값은 kurtosis 값에서 3을 뺀 값이다. 그러므로 빈번도 분포의 초과 첨도는 다음과 같이 주어진다.

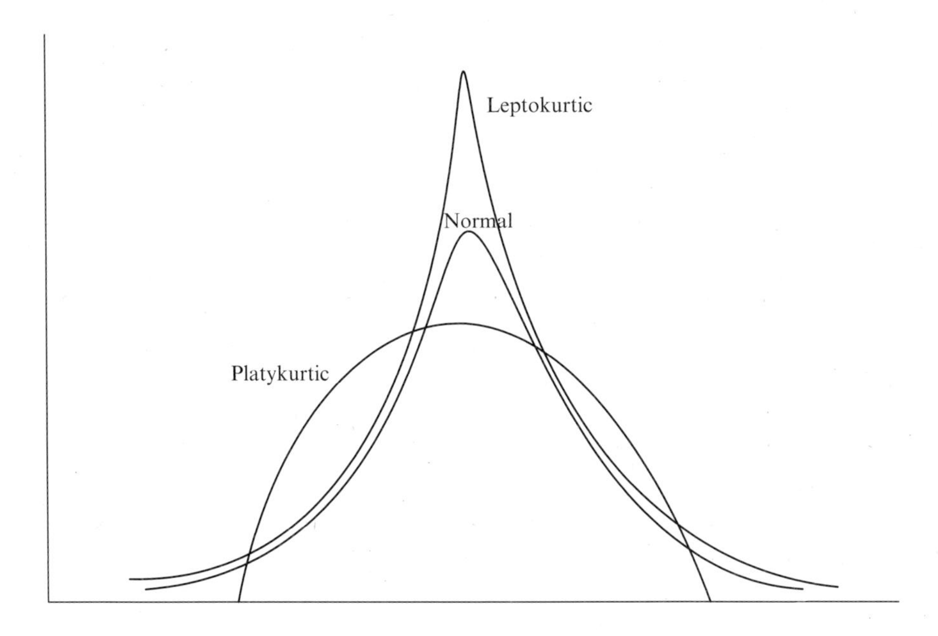

그림 8.14 빈도 분포에 따른 첨두값

$$\gamma_2 = \beta_2 - 3 \tag{8.9}$$

'−3'은 정규분포의 첨도를 0으로 만드는 보정으로 사용된다. Leptokurtic 분포는 platykurtic 분포가 부정적 초과 첨도를 가지는 동안 긍정적 초과 첨도를 가진다. 정규분포는 0의 초과 첨도를 가진다. 정규분포와 동일한 방식으로 뾰족한 상관분포는 종종 mesokurtic 분포라고 한다. Mesokurtic 분포의 한 예는 p가 0.5에 가까운 이항분포다.

데이터 세트가 사이즈 n을 가질 때, 첨도의 계산은 다음과 같다.

$$b_2 = \frac{\frac{1}{n}\sum_{i=1}^{n}(x_i - \bar{x})^4}{s^4} = \frac{\frac{1}{n}\sum_{i=1}^{n}(x_i - \bar{x})^4}{\left[\frac{1}{n-1}\sum_{i=1}^{n}(x_i - \bar{x})^2\right]^2} \tag{8.10}$$

왜곡 파라미터의 경우, 이 계산은 n 개체들의 수에 적용된다. 크기 n의 표본에서, 표본 초과 첨도는 다음과 같다.

$$g_2 = \frac{n-1}{(n-2)(n-3)}\{(n+1)b_2 + 6\} \tag{8.11}$$

8.8 요약

이 장에서는 기본적인 통계학의 방법을 설명했다. 전술한 바와 같이 통계학은 요약, 표시, 분석 그리고 데이터의 해석 그리고 데이터로부터의 결과를 그리는 방법의 모음이다. 통계학의 일반적인 두 가지 기술은 기술 통계와 추론 또는 유도 통계가 있다.

이 장의 목적인 기술 통계는 데이터 수집, 데이터 묶기, 이해하기 쉽게 데이터 표시를 다룬다. 이 일은 평균, 중앙값, 최빈값, 그리고 데이터가 퍼져 있는 정도 같은 여러 변수에 의해 사용할 수 있는 데이터를 요약하는 것을 포함한다. 그것은 또한 그래프, 막대그래프, 표, 빈번도 분포, 히스토그램, 원그래프, 상자와 수염 그림에 의해 데이터를 설명하는 것을 포함한다.

추론 통계는 결론(또는 추정) 또는 표본 데이터가 오는 곳으로부터 환경의 추정 파라미터를 그리기 위해 확률 이론을 사용한다. 9장에서는 추론 통계에 관한 설명을 할 예정이다.

8.9 문제

8.3절: 중앙 성향 측정

8.1 다음과 같은 데이터가 있다.

15,20,21,20,36,15,25,15

a. 표본 평균은 얼마인가?

b. 중앙값은 얼마인가?

c. 최빈값은 얼마인가?

8.2 다음은 한 학급의 21명의 학생들의 나이를 나타낸 것이다.

22,24,19,17,20,27,24,23,26,17,19,22,25,21,21,22,22,21,21,20,22

a. 데이터들의 평균은 얼마인가?

b. 중앙값은 얼마인가?

c. 최빈값은 얼마인가?

8.3 학급 퀴즈의 성적이 다음과 같다.

58,62,62,63,65,65,65,68,69,72,72,75,76,78,79,81,84,84,85,92,94,95,98

a. 퀴즈의 평균 성적은?

b. 퀴즈의 중앙값은?

c. 퀴즈의 최빈값은?

8.4절: 분산의 측정

8.4 다음과 같은 데이터가 있다.

15,20,21,20,36,15,25,15

a. 분산은 얼마인가?

b. 사분범위는 얼마인가?

8.5 다음은 한 학급의 21명의 학생들의 나이를 나타낸 것이다.

22, 24, 19, 17, 20, 27, 24, 23, 26, 17, 19, 22, 25, 21, 21, 22, 22, 21, 21, 20, 22

a. 분산은 얼마인가?

b. 범위는 얼마인가?

c. 사분범위는 얼마인가?

8.6 학급 퀴즈의 성적이 다음과 같다.

58, 62, 62, 63, 65, 65, 65, 68, 69, 72, 72, 75, 76, 78, 79, 81, 84, 84, 85, 92, 94, 95, 98

a. 분산은 얼마인가?

b. 범위는 얼마인가?

c. 사분범위는 얼마인가?

8.6절: 시각적 표시

8.7 밥(Bob)은 그의 새로운 사물함에서 검은색 6개, 파란색 4개, 빨간색 3개, 초록색 2개 총 15개의 펜을 찾았다.

a. 데이터들의 점그래프를 그려라.

b. 데이터들의 막대그래프를 그려라.

8.8 학급 퀴즈의 성적이 다음과 같다.

58, 62, 62, 63, 65, 65, 65, 68, 69, 72, 72, 75, 76, 78, 79, 81, 84, 84, 85, 92, 94, 95, 98

데이터들의 상자와 수염 그림을 그려라.

8.9 대학생 800명의 나이를 조사했다. 그 결과 320명이 18세에서 20세였고, 240명이 20세에서 22세, 80명이 22세에서 24세, 그리고 160명이 24세에서 26세였다.

a. 나이의 빈번도 분포를 그려라.

b. 나이의 히스토그램을 그려라.

c. 나이의 빈번도 다각형을 그려라.

8.10 다음과 같은 데이터가 있다.

2,3,5,5,6,7,7,7,8,9,9,10,10,11,12,14,14,16,18,18,22,24,24,26,28,28,32,45,50 ,55

a. 데이터의 상자와 수염 그림을 그려라.

b. 데이터에서 이상치가 있는지 확인하라.

8.11 교수의 평가를 요청받은 30명의 학생들의 데이터가 다음과 같다.

very good, good, good, good, fair, excellent, good, good, very good, fair, good, good, excellent, very good, good, good, good, fair, very good, good, very good, excellent, very good, good, fair, fair, very good, very good, good, good, excellent

데이터의 원그래프를 그려라.

8.7절: 빈번도 분포의 모양

8.12 다음은 학급의 21명의 학생들의 나이를 나타낸 것이다.

22,24,19,17,20,27,24,23,26,17,19,22,25,21,21,22,22,21,21,20,22

a. 데이터의 왜곡을 알아내라.

b. 데이터의 첨도를 알아내라.

c. 초과 첨도를 알아내라.

8.13 학급 퀴즈의 성적이 다음과 같다.

58,62,62,63,65,65,65,68,69,72,72,75,76,78,79,81,84,84,85,92,94,95,98

a. 데이터의 왜곡을 알아내라.

b. 데이터의 첨도를 알아내라.

c. 초과 첨도를 알아내라.

8.14 다음과 같은 데이터가 있다.

15,20,21,20,36,15,25,15

a. 데이터의 왜곡을 알아내라.

b. 데이터의 첨도를 알아내라.

c. 초과 첨도를 알아내라.

CHAPTER 9

추론적 통계의 소개

9.1 개요

8장에서 소개되었듯이 모집단은 모든 관심 있는 개개인, 항목, 혹은 데이터의 집합이다. 모집단을 나타내는 특징(보통 수치)은 모집단 파라미터로 참고된다. 8장에서 논의된 바와 같이 보통 관심 있는 전체 모집단에 접근하기 어렵기에 모집단 내 개개인의 특정 표본을 사용하여 분석하는 제약이 따르게 된다. 추론적 통계에서는 주어진 모집단 내에서 알려지지 않은 파라미터가 무엇이었는지에 대한 결론을 추론하고 이끌어내기 위해 표본 내 특성을 사용한다. 또 다른 방안으로, 통계적 추론에서는 데이터에 관련된 어떤 결론(혹은 추론)을 유도하거나 주변 환경의 파라미터를 추정하기 위해 표본 데이터를 사용한다. 고로 추론적 통계는 주어진 데이터로부터 이에 의해 주어진 정보 이외의 일반화된 결론을 유도해 내는 것과 관련된다. 추론적 통계에서는 기술적 통계학에서 사용되는 데이터의 분포에 대한 의사 결정을 위해 확률 이론을 사용한다.

관심 있는 모집단의 특성을 더 잘 알기 위해 모집단으로부터 어떤 표본이 선택되기 때문에, 표본은 정확하게 모집단을 나타냄에 주목할 필요가 있다. 표본이 공정하며 정확하게 모집단을 나타내는 과정을 표본화라고 한다. 표본화가 자연히 표본화 오차를 발생시키고 따라서 표본이 모집단을 정확히 나타냄을 기대할 수 없다는 사실로부터 추론적 통계는 시작된다. 이 장에서 다루게 될 추론적 통계의 방법은 다음과 같다.

a. **표본화 이론**에서는 완전히 조사하기에는 너무 방대한 수집 데이터로부터 일부 표본만을 고르는 것과 관련된 문제를 다룬다.
b. **추정 이론**에서는 이용 가능한 데이터에 근거하여 값을 예측 또는 추정하는 방법을 다룬다.
c. **가설 검증**에서는 모집단에 대해 어떤 가설의 신뢰성을 측정하기 위해 표본 데이터를 사용하는 추론 과정을 다룬다. 가설 검증은 물리적 시스템에 대한 여러 개의 가설적 모델로부터 하나의 모델을 선택함으로써 수행된다. 가설 검증은 **검파 이론** 혹은 **의사 결정**으로 불린다.
d. **회귀 분석**에서는 수집된 데이터를 가장 잘 표현할 수 있는 수학적 표현을 찾는 방법을 다룬다.

9.2 표본화 이론

이전에 언급되었듯이 수집된 데이터를 모집단(population)이라고 한다. 모집단은 유한할 수도 무한할 수도 있다. 예를 들어 대학 내의 전자공학과를 다니는 학생들의 수에 대한 통계는 유한한 모집단으로 다룬다. 반면, 전 세계의 인구수와 관련된 통계는 가산적이며 무한한 모집단으로 볼 수 있다.

많은 통계학적 연구에서 전체 모집단을 조사하는 것은 어려우며 때로는 불가능하기까지 하다. 이러한 경우, 통계학 분석은 **표본**(sample)이라 불리는 모집단의 일부분에 대해서만 수행될 수 있다. 모집단에 대한 사실은 표본으로부터 얻어진 결과로부터 추론될 수 있다. 표본을 얻는 과정은 **표본화**(sampling)라 부른다. 따라서 표본화는 전체 모집단의 특성을 추정하기 위해 모집단 객체들의 부분집합의 선택과 연관이 있다.

모집단에 대해 유도된 결론의 신뢰성은 선택된 표본이 얼마나 모집단을 잘 표현할 수 있는가에 의존한다. 표본이 모집단을 충분히 잘 표현할 수 있도록 하는 방법 중 하나는 모집단 내의 각 개체가 표본이 될 수 있는 동일한 기회를 갖도록 하는 것이다. 이러한 방법으로 얻어진 표본들은 **랜덤표본**이라 한다.

앞으로 우리는 랜덤변수 X의 값 $x_1, x_2, \ldots, x_n$으로 기술되는 크기 n의 표본을 고려할 것이다. 각각의 값은 서로 독립이라 가정한다. 따라서 이들 값은 X의 분포와 동일한 분포를 갖는 독립적이며 동일하게 분포된 일련의 랜덤변수열 $X_1, X_2, \ldots, X_n$으로 개념화할 수 있다. 그러므로 크기 n의 랜덤표본을 각각이 서로 독립이면서 동일한 분포를 갖는 일련의 랜덤변수열 $X_1, X_2, \ldots, X_n$으로 정의할 것이다. 일단 표본이 취해지면 표본 내에서 얻어진 값들은 $x_1, x_2, \ldots, x_n$으로 나타낼 수 있다.

모집단 파라미터를 추정하기 위한 목적으로 표본으로부터 얻어진 어떤 양은 **표본 통계량**(sample statistic) 또는 단순히 **통계량**이라고 한다. 어떤 랜덤변수 X의 파라미터 θ의 추정치 $\hat{\theta}$은 랜덤표본 $X_1, X_2, \ldots, X_n$에 의존하는 또 하나의 랜덤변수이다. 2개의 매우 일반적인 추정치는 표본 평균과 표본 분산이다.

9.2.1 표본 평균

크기 n인 한 표본에 대한 랜덤변수열을 $X_1, X_2, \ldots, X_n$으로 나타내자. 표본 평균 $\overline{X}$는 다음 랜덤변수와 같이 정의한다.

$$\overline{X} = \frac{X_1 + X_2 + \cdots + X_n}{n} = \frac{1}{n}\sum_{i=1}^{n} X_i \tag{9.1}$$

앞서 언급한 바와 같이 X_i는 모집단 랜덤변수 X와 동일한 확률밀도함수 $f_X(x)$ 또는 확률질량함수 $p_X(x)$를 갖는다고 가정한다. 값 $x_1, x_2, \ldots, x_n$을 갖는 특정 표본이 얻어질 때, 표본 평균은 다음과 같이 주어진다.

$$\overline{x} = \frac{x_1 + x_2 + \cdots + x_n}{n}$$

이제 μ_X를 모집단 랜덤변수 X의 평균값이라 하자. 다른 표본 크기는 다른 평균을 갖기 때문에 표본 평균은 랜덤변수가 된다. 따라서 표본 평균은 다음과 같이 주어지는 평균값을 가진다.

$$E[\overline{X}] = E\left[\frac{1}{n}\sum_{i=1}^{n} X_i\right] = \frac{1}{n}\sum_{i=1}^{n} E[X_i] = \frac{1}{n}\sum_{i=1}^{n} \mu_X = \mu_X \tag{9.2}$$

여기서 표본 평균의 평균값은 모집단 랜덤변수의 실제 평균값과 동일하기 때문에, 표본 평균을 모집단 평균에 대한 **공평한 추정치**(unbiased estimate)로 정의한다. '공평한 추정치'라는 용어는 어떤 파라미터에 대한 추정치의 평균값이 그 파라미터의 실제 평균과 동일함을 의미한다.

또한 표본 평균의 분산을 계산할 수 있다. 만일 모집단이 무한히 크거나 혹은 유한하지만 표본화가 복원 추출과 함께(with replacement) 수행되면 표본 평균의 분산은 다음과 같이 주어진다.

$$\begin{aligned}
\sigma_{\overline{X}}^2 &= E\left[\left(\overline{X} - \mu_X\right)^2\right] = E\left[\left(\frac{X_1 + X_2 + \cdots + X_n}{n} - \mu_X\right)^2\right] \\
&= \frac{1}{n^2}\sum_{i=1}^{n} E\left[X_i^2\right] + \frac{1}{n^2}\sum_{\substack{i=1 \\ i\neq j}}^{n}\sum_{j=1}^{n} E\left[X_i X_j\right] - \frac{2\mu_X}{n}\sum_{i=1}^{n} E[X_i] + \mu_X^2
\end{aligned}$$

여기서 X_i는 모두 독립랜덤변수이므로, $E[X_iX_j] = E[X_i]E[X_j] = \mu_X^2$이 된다. 그러므로

$$\begin{aligned}
\sigma_{\overline{X}}^2 &= \frac{1}{n^2}\sum_{i=1}^{n} E\left[X_i^2\right] + \frac{1}{n^2}\sum_{\substack{i=1 \\ i\neq j}}^{n}\sum_{j=1}^{n} E\left[X_i X_j\right] - \frac{2\mu_X}{n}\sum_{i=1}^{n} E[X_i] + \mu_X^2 \\
&= \frac{E\left[X^2\right]}{n} + \left(\frac{n(n-1)}{n^2}\right)\mu_X^2 - \mu_X^2 = \frac{E\left[X^2\right]}{n} - \frac{\mu_X^2}{n} = \frac{E\left[X^2\right] - \mu_X^2}{n} \\
&= \frac{\sigma_X^2}{n}
\end{aligned} \tag{9.3}$$

이 되며, 여기서 σ_X^2는 모집단의 실제 분산이다. 모집단 크기가 N이고 표본화가 비복원 추출로 수행될 때(without replacement), 표본 크기가 $n \leq N$이라 하면 표본 평균의 분산은 다음과 같이 계산된다.

$$\sigma_{\overline{X}}^2 = \frac{\sigma_X^2}{n}\left(\frac{N-n}{N-1}\right) \tag{9.4}$$

마지막으로 표본 평균은 하나의 랜덤변수이므로, 이것의 확률밀도함수를 알아보자. 표본 평균은 랜덤변수들의 합으로 주어지므로 중심극한정리에 의해 이 표본들 각각의 분포와 관계없이 점근적으로 정규분포에 가까워진다. 일반적으로 $n \geq 30$이면 이러한 정규분포에 대한 가정은 사실이다. 이러한 표본 평균에 대한 표준 정규변수(standard normal score)

$$Z = \frac{\overline{X} - \mu_{\overline{X}}}{\sigma_{\overline{X}}} = \frac{\overline{X} - \mu_X}{\sigma_X / \sqrt{n}}$$

을 정의하면 $n \geq 30$일 때

$$F_{\overline{X}}(x) = P\left[\overline{X} \leq x\right] = \Phi\left(\frac{x - \mu_X}{\sigma_X / \sqrt{n}}\right) \tag{9.5}$$

이 된다.

예제 9.1

$E[X]$의 추정치로 사용될 값 $\overline{X}$를 얻기 위해 랜덤변수 X에 대해 36개의 표본 값을 취한다. X의 확률밀도함수가 $f_X(x)=2e^{-2x}$ (단, $x \geq 0$)로 주어진다고 한다.

a. $E[\overline{X}]$와 $E[\overline{X}^2]$을 구하라.

b. 표본 평균이 1/4과 3/4 사이의 값을 가질 확률은 무엇인가?

풀이

a. X는 지수랜덤변수이므로 이것의 실제 평균과 분산은 각각 $E[X]=1/2$과 $\sigma_X^2=1/4$로 주어진다. 따라서 $E[\overline{X}]=E[X]=1/2$이 된다. 또한 $n=36$이므로 $\overline{X}$의 2차 모멘트는 다음과 같이 주어진다.

$$E\left[\overline{X}^2\right] = \sigma_{\overline{X}}^2 + \left\{E\left[\overline{X}\right]\right\}^2 = \frac{\sigma_X^2}{n} + \{E[X]\}^2 = \frac{1/4}{36} + \left(\frac{1}{2}\right)^2 = \frac{37}{144}$$

b. n=36이므로 표본 평균의 분산은 $\sigma_{\overline{X}}^2=\sigma_X^2/36=1/144$이 된다. 표본 평균이 1/4과 3/4 사이의 값을 가질 확률은 다음과 같이 계산된다.

$$P\left[\frac{1}{4}\leq\overline{X}\leq\frac{3}{4}\right]=F_{\overline{X}}(3/4)-F_{\overline{X}}(1/4)=\Phi\left(\frac{3/4-1/2}{1/12}\right)-\Phi\left(\frac{1/4-1/2}{1/12}\right)$$
$$=\Phi(3)-\Phi(-3)=\Phi(3)-\{1-\Phi(3)\}=2\Phi(3)-1$$
$$=2(0.9987)-1=0.9974$$

여기서 마지막 등식에서 사용된 값은 부록 1의 표 1로부터 얻은 값이다.

9.2.2 표본 분산

분산은 값들이 평균을 기준으로 퍼져 있는 정도를 나타내므로, 분산의 추정치를 알아보는 것은 의미 있다. 표본 분산은 대개 S^2으로 표기하며 다음과 같이 정의된다.

$$S^2=\frac{1}{n}\sum_{i=1}^{n}(X_i-\overline{X})^2 \tag{9.6}$$

$X_i-\overline{X}=(X_i-E[X])-(\overline{X}-E[X])$이기 때문에 다음의 식을 얻는다.

$$(X_i-\overline{X})^2=(X_i-E[X])^2-2(X_i-E[X])(\overline{X}-E[X])+(\overline{X}-E[X])^2$$
$$\sum_{i=1}^{n}(X_i-\overline{X})^2=\sum_{i=1}^{n}(X_i-E[X])^2-2(\overline{X}-E[X])\sum_{i=1}^{n}(X_i-E[X])$$
$$+\sum_{i=1}^{n}(\overline{X}-E[X])^2$$
$$=\sum_{i=1}^{n}(X_i-E[X])^2-2n(\overline{X}-E[X])^2+n(\overline{X}-E[X])^2$$
$$=\sum_{i=1}^{n}(X_i-E[X])^2-n(\overline{X}-E[X])^2$$

위로부터 다음을 얻게 된다.

$$S^2 = \frac{1}{n}\sum_{i=1}^{n}(X_i - \overline{X})^2 = \frac{1}{n}\sum_{i=1}^{n}(X_i - E[X])^2 - (\overline{X} - E[X])^2$$

표본 분산 역시 하나의 랜덤변수이므로 이것의 기댓값은 다음과 같다.

$$\begin{aligned} E[S^2] &= E\left[\frac{1}{n}\sum_{i=1}^{n}(X_i - E[X])^2 - (\overline{X} - E[X])^2\right] \\ &= \frac{1}{n}\sum_{i=1}^{n}E\left[(X_i - E[X])^2\right] - E\left[(\overline{X} - E[X])^2\right] = \sigma_X^2 - \frac{\sigma_X^2}{n} \\ &= \frac{n-1}{n}\sigma_X^2 \end{aligned} \tag{9.7}$$

여기서 σ_X^2은 모집단의 분산이고 마지막에서 두 번째 등식은 식 (9.3)으로부터 성립한다. 표본 분산의 평균은 모집단 분산과 같지 않으므로, 표본 분산은 **편향된 추정치**(biased estimate)이다. 분산에 대한 공평한 추정치를 얻기 위해서, 다음과 같이 새로운 랜덤변수를 정의한다.

$$\begin{aligned} \hat{S}^2 &= \frac{n}{n-1}S^2 = \frac{1}{n-1}\sum_{i=1}^{n}(X_i - \overline{X})^2 \\ E\left[\hat{S}^2\right] &= \sigma_X^2 \end{aligned} \tag{9.8}$$

따라서 $\hat{S}^2$은 분산에 대한 공평한 추정치이다. 위의 결과는 표본화가 무한한 모집단으로부터 수행되거나 유한한 모집단 안에서 복원 추출과 함께 수행될 때 적용된다. 만약 표본화가 크기 N을 갖는 유한한 모집단으로부터 비복원 추출로 수행된다면 표본 분산의 평균은 다음과 같이 계산된다.

$$E[S^2] = \left(\frac{N}{N-1}\right)\left(\frac{n-1}{n}\right)\sigma_X^2 \tag{9.9}$$

9.2.3 표본 분포

표본들이 취해지는 모집단의 평균과 분산이 각각 $E[X]$ 및 σ_X^2라 가정하자. 그러면 표본의 크기가 n이고 충분히 큰 n에 대해 중심극한정리에 의해 표본 평균 $\overline{X}$는 정규분포를 갖는 랜덤변수가 될 것이며 이것의 표준 정규 변수는 다음과 같이 주어진다.

$$Z=\frac{\overline{X}-\mu_{\overline{X}}}{\sigma_{\overline{X}}}=\frac{\overline{X}-\mu_X}{\sigma_X/\sqrt{n}}$$

이 장의 앞 절에서 언급한 바와 같이, 정규분포에 대한 당위성은 $n\geq 30$일 때 성립한다. $n<30$인 경우에는 다음과 같이 정규화된 표본 평균

$$T=\frac{\overline{X}-E[X]}{\hat{S}/\sqrt{n}}=\frac{\overline{X}-E[X]}{S/\sqrt{(n-1)}} \tag{9.10}$$

을 정의함으로써 스튜던트(Student)의 t 분포를 사용한다. 표본의 크기가 n일 때 스튜던트의 t 분포는 $n-1$차의 자유도를 가진다고 말한다. 이때 스튜던트 t 분포의 확률밀도함수는 다음과 같다.

$$f_T(t)=\frac{\Gamma\left(\frac{v+1}{2}\right)}{\sqrt{v\pi}\,\Gamma\left(\frac{v}{2}\right)}\left(1+\frac{t^2}{v}\right)^{-(v+1)/2} \tag{9.11}$$

여기서 $\Gamma(x)$는 x의 감마(gamma) 함수이며 $v=n-1$은 자유도의 차수로 독립적 표본의 개수를 나타낸다. $\Gamma(x)$는 다음과 같은 특성을 가진다.

$$\Gamma(k+1)=\begin{cases} k\Gamma(k) & \text{any } k \\ k! & k \text{ integer} \end{cases}$$

$$\Gamma(2)=\Gamma(1)=1$$

$$\Gamma(1/2)=\sqrt{\pi}$$

따라서 예를 들면

$$\Gamma(2.5) = 1.5 \times \Gamma(1.5) = 1.5 \times 0.5 \times \Gamma(0.5) = 1.5 \times 0.5 \times \sqrt{\pi} = 1.3293$$

이 된다. 스튜던트의 t 분포는 평균 0을 중심으로 대칭이며 그림 9.1에 나타낸 바와 같이 정규분포 곡선과 유사한 형태를 갖는다. 이 분포의 분산은 ν에 의존하는데, 이는 1보다 크며 $n \to \infty$일 때 1로 수렴한다.

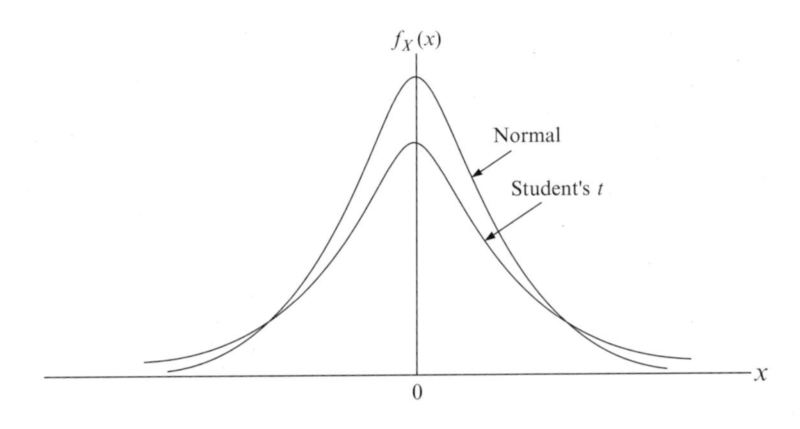

그림 9.1 스튜던트의 t 분포와 정규분포

9.3 추정 이론

앞서 언급했듯이, 추정 이론은 이용 가능한 데이터로부터 모집단 파라미터에 대한 어떤 값을 예측 혹은 추정하는 방법을 다룬다. 일반적으로, 추정 이론의 목적은 직접 관측이 되지 않으나 다른 측정할 수 있는 변수들을 통해 관측된 변수를 추정하는 것이다. 예를 들어 분포가 어떤 파라미터 θ에 의존하는 하나의 랜덤변수 X가 주어졌을 때, 어떤 관측된 값 $x \in X$에 대하여 통계치 $g(x)$가 θ의 추정치로 고려된다면 $g(x)$는 θ의 추정기로 불리게 된다. 따라서 파라미터의 추정은 x의 각 실현(realization)에 대해 θ에 하나의 값을 할당하는 규칙 또는 함수로 정의할 수 있다.

추정은 또한 확률 법칙/분포를 데이터에 맞추는(fitting) 방법으로 정의할 수 있다.

여기서 데이터는 고려하는 확률분포에 의해 생성된 랜덤변수들의 합으로 구성된다. 관찰 데이터는 보통 독립적이고 동일하게 분포하는 랜덤변수들 $X_1, X_2, \ldots, X_n$의 실현으로 모델링되고, 이후 문제는 다음과 같이 주어진다. 누적분포함수 $F(x|\theta)$를 갖는 독립적이고 동일하게 분포하는 랜덤변수 $X_1, X_2, \ldots, X_n$의 관찰 값들이 주어질 때, θ를 추정하자. 여기서 $F(x|\theta)$는 분포가 추정될 파라미터 θ에 의존한다는 것을 나타내기 위해 사용된다. 예를 들어 푸아송분포의 확률질량함수는 하나의 파라미터 λ를 포함하고 다음과 같이 주어진다.

$$p(x|\lambda) = \frac{\lambda^x e^{-\lambda}}{x!} \qquad x = 0, 1, \ldots$$

유사하게 정규분포의 확률밀도함수는 2개의 파라미터 σ와 μ를 포함하고 다음과 같이 주어진다.

$$f(x|\mu, \sigma) = \frac{1}{\sigma\sqrt{2\pi}} e^{-\frac{1}{2}(x-\mu)^2/\sigma^2} \qquad -\infty < x < \infty$$

동일한 방식으로 지수분포는 하나의 파라미터 λ를 포함하고 확률밀도함수는 다음과 같이 주어진다.

$$f(x|\lambda) = \lambda e^{-\lambda x} \qquad x \geq 0$$

마지막으로 얼랑-k 분포는 두 파라미터 k와 λ를 포함하고 확률밀도함수는 다음과 같다.

$$f(x|k, \lambda) = \frac{\lambda^k x^{k-1}}{(k-1)!} e^{-\lambda x} \qquad x \geq 0$$

따라서 파라미터 θ의 추정치는 주어진 x의 실현 값에 대해 얻어진 θ의 값이 된다. 예를 들어 표본 평균 $\bar{x}$는 모집단 평균 μ의 추정기이다. $g(x)$가 랜덤변수이므로, 때때로 $g(X)$는 $\hat{\Theta}$로 표기되며 관찰 값 $g(x)$는 $\hat{\theta}$로 표기된다.

추정기 $\hat{\theta}$의 편향(bias)은 다음과 같이 정의된다.

$$B(\hat{\theta}) = E[\hat{\theta}] - \theta \tag{9.12}$$

모집단 파라미터의 **공평한 추정기**는 평균 또는 기댓값이 추정될 파라미터와 같은 통계이다. 따라서 추정기 $\hat{\theta}$는 만일 $E[\hat{\theta}]=\theta$이라면, 즉 기댓값이 추정될 파라미터와 같다면 공평한 것으로 정의한다. 이때 대응하는 통계 값은 **공평한 추정치**로 불린다.

추정기와 관련된 또 다른 개념은 **효율성**(efficiency)이다. 만약 두 통계에 대한 표본 분포가 동일한 평균을 갖는다면 분산이 더 작은 표본으로부터 얻은 통계 값이 평균에 대해 보다 **효율적인 추정기**(efficient estimator)라고 하며 그러한 통계 값을 효율적인 추정기라고 한다. $\hat{X}_1$과 $\hat{X}_2$가 X의 두 공평한 추정기라 하자. 만약 $\sigma^2_{\hat{X}_1} < \sigma^2_{\hat{X}_2}$이라면 $\hat{X}_1$은 $\hat{X}_2$에 비해 보다 효율적인 추정기가 된다. 일반적으로 추정치는 공평하고 효율적일 것이 요구된다. 그러나 실제 편향되었거나 비효율적인 추정기들이 사용되는데 이는 추정치를 얻기 위한 과정이 상대적으로 더 수월하기 때문이다.

다음과 같은 형태의 표본 평균에 대한 추정기를 가정해 보자.

$$\hat{X} = \frac{1}{n}\sum_{i=1}^{n} X_i$$

여기서 X_i (단, $i=1,2,\ldots,n$)는 θ를 추정하는 데 사용되는 관측 데이터이다. 그럼 추정기가 확률적으로 θ에 수렴한다면, 즉

$$\lim_{n\to\infty} P\left[|\hat{X} - \theta| \geq \varepsilon\right] = 0$$

이라면, 이러한 추정기는 일관성 있는 추정기(consistent estimator)로 정의한다. 따라서 표본 크기 n이 증가함에 따라 일관성 있는 추정기는 실제 파라미터에 수렴한다. 즉, 일관성 있는 추정기는 점근적으로 공평하다. 만약 관측 데이터(또는 표본)

가 유한한 평균 및 분산을 갖는 모집단으로부터 얻어진다면 $\hat{X}$의 분산은 $\sigma_{\hat{X}}^2 = \sigma_X^2/n$이 되며 이는 n이 무한대로 감에 따라 0으로 수렴하게 된다. 3장의 내용에서 체비셰프(Chebyshev) 부등식을 상기해보자. 즉 임의의 랜덤변수 Y에 대해

$$P[|Y - E[Y]| \ge a] \le \frac{\sigma_Y^2}{a^2} \qquad a > 0$$

가 성립한다. 따라서 표본 평균은 모집한 평균의 일관성 있는 추정기가 됨을 알 수 있다. 일반적으로 $\lim_{n\to\infty}\sigma_{\hat{X}}^2 = 0$의 특성을 갖는 θ에 대한 공평한 추정기 $\hat{X}$는 체비셰프 부등식에 의해 X에 대한 일관성 있는 추정기가 된다.

9.3.1 점 추정, 구간 추정, 신뢰 구간

표본 평균은 종종 **점 추정**(point estimate)이라고도 하는데 그 이유는 표본 평균이 추정치에 하나의 값만을 할당하기 때문이다. 따라서 점 추정은 모집단 파라미터를 가장 잘 추정하는 하나의 값을 의미한다. 또 다른 형태의 추정은 **구간 추정**(interval estimate)인데, 이는 점 추정이 추정하는 파라미터와 일치함을 기대할 수 없다는 사실을 설명하기 위해 사용한다.

구간 추정에서는 추정될 파라미터가 **신뢰 구간**(confidence interval)이라고 하는 특정 구간 안에 있을 특정한 확률 값을 가진다. 따라서 신뢰 구간은 구체화된 확률과 함께 모집단에 대한 주어진 파라미터 θ를 포함하도록 기대될 수 있는 그러한 값들의 범위가 된다. 신뢰 구간은 2개의 숫자로 구성되는 범위로 주어지며 모집단 파라미터가 얼마만큼의 신뢰성을 가지고 이 범위 안에 들어올 것인가를 추정한다. 신뢰 구간의 이 2개 점들을 **신뢰 한계**(confidence limit)라고 부른다.

q-퍼센트 신뢰 구간은 추정치가 $q/100$의 확률로 그 구간 안에 들어온다는 것을 나타낸다. 이는 q-퍼센트 신뢰 구간이 모집단 파라미터를 포함할 확률이 $q/100$임을 의미하며 파라미터 q는 **신뢰 수준**(confidence level)이라 불린다. 따라서 평균 μ에

대한 95% 신뢰 구간은 확률 0.95로 μ를 포함하는 랜덤 구간을 나타낸다. 신뢰 구간은 종종 추정치의 불확실성을 강조하기 위해 점 추정과 함께 사용된다.

표본 평균의 경우, q-퍼센트 신뢰 구간은 다음과 같이 정의한다. 우선 표본화가 복원 추출과 함께 수행되었거나 무한한 모집단으로부터 수행된 경우

$$\overline{X} - k\sigma_{\overline{X}} \le \mu_X \le \overline{X} + k\sigma_{\overline{X}} = \overline{X} - \frac{k\sigma_X}{\sqrt{n}} \le \mu_X \le \overline{X} + \frac{k\sigma_X}{\sqrt{n}} \tag{9.13}$$

가 같이 주어진다. 여기서 k는 q에 의존하는 상수로 **신뢰 계수**(confidence coefficient) 혹은 **임계값**(critical value)이라 한다. k는 또한 기대되는 신뢰 구간이 평균을 기준으로 표준편차의 몇 배를 포함할 것인지를 나타낸다. 따라서 이 경우 신뢰 한계는 $\overline{X} \pm k\sigma_{\overline{X}} = \overline{X} \pm k\sigma_X/\sqrt{n}$가 되며 **추정 오차**(error of estimate)는 $k\sigma_{\overline{X}} = k\sigma_X/\sqrt{n}$이 된다.

표본화가 크기 N인 유한한 모집단으로부터 비복원 추출로 수행된 경우는 다음과 같다.

$$\overline{X} - \frac{k\sigma_X}{\sqrt{n}}\sqrt{\frac{N-n}{N-1}} \le \mu_X \le \overline{X} + \frac{k\sigma_X}{\sqrt{n}}\sqrt{\frac{N-n}{N-1}} \tag{9.14}$$

여러 가지 신뢰 수준에 대한 상수 k의 값을 표 9.1에 나타내었다.

그림 9.2는 q=95%에 대한 신뢰 구간의 예를 보여 준다. 표 9.1로부터 이 구간은 k=1.96에 해당함을 알 수 있다.

표 9-1 여러 가지 신뢰 수준에 대한 상수 k의 값

Confidence Level	99.99%	99.9%	99%	95%	90%	80%
k	3.89	3.29	2.58	1.96	1.64	1.28

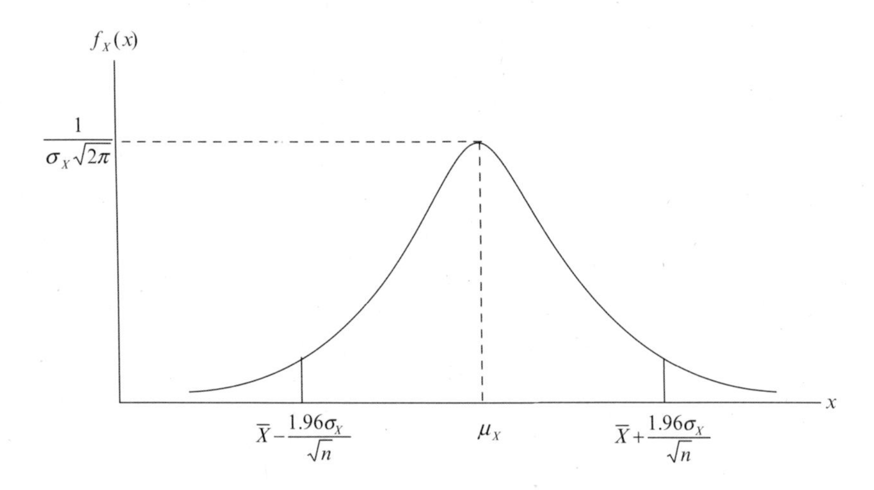

그림 9.2 95% 신뢰 구간에 대한 신뢰 한계

요약하면 구간 추정은 다음과 같이 주어진다.

$$\text{Interval Estimate} = \text{Point Estimate} \pm k_q \times \text{Sample Standard Deviation}$$

여기서 k_q는 구체화된 신뢰 수준 q에 대한 신뢰 계수 k값을 나타낸다.

예제 9.2

표준편차 σ_X를 가진 정규분포 랜덤변수에 대한 하나의 표본을 사용하여 실제 평균 $E[X]$를 추정하고자 한다. 표본 평균에 대한 95% 신뢰 구간을 구하라.

풀이

$\bar{X}$를 표본 평균이라 하자. 이때 95%의 확률로 실제 평균 $E[X]$가 $\bar{X}-k\sigma_X/\sqrt{n} \le E[X] \le \bar{X}+k\sigma_X/\sqrt{n}$로 주어지는 구간 안에 들어온다. 표 9.1로부터 q=95%일 때, k=1.96임을 알 수 있다. 따라서 n=1이므로 신뢰 구간은

$$\bar{X}-1.96\sigma_X \le E[X] \le \bar{X}+1.96\sigma_X$$

이 된다.

예제 9.3

σ_X=1이고

$$\overline{X}=\frac{1}{n}\sum_{i=1}^{n}X_i$$

이라 하자. 99% 신뢰 수준으로 $\overline{X}-0.1\leq E[X]\leq\overline{X}+0.1$이 되기 위해 필요한 관측의 개수를 구하라.

풀이

표본 평균의 분산은 $\sigma_{\overline{X}}^2=\sigma_X^2/n$이다. 표 9.1로부터 99% 신뢰 수준에 해당하는 상수 k의 값은 2.58이므로

$$P\left[\overline{X}-2.58\frac{\sigma_X}{\sqrt{n}}\leq E[X]\leq\overline{X}+2.58\frac{\sigma_X}{\sqrt{n}}\right]=0.99$$

이 되고 $2.58\sigma_X/\sqrt{n}=0.1$이 되는 n 값을 찾으면 된다. σ_X=1이므로

$$\frac{2.58}{\sqrt{n}}=0.1\Rightarrow\sqrt{n}=25.8\Rightarrow n=(25.8)^2=665.64$$

이 된다. n은 정수이어야 하므로 n=666이 된다.

9.3.2 최대 우도 추정

다음의 문제를 고려해 보자. 여러 개의 빨간색 공과 파란색 공이 들어 있는 상자가 있다. 두 가지 색의 공이 3:1의 비율로 들어있는 것은 알지만 어느 색의 공이 더 많은지는 모른다고 가정하자. 고로, 상자에서 공을 하나 꺼냈을 때 빨간색 공일 확률은 1/4이거나 3/4이다. 만약 m개의 공을 복원 추출로 꺼낸다고 할 때 이 중 K개가 빨간색 공일 확률은 다음의 이항분포를 따르게 된다.

$$p_K(k)=\binom{m}{k}p^k(1-p)^{m-k}\qquad k=0,1,2,\ldots,m$$

여기서 p는 빨간색 공을 꺼낼 확률이며 그 값은 $p=1/4$이거나 $p=3/4$이다. 최대 우도 추정은 이항분포의 파라미터인 p에 대한 '최선의' 추정치를 얻는 것이다. 보다 형식적으로 말하면, 랜덤변수 X를 특징짓는 파라미터 $\theta_1, \theta_2, \ldots, \theta_n$에 대한 최대 우도 추정은 관측된 값 $x_1, x_2, \ldots, x_n$들을 가장 그럴듯하게 만드는 값(들)을 선택하는 것이다.

어떤 랜덤변수 X가 하나의 파라미터 θ에 의존하는 어떤 분포를 갖는다고 하자. 그리고 $x_1, x_2, \ldots, x_n$을 관측된 랜덤표본들이라 하자. X가 확률질량함수 $p_X(x)$를 갖는 이산랜덤변수라면 임의의 표본이 정확히 $x_1, x_2, \ldots, x_n$이 될 확률은 다음과 같다.

$$L(\theta) = L(\theta; x_1, x_2, \ldots, x_n) = p_X(x_1; \theta) p_X(x_2; \theta) \cdots p_X(x_n; \theta) \tag{9.15}$$

여기서 $L(\theta)$는 **우도 함수**(likelihood function)라 부르며 θ의 함수이다. 즉, 이 함수의 값은 선택된 표본 값과 파라미터 θ 모두에 의존한다. 만약 X가 확률밀도함수 $f_X(x)$를 갖는 연속랜덤변수라면, 우도 함수는 다음과 같이 정의된다.

$$L(\theta) = L(\theta; x_1, x_2, \ldots, x_n) = f_X(x_1; \theta) f_X(x_2; \theta) \cdots f_X(x_n; \theta) \tag{9.16}$$

일반적으로, 확률밀도함수 혹은 확률질량함수가 고정된 데이터 집합과 함께 알지 못하는 파라미터의 함수로 고려될 때 그 함수는 우도 함수로 알려져 있다. θ에 대한 최대 우도 추정치는 $L(\theta)$의 값을 최대화하는 θ의 값이 된다. 만약 $L(\theta)$가 미분 가능한 함수라면 $L(\theta)$가 최댓값을 갖기 위한 필요조건은

$$\frac{\partial}{\partial \theta} L(\theta) = 0$$

이다. 여기서 편미분이 사용된 이유는 $L(\theta)$가 θ와 표본 값들 $x_1, x_2, \ldots, x_n$ 모두에 의존하는 함수이기 때문이다. 만약 $\hat{\theta}$이 $L(\theta)$를 최대화하는 값이라면, $\hat{\theta}$를 **최대 우도 추정기**(maximum likelihood estimator)라 한다. 또한 만약 우도 함수가 k개의 파라미터를 포함한다면, 즉

$$L(\theta) = L(\theta_1, \theta_2, \ldots, \theta_k; x_1, x_2, \ldots, x_n) = \prod_{i=1}^{n} f_X(x_i; \theta_1, \theta_2, \cdots, \theta_k) \tag{9.17}$$

라면, 우도 함수가 최대가 되는 점은 다음의 k개의 연립 방정식의 해로 주어진다.

$$\frac{\partial}{\partial\theta_1}L(\theta_1, \theta_2, \ldots, \theta_k; x_1, x_2, \ldots, x_n) = 0$$
$$\frac{\partial}{\partial\theta_2}L(\theta_1, \theta_2, \ldots, \theta_k; x_1, x_2, \ldots, x_n) = 0$$
$$\vdots$$
$$\frac{\partial}{\partial\theta_k}L(\theta_1, \theta_2, \ldots, \theta_k; x_1, x_2, \ldots, x_n) = 0$$

많은 경우 우도 함수에 로그(logarithm)를 취하여 사용하는 것이 더 편리하다.

예제 9.4

베르누이(Bernoulli) 분포로부터 크기 n의 랜덤표본을 추출한다고 가정하자. 이때 성공 확률 p의 최대 우도 추정치는 무엇인가?

풀이

X를 성공 확률 p를 갖는 베르누이 랜덤변수라 하자. 그러면 X의 확률질량함수는 다음과 같다.

$$p_X(x; p) = p^x(1-p)^{1-x} \quad x = 0, 1;\ 0 \le p \le 1$$

표본 값 $x_1, x_2, \ldots, x_n$은 0과 1들의 수열로 주어지며 이에 대한 우도 함수는

$$L(p) = L(p; x_1, x_2, \ldots, x_n) = \prod_{i=1}^{n} p^{x_i}(1-p)^{1-x_i} = p^{\sum x_i}(1-p)^{n-\sum x_i}$$

이다. 이제

$$y = \sum_{i=1}^{n} x_i$$

를 정의하고 양변에 밑이 e인 로그를 취하면 다음의 등식을 얻는다.

$$\log L(p) = y \log p + (n-y)\log(1-p)$$

그러면 편미분을 사용하여

$$\frac{\partial}{\partial p}\log L(p) = \frac{y}{p} - \frac{n-y}{1-p} = 0$$

가 되고 다음의 최대 우도 추정치를 얻는다.

$$\hat{p} = \frac{y}{n} = \frac{1}{n}\sum_{i=1}^{n} x_i$$

따라서 $\hat{p}$은 표본 값들의 평균이 된다.

예제 9.5

어떤 상자 안에 빨간색 공과 파란색 공 두 가지의 공이 들어 있고 두 가지 색의 공에 대한 정확한 비율은 모른다고 하자. 복원 추출과 함께 상자에서 n개의 공을 꺼내어 보았더니 이 중 k개의 빨간색 공이 나왔다면, 빨간색 공을 꺼낼 확률 p의 최대 우도 추정치는 무엇인가?

풀이

상자로부터 꺼낸 n개의 공 중 빨간색 공의 개수를 K라 하자. K는 다음의 이항분포를 갖게 됨을 확인할 수 있다.

$$p_K(k) = \binom{n}{k} p^k (1-p)^{n-k} \qquad k = 0, 1, 2, \ldots, n$$

여기서 p는 빨간색 공의 확률(비율)이다. 따라서 이에 대한 우도 함수는 다음과 같다.

$$L(p; k) = \binom{n}{k} p^k (1-p)^{n-k}$$

양변에 밑이 e인 로그를 취하면 다음의 식이 얻어진다.

$$\log L(p; k) = \log\binom{n}{k} + k\log p + (n-k)\log(1-p)$$

그러면

$$\frac{\partial}{\partial p}\log L(p; k) = \frac{k}{p} - \frac{n-k}{1-p} = 0$$

으로부터 다음과 같이 주어진다.

$$\hat{p}=\frac{k}{n}$$

고로 예를 들어 n=15번 공을 하나씩 꺼내어 보았을 때 k=8번의 횟수로 붉은색 공이 나왔다면 $\hat{p}$=8/15=0.533이 된다.

예제 9.6

대학교 내 경찰이 교내에서 학생들이 시끄럽게 떠든다는 불평 신고가 푸아송 과정에 따라 접수되는 것을 확인하였다. 경찰서장은 1시간 동안 들어온 불평 신고 접수들의 랜덤표본 $x_1, x_2, ..., x_n$로부터 불평 신고의 도착률 λ를 추정하길 원한다. 경찰서장은 어떠한 결과를 얻을 수 있는가?

풀이

평균 λ를 갖는 푸아송 랜덤변수 X의 확률질량함수는 다음과 같다.

$$p_X(x)=\frac{\lambda^x}{x!}e^{-\lambda} \qquad x=0,1,2,\ldots$$

따라서 주어진 랜덤표본에 대한 최대 우도 함수는 다음과 같다.

$$L(\lambda)=L(\lambda;x_1,x_2,\ \ldots,x_n)=\left(\frac{\lambda^{x_1}}{x_1!}e^{-\lambda}\right)\left(\frac{\lambda^{x_2}}{x_2!}e^{-\lambda}\right)\cdots\left(\frac{\lambda^{x_n}}{x_n!}e^{-\lambda}\right)=\frac{\lambda^y e^{-n\lambda}}{x_1!x_2!\cdots x_n!}$$

여기서 $y=x_1+x_2+\cdots+x_n$이다, 따라서 양변에 밑에 e인 로그를 취하면 다음의 식이 얻어진다.

$$\log L(\lambda)=-n\lambda+y\log\lambda-\log(x_1!x_2!\cdots x_n!)$$

그러면

$$\frac{\partial}{\partial\lambda}\log L(\lambda)=-n+\frac{y}{\lambda}=0$$

로부터 다음과 같이 주어진다.

$$\hat{\lambda}=\frac{y}{n}=\frac{x_1+x_2+\ldots+x_n}{n}$$

9.3.3 최소 평균제곱오차 추정

랜덤변수 X에 대한 추정기를 $\hat{X}$이라 하자. 실제 값 X과 추정된 값 $\hat{X}$의 차를 **추정 오차**(estimation error) ε으로 정의한다. 즉,

$$\varepsilon = X - \hat{X}$$

이다. 오차는 주어진 추정기가 얼마나 잘 동작하는지에 대한 성능 지표를 제공하는 랜덤변수이다. 추정기의 성능을 정의하는 방법에는 여러 가지가 있겠지만 모든 경우 ε에 대한 적당한 비용 함수 $C(\varepsilon)$에 기반을 둔다. 이 절에서의 목적은 이러한 주어진 비용함수를 최소화하는 측면에서 추정기를 선택하는 것이다. 비용 함수의 선택은 주관적일 수 있는데, 예를 들어 다음과 같은 제곱 오차를 비용 함수로 정의할 수 있다.

$$C_1(\varepsilon) = \varepsilon^2$$

혹은 다음과 같은 오차의 절댓값을 비용 함수로 사용할 수 있다.

$$C_2(\varepsilon) = |\varepsilon|$$

이 두 가지 비용 함수는 그림 9.3에서 보이는데, $C_1(\varepsilon)$은 큰 값의 오차에 보다 많은 불이익을 부과하고 1보다 작은 오차에 보상을 주는 반면에 $C_2(\varepsilon)$은 오차를 선형적으로 취급한다.

평균제곱오차(mean squared error, MSE) 추정은 랜덤변수의 추정치를 얻는 데 사용되는 하나의 방법으로 다음과 같은 비용 함수를 가진다.

$$C(\varepsilon) = E[\varepsilon^2] \tag{9.18}$$

평균제곱오차는 수학적으로 다루기 쉬운 장점을 가지고 있다. 또한 선형 추정에 사용될 경우 1차 및 2차 모멘트에 대해 최적 추정치를 얻을 수 있다. 여기서 최적은 오차를 최소화한다는 것을 의미한다.

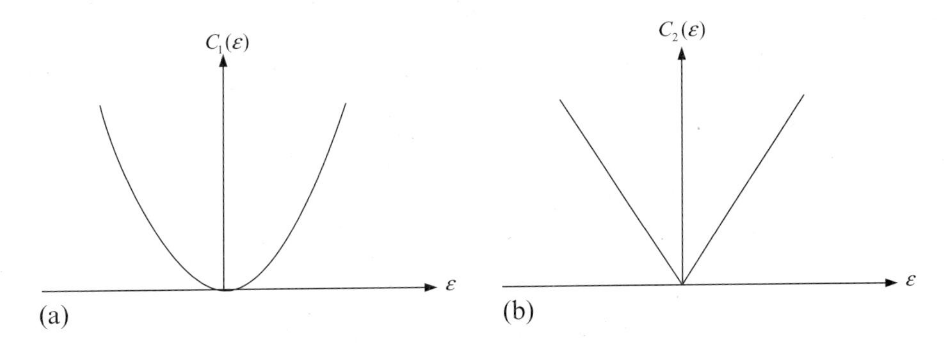

그림 9.3 제곱 오차 비용 함수와 절대 오차 비용 함수

예제 9.7

랜덤변수 Y가 아래와 같이 주어지는 랜덤변수 X의 선형 함수를 사용하여 추정된다고 가정하자.

$$\hat{Y} = aX + b$$

평균제곱오차를 최소화하는 a와 b의 값을 각각 계산하라.

풀이

평균제곱오차는 다음과 같이 주어진다.

$$e_{ms} = E\left[\left(Y - \hat{Y}\right)^2\right] = E\left[\{Y - (aX + b)\}^2\right]$$

a와 b가 e_{ms}를 최소화하기 위한 필요조건은 다음과 같다.

$$\frac{\partial e_{ms}}{\partial a} = E[2(-X)\{Y - (aX + b)\}] = 0$$
$$\frac{\partial e_{ms}}{\partial b} = E[2(-1)\{Y - (aX + b)\}] = 0$$

이 두 방정식을 간단히 하면 다음과 같다.

$$E[XY] = aE[X^2] + bE[X]$$
$$E[Y] = aE[X] + b$$

이 두 식으로부터, a와 b의 최적값 a^*와 b^*는 각각 다음과 같이 주어진다.

$$a^* = \frac{E[XY]-E[X]E[Y]}{\sigma_X^2} = \frac{\text{Cov}(X, Y)}{\sigma_X^2} = \frac{\sigma_{XY}}{\sigma_X^2} = \frac{\rho_{XY}\sigma_X\sigma_Y}{\sigma_X^2} = \frac{\rho_{XY}\sigma_Y}{\sigma_X}$$

$$b^* = E[Y] - \frac{\sigma_{XY}E[X]}{\sigma_X^2} = E[Y] - \frac{\rho_{XY}\sigma_Y E[X]}{\sigma_X}$$

여기서 ρ_{XY}는 X와 Y의 상관계수이다. 따라서 최소 평균제곱오차는

$$e_{mms} = e_{ms}\Big|_{\substack{a=a^* \\ b=b^*}} = \sigma_Y^2 - \frac{(\sigma_{XY})^2}{\sigma_X^2} = \sigma_Y^2 - \rho_{XY}^2\sigma_Y^2 = \sigma_Y^2(1-\rho_{XY}^2)$$

가 된다. X와 Y의 결합확률밀도함수가 주어질 때, 다른 1차 및 2차 모멘트는 구체화된 확률밀도함수로부터 계산될 수 있다.

9.4 가설 검증

가설은 추론에서 전제로 가정되는 하나의 명제이다. 가설은 추가적인 조사에 의해 검증될 수 있는 관측, 현상 또는 과학적인 문제에 대한 설명으로 주어지는 임시적인 명제이다. 가설 검증은 모집단의 랜덤표본으로부터 얻은 정보에 근거하여 그 모집단을 결정하는 랜덤변수에 대한 어떤 진술(통계적 가설이라 부름)을 받아들일 것인가 말 것인가를 결정하는 과정이다. 따라서 통계적 가설은 모집단에 대한 하나의 가설이며 일반적으로 그 모집단과 관련된 랜덤변수의 분포에 대한 명제로 진술되기도 한다. 가설은 주어진 분포의 하나 혹은 그 이상의 파라미터 값들에 대한 진술일 수 있고 혹은 분포의 형태에 대한 진술일 수도 있다. 다음은 통계적 가설에 대한 예제를 보여준다.

a. 어떤 카페의 계산대 앞에서의 평균 대기 시간은 2분을 넘지 않는다.
b. 은행을 방문하는 고객들의 도착 패턴은 푸아송분포를 따른다.
c. 학생회관 앞 버스 정류장에서 버스의 도착간 시간 간격은 지수분포를 따른다.

앞서 언급하였듯이, 가설 검증은 또한 검파 이론으로 불린다. 검파는 관측에 기반을 두고 어떤 현상이 존재하는지 아닌지 여부를 결정하는 과정이다. 의사 결정은 가설이라 불리는 수많은 상호 배타적인 대안 사이에서 하나를 선택하는 과정을 포함하기 때문에, 가설 검증은 때때로 의사 결정이라고 한다.

9.4.1 가설 검증의 절차

통계적 가설 검증은 형식적이며 단계적인 과정이다. 이는 소위 **귀무가설**(null hypothesis)이라는 것을 정의함으로써 시작하는데, 이는 그 명칭이 의미하는 바와 같이 어떤 두 절차 간에 통계적 차별성이 없음을 의미한다. 예를 들어, 어떤 동전에 대해 앞면과 뒷면이 나올 확률이 다른지를 결정하고자 한다면, 그 동전은 평범하다는, 즉 앞면이 나올 확률이 $p=0.5$로 주어진다는 가설로 문제를 공식화하는 것도 가능하다. 이와 유사하게, 만약 어떤 약이 위약(placebo)보다 더 효과가 있는지를 결정하고자 한다면, 그 약과 위약 사이에 차이가 없다는 진술을 만드는 것도 가능하다. 이러한 귀무가설은 보통 H_0로 표기하고 **차이가 없는 가설**(no-difference hypothesis)로 불리는 경향이 있다. 주어진 어떤 귀무가설과 다른 가설을 **대립가설**(alternative hypothesis)이라고 하며, 보통 H_1으로 표기한다. 대립가설을 공식화하는 방법에는 여러 가지가 있다. 위에서 언급한 동전의 예에서, H_1에 대한 또 다른 표현은 $p \neq 0.5$, $p > 0.5$, $p < 0.5$를 포함한다.

검증 과정은 아래 5단계로 구성된다.

1. 가설을 진술한다.
   - H_0: 2개의 평균 사이에 차이점이 없다는 것을 진술하는 귀무가설이다. 표본화 오차로 인해 차이가 발생할 수 있다. 즉, 발견된 큰 차이는 실제 차이가 아니며 표본화 오차로 인한 우연이라 할 수 있다.
   - H_1: 두 평균 사이에 큰 차이가 존재한다는 것을 진술하는 대립가설이다. 그러므로 H_0은 거짓이 된다. H_1은 본질적으로 가설 검증이 무엇을 설립하

는지를 나타내는 진술이다.

2. 표본 평균이 H_0를 기각하기에 충분히 다를 확률을 나타내는 유의 수준(level of significance) α를 결정한다.
3. 관측 데이터에 근거하여 검증 값(tcxt value) z를 계산한다.
4. 주어진 유의 수준에서 결정 값(critical value) z_α을 구하되, 유의 수준은 계산된 검증 값에 대해 비교를 위해 사용된다.
5. H_0를 수용 또는 기각한다. 사전에 정해진 유의 수준에서 H_0을 기각하기에 충분히 차이가 난다면, 결정을 내리기 위해 계산된 검증 값을 결정 값과 비교한다.

결정 영역(critical region)은 **검증의 유의 수준**이라 불리는 파라미터 α에 의해 결정된다. α의 값은 0과 1 사이의 임의의 값으로 설정될 수 있으나 대개 0.01 또는 0.05로 (때때로 1% 또는 5%로 표현됨) 설정된다. 유의 수준은 보통 100%에서 신뢰 수준(confidence level)을 뺀 값으로 주어진다. 따라서 기각 영역(rejection region)은 신뢰 구간의 바깥 영역이 되며, 신뢰 구간은 **수용 영역**(acceptance region)이라고도 한다. 만약 z가 수용 영역에 있으면 H_0은 수용되고, z가 기각 영역에 있으면 H_0은 기각된다. 신뢰 수준을 높게 설정하는 것은 유의 수준을 작게 설정하는 것과 같으며, 이는 신뢰 구간 혹은 수용 영역을 보다 넓게 설정하는 것과 동일하므로 어떤 주어진 표본이 귀무가설을 수용하는 결과를 낳게 될 것이다.

그림 9.4는 신뢰 수준이 $q=95\%$일 때 기각 영역과 신뢰 한계의 일례를 보여준다. 신뢰 영역과 기각 영역 간의 경계는 z_α에 의해 나타나며 이는 결정 값이라고 불린다. 그림 9.4에서 $z_1=\overline{X}-1.96\sigma_X/\sqrt{n}$이 신뢰 한계의 하한이고, $z_2=\overline{X}+1.96\sigma_X/\sqrt{n}$이 신뢰 한계의 상한이 된다. 따라서 95% 신뢰 수준에서 평균이 $\overline{X}-1.96\sigma_X/\sqrt{n}\leq\mu_X\leq\overline{X}+1.96\sigma_X/\sqrt{n}$에 있음을 기대할 수 있다.

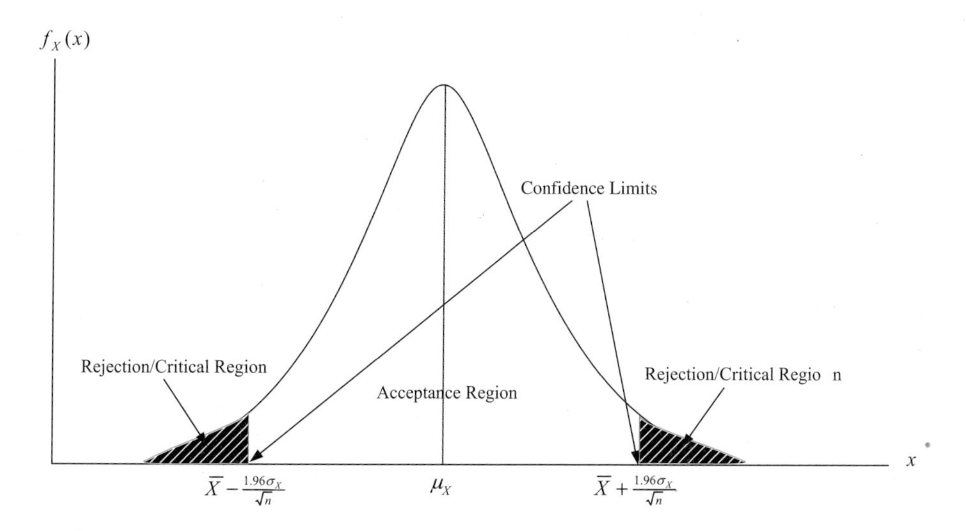

그림 9.4 신뢰 한계와 유의 수준의 관계

9.4.2 제1형 오류 및 제2형 오류

가설 검증은 모집단 평균이 아닌 표본 평균에 근거하기 때문에, H_0을 기각하거나 혹은 기각하는 데 실패할 잘못된 의사 결정을 함으로써 오류를 범할 확률이 존재한다. 범할 수 있는 두 가지 형태의 오류가 있는데 이들을 각각 **제1형 오류**(Type I error) 및 **제2형 오류**(Type II error)라 한다.

제1형 오류는 어떤 가설 H_0이 참이어서 수용되어야 하나 기각으로 판정이 났을 때 범하여진다. 이러한 형태의 오류를 범할 확률은 α와 같다. 따라서 α=0.05이면 제1형 오류가 발생할 확률은 0.05이다.

제2형 오류는 가설 H_0이 기각되어야만 하나 수용 판정이 났을 때 범하여진다. 이 형태의 오류가 발생할 확률을 줄이는 방법은 α를 증가시키는 것이다.

이 두 가지 형태의 오류는 모두 잘못된 결정을 이끌어 낸다. 어떤 형태의 오류가 보다 심각한지는 상황에 따라 다르다. 가설 검증의 목표는 두 형태의 오류를 최소화하는 것이어야만 한다. 이 두 오류를 모두 줄이는 한 가지 명백한 방법은 항상 그런

것은 아니지만, 표본의 크기를 증가시키는 것이다. 앞서 언급했듯이 유의 수준 α는 제1형 오류가 발생할 수 있는 최대 확률을 나타낸다. 이 두 가지 형태의 오류를 표 9.2에 요약하였다.

표 9-2 오류 형태의 요약

		Truth	
		H_0 True	**H_0 False**
Decision	Accept H_0	OK, Correct Decision	False Acceptance, Type II Error
	Reject H_0	False Rejection, Type I Error	OK, Correct Decision

9.4.3 단측 및 양측 검증

가설 검증은 **단측**(one-tailed 또는 one-sided) 검증 혹은 **양측**(two-tailed 또는 two-sided) 검증으로 분류된다. 단측 검증은 통계치의 한쪽만을 고려하는 것으로, 예를 들면 '평균이 10보다 크다' 혹은 '평균이 10보다 작다'와 같은 경우에 해당한다. 따라서 단측 검증은 분포의 한쪽만을 다루고 z 값은 통계치의 한쪽에만 있다.

양측 검증은 분포의 양쪽을 모두 다루고 z 값은 통계치의 양쪽에 있다. 예를 들어 그림 9.4는 양측 검증을 나타낸다. '평균은 10이 아니다'와 같은 가설은 양측 검증을 수반하는데, 이는 평균이 10보다 작을 수도 있고 클 수도 있기 때문이다. 표 9.3은 정규분포를 수반하는 검증에서 단측 검증 및 양측 검증 모두에 대한 결정 값 z_α의 예를 보여준다.

단측 검증에서, 기각 영역에 있는 면적은 유의 수준 α와 동일하다. 또한 기각 영역은 H_1이 어떻게 공식화되었는가에 따라 수용 영역 아래쪽(즉, 그림에서 왼쪽)에 있거나 위쪽(그림에서 오른쪽)에 있을 수 있다. 기각 영역이 수용 영역보다 아래쪽에 있는 경우 이를 **좌측 검증**(left-tail test)이라 한다. 유사하게, 기각 영역이 수용 영역보다 위쪽에 있는 경우 이를 **우측 검증**(right-tail test)이라 한다.

양측 검증에서는 2개의 결정 영역이 있는데, 각 영역에 있는 면적은 $\alpha/2$이다. 앞서 언급한 바와 같이, 양측 검증은 그림 9.4에서 보여진다. 그림 9.5에서는 단측 검증 또는 더 구체적으로 우측 검증에 대해 수용 영역의 위쪽을 기각 영역으로 나타낸다.

단층 검증에서, H_1이 μ_X보다 큰 값을 수반할 때 이는 우측 검증에 해당한다. 이와 유사하게, H_1이 μ_X보다 작은 값을 수반할 때 이는 좌측 검증에 해당한다. 예를 들어 H_1:$\mu_X > 100$ 형태의 대립가설은 우측 검정이며 H_1:$\mu_X<100$ 형태의 대립가설은 좌측 검증이다. 그림 9.6은 검증에 대한 여러 형태의 요약을 보여준다. 그림에서 μ_0은 파라미터의 현재 값이다.

표 9-3 몇 가지 유의 수준에 대한 결정 점

Level of Significance (α)	0.10	0.05	0.01	0.005	0.002
z_α for 1-Tailed Tests	−1.28 or 1.28	−1.645 or 1.645	−2.33 or 2.33	−2.58 or 2.58	−2.88 or 2.88
z_α for 2-Tailed Tests	−1.645 and 1.645	−1.96 and 1.96	−2.58 and 2.58	−2.81 and 2.81	−3.08 and 3.08

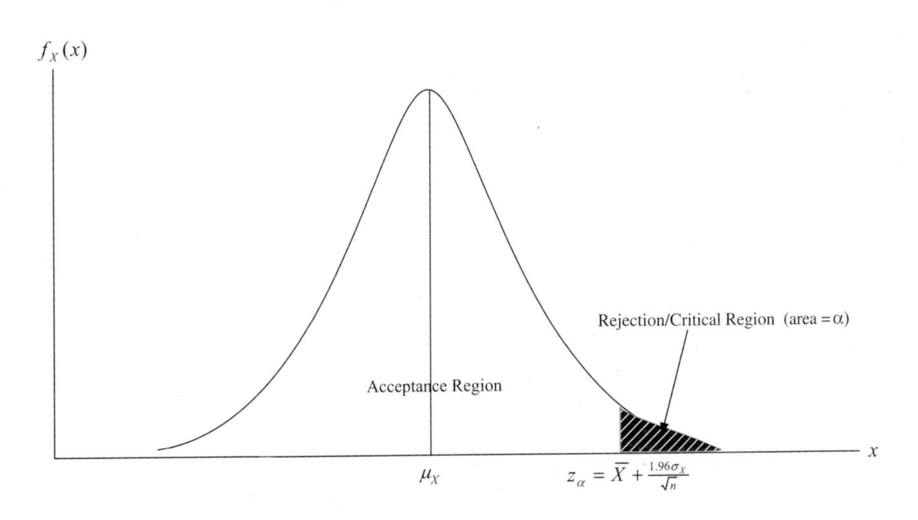

그림 9.5 단측 검증에 대한 결정 영역

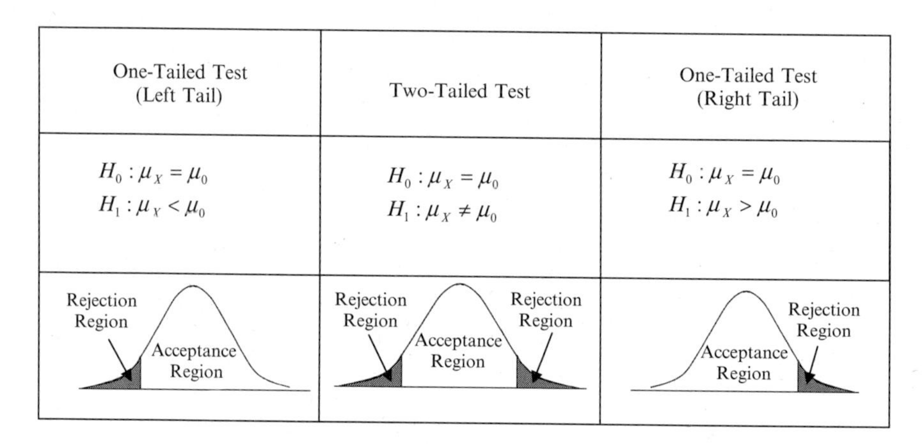

그림 9.6 여러 검증에 대한 요약

예제 9.8

어떤 전구 제조 회사가 생산한 전구의 평균 수명 μ_X가 1570시간이고 표준편차는 120시간이었다. 그 회사의 사장은 새로운 제품 생산 과정은 전구의 평균 수명의 증가를 가져온다고 주장한다. 조(Joe)가 새 제품 생산 과정으로부터 만들어진 100개의 전구들을 검증하고 그들의 평균 수명이 1600시간임을 확인했다면, 유의 수준이 (a) 0.05인 경우와 (b) 0.01인 각각의 경우에 대해 μ_X이 1570시간이 아니라는 가설을 검증하라.

풀이

귀무가설은

$H_0 : \mu_X = 1570 \text{ hours}$

이다. 유사하게 이것의 대립가설은

$H_1 : \mu_X \neq 1570 \text{ hours}$

이다. $\mu_X \neq 1570$은 1570보다 크면서 동시에 이보다 작은 수를 포함하기 때문에, 이는 양측 검증이다. 사용 가능한 데이터로부터, 표본 평균의 정규화된 값은 다음과 같다.

$$z=\frac{\overline{X}-\mu_X}{\sigma_{\overline{X}}}=\frac{\overline{X}-\mu_X}{\sigma_X/\sqrt{n}}=\frac{1600-1570}{120/\sqrt{100}}=\frac{30}{12}=2.50$$

a. 0.05의 유의 수준에서, 양측 검정에 대해 z_α=−1.96과 z_α=1.96이 된다. 따라서 수용 영역은 표준 정규분포에서 [-1.96,1.96]이다. 그림 9.7은 이러한 기각 영역과 수용 영역을 나타낸다. z=2.50은 범위 [-1.96,1.96]의 바깥에 위치하므로 (즉, 기각 영역에 포함되므로) 0.05의 유의 수준에서 H_0은 기각되며, 이는 평균 수명에 있어서의 차이가 통계적으로 의미가 있음을 의미한다.

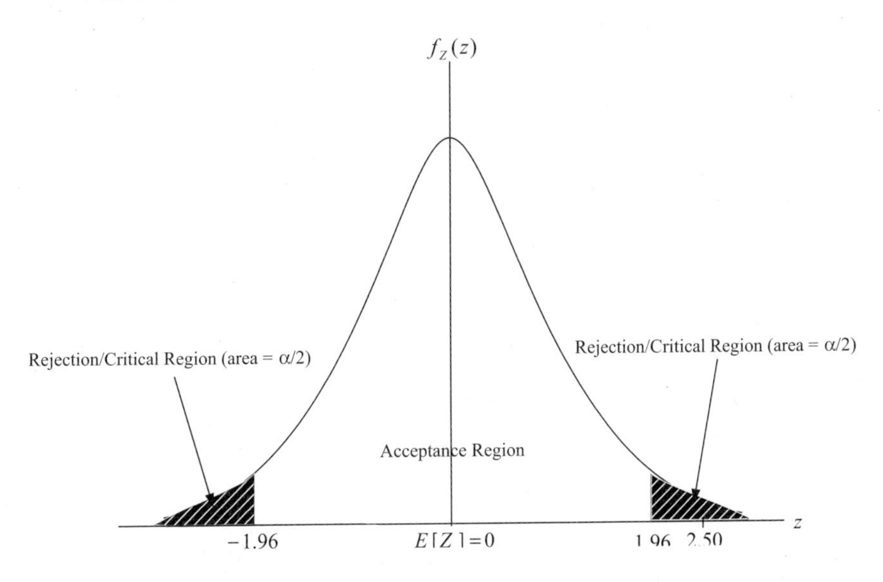

그림 9.7 예제 9.8(a)에 대한 결정 영역

b. 0.01의 유의 수준에서는 z_α=-2.58과 z_α=2.58이다. 그림 9.8은 수용 영역과 기각 영역을 나타낸다. z=2.50은 범위 [-2.58,2.58]의 안에 위치하고 이는 수용 영역이므로, 0.01의 유의 수준에서 H_0은 수용되는데 이는 평균 수명에 있어서의 차이가 통계적으로 의미가 없음을 의미한다.

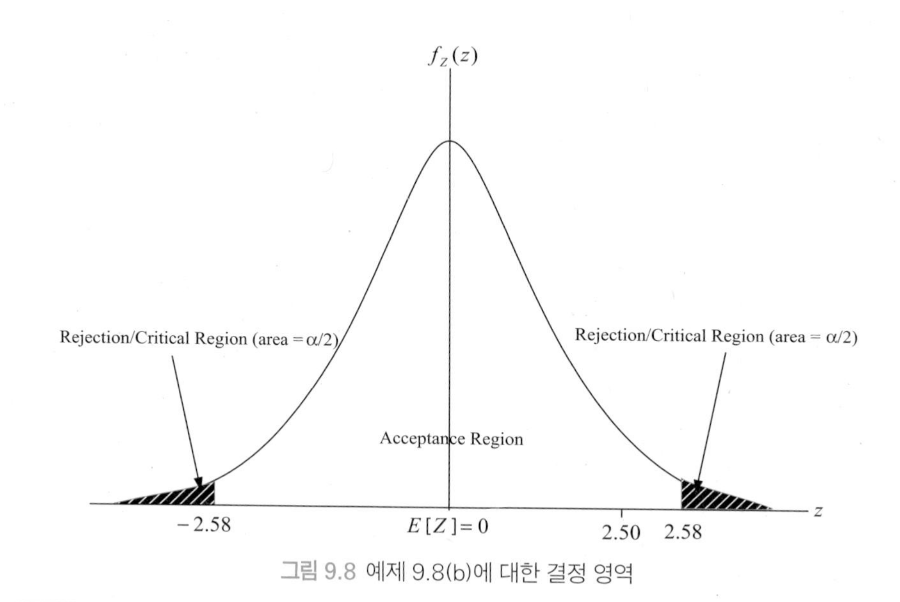

그림 9.8 예제 9.8(b)에 대한 결정 영역

예제 9.9

예제 9.8에 대해, 새로운 평균 수명이 1570시간보다 크다는 가설을 유의 수준 (a) 0.05인 경우와 (b) 0.01인 각각의 경우에 대해 검증하라.

풀이

여기서는 귀무가설과 대립가설을 각각 다음과 같이 정의한다.

$$H_0 : \mu_X = 1570 \text{ hours}$$
$$H_1 : \mu_X > 1570 \text{ hours}$$

이는 단측 검정이다. z 값은 예제 9.8에서와 동일하므로, 두 경우에 대한 신뢰 한계를 찾기만 하면 된다.

a. H_1은 1570보다 큰 값들만을 고려하므로, 이는 우측 검증이며 수용 영역의 위쪽을 기각 영역으로 선택함을 의미한다. 그러므로 표 9.3으로부터 0.05의 유의 수준에 대해 z_α=1.645를 선택한다. 그림 9.9에서 나타낸 것처럼 z=2.50은 기각 영역에 포함되므로 (즉, 2.50>1.645이므로) 0.05의 유의 수준에서 H_1은 기각되며 H_1이 수용된다. 이는 평균 수명에 있어서의 차이

가 통계적으로 의미가 있음을 의미한다.

b. 표 9.3으로부터, 0.01의 유의 수준에 대해 z_α=2.33이 되며 이는 z=2.50보다 작은 값이다. 따라서 0.01의 유의 수준에 대해서도 H_0은 기각되며 H_1이 수용된다.

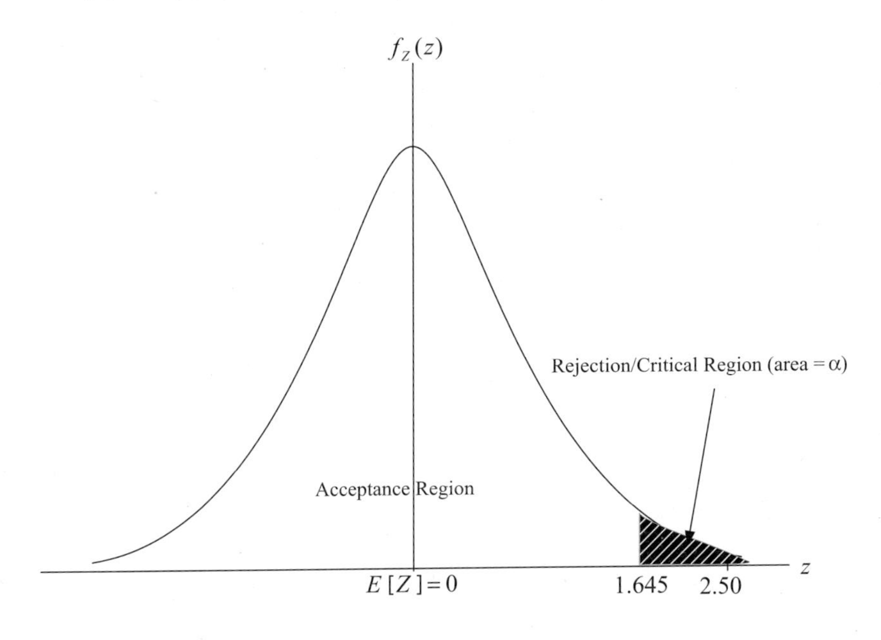

그림 9.9 예제 9.9(a)에 대한 결정 영역

예제 9.8에서는 0.01의 유의 수준에서 양측 검증하에서는 H_0이 수용되었음을 주목하자. 이는 단측 검증에 의한 결과가 양측 검증에 의한 결과와 같아야 할 필요는 없음을 보여준다.

예제 9.10

편두통 약을 생산하는 제약회사가 그들의 약이 24시간 동안 편두통을 완화하는 데 90%의 효과가 있다고 주장한다. 편두통 약을 먹은 200명의 표본 중에서 160명은 그 약이 24시간 동안 편두통을 완화하는 데 효과가 있다고 보고하였다. 제약회사의 주장이 정당한지를 결정하기 위해 0.05의 유의 수준에서 검증하라.

풀이

두통약의 성공 확률은 p=0.9이므로, 귀무가설은

$$H_0 : p = 0.9$$

이다. 또한 그 약이 효과가 있거나 혹은 없거나 둘 중 하나이므로, 각 개인에 대해 두통약의 효과를 검증하는 것은 근본적으로 제약회사가 주장하는 성공 확률 0.9의 베르누이 실험이 된다. 따라서 이러한 실험의 분산은

$$\sigma_p^2 = p(1-p) = 0.09$$

이다. 그 편두통 약을 먹은 200명 중에 160명은 그 약이 효과가 있다고 보고하였으므로, 관측된 성공 확률은

$$\overline{p} = \frac{160}{200} = 0.8$$

이다. 여기서 우리의 관심사는 두통약이 편두통을 완화하는 데 효과적이었던 사람들의 비율이 너무 낮은지를 결정하는 것이다. $\overline{p}<0.9$이므로 다음과 같은 대립가설을 선택한다.

$$H_1 : p < 0.9$$

따라서 이는 좌측 검증의 문제이다. 이제 관측된 성공률에 대한 표준 정규 변수는 다음과 같이 주어진다.

$$z = \frac{\overline{p}-p}{\sigma_{\overline{p}}} = \frac{\overline{p}-p}{\sigma_p/\sqrt{n}} = \frac{0.8-0.9}{\sqrt{0.09/200}} = -\frac{0.1}{0.0212} = -4.72$$

유의 수준 0.05에서의 좌측 검증에 대해, 결정 값은 z_α=−2.33이다. z=−4.72는 기각 영역에 포함되므로, H_0은 기각되며 H_1이 수용된다. 즉 그 제약회사의 주장은 잘못되었다.

9.5 회귀 분석

통계적 데이터를 사용하여 2개 혹은 그 이상의 변수 간의 수학적 관계를 이끌어내야 하는 경우가 있다. 그러한 정보는 **산포도**(scatter diagram)로부터 얻어질 수 있

는데, 이는 xy 평면상에 표시된 표본 값들에 대한 그래프이다. 그러한 그래프로부터 표본 값들이 선형 혹은 비선형 관계를 갖는지 여부를 판단할 수 있다. 그림 9.10에서 산포도의 한 예를 도시하였는데, 이는 시간 함수 $X(t)$가 시간에 따라 어떻게 변하는지를 보여준다. 이 경우 데이터 점들이 하나의 직선에 위치한다는 것을 알 수 있다.

주어진 데이터 집합을 표현하기 위해 수학적 모델을 찾는 일반적인 문제는 회귀 분석 또는 **곡선 맞춤**(curve fitting)이라 부른다. 결과적으로 얻어진 모델 혹은 곡선은 **회귀 곡선**(regression curve) 또는 **회귀선**(regression line)이라 하며 얻어진 수학식은 **회귀 방정식**(regression equation)이라 한다. 회귀 방정식은 선형일 수도 있고 비선형일 수도 있다. 하지만 이 책에서는 선형 회귀 방정식만을 고려한다.

여러 가지 회귀선이 산포도로부터 잠재적으로 얻어질 수 있으므로 이들 중 '최선의' 선을 찾는 것이 필요하다. 문제는 최선을 위한 수용 가능한 지표를 어떻게 설정할 것인가이다. 최선의 회귀 방정식에 대한 일반적 정의는 소위 '최소 제곱' 선이다. 이는 임의의 점 x에서 회귀 방정식에 의해 예측된 값과 그 점에서 관측된 y 값의 차의 제곱의 합이 최소가 되는 그러한 특징을 갖는 회귀선이다. 그림 9.11의 산포도를 고려해보자. 회귀선이 다음과 같은 방정식으로 표현되는 직선이라고 가정하자.

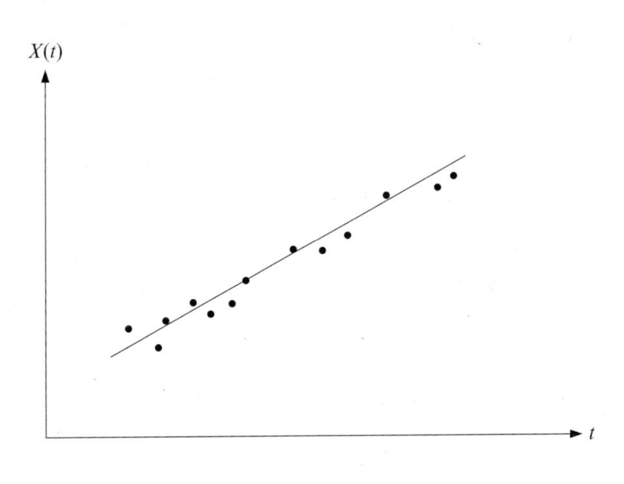

그림 9.10 산포도의 예

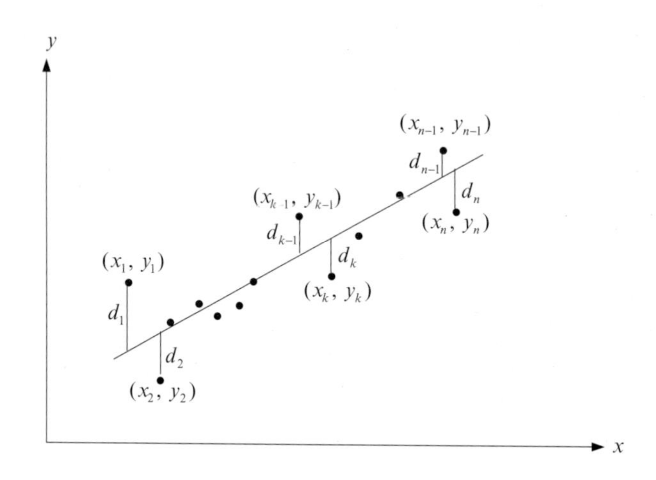

그림 9.11 표본 값과 예측 값의 차이

$$y = a + bx$$

$(x_1,y_1),(x_2,y_2), \ldots,(x_n,y_n)$을 산포도의 점들이라 하자. 그러면 주어진 x_k에 대해 회귀선 상의 y에 대한 예측 값은 $a+bx_k$가 된다. 산포도 상의 y_k와 회귀선에 의해 예측된 값 $a+bx_k$의 차는 $d_k = y_k-(a+bx_k)$로 정의된다. 이로부터 최소 제곱 조건은 $d_1^2+d_2^2+\cdots+d_n^2$이 최소가 되는 회귀선이 최선의 회귀선임을 의미한다.

$d_1^2+d_2^2+\cdots+d_n^2$이 최소가 되는 조건은 다음의 합

$$D = \sum_{i=1}^{n} [y_i - (a + bx_i)]^2$$

이 최소가 되는 것을 의미한다. D를 최소로 하는 파라미터 a와 b를 찾기 위해 다음의 과정을 따른다.

$$\frac{\partial D}{\partial a} = \frac{\partial}{\partial a}\sum_{i=1}^{n} [y_i - (a + bx_i)]^2 = \sum_{i=1}^{n} \frac{\partial}{\partial a}[y_i - (a + bx_i)]^2 = \sum_{i=1}^{n} -2[y_i - (a + bx_i)] = 0$$

이것은

$$\sum_{i=1}^{n} y_i = an + b\sum_{i=1}^{n} x_i \Rightarrow a = \frac{1}{n}\left\{\sum_{i=1}^{n} y_i - b\sum_{i=1}^{n} x_i\right\} \tag{9.19}$$

임을 의미한다. 유사한 방식으로

$$\frac{\partial D}{\partial b} = \frac{\partial}{\partial b}\sum_{i=1}^{n}[y_i - (a+bx_i)]^2 = \sum_{i=1}^{n}\frac{\partial}{\partial b}[y_i - (a+bx_i)]^2 = \sum_{i=1}^{n} -2x_i[y_i - (a+bx_i)] = 0$$

을 얻을 수 있으며 이것은

$$\sum_{i=1}^{n} x_i y_i = a\sum_{i=1}^{n} x_i + b\sum_{i=1}^{n} x_i^2 \tag{9.20}$$

을 의미한다. 식 (9.19)와 (9.20)으로부터 D를 최소화하는 다음의 조건을 얻는다.

$$b = \frac{n\sum_{i=1}^{n} x_i y_i - \sum_{i=1}^{n} x_i \sum_{i=1}^{n} y_i}{n\sum_{i=1}^{n} x_i^2 - \left(\sum_{i=1}^{n} x_i\right)^2} \tag{9.21}$$

$$a = \frac{1}{n}\left\{\sum_{i=1}^{n} y_i - b\sum_{i=1}^{n} x_i\right\} \tag{9.22}$$

예제 9.11

(a) 표 9.4에서 보인 데이터에 대해 최소 제곱 조건을 만족시키는 직선을 구하라. (b) x=15일 때 y 값을 추정하라.

풀이

a. a와 b가 식 (9.21)과 (9.22)를 만족시키도록 하는 그러한 최소 제곱 선 $y=a+bx$를 찾는다. 이를 위해 표 9.5를 만들고, 표로부터 다음의 결과를 얻는다.

$$b=\frac{6\sum_{i=1}^{6}x_iy_i-\sum_{i=1}^{6}x_i\sum_{i=1}^{6}y_i}{6\sum_{i=1}^{6}x_i^2-\left(\sum_{i=1}^{6}x_i\right)^2}=\frac{6(226)-(42)(28)}{6(336)-(42)^2}=\frac{180}{252}=0.7143$$

$$a=\frac{1}{6}\left\{\sum_{i=1}^{6}y_i-0.7143\sum_{i=1}^{6}x_i\right\}=\frac{1}{6}\{28-(0.7143)(42)\}=-0.3334$$

따라서 최소 제곱 회귀선은

$$y=a+bx=-0.3334+0.7143x$$

가 된다.

b. x=15일 때 다음을 얻을 수 있다.

$$y=-0.3334+0.7143(15)=10.3811$$

표 9-4 예제 9.11에 대한 값

x	3	5	6	8	9	11
y	2	3	4	6	5	8

표 9-5 예제 9.11의 해

x	y	x^2	xy
3	2	9	6
5	3	25	15
6	4	36	24
8	6	64	48
9	5	81	45
11	8	121	88
$\sum_i x_i=42$	$\sum_i y_i=28$	$\sum_i x_i^2=336$	$\sum_i x_iy_i=226$

9.6 요약

이 장에서는 추론적 통계학에 대해 알아보았는데, 이는 표본 데이터로부터부터 어떤 결론(혹은 추론)을 유도하거나 주변 환경의 파라미터를 추정하는 확률 이론을 사용한다. 추론 통계학의 네 가지 측면으로서 다음의 내용들을 다루었다.

1. **표본화 이론**에서는 완전히 조사하기에는 너무 방대한 수집 데이터로부터 일부 표본만을 고르는 것과 관련된 문제를 다루었다.
2. **추정 이론**에서는 이용 가능한 데이터에 근거하여 값을 예측 또는 추정하는 방법을 다루었다.
3. **가설 검증**(검파 이론으로도 불림)에서는 물리적 시스템에 대한 여러 개의 가설적 모델로부터 하나의 모델을 선택하는 방법을 다루었다.
4. **회귀 분석**에서는 수집된 데이터를 가장 잘 표현할 수 있는 수학적 표현을 찾는 방법을 다루었다. 이 장에서는 선형 관계만을 다루었다.

9.7 문제

9.2절: 표본화 이론

9.1 5개의 표본 값이 9, 7, 1, 4, 6으로 주어진다.

a. 표본 평균은 무엇인가?

b. 표본 분산은 무엇인가?

c. 표본 분산의 추정치는 무엇인가?

9.2 50명의 학생으로 구성된 수업에서 수행된 퀴즈의 실제 점수 평균이 70점이었고, 실제 표준편차가 12점이었다. 점수들 중 일부를 비복원 추출과 함께 표본화하여 평균 점수를 추정하고자 한다.

a. 단지 10명의 점수를 사용했다면 표본 평균의 표준편차는 무엇인가?

b. 표본 평균의 표준편차가 실제 평균의 1%가 뒤기 위한 표본 크기는 얼마가 되어야 하는가?

9.3 크기가 81인 랜덤표본이 평균이 24이고 분산이 324인 어떤 모집단으로부터 취해진다. 중심극한정리를 사용하여 표본 평균이 23.9와 24.2 사이에 있을 확률을 구하라.

9.4 어떤 난수 발생기가 0.000과 0.999 사이의 균일분포를 가지고 세 자리 랜덤 수를 생성한다.

a. 그 난수 발생기가 일련의 수열 0.276, 0.123, 0.072, 0.324, 0.815, 0.312, 0.432, 0.283, 0.717을 생성했다면, 이것의 표본 평균은 무엇인가?

b. 난수 발생기에 의해 생성된 숫자들의 표본 평균의 분산은 무엇인가?

c. 표본 평균의 표준편차가 0.01보다 작으려면 표본의 크기는 얼마나 커야 하는가?

9.5 $t=2$일 때 스튜던트의 t 확률밀도함수의 값을 (a) 자유도 6인 경우와 (b) 자유도 12인 경우에 대해 각각 계산하라.

9.3절: 추정 이론

9.6 전구의 평균 수명을 결정하기 위해 수많은 전구를 지속적으로 켜놓았다. 그 결과 전구의 평균 수명은 120일이었고 표준편차는 10일이었다. 전구의 수명이 독립적인 정규랜덤변수를 따른다고 가정할 때, 크기가 (a) 100 및 (b) 25인 표본으로부터 계산된 표본 평균에 대해 신뢰 수준 90%에 대한 신뢰 한계를 구하라.

9.7 200명의 전기공학과 학생들의 응용 확률 과목 등급 중에서 추출한 50개의 랜덤 표본으로부터 평균 75% 및 표준편차 10%가 얻어졌다.

a. 200명 등급의 평균의 추정치에 대한 95% 신뢰 한계는 무엇인가?

b. 200명 등급의 평균의 추정치에 대한 99% 신뢰 한계는 무엇인가?

c. 200명 등급의 평균이 75 ± 1 사이에 들어오기 위한 신뢰도는 무엇인가?

9.8 36명의 1학년 학생들의 등급 평균을 이용하여 1학년 전체의 실제 평균 등급을 추정하고자 한다. μ를 실제 평균이라 할 때, 표준편차가 24였다면 추정된 평균이 실제 평균으로부터 3.6 이하의 차이를 가질 확률(즉, 실제 평균이 $\mu-3.6$과 $\mu+3.6$ 사이에 들어올 확률)은 무엇인가?

9.9 정규랜덤변수에 대한 주어진 신뢰 구간의 신뢰 수준을 90%에서 99.9%로 증가시키기 위해 표본 집합의 크기는 얼마나 증가시켜야 하는가?

9.10 어떤 상자 안에 빨간색 공과 하얀색 공이 모르는 비율로 섞여 있다. 상자에서 복원 추출과 함께 60개 공에 대한 랜덤표본을 선택한 결과 70%가 빨간 공이었다. 상자 안 빨간색 공의 실제 비율에 대한 95% 신뢰 한계를 구하라.

9.11 어떤 상자 안에 빨간색 공과 파란색 공이 모르는 비율로 섞여 있다. 20개 공을 복원 추출과 함께 상자로부터 선택하고 12개의 빨간색 공을 얻었다면, 빨간색 공을 뽑을 확률 p에 대한 최대 우도 추정치는 무엇인가?

9.12 어떤 상자 안에 빨간색 공과 초록색 공이 모르는 비율로 섞여 있다. 처음으로 초록색 공이 나올 때까지 공을 복원 추출과 함께 하나씩 꺼내는 실험을 한다. X를 초록색 공이 나올 때까지의 실험 횟수라 하자. 표본 $X_1, X_2, \ldots, X_n$을 얻기 위해 이 실험이 n번 반복된다. 상자 안의 초록색 공의 비율을 p라 할 때, 이 표본에 대한 p의 최대 우도 추정치는 무엇인가?

9.4절: 가설 검증

9.13 어떤 대학의 학장은 1학년 학생의 60%가 4년 안에 학위를 받는다고 주장하였다. 한 호기심 많은 분석가가 36명으로 구성된 특정 1학년 학급의 경과를 관찰하였고 오직 15명의 학생들만 4학년 말에 학위를 받은 것을 확인하였다. 이 특정 학급이 이전 학급들에 비해 수행 성적이 더 낮은 것인지를 (a) 0.05 및 (b) 0.01의 유의 수준에서 검증하라.

9.14 어떤 장치 제조업체는 그들이 공장에 공급한 장비 중에 최소 95%가 규격을 만족시킨다고 주장하였다. 200대 장비의 표본을 조사해 본 결과 18대가 규격을 만족시키지 못한 것을 확인하였다. 업체의 주장이 정당한 것인지 (a) 0.01

및 (b) 0.05의 유의 수준에서 검증하라.

9.15 어떤 회사가 판매하는 세척제가 각 용기에 500그램 이상이 들어있다고 주장하였다. 과거의 경험으로 볼 때 용기에 들어 있는 세척제의 양은 표준편차 75그램을 갖는 정규분포를 따른다고 알려져 있다. 100개 용기의 랜덤표본으로부터 각 용기에 들어 있는 세척제 양의 평균을 얻은 결과 510그램인 것이 확인되었다. 0.05의 유의 수준에서 회사의 주장을 검증하라.

9.16 어떤 회사가 판매한 곡류 가공 식품이 표준편차 5온스와 함께 광고된 무게 20온스보다 적게 들어있다는 소비자들의 불평이 정부 기관에 접수되었다. 소비자 불평을 조사하기 위해 정부 기관에서는 36상자의 제품을 조사하였고 그들의 평균 무게가 18온스임을 확인하였다. 상자 안 내용물의 양이 정규분포를 따른다고 할 때, 유의 수준 0.05에서 소비자들의 불평을 검증하라.

9.5절: 회귀 분석

9.17 어떤 랜덤변수 Y와 또 다른 랜덤변수 X의 함수 관계를 알아보기 위한 데이터가 수집되었다. 기록된 (x,y)의 쌍은 다음과 같다.

$$(3, 2),(5, 3),(6, 4),(8, 6),(9, 5),(11, 8)$$

a. 이 데이터에 대한 산포도를 그려라.

b. 이 데이터에 가장 잘 맞는 x에 대한 y의 선형 회귀선을 구하라.

c. x=15일 때 y의 값을 추정하라.

9.18 어떤 랜덤변수 Y와 또 다른 랜덤변수 X의 함수 관계를 알아보기 위한 데이터가 수집되었다. 기록된 (x,y)의 쌍은 다음과 같다.

$$(1, 11),(3, 12),(4, 14),(6, 15),(8, 17),(9, 18),(11, 19)$$

a. 이 데이터에 대한 산포도를 그려라.

b. 이 데이터에 가장 잘 맞는 x에 대한 y의 선형 회귀선을 구하라.

c. x=20일 때 y의 값을 추정하라.

9.19 12명의 사람들에 대한 나이 x와 심장 수축 혈압 y가 다음의 표와 같이 보인다.

Age (x)	56	42	72	36	63	47	55	49	38	42	68	60
Blood Pressure (y)	147	125	160	118	149	128	150	145	115	140	152	155

a. x에 대한 y의 최소 제곱 회귀선을 구하라.

b. 나이가 45세인 사람의 혈압을 추정하라.

9.20 다음의 표는 12쌍의 부부에 대한 랜덤표본에 대해 그들이 결혼할 당시 가지려 계획했던 자녀 수 x와 실제로 그들이 갖고 있는 자녀 수 y를 보여준다.

Couple	1	2	3	4	5	6	7	8	9	10	11	12
Planned Number of Children (x)	3	3	0	2	2	3	0	3	2	1	3	2
Actual Number of Children (y)	4	3	0	4	4	3	0	4	3	1	3	1

a. x에 대한 y의 최소 제곱 회귀선을 구하라.

b. 5명의 자녀를 가질 계획이었던 부부가 실제로 몇 명의 자녀를 갖는지 추정하라.

CHAPTER 10

랜덤과정 입문

10.1 개요

1장에서 7장까지는 확률이론에 대한 내용 위주로 편성되어 있다. 그래서 1~7장에서는 랜덤실험을 통해서 얻은 결과와 랜덤실험의 결과를 나타내는 데 사용된 랜덤변수에 초점을 맞추었다. 이 장에서는 랜덤과정의 개념을 다룬다. 랜덤과정이란 시간을 포함하도록 랜덤변수를 확장한 개념이다. 그러므로 표본공간이 Ω라고 하면, Ω의 사건 $w \in \Omega$을 실수집합의 어떤 수 $X(w)$으로 매핑하는 함수인 랜덤변수 X보다, 랜덤변수가 다른 시점에서 해당 사건을 다른 수에 매핑하는 것을 생각해보자. 그래서 이 경우에는 $X(w)$ 표기대신 $X(t,w)$라는 표기를 사용한다. 여기에서 $t \in T$이고 T를 랜덤과정의 **파라미터 집합**(parameter set)이라고 하며 통상적으로 시간의 집합이다.

랜덤과정은 통신, 제어, 관리과학(management science), 그리고 시열 분석(time series analysis)과 같은 분야에서 널리 사용되고 있다. 랜덤과정의 예로는 인구의 증가, 장비 고장, 주가 시황 변화, 통신 교환기에 도착하는 호의 수 등이 있다.

만약 표본 값인 w가 고정되어 있다면, $X(t)$는 시간에 대한 실함수가 된다. 각 표본 값인 w에 대하여 $X(t)$가 존재한다. 그러므로 $X(t,w)$는 각 표본 값인 w에 대한 시간 함수의 집합이며, 그림 10.1에 이 관계를 나타내었다.

반면 시간 t를 고정시키면 $X(w)$란 함수가 되며, 이때는 사건 w에만 의존하기 때문에 랜덤변수가 된다. 그러므로 시간 t가 특정한 시점에서 고정되면 랜덤과정은 랜덤변수가 된다. 그러므로 여러 고정된 시간 값에서 랜덤과정을 취하면 랜덤변수들의 집합을 얻을 수 있다. 이것은 랜덤과정을 랜덤변수의 집합 $\{X(t,w) \mid t \in T,\ w \in \Omega\}$이라고 정의할 수 있음을 의미한다. 여기에서 $X(t,w)$는 주어진 확률공간에서 정의되며, 시간 파라미터 t를 인덱스로 갖는다.

랜덤과정은 **추계과정**(stochastic process)이라고도 한다. 통신시스템을 예로 들어보자. 채널을 통해 전송할 메시지들이 있다고 가정하자. 이 경우는 전송 가능한 모든 메시지 값들이 표본공간이 된다. 송신측에서 생성된 각 메시지 M 대신 통신시스템에서는 이와 관련된 (또는 변조된) 파형 $X(t,w)$을 채널을 통해 전송한다. 채널 전송특성이 이상적이지 않기 때문에 전송되는 파형에 잡음 파형 $N(t,w)$이 부가된다. 그래서 수신측에는 전송파형과 잡음파형의 합인 새로운 랜덤신호 $R(t,w)$가 수신된다. 즉,

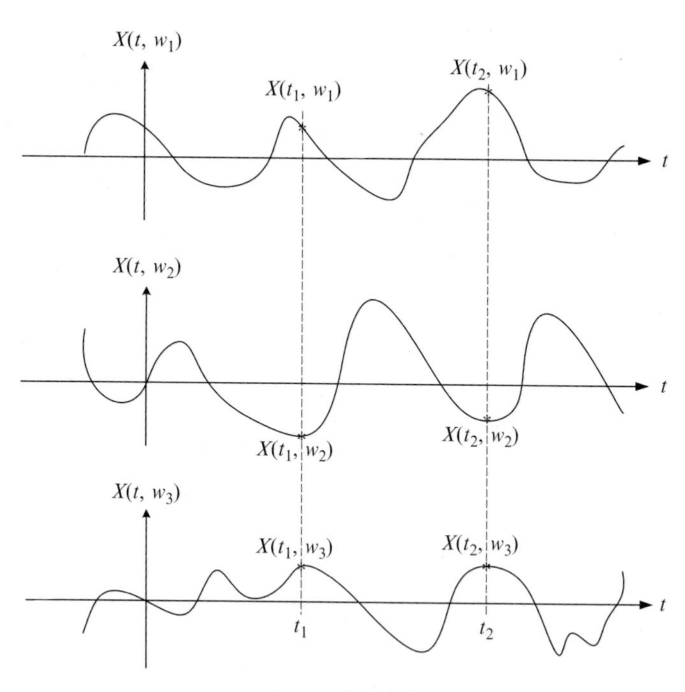

그림 10.1 랜덤과정 예

$$R(t, w) = X(t, w) + N(t, w)$$

잡음파형은 채널에 의해 확률적으로 생성되기 때문에 동일한 전송파형뿐만 아니라 다른 전송파형에도 서로 다른 형태의 잡음파형이 더해진다. 그러므로 서로 다른 w 값에 대해 수신 랜덤파형 $R(t,w)$이 서로 다르다.

10.2 랜덤과정의 분류

랜덤과정은 시간 파라미터와 $X(t,w)$가 갖는 값에 따라서 분류한다. 앞에서 언급했던 것처럼 T는 랜덤과정의 파라미터 집합이다. 만약 T가 실수 값을 갖는 연속적인 수의 집합이라면, 이러한 랜덤과정을 **연속시간**(continuous-time) 랜덤과정이라고 한다. 비슷한 방법으로 T가 셀 수 있는 이산적인 수의 집합이면 이러한 랜덤과정을 **이산시간**(discrete-time) 랜덤과정이라고 한다. 이산시간 랜덤과정은 **랜덤수열**(random sequence)이라고도 하며, $\{X[n] | n = 1, 2, \ldots\}$와 같이 나타낸다.

$X(t,w)$이 갖는 값을 랜덤과정의 **상태**(states)라고 한다. $X(t,w)$가 갖는 모든 값들의 집합을 **상태 공간**(state space) E라고 한다. 만약 E가 연속적인 값의 집합이면, 이러한 랜덤과정을 **연속상태**(continuous-state) 랜덤과정이라고 한다. 비슷한 방법으로 E가 이산적인 값의 집합이면 이러한 랜덤과정을 **이산상태**(discrete-state) 랜덤과정이라고 한다.

10.3 랜덤과정의 특성

이제부터는 랜덤과정을 $X(t,w)$ 대신 $X(t)$로 나타낼 것이다. 즉 표본공간 파라미터 w를 생략하고 표기할 것이다. 랜덤과정은 결합 누적분포함수를 사용하여 완전하게 나타낼 수 있다. 시간 t_i에서 랜덤과정 $X(t)$가 갖는 값 $X(t_i)$는 랜덤변수가 되기 때문에 다음과 같이 나타낼 수 있다.

$$F_X(x_1, t_1) = P[X(t_1) \le x_1]$$
$$F_X(x_2, t_2) = P[X(t_2) \le x_2]$$
$$\vdots$$
$$F_X(x_n, t_n) = P[X(t_n) \le x_n]$$

여기에서 $0 < t_1 < t_2 < \cdots < t_n$이다. 모든 n값에 대해 결합 누적분포함수를 다음과 같이 정의하면 랜덤과정을 완전하게 나타낼 수 있다.

$$F_X(x_1, x_2, \ldots, x_n; t_1, t_2, \ldots, t_n) = P[X(t_1) \le x_1, X(t_2) \le x_2, \ldots, X(t_n) \le x_n]$$

만약 $X(t)$가 연속시간 랜덤과정이라면, 랜덤과정 $X(t)$을 확률밀도함수의 모음으로 나타낼 수 있다.

$$f_X(x_1, x_2, \ldots, x_n; t_1, t_2, \ldots, t_n) = \frac{\partial^n}{\partial x_1 \partial x_2 \ldots \partial x_n} F_X(x_1, x_2, \ldots, x_n; t_1, t_2, \ldots, t_n)$$

유사하게 $X(t)$이 이산시간 랜덤과정이라면, 랜덤과정 $X(t)$을 확률질량함수의 모음으로 나타낼 수 있다.

$$p_X(x_1, x_2, \ldots, x_n; t_1, t_2, \ldots, t_n) = P[X(t_1) = x_1, X(t_2) = x_2, \ldots, X(t_n) = x_n]$$

10.3.1 랜덤과정의 평균과 자기상관함수

랜덤과정 $X(t)$의 평균은 **앙상블 평균**이라고 하는 시간의 함수로서 다음과 같이 나타낸다.

$$\mu_X(t) = E[X(t)] \tag{10.1}$$

자기상관함수는 랜덤과정 $X(t)$를 2개의 서로 다른 시점 t와 s에서 각각 관찰한 결과의 유사한 정도를 나타내는 척도이다. $X(t)$와 $X(s)$의 자기상관함수를 $R_{XX}(t,s)$로 나타내며 자기상관함수에 대한 정의 식은 다음과 같다.

$$R_{XX}(t, s) = E[X(t)X(s)] = E[X(s)X(t)] = R_{XX}(s, t) \tag{10.2a}$$

$$R_{XX}(t, t) = E\left[X^2(t)\right] \tag{10.2b}$$

흔히 $s = t + \tau$로 치환하여 자기상관함수를 다음과 같이 나타낸다.

$$R_{XX}(t, t+\tau) = E[X(t)X(t+\tau)] \tag{10.3}$$

여기에서 파라미터 τ를 **지연시간**이라고 한다. 주기가 T인 결정주기함수의 자기상관함수는 다음과 같이 나타낼 수 있다.

$$R_{XX}(t, t+\tau) = \frac{1}{2T}\int_{-T}^{T} f_X(t) f_X(t+\tau)\,dt \tag{10.4}$$

유사하게 비주기함수의 자기상관함수는 다음과 같이 나타낸다.

$$R_{XX}(t, t+\tau) = \int_{-\infty}^{\infty} f_X(t) f_X(t+\tau)\,dt \tag{10.5}$$

자기상관함수는 기본적으로 어떤 신호와 시간지연이 생긴 해당 신호가 어느 정도 유사한지를 나타낸다. 랜덤과정 $X(t)$가 $t \in T$를 만족하는 구간에 대하여 $E[X^2(t)] < \infty$ 조건을 만족할 경우, 이 랜덤과정을 2차 **랜덤과정**(second order process)이라고 한다.

10.3.2 랜덤과정의 자기공분산함수

랜덤과정 $X(t)$의 자기공분산함수는 랜덤과정 $X(t)$와 $X(s)$ 간의 통계적으로 연관된 정도를 정량적으로 판단하는 방법 중의 하나이다. 자기공분산함수는 $C_{XX}(t,s)$라고 나타내며 다음과 같이 정의한다.

$$C_{XX}(t,s) = \text{Cov}\{X(t), X(s)\} = E[\{X(t)-\mu_X(t)\}\{X(s)-\mu_X(s)\}]$$
$$= E[X(t)X(s)] - \mu_X(s)E[X(t)] - \mu_X(t)E[X(s)] + \mu_X(t)\mu_X(s) \quad (10.6)$$
$$= R_{XX}(t,s) - \mu_X(t)\mu_X(s)$$

만약 $X(t)$와 $X(s)$가 독립이라면, $R_{XX}(t,s) = \mu_X(t)\mu_X(s)$가 성립하며 $C_{XX}(t,s) = 0$이 된다. 이것은 $X(t)$와 $X(s)$ 사이에 연계관계가 전혀 없음을 의미한다. 이런 경우는 $X(t)$와 $X(s)$가 서로 비상관(uncorrelated) 관계에 있다고 한다. 그러나 그 역은 성립하지 않는다. 즉 $C_{XX}(t,s) = 0$라고 해서 $X(t)$와 $X(s)$가 서로 반드시 독립임을 의미하지는 않는다.

예제 10.1

다음과 같이 정의된 랜덤과정이 있다.

$X(t) = K\cos(wt) \qquad t \geq 0$

여기에서 w는 상수이며, K는 0과 2 사이에 균일한 분포를 갖는 랜덤변수라고 할 때, 다음을 구하라.

a. $E[X(t)]$

b. $X(t)$의 자기상관함수

c. $X(t)$의 자기공분산함수

풀이

랜덤변수 K의 평균과 분산 값이 각각 $E[K] = (2+0)/2 = 1$와 $\sigma_K^2 = (2-0)^2/12 = 1/3$이다. 그러므로 $E[K^2] = \sigma_K^2 + (E[K])^2 = 4/3$이다.

a. $E[X(t)]$의 평균은 $E[X(t)] = E[K\cos(wt)] = E[K]\cos(wt) = \cos(wt)$

b. $X(t)$의 자기상관함수는 다음과 같이 구할 수 있다.

$$R_{XX}(t,s) = E[X(t)X(s)] = E\left[K^2\cos(wt)\cos(ws)\right] = E\left[K^2\right]\cos(wt)\cos(ws)$$
$$= \frac{4}{3}\cos(wt)\cos(ws)$$

c. $X(t)$의 자기공분산함수는 다음과 같이 구할 수 있다.

$$C_{XX}(t,s) = R_{XX}(t,s) - E[X(t)]E[X(s)] = \frac{4}{3}\cos(wt)\cos(ws) - \cos(wt)\cos(ws)$$
$$= \frac{1}{3}\cos(wt)\cos(ws)$$

10.4 상호상관함수와 상호공분산함수

$X(t)$와 $Y(t)$가 동일한 확률공간에 정의되었으며 평균이 각각 $\mu_X(t)$와 $\mu_Y(t)$인 랜덤과정이라고 하자. 이때 두 랜덤과정의 상호상관함수를 모든 t와 s에 대하여 다음과 같이 정의한다.

$$R_{XY}(t,s) = E[X(t)Y(s)] = R_{YX}(s,t) \tag{10.7}$$

상호상관함수는 두 랜덤과정 중 1개가 다른 랜덤과정에 대하여 상대적으로 시간지연이 생겼을 경우 2개의 서로 다른 랜덤과정(또는 **신호**)들이 얼마나 유사한지를 판단하는 데 사용된다. 모든 t와 s에 대하여 $R_{XY}(t,s) = 0$인 경우, $X(t)$와 $Y(t)$는 서로 직교한다고 한다. 만약 2개의 랜덤과정이 통계적으로 서로 독립이면 상호상관함수는 다음과 같이 나타낼 수 있다.

$$R_{XY}(t,s) = E[X(t)]E[Y(s)] = \mu_X(t)\mu_Y(s)$$

$X(t)$와 $Y(t)$의 상호공분산함수는 $C_{XX}(t,s)$로 나타내며 다음과 같이 정의한다.

$$\begin{aligned} C_{XY}(t,s) &= \mathrm{Cov}\{X(t),Y(s)\} = E[\{X(t)-\mu_X(t)\}\{Y(s)-\mu_Y(s)\}] \\ &= E[X(t)Y(s)] - \mu_Y(s)E[X(t)] - \mu_X(t)E[Y(s)] + \mu_X(t)\mu_Y(s) \\ &= R_{XY}(t,s) - \mu_X(t)\mu_Y(s) \end{aligned} \tag{10.8}$$

모든 t와 s에 대하여 $C_{XY}(t,s) = 0$가 성립할 경우에는, 랜덤과정 $X(t)$와 $Y(t)$가 서로 비상관 관계에 있다고 한다. 즉 모든 t와 s에 대하여 다음 관계가 성립하면 랜덤과정 $X(t)$와 $Y(t)$가 서로 비상관 관계에 있다.

$$R_{XY}(t,s)=\mu_X(t)\mu_Y(s)$$

많은 경우에서 랜덤과정 $Y(t)$는 랜덤과정 $X(t)$와 통계적으로 독립인 잡음과정 $N(t)$과의 합으로 표시된다.

예제 10.2

랜덤과정 $Y(t)$는 랜덤과정 $X(t)$와 통계적으로 독립인 잡음과정 $N(t)$와의 합이다. $X(t)$와 $Y(t)$의 상호상관함수를 구하라.

풀이

상호상관함수의 정의 식에 의해 다음과 같이 나타낼 수 있다.

$$\begin{aligned} R_{XY}(t,s) &= E[X(t)Y(s)] = E[X(t)\{X(s)+N(s)\}] \\ &= E[X(t)X(s)] + E[X(t)N(s)] = R_{XX}(t,s) + E[X(t)]E[N(s)] \\ &= R_{XX}(t,s) + \mu_X(t)\mu_N(s) \end{aligned}$$

여기에서 네 번째 등식은 $X(t)$와 $N(t)$가 상호 독립이라는 사실 때문에 성립한다. 앞에서 얻은 결과를 이용하면, $X(t)$와 $N(t)$와의 상호공분산함수는 다음과 같이 구할 수 있다.

$$\begin{aligned} C_{XY}(t,s) &= \mathrm{Cov}\{X(t),Y(s)\} = E[\{X(t)-\mu_X(t)\}\{Y(s)-\mu_Y(s)\}] \\ &= R_{XY}(t,s) - \mu_X(t)\mu_Y(s) = R_{XX}(t,s) + \mu_X(t)\mu_N(s) - \mu_X(t)\mu_Y(s) \\ &= R_{XX}(t,s) + \mu_X(t)\mu_N(s) - \mu_X(t)\{\mu_X(s)+\mu_N(s)\} \\ &= R_{XX}(t,s) - \mu_X(t)\mu_X(s) = C_{XX}(t,s) \end{aligned}$$

그러므로 상호공분산함수가 자기공분산함수와 동일하다.

10.4.1 대표적인 삼각함수 공식

이 장에서 종종 만나는 문제가 삼각함수를 사용하여 계산하는 것이다. 그래서 많이 사용되는 대표적인 삼각함수 공식들을 정리하였다. 이러한 공식들은 $\sin(A\pm B)$와 $\cos(A\pm B)$와 관련된 공식을 확장하여 얻은 것이다. 먼저 다음 공식 2개를 살펴보자.

$$\sin(A+B) = \sin A\cos B + \cos A\sin B \quad \text{(a)}$$

$$\sin(A-B) = \sin A\cos B - \cos A\sin B \quad \text{(b)}$$

그러면 위에 기술된 2개의 공식을 더함으로써 다음 공식을 얻을 수 있다.

$$\sin A\cos B = \frac{1}{2}\{\sin(A+B) + \sin(A-B)\}$$

식 (a)로부터 식 (b)를 빼면 다음 식을 얻을 수 있다.

$$\cos A\sin B = \frac{1}{2}\{\sin(A+B) - \sin(A-B)\}$$

비슷한 방법으로 다음 공식 2개를 살펴보자.

$$\cos(A-B) = \cos A\cos B + \sin A\sin B \quad \text{(c)}$$

$$\cos(A+B) = \cos A\cos B - \sin A\sin B \quad \text{(d)}$$

그러면 위에 기술된 2개의 공식을 더함으로써 다음 공식을 얻을 수 있다.

$$\cos A\cos B = \frac{1}{2}\{\cos(A-B) + \cos(A+B)\}$$

식 (c)로부터 식 (d)를 빼면 다음 식을 얻을 수 있다.

$$\sin A\sin B = \frac{1}{2}\{\cos(A-B) - \cos(A+B)\}$$

만약 $A = B$라면 다음과 같은 식을 구할 수 있다.

$$\sin(2A) = 2\sin A\cos A \quad \text{(e)}$$

$$\cos(2A) = \cos^2 A - \sin^2 A \quad \text{(f)}$$

$$1 = \cos^2 A + \sin^2 A \quad \text{(g)}$$

식 (f)와 (g)로부터 다음 식을 구할 수 있다.

$$\cos^2 A = \frac{1+\cos(2A)}{2}$$
$$\sin^2 A = \frac{1-\cos(2A)}{2}$$

그리고 두 삼각함수의 미분은 다음과 같이 주어진다.

$$\frac{d}{dx}\sin(x) = \cos(x)$$

$$\frac{d}{dx}\cos(x) = -\sin(x)$$

예제 10.3

2개의 랜덤과정 $X(t)$와 $Y(t)$가 다음과 같이 주어져 있다.

$$X(t) = A\cos(wt+\Theta)$$
$$Y(t) = B\sin(wt+\Theta)$$

여기에서 A, B 그리고 w는 상수이며, Θ는 0과 2π 사이에서 균일분포를 갖는 랜덤변수이다. $X(t)$와 $Y(t)$의 상호상관함수를 구하라.

풀이

$X(t)$와 $Y(t)$의 상호상관함수는 다음 식으로 나타낼 수 있다.

$$\begin{aligned} R_{XY}(t,s) &= E[X(t)Y(s)] = E[A\cos(wt+\Theta)B\sin(ws+\Theta)] \\ &= E[AB\cos(wt+\Theta)\sin(ws+\Theta)] = ABE[\cos(wt+\Theta)\sin(ws+\Theta)] \\ &= ABE\left[\frac{1}{2}\{\sin(wt+ws+2\Theta) - \sin(wt-ws)\}\right] \\ &= \frac{AB}{2}E[\sin(wt+ws+2\Theta) - \sin(wt-ws)] \\ &= \frac{AB}{2}\{E[\sin(wt+ws+2\Theta)] - \sin[w(t-s)]\} \end{aligned}$$

지금 $f_\Theta(\theta)=1/2\pi(0 \le \theta \le 2\pi)$이기 때문에 다음과 같이 나타낼 수 있다.

$$E[\sin(wt+ws+2\Theta)] = \int_{-\infty}^{\infty} \sin(wt+ws+2\theta) f_{\Theta}(\theta)d\theta = \frac{1}{2\pi}\int_{0}^{2\pi} \sin(wt+ws+2\theta)d\theta$$
$$= \frac{1}{2\pi}\left[-\frac{\cos(wt+ws+2\theta)}{2}\right]_{0}^{2\pi}$$
$$= \frac{1}{4\pi}\{\cos(wt+ws) - \cos(wt+ws+4\pi)\}$$
$$= \frac{1}{4\pi}\{\cos(wt+ws) - \cos(wt+ws)\} = 0$$

그러므로

$$R_{XY}(t,s) = \frac{AB}{2}[0 - \sin\{w(t-s)\}] = -\frac{AB}{2}\sin\{w(t-s)\}$$

만약 $s = t + \tau$라고 한다면 위 식을 다음과 같이 나타낼 수 있다.

$$R_{XY}(t,s) = R_{XY}(t, t+\tau) = -\frac{AB}{2}\sin\{w(-\tau)\} = \frac{AB}{2}\sin(w\tau)$$

10.5 정상 랜덤과정

정상 랜덤과정을 정의하는 방법은 여러 가지가 있다. 상위레벨에서 정의하면 통계적인 특성이 시간에 따라서 변하지 않는 랜덤과정을 정상 랜덤과정이라고 한다. 이 교재에서는 두 종류의 정상과정을 다룬다. 그 두 가지는 **협의의**(strict-sense) 정상 랜덤과정과 **광의의**(wide-sense) 정상 랜덤과정이다.

10.5.1 협의의 정상 랜덤과정

어떤 랜덤과정의 누적분포함수가 시간 원점 기준으로 시간변이에 따라 그 특성이 변하지 않을 경우 이러한 랜덤과정을 협의의 정상 랜덤과정이라고 한다. 다시 말하면 랜덤과정 $X(t)$의 누적분포함수 $F_X(x_1, x_2, \ldots, x_n; t_1, t_2, \ldots, t_n)$가 임의의 ε 값에 대하여 $X(t+\varepsilon)$의 누적분포함수와 동일하면 랜덤과정 $X(t)$는 협의의 정상 랜덤과정이라는 것이다. 그러므로 협의의 정상 랜덤과정이라는 것은 임의의 ε 값과 모든 n에 대하여 다음 식이 성립함을 의미한다.

$$F_X(x_1, x_2, \ldots, x_n; t_1, t_2, \ldots, t_n) = F_X(x_1, x_2, \ldots, x_n; t_1 + \varepsilon, t_2 + \varepsilon, \ldots, t_n + \varepsilon)$$

누적분포함수가 미분가능일 경우에는 협의의 정상 랜덤과정을 확률밀도함수가 시간 원점 기준으로 변이에 따라 그 특성이 변하지 않는 특성을 갖는 랜덤과정으로 동일하게 설명할 수 있다. 즉 임의의 ε값과 모든 n에 대하여 다음 식이 성립한다.

$$f_X(x_1, x_2, \ldots, x_n; t_1, t_2, \ldots, t_n) = f_X(x_1, x_2, \ldots, x_n; t_1 + \varepsilon, t_2 + \varepsilon, \ldots, t_n + \varepsilon)$$

만약 $X(t)$가 협의의 정상 랜덤과정이라고 하면, 누적분포함수 $F_{X_1X_2}(x_1, x_2; t_1, t_2+\tau)$는 t에 의존하지 않고 τ에 의존한다. 그러므로 $t_2 = t_1 + \tau$라고 하면 $F_{X_1X_2}(x_1, x_2; t_1, t_2)$는 t_1과 t_2에 의존하는 것이 아니라 $t_2 - t_1$에 의존한다. 다시 말해서 $X(t)$가 협의의 정상 랜덤과정이라고 하면, 자기상관함수와 자기공분산함수가 더 이상 t에 의존하지 않게 된다. 그러므로 모든 $\tau \in T$인 경우에 대하여 다음 식이 성립함을 알 수 있다.

$$\mu_X(t) = \mu_X(0)$$
$$R_{XX}(t, t+\tau) = R_{XX}(0, \tau)$$
$$C_{XX}(t, t+\tau) = C_{XX}(0, \tau)$$

만약 조건 $\mu_X(t) = \mu_X(0)$이 모든 t에 대하여 성립하면, 평균은 μ_X인 상수 값을 갖는다. 비슷한 방법으로 식 $R_{XX}(t, t+\tau)$가 t에 의존하지 않고 τ의 함수라면 $R_{XX}(t, t+\tau) = R_{XX}(\tau)$라고 쓸 수 있다. 마지막으로 모든 t에 대하여 $C_{XX}(t, t+\tau) = C_{XX}(0, \tau)$이 성립하는 경우에는 $C_{XX}(t, t+\tau) = C_{XX}(\tau)$와 같이 쓸 수 있다.

10.5.2 광의의 정상 랜덤과정

우리가 직면하는 실제적인 많은 문제에서는 단지 랜덤과정의 평균과 자기상관함수를 알아야 하는 경우가 많다. 이런 경우 랜덤과정의 평균값과 자기상관함수가 절대시간에 의존하지 않는다면 이런 문제들에 대한 답을 구하는 것은 매우 간단한 문제로 바뀐다. 평균값과 자기상관함수가 절대시간에 의존하지 않는 랜덤과정을 광의의 정상 랜덤과정이라고 부른다. 그러므로 어떤 광의의 정상 랜덤과정 $X(t)$의 경우는 다음 식이 성립한다.

$$E[X(t)] = \mu_X \qquad \text{(constant)}$$
$$R_{XX}(t, t+\tau) = R_{XX}(\tau)$$

협의의 정상 랜덤과정은 광의의 정상 랜덤과정이 됨을 주목하라. 그러나 일반적으로 그 역은 성립하지 않는다. 즉, 광의의 정상 랜덤과정이 반드시 협의의 정상 랜덤과정이라는 것은 성립하지 않는다.

예제 10.4

다음과 같이 정의된 어떤 랜덤과정 $X(t)$가 있다.

$$X(t) = A\cos(t) + B\sin(t) \qquad -\infty < t < \infty$$

여기에서 A, B는 서로 독립인 랜덤변수이며, 각 랜덤변수는 값이 −2일 확률이 1/3이고, 값이 1이 될 확률이 2/3이다. $X(t)$가 광의의 정상 랜덤과정임을 보여라.

풀이

A와 B의 확률질량함수를 그림 10.2에 나타내었다.

$$E[A] = E[B] = \frac{1}{3}(-2) + \frac{2}{3}(1) = 0$$
$$E\left[A^2\right] = E\left[B^2\right] = \frac{1}{3}(-2)^2 + \frac{2}{3}(1)^2 = 2$$

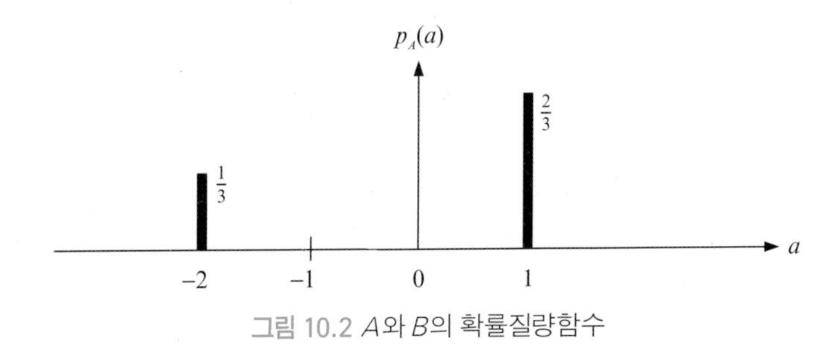

그림 10.2 A와 B의 확률질량함수

그러므로 $E[X(t)] = E[A]\cos(t) + E[B]\sin(t) = 0$이 성립한다. A와 B가 상호 독립이기 때문에 $E[AB] = E[A]E[B] = 0$을 얻을 수 있다. 그러므로

$$
\begin{aligned}
R_{XX}(t, s) &= E[X(t)X(s)] = E[\{A\cos(t) + B\sin(t)\}\{A\cos(s) + B\sin(s)\}] \\
&= E\left[A^2\cos(t)\cos(s) + AB\cos(t)\sin(s) + AB\sin(t)\cos(s) + B^2\sin(t)\sin(s)\right] \\
&= E\left[A^2\right]\cos(t)\cos(s) + E[AB]\{\cos(t)\sin(s) + \sin(t)\cos(s)\} + E\left[B^2\right]\sin(t)\sin(s) \\
&= 2\{\cos(t)\cos(s) + \sin(t)\sin(s)\} \\
&= 2\cos(s-t)
\end{aligned}
$$

평균이 상수이고 자기상관함수가 두 시점의 차에 대한 함수이기 때문에 랜덤과정 $X(t)$는 광의의 정상 랜덤과정이라고 결론을 내릴 수 있다.

예제 10.5

$X(t)$는 다음과 같이 정의된 랜덤과정이라고 가정하자.

$$X(t) = A\cos(2\pi t + \Phi)$$

여기에서 A는 평균이 0이고 $\sigma_A^2 = 2$인 정규분포 랜덤변수이며, Φ는 구간 $[-\pi, \pi]$에서 균일분포를 갖는 랜덤변수이다. A와 Φ는 통계적으로 독립이다. 랜덤변수 Y를 다음과 같이 정의하자.

$$Y = \int_0^1 X(t)dt$$

다음을 구하라.

1. Y의 평균 $E[Y]$를 구하라.
2. Y의 분산을 구하라.

풀이

$X(t)$의 평균은 다음과 같이 구할 수 있다.

$$E[X(t)] = E[A\cos(2\pi t + \Phi)] = E[A]E[\cos(2\pi t + \Phi)] = 0$$

비슷하게 $X(t)$의 분산도 다음과 같이 구할 수 있다.

$$\sigma^2_{X(t)} = E\left[\{X(t) - E[X(t)]\}^2\right] = E\left[X^2(t)\right] = E\left[\{A\cos(2\pi t + \Phi)\}^2\right]$$
$$= E\left[A^2\right]E\left[\cos^2(2\pi t + \Phi)\right] = 2E\left[\frac{1+\cos(4\pi t + 2\Phi)}{2}\right] = E[1+\cos(4\pi t + 2\Phi)]$$
$$= 1 + \int_{-\pi}^{\pi}\cos(4\pi t + 2\phi)f_\Phi(\phi)d\phi = 1 + \frac{1}{2\pi}\int_{-\pi}^{\pi}\cos(4\pi t + 2\phi)d\phi$$
$$= 1$$

1. Y의 평균은 다음과 같이 구할 수 있다.

$$E[Y] = E\left[\int_0^1 X(t)dt\right] = \int_0^1 E[X(t)]dt = 0$$

2. Y의 분산은 다음과 같이 구할 수 있다.

$$\sigma^2_Y = E\left[\{Y - E[Y]\}^2\right] = E\left[Y^2\right]$$
$$= E\left[\left(\int_0^1 X(t)dt\right)^2\right] = E\left[\left(\int_0^1 A\cos(2\pi t + \Phi)dt\right)^2\right] = E\left[\left\{\frac{A\sin(2\pi t + \Phi)}{2\pi}\Bigg|_0^1\right\}^2\right]$$
$$= \frac{1}{4\pi^2}E\left[\{A\sin(2\pi + \Phi) - A\sin(\Phi)\}^2\right] = \frac{1}{4\pi^2}E\left[\{A\sin(\Phi) - A\sin(\Phi)\}^2\right]$$
$$= 0$$

다음 식이 성립함을 주목하라.

$$Y = \int_0^1 X(t)dt = \int_0^1 A\cos(2\pi t + \Phi)dt = \frac{A[\sin(2\pi + \Phi) - \sin(\Phi)]}{2\pi} = 0$$

이것이 Y의 평균과 분산 값을 구한 이유이다.

10.5.2.1 광의의 정상 랜덤과정에 대한 자기상관함수의 성질

앞에서 정의했던 바와 같이 광의의 정상 랜덤과정의 자기상관함수를 다음과 같이 정의한다.

$$R_{XX}(t,t+\tau)=R_{XX}(\tau)$$

광의의 정상 랜덤과정에 대한 자기상관함수는 다음과 같은 특징을 가지고 있다.

1. $|R_{XX}(\tau)| \le R_{XX}(0)$가 성립한다. 이것은 $R_{XX}(\tau)$가 원점에서 구한 값보다 같거나 작음을 의미한다. (또는 $R_{XX}(\tau)$의 최댓값은 $\tau=0$에서 발생한다.)
2. $R_{XX}(\tau)=R_{XX}(-\tau)$가 성립한다. 이것은 $R_{XX}(\tau)$가 우함수임을 의미한다.
3. $R_{XX}(0)=E[X^2(t)]$가 성립한다. 이것은 자기상관함수의 최댓값 $R_{XX}(0)$은 (위에서 기술한 첫 번째 성질에 따라) 랜덤과정의 2차 모멘트와 동일하다는 것이다. $E[X^2(t)]$를 보통 **제곱-평균**(mean-square) 값이라고 한다.
4. 만약 $X(t)$이 주기함수가 아니고 에르고딕이며(에르고딕 과정은 나중에 설명함), $E[X(t)]=\mu_X \neq 0$이라면 다음 식이 성립한다.

   $$\lim_{|\tau|\to\infty} R_{XX}(\tau)=\mu_X^2$$

5. 만약 $X(t)$가 직류성분을 가지고 있거나 평균값이 0이 아니면, $R_{XX}(\tau)$은 상수값을 갖는다. 그러므로 만약 $X(t)=K+N(t)$이라고 하면 $R_{XX}(\tau)=K^2+R_{NN}(\tau)$이 성립한다. 여기에서 K는 상수이다.
6. 만약 $X(t)$이 주기함수라면, $R_{XX}(\tau)$도 주기가 동일한 주기함수이다.
7. $R_{XX}(\tau)$는 임의의 모양을 취할 수 없다. 즉 모든 형태의 함수가 자기상관함수가 될 수 있는 것은 아니다.

예제 10.6

자기상관함수가 다음과 같이 주어진 랜덤과정 $X(t)$의 분산을 계산하라.

$$R_{XX}(\tau)=25+\frac{4}{1+6\tau^2}$$

풀이

자기상관함수의 네 번째 특징에 따라 평균값의 제곱을 다음과 같이 쓸 수 있다.

$$\mu_X^2 = \lim_{|\tau| \to \infty} R_{XX}(\tau) = 25$$

그러므로 $\mu_X = \sqrt{25} = \pm 5$이다. 자기상관함수의 네 번째 특징은 평균값의 크기에 대한 정보만 제시하며 부호에 대한 정보는 제시하지 않는다. 그리고 세 번째 특징으로부터 다음 결과를 얻을 수 있다.

$$E\left[X^2(t)\right] = R_{XX}(0) = 25 + 4 = 29$$

그러므로 분산은 다음과 같이 구할 수 있다.

$$\sigma_{X(t)}^2 = E\left[X^2(t)\right] - \mu_X^2 = 29 - 25 = 4$$

예제 10.7

어떤 랜덤과정이 다음과 같은 자기상관함수를 가진다.

$$R_{XX}(\tau) = \frac{4\tau^2 + 6}{\tau^2 + 1}$$

랜덤과정의 제곱-평균값, 평균 그리고 분산을 구하라.

풀이

우선 직류성분을 구하기 위해 해당 함수를 다음과 같이 분리하여 나타내자.

$$R_{XX}(\tau) = \frac{4\tau^2 + 6}{\tau^2 + 1} = \frac{4(\tau^2 + 1) + 6 - 4}{\tau^2 + 1} = \frac{4(\tau^2 + 1) + 2}{\tau^2 + 1} = 4 + \frac{2}{\tau^2 + 1}$$

그러므로 다음과 같이 구할 수 있다.

$$E\left[X^2(t)\right] = R_{XX}(0) = 6$$

$$E[X(t)] = \pm \sqrt{\lim_{|\tau| \to \infty} R_{XX}(\tau)} = \pm\sqrt{4} = \pm 2$$

$$\sigma_X^2 = E\left[X^2(t)\right] - \{E[X(t)]\}^2 = 6 - 4 = 2$$

10.5.2.2 광의의 정상 랜덤과정의 자기상관행렬

주기적으로 표본화된 광의의 정상 랜덤과정 $X(t)$를 고려하자. 이 랜덤과정으로 부터 N개 표본을 모았다고 가정하자. 표본화 시점이 각각 t_1, t_2, …, t_N이라고 하면 이에 상응하는 랜덤과정 $X(t)$의 표본 값을 나타내는 벡터 $\mathbf{X}$를 다음과 같이 쓸 수 있다.

$$\mathbf{X} = \begin{bmatrix} X(t_1) \\ X(t_2) \\ \vdots \\ X(t_N) \end{bmatrix}$$

각 표본 값이 랜덤변수이기 때문에 벡터 $\mathbf{X}$의 랜덤변수들의 모든 쌍에 대한 자기상관함수를 나타내는 $N \times N$ 자기상관 매트릭스를 정의할 수 있다. 그리고 2개의 인접한 표본 값 사이의 간격을 Δt라고 하면 다음 관계를 구할 수 있다.

$$t_2 = t_1 + \Delta t$$
$$t_3 = t_2 + \Delta t = t_1 + 2\Delta t$$
$$\vdots$$
$$t_N = t_{N-1} + \Delta t = t_1 + (N-1)\Delta t$$

그러므로 자기상관행렬을 다음과 같이 나타낼 수 있다.

$$\mathrm{R_{XX}} = E\left[\mathrm{XX^T}\right] = E\left[\begin{bmatrix} X(t_1)X(t_1) & X(t_1)X(t_2) & \cdots & X(t_1)X(t_N) \\ X(t_2)X(t_1) & X(t_2)X(t_2) & \cdots & X(t_2)X(t_N) \\ \cdots & \cdots & \cdots & \cdots \\ X(t_N)X(t_1) & X(t_N)X(t_2) & \cdots & X(t_N)X(t_N) \end{bmatrix}\right]$$

$$= \begin{bmatrix} R_{XX}(t_1, t_1) & R_{XX}(t_1, t_2) & \cdots & R_{XX}(t_1, t_N) \\ R_{XX}(t_2, t_1) & R_{XX}(t_2, t_2) & \cdots & R_{XX}(t_2, t_N) \\ \cdots & \cdots & \cdots & \cdots \\ R_{XX}(t_N, t_1) & R_{XX}(t_N, t_2) & \cdots & R_{XX}(t_N, t_N) \end{bmatrix}$$

$$= \begin{bmatrix} R_{XX}(0) & R_{XX}(\Delta t) & \cdots & R_{XX}([N-1]\Delta t) \\ R_{XX}(\Delta t) & R_{XX}(0) & \cdots & R_{XX}([N-2]\Delta t) \\ \cdots & \cdots & \cdots & \cdots \\ R_{XX}([N-1]\Delta t) & R_{XX}([N-2]\Delta t) & \cdots & R_{XX}(0) \end{bmatrix}$$

여기에서 X^T는 **X**의 전치행렬이고, $R_{XX}(-\tau) = R_{XX}(\tau)$ 관계식을 이용하였다. 그러므로 광의의 정상 랜덤과정의 경우 R_{XX}는 대칭(symmetric) 행렬이 된다. 유사한 방법으로 다음과 같이 정의된 자기공분산행렬 C_{XX}을 얻을 수 있다.

$$C_{XX} = E\left[\left(X - \overline{X}\right)\left(X^T - \overline{X}^T\right)\right] = R_{XX} - \overline{X}\overline{X}^T$$

예제 10.8

어떤 광의의 정상 랜덤과정 $Y(t)$의 자기상관행렬이 다음과 같이 주어질 때, xx라고 표시된 원소 값을 구하라.

$$R_{YY} = \begin{bmatrix} 2.0 & 1.3 & 0.4 & xx \\ xx & 2.0 & 1.2 & 0.8 \\ 0.4 & 1.2 & xx & 1.1 \\ 0.9 & xx & xx & 2.0 \end{bmatrix}$$

풀이

광의의 정상 랜덤과정의 자기상관행렬은 대칭행렬이기 때문에 자기상관행렬은 다음과 같이 나타낼 수 있다.

$$R_{YY} = \begin{bmatrix} 2.0 & 1.3 & 0.4 & 0.9 \\ 1.3 & 2.0 & 1.2 & 0.8 \\ 0.4 & 1.2 & 2.0 & 1.1 \\ 0.9 & 0.8 & 1.1 & 2.0 \end{bmatrix}$$

10.5.2.3 광의의 정상 랜덤과정의 상호상관함수의 성질

앞에서 기술했던 바와 같이 두 랜덤과정 $X(t)$와 $Y(t)$의 상호상관함수 $R_{XY}(t,s)$를 다음과 같이 정의한다.

$$R_{XY}(t,s) = E[X(t)Y(s)]$$

만약 $s = t + \tau$라고 한다면, 다음과 같이 나타낼 수 있다.

$$R_{XY}(t,t+\tau) = E[X(t)Y(t+\tau)]$$

만약 $R_{XY}(t,t+\tau)$가 절대시간에 독립이라면 랜덤과정 $X(t)$와 $Y(t)$는 결합된 광의의 정상 성질을 갖는다고 말한다. 즉 다음에 기술된 관계식이 성립하면 두 랜덤과정 $X(t)$와 $Y(t)$는 결합된 광의의 정상 랜덤과정이다.

$$R_{XY}(t,t+\tau) = E[X(t)Y(t+\tau)] = R_{XY}(\tau)$$

일반적으로 자기상관함수는 우함수이지만 상호상관함수는 우함수가 아니다. 자기상관함수는 원점에서 최댓값을 가지고 있지만 상호상관함수는 원점에서 반드시 최댓값을 가지지는 않는다. 상호상관함수 $R_{XY}(\tau)$는 다음과 같은 성질을 가지고 있다.

1. $R_{XY}(\tau) = R_{YX}(-\tau)$가 성립한다.
2. $|R_{XY}(\tau)| \le \sqrt{R_{XX}(0)R_{YY}(0)}$가 성립한다.
3. $|R_{XY}(\tau)| \le [R_{XX}(0) + R_{YY}(0)]/2$가 성립한다.

10.6 에르고딕 랜덤과정

랜덤과정이 갖추어야 할 특성 중의 하나가 측정한 데이터들로부터 파라미터를 도출할 수 있는 것이다. 어떤 랜덤과정 $X(t)$이 있다고 가정하자. 이 랜덤과정으로부터 관찰된 표본들을 $x(t)$라고 할 때 $x(t)$의 시간 평균을 다음과 같이 정의하자.

$$\bar{x} = \lim_{T \to \infty} \frac{1}{2T} \int_{-T}^{T} x(t) dt \tag{10.9}$$

랜덤과정 $X(t)$의 통계적 평균은 기댓값인 $E[X(t)]$이다. 기댓값을 **앙상블 평균**이라고도 한다. 에르고딕 랜덤과정이란 앙상블의 모든 멤버들이 그 앙상블과 통계적으로 동일한 특성을 갖는 정상 랜덤과정을 의미한다. 즉 에르고딕 랜덤과정의 경우는 어떤 대표적인 표본함수 1개를 관찰함으로써 앙상블 전체의 통계적인 특성을 파악할 수 있음을 의미한다. 그러므로 에르고딕 랜덤과정의 경우 평균값과 모멘트들을 앙상블 평균값(또는 기댓값)뿐만 아니라 시간 평균을 통해서도 구할 수 있으며, 앙상블 평균값과 시간 평균값은 서로 동일하다. 즉,

$$E[X^n] = \int_{-\infty}^{\infty} x^n f_X(x) dx = \lim_{T \to \infty} \frac{1}{2T} \int_{-T}^{T} x^n(t) dt = \overline{x^n}$$

만약 어떤 랜덤과정 $X(t)$에 대하여 $E[X(t)] = \overline{x}$이 성립하면 해당 랜덤과정이 **평균-에르고딕** (또는 **평균 측면에서 에르고딕**) 성질을 갖는다고 한다.

예제 10.9

어떤 랜덤과정이 다음과 같은 표본함수를 갖는다고 하자.

$X(t) = A\cos(wt + \Theta)$

여기에서 w는 상수이고, A는 동일한 확률로 크기가 +1과 −1 값을 갖는 랜덤변수이며, Θ는 0과 2π 사이에서 균일분포를 갖는 랜덤변수이다. 랜덤변수 A와 Θ는 상호 독립이라고 가정하자.

a. 랜덤과정 $X(t)$가 광의의 정상 랜덤과정인지 보여라.

b. 랜덤과정 $X(t)$가 평균-에르고딕 랜덤과정인지 보여라.

풀이

A의 확률질량함수와 Θ의 확률밀도함수를 그림 10.3에 나타내었다.

$$E[A]=\frac{1}{2}(-1)+\frac{1}{2}(1)=0$$

$$\sigma_A^2=\frac{1}{2}(-1)^2+\frac{1}{2}(1)^2=1=E\left[A^2\right]$$

$$E[\Theta]=\frac{0+2\pi}{2}=\pi$$

$$\sigma_\Theta^2=\frac{(2\pi-0)^2}{12}=\frac{4\pi^2}{12}=\frac{\pi^2}{3}$$

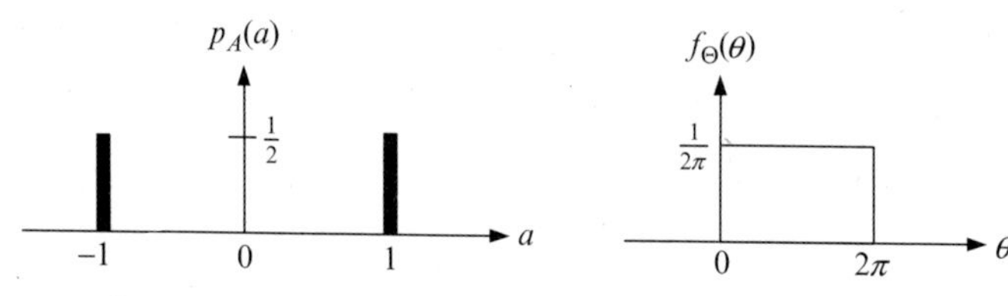

그림 10.3 예제 10.9에서 A의 확률질량함수와 Θ의 확률밀도함수

a. 랜덤변수 A와 Θ는 상호 독립이기 때문에 다음 식이 성립한다.

$$E[X(t)]=E[A]E[\cos(wt+\Theta)]=0$$

$X(t)$의 기댓값은 상수가 된다. 또 $X(t)$의 자기상관함수는 다음과 같이 구할 수 있다.

$$\begin{aligned}
R_{XX}(t,t+\tau)&=E[X(t)X(t+\tau)]=E[A\cos(wt+\Theta)A\cos(wt+w\tau+\Theta)]\\
&=E\left[A^2\right]E[\cos(wt+\Theta)\cos(wt+w\tau+\Theta]\\
&=\frac{1}{2}E[\cos(-w\tau)+\cos(2wt+w\tau+2\Theta)]\\
&=\frac{1}{2}E[\cos(-w\tau)]+\frac{1}{2}E[\cos(2wt+w\tau+2\Theta)]\\
&=\frac{1}{2}\cos(w\tau)+\frac{1}{2}E[\cos(2wt+w\tau+2\Theta)]\\
&=\frac{1}{2}\cos(w\tau)+\frac{1}{2}\int_0^{2\pi}\frac{\cos(2wt+w\tau+2\theta)}{2\pi}d\theta\\
&=\frac{1}{2}\cos(w\tau)+\frac{1}{8\pi}[\sin(2wt+w\tau+2\theta)]_0^{2\pi}\\
&=\frac{1}{2}\cos(w\tau)+\frac{1}{8\pi}\{\sin(2wt+w\tau+4\pi)-\sin(2wt+w\tau)\}\\
&=\frac{1}{2}\cos(w\tau)
\end{aligned}$$

평균값이 상수이고 자기상관함수가 절대시간 t가 아니라 두 시간 사이의 차이에만 의존하기 때문에 이 랜덤과정은 광의의 정상 랜덤과정이라고 단정 지을 수 있다.

b.
$$\lim_{T\to\infty}\frac{1}{2T}\int_{-T}^{T}X(t)dt=\lim_{T\to\infty}\frac{1}{2T}\int_{0}^{2\pi}A\cos(wt+\Theta)dt=\lim_{T\to\infty}\frac{A}{2wT}[\sin(wt+\Theta)]_0^{2\pi}$$
$$=\lim_{T\to\infty}\frac{A}{2wT}[\sin(2\pi w+\Theta)-\sin(\Theta)]=0$$

앙상블 평균과 시간 평균값이 동일하므로 $X(t)$는 평균-에르고딕 랜덤과정이다.

10.7 전력밀도스펙트럼

지금까지는 랜덤과정을 평균값, 자기상관함수, 그리고 공분산함수를 사용하여 나타내는 방법을 배웠다. 이런 함수들은 모두 시간영역에서 존재하는 함수들이다. 그러나 랜덤과정의 스펙트럼 특성(또는 주파수영역)에 대해서는 아무 것도 이야기하지 않았다. 결정신호(deterministic signal) $y(t)$의 경우 스펙트럼 특성을 푸리에 변환 $Y(w)$으로 나타낼 수 있다는 것은 잘 알려져 있다. 여기에서 푸리에 변환은 다음과 같이 표시할 수 있다.

$$Y(w)=\int_{-\infty}^{\infty}y(t)e^{-jwt}dt$$

역으로 푸리에 변환 $Y(w)$가 주어져 있으면, 푸리에 역변환을 이용하여 $y(t)$를 다음과 같이 구할 수 있다.

$$y(t)=\frac{1}{2\pi}\int_{-\infty}^{\infty}Y(w)e^{jwt}dw$$

그러므로 $Y(w)$를 알고 있는 것은 $y(t)$를 완전하게 아는 것과 동일하며, 그 반대과정도 성립한다. 그러나 불행하게도 이 사실은 랜덤과정에 곧바로 적용되지는 않는다. 왜냐하면 랜덤과정의 대부분의 표본함수에 대한 푸리에 변환이 존재하지 않기 때문이다. 함수 $y(t)$의 푸리에 변환이 존재하기 위한 조건 중의 하나는 절대적으로 적분가능(absolutely integrable)이어야 한다는 것이며 이는 다음 식으로 표현된다.

$$\int_{-\infty}^{\infty} |y(t)|dt < \infty$$

광의의 정상 랜덤과정의 경우 자기상관함수 $R_{XX}(\tau)$의 크기가 다음 식과 같이 제한되어 있다는 사실을 기억하자: $|R_{XX}(\tau)| \le R_{XX}(0) = E[X^2(t)]$. 그러므로 랜덤과정 $X(t)$을 가지고 직접 계산하는 것 대신에 크기가 제한되어 있어서 적분이 가능한 자기상관함수를 가지고 계산하도록 하겠다.

광의의 정상 랜덤과정에 대하여 자기상관함수의 푸리에 변환을 랜덤과정의 **전력밀도스펙트럼** $S_{XX}(w)$이라고 하며 다음과 같이 정의한다.

$$S_{XX}(w) = \int_{-\infty}^{\infty} R_{XX}(\tau)e^{-jw\tau}d\tau \tag{10.10}$$

그리고 푸리에 역변환 공식을 사용하여 다음과 같이 $R_{XX}(\tau)$를 복원할 수 있다.

$$R_{XX}(\tau) = \frac{1}{2\pi}\int_{-\infty}^{\infty} S_{XX}(w)e^{jw\tau}dw \tag{10.11}$$

랜덤과정의 자기상관함수와 랜덤과정의 전력밀도스펙트럼이 푸리에 변환쌍을 이룬다는 사실을 **위너-킨친 정리**(Wiener-Khintchin theorem)라고 한다. 랜덤과정의 제곱-평균 $E[X^2(t)]$ 값을 **평균 전력**이라고도 하며 다음과 같이 구한다.

$$E[X^2(t)] = R_{XX}(0) = \frac{1}{2\pi}\int_{-\infty}^{\infty} S_{XX}(w)dw \tag{10.12}$$

그러므로 전력밀도스펙트럼은 다음과 같은 성질을 가지고 있다.

a. $S_{XX}(w) \geq 0$을 만족하며, 이것은 $S_{XX}(w)$이 음이 아닌 함수임을 의미한다.

b. $S_{XX}(-w) = S_{XX}(w)$가 성립하며 이것은 $S_{XX}(w)$이 우함수임을 의미한다.

c. 다음 관계가 성립하기 때문에 $X(t)$가 실함수이면 전력밀도스펙트럼도 실함수이다.

$$\begin{aligned} S_{XX}(w) &= \int_{-\infty}^{\infty} R_{XX}(\tau)e^{-jw\tau}d\tau = \int_{-\infty}^{\infty} R_{XX}(\tau)\{\cos(w\tau) - j\sin(w\tau)\}d\tau \\ &= \int_{-\infty}^{\infty} R_{XX}(\tau)\cos(w\tau)d\tau - j\int_{-\infty}^{\infty} R_{XX}(\tau)\sin(w\tau)d\tau \end{aligned}$$

위에서 기술한 두 번째 성질로부터 $S_{XX}(w)$가 우함수라는 것을 알 수 있다. $R_{XX}(\tau)\cos(w\tau)$가 τ에 대하여 우함수이며 $R_{XX}(\tau)\sin(w\tau)$는 τ에 대하여 기함수이기 때문에 위 식에서 허수부 부분은 사라진다. 그러므로 다음 식을 얻을 수 있다.

$$S_{XX}(w) = \int_{-\infty}^{\infty} R_{XX}(\tau)\cos(w\tau)d\tau = 2\int_{0}^{\infty} R_{XX}(\tau)\cos(w\tau)d\tau$$

여기에서 두 번째 등식은 $R_{XX}(\tau)\cos(w\tau)$가 우함수이란 사실에 따른 것이며, 따라서 $S_{XX}(w)$도 우함수이다.

d. 앞에서 기술한 바와 같이 $X(t)$의 평균 전력은 다음과 같다.

$$E[X^2(t)] = R_{XX}(0) = \frac{1}{2\pi}\int_{-\infty}^{\infty} S_{XX}(w)dw$$

e. $S_{XX}^*(w) = S_{XX}(w)$가 성립한다. 여기에서 S_{XX}^*는 $S_{XX}(w)$의 켤레복소수이다. 이것은 $S_{XX}(w)$가 복소함수가 될 수 없으며, 반드시 실함수여야 함을 의미한다.

f. 만약 $\int_{-\infty}^{\infty}|R_{XX}(\tau)|d\tau < \infty$라면 $S_{XX}(w)$는 w에 대한 연속함수이다.

표 10.1은 랜덤과정 분석에서 사용되는 대표적인 푸리에 변환쌍을 나타낸다.

표 10-1 대표적인 푸리에 변환쌍

$x(\tau)$	$X(w)$
$e^{-a\lvert\tau\rvert}$, $a>0$	$\dfrac{2a}{a^2+w^2}$
$e^{-a\tau}$, $a>0$, $\tau\geq 0$	$\dfrac{1}{a+jw}$
$e^{b\tau}$, $b>0$, $\tau<0$	$\dfrac{1}{b-jw}$
$\tau e^{-a\tau}$, $a>0$, $\tau\geq 0$	$\dfrac{1}{(a+jw)^2}$
1	$2\pi\delta(w)$
$\delta(\tau)$	1
$e^{jw_0\tau}$	$2\pi\delta(w-w_0)$
$\begin{cases} 1 & -T/2<\tau<T/2 \\ 0 & \text{otherwise} \end{cases}$	$T\dfrac{\sin(wT/2)}{(wT/2)}$
$\begin{cases} 1-\lvert\tau\rvert/T & \lvert\tau\rvert<T \\ 0 & \text{otherwise} \end{cases}$	$T\left[\dfrac{\sin(wT/2)}{(wT/2)}\right]^2$
$\cos(w_0\tau)$	$\pi\{\delta(w-w_0)+\delta(w+w_0)\}$
$\sin(w_0\tau)$	$-j\pi\{\delta(w-w_0)-\delta(w+w_0)\}$
$e^{-a\lvert\tau\rvert}\cos(w_0\tau)$	$\dfrac{a}{a^2+(w-w_0)^2}+\dfrac{a}{a^2+(w+w_0)^2}$

전력밀도스펙트럼이 우함수이고, 음이 아닌 실함수이기 때문에 표 10.1에서 $x(\tau)$ 항목의 일부 함수들은 광의의 정상 랜덤과정의 자기상관함수가 될 수 없다. 특히 $e^{-a\tau}$, $\tau e^{-a\tau}$, 그리고 $\sin(w_0\tau)$ 함수들은 광의의 정상 랜덤과정의 자기상관함수가 될 수 없다. 왜냐하면 이들 함수들의 푸리에 변환이 복소함수이기 때문이다.

2개의 결합적 광의의 정상 랜덤과정 $X(t)$와 $Y(t)$의 경우, 상호상관함수 $R_{XY}(\tau)$의 푸리에 변환을 두 랜덤과정의 **상호 전력밀도스펙트럼** $S_{XY}(w)$이라고 부르며, 다음과 같이 나타낸다.

$$S_{XY}(w)=\int_{-\infty}^{\infty} R_{XY}(\tau)e^{-jw\tau}d\tau \tag{10.13}$$

상호 전력밀도스펙트럼은 일반적으로 랜덤과정 $X(t)$와 $Y(t)$가 실함수일 경우에도 복소함수이다. 그러므로 $R_{YX}(\tau)=R_{XY}(-\tau)$가 성립하기 때문에 다음 결과를 얻을 수 있다.

$$S_{YX}(w)=S_{XY}(-w)=S_{XY}^{*}(w) \tag{10.14}$$

여기에서 $S_{XX}^{*}(w)$는 $S_{XX}(w)$의 켤레복소수이다.

예제 10.10

전력밀도스펙트럼 함수가 다음과 같이 표시된 랜덤과정의 자기상관함수를 구하라.

$$S_{XX}(w)=\begin{cases} S_0 & |w|<w_0 \\ 0 & \text{otherwise} \end{cases}$$

풀이

$S_{XX}(w)$를 그림 10.4에 나타내었다.

$$\begin{aligned} R_{XX}(\tau) &= \frac{1}{2\pi}\int_{-\infty}^{\infty} S_{XX}(w)e^{jw\tau}dw = \frac{1}{2\pi}\int_{-w_0}^{w_0} S_0 e^{jw\tau}dw \\ &= \frac{S_0}{2j\pi\tau}\left[e^{jw\tau}\right]_{w=-w_0}^{w_0} = \frac{S_0}{2j\pi\tau}\left\{e^{jw_0\tau}-e^{-jw_0\tau}\right\} = \frac{S_0}{\pi\tau}\left[\frac{e^{jw_0\tau}-e^{-jw_0\tau}}{2j}\right] \\ &= \frac{S_0}{\pi\tau}\sin(w_0\tau) \end{aligned}$$

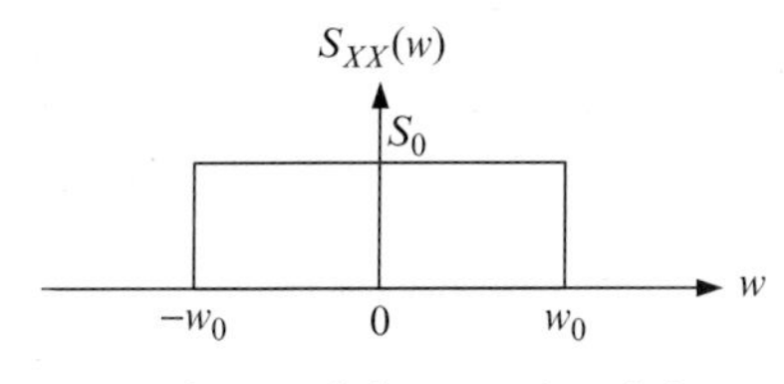

그림 10.4 예제 10.10의 $S_{XX}(w)$

예제 10.11

정상 랜덤과정 $X(t)$가 다음과 같은 전력밀도스펙트럼을 갖는다고 가정하자.

$$S_{XX}(w) = \frac{24}{w^2 + 16}$$

이 랜덤과정의 제곱-평균값을 계산하라.

풀이

다음과 같이 두 가지 방법으로 문제를 해결한다.

방법1 (Brute-Force 방법) 제곱-평균값을 다음과 같이 구할 수 있다.

$$E\left[X^2(t)\right] = R_{XX}(0) = \frac{1}{2\pi}\int_{-\infty}^{\infty} S_{XX}(w)dw = \frac{1}{2\pi}\int_{-\infty}^{\infty}\left\{\frac{24}{w^2+16}\right\}dw$$
$$= \frac{1}{2\pi}\int_{-\infty}^{\infty}\frac{24}{16\left[1+(w/4)^2\right]}dw$$

$w/4 = \tan(\theta)$라고 하자. 그러면 $dw = 4\sec^2(\theta)d\theta$와 다음 관계가 성립한다.

$$1+(w/4)^2 = 1+\tan^2(\theta) = \sec^2(\theta)$$

그리고 $w = -\infty$일 때 $\theta = -\pi/2$이고, $w = \infty$일 때 $\theta = \pi/2$이 된다. 그러므로 다음 식을 구할 수 있다.

$$E\left[X^2(t)\right] = \frac{24}{32\pi}\int_{-\pi/2}^{\pi/2}\frac{4\sec^2(\theta)}{\sec^2(\theta)}d\theta = \frac{3}{\pi}\int_{-\pi/2}^{\pi/2}d\theta = \frac{3}{\pi}[\theta]_{-\pi/2}^{\pi/2}$$
$$= \frac{3}{\pi}\left[\frac{\pi}{2}-\left(-\frac{\pi}{2}\right)\right] = \frac{3}{\pi}\left[\frac{\pi}{2}+\frac{\pi}{2}\right]$$
$$= 3$$

방법2 (스마트 방법) 표 10.1로부터 다음 관계가 성립함을 알 수 있다.

$$e^{-a|\tau|} \leftrightarrow \frac{2a}{a^2+w^2}$$

다시 말하면 $e^{-a|\tau|}$와 $2a/(a^2+w^2)$는 푸리에 변환쌍이다. 그러므로 주어진 문제에서 파라미터 a를 구하기만 하면 곧바로 자기상관함수를 얻을 수 있다. 주어진 전력밀도스펙트럼 식을 정돈하면 다음 식을 얻을 수 있다.

$$S_{XX}(w)=\frac{24}{w^2+16}=\frac{24}{w^2+4^2}=\frac{6(4)}{w^2+4^2}=3\left\{\frac{2(4)}{w^2+4^2}\right\}\equiv 3\left\{\frac{2a}{w^2+a^2}\right\}$$

위 식은 $a=4$이며, 자기상관함수가 다음과 같음을 의미한다.

$$R_{XX}(\tau)=3e^{-4|\tau|}$$

그러므로 랜덤과정의 제곱-평균은 다음과 같이 된다.

$$E\left[X^2(t)\right]=R_{XX}(0)=3$$

10.7.1 백색잡음

백색잡음은 전력밀도스펙트럼이 모든 주파수에 대하여 상수인 특성을 갖는 랜덤 함수를 정의하기 위하여 사용되는 용어이다. 그러므로 $N(t)$가 백색잡음이라고 하면 전력밀도스펙트럼은 다음과 같이 된다.

$$S_{NN}(w)=\frac{1}{2}N_0 \tag{10.15}$$

여기에서 N_0는 실수로서 양의 상수 값이다. $S_{NN}(w)$의 푸리에 역변환은 백색잡음 $N(t)$의 자기상관함수 $R_{NN}(\tau)$가 되며 다음과 같이 나타낼 수 있다.

$$R_{NN}(\tau)=\frac{1}{2}N_0\delta(\tau) \tag{10.16}$$

여기에서 $\delta(\tau)$는 임펄스 함수이다. 위에서 기술한 두 함수를 그림 10.5에 나타내었다.

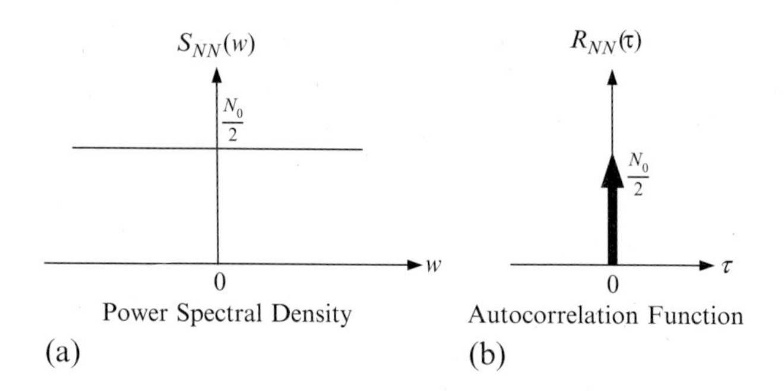

그림 10.5 백색잡음의 전력밀도스펙트럼과 자기상관함수

예제 10.12

$Y(t) = X(t) + N(t)$가 광의의 정상 랜덤과정이라고 하자. 여기에서 $X(t)$는 신호이며 $N(t)$는 평균이 0이고 분산이 σ_N^2이며, $X(t)$와는 독립인 잡음과정이다. 이때 $Y(t)$의 전력밀도스펙트럼을 구하라.

풀이

$X(t)$와 $N(t)$가 상호 독립인 랜덤과정이기 때문에 $Y(t)$의 자기상관함수를 다음과 같이 구할 수 있다.

$$\begin{aligned}
R_{YY}(\tau) &= E[Y(t)Y(t+\tau)] = E[\{X(t)+N(t)\}\{X(t+\tau)+N(t+\tau)\}] \\
&= E[X(t)X(t+\tau)+X(t)N(t+\tau)+N(t)X(t+\tau)+N(t)N(t+\tau)] \\
&= E[X(t)X(t+\tau)]+E[X(t)]E[N(t+\tau)]+E[N(t)]E[X(t+\tau)] \\
&\quad + E[N(t)N(t+\tau)] \\
&= R_{XX}(\tau)+R_{NN}(\tau) = R_{XX}(\tau)+\sigma_N^2\delta(\tau)
\end{aligned}$$

그러므로 $Y(t)$의 전력밀도스펙트럼은 다음과 같이 구할 수 있다.

$$S_{YY}(w) = S_{XX}(w) + \sigma_N^2$$

10.8 이산시간 랜덤과정

지금까지는 모두 연속시간 랜덤과정이란 가정 아래에서 설명하였다. 이 절에서는 이산시간 랜덤과정 $\{X[n],\ n = 0,1,2,\ldots\}$으로 확장하여 논의한다. 여기에서는 이산시간 랜덤과정을 랜덤수열(random sequence)이라고도 부른다. 이산시간 랜덤과정은 연속시간 랜덤과정을 샘플링하여 얻을 수 있다. 그러므로 샘플링 간격이 T_S라고 하면 연속시간 랜덤과정으로부터 이산시간 랜덤과정을 다음과 같이 나타낼 수 있다.

$$X[n] = X(nT_S) \qquad n = 0, \pm 1, \pm 2, \ldots$$

이산시간 랜덤과정과 관련된 주요한 결과들을 다음과 같이 기술한다.

10.8.1 평균, 자기상관함수, 그리고 자기공분산함수

이산시간 랜덤과정 $X[n]$의 평균을 다음과 같이 나타낸다.

$$\mu_X[n] = E[X[n]]$$

자기상관함수는 다음과 같이 나타낸다.

$$R_{XX}[n, n+m] = E[X[n]X^*[n+m]]$$

여기에서 $X^*[n]$는 $X[n]$의 켤레복소수이다. 만약 랜덤과정의 평균이 $\mu_X[n] = \mu$와 같이 상수이고 $R_{XX}[n, n+m] = R_{XX}[m]$이 성립하면 이 랜덤과정은 광의의 정상 랜덤과정이다.

마지막으로 $X[n]$의 자기공분산함수 $C_{XX}[n_1, n_2]$은 $X[n_1]$과 $X[n_2]$ 사이의 연계 정도를 나타내며 그 정의는 다음과 같다.

$$\begin{aligned} C_{XX}[n_1, n_2] &= E[\{X[n_1] - \mu_X[n_1]\}\{X[n_2] - \mu_X[n_2]\}] \\ &= E[X[n_1]X[n_2]] - \mu_X[n_1]\mu_X[n_2] \\ &= R_{XX}[n_1, n_2] - \mu_X[n_1]\mu_X[n_2] \end{aligned}$$

만약 $X[n_1]$과 $X[n_2]$가 독립이라면 $R_{XX}[n_1, n_2] = \mu_X[n_1]\mu_X[n_2]$가 성립하며 $C_{XX}[n_1, n_2] = 0$이 됨을 알 수 있다. 이것은 $X[n_1]$과 $X[n_1]$가 비상관 관계에 있다는

것을 의미한다.

만약 랜덤변수들 $X[n_k]$이 서로 비상관 관계에 있다면 이러한 이산시간 랜덤과정을 백색잡음이라고 부른다. 만약 백색잡음이 가우시안 분포를 따르는 광의의 정상 랜덤과정이라고 하면 $X[n]$은 분산이 σ^2인 항등독립분포 랜덤변수들의 시퀀스이며, 자기상관함수를 다음과 같이 나타낼 수 있다.

$$R_{XX}[m] = \sigma^2 \delta[m]$$
$$\delta[m] = \begin{cases} 1 & m = 0 \\ 0 & m \neq 0 \end{cases}$$

10.8.2 랜덤수열의 전력밀도스펙트럼

랜덤수열 $X[n]$의 전력밀도스펙트럼은 다음과 같이 자기상관함수의 이산시간 푸리에 변환으로 주어진다.

$$S_{XX}(\Omega) = \sum_{m=-\infty}^{\infty} R_{XX}[m] e^{-j\Omega m} \tag{10.17}$$

위 식에서 Ω는 이산 주파수를 의미하며, $e^{-j\Omega m}$은 주기가 2π인 주기함수이다. 다시 말하면 다음 식이 성립한다.

$$e^{-j(\Omega+2\pi)m} = e^{-j\Omega m} e^{-j2\pi m} = e^{-j\Omega m}$$

왜냐하면 $e^{-j2\pi m} = 1$이기 때문이다. $S_{XX}(\Omega)$는 주기가 2π인 주기함수이기 때문에 $S_{XX}(\Omega)$을 $(-\pi, \pi)$ 구간에서만 정의해도 충분하다. 이것은 자기상관함수를 다음과 같이 정의해도 문제가 없음을 의미한다.

$$R_{XX}[m] = \frac{1}{2\pi} \int_{-\pi}^{\pi} S_{XX}(\Omega) e^{j\Omega m} d\Omega \tag{10.18}$$

전력밀도스펙트럼 $S_{XX}(\Omega)$은 다음과 같은 성질을 가지고 있다.

a. $S_{XX}(\Omega+2\pi) = S_{XX}(\Omega)$이 성립한다. 이것은 앞에서 언급한 것처럼 $S_{XX}(\Omega)$가 주기가 2π인 주기함수임을 의미한다.

b. $S_{XX}(-\Omega) = S_{XX}(\Omega)$이 성립한다. 이것은 $S_{XX}(\Omega)$가 우함수임을 의미한다.

c. $S_{XX}(\Omega)$는 실함수이다. 이것은 $S_{XX}(\Omega) \ge 0$임을 의미한다.

d. 랜덤수열의 평균 전력은 다음과 같이 구할 수 있다.

$$E\left[X^2[n]\right] = R_{XX}[0] = \frac{1}{2\pi}\int_{-\pi}^{\pi} S_{XX}(\Omega)d\Omega$$

예제 10.13

함수 $X[n]$가 $R_{XX}[-m] = R_{XX}[m]$이 성립하는 실함수 랜덤과정이라고 가정하자. 전력밀도스펙트럼 $S_{XX}(\Omega)$을 구하라.

풀이

전력밀도스펙트럼은 자기상관함수의 이산시간 푸리에 변환이며 다음과 같이 구할 수 있다.

$$\begin{aligned} S_{XX}(\Omega) &= \sum_{m=-\infty}^{\infty} R_{XX}[m]e^{-j\Omega m} = \sum_{m=-\infty}^{-1} R_{XX}[m]e^{-j\Omega m} + \sum_{m=0}^{\infty} R_{XX}[m]e^{-j\Omega m} \\ &= \sum_{k=1}^{\infty} R_{XX}[-k]e^{j\Omega k} + \sum_{m=1}^{\infty} R_{XX}[m]e^{-j\Omega m} + R_{XX}[0] \\ &= R_{XX}[0] + 2\sum_{m=1}^{\infty} R_{XX}[m]\left\{\frac{e^{j\Omega m}+e^{-j\Omega m}}{2}\right\} \\ &= R_{XX}[0] + 2\sum_{m=1}^{\infty} R_{XX}[m]\cos(m\Omega) \end{aligned}$$

여기에서 네 번째 등식은 $R_{XX}[-m] = R_{XX}[m]$이 성립하는 사실에 기인하였다.

예제 10.14

자기상관함수가 $R_{XX}[m]=a^{|m|}$인 랜덤수열 $X[n]$의 전력밀도스펙트럼을 구하라.

풀이

전력밀도스펙트럼은 다음과 같이 계산할 수 있다.

$$\begin{aligned} S_{XX}(\Omega) &= \sum_{m=-\infty}^{\infty} R_{XX}[m]e^{-j\Omega m} = \sum_{m=-\infty}^{\infty} a^{|m|}e^{-j\Omega m} = \sum_{m=-\infty}^{-1} a^{-m}e^{-j\Omega m} + \sum_{m=0}^{\infty} a^{m}e^{-j\Omega m} \\ &= \sum_{k=1}^{\infty} a^{k}e^{j\Omega k} + \sum_{m=0}^{\infty} a^{m}e^{-j\Omega m} = \sum_{k=1}^{\infty}\left\{ae^{j\Omega}\right\}^{k} + \sum_{m=0}^{\infty}\left\{ae^{-j\Omega}\right\}^{m} \\ &= \frac{1}{1-ae^{j\Omega}} - 1 + \frac{1}{1-ae^{-j\Omega}} = \frac{1-a^2}{1+a^2-2\cos(\Omega)} \end{aligned}$$

10.8.3 연속시간 랜덤과정의 샘플링

앞에서 설명한 바와 같이 이산시간 랜덤과정을 생성하는 데 사용되는 방법 중의 하나가 연속시간 랜덤과정을 샘플링하는 것이다. 따라서 만일 $X(t)$가 연속시간 랜덤과정이라고 하면 이산시간 랜덤과정은 T_S 시간단위로 샘플링된 (여기에서 T_S를 샘플링 주기라고 하며 이 값은 상수임) 각 표본 값들로 이루어져 있으며 이 랜덤과정을 다음과 같이 정의한다.

$$X[n]=X(nT_S) \qquad n=0, \pm 1, \pm 2, \ldots$$

만약 $\mu_X(t)$와 $R_{XX}(t_1, t_2)$가 랜덤과정 $X(t)$의 평균과 자기상관함수라고 하면, $X[n]$의 평균과 자기상관함수를 다음과 같이 구할 수 있다.

$$\begin{aligned} \mu_X[n] &= \mu_X(nT_S) \\ R_{XX}[n_1, n_2] &= R_{XX}(n_1 T_S, n_2 T_S) \end{aligned}$$

만약 $X(t)$가 광의의 정상 랜덤과정이라고 하면 $X[t]$도 역시 평균이 $\mu_X[n]=\mu_X$이고 자기상관함수가 $R_{XX}[m]=R_{XX}(mT_S)$인 광의의 정상 랜덤과정이 됨을 알 수 있다. 만약 $X(t)$가 광의의 정상 랜덤과정이면 $X[n]$의 전력밀도스펙트럼은 다음과 같이 나타낼 수 있다.

$$\begin{aligned} S_{XX}(\Omega) &= \sum_{m=-\infty}^{\infty} R_{XX}[m]e^{-j\Omega m} = \sum_{m=-\infty}^{\infty} R_{X_C X_C}(mT_S)e^{-j\Omega m} \\ &= \frac{1}{T_S}\sum_{m=-\infty}^{\infty} S_{X_C X_C}\left(\frac{\Omega-2\pi m}{T_S}\right) \end{aligned} \tag{10.19}$$

여기에서 $S_{X_C X_C}(w)$와 $R_{X_C X_C}(\tau)$는 각각 $X(t)$의 전력밀도스펙트럼과 자기상관함수이다.

추가 설명: 식 (10.19)의 마지막 결과는 신호 샘플링 개념으로부터 도출하였다. 연속시간 신호 $x_C(t)$가 있다고 하자. 해당 신호를 T_S 간격으로 샘플링하였다. 이때 T_S을 샘플링 주기라고 하며, 샘플링 주파수는 $f_S=1/T_S$로 정의한다. f_S의 단위는 헤르츠(Hz)이며, T_S의 단위는 초이다. 유사하게 각속도(또는 각주파수)를 $w_S=2\pi f_S=2\pi/T_S$로 정의하며 단위는 라디안/초(rad/sec)이다. 그러므로 샘플링된 신호 $x_S(t)$는 연속시간 신호에 임펄스 열을 곱하여 얻을 수 있다. 이 과정을 다음과 같이 나타낼 수 있다.

$$x_S(t)=x_C(t)\sum_{n=-\infty}^{\infty}\delta(t-nT_S) \tag{10.20}$$

임펄스 열 $\sum_{n=-\infty}^{\infty}\delta(t-nT_S)$이 주기 T_S인 주기함수이므로, 푸리에 급수는 $\frac{1}{T_S}\sum_{k=-\infty}^{\infty}e^{jkw_S t}$가 된다. 그러므로 식 (10.20)을 다음과 같이 쓸 수 있다.

$$x_S(t)=x_C(t)\sum_{n=-\infty}^{\infty}\delta(t-nT_S)=x_C(t)\frac{1}{T_S}\sum_{k=-\infty}^{\infty}e^{jkw_S t}=\frac{1}{T_S}\sum_{k=-\infty}^{\infty}x_C(t)e^{jkw_S t}$$

따라서 위 식의 양변에 푸리에 변환을 하면 다음과 같이 나타낼 수 있다.

$$\begin{aligned} X_S(w) &= \int_{-\infty}^{\infty} x_S(t)e^{-jwt}dt = \int_{-\infty}^{\infty}\left\{\frac{1}{T_S}\sum_{k=-\infty}^{\infty} x_C(t)e^{jkw_S t}\right\}e^{-jwt}dt \\ &= \frac{1}{T_S}\sum_{k=-\infty}^{\infty}\int_{-\infty}^{\infty} x_C(t)e^{-j(w-kw_S)t}dt = \frac{1}{T_S}\sum_{k=-\infty}^{\infty} X_C(w-kw_S) \\ &= \frac{1}{T_S}\sum_{k=-\infty}^{\infty} X_C(w-2\pi k f_S) = \frac{1}{T_S}\sum_{k=-\infty}^{\infty} X_C\left(w-\frac{2\pi k}{T_S}\right) \end{aligned} \tag{10.21}$$

식 (10.20)으로부터 다음 식을 구할 수 있다.

$$x_S(t) = x_C(t)\sum_{n=-\infty}^{\infty}\delta(t-nT_S) = \sum_{n=-\infty}^{\infty} x_C(t)\delta(t-nT_S) = \sum_{n=-\infty}^{\infty} x_C(nT)\delta(t-nT_S)$$

위 식의 양변에 푸리에 변환을 하면 다음 식을 구할 수 있다.

$$\begin{aligned} X_S(w) &= \int_{-\infty}^{\infty}\left\{\sum_{k=-\infty}^{\infty} x_C(kT_S)\delta(t-kT_S)\right\}e^{-jwt}dt \\ &= \sum_{k=-\infty}^{\infty}\int_{-\infty}^{\infty} x_C(kT_S)\delta(t-kT_S)e^{-jwt}dt = \sum_{k=-\infty}^{\infty} x_C(kT_S)e^{-jwT_S k} \\ &\equiv \sum_{k=-\infty}^{\infty} x_C[k]e^{-j\Omega k} = X_C(\Omega) \end{aligned} \tag{10.22}$$

여기에서 $\Omega = wT_S$이다. 식 (10.21)과 (10.22)는 서로 동일한 식이므로 $w = \Omega/T_S$가 성립해야 한다. 그러므로 $X_C(\Omega) = X_C(\Omega/T_S)$이며, 샘플링된 신호의 이산 푸리에 변환은 다음과 같이 구할 수 있다.

$$X_S(\Omega) = \frac{1}{T_S}\sum_{k=-\infty}^{\infty} X_C\left(\frac{\Omega}{T_S}-\frac{2\pi k}{T_S}\right) = \frac{1}{T_S}\sum_{k=-\infty}^{\infty} X_C\left(\frac{\Omega-2\pi k}{T_S}\right)$$

예제 10.15

광의의 연속시간 정상 랜덤과정 $X_c(t)$의 자기상관함수가 다음과 같다고 가정하자.

$$R_{X_cX_c}(\tau) = e^{-4|\tau|}$$

만약 $X_c(t)$를 샘플링 주기 20초 간격으로 표본화하여 이산시간 랜덤과정 $X[n]$을 만들었다. $X[n]$의 전력밀도스펙트럼을 구하라.

풀이

이산시간 랜덤과정은 $X[n] = X_c[20n]$와 같이 얻어진다. 표 10.1로부터 연속시간 랜덤과정의 전력밀도스펙트럼을 다음과 같이 얻을 수 있다.

$$S_{X_cX_c}(w) = \frac{2(4)}{4^2 + w^2} = \frac{8}{16 + w^2}$$

그러므로 이산시간 랜덤과정 $X[n]$의 전력밀도스펙트럼은 다음과 같이 구할 수 있다.

$$S_{XX}(\Omega) = \frac{1}{T_S}\sum_{m=-\infty}^{\infty} S_{X_cX_c}\left(\frac{\Omega - 2\pi m}{T_S}\right) = \frac{1}{20}\sum_{m=-\infty}^{\infty}\frac{8}{16 + \left[\frac{\Omega - 2\pi m}{20}\right]^2}$$

$$= \sum_{m=-\infty}^{\infty}\frac{160}{6400 + [\Omega - 2\pi m]^2}$$

10.9 요약

이 장에서 랜덤과정(또는 통계과정)의 입문을 다루었다. 이산상태 랜덤과정, 연속상태 랜덤과정, 이산시간 랜덤과정, 그리고 연속시간 랜덤과정 등 다양하게 랜덤과정을 분류하는 방법을 배웠다. 그리고 정상 랜덤과정을 두 가지로 분류하였다. 누적분포함수가 시간 원점으로부터의 시간변이에 불변인 랜덤과정을 협의의 정상 랜덤과정이라고 정의하였다. 대부분의 실제 문제를 푸는 과정에서 협의의 정상 랜덤과정처럼 엄격한 제약조건이 꼭 필요한 것은 아니다. 그래서 이런 경우에는 다음 두 가지 제약조건을 만족하면 된다. 두 가지 제약조건이란 랜덤과정의 평균이 상수여야 하고, 자기상관함수가 절대시간 값이 아니라 두 관찰 시점의 시간 차이 값에만 의존해야 한다는 것이다. 위 두 가지 제약조건을 만족하는 랜덤과정을 광의의 정상 랜덤과정이라 한다.

연속시간 광의의 정싱 랜덤과정의 전력밀도스펙트럼을 자기상관함수의 푸리에 변환으로 정의하였다. 그러므로 자기상관함수와 전력밀도스펙트럼은 푸리에 변환쌍이며 두 가지 중 한 가지를 알면 다른 한 가지는 푸리에 역변환 공식을 사용하여 구할 수 있다. 유사하게 이산시간 랜덤과정의 전력밀도스펙트럼을 자기상관함수의 이산시간 푸리에 변환으로 정의하였다.

10.10 문제

10.3절: 평균, 자기상관함수, 그리고 자기공분산함수

10.1 그림 10.6에 나타낸 사각펄스함수의 자기상관함수를 구하라. 사각펄스함수는 다음 식과 같이 주어진다.

$X(t) = A \qquad 0 \le t \le T$

여기에서 A와 T는 상수이다.

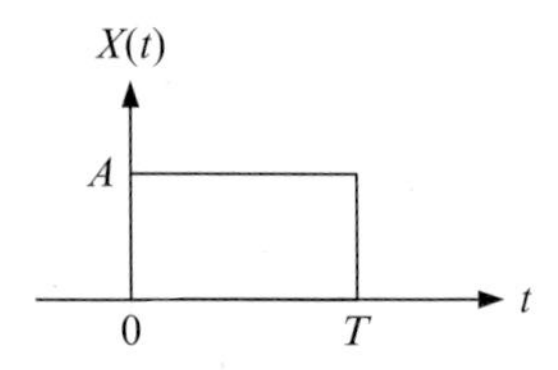

그림 10.6 문제 10.1의 그림

10.2 주기함수 $X(t) = A\sin(wt + \varphi)$의 자기상관함수를 구하라. 여기에서 주기는 $T = 2\pi/w$이고, A, φ, 그리고 w는 모두 상수이다.

10.3 랜덤과정 $X(t)$가 다음과 같이 주어져 있다.

$$X(t) = Y\cos(2\pi t) \qquad t \geq 0$$

여기에서 Y는 0과 2 사이에서 균일하게 분포된 랜덤변수이다. 이와 같은 조건에서 $X(t)$의 기댓값과 자기상관함수를 구하라.

10.4 정상 랜덤과정 $Y(t)$의 표본함수 $X(t)$가 다음과 같다고 가정하자.

$$X(t) = Y(t)\sin(wt + \Theta)$$

여기에서 w는 상수이고, $Y(t)$와 Θ는 확률적으로 독립이며, Θ는 0과 2π 사이에서 균일분포를 갖는다. $X(t)$의 자기상관함수를 $R_{YY}(\tau)$의 함수로 나타내라.

10.5 정상 랜덤과정 $Y(t)$의 표본함수 $X(t)$가 다음과 같다고 가정하자.

$$X(t) = Y(t)\sin(wt + \Theta)$$

여기에서 w는 상수이고, $Y(t)$와 Θ는 확률적으로 독립이며, Θ는 0과 2π 사이에서 균일분포를 갖는다. $X(t)$의 자기공분산함수를 구하라.

10.6 정상 랜덤과정 $X(t)$가 다음과 같다고 가정하자.

$$X(t) = A\cos(wt) + B\sin(wt)$$

여기에서 w는 상수이고, A와 B는 확률적으로 독립이며, 표준 정규분포를 갖는 랜덤변수이다(다시 말하면 평균값은 0이고 분산은 1이다). $X(t)$의 자기공분산함수를 구하라.

10.7 Y는 0과 2 사이에서 균일분포를 갖는 랜덤변수라고 가정하자. 만약 랜덤과정 $X(t) = Y\cos(2\pi t)$, $t \geq 0$를 정의하였을 때, $X(t)$의 자기공분산함수를 구하라.

10.8 정상 랜덤과정 $X(t)$가 다음과 같다고 가정하자.

$$X(t) = A\cos(t) + (B+1)\sin(t) \qquad -\infty < t < \infty$$

여기에서 A와 B는 확률적으로 독립인 랜덤변수이며, $E[A] = E[B] = 0$이고 $E[A^2] = E[B^2] = 1$이다. $X(t)$의 자기공분산함수를 구하라.

10.9 평균이 0인 광의의 정상 랜덤과정 $X(t)$의 자기공분산행렬이 다음과 같이 주어져 있다. 이 행렬 내에서 xx로 표시된 원소 값을 구하라.

$$C_{XX} = \begin{bmatrix} 1.0 & xx & 0.4 & xx \\ 0.8 & xx & 0.6 & 0.4 \\ xx & 0.6 & 1.0 & 0.6 \\ 0.2 & xx & xx & 1.0 \end{bmatrix}$$

10.10 정상 랜덤과정 $X(t)$가 다음과 같다고 가정하자.

$$X(t) = A + e^{-B|t|}$$

여기에서 A와 B는 확률적으로 독립인 랜덤변수이다. 그리고 A는 $-1 \le A \le 1$ 구간에서 균일분포를 따르며, B는 $0 \le B \le 2$ 구간에서 균일분포를 가진다. 다음을 구하라.

a. $X(t)$의 평균

b. $X(t)$의 자기상관함수

10.11 랜덤과정 $X(t)$의 자기상관함수가 $R_{XX}(\tau) = e^{-2|\tau|}$라고 하자. 그리고 랜덤과정 $Y(t)$을 다음과 같이 정의하자.

$$Y(t) = \int_0^t X^2(u)du$$

$E[Y(t)]$를 계산하라.

10.4절: 상호상관함수와 상호공분산함수

10.12 2개의 랜덤과정 $X(t)$와 $Y(t)$는 모두 평균값이 0이고 광의의 정상 랜덤과정이다. 만약 랜덤과정 $Z(t) = X(t) + Y(t)$를 정의하였을 때 다음 각각의 조건하에서 $Z(t)$의 자기상관함수를 구하라.

a. $X(t)$와 $Y(t)$는 결합된 광의의 정상 랜덤과정이다.

b. $X(t)$와 $Y(t)$는 서로 직교한다.

10.13 2개의 랜덤과정 $X(t)$와 $Y(t)$를 다음과 같이 정의하자.

$$X(t) = A\cos(wt) + B\sin(wt)$$
$$Y(t) = B\cos(wt) - A\sin(wt)$$

여기에서 w는 상수이고, A와 B는 모두 평균이 0이며 분산은 $\sigma_A^2 = \sigma_B^2 = \sigma^2$인 비상관 랜덤변수이다. 상호상관함수 $R_{XY}(t, t+\tau)$를 구하라.

10.14 2개의 랜덤과정 $X(t)$와 $Y(t)$를 다음과 같이 정의하자.

$$X(t) = A\cos(wt + \Theta)$$
$$Y(t) = B\sin(wt + \Theta)$$

여기에서 w, A와 B는 모두 상수이고, Θ는 0과 2π 사이에서 균일분포를 갖는 랜덤변수이다.

a. 자기상관함수 $R_{XX}(t, t + \tau)$를 구하고, $X(t)$가 광의의 정상 랜덤과정임을 보여라.

b. 자기상관함수 $R_{YY}(t, t + \tau)$를 구하고, $Y(t)$가 광의의 정상 랜덤과정임을 보여라.

c. 상호상관함수 $R_{XY}(t, t + \tau)$를 구하고, $X(t)$와 $Y(t)$가 상호 결합된 광의의 정상 랜덤과정임을 보여라.

10.5절: 광의의 정상 랜덤과정

10.15 2개의 랜덤과정 $X(t)$와 $Y(t)$를 다음과 같이 정의하자.

$$X(t) = A\cos(w_1 t + \Theta)$$
$$Y(t) = B\sin(w_2 t + \Phi)$$

여기에서 w_1, w_2, A 그리고 B가 상수이며, Θ와 Φ는 확률적으로 독립인 랜덤변수이고 모두 0과 2π 사이에서 균일분포를 갖는 랜덤변수이다.

a. 상호상관함수 $R_{XY}(t, t+\tau)$를 구하고, $X(t)$와 $Y(t)$가 상호 결합된 광의의 정상 랜덤과정임을 보여라.

b. 만약 $\Theta=\Phi$이 성립하면 $X(t)$와 $Y(t)$가 상호 결합된 광의의 정상 랜덤과정이 아님을 보여라.

c. 만약 $\Theta=\Phi$이 성립하면 어떤 조건하에서 $X(t)$와 $Y(t)$가 상호 결합된 광의의 정상 랜덤과정이 되는지 설명하라.

10.16 다음에 기술된 각 행렬이 평균이 0인 광의의 정상 랜덤과정 $X(t)$의 자기상관 행렬이 될 수 있는지 또는 될 수 없는지 설명하라.

a. $$G=\begin{bmatrix} 1.0 & 1.2 & 0.4 & 1.0 \\ 1.2 & 1.0 & 0.6 & 0.9 \\ 0.4 & 0.6 & 1.0 & 1.3 \\ 1.0 & 0.9 & 1.3 & 1.0 \end{bmatrix}$$

b. $$H=\begin{bmatrix} 2.0 & 1.2 & 0.4 & 1.0 \\ 1.2 & 2.0 & 0.6 & 0.9 \\ 0.4 & 0.6 & 2.0 & 1.3 \\ 1.0 & 0.9 & 1.3 & 2.0 \end{bmatrix}$$

c. $$K=\begin{bmatrix} 1.0 & 0.7 & 0.4 & 0.8 \\ 0.5 & 1.0 & 0.6 & 0.9 \\ 0.4 & 0.6 & 1.0 & 0.3 \\ 1.0 & 0.9 & 0.3 & 1.0 \end{bmatrix}$$

10.17 2개의 상호 결합된 정상 랜덤과정 $X(t)$와 $Y(t)$가 다음과 같이 주어진다.

$$X(t)=2\cos(5t+\Phi)$$
$$Y(t)=10\sin(5t+\Phi)$$

여기에서 Φ는 0과 2π 사이에서 균일분포를 갖는 랜덤변수이다. 이때 상호상관함수 $R_{XY}(\tau)$와 $R_{YX}(\tau)$를 구하라.

10.18 그림 10.7에 나타낸 $F(\tau)$, $G(\tau)$ 그리고 $H(\tau)$가 광의의 정상 랜덤과정의 자기상관함수가 될 수 있는지 또는 될 수 없는지 그 이유를 각각 설명하라.

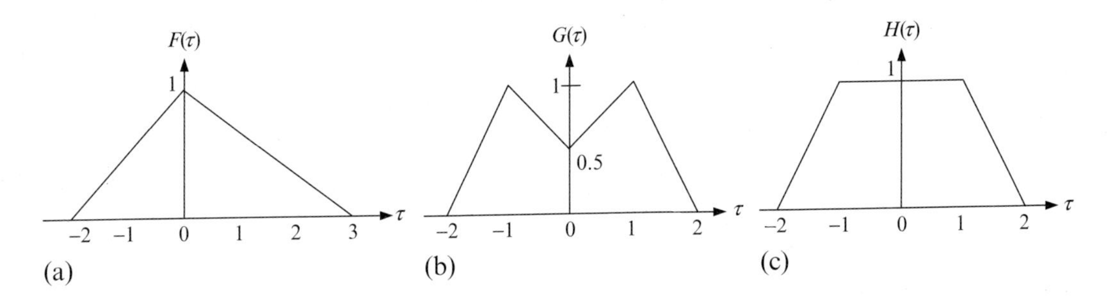

그림 10.7 문제 10.18의 그림

10.19 랜덤과정 $Y(t)$가 다음과 같이 주어진다.

$$Y(t) = A\sin(Wt + \Phi)$$

여기에서 A, w 그리고 Φ는 상호 독립인 랜덤변수이다. A는 평균이 3이고 분산이 9이며, Φ는 $-\pi$와 π 사이에서 균일분포를 가지며, w는 −6과 6 사이에서 균일분포를 가진다. 이때 랜덤과정 $Y(t)$가 광의의 정상 랜덤과정인지 설명하라.

10.20 랜덤과정 $X(t)$가 다음과 같이 주어진다.

$$X(t) = A\cos(t) + (B+1)\sin(t) \qquad -\infty < t < \infty$$

여기에서 A와 B는 상호 독립인 랜덤변수이며, $E[A] = E[B] = 0$이고 $E[A^2] = E[B^2] = 1$이다. $X(t)$가 광의의 정상 랜덤과정인가?

10.21 어떤 랜덤과정의 자기상관함수가 다음과 같이 주어진다.

$$R_{XX}(\tau) = \frac{16\tau^2 + 28}{\tau^2 + 1}$$

랜덤과정의 제곱-평균값, 평균값, 그리고 분산을 구하라.

10.22 광의의 정상 랜덤과정 $X(t)$의 제곱-평균(또는 평균 전력)이 $E[X^2(t)] = 11$이다. 다음에 주어진 각 함수들이 $X(t)$의 자기상관함수가 될 수 있는지를 판단하고 그 이유를 제시하라.

a. $R_{XX}(\tau) = \dfrac{11\sin(2\tau)}{1+\tau^2}$

b. $R_{XX}(\tau) = \dfrac{11\tau}{1+3\tau^2+4\tau^4}$

c. $R_{XX}(\tau) = \dfrac{\tau^2+44}{\tau^2+4}$

d. $R_{XX}(\tau) = \dfrac{11\cos(\tau)}{1+3\tau^2+4\tau^4}$

e. $R_{XX}(\tau) = \dfrac{11\tau^2}{1+3\tau^2+4\tau^4}$

10.23 에르고딕 랜덤과정 $X(t)$의 자기상관함수가 다음과 같이 주어진다.

$$R_{XX}(\tau) = \frac{36\tau^2+40}{\tau^2+1}$$

랜덤과정 $X(t)$의 평균값, 제곱-평균값, 그리고 분산을 구하라.

10.24 랜덤과정 $X(t)$가 결정 가능한 수량 Q와 광의의 정상 랜덤과정 $N(t)$와의 합으로 표시된다고 가정하자. 다음을 구하라.

a. $X(t)$의 평균

b. $X(t)$의 자기상관함수

c. $X(t)$의 자기공분산함수

10.25 평균이 0이고 확률적으로 독립인 두 랜덤과정 $X(t)$와 $Y(t)$의 자기상관함수가 각각 다음과 같다.

$$R_{XX}(\tau) = e^{-|\tau|}$$
$$R_{YY}(\tau) = \cos(2\pi\tau)$$

다음을 구하라.

a. 랜덤과정 $U(t) = X(t) + Y(t)$의 자기상관함수

b. 랜덤과정 $V(t) = X(t) - Y(t)$의 자기상관함수

c. $U(t)$와 $V(t)$의 상호상관함수

10.6절: 에르고딕 랜덤과정

10.26 다음과 같이 표시되는 랜덤과정 $Y(t)$을 고려하자.

$$Y(t) = A\cos(wt + \Phi)$$

여기에서 w는 상수이고, A와 Φ는 상호 독립인 랜덤변수이다. 랜덤변수 A는 평균이 3이고 분산이 9이며, 랜덤변수 Φ는 $-\pi$와 π 사이에서 균일분포를 가진다. 랜덤과정 $Y(t)$가 평균-에르고딕 랜덤과정인지 판단하라.

10.27 랜덤과정 $X(t)$가 다음과 같이 주어진다.

$$X(t) = A$$

여기에서 A는 평균이 유한한 크기의 μ_A이며 분산도 유한한 크기의 σ_A^2을 갖는 랜덤변수이다. 랜덤과정 $X(t)$가 평균-에르고딕 랜덤과정인지 판단하라.

10.7절: 전력밀도스펙트럼

10.28 $V(t)$와 $W(t)$가 모두 평균이 0인 광의의 정상 랜덤과정이라고 가정하자. 그리고 다음과 같은 랜덤과정 $M(t)$를 정의하자.

$$M(t) = V(t) + W(t)$$

a. 만약 $V(t)$와 $W(t)$가 결합된 광의의 정상 랜덤과정이라고 할 때, 다음 문제를 $V(t)$와 $W(t)$ 랜덤과정의 함수로 나타내라.

1. $M(t)$의 자기상관함수
2. $M(t)$의 전력밀도스펙트럼

b. 만약 $V(t)$와 $W(t)$가 서로 직교한다고 할 때, 다음 문제를 $V(t)$와 $W(t)$ 랜덤과정의 함수로 나타내어라.

1. $M(t)$의 자기상관함수

2. $M(t)$의 전력밀도스펙트럼

10.29 정상 랜덤과정 $X(t)$의 자기상관함수가 다음과 같다고 가정하자.

$$R_{XX}(\tau) = 2e^{-|\tau|} + 4e^{-4|\tau|}$$

랜덤과정 $X(t)$의 전력밀도스펙트럼을 구하라.

10.30 랜덤과정 $X(t)$의 전력밀도스펙트럼이 다음과 같다고 가정하자.

$$S_{XX}(w) = \begin{cases} 4 - \dfrac{w^2}{9} & |w| \le 6 \\ 0 & \text{otherwise} \end{cases}$$

다음 문제에 답하라.

a. 랜덤과정의 평균 전력을 구하라.

b. 랜덤과정의 자기상관함수를 구하라.

10.31 랜덤과정 $Y(t)$의 전력밀도스펙트럼이 다음과 같다고 가정하자.

$$S_{XX}(w) = \frac{9}{w^2 + 64}$$

다음 문제에 답하라.

a. 랜덤과정의 평균 전력을 구하라.

b. 랜덤과정의 자기상관함수를 구하라.

10.32 랜덤과정 $Z(t)$의 자기상관함수가 다음과 같다고 가정하자.

$$R_{ZZ}(\tau) = \begin{cases} 1 + \dfrac{\tau}{\tau_0} & -\tau_0 \le \tau \le 0 \\ 1 - \dfrac{\tau}{\tau_0} & 0 \le \tau \le \tau_0 \\ 0 & \text{otherwise} \end{cases}$$

여기에서 τ_0는 상수이다. 이때 랜덤과정 $Z(t)$의 전력밀도스펙트럼을 구하라.

10.33 다음에 주어진 각 함수들이 광의의 정상 랜덤과정의 전력밀도스펙트럼이 될 수 있는지를 판단하고 그 이유를 제시하라.

a. $S_{XX}(w) = \dfrac{\sin(w)}{w}$

b. $S_{XX}(w) = \dfrac{\cos(w)}{w}$

c. $S_{XX}(w) = \dfrac{8}{w^2 + 16}$

d. $S_{XX}(w) = \dfrac{5w^2}{1 + 3w^2 + 4w^4}$

e. $S_{XX}(w) = \dfrac{5w}{1 + 3w^2 + 4w^4}$

10.34 대역이 제한된 백색잡음이 다음과 같은 전력밀도스펙트럼을 가진다.

$$S_{XX}(w) = \begin{cases} 0.01 & 400\pi \le |w| \le 500\pi \\ 0 & \text{otherwise} \end{cases}$$

랜덤과정의 제곱-평균값을 구하라.

10.35 광의의 정상 랜덤과정 $X(t)$가 다음에 표시된 자기상관함수를 가진다.

$$R_{XX}(\tau) = ae^{-4|\tau|}$$

여기에서 a는 상수이다. $X(t)$의 전력밀도스펙트럼을 구하라.

10.36 2개의 랜덤과정 $X(t)$와 $Y(t)$가 다음과 같이 정의되어 있다.

$$X(t) = A\cos(w_0 t) + B\sin(w_0 t)$$
$$Y(t) = B\cos(w_0 t) - A\sin(w_0 t)$$

여기에서 w_0는 상수이며 A와 B는 평균이 0이며 분산이 $\sigma_A^2 = \sigma_B^2 = \sigma^2$인 비상관 랜덤변수이다. 이때 $X(t)$와 $Y(t)$의 상호 전력밀도스펙트럼 $S_{XY}(w)$을 구하라. [$S_{XY}(w)$는 상호상관함수 $R_{XY}(\tau)$의 푸리에 변환임을 주목하라.]

10.37 2개의 랜덤과정 $X(t)$와 $Y(t)$는 모두 평균이 0인 광의의 정상 랜덤과정이다. 만약 랜덤과정 $Z(t) = X(t) + Y(t)$를 정의할 때 다음 조건하에서 $Z(t)$의 전력밀도스펙트럼을 구하라.

a. $X(t)$와 $Y(t)$는 결합된 광의의 정상 랜덤과정이다.

b. $X(t)$와 $Y(t)$는 서로 직교한다.

10.38 2개의 랜덤과정 $X(t)$와 $Y(t)$는 다음과 같은 상호상관함수를 가진다.

$$R_{XY}(\tau) = 2e^{-2\tau} \qquad \tau \geq 0$$

다음을 구하라.

a. 상호 전력밀도스펙트럼 $S_{XY}(w)$

b. 상호 전력밀도스펙트럼 $S_{YX}(w)$

10.39 2개의 결합된 정상 랜덤과정 $X(t)$와 $Y(t)$는 다음과 같은 상호 전력밀도스펙트럼을 가진다.

$$S_{XY}(w) = \frac{1}{-w^2 + j4w + 4}$$

상호 전력밀도스펙트럼에 대응하는 상호상관함수를 구하라.

10.40 평균이 0이고 서로 독립이며 광의의 정상 랜덤과정 $X(t)$와 $Y(t)$의 전력밀도스펙트럼이 각각 다음과 같다.

$$S_{XX}(w) = \frac{4}{w^2 + 4}$$

$$S_{YY}(w) = \frac{4}{w^2 + 4}$$

이때 새로운 랜덤과정 $W(t)$를 $W(t) = X(t) + Y(t)$와 같이 정의할 때, 다음을 구하라.

a. $W(t)$의 전력밀도스펙트럼

b. 상호 전력밀도스펙트럼 $S_{XW}(w)$

c. 상호 전력밀도스펙트럼 $S_{YW}(w)$

10.41 평균이 0이고 서로 독립이며 광의의 정상 랜덤과정 $X(t)$와 $Y(t)$의 전력밀도스펙트럼이 각각 다음과 같다.

$$S_{XX}(w) = \frac{4}{w^2+4}$$

$$S_{YY}(w) = \frac{w^2}{w^2+4}$$

이때 2개의 랜덤과정 $V(t)$와 $W(t)$를 같이 정의한다.

$$V(t) = X(t) + Y(t)$$
$$W(t) = X(t) - Y(t)$$

상호 전력밀도스펙트럼 $S_{VW}(w)$를 구하라.

10.42 평균이 0인 광의의 정상 랜덤과정 $X(t)$, $-\infty < t < \infty$가 다음과 같은 전력밀도스펙트럼을 갖는다.

$$S_{XX}(w) = \frac{2}{1+w^2} \qquad -\infty < w < \infty$$

랜덤과정 $Y(t)$를 다음과 같이 정의한다.

$$Y(t) = \sum_{k=0}^{2} X(t+k)$$

a. $Y(t)$의 평균값을 구하라.

b. $Y(t)$의 분산을 구하라.

10.43 광의의 정상 랜덤과정 $X(t)$와 $Y(t)$가 있다고 가정하자. 이때 새로운 랜덤과정을 $Z(t) = X(t) + Y(t)$와 같이 정의하고 다음 물음에 답하라.

a. $Z(t)$의 자기상관함수를 다음과 같이 나타낼 수 있음을 보여라.

$$R_{ZZ}(t, t+\tau) = R_{XX}(\tau) + R_{YY}(\tau) + R_{XY}(t, t+\tau) + R_{YX}(t, t+\tau)$$

b. 만약 $X(t)$와 $Y(t)$가 결합된 광의의 정상 랜덤과정이라고 할 때 $Z(t)$의 자기상관함수를 다음과 같이 나타낼 수 있음을 보여라.

$$R_{ZZ}(t, t+\tau) = R_{XX}(\tau) + R_{YY}(\tau) + R_{XY}(\tau) + R_{YX}(\tau)$$

c. 만약 $X(t)$와 $Y(t)$가 결합된 광의의 정상 랜덤과정이라고 할 때 $Z(t)$의 전력밀도스펙트럼을 구하라.

d. 만약 $X(t)$와 $Y(t)$가 비상관 관계라고 할 때 $Z(t)$의 전력밀도스펙트럼을 구하라.

e. 만약 $X(t)$와 $Y(t)$가 직교할 때 $Z(t)$의 전력밀도스펙트럼을 구하라.

10.8절: 이산시간 랜덤과정

10.44 자기상관함수가 $R_{XX}[m] = a^m,\ m = 0, 1, 2, \ldots; |a| < 1$인 랜덤수열 $X[n]$의 전력밀도스펙트럼을 구하라.

10.45 광의의 정상 연속시간 랜덤과정 $X(t)$가 다음과 같은 자기상관함수를 가진다.

$$R_{X_C X_C}(\tau) = e^{-2|\tau|}\cos(w_0 \tau)$$

여기에서 w_0는 상수이다. 만약 $X(t)$를 10초의 샘플링 주기로 표본화하여 이산시간 랜덤과정 $X[n]$을 생성하였다고 할 때 $X[n]$의 전력밀도스펙트럼을 계산하라. [힌트: $S_{X_C X_C}(w)$를 구하기 위하여 표 10.1을 사용하라.]

10.46 백색잡음 $N(t)$의 자기상관함수를 주기 T마다 주기적으로 표본화하여 다음 함수를 얻었다.

$$R_{NN}(kT) = \begin{cases} \sigma_N^2 & k = 0 \\ 0 & k \neq 0 \end{cases}$$

이산시간 랜덤과정의 전력밀도스펙트럼을 구하라.

10.47 이산시간 랜덤과정 $X[n]$의 자기상관함수가 다음과 같이 주어져 있다.

$$R_{XX}[k] = \begin{cases} \sigma_X^2 & k = 0 \\ \dfrac{4\sigma_X^2}{k^2\pi^2} & k \neq 0,\ k \text{ odd} \\ 0 & k \neq 0,\ k \text{ even} \end{cases}$$

이산시간 랜덤과정의 전력밀도스펙트럼 $S_{XX}(\Omega)$을 구하라.

CHAPTER 11

랜덤입력을 갖는 선형시스템

11.1 개요

10장에서 랜덤과정의 개념에 대하여 설명하고 랜덤과정과 연관된 다양한 함수들에 대해서 논의하였다. 이 함수들에는 자기상관함수, 자기공분산함수, 상호상관함수, 상호공분산함수, 그리고 전력밀도스펙트럼이 포함된다. 이번 장의 목표는 결정신호가 아닌 랜덤신호가 선형시스템의 입력일 때 선형시스템의 출력 또는 결과를 구하는 것이다. 이와 관련된 논의를 시작하기 위하여 먼저 결정신호(deterministic signal)가 인가된 선형시스템에 대한 개요를 학습한 후 랜덤신호가 선형시스템에 인가되었을 때의 출력에 대하여 공부한다.

11.2 결정입력신호를 갖는 선형시스템 개요

결정입력신호 $x(t)$와 결정출력신호 $y(t)$를 갖는 어떤 시스템을 고려하자. 이 시스템은 일반적으로 **임펄스함수**[impulse function, 또는 **임펄스응답**(impulse response)] $h(t)$ 또는 **시스템응답**(+system response) $H(w)$로 표현된다. 여기서 시스템응답은 임펄스응답의 푸리에 변환이다. 이 관계를 그림 11.1에 나타내었다. 시스템응답을 시스템의 **전달함수**(transfer function)라고도 한다.

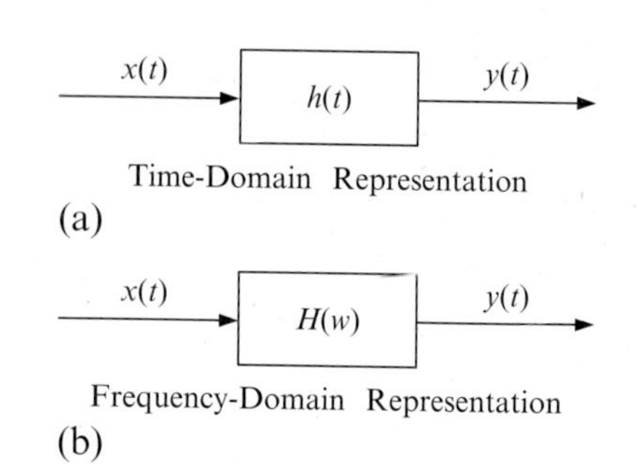

그림 11.1 시간영역과 주파수영역에서의 선형시스템

입력 $x_k(t)$, $k=1,2,\ldots,K$들의 합에 대한 시스템의 출력이 각 입력에 대한 시스템의 출력의 합과 동일하면 이러한 시스템을 선형시스템이라고 정의한다. 그리고 임펄스 응답이 임펄스가 인가된 시간에 의존하지 않을 경우 이러한 시스템을 시불변(time invariant) 시스템이라고 한다. 선형 시불변 시스템의 경우 입력신호 $x(t)$에 대한 시스템 출력은 $x(t)$와 $h(t)$의 콘볼루션과 같다. 즉

$$y(t) = x(t) * h(t) = \int_{-\infty}^{\infty} x(\tau)h(t-\tau)d\tau \tag{11.1}$$

위의 식을 $x(t)$와 $h(t)$의 **콘볼루션 적분**(convolution integral)이라고 부른다. $u=t-\tau$라고 치환하면 다음 식을 얻을 수 있다.

$$y(t) = \int_{-\infty}^{\infty} x(t-u)h(u)du = \int_{-\infty}^{\infty} h(u)x(t-u)du = h(t) * x(t)$$

그러므로 콘볼루션 공식은 교환법칙이 성립하고 다음 두 가지 식 중 하나로 쓸 수 있다.

$$y(t) = x(t) * h(t) = h(t) * x(t) = \int_{-\infty}^{\infty} x(\tau)h(t-\tau)d\tau = \int_{-\infty}^{\infty} h(\tau)x(t-\tau)d\tau$$

주파수영역에서 $y(t)$의 푸리에 변환을 다음과 같이 계산할 수 있다.

$$Y(w)=F[y(t)]=\int_{-\infty}^{\infty} y(t)e^{-jwt}dt=\int_{-\infty}^{\infty}\left\{\int_{-\infty}^{\infty} x(\tau)h(t-\tau)d\tau\right\}e^{-jwt}dt$$

여기서 $F[y(t)]$ 는 $y(t)$의 푸리에 변환을 뜻한다. 적분 순서를 바꾸고 $x(\tau)$가 t에 의존하지 않으므로 다음 식을 얻는다.

$$Y(w)=\int_{-\infty}^{\infty} x(\tau)\left\{\int_{-\infty}^{\infty} h(t-\tau)e^{-jwt}dt\right\}d\tau$$

그러나 내부에 있는 적분은 $h(t-\tau)$의 푸리에 변환인 $e^{-jw\tau}H(w)$ 이다. 그러므로 다음과 같이 나타낼 수 있다.

$$Y(w)=\int_{-\infty}^{\infty} x(\tau)e^{-jw\tau}H(w)d\tau=H(w)\int_{-\infty}^{\infty} x(\tau)e^{-jw\tau}d\tau=H(w)X(w) \tag{11.2}$$

그러므로 출력신호의 푸리에 변환은 입력신호의 푸리에 변환과 시스템응답의 곱이 된다.

임의의 시간 t_0에서의 시스템 출력 $y(t_0)$가 $t>t_0$인 모든 t의 입력신호 $x(t)$에 의존하지 않으면 이 시스템은 **인과적**(causal) 특성을 가진다고 한다. 그러므로 인과 시스템의 출력은 시스템에 인가된 입력신호보다 먼저 생성될 수 없다. 즉 인과 시스템 출력은 현재 시점과 과거 시점에서의 입력신호 값에 영향을 받는다. 이것은 인과적인 시스템의 임펄스응답은 $(h(t)=0,\ t<0)$의 특성을 갖고 인과적 시스템의 출력은 미래의 입력 값을 예측할 수 없기 때문에 종종 **예견할 수 없는**(non-anticipative) 시스템이라고도 한다. 인과적 선형 시불변 시스템의 경우 출력과정은 다음과 같이 구할 수 있다.

$$y(t)=\int_{-\infty}^{t} x(\tau)h(t-\tau)d\tau=\int_{0}^{\infty} h(\tau)x(t-\tau)d\tau$$

11.3 연속시간 랜덤입력을 갖는 선형시스템

앞 절에서 기술한 원리를 입력이 연속시간 랜덤신호인 경우로 확장할 수 있다. 모든 랜덤과정 $X(t)$의 푸리에 변환이 존재하지 않으므로 주파수영역에서 자기상관함수를 다룬다는 점을 주지하자(자기상관함수의 푸리에 변환은 항상 존재한다). 여기서 다루고자 하는 문제는 '임펄스응답이 $h(t)$이고 선형 시불변 시스템의 입력이 $X(t)$이며 $Y(t)$가 시스템의 출력일 때 $X(t)$의 평균과 자기상관함수를 알면 $Y(t)$의 평균과 자기상관함수를 구할 수 있는가?'라는 것이다. 앞에서 언급한 사실로부터 출력과정을 다음과 같이 구할 수 있다.

$$Y(t)=\int_{-\infty}^{\infty} X(\tau)h(t-\tau)d\tau$$

그러므로 $Y(t)$의 평균은 다음과 같이 주어진다.

$$\begin{aligned}\mu_Y(t)&=E[Y(t)]=E\left[\int_{-\infty}^{\infty} X(\tau)h(t-\tau)d\tau\right]=\int_{-\infty}^{\infty} E[X(\tau)]h(t-\tau)d\tau\\&=\int_{-\infty}^{\infty} \mu_X(\tau)h(t-\tau)d\tau=\mu_X(t)*h(t)\end{aligned} \tag{11.3}$$

$Y(t)$는 다음과 같이 표현할 수도 있으므로

$$Y(t)=\int_{-\infty}^{\infty} h(\tau)X(t-\tau)d\tau$$

평균은 다음과 같다.

$$\mu_Y(t)=\int_{-\infty}^{\infty} h(\tau)\mu_X(t-\tau)d\tau=h(t)*\mu_X(t)$$

위로부터 다음 식이 성립한다.

$$\mu_Y(t) = \mu_X(t) * h(t) = h(t) * \mu_X(t) \tag{11.4}$$

그러므로 출력신호의 평균을 입력신호의 평균과 임펄스응답의 콘볼루션으로 구할 수 있다.

입력신호 $X(t)$와 출력신호 $Y(t)$ 사이의 상호상관함수는 다음과 같다.

$$\begin{aligned} R_{XY}(t, t+\tau) &= E[X(t)Y(t+\tau)] = E\left[X(t)\int_{-\infty}^{\infty} h(u)X(t+\tau-u)du\right] \\ &= \int_{-\infty}^{\infty} E[X(t)X(t+\tau-u)]h(u)du = \int_{-\infty}^{\infty} R_{XX}(t, t+\tau-u)h(u)du \end{aligned}$$

만약 $X(t)$가 광의의 정상 랜덤과정이라면 위 식을 다음과 같이 쓸 수 있다.

$$R_{XY}(\tau) = \int_{-\infty}^{\infty} R_{XX}(\tau-u)h(u)du = R_{XX}(\tau) * h(\tau) \tag{11.5}$$

양변에 푸리에 변환을 취하면 $X(t)$와 $Y(t)$ 사이의 **상호 전력밀도스펙트럼**(cross-power spectral density)을 다음과 같이 쓸 수 있다.

$$S_{XY}(w) = H(w)S_{XX}(w) \tag{11.6}$$

그러므로 시스템의 전달함수는 다음과 같다.

$$H(w) = \frac{S_{XY}(w)}{S_{XX}(w)} \tag{11.7}$$

비슷한 방법으로 출력과정 $Y(t)$와 광의의 정상 랜덤과정인 입력 $X(t)$ 사이의 상호상관함수를 다음과 같이 구할 수 있다.

$$R_{YX}(\tau) = E[Y(t)X(t+\tau)] = \int_{-\infty}^{\infty} R_{XX}(\tau-u)h(-u)du = R_{XX}(\tau) * h(-\tau) \tag{11.8}$$

그리고 양변에 푸리에 변환을 취하면 $Y(t)$와 $X(t)$ 사이의 상호 전력밀도스펙트럼을 다음과 같이 구할 수 있다.

$$S_{YX}(w) = H^*(w)S_{XX}(w) \tag{11.9}$$

여기서 $H^*(w)$는 $H(w)$의 공액복소수이며 다음과 같다.

$$H^*(w) = \frac{S_{YX}(w)}{S_{XX}(w)} \tag{11.10}$$

끝으로 광의의 정상 랜덤과정이 입력인 선형 시불변 시스템의 출력신호에 대한 자기상관함수를 다음과 같이 구할 수 있다.

$$\begin{aligned}
R_{YY}(t, t+\tau) &= E[Y(t)Y(t+\tau)] = E\left[Y(t)\int_{-\infty}^{\infty} h(u)X(t+\tau-u)du\right] \\
&= \int_{-\infty}^{\infty} h(u)E[Y(t)X(t+\tau-u)]du = \int_{-\infty}^{\infty} h(u)R_{YX}(t, t+\tau-u)du \\
&= \int_{-\infty}^{\infty} h(u)R_{YX}(\tau-u)du = R_{YX}(\tau) * h(\tau) \\
&= R_{XX}(\tau) * h(-\tau) * h(\tau) = h(-\tau) * h(\tau) * R_{XX}(\tau)
\end{aligned}$$

여기서 마지막 식의 등호는 콘볼루션은 교환법칙과 결합법칙이 성립하기 때문이다. 그러므로 출력과정 역시 광의의 정상신호인 것을 다음과 같이 보일 수 있다.

$$R_{YY}(t,t+\tau) = R_{YY}(\tau) = R_{XX}(\tau) * h(-\tau) * h(\tau) = h(-\tau) * h(\tau) * R_{XX}(\tau) \tag{11.11}$$

마지막으로 광의의 정상랜덤과정이 입력인 선형 시불변 시스템의 출력과정의 전력밀도 스펙트럼은 콘볼루션의 푸리에 변환이 푸리에 변환의 곱이기 때문에 다음 식을 얻을 수 있다.

$$S_{YY}(w) = H^*(w)H(w)S_{XX}(w) = |H(w)|^2 S_{XX}(w) \tag{11.12}$$

$|H(w)|^2$는 시스템의 **전력전달함수**(power transfer function)라고 부르며 다음과 같다.

$$|H(w)|^2 = \frac{S_{YY}(w)}{S_{XX}(w)} \tag{11.13}$$

예제 11.1

선형 시불변시스템의 입력 $X(t)$가 백색잡음이라고 가정하자. 만약 시스템 응답 $H(w)$가 다음과 같이 주어질 때 출력과정 $Y(t)$의 전력밀도스펙트럼을 구하라.

$$H(w) = \begin{cases} 1 & w_1 < |w| < w_2 \\ 0 & \text{otherwise} \end{cases}$$

풀이

이상적인 대역통과필터인 $H(w)$가 그림 11.2에 나타나 있다. $S_{XX}(w)=S_{NN}(w)=N_0/2$, $-\infty<w<\infty$이므로 다음 식이 성립함을 알 수 있다.

$$S_{YY}(w) = S_{XX}(w)|H(w)|^2 = \frac{N_0}{2}|H(w)|^2 = \begin{cases} \frac{N_0}{2} & w_1 < |w| < w_2 \\ 0 & \text{otherwise} \end{cases}$$

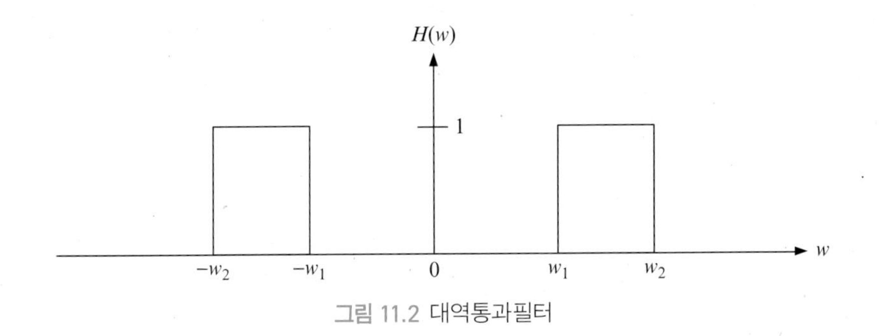

그림 11.2 대역통과필터

예제 11.2

어떤 랜덤과정 $X(t)$가 임펄스응답이 $h(t)=2e^{-t}$, $t \geq 0$인 선형시스템의 입력이다. 입력의 자기상관함수가 $R_{XX}(\tau)=e^{-2|\tau|}$라고 할 때 출력신호 $Y(t)$의 전력밀도스펙트럼을 구하라.

풀이

입력신호 랜덤과정의 전력밀도스펙트럼을 다음과 같이 구할 수 있다.

$$\begin{aligned} S_{XX}(w) &= \int_{-\infty}^{\infty} R_{XX}(\tau)e^{-jw\tau}d\tau = \int_{-\infty}^{\infty} e^{-2|\tau|}e^{-jw\tau}d\tau \\ &= \int_{-\infty}^{0} e^{2\tau}e^{-jw\tau}d\tau + \int_{0}^{\infty} e^{-2\tau}e^{-jw\tau}d\tau = \int_{-\infty}^{0} e^{(2-jw)\tau}d\tau + \int_{0}^{\infty} e^{-(2+jw)\tau}d\tau \\ &= \frac{1}{2-jw} + \frac{1}{2+jw} = \frac{4}{w^2+4} \end{aligned}$$

선형 시스템의 전달함수는 다음과 같이 구할 수 있다.

$$\begin{aligned} H(w) &= \int_{-\infty}^{\infty} h(t)e^{-jwt}dt = \int_{0}^{\infty} 2e^{-t}e^{-jwt}dt = \int_{0}^{\infty} 2e^{-(1+jw)t}dt \\ &= \frac{2}{1+jw} \end{aligned}$$

그러므로 출력신호 랜덤과정의 전력밀도스펙트럼을 다음과 같이 구할 수 있다.

$$S_{YY}(w) = S_{XX}(w)|H(w)|^2 = \left\{\frac{4}{w^2+4}\right\}\left\{\left|\frac{2}{1+jw}\right|^2\right\} = \frac{16}{(w^2+1)(w^2+4)}$$

표 10.1의 결과를 이용하여 다음과 같이 문제를 풀 수 있다.

$$e^{-a|\tau|} \leftrightarrow \frac{2a}{a^2+w^2},\quad e^{-a\tau} \leftrightarrow \frac{1}{a+jw}$$

예제 11.3

어떤 랜덤과정 $X(t)$가 임펄스응답이 $h(t)=2e^{-t}$, $t \geq 0$인 선형시스템의 입력이다. 입력의 자기상관함수가 $R_{XX}(\tau)=e^{-2|\tau|}$라고 할 때 다음 물음에 답하라.

a. 입력랜덤과정 $X(t)$와 출력랜덤과정 $Y(t)$ 사이의 상호상관함수 $R_{XY}[\tau]$를 구하라.

b. 출력랜덤과정 $Y(t)$와 입력랜덤과정 $X(t)$ 사이의 상호상관함수 $R_{YX}[\tau]$를 구하라.

풀이

a. 입력랜덤과정과 출력랜덤과정 사이의 상호상관함수는 다음과 같이 구할 수 있다.

$$R_{XY}(\tau) = \int_{-\infty}^{\infty} R_{XX}(\tau - u)h(u)du = R_{XX}(\tau) * h(\tau)$$

$R_{XY}[\tau]$를 위와 같이 직접적으로 구할 수 있지만 $R_{XY}[\tau]$와 관련된 상호 전력밀도스펙트럼 $S_{XY}(w)$를 이용하는 것이 더 좋은 방법이다. 표 10.1로부터 다음의 식을 구한다.

$$e^{-a|\tau|} \leftrightarrow \frac{2a}{a^2+w^2},\ e^{-a\tau} \leftrightarrow \frac{1}{a+jw}$$

그러므로

$$S_{XY}(w) = S_{XX}(w)H(w) = \left\{\frac{4}{w^2+4}\right\}\left\{\frac{2}{1+jw}\right\} = \frac{8}{(2+jw)(2-jw)(1+jw)}$$
$$\equiv \frac{a}{2+jw} + \frac{b}{2-jw} + \frac{c}{1+jw}$$

여기서

$$a = (2+jw)S(w)|_{jw=-2} = -2$$
$$b = (2-jw)S(w)|_{jw=2} = 2/3$$
$$c = (1+jw)S(w)|_{jw=-1} = 8/3$$

그러므로

$$S_{XY}(w) = -\frac{2}{2+jw} + \frac{2/3}{2-jw} + \frac{8/3}{1+jw}$$

표 10.1로부터 함수 $f(t)=e^{-at}$, $t\geq 0$, $a>0$의 푸리에 변환이 $F(w)=1/(a+jw)$임을 알 수 있다. 유사하게 함수 $g(t)=e^{bt}$, $t<0$, $b>0$의 푸리에 변환이 $G(w)=1/(b-jw)$이다. 먼저 다음과 같은 단위계단함수를 정의한다.

$$u(\tau) = \begin{cases} 1 & \tau \geq 0 \\ 0 & \text{otherwise} \end{cases}$$

입력랜덤과정과 출력랜덤과정 사이의 상호상관함수를 다음과 같이 구할 수 있다.

$$R_{XY}(\tau)=\left\{\frac{8}{3}e^{-\tau}-2e^{-2\tau}\right\}u(\tau)+\frac{2}{3}e^{2\tau}u(-\tau)$$

b. 관계식 $R_{YX}(\tau)=R_{XY}(-\tau)$을 이용하면 $R_{YX}(\tau)$를 다음과 같이 구할 수 있다.

$$R_{YX}(\tau)=\left\{\frac{8}{3}e^{\tau}-2e^{2\tau}\right\}u(-\tau)+\frac{2}{3}e^{-2\tau}u(\tau)$$

예제 11.4

그림 11.3은 입력랜덤과정 $X(t)$와 평균이 0인 잡음 랜덤과정 $N(t)$로 구성된 선형시스템을 보인다. 여기서 두 랜덤과정은 상호 비상관 관계이며, 모두 광의의 정상랜덤 과정으로 전력밀도스펙트럼이 각각 $S_{XX}(w)$와 $S_{NN}(w)$이다. 출력랜덤과정 $Y(t)$의 전력밀도스펙트럼을 구하라.

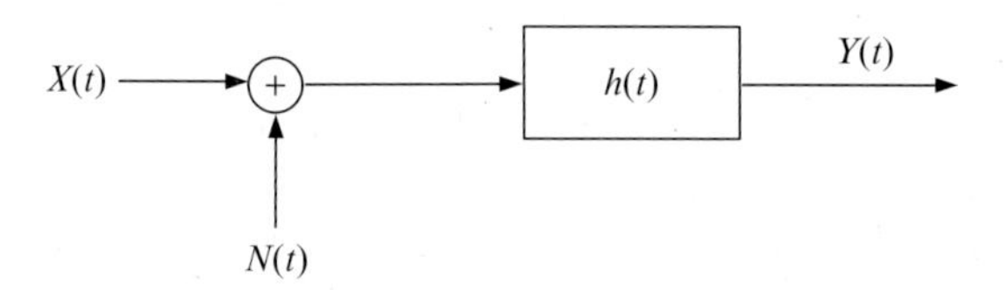

그림 11.3 예제 11.4의 그림

풀이

선형시스템의 입력을 $V(t)=X(t)+N(t)$와 같이 나타낼 수 있다. 그러므로 $V(t)$의 자기상관함수를 다음과 같이 구할 수 있다.

$$\begin{aligned}R_{VV}(\tau)&=E[V(t)V(t+\tau)]=E[\{X(t)+N(t)\}\{X(t+\tau)+N(t+\tau)\}]\\&=E[X(t)X(t+\tau)]+E[X(t)N(t+\tau)]+E[N(t)X(t+\tau)]+E[N(t)N(t+\tau)]\\&=R_{XX}(\tau)+R_{NN}(\tau)\end{aligned}$$

위의 식에서 마지막 줄은 $X(t)$와 $N(t)$가 상호 비상관이고 $N(t)$의 평균이 0이라는 사실에 기인한다. 그러므로 $S_{VV}(w)=S_{XX}(w)+S_{NN}(w)$이 성립한다. 시스템응답을 $H(w)$라고 하면 다음 결과를 얻는다.

$$S_{YY}(w)=|H(w)|^2S_{VV}(w)=|H(w)|^2\{S_{XX}(w)+S_{NN}(w)\}$$

11.4 이산시간 랜덤입력을 갖는 선형시스템

연속시간 랜덤과정을 입력으로 갖는 선형 시불변 시스템을 해석하는 데 사용되었던 이론을 이산시간 랜덤과정(또는 랜덤수열)을 입력으로 갖는 선형 시불변 시스템의 경우로도 쉽게 확장할 수 있다. 임펄스응답이 $h[n]$인 선형 시불변 시스템의 입력이 랜덤수열 $\{X[n], n=1,2,\ldots\}$이라고 가정하자. 입력 랜덤수열 $X[n]$에 대한 시스템의 응답을 다음과 같이 구할 수 있다.

$$Y[n]=\sum_{k=-\infty}^{\infty} X[k]h_k[n]$$

여기서 $h_k[n]$은 $X[k]$에 대한 시스템응답이다. 시불변 시스템이기 때문에 $h_k[n]=h[n-k]$와 같이 쓸 수 있다. 그러므로 선형 시불변 시스템의 경우 다음 관계식을 얻을 수 있다.

$$Y[n]=\sum_{k=-\infty}^{\infty} X[k]h[n-k] \tag{11.14}$$

위 식을 **콘볼루션 합**(convolutional sum)이라고 하며 $Y[n]=X[n]*h[n]$이라고 나타낸다. 연속시간 시스템의 경우와 유사하게 다음과 같이 나타낼 수 있다.

$$Y[n]=\sum_{k=-\infty}^{\infty} h[k]X[n-k]=h[n]*X[n] \tag{11.15}$$

즉, 콘볼루션 연산은 연속시간의 경우와 마찬가지로 교환법칙이 성립한다. $X[n]$의 평균을 μ_X라고 하면 $Y[n]$의 평균을 다음과 같이 구할 수 있다.

$$\begin{aligned}\mu_Y[n]&=E[Y[n]]=E\left[\sum_{k=-\infty}^{\infty} X[k]h[n-k]\right]=\sum_{k=-\infty}^{\infty} E[X[k]]h[n-k]\\&=\mu_X\sum_{k=-\infty}^{\infty} h[n-k]\end{aligned} \tag{11.16}$$

주파수영역에서 계산을 위해 푸리에 변환을 사용했던 연속시간 시스템과 달리 이산시간 시스템에서는 이산시간 푸리에 변환을 사용한다. 그리고 이산시간 푸리에 변환에서는 **이산 주파수**(discrete frequency) Ω를 사용한다. 이산랜덤수열 $X[n]$의 자기상관함수가 $R_{XX}[n]$이라고 하면, $X[n]$의 전력밀도스펙트럼을 다음과 같이 이산시간 푸리에 변환을 사용하여 구할 수 있다.

$$S_{XX}(\Omega)=\sum_{n=-\infty}^{\infty}R_{XX}[n]e^{-j\Omega n}$$

10장에서 언급했던 것처럼 $S_{XX}(\Omega)$는 주기가 2π인 주기함수이므로 다음과 같이 자기상관함수를 이산시간 푸리에 역변환을 사용하여 구할 수 있다.

$$R_{XX}[n]=\frac{1}{2\pi}\int_{-\pi}^{\pi}S_{XX}(\Omega)e^{j\Omega n}d\Omega$$

$X[n]$과 출력 이산랜덤수열 $Y[n]$ 사이의 상호상관함수는 다음과 같이 구할 수 있다.

$$\begin{aligned}R_{XY}[n,n+k]&=E[X[n]Y[n+k]]=E\left[X[n]\sum_{l=-\infty}^{\infty}h[l]X[n+k-l]\right]\\&=\sum_{l=-\infty}^{\infty}h[l]E[X[n]X[n+k-l]]=\sum_{k=-\infty}^{\infty}h[l]R_{XX}[n,n+k-l]\end{aligned}$$

$X[n]$이 광의의 정상 랜덤수열인 경우에는 다음과 같이 나타낼 수 있다.

$$R_{XY}[n,n+k]=\sum_{k=-\infty}^{\infty}h[l]R_{XX}[k-l]=h[k]*R_{XX}[k]=R_{XY}[k] \tag{11.17}$$

$X[n]$이 광의의 정상 랜덤수열인 경우 상호 전력밀도스펙트럼은 다음과 같이 구할 수 있다.

$$S_{XY}(\Omega)=\sum_{k=-\infty}^{\infty}R_{XY}[k]e^{-j\Omega k}=\sum_{k=-\infty}^{\infty}\{h[k]*R_{XX}[k]\}e^{-j\Omega k}=H(\Omega)S_{XX}(\Omega) \tag{11.18}$$

출력 이산랜덤수열 $Y[n]$의 자기상관함수는 다음과 같이 나타낼 수 있다.

$$\begin{aligned} R_{YY}[n, n+k] &= E[Y[n]Y[n+k]] = E\left[\sum_{m=-\infty}^{\infty} h[m]X[n-m] \sum_{l=-\infty}^{\infty} h[l]X[n+k-l]\right] \\ &= \sum_{m=-\infty}^{\infty}\sum_{l=-\infty}^{\infty} h[m]h[l]E[X[n-m]X[n+k-l]] \\ &= \sum_{m=-\infty}^{\infty}\sum_{l=-\infty}^{\infty} h[m]h[l]R_{XX}[n-m, n+k-l] \end{aligned}$$

만약 $X[n]$이 광의의 정상 이산랜덤수열인 경우에는 다음 식을 얻을 수 있다.

$$R_{YY}[n, n+k] = \sum_{m=-\infty}^{\infty}\sum_{l=-\infty}^{\infty} h[m]h[l]R_{XX}[k+m-l] = R_{YY}[k] \tag{11.19}$$

연속시간에서 구했던 것과 유사하게 $Y[n]$의 전력밀도스펙트럼을 다음과 같이 나타낼 수 있다.

$$S_{YY}(\Omega) = |H(\Omega)|^2 S_{XX}(\Omega) \tag{11.20}$$

예제 11.5

이산시간 선형 시불변시스템의 임펄스응답이 다음과 같이 주어져 있다.

$$h[n] = a^n u[n]$$

여기서 $|a|<1$이고 $u[n]$은 단위계단수열로 다음과 같이 정의한다.

$$u[n] = \begin{cases} 1 & n \geq 0 \\ 0 & n < 0 \end{cases}$$

입력수열 $X[n]$이 전력밀도스펙트럼이 $N_0/2$인 이산시간 백색잡음이라고 할 때 출력 $Y[n]$의 전력밀도스펙트럼을 구하라.

풀이

시스템응답을 다음과 같이 구할 수 있다.

$$H(\Omega)=\sum_{n=-\infty}^{\infty}h[n]e^{-j\Omega n}=\sum_{n=0}^{\infty}a^n e^{-j\Omega n}=\sum_{n=0}^{\infty}\left(ae^{-j\Omega}\right)^n=\frac{1}{1-ae^{-j\Omega}}$$

$S_{XX}(\Omega)=N_0/2$이기 때문에 다음 식을 구할 수 있다.

$$\begin{aligned}S_{YY}(\Omega)&=|H(\Omega)|^2 S_{XX}(\Omega)=H^*(\Omega)H(\Omega)S_{XX}(\Omega)=\frac{N_0}{2}\left(\frac{1}{1-ae^{-j\Omega}}\right)\left(\frac{1}{1-ae^{j\Omega}}\right)\\&=\frac{N_0}{2[1-a(e^{j\Omega}+e^{-j\Omega})+a^2]}=\frac{N_0}{2[1-2a\cos(\Omega)+a^2]}\end{aligned}$$

11.5 자귀회귀이동평균 과정

자귀회귀이동평균(auto regressive moving average, ARMA) 과정은 시간영역 해석에서 자주 사용되는 개념이다. 두 가지 개념으로 구성되어 있는데 이동평균 과정과 자귀회귀 과정이다. $\{W[n],\ n\geq 0\}$이 평균이 0이고 분산이 σ_W^2인 광의의 정상 랜덤 입력수열이라고 하자. 일반적으로 $W[n]$을 비상관이라고 가정한다. 그러한 수열의 대표적인 예가 잡음이다. 이어서 각 과정들에 대하여 설명한다.

11.5.1 이동평균 과정

q차의 이동평균 과정이란 현재 값 $Y[n]$이 랜덤 입력과정의 과거 q개의 값에 선형적으로 의존하는 랜덤과정을 의미한다. 그러므로 q개의 상수 $\beta_0, \beta_1, \ldots, \beta_q$가 있을 때 다음과 같이 정의된 출력과정을 q차 이동평균 과정 MA(q)라고 부른다.

$$\begin{aligned}Y[n]&=\beta_0 W[n]+\beta_1 W[n-1]+\beta_2 W[n-2]+\cdots+\beta_q W[n-q]\\&=\sum_{k=0}^{q}\beta_k W[n-k] \qquad n\geq 0\end{aligned} \tag{11.21}$$

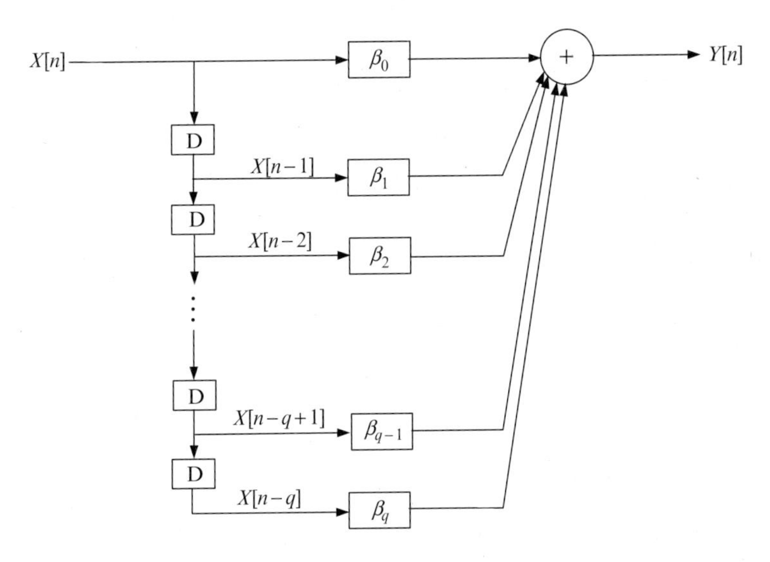

그림 11.4 유한 임펄스응답 시스템의 구조

이동평균 과정은 순수한 피드포워드(feedforward) 시스템의 특별한 예이며, 이 시스템은 평균이 0이 아닌 $X[n]$을 입력으로 취하는 **유한 임펄스응답**(finite impulse response, FIR) 시스템이라고도 부른다. FIR 시스템의 일반적인 구조를 그림 11.4에 나타내었으며 D는 단위 시간지연을 나타낸다.

$W[n]$이 비상관 특징을 갖고 있기 때문에 MA(q)의 평균, 분산, 자기상관함수를 다음과 같이 구할 수 있다.

$$E[Y[n]] = E\left[\sum_{k=0}^{q}\beta_k W[n-k]\right] = \sum_{k=0}^{q}\beta_k E[W[n-k]] = 0$$

$$\begin{aligned}\sigma_Y^2[n] &= E\left[\{Y[n]-E[Y[n]]\}^2\right] = E[Y^2[n]] = E\left[\left(\sum_{k=0}^{q}\beta_k W[n-k]\right)^2\right] \\ &= E\left[\sum_{k=0}^{q}\beta_k W[n-k]\sum_{m=0}^{q}\beta_m W[n-m]\right] = \sum_{k=0}^{q}\sum_{m=0}^{q}\beta_k\beta_m E[W[n-k]W[n-m]]\end{aligned}$$

다음 식이 성립하기 때문에

$$E[W[m]W[k]] = \begin{cases} \sigma_W^2 & m = k \\ 0 & m \neq k \end{cases}$$

$E[W[n-k]W[n-m]]$는 $k=m$인 경우에는 0이 아닌 값 σ_W^2을 갖고 나머지 경우에는 0이 된다. 그러므로 다음 관계식을 얻을 수 있다.

$$\sigma_Y^2[n] = \sigma_W^2 \sum_{k=0}^{q} \beta_k^2 \tag{11.22}$$

동일한 방법으로 자기상관함수는 다음과 같이 구할 수 있다.

$$\begin{aligned} R_{YY}[n, n+m] &= E[Y[n]Y[n+m]] = E\left[\sum_{k=0}^{q} \beta_k W[n-k] \sum_{l=0}^{q} \beta_l W[n+m-l]\right] \\ &= \sum_{k=0}^{q} \sum_{l=0}^{q} \beta_k \beta_l E[W[n-k]W[n+m-l]] \end{aligned}$$

$E[W[n-k]W[n+m-l]]$는 $k=l-m$, 또는 $l=k+m$인 경우에는 0이 아닌 값 σ_W^2을 갖고 나머지 경우에는 0이 되므로 다음 관계식을 얻을 수 있다.

$$R_{YY}[n, n+m] = \sum_{k=0}^{q-m} \beta_k \beta_{k+m} E\left[W^2[n-k]\right] = \sigma_W^2 \sum_{k=0}^{q-m} \beta_k \beta_{k+m} \qquad 0 \leq m \leq q$$

$m>q$인 경우 곱에서 겹치는 부분이 없기 때문에 자기상관함수는 0이 된다. 자기상관함수가 n과 무관하고 m에만 의존하는 점에 주목하면 $Y[n]$은 광의의 정상 랜덤 과정이다.

$S_{XX}(\Omega)$가 $R_{XX}[m]$의 이산시간 푸리에 변환이라고 하면 $S_{XX}(\Omega)e^{-j\Omega m_0}$는 $R_{XX}[m-m_0]$의 이산시간 푸리에 변환이라는 사실에 주목하자. 여기서 m_0는 상수이다. 그러므로 $W[n]$과 $Y[n]$과의 상호상관함수를 다음과 같이 구할 수 있다.

$$R_{WY}[n, n+m] = E[W[n]Y[n+m]] = E\left[W[n]\sum_{k=0}^{q}\beta_k W[n+m-k]\right]$$
$$= \sum_{k=0}^{q}\beta_k E[W[n]W[n+m-k]] = \sum_{k=0}^{q}\beta_k R_{WW}[m-k] = R_{WY}[m]$$

이것은 상호 전력밀도스펙트럼을 다음과 같이 나타낼 수 있음을 의미한다.

$$\begin{aligned} S_{WY}(\Omega) &= \sum_{m=-\infty}^{\infty} R_{WY}[m]e^{-j\Omega m} = \sum_{m=-\infty}^{\infty}\sum_{k=0}^{q}\beta_k R_{WW}[m-k]e^{-j\Omega m} \\ &= \sum_{k=0}^{q}\beta_k e^{-j\Omega k}\sum_{m=-\infty}^{\infty} R_{WW}[m-k]e^{-j\Omega(m-k)} \\ &= S_{WW}(\Omega)\sum_{k=0}^{q}\beta_k e^{-j\Omega k} \end{aligned} \tag{11.23}$$

이것으로부터 MA(q)로 정의된 선형시스템의 전달함수를 다음과 같이 나타낼 수 있다.

$$H(\Omega) = \frac{S_{WY}(\Omega)}{S_{WW}(\Omega)} = \sum_{k=0}^{q}\beta_k e^{-j\Omega k} \tag{11.24}$$

그러므로 MA(q) 과정은 유한 임펄스응답 또는 비재귀적인(non-recursive) 필터의 전달함수와 유사한 전달함수를 갖고 있다. 이동평균 과정 관계식이 비재귀적인 식이기 때문에 놀라운 일은 아니다. 즉 출력과정의 현재 값을 계산하기 위해 이미 알려진 출력값들을 재귀적으로 사용하지 않기 때문이다.

예제 11.6

1차 이동평균 과정 MA(1)의 분산과 자기상관함수를 구하라.

풀이

1차 이동평균 과정은 다음과 같이 나타낼 수 있다.

$Y[n] = \beta_0 W[n] + \beta_1 W[n-1] \qquad n \geq 0$

그러므로 분산과 자기상관함수를 다음과 같이 나타낼 수 있다.

$$\sigma_Y^2[n] = \sigma_W^2 \sum_{k=0}^{1} \beta_k^2 = \sigma_W^2 \{\beta_0^2 + \beta_1^2\}$$

$$R_{YY}[n, n+m] = \sigma_W^2 \sum_{k=0}^{1-m} \beta_k \beta_{k+m}$$

여기서 $0 \leq m \leq 1$이다. 위 식으로부터 다음과 같이 나타낼 수 있다.

$$R_{YY}[n, n] = R_{YY}[0] = \sigma_W^2 \{\beta_0^2 + \beta_1^2\}$$

$$R_{YY}[n, n+1] = R_{YY}[1] = \sigma_W^2 \beta_0 \beta_1$$

$$R_{YY}[n, n+k] = 0 \qquad k > 1$$

그러므로 MA(1)의 전력밀도스펙트럼은 다음과 같이 구할 수 있다.

$$S_{YY}(\Omega) = \sum_{m=-\infty}^{\infty} R_{YY}[m] e^{-j\Omega m} = \sigma_W^2 \{\beta_0^2 + \beta_1^2\} + \sigma_W^2 \beta_0 \beta_1 e^{-j\Omega}$$

11.5.2 자귀회귀 과정

일련의 상수 값 $\beta_0, \alpha_1, \ldots, \alpha_p$가 주어질 때 앞에서 언급된 바와 같이

$$\begin{aligned} Y[n] &= \alpha_1 Y[n-1] + \alpha_2 Y[n-2] + \cdots + \alpha_p Y[n-p] + \beta_0 W[n] \\ &= \sum_{k=1}^{p} \alpha_k Y[n-k] + \beta_0 W[n] \qquad n \geq 0 \end{aligned} \tag{11.25}$$

은 평균이 0이고 분산이 σ_W^2인 광의의 정상 랜덤과정 $\{W[n], n \geq 0\}$이 입력으로 인가된 출력과정으로 정의하고 p차원의 자귀회귀 과정 AR(p)라고 부른다. $Y[n]$이 회귀하기 때문에 (다시 말하면 $Y[n]$이 입력 랜덤과정의 과거 값이 아니라 자기 자신의 과거 p개의 값에 대한 선형함수로 표시된다) 이러한 성질을 '자귀회귀' 성질이라고 부른다. 자귀회귀 과정은 평균이 0이 아닌 $X[n]$을 입력으로 갖는 피드백 시스템의 한 예로서 피드백 시스템을 **무한 임펄스응답**(infinite impulse response, IIR) 시스

템이라고 부른다. IIR시스템의 일반적인 구조를 그림 11.5에 나타내었으며, 여기서 D는 단위시간 지연을 나타낸다.

주식시장에서 어떤 회사 주식의 움직임이 AR(P) 과정의 한 예가 된다. 다음 모델을 사용하여 주가를 예측한다고 가정하자.

k일의 주가 = $(k-1)$일에서의 주가 + k일에서의 랜덤 사건

그러면 주가를 예측하는 모델을 AR(1)로 모델링할 수 있다. 만약 주가가 예를 들어 지난 3일 동안의 주가에 영향을 받는다면 AR(3) 과정으로 모델링할 수 있다.

$Y[n]$의 평균은 다음과 같이 구할 수 있다.

$$E[Y[n]] = E\left[\sum_{k=1}^{p} \alpha_k Y[n-k] + \beta_0 W[n]\right] = \sum_{k=1}^{p} \alpha_k E[Y[n-k]] + \beta_0 E[W[n]] \; n \geq 0$$

$E[W[n]]=0$이고 $Y[n]=0,\ n<0$이 성립하기 때문에 위에 기술된 식을 반복적으로 풀면 다음 식을 얻을 수 있다.

$$E[Y[n]] = 0$$

유사하게 분산을 다음과 같이 나타낼 수 있다.

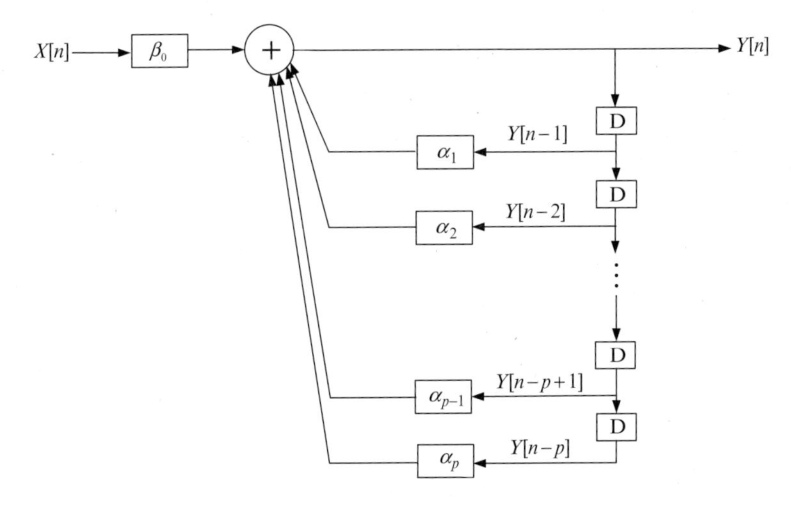

그림 11.5 무한 임펄스응답 시스템의 구조

$$\sigma_Y^2[n] = \sum_{m=0}^{p}\sum_{k=0}^{p} \alpha_k \alpha_m R_{YY}[n-k, n-m] + \beta_0^2 \sigma_W^2 \quad (11.26)$$

그러므로 분산은 다양한 시점에서 구한 여러 가지 이전 자기상관함수들의 함수가 된다. n과 n 시점에서의 자기상관함수는 다음과 같이 나타낼 수 있다.

$$R_{YY}[n, n] = \sum_{k=0}^{p} \alpha_k R_{YY}[n, n-k] + \beta_0^2 \sigma_W^2 \quad (11.27)$$

마지막으로 AR(p)로 나타낸 선형시스템의 전달함수는 다음과 같이 나타낼 수 있다.

$$H(\Omega) = \frac{\beta_0}{1 - \sum_{k=0}^{p} \alpha_k e^{-j\Omega k}} \quad (11.28)$$

그러므로 전달함수는 재귀(recursivek, 또는 무한응답) 필터의 전달함수와 유사하다. 이것은 AR(p) 과정의 관계식이 재귀적인 특성을 갖는 식이기 때문이다. 결과적으로 $\alpha_k, k=1, 2, \ldots, p$ 중에서 적어도 1개가 0이 아니면 전달함수는 무한구간의 임펄스응답을 갖게 된다.

예제 11.7

1차 자귀회귀 과정 AR(1)의 자기상관함수와 분산을 구하라.

풀이

1차 자귀회귀 과정을 다음과 같이 정의한다.

$$\begin{aligned} Y[n] &= \alpha_1 Y[n-1] + \beta_0 W[n] = \alpha_1 \{\alpha_1 Y[n-2] + \beta_0 W[n-1]\} + \beta_0 W[n] \\ &= \alpha_1^2 \{\alpha_1 Y[n-3] + \beta_0 W[n-2]\} + \beta_0 \alpha_1 W[n-1] + \beta_0 W[n] \\ &= \beta_0 W[n] + \beta_0 \alpha_1 W[n-1] + \beta_0 \alpha_1^2 W[n-2] + \cdots \\ &= \beta_0 \sum_{k=0}^{\infty} \alpha_1^k W[n-k] \end{aligned}$$

위 식으로부터 다음을 얻는다.

$$E[Y[n]] = E\left[\beta_0 \sum_{k=0}^{\infty} \alpha_1^k W[n-k]\right] = \beta_0 \sum_{k=0}^{\infty} \alpha_1^k E[W[n-k]] = 0$$
$$\sigma_Y^2[n] = \sigma_W^2 \beta_0^2 \{1 + \alpha_1^2 + \alpha_1^4 + \cdots\}$$

그러므로 $|\alpha_1|<1$이면 분산은 유한한 값이 된다. 이 조건하에서 위 식을 다음과 같이 나타낼 수 있다.

$$\sigma_Y^2[n] = \frac{\sigma_W^2 \beta_0^2}{1-\alpha_1^2}$$

자기상관함수는 다음과 같이 구할 수 있다.

$$R_{YY}[n, n+m] = E[Y[n]Y[n+m]] = E\left[\beta_0 \sum_{k=0}^{\infty} \alpha_1^k W[n-k] \beta_0 \sum_{l=0}^{\infty} \alpha_1^l W[n+m-l]\right]$$
$$= \beta_0^2 \sum_{k=0}^{\infty} \sum_{l=0}^{\infty} \alpha_1^k \alpha_1^l E[W[n-k]W[n+m-l]]$$

$m \neq n$일 때 $E[W[m]W[n]]=0$이 성립하고 $m=n$일 때 $E[W[m]W[n]]=\sigma_W^2$가 성립하기 때문에 다음 식을 얻을 수 있다.

$$E[W[n-k]W[n+m-l]] = \begin{cases} \sigma_W^2 & \text{if } l = m+k \\ 0 & \text{otherwise} \end{cases}$$

그러므로 자기상관함수를 다음과 같이 나타낼 수 있다.

$$R_{YY}[n, n+m] = \sigma_W^2 \beta_0^2 \sum_{k=0}^{\infty} \alpha_1^k \alpha_1^{m+k} = \sigma_W^2 \beta_0^2 \alpha_1^m \sum_{k=0}^{\infty} \alpha_1^{2k} = \frac{\sigma_W^2 \beta_0^2}{1-\alpha_1^2} \alpha_1^m$$
$$= \sigma_Y^2[n] \alpha_1^m \qquad m \geq 0$$

그러므로 AR(1)의 전력밀도스펙트럼은 다음과 같이 나타낼 수 있다.

$$S_{YY}(\Omega) = \sum_{m=-\infty}^{\infty} R_{YY}[m] e^{-j\Omega m} = \frac{\sigma_W^2 \beta_0^2}{1-\alpha_1^2} \sum_{k=0}^{\infty} \alpha_1^m e^{-j\Omega m} = \frac{\sigma_W^2 \beta_0^2}{(1-\alpha_1^2)(1-\alpha_1 e^{-j\Omega})}$$

11.5.3 ARMA 과정

(p, q)차수의 ARMA 과정은 MA(q) 과정과 AR(p) 과정을 조합하여 얻을 수 있다. 즉 ARMA 과정은 p개의 AR항과 q개의 MA항으로 구성되어 있으며 다음과 같이 나타낼 수 있다.

$$Y[n] = \sum_{k=1}^{p} \alpha_k Y[n-k] + \sum_{k=0}^{q} \beta_k W[n-k] \quad n \geq 0 \tag{11.29}$$

ARMA 과정의 구조는 그림 11.4에 나타낸 구조와 그림 11.5에 나타낸 구조의 조합이며 그림 11.6에 나타내었다.

ARMA의 장점 중의 하나는 정상 랜덤수열 또는 시간열(time series)을 순수하게 MA 과정 또는 AR 과정만으로 나타내는 것보다 더 적은 파라미터를 사용하여 ARMA 과정으로 모델링할 수 있다는 것이다. $E[W[n-k]]=0$, $k=0,1,2, \ldots, q$가 성립하기 때문에 $E[Y[n]]=0$가 성립하는 것을 보이는 것은 쉽다. 유사하게 $Y[n]$의 분산을 다음과 같이 나타낼 수 있다.

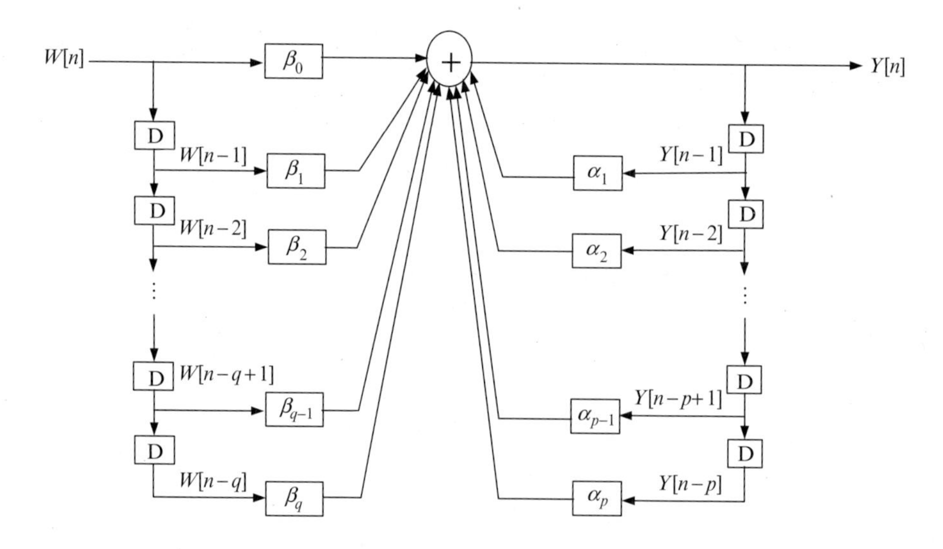

그림 11.6 ARMA 과정의 구조

$$\sigma_Y^2[n] = \sum_{k=1}^{p} \alpha_k R_{YY}[n, n-k] + \sum_{k=0}^{q} \beta_k R_{YW}[n, n-k] \tag{11.30}$$

그러므로 분산은 각기 다른 시점에서 계산한 자기상관함수의 가중 합과 각기 다른 시점에서 계산한 상호상관함수의 가중 합으로 나타낼 수 있다. 마지막으로 ARMA(p, q)로 정의된 선형시스템의 전달함수는 다음과 같이 표현된다.

$$H(\Omega) = \frac{\sum_{k=0}^{q} \beta_k e^{-j\Omega k}}{1 - \sum_{k=0}^{p} \alpha_k e^{-j\Omega k}} \tag{11.31}$$

11.6 요약

이 장에서는 랜덤입력이 선형 시불변 시스템에 인가되었을 때 시스템의 응답에 대해서 다루었다. 연속시간 시스템과 이산시간 시스템을 모두 고려하여 출력 전력밀도스펙트럼과 입력과정과 출력과정 사이의 상호 전력밀도스펙트럼을 모두 구했다. 이산시간 입력과정의 전력밀도스펙트럼 $S_{XX}(\Omega)$는 주기가 2π인 주기함수이므로 $S_{XX}(\Omega)$를 정의할 때 단지 $(-\pi, \pi)$ 구간만 고려하면 충분하다. 또한, 자귀회귀 과정, 이동평균 과정, 그리고 자귀회귀 이동평균 과정도 소개하였다.

11.7 문제

11.2절: 결정과정이 입력인 선형시스템

11.1 구간 $[-T, T]$에서 다음 식과 같이 표현된 '톱니파' 함수 $x(t)$의 푸리에 변환을 구하라.

$$x(t) = \begin{cases} 1 + \frac{t}{T} & -T \le t \le 0 \\ 1 - \frac{t}{T} & 0 \le t \le T \end{cases}$$

11.2 입력함수의 **미분**(differentiation)을 수행하는 시스템을 고려하자. 즉 입력함수가 $x(t)$이면, 출력함수는 다음과 같다.

$$y(t) = \frac{d}{dt} x(t)$$

$x(t)$의 푸리에 변환으로 $y(t)$의 푸리에 변환을 나타내라.

11.3 입력함수를 **복소변조**(complex modulation)하는 시스템을 고려하자. 즉 입력함수가 $x(t)$이면, 출력함수는 다음과 같이 표시된다.

$$y(t) = e^{jw_0 t} x(t)$$

여기서 w_0는 상수이다. $x(t)$의 푸리에 변환으로 $y(t)$의 푸리에 변환을 나타내라.

11.4 입력함수에 t_0 만큼 **시간지연**(delay)을 하는 시스템을 고려하자. 즉 입력함수가 $x(t)$이면, 출력함수는 다음과 같이 표시된다.

$$y(t) = x(t - t_0)$$

여기서 $t_0 > 0$는 상수이다. $x(t)$의 푸리에 변환으로 $y(t)$의 푸리에 변환을 나타내라.

11.5 입력함수에 **스케일링**(scaling) 동작을 수행하는 시스템을 고려하자. 즉 입력함수가 $x(t)$이면, 출력함수는 다음과 같이 표시된다.

$$y(t) = x(at)$$

여기서 $a > 0$는 상수이다. $x(t)$의 푸리에 변환으로 $y(t)$의 푸리에 변환을 나타내라.

11.3절: 연속시간 랜덤과정이 입력인 선형시스템

11.6 그림 11.7에 나타낸 바와 같이 평균이 0인 정상 랜덤신호 $X(t)$가 두 필터의 입력이다. $X(t)$의 전력밀도스펙트럼이 $S_{XX}(W)=N_0/2$이고 필터의 임펄스응답이 다음과 같다.

$$h_1(t)=\begin{cases}1 & 0\le t<1\\ 0 & \text{otherwise}\end{cases}$$
$$h_2(t)=\begin{cases}2e^{-t} & t\ge 0\\ 0 & \text{otherwise}\end{cases}$$

다음 물음에 답하라.

a. 출력신호 $Y_i(t)$, $i=1,2$의 평균 $E[Y_i(t)]$와 2차 모멘트 $E[Y_i^2(t)]$을 구하라.

b. 상호상관함수 $R_{Y_1Y_2}(t,t+\tau)$를 구하라.

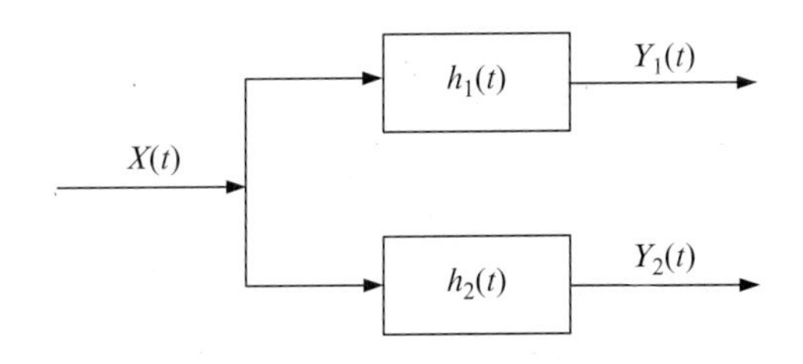

그림 11.7 문제 11.6의 그림

11.7 광의의 정상 랜덤과정 $X(t)$가 임펄스응답이 $h(t)=2e^{-7t}$, $t\ge 0$인 선형시스템의 입력으로 인가되었다. 만약 랜덤과정의 자기상관함수가 $R_{XX}(\tau)=e^{-4|\tau|}$이고 출력과정이 $Y(t)$라고 할 때 다음 물음에 답하라.

a. $Y(t)$의 전력밀도스펙트럼을 구하라.

b. 상호 전력밀도스펙트럼 $S_{XY}(W)$를 구하라.

c. 상호상관함수 $R_{XY}(\tau)$를 구하라.

11.8 어떤 선형시스템의 전달함수가 다음과 같이 주어진다.

$$H(w) = \frac{w}{w^2 + 15w + 50}$$

입력함수가 다음과 같은 경우 출력의 전력밀도스펙트럼을 구하라.

a. 자기상관함수가 $R_{XX}(\tau) = 10e^{-|\tau|}$인 정상 랜덤과정 $X(t)$

b. 평균-제곱값(mean-square)이 $1.2V^2/\text{Hz}$인 백색잡음

11.9 임펄스응답이 $h(t)=e^{-at}$, $t \geq 0$, $a>0$인 선형시스템이 있다. 시스템의 전력전달함수를 구하라.

11.10 임펄스응답이 $h(t)=e^{-at}$, $t \geq 0$, $a>0$인 선형시스템이 있다. 입력신호가 전력밀도 스펙트럼이 $N_0/2$인 백색잡음이라고 가정하자. 출력과정의 전력밀도스펙트럼을 구하라.

11.11 어떤 시스템의 전력전달함수가 다음과 같이 주어진다.

$$|H(w)|^2 = \frac{64}{[16 + w^2]^2}$$

표 10.1을 사용하여 시스템의 임펄스응답 $h(t)$를 구하라.

11.12 광의의 정상 랜덤과정 $X(t)$의 자기상관함수가 다음과 같이 주어진다.

$$R_{XX}(\tau) = \cos(w_0 \tau)$$

랜덤과정 $X(t)$가 다음에 표시된 전력전달함수를 갖는 시스템의 입력이다.

$$|H(w)|^2 = \frac{64}{[16 + w^2]^2}$$

a. 출력과정의 전력밀도스펙트럼을 구하라.

b. $Y(t)$가 출력과정이라고 할 때 상호 전력밀도스펙트럼 $S_{XY}(w)$를 구하라.

11.13 어떤 인과적인 시스템으로부터 다음에 나타낸 전력밀도스펙트럼을 갖는 출력과정 $Y(t)$를 얻었다.

$$S_{YY}(w) = \frac{2a}{a^2 + w^2}$$

시스템의 임펄스응답 $h(t)$를 구하라.

11.14 $X(t)$는 광의의 정상 랜덤과정이다. 임펄스응답이 $h(t)$인 시스템에 $X(t)$가 입력으로 인가되어 출력 $Y(t)$가 생성되었다. 다음과 같이 표현된 다른 랜덤과정을 고려하자: $Z(t)=X(t)-Y(t)$. 이 시스템을 그림 11.8에 나타내었다. 다음 문제를 $X(t)$의 파라미터(parameter)들로 나타내라.

a. 자기상관함수 $R_{ZZ}(\tau)$

b. 전력밀도스펙트럼 $S_{ZZ}(\mathrm{w})$

c. 상호상관함수 $R_{XZ}(\tau)$

d. 상호 전력밀도스펙트럼 $S_{XZ}(w)$

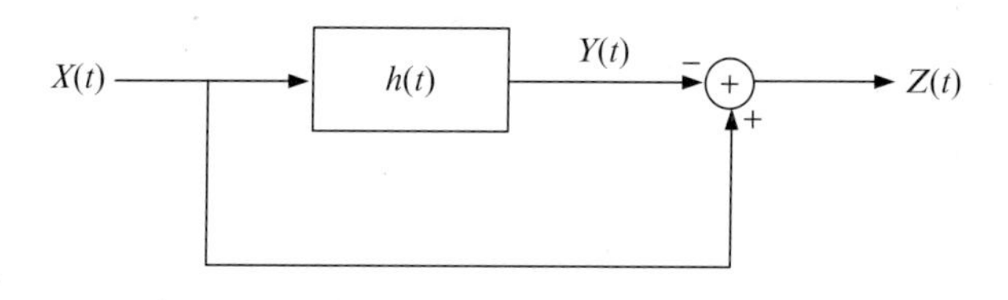

그림 11.8 문제 11.14의 그림

11.15 그림 11.9에 나타낸 시스템을 고려하자. 이 시스템에서 출력과정 $Y(t)$는 입력과정 $X(t)$와 $X(t)$를 지연시킨 뒤 a 크기만큼 스케일링된 랜덤과정의 합이다. 다음 물음에 답하라.

a. 시스템을 나타내는 식을 구하라[즉 $X(t)$로부터 $Y(t)$를 구하는 관계식].

b. 상호상관함수 $R_{XY}(\tau)$를 구하라.

c. 상호 전력밀도스펙트럼 $S_{XY}(w)$를 구하라.

d. 시스템의 전달함수 $H(w)$를 구하라.

e. $Y(t)$의 전력밀도스펙트럼을 구하라.

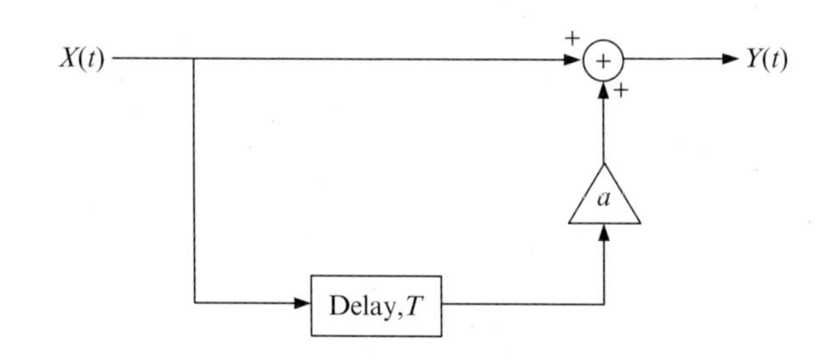

그림 11.9 문제 11.15의 그림

11.16 $X(t)$와 $Y(t)$는 상호결합(jointly)된 광의의 정상 랜덤과정이다. 만약 $Z(t)=X(t)+Y(t)$가 임펄스응답이 $h(t)$인 선형시스템의 입력일 때 다음 물음에 답하라.

a. $Z(t)$의 자기상관함수를 구하라.

b. $Z(t)$의 전력밀도스펙트럼을 구하라.

c. 입력과정 $Z(t)$와 출력과정 $V(t)$ 사이의 상호 전력밀도스펙트럼 $S_{ZV}(w)$를 구하라.

d. 출력과정 $V(t)$의 전력밀도스펙트럼을 구하라.

11.17 $X(t)$는 광의의 정상 랜덤과정이다. $Z(t)=X(t-d)$라고 가정하라. 여기서 d는 지연상수이다. 만약 임펄스응답이 $h(t)$인 선형시스템의 입력으로 $Z(t)$가 인가되었다고 할 때 다음 물음에 답하라.

a. $Z(t)$의 자기상관함수를 구하라.

b. 전력밀도스펙트럼 $S_{ZZ}(w)$를 구하라.

c. 상호상관함수 $R_{ZX}(\tau)$를 구하라.

d. 상호 전력밀도스펙트럼 $S_{ZX}(w)$를 구하라.

e. 출력과정 $Y(t)$의 전력밀도스펙트럼 $S_{YY}(w)$를 구하라. 여기서 출력과정 $Y(t)$는 시스템응답이 $H(w)$인 선형시스템에 입력과정 $Z(t)$를 인가하여 얻을 수 있다.

11.18 $X(t)$는 광의의 정상 랜덤과정으로 다음의 전달함수를 갖는 선형시스템의 입력으로 인가되었다.

$$H(w) = \frac{1}{a + jw}$$

여기서 $a>0$이다. 만약 $X(t)$는 평균이 0이고 전력밀도스펙트럼이 $N_0/2$인 백색잡음이라고 할 때 다음 물음에 답하라.

a. 시스템의 임펄스응답 $h(t)$를 구하라.

b. 입력과정과 출력과정 $Y(t)$와의 상호 전력밀도스펙트럼 $S_{XY}(w)$를 구하라.

c. $X(t)$와 $Y(t)$와의 상호상관함수 $R_{XY}(\tau)$를 구하라.

d. $Y(t)$와 $X(t)$와의 상호상관함수 $R_{YX}(\tau)$를 구하라.

e. $Y(t)$와 $X(t)$와의 상호 전력밀도함수 $S_{YX}(w)$를 구하라.

f. 출력과정의 전력밀도스펙트럼 $S_{YY}(w)$를 구하라.

11.4절: 이산시간 랜덤과정이 입력인 선형시스템

11.19 어떤 선형시스템의 임펄스응답이 다음과 같다.

$$h[n] = \begin{cases} e^{-an} & n \geq 0 \\ 0 & n < 0 \end{cases}$$

여기서 $a>0$는 상수다. 시스템의 전달함수를 구하라.

11.20 어떤 선형시스템의 임펄스응답이 다음과 같다.

$$h[n] = \begin{cases} e^{-an} & n \geq 0 \\ 0 & n < 0 \end{cases}$$

여기서 $a>0$는 상수다. 시스템의 입력수열에 대한 자기상관함수가 다음과 같다.

$$R_{XX}[n] = b^n \qquad 0 < b < 1,\ n \geq 0$$

출력과정의 전력밀도스펙트럼을 구하라.

11.21 이산시간 랜덤수열 $X[n]$의 자기상관함수가 다음과 같다.

$$R_{XX}[m]=e^{-b|m|}$$

여기서 $b>0$은 상수이다. $X[n]$의 전력밀도스펙트럼을 구하라.

11.22 어떤 선형시스템의 임펄스응답이 다음과 같다.

$$h[n]=\begin{cases} e^{-an} & n\geq 0 \\ 0 & n<0 \end{cases}$$

여기서 $a>0$는 상수이다. 이산시간 입력 랜덤수열 $X[n]$의 자기상관함수가 다음과 같다.

$$R_{XX}[m]=e^{-b|m|}$$

여기서 $b>0$는 상수이다. 출력 랜덤과정의 전력밀도스펙트럼을 구하라.

11.23 광의의 정상 연속시간 랜덤과정 $X_C(t)$의 자기상관함수가 다음과 같다.

$$R_{X_C X_C}(\tau)=e^{-4|\tau|}$$

만약 $X_C(t)$를 표본화 주기 10초로 표본화를 수행하여 이산시간 랜덤과정 $X[n]$을 만들었을 때 $X[n]$의 전력밀도스펙트럼을 구하라.

11.24 광의의 정상 연속시간 랜덤과정 $X_C(t)$의 자기상관함수가 다음과 같다.

$$R_{X_C X_C}(\tau)=e^{-4|\tau|}$$

$X_C(t)$를 표본화 주기 10초로 표본화를 수행하여 이산시간 랜덤과정 $X[n]$을 만들었다. 다음에 기술된 임펄스응답을 갖는 시스템의 입력으로 랜덤과정 $X[n]$이 인가되었다.

$$h[n]=\begin{cases} e^{-an} & n\geq 0 \\ 0 & n<0 \end{cases}$$

여기서 $a>0$는 상수이다. 출력과정의 전력밀도스펙트럼을 구하라.

11.25 그림 11.10에 나타낸 시스템을 고려하자. 이 시스템에서는 출력수열 $Y[n]$이 입력수열 $X[n]$과 $X[n]$을 단위시간만큼 지연시킨 후, a만큼 스케일링된 랜덤수열의 합이다. 다음 물음에 답하라.

a. 시스템을 표현하는 식을 구하라.

b. 상호상관함수 $R_{XY}[m]$을 구하라.

c. 상호 전력밀도스펙트럼 $S_{XY}(\Omega)$를 구하라.

d. 시스템의 전달함수 $H(\Omega)$를 구하라.

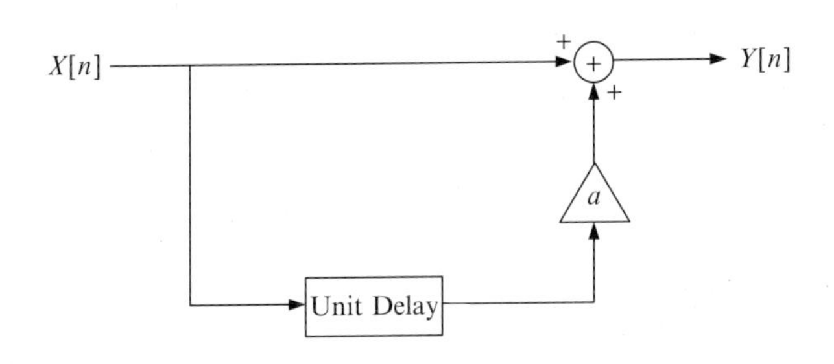

그림 11.10 문제 11.25의 그림

11.5절: 자귀회귀이동평균 과정

11.26 이산시간 피드백 제어시스템은 다음과 같은 특성을 가지고 있다. 시간 n에서 시스템의 출력전압 $Y[n]$은 크기 a만큼 스케일링된 시간 $n-1$에서의 출력전압과 과거 출력값에 독립인 시간 n에서의 랜덤오류(error) $W[n]$과의 선형조합이다. 제어시스템을 그림 11.11에 나타내었으며 이것은 $|a|<1$인 조건을 만족시킨다. 랜덤과정 $W[n]$은 평균이 0이고 표준편차가 β이며 독립이고 분포가 동일한 랜덤수열이다. 랜덤과정 $Y[n]$은 평균이 0이고, $n<0$인 경우에 대하여 $W[n]=0$이 성립한다.

a. 시스템을 표현하는 식을 구하라.

b. 출력 랜덤과정 $Y[n]$이 광의의 정상 랜덤과정인가?

c. $Y[n]$이 광의의 정상 랜덤과정이라면, 전력전달함수를 구하라.

d. 상호상관함수 $R_{WY}[n, n+m]$을 구하라.

e. 자기상관함수 $R_{WW}[n, n+m]$을 구하라.

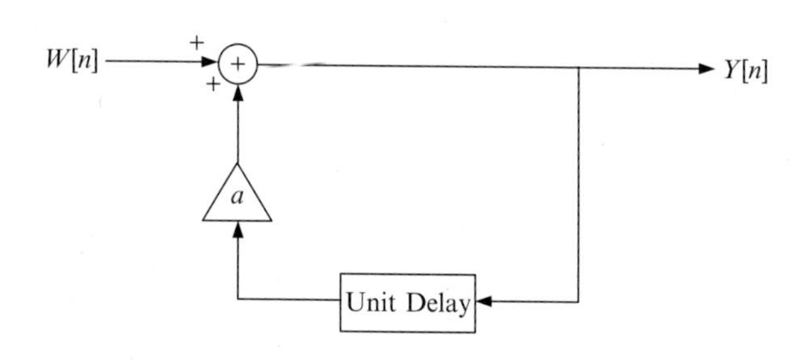

그림 11.11 문제 11.26의 그림

11.27 출력 랜덤과정 $Y[n]$에서 $n>2$라고 가정하자. MA(2) 과정의 평균, 자기상관함수, 분산을 구하라.

11.28 다음에 기술된 MA(2) 과정의 자기상관함수를 구하라.

$$Y[n] = W[n] + 0.7W[n-1] - 0.2W[n-2]$$

11.29 다음에 기술된 AR(2) 과정의 자기상관함수를 구하라.

$$Y[n] = 0.7Y[n-1] - 0.2Y[n-2] + W[n]$$

11.30 다음에 기술된 ARMA(1,1) 과정을 고려하라. 여기서 $|\alpha|<1$, $|\beta|<1$이며, $n<0$인 경우에 대하여 $Y[n]=0$이다.

$$Y[n] = \alpha Y[n-1] + W[n] + \beta W[n-1]$$

$W[n]$은 평균이 0인 랜덤과정으로 $n<0$인 경우에 대하여 $W[n]=0$이고, 분산은 $E[W[n]W[k]]=\sigma_W^2\delta[n-k]$이라고 가정한다.

a. $W[n]$과 시간 지연된 $W[n]$의 항으로 $Y[n]$의 일반적인 수식표현을 구하라.

b. 위에서 구한 결과를 사용하여 ARMA(1,1) 과정의 자기상관함수를 구하라.

11.31 MA(5) 과정의 표현식을 기술하라.

11.32 AR(5) 과정의 표현식을 기술하라.

11.33 ARMA(4,3) 과정의 표현식을 기술하라.

CHAPTER 12

특별한 랜덤과정

12.1 개요

10장은 랜덤과정의 정의와 특성을 다루고, 11장은 랜덤과정이 입력인 선형시스템의 응답(출력)을 다루었다. 이 장에서는 베르누이 과정, 랜덤워크, 가우시안 과정, 푸아송 과정, 마르코프 과정을 포함한 몇 개의 잘 알려진 랜덤과정에 대해 알아본다.

12.2 베르누이 과정

일련의 독립적 베르누이 시행, 예를 들어 동전던지기 같은 시행을 고려하자. 각 시행에서 성공할 확률과 실패할 확률, 즉 동전의 앞면이 나올 확률과 뒷면이 나올 확률이 각각 p 및 $1-p$라 하자. 랜덤변수 X_i를 i번째 시행에서의 성공한 경우 1, 실패한 경우 0이라고 하면 하면 X_i의 확률질량함수는 다음과 같다.

$$p_{X_i}(x) = \begin{cases} 1-p & x=0 \\ p & x=1 \end{cases}$$

베르누이 랜덤변수는 on/off, 예/아니오, 성공/실패, 동작/고장, 적중/오발, 이름/늦음, 앞면/뒷면 등과 같이 어떤 시행이 단지 2개의 결과만을 가질 때 사용된다. 이와 같이 동일한 동전을 여러 번 던져서 얻은 결과와 같은 일련의 연속적인 랜덤변수 $\{X_i, i=1, 2, \ldots\}$를 베르누이 과정이라고 한다. 이러한 과정에서 주어진 시행횟수 중 성공한 횟수, 성공하기까지 시행한 횟수, k번째 성공까지의 시행한 횟수가 관심의 대상이다. 랜덤변수 Y_n을 다음과 같이 정의하자.

$$Y_n = \sum_{i=1}^{n} X_i \qquad n = 1, 2, \ldots$$

그러면 Y_n은 n번의 베르누이 시행에서 성공한 횟수를 나타내는데, 이는 4장에서 정의한 **이항랜덤변수**(binomial random variable)가 된다. 따라서 Y_n의 확률질량함수는 다음과 같다.

$$p_{Y_n}(k) = \binom{n}{k} p^k (1-p)^{n-k} \qquad k = 0, 1, \ldots, n$$

L_1을 첫 번째 성공까지의 도착 횟수를 표현하는 랜덤변수라고 하자. 즉, L_1은 최초 시행으로부터 첫 번째 성공이 이루어진 시행 횟수를 포함한 총 시행 횟수가 된다. 4장에서 L_1는 파라미터 p의 기하분포를 갖는(geometrically distributed) 랜덤변수이며 확률질량함수는 다음과 같다.

$$p_{L_1}(l) = p(1-p)^{l-1} \qquad l = 1, 2, \ldots$$

또한 4장에 기술한 바와 같이 L_1은 무기억 랜덤변수이다. 즉 정해진 n번의 베르누이 시행에서 n번 모두 실패하였다면 첫 성공까지의 추가적인 시행횟수 K는 다음의 확률질량함수를 갖는다.

$$\begin{aligned} p_{K|L_1>n}(k|L_1>n) &= P[K=k|L_1>n] = P[L_1-n=k|L_1>n] = p(1-p)^{k-1} \\ &= p_{L_1}(k) \end{aligned}$$

끝으로 최초 시행으로부터 k번째 성공이 이루어진 횟수를 포함한 총 시행횟수는 k차의 **파스칼 랜덤변수**(Pascal random variable) L_k로 알려져 있으며 이것의 확률질량함수는 다음과 같다.

$$p_{L_k}(n) = \binom{n-1}{k-1} p^k (1-p)^{n-k} \qquad k = 1, 2, \ldots; \ n = k, k+1, \ldots$$

예제 12.1

일련의 연속적인 독립적인 동전던지기 시행을 고려하자. 동전의 앞면이 나올 확률은 p이다. Y_n을 n번의 시행에서 앞면이 나온 횟수라고 할 때 다음 사건의 확률을 구하라: Y_5=3, Y_8=5, Y_{14}=9.

풀이

다음과 같이 중복되지 않은 구간과 구간들의 성공 횟수를 고려한다.

$$Y_5 = 3,\ Y_8 - Y_5 = 2, Y_{14} - Y_8 = 4$$

여기서 중복되지 않은 구간들인 Y_5, Y_8-Y_5, $Y_{14}-Y_8$은 각각 서로 통계적 독립인 이항랜덤변수이다. 따라서 이 사건의 확률은 다음과 같다.

$$\begin{aligned} P[Y_5 = 3,\ Y_8 = 5, Y_{14} = 9] &= P[Y_5 = 3,\ Y_8 - Y_5 = 2, Y_{14} - Y_8 = 4] \\ &= P[Y_5 = 3]P[Y_8 - Y_5 = 2]P[Y_{14} - Y_8 = 4] \\ &= \binom{5}{3} p^3 (1-p)^2 \binom{3}{2} p^2 (1-p) \binom{6}{4} p^4 (1-p)^2 \\ &= 450 p^9 (1-p)^5 \end{aligned}$$

12.3 랜덤워크 과정

랜덤워크는 일련의 연속적인 베르누이 시행으로부터 다음과 같이 유도될 수 있다. 성공 및 실패확률이 각각 p와 $1-p$인 베르누이 시행을 고려하자. 매 T시간마다 실험을 수행한다고 가정하고 k번째 시행의 결과를 X_k라 하고 X_k의 확률질량함수가 다음과 같다고 가정한다.

$$p_{X_k}(x) = \begin{cases} 1-p & x=-1 \\ p & x=1 \end{cases}$$

랜덤변수 Y_n은 다음과 같이 정의된다.

$$Y_n = \sum_{k=1}^{n} X_k = Y_{n-1} + X_n \qquad n = 1, 2, \ldots \tag{12.1}$$

여기서 $Y_0=0$이다. X_k를 k번째 시행의 결과가 성공이면 오른쪽으로 한 발짝 이동하고, 실패면 왼쪽으로 한 발짝 이동하는 랜덤과정의 모델로 사용하면 Y_n은 n번째 시행에서 최초 시작점(원점)으로부터의 1차원 직선상에서 위치를 나타낸다. 이는 2차원의 xy평면에서 x축을 시간으로 놓고 y축을 특정시점에서의 위치로 하여 랜덤과정의 경로를 표현할 수 있는데 이를 1차원 **랜덤워크**(random walk)라 한다.

식 (12.1)로부터 랜덤워크에 대하여 현재의 랜덤변수의 값은 과거의 값의 합과 새로운 관측값의 합이라는 더욱 일반적인 정의를 도출할 수 있다. 예를 들어 $\{X_1, X_2, X_3, \ldots\}$를 통계적 독립이며 동일한 분포를 갖는 일련의 연속적인 랜덤변수라고 가정하자. 모든 $n>0$인 정수와 $Y_n=X_1+X_2+\cdots+X_n$에 대하여 $\{Y_1, Y_2, Y_3, \ldots\}$은 일련의 연속적인 부분 합이고 이를 랜덤워크라고 한다.

만약 랜덤과정을 다음과 같이 정의하면

$$Y(t) = Y_n \qquad n \le t \le n+1$$

그림 12.1은 $Y(t)$의 한 표본경로의 한 예를 보여주는데 s는 각 단계의 이동거리를 나타내며 이동경로는 $t=kT$, $k=1, 2, \ldots$에서 불연속점을 갖는 계단 형태로 나타난다.

만약 n번의 시행 중 정확히 k번을 성공했다고 가정하면 오른쪽으로 k발짝 왼쪽으로 $n-k$발짝 움직인 것이다. 그러므로 다음 식이 성립하고

$$Y(nT) = ks - (n-k)s = (2k-n)s \equiv rs$$

여기서 $r=2k-n$이다. 위 식은 $Y(nT)$가 랜덤변수이며 그 값은 rs (여기서 $r=n, n-2, n-4, \ldots, -n$)로 주어짐을 의미한다. 사건 $\{Y(nT)=rs\}$은 $\{n$번 시행에서 k번 성공$\}$한 사건이고 $k=(n+r)/2$ 이므로 이것의 확률은 다음과 같이 나타낼 수 있다.

$$P[Y(nT)=rs]=P\left[\frac{n+r}{2}\text{ successes}\right]=\binom{n}{\frac{n+r}{2}}p^{\frac{n+r}{2}}(1-p)^{\frac{n-r}{2}} \tag{12.2}$$

여기서 $(n+r)$은 짝수여야 한다. 또한 $Y(nT)$는 n개의 독립적 베르누이 랜덤변수의 합이므로 평균과 분산은 다음과 같다.

$$E[Y(nT)]=nE[X_k]=n[ps-(1-p)s]=(2p-1)ns \tag{12.3a}$$

$$E\left[X_k^2\right]=ps^2+(1-p)s^2=s^2 \tag{12.3b}$$

$$\sigma^2_{Y(nT)}=n\sigma^2_{X_k}=n\left[s^2-s^2(2p-1)^2\right]=4p(1-p)ns^2 \tag{12.3c}$$

$p=1/2$, $E[Y(nT)]=0$인 특별한 경우에 $\sigma^2_{Y(nT)}=ns^2$이다.

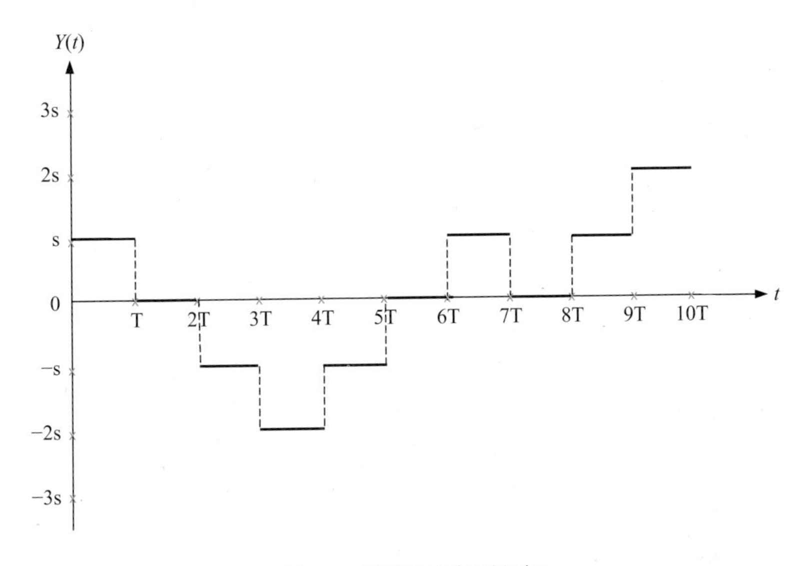

그림 12.1 랜덤워크의 표본경로

12.3.1 대칭 단순 랜덤워크

어떤 랜덤워크가 X_i=1일 확률이 p이고 X_i=−1일 확률이 1−p일 때 단순 랜덤워크라고 한다. p=1/2일 때 대칭 랜덤워크라고 한다. 그러므로 대칭 단순 랜덤워크는 X_i=1일 확률이 1/2이고 X_i=−1일 확률이 1/2이다. 대칭 단순 랜덤워크는 다음 식이 성립한다.

$$P[Y_n = k] = \binom{n}{\frac{n+k}{2}}\left(\frac{1}{2}\right)^n \qquad k = -n, -n+2, \ldots, 0, \ldots, n-2, n \tag{12.4a}$$

$$E[Y_n] = 0 \tag{12.4b}$$

$$\sigma_{Y_n}^2 = n \tag{12.4c}$$

12.3.2 도박꾼의 파멸

앞서 언급된 랜덤워크는 랜덤과정이 무한히 계속되는 것을 가정한다. 즉 이동위치에 제한이 없다(unbounded). 만약 랜덤워크의 이동위치를 제한하는 경우, 그 이동의 끝(경계)을 **장벽**(barrier)이라고 한다. 예를 들면 랜덤워크가 장벽을 만나게 되면 돌아서서 반대로 움직이는 **반사장벽**(reflecting barrier)일 수 있고, 혹은 장벽을 만났을 때 이동을 멈추는 **흡수장벽**(absorbing barrier)일 수도 있다. 이러한 장벽은 랜덤과정에 다른 특성을 부여할 수 있다.

일반적으로 도박꾼의 파멸(gambler's ruin)로 불리는 흡수장벽을 갖는 랜덤워크를 고려하자. 한 도박꾼이 상대방과 독립적인 게임을 연속적으로 한다고 가정하자. 도박꾼은 현금 k달러를 가지고 게임을 시작하여 각 게임에서 p의 확률로 1달러를 따고 q=1−p의 확률로 1달러를 잃는다고 가정하자. $p>q$인 경우, 즉 도박꾼이 상대방보다 뛰어난 실력을 지녔거나 게임의 규칙이 그 도박꾼에게 유리하게 설정되어 있는 경우, 게임은 도박꾼에게 유리하다. 만약 $p=q$라면, 게임은 두 사람 모두에게 공정하며, $p<q$인 경우, 게임은 도박꾼에게 불리하다.

도박꾼은 전체 판돈 N달러를 모두 따게 되면, 즉 최초 판돈 k달러에서 $(N-k)$달러를 따면 게임을 멈춘다고 가정하자(즉, 상대방은 $(N-k)$달러를 가지고 게임을 시작하고 두 사람 중 한 사람이 모든 판돈을 잃게 되면 게임을 멈춘다). 여기서 그 도박꾼이 k달러를 가지고 게임을 시작하여 판돈을 모두 잃을 확률 r_k를 계산하고자 한다.

이 문제를 풀기 위해, 그 도박꾼이 첫 번째 게임에서 (p의 확률로) 1달러를 따서 $(k+1)$달러거나 (q의 확률로) 1달러를 잃고 $(k-1)$달러를 갖게 된다는 것을 생각해 보자. 그러면 첫 번째 게임에서 그가 게임에 이긴 경우, 결국에 그가 판돈을 모두 잃을 확률은 r_{k+1}이 되며, 첫 번째 게임에서 그가 진 경우, 결국에 그가 판돈을 모두 잃을 확률은 r_{k-1}이 된다. 이 문제에는 2개의 경계조건이 존재한다. 첫째, 판돈이 없다면 도박을 할 수조차 없으므로, $r_0=1$이다. 둘째, 상대방이 판돈이 없고 그 도박꾼이 N달러를 모두 가지고 있다면, 판돈을 잃을 확률은 0이므로 $r_N=0$이다. 그러므로 다음과 같은 차분방정식을 얻는다.

$$r_k = qr_{k-1} + pr_{k+1} \qquad 0<k<N$$

또한 $p+q=1$이므로

$$(p+q)r_k = qr_{k-1} + pr_{k+1} \qquad 0<k<N$$

$$p(r_{k+1} - r_k) = q(r_k - r_{k-1})$$

을 얻을 수 있는데 이는 다음과 같이 나타낼 수 있다.

$$r_{k+1} - r_k = (q/p)(r_k - r_{k-1}) \qquad 0<k<N$$

그러므로

$$
\begin{aligned}
r_2 - r_1 &= (q/p)(r_1 - r_0) = (q/p)(r_1 - 1) \\
r_3 - r_2 &= (q/p)(r_2 - r_1) = (q/p)^2(r_1 - 1) \\
r_4 - r_3 &= (q/p)(r_3 - r_2) = (q/p)^3(r_1 - 1) \\
&\vdots \\
r_{k+1} - r_k &= (q/p)^k(r_1 - 1)
\end{aligned}
$$

$$
\begin{aligned}
r_k - 1 = r_k - r_0 &= (r_k - r_{k-1}) + (r_{k-1} - r_{k-2}) + \cdots + (r_1 - 1) \\
&= \left[(q/p)^{k-1} + (q/p)^{k-2} + \cdots + 1\right](r_1 - 1) \\
&= \begin{cases} \dfrac{1-(q/p)^k}{1-(q/p)}(r_1 - 1) & p \neq q \\ k(r_1 - 1) & p = q \end{cases}
\end{aligned}
$$

이다.

경계조건 $r_N=0$은 다음을 의미한다.

$$
r_1 = \begin{cases} 1 - \dfrac{1-(q/p)}{1-(q/p)^N} & p \neq q \\ 1 - \dfrac{1}{N} & p = q \end{cases}
$$

그러므로

$$
r_k = \begin{cases} \dfrac{(q/p)^k - (q/p)^N}{1-(q/p)^N} & p \neq q \\ 1 - \dfrac{k}{N} & p = q \end{cases} \tag{12.5}
$$

예제 12.2

어떤 학생이 방학기간을 이용하여 부모님을 방문하려고 한다. 버스요금은 20달러지만 학생은 10달러밖에 없다. 학생은 근처 오락실에서 사람들이 돈을 걸고 카드게임을 한다는 사실을 알고 게임당 1

달러씩 걸 수 있는 카드게임을 하여 부족한 차비를 벌기로 했다. 카드게임에서 이기면 1달러를 벌고 지는 경우 1달러를 잃게 된다. 그가 이길 확률은 각 게임에서 독립적으로 0.6이라 할 때, 그가 부모님을 방문하지 못하게 될 확률은 얼마인가?

풀이

이 문제에서 k=10이고 N=20이다. $a=q/p$로 정의하면 $p=0.6$, $q=1-p=0.4$이다. 따라서 $a=2/3$이고 그 학생이 부모님을 방문하지 못하게 될 확률은 그가 k=10으로 게임을 시작하여 종국에 판돈을 모두 잃을 확률 r_{10}이고 다음과 같이 얻어진다.

$$r_{10}=\frac{(q/p)^{10}-(q/p)^{20}}{1-(q/p)^{20}}=\frac{(2/3)^{10}-(2/3)^{20}}{1-(2/3)^{20}}=0.0170$$

따라서 그가 부모님 댁을 방문하지 못할 확률은 매우 낮다.

12.4 가우시안 과정

가우시안 과정은 여러 면에서 매우 중요하다. 우선 여러 가지 물리적인 문제는 수많은 독립랜덤변수들의 합으로 구성된다. 중심극한정리에 따라 이러한 랜덤변수의 합은 궁극적으로 정규(가우시안)분포의 랜덤변수가 된다. 또한 어떤 시스템의 분석은 가우시안 과정을 가정함으로써 단순화될 수 있는데 그 이유는 가우시안 과정이 갖는 특성 때문이다. 예를 들어 통신시스템에서의 잡음은 대개 가우시안 과정으로 모델링되며 이와 유사하게 저항양단에서의 잡음전압도 가우시안 과정으로 모델링된다.

만약 임의의 n개의 실수인 계수 $a_1, a_2, \ldots, a_n$과 집합 T의 원소인 n개의 시점 t_1, $t_2, \ldots, t_n$에 대하여 랜덤변수 $a_1X(t_1)+a_2X(t_2)+\cdots+a_nX(t_n)$가 가우시안(정규) 랜덤변수인 경우, 그리고 이러한 경우에만 랜덤과정 $\{X(t),\ t\in T\}$을 가우시안 과정이라 한다. 이러한 가우시안 과정의 정의는 랜덤변수 $X(t_1)$, $X(t_2), \ldots, X(t_n)$이 다음과 같은 결합 정규 확률밀도함수를 갖는다는 것을 의미한다.

$$f_{X(t_1)X(t_2)\cdots X(t_n)}(x_1, x_2, \ldots, x_n) = \frac{1}{(2\pi)^{n/2}|\mathrm{C_{XX}}|^{1/2}} \exp\left[-\frac{(\mathrm{X}-\mu_{\mathrm{X}})^{\mathrm{T}}\mathrm{C_{XX}}(\mathrm{X}-\mu_{\mathrm{X}})}{2}\right] \quad (12.6)$$

여기서 μ_{X}는 $X(t_k)$의 평균으로 구성된 벡터이며 C_{XX}는 자기공분산함수의 행렬이고 X는 $X(t_k)$로 구성된 벡터이며 b^T는 b의 전치를 나타낸다.

$$\mu_{\mathrm{X}} = \begin{bmatrix} \mu_X(t_1) \\ \mu_X(t_2) \\ \vdots \\ \mu_X(t_n) \end{bmatrix} \qquad \mathrm{X} = \begin{bmatrix} X(t_1) \\ X(t_2) \\ \vdots \\ X(t_n) \end{bmatrix}$$

$$\mathrm{C_{XX}} = \begin{bmatrix} C_{XX}(t_1, t_1) & C_{XX}(t_1, t_2) & \cdots & C_{XX}(t_1, t_n) \\ C_{XX}(t_2, t_1) & C_{XX}(t_2, t_2) & \cdots & C_{XX}(t_2, t_n) \\ \vdots & \vdots & \vdots & \vdots \\ C_{XX}(t_n, t_1) & C_{XX}(t_n, t_2) & \cdots & C_{XX}(t_n, t_n) \end{bmatrix}$$

만약 $X(t_k)$가 상호 무상관(mutually uncorrelated)이면

$$C_{XX}(t_i, t_j) = \begin{cases} \sigma_X^2 & i = j \\ 0 & \text{otherwise} \end{cases}$$

이고, 이러한 경우 자기공분산 행렬과 이것의 역행렬은 다음과 같이 되므로

$$\mathrm{C_{XX}} = \begin{bmatrix} \sigma_X^2 & 0 & \cdots & 0 \\ 0 & \sigma_X^2 & \cdots & 0 \\ \vdots & \vdots & \vdots & \vdots \\ 0 & 0 & \cdots & \sigma_X^2 \end{bmatrix} \qquad \mathrm{C_{XX}^{-1}} = \begin{bmatrix} \frac{1}{\sigma_X^2} & 0 & \cdots & 0 \\ 0 & \frac{1}{\sigma_X^2} & \cdots & 0 \\ \vdots & \vdots & \vdots & \vdots \\ 0 & 0 & \cdots & \frac{1}{\sigma_X^2} \end{bmatrix}$$

다음의 식이 얻어진다.

$$(\mathrm{X}-\mu_{\mathrm{X}})^{\mathrm{T}}\mathrm{C}_{\mathrm{XX}}(\mathrm{X}-\mu_{\mathrm{X}})=\sum_{k=1}^{n}\frac{[x_k-\mu_X(t_k)]^2}{\sigma_X^2}$$

$$f_{X(t_1)X(t_2)\cdots X(t_n)}(x_1,x_2,\ldots,x_n)=\frac{1}{(2\pi\sigma_X^2)^{n/2}}\exp\left[-\sum_{k=1}^{n}\frac{[x_k-\mu_X(t_k)]^2}{\sigma_X^2}\right]$$

더불어 서로 무상관인 랜덤변수 $X(t_1), X(t_2), \ldots, X(t_n)$가 서로 다른 분산값, 즉 $\mathrm{Var}(X(t_k))=\sigma_k^2$, $1\le k\le n$이면 공분산행렬과 결합확률밀도함수는 다음과 같다.

$$\mathrm{C}_{\mathrm{XX}}=\begin{bmatrix}\sigma_1^2 & 0 & \cdots & 0\\ 0 & \sigma_2^2 & \cdots & 0\\ \vdots & \vdots & \vdots & \vdots\\ 0 & 0 & \cdots & \sigma_n^2\end{bmatrix}$$

$$f_{X(t_1)X(t_2)\cdots X(t_n)}(x_1,x_2,\ldots,x_n)=\frac{1}{(2\pi)^{n/2}\left(\prod_{k=1}^{n}\sigma_k\right)}\exp\left[-\sum_{k=1}^{n}\frac{[x_k-\mu_X(t_k)]^2}{\sigma_k^2}\right]$$

이는 또한 $X(t_1), X(t_2), \ldots, X(t_n)$가 서로 독립임을 의미한다. 다음은 3개의 중요한 가우시안 과정의 특성이다.

a. 광의(wide-sense)의 정상(stationary) 과정인 가우시안 과정은 협의의(strict-sense) 정상과정이다.
b. 어떤 선형시스템의 입력이 가우시안 과정이라면 시스템의 출력 또한 가우시안 과정이다.
c. 어떤 선형시스템의 입력이 평균이 0인 가우시안 과정이라면, 시스템의 출력 또한 평균이 0인 가우시안 과정이다. 11장에 논의하였듯이 임펄스응답이 $h(t)$인 시스템의 출력은 다음과 같다.

$$Y(t) = \int_{-\infty}^{\infty} h(u)X(t-u)du$$
$$E[Y(t)] = E\left[\int_{-\infty}^{\infty} h(u)X(t-u)du\right] = \int_{-\infty}^{\infty} h(u)E[X(t-u)]du = 0$$

예제 12.3

어떤 광의의 정상 가우시안 과정의 자기상관함수가

$$R_{XX}(\tau) = 6e^{-|\tau|/2}$$

일 때, 랜덤변수 $X(t)$, $X(t+1)$, $X(t+2)$, $X(t+3)$의 공분산행렬을 구하라.

풀이

먼저 다음이 성립한다.

$$E[X(t)] = \mu_X(t) = \pm\sqrt{\lim_{|\tau|\to\infty}\{R_{XX}(\tau)\}} = 0$$

X_1=$X(t)$, X_2=$X(t+1)$, X_3=$X(t+2)$, X_4=$X(t+3)$라고 하면, 공분산행렬의 각 요소는 다음과 같다.

$$C_{ij} = \mathrm{Cov}(X_i, X_j) = E\left[\left(X_i - \mu_{X_i}\right)\left(X_j - \mu_{X_j}\right)\right] = E\left[X_iX_j\right] = R_{ij}$$
$$= R_{XX}(i,j) = R_{XX}(j-i) = 6e^{-|j-i|/2}$$

여기서 R_{ij}는 자기상관행렬의 i와 j번째 요소이다. 따라서 다음이 얻어진다.

$$\mathrm{C}_{XX} = \mathrm{R}_{XX} = \begin{bmatrix} 6 & 6e^{-1/2} & 6e^{-1} & 6e^{-3/2} \\ 6e^{-1/2} & 6 & 6e^{-1/2} & 6e^{-1} \\ 6e^{-1} & 6e^{-1/2} & 6 & 6e^{-1/2} \\ 6e^{-3/2} & 6e^{-1} & 6e^{-1/2} & 6 \end{bmatrix}$$

12.4.1 백색 가우시안 잡음 과정

가우시안 과정은 통신시스템에서 수신단 잡음뿐 아니라 저항소자에 의한 잡음전압을 모델링하는 데 사용된다. 10장에서 알아본 바와 같이, 백색잡음 $N(t)$는 다음과 같은 특성을 갖는다.

a. 평균은 0이다. 즉 $\mu_{NN}=0$이다.

b. 자기상관함수는 $R_{NN}(\tau)=\frac{N_0}{2}\delta(\tau)$이다.

c. 전력밀도스펙트럼은 $S_{NN}(w)=\frac{N_0}{2}$이다.

가우시안 과정의 정의에 따라 임의의 서로 다른 시점 $t_1, t_2, \ldots, t_n$에서 정의되는 랜덤변수 $N(t_1), N(t_2), \ldots, N(t_n)$은 서로 통계적 독립이므로 가우시안 잡음의 자기상관함수는 임펄스함수가 된다. 따라서 $\tau=0$인 시점을 제외하면 다음이 성립한다.

$$R_{NN}(\tau)=E[N(t)N(t+\tau)]=E[N(t)]E[N(t+\tau)]=0$$

백색 가우시안 잡음이 수학적 모델링을 위한 도구로 많이 사용되지만 다음과 같은 점 때문에 물리적으로 실현이 가능한 신호라고 할 수 없다.

$$E[N^2(t)]=R_{NN}(0)=\int_{-\infty}^{\infty} S_{NN}(w)dw=\int_{-\infty}^{\infty}\frac{N_0}{2}dw=\infty$$

즉, 백색잡음은 무한대의 평균 전력을 갖는데 이는 물리적으로 불가능하다. 백색잡음은 물리적으로 존재하지 않는 신호이지만, 편리한 수학적 개념으로 이러한 모델이 없으면 분석이 매우 어려울 많은 선형시스템의 분석을 매우 단순화한다.

선형시스템의 분석에 자주 사용되는 또 하나의 개념은 **대역제한 백색잡음**(band-limited white noise)인데 이는 유한한 주파수 대역 내에서 0이 아닌 상수의 전력밀도스펙트럼을 가지며 나머지 주파수영역에서는 전력밀도스펙트럼이 0인 랜덤과정이다. 즉 대역제한된 백색잡음 $N(t)$의 전력밀도스펙트럼은 다음과 같다.

$$S_{NN}(w)=\begin{cases} S_0 & -w_0<w<w_0 \\ 0 & \text{otherwise}\end{cases}$$

12.5 푸아송 과정

푸아송 과정은 어떤 시스템에서 흔히 도착(arrival)이라고 부르는 사건의 발생을 모델링하기 위해 널리 사용된다. 예를 들어 교환기에서 호(telephone call)의 도착이나 어떤 서비스 시설에서의 고객의 수문, 혹은 어떤 장비의 고장 등과 같은 랜덤사건의 발생을 모델링하기 위해 사용된다. 푸아송 과정을 정의하기 전에 몇 가지 기본적 정의를 고려해 보자.

12.5.1 셈 과정

만약 어떤 랜덤과정 $X(t)$가 임의의 시간구간 $[0, t]$ 동안 발생한 '사건'들의 총 횟수를 나타내면 이러한 과정 $\{X(t), t \geq 0\}$를 셈(counting) 과정이라 한다. 예를 들어 은행이 문을 연 후 임의의 시간 t까지 은행에 도착한 고객의 수는 하나의 셈 과정이 된다. 셈 과정은 다음의 조건을 만족시킨다.

a. $X(t) \geq 0$ 즉, $X(t)$는 음수가 아니다.
b. $X(0)=0$ 즉, 사건발생의 셈을 시작시점 $t=0$에서 시작한다.
c. $X(t)$는 정수이다.
d. 만약 $s<t$면 $X(s) \leq X(t)$이다. 즉, $X(t)$는 시간에 대한 비감소(nondecreasing) 함수이다.
e. $X(t)-X(s)$는 시간구간 $[s, t]$ 동안 발생한 사건의 횟수를 나타낸다.

그림 12.2는 셈 과정의 예를 나타낸다. 최초 사건은 t_1에서 발생하였으며, 이후 사건들은 t_2, t_3 및 t_4에서 발생하였다. 따라서 시간구간 $[0, t_4]$에서 발생한 사건의 횟수는 4이다.

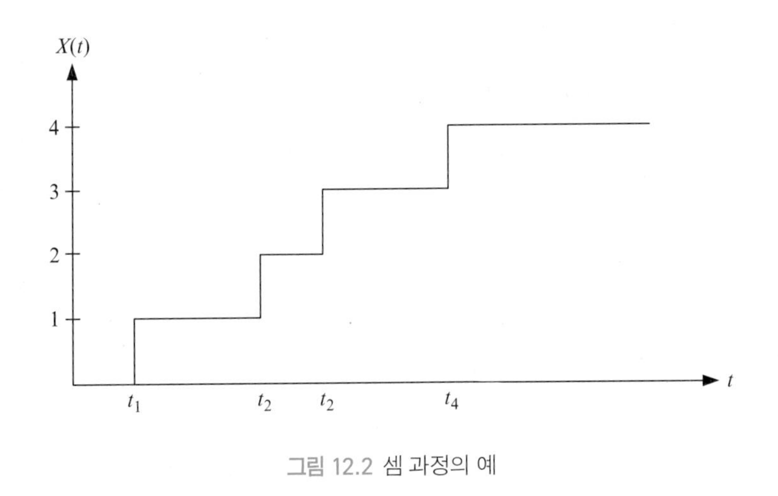

그림 12.2 셈 과정의 예

12.5.2 독립증가 과정

만약 상호배타적(disjoint)인 다수의 시간구간에서의 사건 발생 횟수가 서로 독립랜덤변수라면 이러한 셈 과정을 독립증가 과정(independent increment process)이라고 한다. 예를 들어 그림 12.2에서 2개의 겹치지 않는 시간구간 $[0,\ t_1]$ 과 $[t_2,\ t_4]$ 를 고려하자. 만약 하나의 시간구간에서의 사건 발생 횟수가 또 다른 시간구간에서의 사건 발생 횟수와 통계적 독립이라면, 그 과정은 독립증가 과정이다. 따라서 만약 시점들의 모든 가능한 집합 $t_0=0<t_1<t_2<,\cdots,<t_n$에 대하여 증분(increment)인 $X(t_1)-X(t_0),\ X(t_2)-X(t_1),\ldots,X(t_n)-X(t_{n-1})$이 서로 독립랜덤변수이면 $\{X(t),\ t\geq 0\}$는 독립증가 과정이다.

12.5.3 정상증가

어떤 셈 과정에서, 모든 시점들의 모든 가능한 집합 $t_0=0<t_1<t_2<,\cdots,<t_n$에 대하여, 증분 $X(t_1)-X(t_0), X(t_2)-X(t_1),\ldots, X(t_n)-X(t_{n-1})$이 동일한 분포(identically distributed)를 따른다면 셈 과정 $\{X(t),\ t_0\geq 0\}$을 정상증가(stationary increment)라

고 한다.

일반적으로 정상증가 특성을 갖는 독립증가 과정 $X(t)$는 다음과 같은 형태의 평균값을 갖는다.

$$E[X(t)] = mt \tag{12.7}$$

여기서 상수 m은 t=1에서 평균값이다. 즉 m=$E[X(1)]$이고 이와 유사하게 정상증가 특성을 갖는 독립증가 과정 $X(t)$의 분산은 다음과 같다.

$$\mathrm{Var}[X(t)] = \sigma^2 t \tag{12.8}$$

여기서 상수 σ^2은 t=1에서의 분산값이다. 즉, σ^2=Var[X(1)]이다.

12.5.4 푸아송 과정의 정의

푸아송 과정은 두 가지 방법으로 정의할 수 있다. 첫째 임의의 시간구간 t초 동안 발생한 사건의 횟수가 평균 λt인 푸아송분포로 주어지는 셈 과정으로 정의하는 것이다. 즉 모든 s, t>0에 대해

$$P[X(s+t) - X(s) = n] = \frac{(\lambda t)^n}{n!} e^{-\lambda t} \quad n = 0, 1, 2, \ldots \tag{12.9}$$

푸아송 과정을 정의하는 두 번째 방법은 독립 정상증가 특성을 갖는 셈 과정으로 정의하는 것인데 도착률 λ>0에 대해 다음의 조건을 만족시킨다.

1. $P[(X(t+\Delta t)-X(t)=1]=\lambda\Delta t+o(\Delta t)$는 아주 작은 시간구간 동안 한 번의 사건이 발생할 확률이 근사적으로 $\lambda\Delta t$임을 의미한다. 여기서 $o(\Delta t)$는 Δt가 0에 수렴하는 것보다 빠르게 0에 수렴한다. 즉,

   $$\lim_{\Delta t \to 0} \frac{o(\Delta t)}{\Delta t} = 0$$

2. $P[(X(t+\Delta t)-X(t)\geq 2]=o(\Delta t)$는 아주 작은 시간구간동안 두 번 이상 사건이 발생할 확률이 근사적으로 $o(\Delta t)$가 됨을 의미하고 이 확률은 무시할 정도로 작은 값이다.
3. $P[(X(t+\Delta t)-X(t)=0]=1-\lambda\Delta t+o(\Delta t)$

이 세 가지 특성으로부터 임의의 시간구간 t초 동안의 사건 발생횟수의 확률질량함수는 다음과 같이 유도된다.

$$\begin{aligned}P[X(t+\Delta t)=n]&=P[X(t)=n]P[X(\Delta t)=0]\\&\quad+P[X(t)=n-1]P[X(\Delta t)=1]\\&=P[X(t)=n](1-\lambda\Delta t)+P[X(t)=n-1]\lambda\Delta t\end{aligned}$$
$$P[X(t+\Delta t)=n]-P[X(t)=n]=-\lambda P[X(t)=n]\Delta t+\lambda P[X(t)=n-1]\Delta t$$

위의 식으로부터 다음을 얻는다.

$$\frac{P[X(t+\Delta t)=n]-P[X(t)=n]}{\Delta t}=-\lambda P[X(t)=n]+\lambda P[X(t)=n-1]$$
$$\begin{aligned}\lim_{\Delta t\to 0}\left\{\frac{P[X(t+\Delta t)=n]-P[X(t)=n]}{\Delta t}\right\}&=\frac{d}{dt}P[X(t)=n]\\&=-\lambda P[X(t)=n]+\lambda P[X(t)=n-1]\end{aligned}$$

그러므로 다음이 성립하고

$$\frac{d}{dt}P[X(t)=n]=-\lambda P[X(t)=n]+\lambda P[X(t)=n-1]$$

이 식의 해는 다음의 초기조건을 이용하여 $n=0,1,2,\ldots$에 대해 반복적으로 풀어서 얻어질 수 있는데,

$$P[X(0)=n]=\begin{cases}1 & n=0\\ 0 & n\neq 0\end{cases}$$

이러한 과정으로부터 임의의 시간구간 t초 동안의 사건(또는 도착)의 발생횟수의 확률질량함수는 다음과 같다.

$$p_{X(t)}(n,t) = \frac{(\lambda t)^n}{n!} e^{-\lambda t} \quad t \geq 0; \quad n = 0, 1, 2, \ldots$$

또한 4장과 7장에서 푸아송 랜덤변수에 대해 얻은 결과로부터 z 변환과 평균과 분산은 각각 다음과 같다.

$$G_{X(t)}(z) = e^{-\lambda t(1-z)} \tag{12.10a}$$

$$E[X(t)] = \lambda t \tag{12.10b}$$

$$\sigma_{X(t)}^2 = \lambda t \tag{12.10c}$$

여기서 $E[X(t)] = \lambda t$는 λ가 푸아송 과정에서 단위 시간당 도착횟수의 기댓값(단위 시간당 평균 도착횟수)임을 의미한다. 따라서 λ를 푸아송 과정에 대한 **도착률**(arrival rate)이라한다. 만약 λ가 시간에 독립이라면 **균질푸아송과정**(homogeneous Poisson process)이라 하고 도착률 λ가 시간의 함수로 주어지는 경우가 있으며 $\lambda(t)$로 표현하며 **비균질푸아송과정**(nonhomogeneous Poisson process)이라 한다. 이 장에서 우리는 주로 균질 푸아송 과정을 다룬다.

12.5.5 푸아송 과정에 대한 도착간격

L_r을 푸아송 과정에서 한 사건과 그로부터 r번째로 발생한 사건 간의 시간간격으로 정의되는 연속랜덤변수라 하자. L_r을 r차 도착간격이라 한다. L_r의 확률밀도함수 $f_{L_r}(l)$를 유도하기 위해, $r-1$회의 사건이 발생된 시간 길이 l을 고려해 보자. 그리고 그 다음 번의 사건(r번째 사건)이 그림 12.3에 나타낸 것처럼 그 이후의 시간구간 Δl 안에 발생한다고 가정하자.

시간구간 l과 Δl은 서로 중첩되지 않으므로 한 시간구간 동안 발생한 사건의 횟수는 또 다른 시간구간 동안 발생한 사건의 횟수와는 서로 독립이다. 그러므로 L_r의 확률밀도함수는 다음과 같이 얻어질 수 있다. l과 $l+\Delta l$ 사이에서 r번째 도착이 일어나는 확률은 l과 $l+\Delta l$ 사이에 $f_{L_r}(l)$에 의해 정의된 커브의 면적이다. 즉,

$$\begin{aligned} f_{L_r}(l)\Delta l &= P[l < L_r \le l+\Delta l] = P[\{X(l)=r-1\} \cap \{X(\Delta l)=1] \\ &= P[X(l)=r-1]P[X(\Delta l)=1] \\ &= \left\{\frac{(\lambda l)^{r-1}}{(r-1)!}e^{-\lambda l}\right\}\{\lambda \Delta l\} \end{aligned}$$

이고, 따라서 다음과 같다.

$$f_{L_r}(l) = \left\{\frac{(\lambda l)^{r-1}}{(r-1)!}e^{-\lambda l}\right\}\{\lambda\} = \frac{\lambda^r l^{r-1}}{(r-1)!}e^{-\lambda l} \quad l \ge 0;\ r=1,2,\ldots \tag{12.11}$$

위 식은 얼랑-r(Erlang-r), 즉 r차의 얼랑분포이며, r=1인 경우 다음과 같은 지수분포가 된다.

$$f_{L_1}(l) = \lambda e^{-\lambda l} \quad l \ge 0 \tag{12.12}$$

이러한 결과는 푸아송 과정에 대한 또 다른 정의를 제공하는데, 이는 푸아송 과정을 2개의 연속한 사건 간 시간간격이 지수함수의 분포를 갖는 정상독립증가 셈 과정으로 정의하는 것이다.

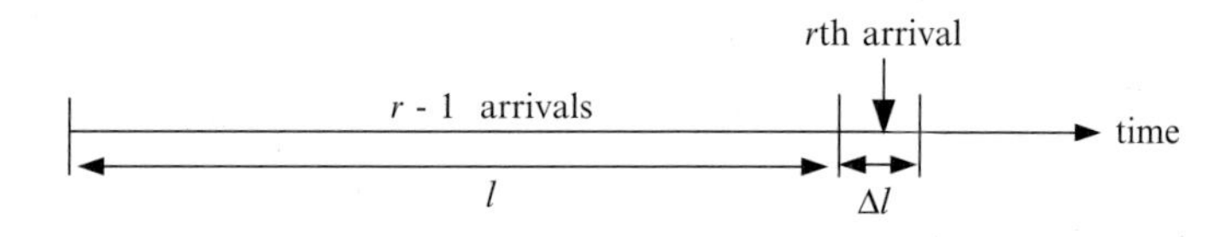

그림 12.3 사건 발생간격의 정의

12.5.6 푸아송 과정에 대한 조건부 및 결합확률질량함수

2개의 시점 t_1과 $t_2(0<t_1<t_2)$를 고려하자. 시간구간 $(0,\ t_1)$ 안에 k_1회의 푸아송 사건이 발생했다고 가정하자. 푸아송 과정 $X(t)$의 도착률을 λ라고 하면 $X(t_1)$의 확률질량함수는 다음과 같다.

$$p_{X(t_1)}(k_1) = \frac{(\lambda t_1)^{k_1}}{k_1!} e^{-\lambda t_1} \quad k_1 = 0, 1, 2, \ldots$$

시간구간 $(0,\ t_1)$ 안에 k_1회의 푸아송 사건이 발생했다는 조건하에, 시간구간 $(0,\ t_2)$ 안에 k_2회의 푸아송 사건이 발생할 조건부 확률은 시간구간 $(t_1,\ t_2)$ 안에 k_2-k_1회의 푸아송 사건이 발생할 확률이므로 다음과 같다.

$$P[X(t_2) = k_2 | X(t_1) = k_1] = \frac{[\lambda(t_2 - t_1)]^{k_2 - k_1}}{(k_2 - k_1)!} e^{-\lambda(t_2 - t_1)} \tag{12.13}$$

여기서 $k_2 \geq k_1$이다. 최종적으로 $t_1 < t_2$일 때 t_2시간까지 k_2회의 푸아송 사건이 발생하고 t_1시간까지 k_1회의 푸아송 사건이 발생할 결합확률질량함수는 다음과 같다.

$$\begin{aligned} p_{X(t_1)X(t_2)}(k_1, k_2) &= P[X(t_2) = k_2 | X(t_1) = k_1] P[X(t_1) = k_1] \\ &= \left\{ \frac{[\lambda(t_2 - t_1)]^{k_2 - k_1}}{(k_2 - k_1)!} e^{-\lambda(t_2 - t_1)} \right\} \left\{ \frac{(\lambda t_1)^{k_1}}{k_1!} e^{-\lambda t_1} \right\} \\ &= \frac{(\lambda t_1)^{k_1} [\lambda(t_2 - t_1)]^{k_2 - k_1}}{k_1!(k_2 - k_1)!} e^{-\lambda t_2} \qquad k_2 \geq k_1 \end{aligned} \tag{12.14}$$

12.5.7 복합 푸아송 과정

$\{N(t),\ t \geq 0\}$을 도착률 λ인 푸아송 과정이라하고 $\{Y_i,\ i=1,2,\ldots\}$을 서로 독립이면서 동일한 분포를 갖는 랜덤변수의 집합이라 하자. 푸아송 과정 $\{N(t),\ t \geq 0\}$과 수열 $\{Y_i,\ i=1,2,\ldots\}$은 서로 독립이라고 가정하자. 만약 어떤 랜덤과정 $\{X(t),\ t \geq 0\}$이

$$X(t) = \sum_{i=1}^{N(t)} Y_i \tag{12.15}$$

로 표현될 수 있다면 $\{X(t),\ t \geq 0\}$를 **복합 푸아송 과정**(compound Poisson process)이라고 한다. 그러므로 $X(t)$는 랜덤변수들의 푸아송 합이다. 복합 푸아송 과정의

한 예는 다음과 같다. 한 대학교의 구내서점에 책을 사러 오는 학생들이 푸아송 과정의 형태로 서점에 도착한다고 가정하자. 각 학생이 사려는 책의 수가 독립이면서 동일한 분포를 갖는 랜덤변수이면 임의의 시각 t까지 학생들이 사 간 책의 수는 복합 푸아송 과정이 된다.

복합 푸아송 과정은 확률통계적(stochastic) 특성이 있는 도착률을 갖기 때문에 **이중의 확률통계적 푸아송 과정**(doubly stochastic Poisson process)이라고도 하는데, 이러한 이름은 그 과정이 두 가지 형태의 랜덤성을 내포하고 있다는 사실을 강조하기 위한 것이다. 하나의 랜덤성은 종종 **푸아송 점 과정**(Poisson point process)이라 불리는 주 과정과 관련된 것이며 이와 독립적인 또 다른 하나는 도착률과 관련된 랜덤성이다.

Y_i가 $p_Y(y)$의 확률질량함수를 갖는 이산랜덤변수라 하자. 앞의 결과는 z 변환보다 s 변환을 사용하는 연속랜덤변수인 경우를 다루기 위해 쉽게 변형될 수 있다. $N(t)=n$일 때 $X(t)$의 값은 $X(t)=Y_1+Y_2+\cdots+Y_n$이며, 따라서 $X(t)$의 확률질량함수에 대한 조건부 z 변환은 다음과 같다.

$$G_{X(t)|N(t)}(z|n)=E\left[z^{Y_1+Y_2+\cdots+Y_n}\right]=\left(E\left[z^Y\right]\right)^n=[G_Y(z)]^n$$

여기서 마지막 두 등식은 Y_i가 서로 독립이고 동일하게 분포되어 있다는 사실에 따른다. 그러므로 $X(t)$의 확률질량함수에 대한 무조건부(unconditional) z변환은

$$G_{X(t)}(z)=\sum_{n=0}^{\infty}G_{X(t)|N(t)}(z|n)p_{N(t)}(n)=\sum_{n=0}^{\infty}[G_Y(z)]^n p_{N(t)}(n,t)=G_{N(t)}(G_Y(z))$$

$$G_{N(t)}(z)=\sum_{n=0}^{\infty}z^n\frac{(\lambda t)^n}{n!}e^{-\lambda t}=e^{-\lambda t}\sum_{n=0}^{\infty}\frac{(z\lambda t)^n}{n!}=e^{-\lambda t}e^{z\lambda t}=e^{-\lambda t(1-z)}$$

그러므로

$$G_{X(t)}(z)=G_{N(t)}(G_Y(z))=e^{-\lambda t[1-G_Y(z)]} \tag{12.16}$$

이다.

$X(t)$의 평균과 분산은 위 식을 미분함으로써 얻어질 수 있는데 이들은 다음과 같다.

$$E[X(t)] = \frac{d}{dz} G_{X(t)}(z)\bigg|_{z=1} = \lambda t E[Y] \tag{12.17a}$$

$$E\left[X^2(t)\right] = \frac{d^2}{dz^2} G_{X(t)}(z)\bigg|_{z=1} + \frac{d}{dz} G_{X(t)}(z)\bigg|_{z=1} = \lambda t E\left[Y^2\right] + (\lambda t E[Y])^2 \tag{12.17b}$$

$$\sigma^2_{X(t)} = E\left[X^2(t)\right] - (E[X(t)])^2 = \lambda t E\left[Y^2\right] \tag{12.17c}$$

이는 7장의 7.4절에서 논의된 랜덤변수들의 랜덤 합의 특수한 경우인데, 이 절에서의 표기법을 사용하여 나타내면

$$\begin{aligned} E[X(t)] &= E[N(t)]E[Y] = \lambda t E[Y] \\ \sigma^2_{X(t)} &= E[N(t)]\sigma^2_Y + (E[Y])^2 \sigma^2_{N(t)} = \lambda t \sigma^2_Y + \lambda t (E[Y])^2 = \lambda t \left\{\sigma^2_Y + (E[Y])^2\right\} \\ &= \lambda t E\left[Y^2\right] \end{aligned}$$

이 된다. Y_i가 연속랜덤변수인 경우에도 이 결과는

$$M_{X(t)}(s) = G_{N(t)}(M_Y(s)) = e^{-\lambda t[1-M_Y(s)]}$$

이고 위의 결과들은 여전히 유효함을 알 수 있다.

예제 12.4

어떤 가게를 방문하는 고객이 시간당 평균 10명의 푸아송 과정 형태로 나타난다. 각 고객이 그 가게에서 지출하는 돈은 8달러와 20달러 사이에 균일하게 분포되어 있다고 할 때, 2시간 동안 가게에 들어오는 고객들이 지출하는 평균 금액은 얼마인가? 또한 이들 지출액의 분산은 얼마인가?

풀이

이는 시간당 도착률 λ=10인 복합 푸아송 과정이다. 우선 Y를 한 명의 고객이 가게에서 지출하는 금액에 해당하는 랜덤변수라 하면 Y는 (8, 20)에 균일하게 분포하므로 다음의 식을 얻는다.

$$E[Y]=\frac{20+8}{2}=14$$
$$\sigma_Y^2=\frac{(20-8)^2}{12}=12$$
$$E\left[Y^2\right]=\sigma_Y^2+(E[Y])^2=12+196=208$$

그러므로 2시간 동안(t=2) 가게에 들어오는 고객이 지출하는 금액의 평균과 분산은 다음과 같다.

$$E[X(2)]=2\lambda E[Y]=2(10)(14)=280$$
$$\sigma_{X(2)}^2=2\lambda E\left[Y^2\right]=2(10)(208)=4160$$

12.5.8 결합 독립 푸아송 과정

랜덤과정 $\{X(\mathrm{t}),\ t\geq 0\}$와 $\{Y(t),\ t\geq 0\}$를 도착률이 각각 λ_X와 λ_Y인 2개의 독립적 푸아송 과정이라 하고, 이 둘의 합 $N(t)=X(t)+Y(t)$로 주어지는 랜덤과정 $\{N(t),\ t\geq 0\}$를 고려하자. 그러면 $\{N(t),\ t\geq 0\}$는 2개의 푸아송 과정으로부터의 도착들의 합으로 구성되는 과정이다. 여기서 우리는 $\{N(t)\}$ 또한 평균 도착률이 $\lambda=\lambda_X+\lambda_Y$인 푸아송 과정을 보이고자 한다.

이를 증명하기 위해 우선 $\{X(t),\ t\geq 0\}$와 $\{Y(t),\ t\geq 0\}$가 서로 독립임에 주목하자. 그러면,

$$\begin{aligned}P[N(t+\Delta t)-N(t)=0]&=P[X(t+\Delta t)-X(t)=0]P[Y(t+\Delta t)-Y(t)=0]\\&=[1-\lambda_X\Delta t+o(\Delta t)][1-\lambda_Y\Delta t+o(\Delta t)]\\&=1-(\lambda_X+\lambda_Y)\Delta t+o(\Delta t)]=1-\lambda\Delta t+o(\Delta t)]\end{aligned}$$

이 얻어지고 여기서 $\lambda=\lambda_X+\lambda_Y$이다. 마지막 등식은 시간간격 Δt동안 도착이 발생하지 않을 확률이므로 $\{N(t),\ t\geq 0\}$는 푸아송 과정임을 의미한다.

또 다른 증명방법은 다음과 같다. t가 고정되었을 때 $N(t)$가 2개의 독립랜덤변수의 합이다. 그러므로 $N(t)$의 확률질량함수의 z 변환은 $X(t)$의 확률질량함수의 z 변환과 $Y(t)$의 확률질량함수의 z 변환의 곱이 되므로 다음의 식을 얻는다.

$$G_{N(t)}(z) = G_{X(t)}(z)G_{Y(t)}(z) = e^{-\lambda_X t(1-z)}e^{-\lambda_Y t(1-z)} = e^{-(\lambda_X+\lambda_Y)t(1-z)} = e^{-\lambda t(1-z)}$$

위의 식 역시 푸아송 랜덤변수의 z 변환임을 알 수 있다. 각 t에 대해 $N(t)$는 랜덤변수이므로 시간에 따른 이들 일련의 랜덤변수 $\{N(t), t \geq 0\}$는 푸아송 과정을 구성한다.

세 번째 증명 방법은 도착 간 시간간격으로부터 유도될 수 있다. L을 랜덤과정 $\{N(t), t \geq 0\}$에서의 첫 번째 사건발생(도착)까지의 시간이라 하고 L_X와 L_Y를 각각 $\{X(t), t \geq 0\}$와 $\{Y(t), t \geq 0\}$에서의 첫 번째 사건발생(도착)까지의 시간이라 하자. 그러면 2개의 과정은 서로 독립이므로 다음의 식이 얻어진다.

$$P[L > t] = P[L_X > t]P[L_Y > t] = e^{-\lambda_X t}e^{-\lambda_Y t} = e^{-(\lambda_X+\lambda_Y)t} = e^{-\lambda t}$$

이는 $\{N(t), t \geq 0\}$가 $\{X(t), t \geq 0\}$와 $\{Y(t), t \geq 0\}$에서와 같은 무기억 성질을 갖는다는 것을 보여주며, 따라서 $\{N(t), t \geq 0\}$는 푸아송 과정이 된다.

예제 12.5

2개의 전구 A와 B의 평균 수명은 지수함수의 분포를 갖는 랜덤변수이다. 만약 전구 A와 B의 수명이 서로 독립이고 평균이 각각 500시간 및 200시간이라고 할 때 하나의 전구가 단선될 때까지의 평균 시간은 얼마인가?

풀이

전구 A와 B의 평균 단선율(burnout rate)을 각각 λ_A 및 λ_B라 하자. $1/\lambda_A$=500이고 $1/\lambda_B$=200이므로 이들 각각의 단선율은 λ_A=1/500 및 λ_B=1/200이다. 위로부터의 결과를 이용하면 두 전구는 평균이 $1/\lambda$(여기서 $\lambda=\lambda_A+\lambda_B$)인 지수함수 분포의 수명을 갖는 하나의 단일 시스템으로 볼 수 있으며 따라서 하나의 전구가 단선될 때까지의 평균 시간은 다음과 같다.

$$\frac{1}{\lambda}=\frac{1}{\lambda_A+\lambda_B}=\frac{1}{(1/500)+(1/200)}=\frac{1000}{7}=142.86$$

12.5.9 독립 푸아송 과정의 경쟁

이 절에서는 앞 절에서 논의된 결합 문제를 확장해 본다. 도착률이 각각 λ_X와 λ_Y인 2개의 독립 푸아송 과정 $\{X(t),\ t\geq 0\}$와 $\{Y(t),\ t\geq 0\}$를 고려하자. 이 절에서 $\{X(t),\ t\geq 0\}$의 도착이 $\{Y(t),\ t\geq 0\}$의 도착보다 먼저 일어날 확률을 구하는 것이다. 푸아송 과정에서의 도착간격은 지수분포를 가지므로 랜덤과정 $\{X(t),\ t\geq 0\}$ 와 $\{Y(t),\ t\geq 0\}$의 도착간격을 나타내는 랜덤변수를 각각 T_X와 T_Y라 하면 이들의 확률밀도함수는 각각 $f_{T_X}(x)=\lambda_X e^{-\lambda_X x}$, $x\geq 0$과 $f_{T_Y}(y)=\lambda_Y e^{-\lambda_Y y}$, $y\geq 0$이고 우리의 관심은 확률 $P[T_X<T_Y]$를 구하는 데 있다. 두 과정은 서로 독립이므로 T_X와 T_Y의 결합확률밀도함수는 다음과 같다.

$$f_{T_X T_Y}(x,y)=\lambda_X\lambda_Y e^{-\lambda_X x}e^{-\lambda_Y y}\qquad x\geq 0,\ y\geq 0$$

$P[T_X<T_Y]$를 구하기 위해 그림 12.4에 나타낸 적분구간을 고려하자. 그림으로부터 다음 식이 얻어진다.

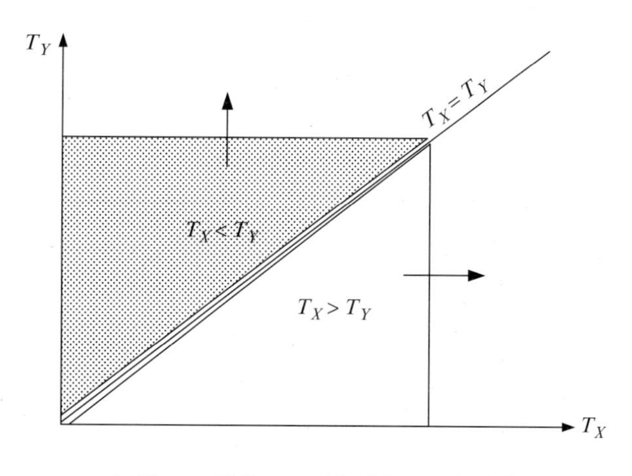

그림 12.4 직선 T_X=T_Y를 기준으로 한 구획

$$
\begin{aligned}
P[T_X < T_Y] &= \int_{x=0}^{\infty}\int_{y=x}^{\infty} f_{T_X T_Y}(x, y)dydx = \int_{x=0}^{\infty}\int_{y=x}^{\infty} \lambda_X \lambda_Y e^{-\lambda_X x} e^{-\lambda_Y y} dydx \\
&= \int_{x=0}^{\infty} \lambda_X e^{-(\lambda_X + \lambda_Y)x} dx = \frac{\lambda_X}{\lambda_X + \lambda_Y}
\end{aligned} \tag{12.18}
$$

이 결과를 유도하기 위한 또 다른 방법은 작은 시간구간 $(t, t+\Delta t)$동안 발생한 사건들을 따져 보는 것인데, 이 구간동안 $X(t)$로부터의 도착확률은 근사적으로 $\lambda_X \Delta t$이며 $X(t)$이든 $Y(t)$이든 어느 하나로부터의 도착확률은 $(\lambda_X+\lambda_Y)\Delta t$이므로, 그 시간구간 동안 도착이 발생한 조건하에 이것이 $X(t)$로부터의 도착일 확률은 $\lambda_X \Delta t/(\lambda_X+\lambda_Y)\Delta t=\lambda_X/(\lambda_X+\lambda_Y)$이 된다.

이 문제에 대한 세 번째 방법은 다음과 같다. 하나의 시간구간 T를 고려할 때, 이 시간구간 안에 과정 $\{X(t), t \geq 0\}$로부터의 도착 횟수는 $\lambda_X T$이다. 두 과정 $\{X(t), t \geq 0\}$와 $\{Y(t), t \geq 0\}$는 도착률이 $(\lambda_X+\lambda_Y)$인 독립 푸아송 과정의 결합을 형성하므로 두 과정으로부터의 평균 총 도착 횟수는 $(\lambda_X+\lambda_Y)T$이다. 따라서 과정 $\{X(t), t \geq 0\}$로부터의 도착확률은 $\lambda_X T/(\lambda_X+\lambda_Y)T=\lambda_X/(\lambda_X+\lambda_Y)$가 된다.

예제 12.6

2개의 전구 A와 B의 평균 수명은 지수함수의 분포를 갖는 랜덤변수이다. 만약 두 전구의 수명이 서로 독립이고 전구 A와 B의 평균 수명이 각각 500 시간 및 200 시간이라 할 때, 전구 A가 B보다 먼저 단선될 확률은 얼마인가?

풀이

전구 A와 B의 평균 단선율을 각각 λ_A 및 λ_B라 하자. $1/\lambda_A=500$ 이고 $1/\lambda_B=200$이므로 이들 각각의 단선율은 $\lambda_A=1/500$, $\lambda_B=1/200$이다. 따라서 전구 A가 B보다 먼저 단선될 확률은

$$\frac{\lambda_A}{\lambda_A + \lambda_B} = \frac{(1/500)}{(1/500)+(1/200)} = \frac{2}{7}$$

이 된다.

12.5.10 푸아송 과정의 분리 및 여과된 푸아송 과정

도착률이 λ인 푸아송 과정 $\{X(t),\ t\geq 0\}$를 고려하자. $\{X(t),\ t\geq 0\}$로부터의 도착은 2개의 출력단 A 또는 B 중 하나로 보내진다고 가정하자. 어떤 하나의 도착이 어느 출력단으로 보내지는가는 각 도착에 대해 독립적으로 이루어진다고 가정하자. 또한 그림 12.5에 나타낸 것처럼, 각 도착에 대해 A로 출력될 확률과 B로 출력될 확률은 각각 p 및 $1-p$라 하자.

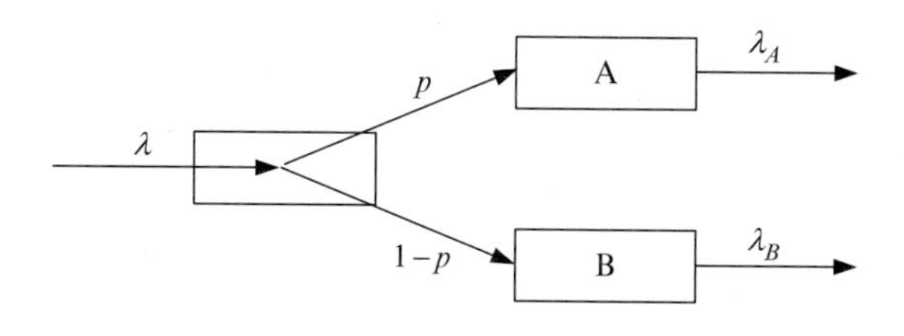

그림 12.5 푸아송 과정의 분리

출력단 A에서의 도착률은 $\lambda_A=p\lambda$이며 출력단 B에서의 도착률은 $\lambda_B=(1-p)\lambda$이고 2개의 출력은 서로 독립이다. 임의의 작은 시간구간 $(t,\ t+\Delta t)$를 고려하자. 이 시간구간 동안 원래 과정으로부터의 도착확률은 Δt의 고차항을 무시한다면 $\lambda\Delta t$이다. 따라서 이 시간 구간동안 출력단 A에 도착이 발생할 확률은 근사적으로 $p\lambda\Delta t$이며 출력단 B에 도착이 발생할 확률은 근사적으로 $(1-p)\lambda\Delta t$이다. 원래 과정은 정상 독립증가 과정이고 2개의 출력은 서로 독립이므로 각 출력은 정상 독립증가 과정이 되며, 따라서 각 출력은 푸아송 과정이다. A의 출력은 도착률이 $p\lambda$인 푸아송 과정 $\{X_A(t),\ t\geq 0\}$라 할 수 있으며, 유사하게 B의 출력은 도착률이 $(1-p)\lambda$인 푸아송 과정 $\{X_B(t),\ t\geq 0\}$라 할 수 있다.

여과된 푸아송 과정(filtered Poisson process) $Y(t)$는 이것의 사건발생이 도착률이 λ인 푸아송 과정 $X(t)$에 따라 발생하지만 각 과정이 p의 확률로 독립적으로 기록되는 과정이다. 위에 논의된 바와 같이 $Y(t)$는 도착률이 $p\lambda$인 푸아송 과정이 된다.

예제 12.7

고속도로변의 패스트푸드 점 옆에 주유소가 위치해 있다. 평균 도착률이 시간당 12대인 푸아송 과정의 형태로 자동차가 패스트푸드 점에 도착한다고 하자. 또한 패스트푸드 점에 도착한 자동차는 서로 독립적으로 0.25의 확률로 주유소에 들러 주유를 받는다고 하자. 임의의 2시간 동안 정확히 10대의 자동차가 주유소에 들를 확률은 얼마인가?

풀이

주유소에 들르는 자동차는 평균 도착률 $\lambda_G=p\lambda=(0.25)(12)=3$인 푸아송 과정이다. 따라서 2시간 동안 주유소에 들른 자동차의 수를 K라고 하면 $K=10$대가 되는 확률은

$$P[K=10]=\frac{(2\lambda_G)^{10}}{10!}e^{-2\lambda_G}=\frac{6^{10}}{10!}e^{-6}=0.0413$$

이 된다.

12.5.11 랜덤 진입

$T_0=0, T_1, T_2, \ldots$시점들에서 사건(또는 도착)이 발생하는 푸아송 과정 $\{X(t),\ t\geq 0\}$를 고려하자. 도착간격 Y_k가 다음과 같이 정의된다고 하자.

$$\begin{aligned} Y_1 &= T_1 - T_0 \\ Y_2 &= T_2 - T_1 \\ &\vdots \\ Y_k &= T_k - T_{k-1} \end{aligned}$$

그림 12.6에 이들 도착간격 시간을 도시하였는데, 여기서 A_k는 k번째 도착이다.

이러한 푸아송 과정은 **갱신과정**(renewal process)이라 하는 랜덤과정이며 갱신과정은 Y_k는 서로 독립이면서 동일하게 분포되어 있는 특징을 가지고 있다. 평균 도착률이 λ인 푸아송 과정에 대해 Y_k는 앞서 논의된 바와 같이 평균 $1/\lambda$인 지수분포를 갖는다.

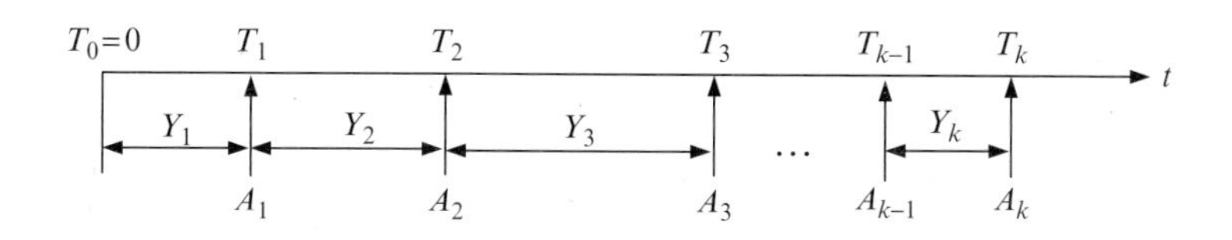

그림 12.6 푸아송 과정에서의 도착간격

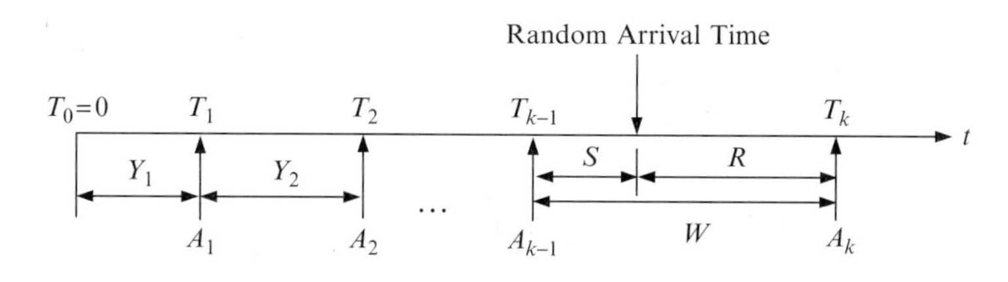

그림 12.7 랜덤진입

Y_k와 관련된 다음의 문제를 고려하자. T_k가 정류장에 버스가 도착하는 시점이라 가정하자. **랜덤한 시간**(random time)에 정류장에 도착한 승객은 다음 버스가 도착하기까지 얼마나 기다려야 하는지 알고 싶다. 이 경우, 주체(이 예의 경우, 승객)가 랜덤한 시간에 과정에 진입하므로 이러한 문제는 일반적으로 **랜덤진입 문제**(random incidence problem)라고 불린다. 이제 그 승객이 정류장에 도착한 시점에서 다음 버스가 오기까지의 시간을 R이라 하자. 여기서 R은 그 푸아송 과정의 **잔류수명**(residual life)이라 한다. 또한 그 승객이 랜덤진입으로 들어간 구간의 도착간격의 길이를 W라 하자. 그림 12.7은 이러한 랜덤진입 문제를 보여준다.

도착간격 시간의 확률밀도함수를 $f_Y(y)$, 랜덤진입이 이루어진 특정 도착간격의 길이 W의 확률밀도함수를 $f_W(w)$, 잔류수명 R의 확률밀도함수를 $f_R(r)$이라 하자. 랜덤진입이 이루어진 특정 도착간격 내의 두 시점 w와 $w+dw$ 사이의 시간구간에서 랜덤진입이 발생할 확률은 그 시점의 길이 w와 그 시간구간의 상대적 발생빈도 $f_Y(w)dw$에 비례한다고 가정할 수 있다. 즉,

$$f_W(w)dw = \beta w f_Y(w)dw$$

이며, 여기서 β는 비례상수이다. 따라서 $f_W(w)=\beta w f_Y(w)$가 된다. $f_W(w)$는 확률밀

도함수이므로 다음의 식이 얻어진다.

$$\int_{-\infty}^{\infty} f_W(w)dw = 1 = \beta\int_{-\infty}^{\infty} wf_Y(w)dw = \beta E[Y]$$

그러므로 $\beta = 1/E[Y]$이며, 다음의 식을 얻는다.

$$f_W(w) = \frac{wf_Y(w)}{E[Y]} \quad w \geq 0 \tag{12.19}$$

W의 기댓값은 다음과 같이 얻어지며,

$$E[W] = \frac{E[Y^2]}{E[Y]} \tag{12.20}$$

이 결과는 모든 갱신과정에 적용된다. 푸아송 과정에 대하여 Y는 $E[Y]=1/\lambda$, $E[Y^2]=2/\lambda^2$ 을 갖는 지수분포를 가지므로 다음의 식을 얻는다.

$$f_W(w) = \lambda wf_Y(w) = \lambda^2 we^{-\lambda w} \quad w \geq 0$$
$$E[W] = \frac{2}{\lambda}$$

이는 푸아송 과정에 대해 특정 랜덤진입이 이루어진 도착간격이 2차 얼랑분포를 갖는다는 것을 의미하며, 따라서 (랜덤진입이 이루어진) 그 도착간격 W의 평균길이는 도착간격 Y의 평균길이의 2배이다. 이는 종종 **랜덤진입의 역설**(random incidence paradox)이라고 하는데, 이러한 사실에 대한 이유는 승객의 도착(랜덤진입)이 길이가 짧은 도착간격보다는 길이가 긴 도착간격에 진입할 확률이 크기 때문이다.

다음으로 이 과정의 잔류수명 R의 확률밀도함수를 고려하자. 승객이 길이 w인 도착간격 내로 진입한 경우, 진입 시점은 그 도착간격 내에서 균일한 분포를 가지므로, $W=w$인 조건하에 R의 조건부 확률밀도함수는 다음과 같다.

$$f_{R|W}(r|w) = \frac{1}{w} \quad 0 \leq r \leq w$$

이 결과를 앞의 결과와 결합하면, R과 W의 결합확률밀도함수는 다음과 같이 얻어진다.

$$f_{RW}(r, w) = f_{R|W}(r|w)f_W(w) = \frac{1}{w}\left\{\frac{wf_Y(w)}{E[Y]}\right\} = \frac{f_Y(w)}{E[Y]} \quad 0 \leq r \leq w < \infty$$

R의 한계확률밀도함수는

$$f_R(r) = \int_r^{\infty} f_{RW}(r, w)dw = \int_r^{\infty} \frac{f_Y(w)}{E[Y]}dw = \frac{1 - F_Y(r)}{E[Y]} \quad r \geq 0 \tag{12.21}$$

이 되며, 여기서 Y는 지수분포함수 $1-F_Y(r)=e^{-\lambda r}$을 갖는 랜덤변수이므로

$$f_R(r) = \lambda e^{-\lambda r} \quad r \geq 0 \tag{12.22}$$

이 된다. 따라서 푸아송 과정에 대해, 잔류수명은 도착간격과 동일한 분포를 갖게 되는데 이는 지수분포가 갖는 '건망증(forgetfulness)' 특성으로부터 예측된 결과이다. 그림 12.7에서 랜덤변수 S는 바로 전 버스가 도착한 시점과 승객이 진입한 시점 간의 시간 길이를 나타낸다. $W=S+R$이므로, S의 기댓값은 $E[S]=E[W]-E[R]=1/\lambda$가 된다.

예제 12.8

어떤 시내버스가 시간당 5대의 도착률을 갖는 푸아송 과정의 형태로 특정 정류장에 도착한다고 하자. 정류장에 도착한 어떤 승객이 다음 버스시간까지 기다린다고 할 때, 다음 물음에 답하라.

a. 승객이 정류장에 도착한 시점으로부터 다음 버스가 도착할 때까지 기다려야 하는 평균시간은 몇 시간인가?

b. 바로 전 버스의 도착시점으로부터 그 승객이 타야 하는 다음 버스의 도착시점까지의 평균시간은 몇 시간인가?

풀이

시내버스가 푸아송 과정의 형태로 특정 정류장에 도착하므로 버스 간 도착간격은 평균 1/5시간(12분)의 지수분포를 나타내며, 따라서 디음의 결과를 얻는다.

a. 랜덤진입의 원리에 따라, 승객이 도착한 후 다음 버스까지 기다려야 하는 시간은 평균 12분의 지수분포를 가지므로, 승객이 기다려야 하는 평균 시간은 12분이다.

b. 또한 바로 이전 버스와 승객이 기다리는 다음 버스의 도착간 시간 간격은 랜덤진입이 이루어진 도착간격의 평균 길이이다. 랜덤진입의 원리에 따라, 이 간격의 평균 길이는 승객이 기다려야 하는 시간의 2배이며, 따라서 두 버스의 도착 간 평균 간격은 24분이 된다.

12.6 마르코프 과정

마르코프 과정은 공학, 과학 및 경영 모델링에서 제한된 과거의 기억을 갖는 시스템을 모델링하는 데 널리 사용되고 있다. 예를 들어 이 장의 앞부분에서 다룬 도박꾼의 파멸 문제에서 도박꾼이 $n+1$번째 게임에서 딸 수 있는 돈의 액수는 그 도박꾼이 n번째 게임에서 딴 돈의 액수에 따라 결정된다. 그 외의 다른 정보는 도박꾼이 돈을 딸 수 있을지를 예측하는 데 아무 도움이 되지 않는다. 인구증가에 관한 많은 연구에서도, 다음 세대의 인구수는 주로 현 세대 그리고 지난 몇 세대의 인구수에 따라 달라지는 것이 가능하다.

어떤 랜덤과정 $\{X(t) | t \in T\}$가 임의의 시점 $t_0 < t_1 < \cdots < t_n$에 대해 $X(t_0)$, $X(t_1), \ldots, X(t_{n-1})$가 주어진 경우에 대한 $X(t_n)$의 조건부 누적분포함수가 단지 $X(t_{n-1})$에만 의존한다면, 즉

$$\begin{aligned} P[X(t_n) \le x_n | X(t_{n-1}) \le x_{n-1}, X(t_{n-2}) \le x_{n-2}, \ldots, X(t_0) \le x_0] \\ = P[X(t_n) \le x_n | X(t_{n-1}) \le x_{n-1}] \end{aligned} \tag{12.23}$$

이라면 이러한 랜덤과정을 마르코프 과정이라 한다. 이는 과정의 현재 상태가 주어졌을 때 미래의 상태가 과거 상태와는 독립임을 의미한다. 이러한 특성은 일반적으

로 **마르코프 특성**(Markov property)이라고 한다. 미래의 상태가 현재와 바로 이전 과거 상태에 의존하는 과정을 2차 마르코프 과정이라 하며, 이러한 방식으로 고차 마르코프 과정을 정의한다. 이 장에서는 1차 마르코프 과정만을 고려한다.

마르코프 과정은 시간의 성질과 상태 공간(state space)의 성질에 따라 분류될 수 있다. 상태 공간의 성질에 따라 연속상태 마르코프 과정과 이산상태 마르코프 과정으로 나누어지는데, 이산상태 마르코프 과정은 종종 **마르코프 연쇄**(Markov chain)라 불린다. 이와 유사하게, 시간 축에 따라 연속시간 마르코프 과정과 이산시간 마르코프 과정으로 나눈다. 따라서 다음과 같은 네 가지 기본적인 마르코프 과정이 있다.

1. 이산시간 마르코프 연쇄(혹은 이산시간 이산상태 마르코프 과정)
2. 연속시간 마르코프 연쇄(혹은 연속시간 이산상태 마르코프 과정)
3. 이산시간 마르코프 과정(혹은 이산시간 연속상태 마르코프 과정)
4. 연속시간 마르코프 과정(혹은 연속시간 연속상태 마르코프 과정)

마르코프 과정에 대한 분류를 그림 12.8에 나타내었다.

이 장 이후부터의 내용은 모두 마르코프 연쇄(이산상태 마르코프 과정)를 다룬다.

		State Space	
		Discrete	Continuous
Time	Discrete	Discrete-time Markov Chain	Discrete-time Markov Process
	Continuous	Continuous-time Markov Chain	Continuous-time Markov Process

그림 12.8 마르코프 과정의 분류

12.7 이산시간 마르코프 연쇄

이산시간 과정 $\{X_k,\ k=0,1,2,...\}$이 모든 $i, j, k, \ldots, m$에 대해

$$P[X_k=j|X_{k-1}=i, X_{k-2}=\alpha, \ldots, X_0=\theta]=P[X_k=j|X_{k-1}=i]=p_{ijk}$$

을 만족시키면, 이를 마르코프 연쇄라 한다. 여기서 p_{ijk}는 **상태천이확률**(state transition probability)이라 하는데 이는 $k-1$ 시점에서 시스템이 i상태에 있을 때, 상태천이 후 다음의 k 시점에서 j상태에 있을 조건부 확률이다. 이러한 규칙에 따르는 마르코프 연쇄는 (상태천이확률 p_{ijk}가 시간변수 k에 따라 변하므로) **비균질 마르코프 연쇄**(non-homogeneous Markov chain)라 한다. 이 책에서는 **균질 마르코프 연쇄**(homogeneous Markov chain)만을 고려하므로 $p_{ijk}=p_{ij}$이다. 이는 균질 마르코프 연쇄는 시간에 의존하지 않는다는 것을 의미한다. 즉

$$P[X_k=j|X_{k-1}=i, X_{k-2}=\alpha, \ldots, X_0=\theta]=P[X_k=j|X_{k-1}=i]=p_{ij} \tag{12.24}$$

이고, **균질 상태천이확률** p_{ij}는 다음의 조건을 만족시킨다.

a. $0 \le p_{ij} \le 1$

b. $\sum_j p_{ij}=1,\ i=1,2,...,$ 이는 각 상태가 상호 배타적(mutually exclusive)이며 이들 전체가 표본공간을 구성한다(collectively exhaustive)는 사실에 따른다.

12.7.1 상태천이확률 행렬

관습적으로 상태천이확률을 다음과 같은 $N \times N$ 행렬 P로 나타내는데, i번째 행, j번째 열에 해당하는 행렬의 요소는 p_{ij}이다.

$$P=\begin{bmatrix} p_{11} & p_{12} & \cdots & p_{1N} \\ p_{21} & p_{22} & \cdots & p_{2N} \\ \cdots & \cdots & \cdots & \cdots \\ p_{N1} & p_{N2} & \cdots & p_{NN} \end{bmatrix}$$

행렬 P는 **천이확률행렬**(transition probability matrix)이라고 하며 임의의 i번째 행에 대해 $\sum_{j=1}^{N} p_{ij}=1$이므로 **확률통계적행렬**(stochastic matrix)이라고도 한다.

12.7.2 n단계 상태천이확률

현 시점에서 시스템이 i상태에 있다는 조건하에, n번의 상태천이 후 j상태로 천이할 조건부 확률을 $p_{ij}(n)$이라 하자. 즉

$$
\begin{aligned}
&p_{ij}(n) = P[X_{m+n} = j | X_m = i] \\
&p_{ij}(0) = \begin{cases} 1 & i = j \\ 0 & i \neq j \end{cases} \\
&p_{ij}(1) = p_{ij}
\end{aligned}
$$

2단계 상태천이확률 $p_{ij}(2)$는 다음과 같이 정의된다.

$$p_{ij}(2) = P[X_{m+2} = j | X_m = i]$$

m=0라고 가정하면

$$
\begin{aligned}
p_{ij}(2) &= P[X_2 = j | X_0 = i] = \sum_k P[X_2 = j, X_1 = k | X_0 = i] \\
&= \sum_k P[X_2 = j | X_1 = k, X_0 = i] P[X_1 = k | X_0 = i] \\
&= \sum_k P[X_2 = j | X_1 = k] P[X_1 = k | X_0 = i] = \sum_k p_{kj} p_{ik} \\
&= \sum_k p_{ik} p_{kj}
\end{aligned}
$$

이 된다. 여기서 두 번째부터 마지막까지의 등식은 마르코프 특성으로부터 얻어진다. 마지막 등식은 시스템이 i상태에서 시작하여 2번의 상태천이 후 j상태로 천이할 확률은 i상태에서 (임의의 중간상태) k로의 천이확률과 k에서 j상태로의 천이확률의 곱을 모든 가능한 중간상태 k에 대해 합하여 얻어짐을 의미한다.

다음의 명제는 *Chapman-Kolmogorov* 등식이라 불리는데 이것은 2단계 천이확률에 대하여 앞의 결과에 대한 일반화이다.

명제 12.1

모든 $0<r<n$에 대하여

$$p_{ij}(n)=\sum_k p_{ik}(r)p_{kj}(n-r) \tag{12.25}$$

이다.

이 명제는 랜덤과정이 i상태에서 시작하여 n번의 상태천이 후 j상태로 천이할 확률은 랜덤과정이 i상태에서 r번의 상태천이 후 임의의 중간상태인 k로 천이할 확률과 다시 k상태에서 시작하여 $n-r$번의 상태천이 후 j상태로 천이할 확률의 곱의 합과 같음을 의미한다.

증명

이것의 증명은 $n=2$의 경우에 대한 증명을 일반화함으로써 다음과 같이 얻어진다.

$$\begin{aligned}
p_{ij}(n) &= P[X_n=j|X_0=i]=\sum_k P[X_n=j,X_r=k|X_0=i] \\
&= \sum_k P[X_n=j|X_r=k,X_0=i]P[X_r=k|X_0=i] \\
&= \sum_k P[X_n=j|X_r=k]P[X_r=k|X_0=i]=\sum_k p_{kj}(n-r)p_{ik}(r) \\
&= \sum_k p_{ik}(r)p_{kj}(n-r)
\end{aligned}$$

12.7.3 상태천이 다이어그램

다음의 문제를 고려하자. 일련의 동전던지기 실험에서 다음 번 결과가 현재의 결과에 의존한다는 것이 관찰되었다. 특히 현재의 결과가 앞면인 경우, 다음 번도 앞면일 확률이 0.6이었고 다음 번이 뒷면일 확률이 0.4였다. 또한 현재의 결과가 뒷면인 경우, 다음 번이 앞면일 확률이 0.35였고 다음 번도 뒷면일 확률이 0.65였다.

앞면을 상태 1, 뒷면을 상태 2로 정의하면 이 문제에 대한 천이확률행렬은 다음과 같다.

$$P=\begin{bmatrix}0.60 & 0.40\\0.35 & 0.65\end{bmatrix}$$

마르코프 과정의 모든 특성은 이 천이확률행렬에 의해 결정된다. 그러나 이 문제의 해석은 **상태천이 다이어그램**(state-transition diagram)을 이용하면 훨씬 간단해질 수 있는데 상태천이 다이어그램에서 각 상태는 원으로, 상태 간 천이는 화살표로, 그리고 특정 상태천이의 확률은 그에 상응하는 화살표 상의 숫자로 표현된다. 위의 문제에 대한 상태천이 다이어그램을 그림 12.9에 나타내었다.

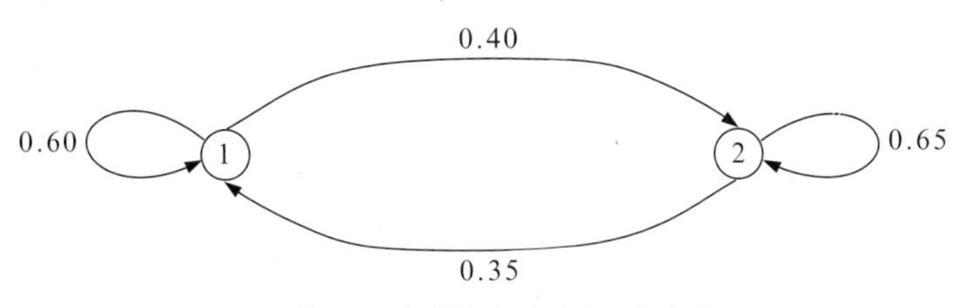

그림 12.9 상태천이 다이어그램의 예

예제 12.9

어떤 사회의 사람들이 세 가지 부류, 즉 상위계층(U), 중간계층(M) 및 하위계층(L)로 구분된다고 하자. 특정 부류의 신분은 다음의 확률적인 방식으로 계승된다. 즉 어떤 사람이 상위계층의 신분이라면 그의 후대가 상위계층이 될 확률은 0.7, 중간계층이 될 확률은 0.2, 하위계층이 될 확률은 0.1이다. 또한 어떤 사람이 중간계층의 신분이라면 그의 후대가 상위계층이 될 확률은 0.1, 중간계층이 될 확률은 0.6, 하위계층이 될 확률은 0.3이다. 마지막으로 어떤 사람이 하위계층의 신분이라면 그의 후대가 중간계층이 될 확률은 0.3, 하위계층이 될 확률은 0.7이다. 이 문제에 대한 (a) 천이확률행렬과 (b) 상태천이 다이어그램을 결정하라.

풀이

a. 천이확률행렬은 상태 1,2,3이 각각 상위, 중간, 하위계층을 표현한다고 가정하면 다음과 같이 표현된다.

$$P = \begin{bmatrix} 0.7 & 0.2 & 0.1 \\ 0.1 & 0.6 & 0.3 \\ 0.0 & 0.3 & 0.7 \end{bmatrix}$$

b. 상태천이 다이어그램은 그림 12.10과 같다.

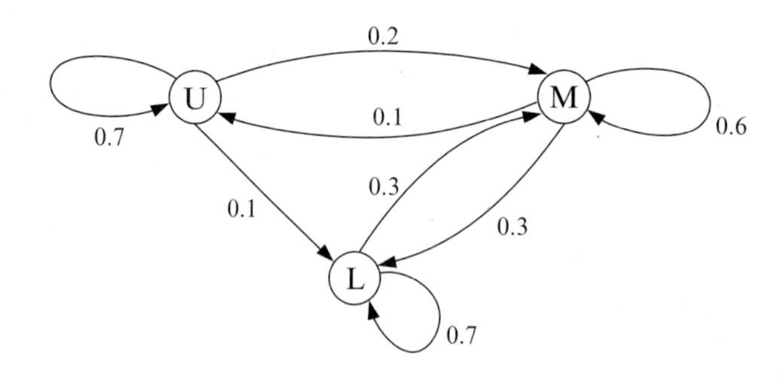

그림 12.10 예제 12.9의 상태천이 다이어그램

12.7.4 상태의 분류

어떤 마르코프 과정이 i상태에서 시작하여 (시간에 관계없이 언젠가) j상태로의 천이가 가능한 경우, j상태는 **접근(도달)가능**(accessible)하다고 한다. 이는 어떤 정수 $n>0$에 대해 $p_{ij}(n)>0$임을 의미하며, 따라서 n단계 확률 $p_{ij}(n)$은 그 과정의 어떤 두 상태 간 접근가능성에 대한 정보를 우리에게 제공한다.

어떤 두 상태가 서로 접근 가능한 경우 두 상태는 서로 **소통한다**(communicate)고 한다. 상태 간 소통의 개념은 상태공간을 다수의 그룹으로 분류하며 서로 소통하는 두 상태는 동일한 **그룹**(class)에 속한다고 한다. 한 그룹 내의 각 상태는 그 그룹 내의 다른 모든 상태와 소통한다. 만약 한 그룹이 그 그룹에 속하지 않은 상태로부터 접근 불가능한 경 우, 그 그룹을 **닫힌 소통 그룹**(closed communicating class)으로 정의한다. 만약 어떤 마르코프 연쇄의 모든 상태가 서로 소통하면 오직 하나의 그룹만 정의가 되며 **축소불가능**(irreducible)한 마르코프 연쇄라고 한다. 그림 12.9과 12.10은 축소불가능한 마르코프 연쇄의 예이다.

마르코프 연쇄의 상태들은 크게 두 종류로 분류될 수 있다. 즉 '무한히 자주(infinitely often)' 발생하는 상태와 '가끔씩(finitely often)' 발생하는 상태로 분류가 가능하다. 긴 시간을 두고 볼 때, 그 과정은 무한히 자주 발생하는 상태에 있을 확률이 매우 높을 것이다. 현재 i 상태에 있다는 조건하에 정확히 n번의 천이 (n단계) 이후 최초로 j 상태로 천이할 조건부 확률을 $f_{ij}(n)$이라 하자. $f_{ij}(n)$은 i 상태로부터 j 상태로의 n 단계 **최초경로**(first passage)확률이라고 한다. 또한 파라미터 f_{ij}는

$$f_{ij} = \sum_{n=1}^{\infty} f_{ij}(n) \tag{12.26}$$

로 정의되는데 이는 i 상태로부터 j 상태로의 최초경로확률이다. 이는 과정이 초기에 i 상태에 있다는 조건하에 (시간에 관계없이 언젠가) j 상태로 천이할 조건부 확률이다. 명백히 $f_{ij}(1)=p_{ij}$이며 f_{ij}는 다음과 같이 재귀적으로 얻어질 수 있다.

$$f_{ij}(n) = \sum_{l \neq j} p_{il} f_{lj}(n-1) \tag{12.27}$$

f_{ii}는 초기에 i 상태에서 시작하여 (시간에 관계없이 언젠가) 다시 i 상태로 되돌아올 확률인데, $f_{ii}=1$이 되는 상태를 **회귀**(recurrent)상태라 하며 $f_{ii}<1$인 상태를 **과도**(transient)상태라 한다. 이 상태들은 보다 형식적으로 다음과 같이 정의된다.

a. 만약 어떤 마르코프 연쇄에서 특정 상태 j에서 시작하여 다시 j 상태로 되돌아오지 않을 확률이 0보다 큰 값을 갖는다면 이러한 상태 j를 **과도**(transient) 상태 혹은 **비회귀**(non-recurrent)상태라 한다.
b. 만약 어떤 마르코프 연쇄에서 특정 상태 j에서 시작하여 다시 j 상태로 되돌아올 확률이 1이라면 이러한 상태 j를 **회귀**(recurrent or persistent)상태라

한다. 회귀상태들의 집합은 그 집합의 모든 원소가 서로 소통하는 경우, 하나의 **단일연쇄**(sing1e chain)를 형성한다.

c. 만약 어떤 회귀상태 j가 1보다 큰 양의 정수 $d(d>1)$에 대해 $p_{ij}(n)$이 $d, 2d, 3d, \ldots$를 제외한 모든 n에 대해 0이 되는 경우, 이러한 회귀상태 j를 **주기**(periodic)상태라 하며 d를 주기라 한다. 만약 d=1이면 회귀상태 j는 **비주기적**(aperiodic)이라 한다.

d. 만약 어떤 회귀상태 j가 j에서 시작하여 다시 j상태로 되돌아올 때까지의 평균시간이 유한하다면 이러한 회귀상태 j를 **양의 회귀**(positive recurrent)상태라 한다. 반면에 그렇지 않은 경우, 회귀상태 j를 **무효 회귀**(null recurrent) 상태라 한다.

e. 양의 회귀이면서 비주기인 상태를 **에르고딕**(ergodic)상태라 한다.

f. 에르고딕 상태들로 구성되는 연쇄를 **에르고딕 연쇄**(ergodic chain)라 한다.

g. 만약 p_{jj}=1이면 이러한 상태 j를 **흡수**(absorbing or trapping)상태라 한다. 따라서 어떤 과정이 일단 흡수상태에 빠지면, 그 과정은 그 상태를 벗어나지 못한다. 즉 '갇혀 있게(trapped)' 된다.

예제 12.10

상태천이 다이어그램이 그림 12.11과 같이 표현되는 마르코프 연쇄를 고려하자. 그림에 나타난 각 상태가 과도상태인지, 회귀상태인지, 혹은 주기상태인지 판별하고 주기상태인 경우 주기는 얼마인가 판별하라. 또한 과정 내에는 몇 개의 연쇄가 존재하는가?

풀이

과도상태 :4

회귀상태: 1, 2, 3

주기상태: 없음

단일연쇄: 1개: {1, 2, 3}

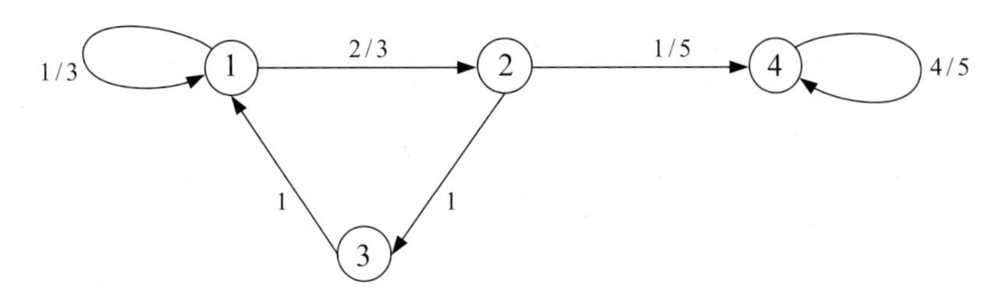

그림 12.11 예제 12.10의 상태천이 다이어그램

예제 12.11

그림 12.11에서 수정된 형태인 그림 12.12의 상태천이 다이어그램을 고려하자. 여기서는 4 상태에서 2 상태로의 천이 대신 2 상태에서 4 상태로의 천이가 된다. 이 경우에 대하여 상태 1, 2, 3은 이제 과도상태인데 이는 과정이 2 상태를 거쳐 4 상태로 천이하면 더 이상 1, 2, 3 상태로는 되돌아올 수 없기 때문이다. 또한 일단 과정이 4 상태로 들어가면 이로부터 빠져나올 수 없으므로(흡수되므로) 4 상태는 흡수상태이다. 상태들의 정의에서 언급한 바와 같이, 이 예제의 경우 p_{44}=1이고 k가 4가 아닐 때 p_{4k}=0이므로 흡수상태임을 알 수 있다.

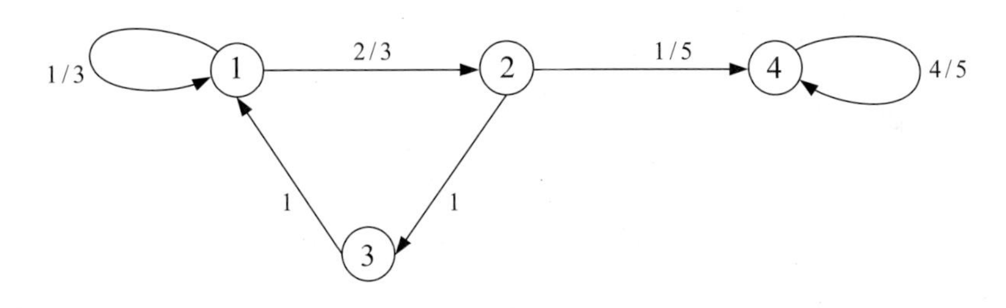

그림 12.12 예제 12.11의 상태천이 다이어그램

예제 12.12

그림 12.13에 나타낸 상태천이 다이어그램으로 표현되는 마르코프 연쇄에서 각 상태에 대해 과도상태인지, 회귀상태인지, 주기상태인지 판정하고 단일연쇄를 찾아라.

풀이

과도상태: 없음

회귀상태: 1, 2, 3

주기상태: 1, 2, 3

주기: d=3

단일연쇄: 1개: {1, 2, 3}

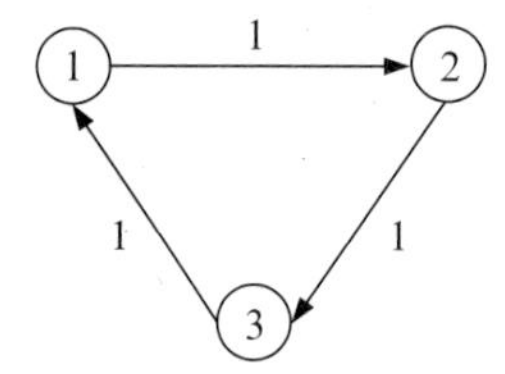

그림 12.13 예제 12.12의 상태천이 다이어그램

12.7.5 극한상태확률

앞서 언급한 바와 같이, n단계 상태천이확률 $p_{ij}(n)$은 과정이 현재 i상태에 있다는 조건하에 정확히 n번의 천이 후 j상태에 있을 조건부 확률이다. 이 n단계(n-step) 상태천이확률은 천이확률행렬을 n번 곱함으로써 얻어질 수 있는데, 예를 들어 다음의 천이확률행렬을 고려해보자.

$$P = \begin{bmatrix} 0.4 & 0.5 & 0.1 \\ 0.3 & 0.3 & 0.4 \\ 0.3 & 0.2 & 0.5 \end{bmatrix}$$

$$P^2 = \begin{bmatrix} 0.4 & 0.5 & 0.1 \\ 0.3 & 0.3 & 0.4 \\ 0.3 & 0.2 & 0.5 \end{bmatrix} \times \begin{bmatrix} 0.4 & 0.5 & 0.1 \\ 0.3 & 0.3 & 0.4 \\ 0.3 & 0.2 & 0.5 \end{bmatrix} = \begin{bmatrix} 0.34 & 0.37 & 0.29 \\ 0.33 & 0.32 & 0.35 \\ 0.33 & 0.31 & 0.36 \end{bmatrix}$$

$$P^3 = \begin{bmatrix} 0.34 & 0.37 & 0.29 \\ 0.33 & 0.32 & 0.35 \\ 0.33 & 0.31 & 0.36 \end{bmatrix} \times \begin{bmatrix} 0.4 & 0.5 & 0.1 \\ 0.3 & 0.3 & 0.4 \\ 0.3 & 0.2 & 0.5 \end{bmatrix} = \begin{bmatrix} 0.334 & 0.339 & 0.327 \\ 0.333 & 0.331 & 0.336 \\ 0.333 & 0.330 & 0.337 \end{bmatrix}$$

행렬 P^2로부터 $p_{ij}(2)$가 얻어지는데, 예를 들어 $p_{23}(2)=0.35$이며 이는 행렬 P^2의 2행 3열의 요소이다. 유사하게 행렬 P^3의 각 요소는 $p_{ij}(3)$이다.

위의 행렬과 다른 많은 마르코프 연쇄에 대한 행렬들에 대해, 천이확률행렬을 여러 번 자기 자신과 곱하면 행렬의 요소들은 하나의 상수에 수렴하게 되는데, 특히 중요한 것은 한 열의 모든 요소가 동일한 값으로 수렴한다는 것이다.

$P[X(0)=i]$을 어떤 과정이 초기에 i 상태에 있을 확률이라고 정의하면, 집합 $\{P[X(0)=i]\}$는 그 과정에 대한 초기조건을 정의하며, N상태 과정에 대해 다음의 식이 성립한다.

$$\sum_{i=1}^{N} P[X(0)=i]=1$$

$P[X(n)=j]$를 어떤 과정이 최초 n번의 천이 후 j상태에 있을 확률이라 하면, N상태 과정에 대해 다음의 식이 성립한다.

$$P[X(n)=j]=\sum_{i=1}^{N} P[X(0)=i]p_{ij}(n)$$

앞서 언급한 부류의 마르코프 연쇄에 대해 $n\to\infty$가 됨에 따라 n단계 상태천이확률 $p_{ij}(n)$은 i에 의존하지 않는다는 것을 보일 수 있는데, 이는 $P[X(n)=j]$이 $n\to\infty$가 됨에 따라 상수에 접근함을 의미한다. 즉, 그 상수는 초기조건에 의존하지 않는다. 따라서 극한값이 존재하는 그러한 부류의 마르코프 연쇄에 대해서 **극한상태확률**(limiting-state probability)을 다음과 같이 정의할 수 있다.

$$\lim_{n\to\infty} P[X(n)=j]=\pi_j \quad j=1,2,\ldots,N$$

n단계 상태천이확률이 다음과 같은 형태로 표현될 수 있음을 상기해 보자.

$$p_{ij}(n)=\sum_{k} p_{ik}(n)p_{kj}$$

극한상태확률이 존재하고 그것이 초기싱태에 의존하지 않는다면 다음의 식이 성립한다.

$$\lim_{n\to\infty} p_{ij}(n) = \pi_j = \lim_{n\to\infty} \sum_k p_{ik}(n)p_{kj} = \sum_k \pi_k p_{kj} \tag{12.28}$$

극한상태확률 벡터 $\pi=[\pi_1, \pi_2, \ldots, \pi_N]$을 정의하면 식 (12.28)로부터 $\pi=\pi P$이고

$$\pi_j = \sum_k \pi_k p_{kj} \tag{12.29a}$$

$$1 = \sum_j \pi_j \tag{12.29b}$$

이다.

여기서 마지막 등식은 전체확률법칙(the law of total probability)에 의해 얻어지며, 앞의 두 등식은 마지막 등식과 함께 π_j가 만족시켜야 하는 연립 선형방정식이다. 다음의 명제는 극한상태확률의 존재 조건을 규정한다.

명제 12.2

임의의 축소불가능한 비주기 마르코프 연쇄에 대해, 극한값 $\pi_j = \lim_{n\to\infty} p_{ij}(n)$이 존재하며 이는 초기분포와는 무관하다.

명제 12.3

임의의 축소불가능한 비주기 마르코프 연쇄에 대해, 극한값 $\pi_j = \lim_{n\to\infty} p_{ij}(n)$이 존재하며 이는 초기분포와는 무관하다. 그러나 이는 그 과정이 j 상태에 있을 종국확률(long-run probability)로 해석되어야 한다.

예제 12.13

상태천이 다이어그램이 그림 12.9로 주어지는(그림 12.14에 다시 나타낸) 앞면과 뒷면이 나올 확률이 다른 동전던지기 문제를 상기해 보자. 이것의 극한상태확률을 구하라.

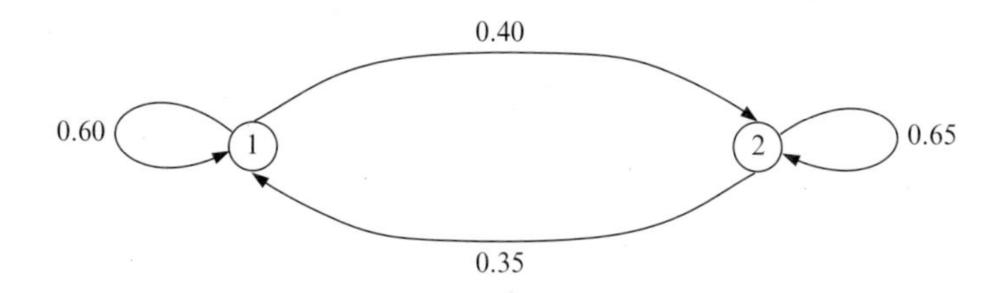

그림 12.14 예제 12.13의 상태천이 다이어그램

풀이

그림에 나타낸 마르코프 연쇄에 대해 다음과 같은 3개의 방정식이 성립된다.

$$\pi_1 = 0.6\pi_1 + 0.35\pi_2$$
$$\pi_2 = 0.4\pi_1 + 0.65\pi_2$$
$$1 = \pi_1 + \pi_2$$

3개의 방정식에 변수는 2개이므로 하나의 방정식은 여분의 방정식이다. 따라서 N상태 마르코프 연쇄에 대해 $\pi_j = \sum_k \pi_k p_{kj}$에 해당하는 첫 $N-1$개의 선형방정식과 전체확률법칙($1=\sum_k \pi_k$)을 사용하면, 주어진 문제에 대해 다음을 얻는다.

$$\pi_1 = 0.6\pi_1 + 0.35\pi_2$$
$$1 = \pi_1 + \pi_2$$

첫 번째 등식으로부터 $\pi_1=(0.35/04)\pi_2=(7/8)\pi_2$를 얻는다. 이를 두 번째 등식의 π_1에 대입하고 π_2에 대해 풀면 최종적으로

$$\pi = [\pi_1, \pi_2] = [7/15, 8/15]$$

을 얻는다.

$p_{12}(3)$의 계산을 고려해 보자. 이는 과정이 초기의 1 상태에서 세 번의 천이 후 2 상태에 있을 확률이며, 직접 계산하거나 행렬을 이용하는 두 가지 방법으로 구할 수 있다.

a. **직접 계산법**: 이 방법에서 우리는 3단계를 거쳐 1 상태에서 2 상태로 가는 모든 가능한 경로에 대한 확률을 계산한다. a 상태에서 b 상태로 그리고 b 상태에서 c 상태로의 천이를 $a \to b \to c$의 형식으로 나타내면 원하는 결과는 다음과 같다.

$$p_{12}(3) = P[\{1 \to 1 \to 1 \to 2\} \cup \{1 \to 1 \to 2 \to 2\} \cup \{1 \to 2 \to 1 \to 2\} \cup \{1 \to 2 \to 2 \to 2\}]$$

여기서 각 사건(상태천이)은 상호배타적이므로 다음과 같이 계산된다.

$$\begin{aligned} p_{12}(3) &= P[1 \to 1 \to 1 \to 2] + P[1 \to 1 \to 2 \to 2] + P[1 \to 2 \to 1 \to 2] + P[1 \to 2 \to 2 \to 2] \\ &= p_{11}p_{11}p_{12} + p_{11}p_{12}p_{22} + p_{12}p_{21}p_{12} + p_{12}p_{22}p_{22} \\ &= (0.6)(0.6)(0.4) + (0.6)(0.4)(0.65) + (0.4)(0.35)(0.4) + (0.4)(0.65)(0.65) \\ &= 0.525 \end{aligned}$$

b. **행렬을 이용한 방법**: 직접 계산의 한계는 모든 상태 1에서 n단계 천이를 거쳐 상태 2로 가는 모든 가능한 천이경로를 일일이 따져 보는 것이 어렵다는 것이다. 그리고 이러한 이유로 행렬을 이용한 방법이 보다 유용하게 사용될 수 있다. 앞에서 논의한 바와 같이, $p_{ij}(n)$은 행렬 P^n의 ij번째(i번째 행, j번째 열)의 요소이다. 따라서 이 문제의 해는 행렬 P^3의 첫 번째 행과 두 번째 열의 요소를 찾음으로써 다음과 같이 얻어진다.

$$P = \begin{bmatrix} 0.60 & 0.40 \\ 0.35 & 0.65 \end{bmatrix}$$

$$P^2 = P \times P = \begin{bmatrix} 0.60 & 0.40 \\ 0.35 & 0.65 \end{bmatrix} \times \begin{bmatrix} 0.60 & 0.40 \\ 0.35 & 0.65 \end{bmatrix} = \begin{bmatrix} 0.5000 & 0.5000 \\ 0.4375 & 0.5625 \end{bmatrix}$$

$$P^3 = P \times P^2 = \begin{bmatrix} 0.60 & 0.40 \\ 0.35 & 0.65 \end{bmatrix} \times \begin{bmatrix} 0.5000 & 0.5000 \\ 0.4375 & 0.5625 \end{bmatrix} = \begin{bmatrix} 0.475000 & 0.525000 \\ 0.459375 & 0.540625 \end{bmatrix}$$

이로부터 문제의 해(첫 번째 행과 두 번째 열의 요소)는 0.525임을 알 수 있는데 이는 직접 계산으로 얻은 값과 동일하다.

12.7.6 이중의 확률통계적 행렬

만약 어떤 천이확률행렬 P의 각 열의 합이 1이면, 이중의 확률통계적 행렬(doubly stochastic matrix)이라고 한다. 즉 각 행의 합이 1이 될 뿐 아니라, 각 열의 합도 1이다. 따라서 이중의 확률통계적 행렬의 모든 열(임의의 j번째 열)에 대해, $\sum_i p_{ij}=1$이 성립한다. 이중의 확률통계적 행렬은 흥미로운 극한상태확률을 갖는데 이는 다음의 정리가 보여준다.

정리

행렬 P가 N개의 상태를 갖는 마르코프 연쇄의 천이확률을 나타내는 이중의 확률통계적 행렬이라 하면, 극한상태확률은 $\pi_i=1/N$, $i=1,2,\ldots,N$로 주어진다.

증명

우선 극한상태확률은 다음의 조건을 만족시킨다.

$$\pi_j=\sum_k \pi_k p_{kj}$$

정리의 정당성을 따져 보기 위해, $\pi_i=1/N$, $i=1,2,\ldots,N$을 위 식에 대입하면

$$\frac{1}{N}=\frac{1}{N}\sum_k p_{kj}$$

이 얻어진다. 이는 $\pi_i=1/N$이 극한상태확률의 조건 $\pi=\pi P$을 만족시킴을 의미한다. 역으로, 위의 등식으로부터 만약 극한상태확률이 $\pi_i=1/N$로 주어지면 P의 각 열의 합은 1이 된다. 즉 P는 이중의 확률통계적 행렬이 된다.

예제 12.14

그림 12.15에 나타낸 상태천이 다이어그램으로 표현되는 과정의 천이확률행렬과 극한상태확률을 구하라.

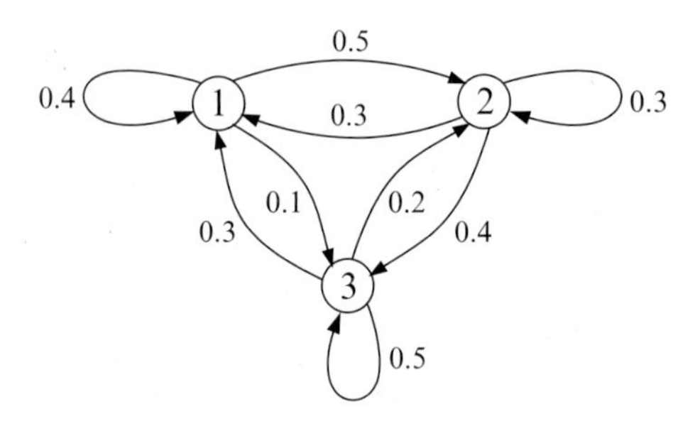

그림 12.15 예제 12.14의 상태천이 다이어그램

풀이

천이확률행렬은 다음과 같다.

$$P = \begin{bmatrix} 0.4 & 0.5 & 0.1 \\ 0.3 & 0.3 & 0.4 \\ 0.3 & 0.2 & 0.5 \end{bmatrix}$$

위 행렬로부터 각 행과 열의 요소들을 각기 합하면 모두 1이 되는 것을 알 수 있다. 즉 이는 이중의 확률통계적 행렬이다. 이 과정은 축소불가능한 비주기 마르코프 연쇄이므로, 극한상태확률이 존재하며 이들은 $\pi_1=\pi_2=\pi_3=1/3$이다.

12.8 연속시간 마르코프 연쇄

어떤 랜덤과정 $\{X(t) | t \geq 0\}$이 모든 s, $t \geq 0$, 비음수정수 i, j, k에 대해

$$P[X(t+s)=j|X(s)=i, X(u)=k, 0 \leq u \leq s] = P[X(t+s)=j|X(s)=i]$$

이라면, 이러한 랜덤과정을 연속시간 마르코프 연쇄라 한다. 이는 연속시간 마르코프 연쇄에서 시점 s에서의 현재 상태와 그 이전의 모든 과거 상태가 주어졌을 때 시점 $t+s$에서의 미래 상태에 대한 조건부 확률이 현재 상태에만 의존하고 모든 과거 상태와는 무관함을 의미한다. 또한 $P[X(t+s)=j | X(s)=i]$가 s에도 무관하다면 랜덤과정 $\{X(t) \geq 0\}$은 **시간적으로 균일**(time homogeneous)하다고 하거나 혹은 **시간균**

일성(time homogeneity property)을 갖는다고 말한다. 시간 균일 마르코프 연쇄는 정상(stationary) 또는 균일한(homogeneous) 천이확률을 갖는다. 다음과 같은 경우,

$$p_{ij}(t) = P[X(t+s) = j|X(s) = i]$$
$$p_j(t) = P[X(t) = j]$$

즉, $p_{ij}(t)$는 현재 i상태에 있는 어떤 마르코프 연쇄가 t만큼의 시간이 지난 뒤 j상태에 있을 확률이며 $p_j(t)$는 그 마르코프 연쇄가 시점 t에서 j상태에 있을 확률이다. 따라서 $p_{ij}(t)$는 천이확률로 $0 \le p_{ij}(t) \le 1$의 조건을 만족하고 다음의 등식도 성립한다.

$$\sum_j p_{ij}(t) = 1$$
$$\sum_j p_j(t) = 1$$

마지막 등식은 임의의 주어진 시점에서 과정이 어떤 특정 상태에 있어야 한다는 사실로부터 얻어진다. 또한

$$\begin{aligned} p_{ij}(t+s) &= \sum_k P[X(t+s) = j, X(t) = k|X(0) = i] \\ &= \sum_k \left\{ \frac{P[X(0) = i, X(t) = k,\ X(t+s) = j]}{P[X(0) = i]} \right\} \\ &= \sum_k \left\{ \frac{P[X(0) = i, X(t) = k]}{P[X(0) = i]} \right\} \left\{ \frac{P[X(0) = i, X(t) = k,\ X(t+s) = j]}{P[X(0) = i, X(t) = k]} \right\} \\ &= \sum_k P[X(t) = k|X(0) = i] P[X(t+s) = j|X(t) = k, X(0) = i] \\ &= \sum_k P[X(t) = k|X(0) = i] P[X(t+s) = j|X(t) = k] \\ &= \sum_k p_{ik}(t) p_{kj}(s) \end{aligned} \tag{12.30}$$

이다.

이 등식은 연속시간 마르코프 연쇄에 대한 Chapman-Kolmogorov 등식으로 불린

다. 두 번째에서 마지막 줄까지의 전개과정은 마르코프 특성에 기인한다.

연속시간 마르코프 연쇄가 i 상태로 들어가게 되면 그 연쇄는 **지속기간**(dwell time or holding time)이라고 하는 시간 동안 그 상태에 머문다. i 상태에서의 지속기간은 평균이 $1/v_i$인 지수분포를 갖는데 지속기간이 끝나면 그 과정은 p_{ij}의 확률로 또 다른 j 상태로 천이한다. 여기서 $\sum_j p_{ij}=1$이다.

i 상태에서 평균 지속기간은 $1/v_i$이므로 v_i는 i 상태를 벗어나는 (단위 시간당) 이탈률을 나타내며 $v_i p_{ij}$는 과정이 i 상태에서 j 상태로 천이하는 (단위 시간당) 천이율을 나타낸다. 또한 지속기간은 지수분포를 갖기 때문에, 이 과정이 현재 시점으로부터의 작은 시간구간 Δt 이내에 i 상태에서 $j \neq i$ 상태로 천이할 확률은 $p_{ij}v_i\Delta t$이다. 이 과정이 현재 시점으로부터의 작은 시간구간 Δt 이내에 천이하지 않고 그대로 i 상태에 머무를 확률은 $1-\sum_{j\neq i}p_{ij}v_i\Delta t$이며 $\sum_{j\neq i}p_{ij}v_i\Delta t$은 Δt 내에 i상태를 떠날 확률이다.

이러한 정의에 근거하여, 그림 12.16에 나타낸 어떤 과정의 상태천이 다이어그램을 고려하자. 특히 작은 시간구간 Δt에 대해 i 상태에 대한 상태천이 방정식을 고려한다.

그림 12.16으로부터 다음의 방정식이 얻어진다.

$$p_i(t+\Delta t)=p_i(t)\left\{1-\sum_{j\neq i}p_{ij}v_i\Delta t\right\}+\sum_{j\neq i}p_j(t)p_{ji}v_j\Delta t$$

이다. 따라서 다음의 식들이 얻어진다.

$$p_i(t+\Delta t)-p_i(t)=-v_ip_i(t)\sum_{j\neq i}p_{ij}\Delta t+\sum_{j\neq i}p_j(t)p_{ji}v_j\Delta t$$

$$\frac{p_i(t+\Delta t)-p_i(t)}{\Delta t}=-v_ip_i(t)\sum_{j\neq i}p_{ij}+\sum_{j\neq i}p_j(t)p_{ji}v_j$$

$$\lim_{\Delta t\to 0}\left\{\frac{p_i(t+\Delta t)-p_i(t)}{\Delta t}\right\}=\frac{dp_i(t)^i}{dt}=-v_ip_i(t)\sum_{j\neq i}p_{ij}+\sum_{j\neq i}p_j(t)p_{ji}v_j$$

안정(steady)상태에서 $p_j(t)\to p_j$이고

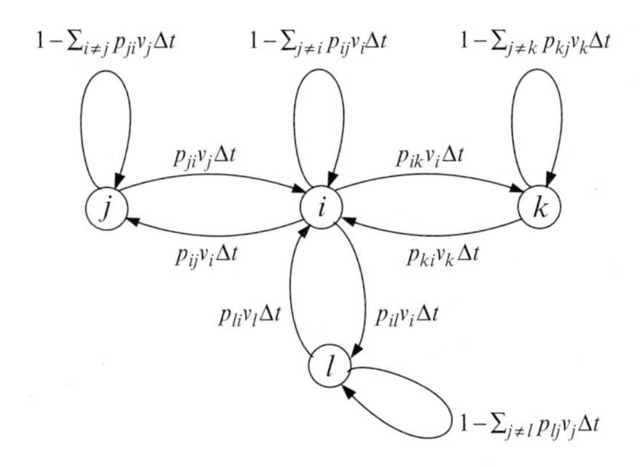

그림 12.16 작은 시간 Δt 동안의 i 상태에 대한 상태천이 다이어그램

$$\lim_{t\to\infty}\left\{\frac{dp_i(t)^i}{dt}\right\}=0$$

이므로 다음을 얻는다.

$$0=-v_i p_i \sum_{j\neq i} p_{ij}+\sum_{j\neq i} p_j p_{ji} v_j$$
$$1=\sum_i p_i$$

이는 다음과 같이 표현할 수도 있다.

$$v_i p_i \sum_{j\neq i} p_{ij}=\sum_{j\neq i} p_j p_{ji} v_j \tag{12.31a}$$

$$1=\sum_i p_i \tag{12.31b}$$

첫 번째 식의 좌변은 i 상태로부터 다른 상태로의 (단위 시간당) 천이율이며, 우변은 다른 상태로부터 i 상태로의 (단위 시간당) 천이율이다. 이 '평형(balance)' 방정식은 어떤 마르코프 연쇄가 안정상태에 있을 때 두 천이율이 같아야 함을 나타낸다.

12.8.1 출생과 사망 과정

출생사망 과정은 연속시간 마르코프 연쇄의 한 특수한 예이다. 0,1,2,...의 상을 갖는 연속시간 마르코프 연쇄를 고려하자. 만약 $j \neq i-1$이거나 $j \neq i+1$일 때 $p_{ij}=0$이면 이러한 마르코프 연쇄를 출생사망 과정(birth and death process)이라 한다. 즉 출생사망 과정은 0,1,2,...의 상태를 기지면서 i상태로부터 $i-1$ 혹은 $i+1$ 상태로의 전이만 가능한 연속시간 마르코프 연쇄로 정의될 수 있다. 이는 상태천이가 과정의 상태를 1만큼 증가시키거나 혹은 1만큼 감소시킬 수밖에 없음을 의미하는데, 상태가 1만큼 증가된 경우를 출생이라 하며 1만큼 감소된 경우를 사망이라 한다. 주어진 출생사망 과정에 대해 i상태로부터의 **천이율**(transition rate)은 다음과 같이 정의된다.

$$\lambda_i = \nu_i p_{i(i+1)}$$
$$\mu_i = \nu_i p_{i(i-1)}$$

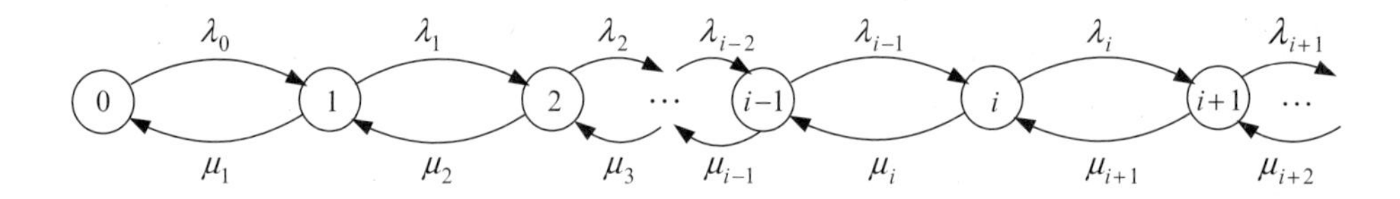

그림 12.17 출생사망 과정의 상태천이율 다이어그램

따라서 λ_i는 과정이 i 상태에 있을 때의 (단위 시간당) 출생률이며 μ_i는 과정이 i 상태에 있을 때의 (단위 시간당) 사망률이다. 출생률과 사망률의 합 $\upsilon_i=\lambda_i+\mu_i$는 i 상태로부터 다른 상태로의 (단위 시간당) 천이율이다. 그림 12.17에 출생사망 과정의 **상태천이율 다이어그램**(state-transition-rate diagram)을 나타내었다. 이는 상태천이 다이어그램과는 구별되는데, 그 이유는 상태천이율 다이어그램은 한 상태에서 다른 상태로의 천이확률을 나타내기보다는 한 상태에서 다른 상태로의 (단위 시간당) 천이율을 나타내기 때문이다. 과정이 빈 상태에 있을 때는 사망이 일어날 수 없으므로 $\mu_0=0$임을 유의해야 한다.

과정이 i 상태에 있을 때의 실제 상태천이확률은 $p_{i(i+1)}$과 $p_{i(i-1)}$로 주어진다. 그리고 정의에 의해, $p_{i(i+1)}=\lambda_i/(\lambda_i+\mu_i)$는 과정이 i 상태에 있을 때 (사망에 앞서) 출생이 발생할 확률이며, 이와 유사하게 $p_{i(i-1)}=\mu_i/(\lambda_i+\mu_i)$은 과정이 i 상태에 있을 때 (출생에 앞서) 사망이 발생할 확률이다. 어떤 과정이 i 상태에 있을 확률은 시간에 따라 변할 수 있는데 이 경우 상태확률의 시간에 대한 미분은 다음과 같다는 것을 상기해 보자.

$$\frac{dp_i(t)}{dt} = -v_i p_i(t)\sum_{j\neq i} p_{ij} + \sum_{j\neq i} p_j(t)p_{ji}v_j = -(\lambda_i+\mu_i)p_i(t) + \mu_{i+1}p_{i+1}(t) + \lambda_{i-1}p_{i-1}(t)$$

안정상태에서 이는

$$\lim_{t\to\infty}\left\{\frac{dp_i(t)}{dt}\right\} = 0$$

이 되며, 따라서 다음 식이 얻어진다.

$$(\lambda_i+\mu_i)p_i(t) = \mu_{i+1}p_{i+1}(t) + \lambda_{i-1}p_{i-1}(t) \tag{12.32}$$

이 방정식은 출생 혹은 사망이 발생하여 과정이 i 상태로부터 다른 상태로 천이하는 천이율이 $i+1$ 상태로부터 사망이 발생하거나 $i-1$ 상태로부터 출생이 발생하여 상태 i로 천이하는 천이율과 같음을 나타낸다.

극한확률 $\lim_{t\to\infty} p_{ij}(t) = p_j$이 존재한다고 가정하면 위의 방정식으로부터 다음의 식이 얻어진다.

$$(\lambda_i+\mu_i)p_i = \mu_{i+1}p_{i+1} + \lambda_{i-1}p_{i-1} \tag{12.33a}$$

$$\sum_i p_i = 1 \tag{12.33b}$$

이를 **평형방정식**(balance equation)이라 하는데 그 이유는 이 등식이 i 상태로 들어가는 천이율과 i 상태를 떠나는 천이율의 평형(동등)을 의미하기 때문이다.

예제 12.15

어떤 기계가 동작을 시작해서 일시적 동작불능 상태가 될 때까지의 시간이 평균 $1/\lambda$인 지수분포를 갖는다. 기계가 동작불능 상태가 되면 그것을 수리하는 데 걸리는 시간은 평균 $1/\mu$인 지수분포를 갖는다. 전체 시간 중 기계가 실제로 동작 상태에 있는 시간의 비율은 얼마인가?

풀이

이 문제는 2개의 상태가 있는 출생사망 과정이다. 동작 중인 상태를 U라 하고 동작불능 상태를 D라 하면 상태천이율 다이어그램은 그림 12.18과 같이 나타난다.

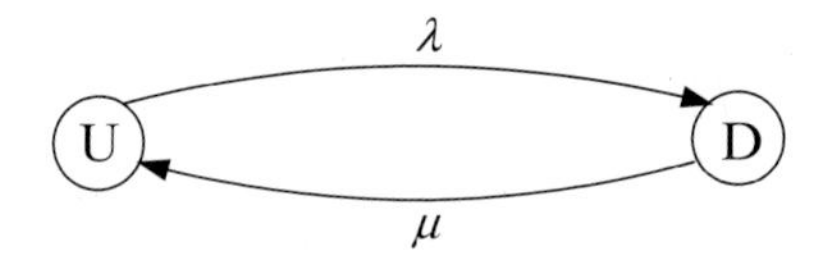

그림 12.18 예제 12.15의 상태천이율 다이어그램

이 과정이 동작 상태에 있을 안정상태 확률을 p_U라 하고 동작불능 상태에 있을 안정상태 확률을 p_D라 하자. 그러면 평형방정식은 다음과 같다.

$$\lambda p_U = \mu p_D$$
$$p_U + p_D = 1 \Rightarrow p_D = 1 - p_U$$

p_D를 첫 번째 식에 대입하면 $p_U=\mu/(\lambda+\mu)$

예제 12.16

고객들이 어떤 은행에 평균 도착률 λ인 푸아송 과정을 따라 방문한다고 하자. 각 고객이 은행 서비스를 받는 시간은 평균 $1/\mu$인 지수분포를 갖는다. 은행에는 1명의 은행원만 있고 어떤 고객이 은행에 도착했을 때 누군가 먼저 서비스를 받고 있다면 대기열에 서서 은행에 도착한 순서로 서비스 차례를 기다려야 한다(first-come, first served basis). $\mu>\lambda$라고 할 때 극한상태확률을 구하라.

풀이

이 문제는 연속시간 마르코프 연쇄에 대한 문제로 고객의 도착은 출생에, 각 고객에 대한 서비스의 종료는 사망에 해당한다. 또한 모든 i에 대해 $\lambda_i=\lambda$이고 $\mu_i=\mu$이다. 따라서 어떤 고객이 은행에 도착했을 때 대기열에 k명의 먼저 온 고객이 있을 안정상태 확률이 p_k라면 평형방정식은 다음과 같다.

$$\lambda p_0 = \mu p_1 \Rightarrow p_1 = \left(\frac{\lambda}{\mu}\right)p_0$$
$$(\lambda+\mu)p_1 = \lambda p_0 + \mu p_2 \Rightarrow p_2 = \left(\frac{\lambda}{\mu}\right)p_1 = \left(\frac{\lambda}{\mu}\right)^2 p_0$$
$$(\lambda+\mu)p_2 = \lambda p_1 + \mu p_3 \Rightarrow p_3 = \left(\frac{\lambda}{\mu}\right)p_2 = \left(\frac{\lambda}{\mu}\right)^3 p_0$$

일반적으로 다음이 성립하며

$$p_k = \left(\frac{\lambda}{\mu}\right)^k p_0 \qquad k=0,1,2,\ldots$$

이고

$$\sum_{k=0}^{\infty} p_k = 1 = p_0 \sum_{k=0}^{\infty}\left(\frac{\lambda}{\mu}\right)^k = \frac{p_0}{1-\frac{\lambda}{\mu}}$$

이다. 위의 식에서 등식은 $\mu>\lambda$에 기인하고 다음이 성립하게 된다.

$$p_0 = 1-\frac{\lambda}{\mu}$$
$$p_k = \left(1-\frac{\lambda}{\mu}\right)\left(\frac{\lambda}{\mu}\right)^k \qquad k=0,1,2,\ldots$$

12.9 마르코프 연쇄로서의 '도박꾼 파멸' 문제

12.3.2절에서 논의한 도박꾼의 파멸 문제를 다시 고려해 보자. A와 B 두 명이 각각 a달러와 b달러의 판돈을 가지고 카드게임을 시작하는데 여기서 $a+b=N$이다. 각 게임의 판돈은 1달러이고 이긴 사람은 1달러를 벌고 진 사람은 1달러를 잃는다. 또

한 A가 이길 확률은 p이고 B가 이길 확률은 q=1−p이다. 만약 A 혹은 B 중 누군가 먼저 모든 돈을 잃게 되면 게임은 끝난다. 이제 정수 k를 게임의 상태로 정의하고 A가 현재 가지고 있는 총 금액이라 하자. 그러면 k=0이 되거나 k=N이 되면 게임이 끝나는 것이며 이는 상태 0과 N이 흡수상태임을 의미한다. 도박이 현재 상태 i에 있다는 조건하에 다음 게임에서 k상태로 이동할 조건부 확률을 p_{ik}라 하자. 그러면 p_{ik}는 상태천이확률이며 다음과 같다.

$$p_{ik}=\begin{cases} p & k=i+1, i\neq 0 \\ 1-p & k=i-i, i\neq N \\ 1 & k=i=0 \\ 1 & k=i=N \\ 0 & \text{otherwise} \end{cases}$$

따라서 상태천이확률 행렬은

$$P=\begin{bmatrix} 1 & 0 & 0 & 0 & 0 & \cdots & 0 & 0 & 0 & 0 & 0 \\ 1-p & 0 & p & 0 & 0 & \cdots & 0 & 0 & 0 & 0 & 0 \\ 0 & 1-p & 0 & p & 0 & \ldots & 0 & 0 & 0 & 0 & 0 \\ 0 & 0 & 1-p & 0 & p & \cdots & 0 & 0 & 0 & 0 & 0 \\ \cdots & \cdots & \cdots & \cdots & \cdots & \cdots & \cdots & \cdots & \cdots & \cdots & \cdots \\ \cdots & \cdots & \cdots & \cdots & \cdots & \cdots & \cdots & \cdots & \cdots & \cdots & \cdots \\ 0 & 0 & 0 & 0 & 0 & \cdots & p & 0 & 0 & 0 & 0 \\ 0 & 0 & 0 & 0 & 0 & \cdots & 0 & p & 0 & 0 & 0 \\ 0 & 0 & 0 & 0 & 0 & \cdots & 1-p & 0 & p & 0 & 0 \\ 0 & 0 & 0 & 0 & 0 & \cdots & 0 & 0 & 1-p & 0 & p \\ 0 & 0 & 0 & 0 & 0 & \cdots & 0 & 0 & 0 & 0 & 1 \end{bmatrix}$$

이다. 그림 12.19는 이 도박게임에 대한 상태천이 다이어그램을 보여 준다. 위의 과정은 두 게임자가 자신의 돈을 모두 잃거나 상대방의 돈을 모두 딸 때까지 게임이 계속되는 것을 가정한다. 그러나 그들은 그냥 재미로 도박을 하는 경우도 있으며, 예를 들어 한 명이 돈을 모두 잃었다 하더라도 상대방에게 돈을 꾸어 주거나 하여 게임을 계속 진행할 수도 있을 것이다. 즉 과정이 0 상태에 다다른다 하더라도 다음 게임을 통해 $1-p_0$의 확률로 0 상태에 머무르거나 혹은 p_0의 확률로 1 상태로 천이하는 것을 고려해 볼 수 있다. 유사하게 과정이 N 상태에 다다른다 하더라도 다음 게임을 통해 p_N의 확률로 N 상태에 머무르거나 혹은 $1-p_N$의 확률로 $N-1$ 상태로 천이하는 것을 고려해 볼 수 있다. 여기서 p_0와 p_N은 p의 값과 같을 필요는 없으며, 이러한 문제는 반사장벽을 갖는 랜덤워크 형태의 문제이며 그림 12.20에 이에 대한 상태천이 다이어그램을 나타냈다. $p_0=0$이고 $p_N=1$일 때 앞서 논의한 그림 12.19의 도박꾼의 파멸 문제와 동일해진다.

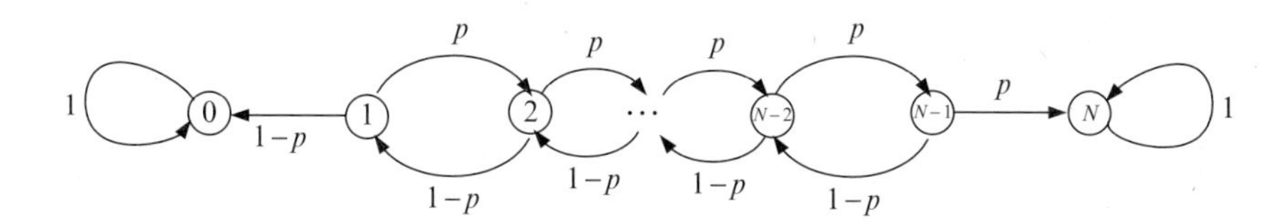

그림 12.19 도박꾼의 파멸 문제에 대한 상태천이 다이어그램

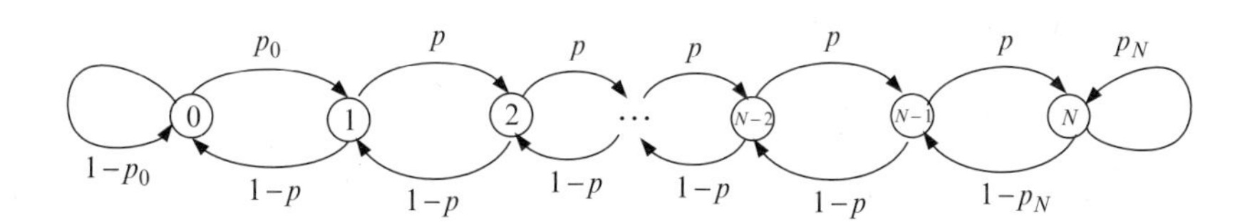

그림 12.20 ($p_0 \neq 0$, $p_N \neq 1$인) 일반적인 도박꾼의 파멸 문제에 대한 상태천이 다이어그램

12.10 요약

이 장에서는 베르누이 과정, 가우시안 과정, 랜덤워크, 푸아송 과정 및 마르코프 과정 등 시스템 모델링에서 자주 사용되는 몇 가지 랜덤과정을 고려해 보았다. 베르누이 과정은 일반적으로 '성공' 혹은 '실패'로 기술되는, 혹은 동전던지기와 같이 이진 값을 결과로 갖는 일련의 사건을 모델링하기 위해 사용된다. 이러한 과정에 대해, 두 번의 성공 사이에 수행된 총 실험 횟수는 지수분포를 나타내며 주어진 횟수의 실험 중 성공한 횟수는 이항분포를 갖는다는 것을 보았고, 마지막으로 k번째 성

공까지의 총 실험 횟수는 k차의 파스칼 랜덤변수임을 알아보았다.

랜덤워크는 베르누이 과정의 확장으로, 각 실험의 결과가 성공이면 오른쪽으로, 실패면 왼쪽으로 한 발짝씩 이동하는 것을 모델링한 것이다. 그 결과로 얻은 과정의 경로는 1 차원 랜덤워크라 하며, 이는 2차원의 xy평면상에서 x축을 시간으로, y축을 주어진 시점에서의 위치로 표현할 수 있었다. 이는 또한 도박꾼의 파멸 형태의 문제들에 적용 가능한 것이다.

랜덤과정 $\{X(t),\ t \in T\}$에서 임의의 n개의 시점, $t_1, t_2, \ldots, t_n$로 구성된 집합 T에 대해 랜덤변수 $X(t_1), X(t_2), \ldots, X(t_n)$이 가우시안 분포를 따르는 결합확률밀도함수(jointly normal PDF)를 갖는다면 이를 가우시안 과정으로 정의한다. 가우시안 과정은 다양한 물리적 문제가 많은 독립랜덤변수의 합으로 나타나기 때문에 매우 중요하다. 중심극한정리에 따라 그러한 랜덤변수들의 합은 본질적으로 정규(혹은 가우시안) 랜덤변수이다.

푸아송 과정은 하나의 셈 과정으로 정해진 사건의 '도착' 간 시간간격이 지수분포를 갖는 시스템의 모델링에 사용되며, 이 경우 k번째 도착까지의 시간은 얼랑-k분포를 갖는다. 지수분포의 망각 특성에 의해 푸아송 과정은 식당 혹은 도서관 등에 사람들이 도착하는 과정 혹은 네트워크 스위칭 장비에서 패킷의 도착을 모델링하는 데 광범위하게 사용된다.

마지막으로 마르코프 과정은 과거 기억이 제한된 시스템을 모델링하는 데 사용된다. 소위 1차 마르코프 과정이라 하는 것에 대해, 과정의 현재 상태가 주어졌을 때 이것의 미래 상태는 과거 상태와는 무관하며 현재 상태에만 의존하는데 이러한 특성을 마르코프 특성이라 한다.

12.11 문제

12.2절: 베르누이 과정

12.1 랜덤과정 $Y[n]$이 $Y[n]=3X[n]+1$로 정의되며, 여기서 $X[n]$은 성공확률 p의 베르누이 과정이다. $Y[n]$의 평균과 분산을 구하라.

12.2 일군의 제품 중 7개를 랜덤하게 선택하는 것으로 일련의 베르누이 시도를 구성한다고 하자. 선택된 제품은 결함이 있거나 혹은 결함이 없는 것으로 분류하며, 결함이 없는 제품은 '성공'으로, 결함이 있는 것은 '실패'로 정의한다. 하나의 선택된 제품이 결함이 없을 확률이 0.8이라면, 세 번 성공할 확률은 얼마인가?

12.3 어떤 희귀 혈액병에 걸린 환자가 정상으로 회복할 확률이 0.3이라 하자. 15명의 환자가 이 병에 걸렸다고 할 때 다음의 확률을 계산하라.

a. 최소한 10명의 환자가 회복할 확률

b. 3~8명의 환자가 회복할 확률

c. 정확히 6명이 회복할 확률

12.4 일군의 제품 중 7개를 랜덤하게 선택하는 것으로 일련의 베르누이 시도를 구성한다고 하자. 선택된 제품은 결함이 있거나 혹은 결함이 없는 것으로 분류하며, 결함이 없는 제품은 '성공'으로, 결함이 있는 것은 '실패'로 정의한다. 하나의 선택된 제품이 결함이 없을 확률이 0.8이라 할 때, 다음의 확률을 계산하라.

a. 최초의 성공이 다섯 번째 시도에서 발생할 확률

b. 세 번째 성공이 여덟 번째 시도에서 발생할 확률

c. 네 번째 시도까지 2번의 성공이 발생하고, 10번째 시도까지 4번의 성공이 발생하고 18번째 시도까지 10번의 성공이 발생할 확률

12.5 어떤 여성이 저녁 식사에 12명의 손님을 초대하였다. 그러나 식탁에는 6명만 앉을 수 있다. 그녀는 6명 이하의 손님만 올 경우는 식탁에 앉아 저녁을 먹고

그렇지 않을 경우 뷔페 스타일로 저녁을 먹기로 계획하였다. 각 손님이 저녁 식사에 참석할 확률은 0.4이고 각 손님의 결정은 다른 사람들과는 독립적으로 이루어진다고 할 때, 다음의 확률을 구하라.

a. 식탁에 앉아 저녁 식사를 하게 될 확률

b. 뷔페 스타일의 식사를 하게 될 확률

c. 기껏해야 3명의 손님만 참석할 확률

12.6 걸스카우트 단원들이 집집마다 돌아다니며 쿠키를 판다. 그들이 방문하는 집에서 쿠키 한 상자를 팔 확률은 0.4이며 각 집마다 정확히 한 상자씩만 판다고 가정하자.

a. 그들이 처음으로 쿠키를 팔게 될 집이 다섯 번째로 방문한 집이 될 확률은 얼마인가?

b. 그들이 이미 열 집을 방문했다는 조건 하에 여섯 상자의 쿠키를 팔았을 조건부 확률은 얼마인가?

c. 그들이 세 번째로 쿠키를 팔게 될 집이 일곱 번째로 방문한 집이 될 확률은 얼마인가?

12.3절: 랜덤워크

12.7 어떤 상자 안에 빨간색 공 3개, 초록색 공 6개, 파란색 공 2개가 들어 있다. 잭은 1달러를 걸고 상자 안에서 하나의 공을 꺼내는 게임을 한다. 그가 초록색 공을 꺼내면 1달러를 벌고, 그렇지 않은 경우 1달러를 잃는다고 하고 또한 한 번 꺼낸 공은 다시 상자 안에 넣고 게임을 계속한다고 하자. 50달러를 가지고 게임을 시작하여 50달러를 벌어 총 금액이 100 달러가 되거나 아니면 모든 돈을 잃게 되면 게임이 끝난다고 하자. 잭이 게임에 이길 확률은 얼마인가?

12.8 $p=q=1/2$인 도박꾼의 파멸 게임을 고려하자. 도박꾼이 i 상태에서 시작하여 (즉 i 달러를 가지고 게임을 시작하여, 그가 판돈을 모두 따거나 혹은 모두 잃거나 하여) 도박이 끝날 때까지의 게임 횟수를 $0<i<N$로 나타내자. 매 게임

에서 이기면 1달러를 따고 지면 1달러를 잃는다. 이러한 게임에 대한 경계조건은 $d_0=0$과 $d_N=0$으로 주어진다. 즉 상태가 0이 되거나 N이 되면 도박은 끝이 난다.

a. d_i가 다음과 같이 주어짐을 보여라.

$$d_i = \begin{cases} 0 & i = 0, N \\ 1 + \dfrac{d_{i+1} + d_{i-1}}{2} & i = 1, 2, \ldots, N-1 \end{cases}$$

b. 위의 N개 방정식으로부터 d_i에 대한 일반적 표현을 구하라.

12.9 파라미터 p(게임자 A가 이길 확률)와 N의 도박꾼의 파멸 문제의 한 변형을 고려하자. 이는 0 상태에서 **반사장벽**(reflecting barrier)을 갖는 랜덤워크로 모델링 된다. 즉 0 상태에 도달하면 그 과정은 확률 p_0로 1 상태로 이동하거나 $1-p_0$의 확률로 0 상태에 머무른다. 따라서 오직 N 상태만이 흡수상태이며 게임자 B만이 파멸될 수 있다.

a. 위 과정에 대한 상태천이 다이어그램을 그려라.

b. 과정이 현재 i상태에 있을 때 게임자 B가 파멸될 확률을 r_i라 하자. r_i의 표현식을 구하고 현재 i상태에 있을 때 첫 번째 게임에서 무슨 일이 일어나는지 보여라.

12.10 벤과 제리가 연속적으로 체커게임을 한다. 각 게임에서 각 게임자는 1달러씩을 걸고 이긴 사람이 2달러를 가져간다. 벤이 제리보다 게임을 잘 하며 각 게임에서 0.6의 승률을 보인다고 하자. 최초에 벤은 9달러를 가졌고 제리는 6달러를 가졌으며, 누구든 모든 돈을 잃으면 게임은 끝난다.

a. 벤이 파멸될 확률은 얼마인가?

b. 제리가 파멸될 확률은 얼마인가?

12.11 벤과 제리가 연속적으로 카드게임을 한다. 각 게임에서 게임자는 1달러씩을 걸고 이긴 사람이 2달러를 가져간다. 종종 비기는 경우가 발생하는데 이 경우 판돈을 1달러씩 나누어 갖는다고 하자. 벤이 제리보다 게임을 잘하며 벤이 이길 확률은 0.5, 비길 확률은 0.2, 벤이 질 확률은 0.3이다. 최초에 벤은 9달러

를, 제리는 6달러를 가졌으며, 누구든 모든 돈을 잃으면 게임은 끝난다.

a. 위 과정에 대한 상태천이 다이어그램을 그려라.

b. 현재 k 상태에 있을 때(벤이 가진 돈이 k 달러일 때) 벤이 파멸될 확률을 r_k라 하자. 과정이 현재 k 상태에 있을 때 첫 번째 게임에서의 r_k의 표현식을 구하라.

12.4절: 가우시안 과정

12.12 $X(t)$가 광의의 정상 가우시안 과정이고 자기상관함수가 다음과 같다고 가정하자.

$$R_{XX}(\tau) = 4 + e^{-|\tau|}$$

랜덤변수 $X(0)$, $X(1)$, $X(3)$ 및 $X(6)$의 공분산 행렬을 구하라.

12.13 어떤 가우시안 과정 $X(t)$의 자기상관함수가 다음과 같다.

$$R_{XX}(\tau) = \frac{4\sin(\pi\tau)}{\pi\tau}$$

랜덤변수 $X(t)$, $X(t+1)$, $X(t+2)$, $X(t+3)$의 공분산 행렬을 구하라.

12.14 $X(t)$가 평균 $E[X(t)]=0$이고 자기상관함수가 $R_{XX}(\tau)=e^{-|\tau|}$로 주어지는 가우시안 과정이라하고 랜덤변수 A를 다음과 같이 정의하자.

$$A = \int_0^1 X(t)dt$$

다음을 구하라.

a. $E[A]$

b. σ_A^2

12.15 $X(t)$가 평균 $E[X(t)]=0$이고 자기상관함수가 $R_{XX}(\tau)=e^{-|\tau|}$로 주어지는 가우시안 과정이라하고 랜덤변수 A를 다음과 같이 정의하자.

$$A = \int_0^B X(t)dt$$

여기서 B는 1과 5 사이의 값을 갖는 균일분포의 랜덤변수이며 랜덤과정 $X(t)$와 독립이다. 다음을 구하라.

a. $E[A]$

b. σ_A^2

12.5절: 푸아송 과정

12.16 학생회관에서 학생들을 태워 강의실까지 수송해 주는 교내버스가 학생회관에 시간당 5대의 평균 도착률을 갖는 푸아송 과정으로 도착한다. 크리스는 방금 전 한 버스를 놓쳤다. 크리스가 다음 버스에 탑승할 때까지 20분 이상 기다려야 할 확률은 얼마인가?

12.17 자동차가 시간당 12대의 평균 도착률을 갖는 푸아송 과정을 따르며 주유소에 도착한다. 주유소에는 단 한 명의 점원만 있고, 점원은 차가 없을 때 2분 동안 커피를 마시며 휴식을 취한다. 점원이 휴식을 취하러 간 동안 주유소에 도착한 차는 점원이 돌아오기를 기다린다고 할 때, 점원이 휴식을 마치고 되돌아왔을 때 한 대 이상의 차가 기다리고 있을 확률은 얼마인가?

12.18 자동차가 시간당 50대의 평균 도착률을 갖는 푸아송 과정을 따르며 주유소에 도착한다. 주유소에는 오직 하나의 펌프만 있고 점원이 한 대의 자동차를 주유하는 데 걸리는 시간은 1분이다. 주유소에 대기열이 형성될 확률은 얼마인가? (주: 대기열은 1분 안에 두 대 이상의 차가 도착할 경우 형성된다.)

12.19 자동차가 푸아송 과정을 따르며 주차장에 도착한다. 5분의 시간 간격 동안 주차장에 들어오는 자동차가 세 대일 확률은 0.14인 것이 확인되었다. 다음을 구하라.

a. 자동차의 평균 도착률

b. 10분 간격 동안 도착하는 차가 2대 이하가 될 확률

12.20 전화 호(telephone call)가 분당 75호의 평균 도착률을 갖는 푸아송 과정을 따르며 교환국에 도착한다. 5초 동안 도착하는 호가 3 이상이 될 확률은 얼마인가?

12.21 한 보험회사는 그 회사가 제공해 온 생명보험 상품에 대한 배상요구가 주당 평균 5회의 푸아송 과정을 따른다는 것을 확인하였다. 각 배상요구에 대해 지불되는 금액이 2,000달러와 10,000달러 사이에 균일하게 분포하는 랜덤변수라 할 때, 4주 동안 보험회사가 지불하는 평균 지불 총액은 얼마인가?

12.22 사람들이 서점에 시간당 10명의 평균 도착률을 갖는 푸아송 과정을 따르며 도착한다. 사람들은 서로 독립적으로 서점에 도착하여 1/8의 확률로 책을 한 권 사는 것으로 밝혀졌다.

a. 한 시간 동안 책을 한 권도 팔지 못할 확률은 얼마인가?

b. 첫 번째로 책이 팔리기까지 걸리는 시간의 확률밀도함수를 구하라.

12.23 조는 전구를 가지고 실험을 수행한다. 실험은 수명이 평균 200시간인 지수분포를 갖는 10개의 동일한 전구를 가지고 시작한다. 조는 최후의 전구가 수명이 다할 때까지 얼마만큼의 시간이 걸리는지 알아보고자 한다. 조가 점심을 먹으러 나가면서 6개의 전구에 불이 켜져 있는 것을 확인하였는데, 조가 돌아왔을 때 6개의 전구에 여전히 불이 켜져 있었다고 가정하고 다음의 물음에 답하라.

a. 조가 돌아온 후, 6개 중 하나가 처음으로 단선될 때까지의 기대 시간은 얼마인가?

b. 네 번째 전구가 꺼진 후 다섯 번째 전구가 꺼질 때까지의 기대 시간은 얼마인가?

12.24 세 명의 고객 A, B, C가 은행에 동시에 도착했다. 은행에는 두 명의 은행원이 있다. 세 명의 고객이 은행에 도착했을 때 두 명의 은행원은 대기상태에 있었는데 A 고객이 먼저 은행원에게 서비스를 받기 시작했고, B 고객은 또 다른 은행원에게 서비스를 받기 시작했다. C 고객은 A 혹은 B 고객이 볼일을 마칠 때까지 기다린다고 하자. 각 고객이 볼일을 보는 데 걸리는 시간은 지수분포

를 갖는 랜덤변수이고 평균 4분이 걸린다고 하자. A 고객이 나머지 고객들이 모두 볼일을 끝마칠 때까지 여전히 은행에서 서비스를 받게 될 확률은 얼마인가?

12.25 어떤 시스템의 구성요소가 고장나는 시간간격이 수명이 평균 4시간의 지수분포를 갖는다고 한다. 30분 안에 최소한 1개의 요소가 고장 날 확률은 얼마인가?

12.26 학생이 시간당 4명의 평균 도착률의 푸아송 과정을 따르며 어떤 교수의 사무실에 과외 교습을 받기 위해 방문한다. 그 교수는 최소한 3명의 학생이 모여야만 과외 교습을 시작한다. 과외 교습이 진행 중일 때 도착한 학생은 다음 번 교습까지 기다려야 한다고 할 때 다음의 물음에 답하라.

a. 교습이 방금 전에 끝났고 현재 대기 중인 학생이 아무도 없다고 하자. 다음 번 교습이 시작될 때까지의 평균시간은 몇 시간인가?

b. 교습이 끝났을 때 한 명의 학생이 대기 중이라고 하자. 다음 번 교습이 2시간 안에는 시작되지 않을 확률은 얼마인가?

12.27 어떤 은행에 시간당 6명의 평균 도착률을 갖는 푸아송 과정을 따르며 고객들이 도착한다. 각 고객이 남자일 확률은 p이며 여자일 확률은 $1-p$이다. 최초 2시간 동안 은행을 방문한 남자의 평균 인원수는 8명이었다. 같은 시간 동안 은행을 방문한 여자의 평균 인원수는 몇 명인가?

12.28 앨런은 두 전구 집합 A와 B의 평균 수명을 시험하는 실험을 수행 중이다. 전구 제조사는 A집합의 전구는 평균 200시간의, B집합의 전구는 평균 400시간의 수명을 갖는다고 주장한다. 두 종류의 전구의 수명은 모두 지수함수의 분포를 따른다. 앨런의 실험 계획은 다음과 같다. 각 전구 집합에서 전구를 하나씩 꺼내어 그 전구의 수명이 다될 때까지의 시간을 재고 전구가 꺼지면 같은 집합에서 또 하나의 전구를 꺼내어 실험을 계속한다. 두 집합의 전구에 대해 동시에 실험을 진행하므로 임의의 시점에서 항상 2개의 전구가 켜진 채 실험이 진행된다. 주말이 되어 8개의 전구의 수명이 다 되었다고 할 때 다음을 구하라.

a. 8개 중에 정확히 5개의 전구가 B집합에 속할 확률

b. 최초 100시간 안에 0개의 전구의 수명이 다 할 확률

c. 연속적으로 수명이 다하는 두 전구 사이의 평균 시간

12.29 메리맥 항공사는 메사추세츠 주의 맨체스터, 뉴햄프셔, 케이프코드 간 출퇴근 항공 서비스를 제공한다. 이 항공사는 소규모이기 때문에 일정이 따로 없으며 예약을 받지도 않는다. 그러나 그들의 비행기는 시간당 평균 2대의 푸아송 과정을 따라 맨체스터 공항에 도착한다. 바넷사가 맨체스터 공항에서 다음 번 비행기를 타기까지 기다려야 한다고 할 때 다음 물음에 답하라.

a. 바넷사가 공항에 도착해서 다음 비행기를 탈 때까지 기다려야 하는 평균 시간은 얼마인가?

b. 바넷사가 공항에 도착하기 전에 출발한 비행기의 출발 시간과 바넷사가 타려고 하는 다음 비행기의 도착 시간 사이의 평균 시간은 얼마인가?

12.30 밥이 키우는 애완동물은 아파트의 불빛이 항상 켜져 있어야 키울 수 있다. 이를 위해 밥은 집을 비울 때는 항상 3개의 전구를 동시에 켜둔다. 이들 전구는 서로 독립이면서 동일한 분포의 수명 T을 가지며 이것의 확률밀도함수는 $f_T(t)=\lambda e^{-\lambda t},\ t\geq 0$으로 주어진다.

a. 밥이 아파트를 나갈 때 3개의 전구가 모두 켜져 있었다고 하자. 그가 아파트를 나가기 전에 3개의 전구를 모두 새 것으로 교환하고 나갈 때 그가 얻는 이득은 무엇인가? 확률적으로 나타내라.

b. 첫 번째로 전구의 수명이 다될 때까지의 시간을 랜덤변수 X라 하자. X의 확률밀도함수는 무엇인가?

c. 밥이 아파트를 나갈 때 3개의 전구가 모두 켜져 있었다고 하자. 그가 떠난 후 세 전구가 모두 수명이 다될 때까지의 시간을 랜덤변수 Y라 할 때 Y의 확률밀도함수는 무엇인가?

d. Y의 기댓값은 얼마인가?

12.31 조는 2개의 전구를 교환하였고 그중 하나는 60와트의 전구로 평균 200시간

의 지수분포의 수명을 가지며 또 다른 하나는 100와트의 전구로 평균 100시간의 지수분포의 수명을 갖는다.

a. 60와트의 전구가 100와트 전구보다 먼저 수명이 다될 확률은 얼마인가?

b. 두 전구 중 하나의 수명이 다될 때까지의 평균 시간은 얼마인가?

c. 60와트의 전구가 300시간 동안 제대로 동작하였다. 그 전구가 100시간 더 동작할 확률은 얼마인가?

12.32 5개의 전동기를 가진 어떤 기계가 최소한 3개의 전동기가 제대로 움직여야 동작한다고 하자. 만약 각 전동기의 수명 X가 $f_X(x)=\lambda e^{-\lambda x}$, $x \geq 0$, $\lambda > 0$의 확률밀도함수를 갖고 각 전동기의 수명이 서로 독립이라면, 기계가 고장 날 때까지의 시간 Y의 평균 값은 얼마인가?

12.33 앨리스는 같은 기종의 PC 두 대를 가지고 있는데 이 두 대를 동시에 같이 사용해 본 적은 없다. 그녀는 한 번에 한 대의 PC만을 사용하고 나머지는 백업으로 놔둔다. 현재 사용 중인 PC가 고장이 나면 그녀는 그 PC를 끄고 PC 수리공에게 전화를 한 후 백업용 PC를 사용한다. 사용 중인 PC가 고장이 날 때까지의 시간은 평균 50시간의 지수함수분포를 가지며 PC가 고장이 난 후 수리공이 와서 PC의 수리를 끝마치는 시간은 평균 3시간의 지수함수분포를 갖는다. 두 대의 PC가 모두 고장이 나서 앨리스가 아무 일도 못하게 될 확률은 얼마인가?

12.34 어떤 교차로의 북쪽과 동쪽 방향에서 교차로에 도착하는 자동차가 각각 분당 λ_N 및 λ_E대의 도착률을 갖는 푸아송 과정을 따른다. 다음 물음에 답하라.

a. 현재 교차로에 자동차가 한 대도 없다고 할 때 동쪽으로부터 진입하는 자동차보다 북쪽으로부터 진입하는 자동차가 먼저 교차로에 도착할 확률은 얼마인가?

b. 현재 교차로에 자동차가 한 대도 없다고 할 때 동쪽으로부터 두 번째로 진입하는 자동차보다 북쪽으로부터 네 번째로 진입하는 자동차가 먼저 교차로에 도착할 확률은 얼마인가?

12.35 어떤 일방통행로가 왼쪽 및 오른쪽의 두 갈래로 갈라진다. 갈림길로 들어오는 차들은 0.6의 확률로 오른쪽으로, 0.4의 확률로 왼쪽으로 간다. 갈림길로 들어오는 차들의 도착이 분당 8대의 평균 도착률을 갖는 푸아송 과정을 따른다고 하자.

a. 3분 동안 4대 이상의 차가 오른쪽 길로 갈 확률은 얼마인가?

b. 3분 동안 3대의 차가 오른쪽으로 지나갔다고 할 때, 이후 3분 동안 2대의 차가 왼쪽으로 지나갈 확률은 얼마인가?

c. 3분 동안 10대 이상의 차가 갈림길로 들어섰다고 할 때, 그중 4대가 오른쪽으로 지나갈 확률은 얼마인가?

12.7절: 이산시간 마르코프 연쇄

12.36 다음의 천이확률행렬에서 x로 표기된 요소의 값을 결정하라.

$$P=\begin{bmatrix} x & 1/3 & 1/3 & 1/3 \\ 1/10 & x & 1/5 & 2/5 \\ x & x & x & 1 \\ 3/5 & 2/5 & x & x \end{bmatrix}$$

12.37 다음과 같은 천이확률행렬을 갖는 마르코프 연쇄에 대한 상태천이 다이어그램을 그려라.

$$P=\begin{bmatrix} 1/2 & 0 & 0 & 1/2 \\ 1/2 & 1/2 & 0 & 0 \\ 1/4 & 0 & 1/2 & 1/4 \\ 0 & 1/2 & 1/4 & 1/4 \end{bmatrix}$$

12.38 그림 12.21과 같은 상태천이 다이어그램을 갖는 마르코프 연쇄를 고려하자.

a. 천이확률행렬을 구하라.

b. 회귀상태를 식별하라.

c. 과도상태를 식별하라.

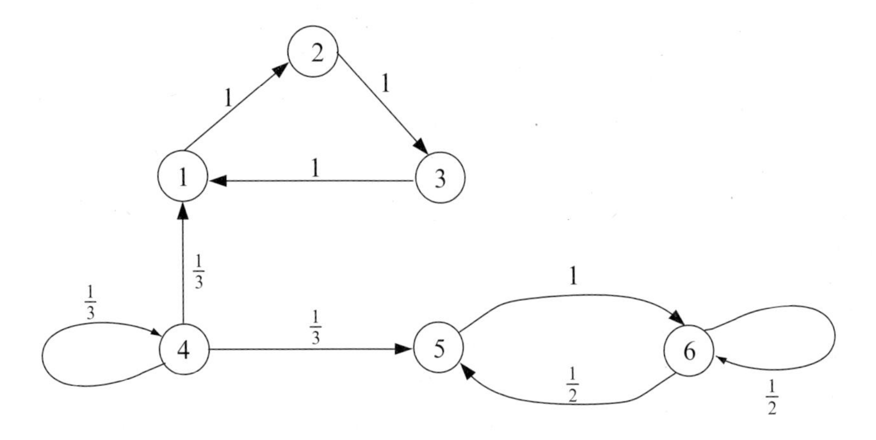

그림 12.21 문제 12.38의 그림

12.39 그림 12.22와 같은 상태천이 다이어그램을 갖는 마르코프 연쇄를 고려하자.

a. 과도상태, 회귀상태, 주기상태를 열거하라.

b. 회귀상태인 연쇄를 식별하라.

c. 천이확률행렬을 구하라.

d. 과정이 상태 1에서 시작했을 때, 무한 수의 상태천이 후 상태 8에 있게 될 확률을 구하거나, 그러한 확률 값이 존재하지 않을 경우 그렇게 되는 이유를 설명하라.

12.40 그림 12.23의 3 상태 마르코프 연쇄를 고려하자.

a. 과도상태, 회귀상태, 주기상태를 구별하고 각 회귀상태의 연쇄를 식별하라.

b. 극한상태확률을 결정하거나 혹은 그것이 존재하지 않을 경우 그 이유를 설명하라.

c. 과정이 상태 1에서 시작했을 때, 이후 두 번의 상태천이 동안 최소한 한 번은 상태 3에 있게 될 확률 $P[A]$를 구하라.

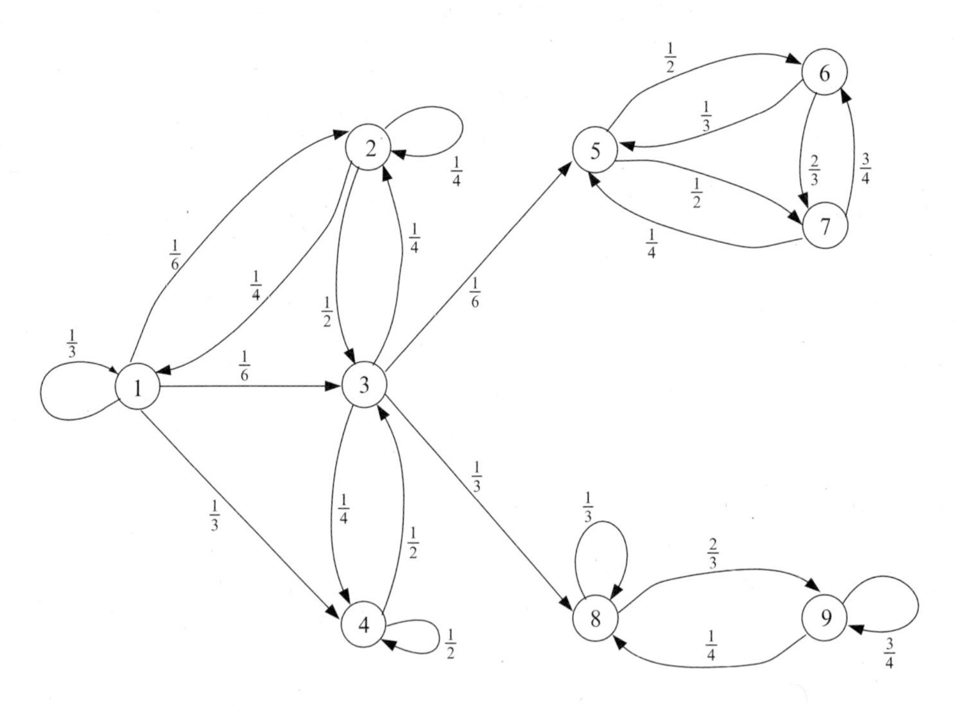

그림 12.22 문제 12.39의 그림

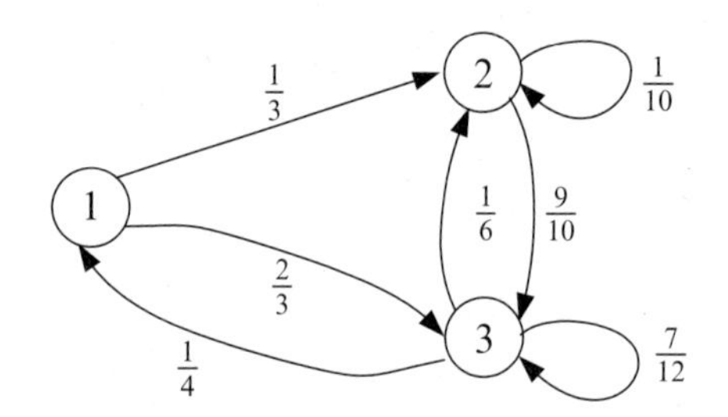

그림 12.23 문제 12.40의 그림

12.41 그림 12.24의 마르코프 연쇄를 고려하자.

a. 과도상태를 식별하라.

b. 주기상태를 식별하라.

c. 상태 3은 극한상태확률 값을 갖는가? 만약 그렇다면 그 값은 얼마인가?

d. 과정이 상태 4에서 시작한다고 가정하자. 과정이 두 번째로 상태 2로 천이할 때까지의 총 천이 횟수를 K라고 할 때, K의 확률질량함수의 z변환을 구하라.

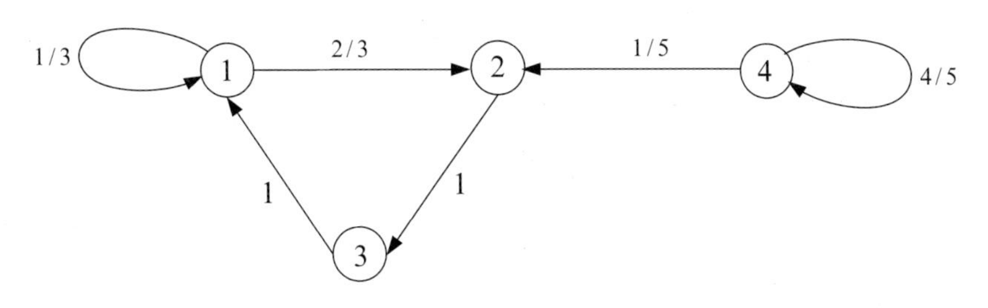

그림 12.24 그림 12.24 문제 12.41의 그림

12.42 다음과 같은 천이확률행렬에 대해 한계상태확률을 구하라.

$$P = \begin{bmatrix} 0.4 & 0.3 & 0.3 \\ 0.3 & 0.4 & 0.3 \\ 0.3 & 0.3 & 0.4 \end{bmatrix}$$

12.43 다음과 같은 천이확률행렬을 고려하자.

$$P = \begin{bmatrix} 0.6 & 0.2 & 0.2 \\ 0.3 & 0.4 & 0.3 \\ 0.0 & 0.3 & 0.7 \end{bmatrix}$$

a. 이에 대한 상태천이 다이어그램을 그려라.

b. 과정이 현재 상태 1에 있다고 하자. 세 번의 천이 후 상태 2에 있게 될 확률은 얼마인가?

c. 과정이 현재 상태 1에 있다고 하자. 네 번째의 천이에서 처음으로 상태 3으로 천이하게 될 확률은 얼마인가?

12.44 다음과 같은 사회적 이동 문제를 생각해 보자. 연구 결과에 의하면 어떤 사회의 구성원들을 세 가지 부류, 즉 상위계층(상태 1), 중간계층(상태 2), 하위계층(상태 3)으로 구분 가능하다고 한다. 특정 부류의 신분은 다음과 같은 확

률적인 방식으로 계승된다. 즉 어떤 사람이 상위계층의 신분이라면 그의 후대가 상위계층이 될 확률은 0.45, 중간계층이 될 확률은 0.48, 하위계층이 될 확률은 0.07이다. 또한 어떤 사람이 중간계층의 신분이라면 그의 후대가 상위계층이 될 확률은 0.05, 중간계층이 될 확률은 0.7, 하위계층이 될 확률은 0.25 이다. 마지막으로 어떤 사람이 하위계층의 신분이라면 그의 후대가 상위계층이 될 확률은 0.01, 중간 계층이 될 확률은 0.5, 하위계층이 될 확률은 0.49이다. 이 문제에 대해 다음을 구하라.

a. 상태천이 다이어그램

b. 천이확률행렬

c. 극한상태확률을 구하고 그 의미를 설명하라.

12.45 한 택시 운전사가 3개의 동, 1동, 2동, 3동에서 택시 운전을 하고 있다. 그가 1동에 있을 때, 다음 승객이 1동으로 갈 확률은 0.3, 2동으로 갈 확률은 0.2, 3동으로 갈 확률은 0.5이며, 그가 2동에 있을 때, 다음 승객이 1동으로 갈 확률은 0.1, 2동으로 갈 확률은 0.8, 3동으로 갈 확률은 0.1이다. 또한 그가 3동에 있을 때, 다음 승객이 1동으로 갈 확률은 0.4, 2동으로 갈 확률은 0.4, 3동으로 갈 확률은 0.2이다. 다음 물음에 답하라.

a. 위 과정에 대한상태천이 다이어그램을 구하라.

b. 위 과정에 대한 천이확률행렬을 구하라.

c. 극한상태확률을 구하라.

d. 택시 운전사가 현재 2동에 있고 그 날의 첫 손님을 기다리고 있다. 2동으로 가는 첫 손님이 그 날의 세 번째 손님일 확률은 얼마인가?

e. 택시 운전사가 현재 2동에 있다. 지금부터 세 번째 손님이 1동으로 갈 확률은 얼마인가?

12.46 뉴잉글랜드의 날씨는 세 가지, 맑음, 흐림, 비로 분류할 수 있다. 한 학생이 날씨의 조건에 대한 보다 상세한 연구를 수행하였고 다음과 같은 결론을 얻었다. 어떤 날의 날씨가 맑음이었을 때, 그 다음 날의 날씨도 맑을 확률은 0.5, 그 다음 날의 날씨가 흐릴 확률은 0.3, 비가 올 확률은 0.2이며, 그날의 날씨

가 흐림이었을 때, 그 다음 날의 날씨가 맑을 확률은 0.4, 흐릴 확률은 0.3, 비가 올 확률은 0.3이다. 또한 그날 비가 왔을 때, 그 다음 날의 날씨가 맑을 확률은 0.2, 흐릴 확률은 0.5, 또 비가 올 확률은 0.3이다. 다음 물음에 답하라.

a. '맑음'을 상태 1로, '흐림'을 상태 2로, '비 옴'을 상태 3으로 정의하고 뉴잉글랜드의 날씨에 대한 상태천이 다이어그램을 그려라.

b. a에서의 상태 정의를 이용하여 천이확률행렬을 구하라.

c. 오늘의 날씨가 맑음이었을 때, 4일 후 날씨가 맑음일 확률은 얼마인가?

d. 날씨에 대한 극한상태확률을 구하라.

12.47 한 학생이 3달러를 가지고 카지노에서 도박을 한다고 하자. 그 학생이 각 게임에서 1달러를 딸 확률은 p이며 1달러를 잃을 확률은 $1-p$이다. 그는 매우 조심스러운 사람으로 가진 돈을 모두 잃거나 가진 돈이 최초 3달러의 2배(6달러)가 되면 게임을 그만하기로 결정하였다. 다음 물음에 답하라.

a. 위 과정에 대한 상태천이 다이어그램을 그려라.

b. 그가 모든 돈을 잃고 게임이 끝날 확률은 얼마인가?

c. 그가 가진 돈이 최초 3달러의 2배(6달러)가 되고 게임이 끝날 확률은 얼마인가?

12.8절: 연속시간 마르코프 연쇄

12.48 한 소규모 회사가 동시에 2대의 동일한 PC를 사용하여 업무를 진행한다고 하자. 하나의 PC가 고장이 날 때까지의 시간은 평균 $1/\lambda$시간의 지수분포를 갖는다고 한다. 또한 하나의 PC가 고장이 나면, 즉시 PC 기술자가 수리를 시작하며 수리하는 데 걸리는 시간은 평균 $1/\mu$ 시간의 지수분포를 갖는다고 한다. 수리가 끝나면, 다시 업무가 재가동된다고 가정할 때 다음의 물음에 답하라.

a. 위 과정에 대한 상태천이율 다이어그램을 그려라.

b. 두 PC가 모두 고장이 나 있을 확률은 얼마인가? 즉 단위 시간당 두 PC가 모두 고장이 나 있을 시간 비율은 얼마인가?

12.49 어떤 이발소에 손님들이 시간당 λ의 도착률을 갖는 푸아송 과정을 따라서 도착한다. 이발소에는 다른 손님이 이발을 하는 동안 대기할 수 있는 의자가 5개 있고 어떤 손님이 이발소에 도착했을 때 다른 손님이 이발을 하고 있고 또한 5개의 의자에 모두 다른 손님이 대기 중인 경우 그는 기다리지 않고 이발소를 떠난다고 하자. 이발소에는 한 명의 이발사가 있고 한 명의 손님이 이발을 하는 데 걸리는 시간은 평균 $1/\mu$시간의 지수분포를 갖는 랜덤변수라 한다. 다음의 물음에 답하라.

a. 위 과정에 대한 상태천이율 다이어그램을 그려라.

b. 3명의 손님이 대기하고 있을 확률은 얼마인가?

c. 이발소에 도착한 손님이 이발을 하지 않고 이발소를 떠날 확률은 얼마인가?

d. 이발소에 도착한 손님이 기다리지 않을 확률은 얼마인가?

12.50 어떤 소규모 회사가 두 대의 PC, A와 B를 이용하여 업무를 수행한다. A가 고장 날 때까지의 시간은 평균 $1/\lambda_A$시간의 지수분포를 갖는 랜덤변수이며 B가 고장 날 때까지의 시간은 평균 $1/\lambda_B$시간의 지수분포를 갖는 랜덤변수이다. 또한 A가 고장 났을 때 이를 수리하는 데 걸리는 시간은 평균 $1/\mu_A$시간의 지수분포를 갖는 랜덤변수이며 B가 고장 났을 때 이를 수리하는 데 걸리는 시간은 평균 $1/\mu_B$시간의 지수분포를 갖는 랜덤변수이다. 회사에는 PC가 고장 났을 때 이를 수리할 수 있는 기술자가 오직 1명만 있다고 한다. 다음의 물음에 답하라.

a. 위 과정에 대한 상태천이율 다이어그램을 그려라.

b. 두 PC가 모두 고장이 날 확률은 얼마인기?

c. 두 PC가 모두 고장이 난 경우, A가 먼저 고장이 났을 확률은 얼마인가?

d. 두 PC가 모두 동작이 되고 있을 확률은 얼마인가?

12.51 게으름뱅이 로우는 거실에 3개의 동일한 전등을 가지고 있으며 그는 이 전등을 모두 항상 켜놓고 있다. 그러나 그의 나태함으로 한두 개의 전등의 수명이 끝나더라도 다른 것으로 교체를 하지 않는다(아마도 로우는 전등의 수명이 끝난 것에 전혀 신경을 쓰지 않는 것 같다). 그러나 모든 전등의 수명이 끝나면,

그는 3개의 전등을 한꺼번에 교체를 한다. 각 전등의 수명은 평균 $1/\lambda$ 시간의 지수분포를 갖는 랜덤변수이며 3개의 전등이 모두 수명이 끝날 때까지의 시간은 평균 $1/\mu$시간의 지수분포를 갖는 랜덤변수이다. 다음 물음에 답하라.

a. 위 과정에 대한 상태천이율 다이어그램을 그려라.

b. 2개의 전등의 수명이 끝나고 하나의 전등만 제대로 불이 들어올 확률은 얼마인가?

c. 3개의 전등 모두가 제대로 불이 들어올 확률은 얼마인가?

12.52 어떤 전화 교환기가 2개의 출력 단자를 가지고 4명의 고객에게 서비스를 제공하는데 그 4명의 고객은 서로 간에는 통화를 하지는 않는다고 한다. 각 고객이 통화를 하고 있지 않을 때 그들은 분당 평균 λ개의 호를 갖는 푸아송 과정을 따라 전화를 건다고 한다. 통화 시간은 평균 $1/\mu$ 분의 지수분포를 갖는 랜덤변수이다. 만약 어떤 고객이 전화를 걸려고 할 때 교환기가 블로킹되어 있다면 (2개의 출력단자가 모두 사용되고 있다면) 그는 전화를 끊고 다시 전화를 걸려고 시도하지는 않는다고 하자. 다음의 물음에 답하라.

a. 위 과정에 대한 상태천이율 다이어그램을 그려라.

b. 교환기가 블로킹되어 있을 시간 비율은 얼마인가?

12.53 6명까지 동시 수용이 가능한 어떤 편의 시설에 고객이 도착하는 패턴이 도착률(시간당 도착 인원수) λ인 푸아송 과정을 따른다고 하자. 그 시설에서 이미 6명의 고객이 서비스를 받고 있을 때, 도착한 고객은 서비스를 받지 못하고 시설을 떠나 다시 서비스를 받기 위해 되돌아오지는 않는다고 하자. 2명 이하의 고객이 시설을 사용하는 경우 오직 1명의 안내인이 서비스를 해주며, 각 고객이 서비스를 받는 시간은 평균 $1/\mu$시간의 지수분포를 갖는 랜덤변수이다. 3명 이상의 고객이 시설을 사용하는 경우 1명의 안내인이 추가되어 모두 2명의 안내인이 서비스를 해주며, 각 고객이 서비스를 받는 시간은 동일하게 평균 $1/\mu$시간의 지수분포를 갖는 랜덤변수이다. 고객의 수가 다시 2명 미만으로 줄어들면 마지막에 서비스를 끝낸 안내인은 서비스를 중단하고 다시 1명의 안내인이 고객들에게 서비스를 제공한다.

a. 위 과정에 대한 상태천이율 다이어그램을 그려라.

b. 2명의 안내인이 모두 서비스를 해주고 있을 확률은 얼마인가?

c. 고객이 1명도 없어서 안내인이 쉬고 있을 확률은 얼마인가?

12.54 어떤 콜택시 회사가 3대의 택시로 영업 중이다. 고객이 회사에 도착했을 때, 회사에서 고객의 행선지까지 갔다가 다시 회사로 되돌아오기까지 걸리는 시간은 평균 $1/\mu$시간의 지수분포를 갖는 랜덤변수이며(택시는 고객의 행선지까지 갔다가 중간에 다른 고객을 받지 않고 항상 회사로 되돌아온다고 가정한다.) 고객의 도착은 시간당 λ의 도착률을 갖는 푸아송 과정을 따른다고 한다. 만약 어떤 사람이 택시를 타러 회사를 방문했으나 모든 택시가 서비스 중이라면 그는 다른 택시 회사로 간다고 하자. 다음 물음에 답하라.

a. 위 과정에 대한 상태천이율 다이어그램을 그려라.

b. 어떤 고객이 회사에 도착했을 때 회사에 1대의 택시가 있을 확률은 얼마인가?

c. 어떤 고객이 택시를 타러 회사를 방문했으나 모든 택시가 서비스 중이어서 다른 택시회사로 갈 확률은 얼마인가?

12.55 어떤 입자들의 집합을 생각해 보자. 이들 입자의 생성, 분열, 소멸은 서로 독립적이라고 한다. 또한 각 입자는 생성된 후 평균 $1/\lambda$의 지수분포를 보이는 수명을 가지며 수명이 다하면 p의 확률로 동일한 2개의 입자로 분열하거나 $1-p$의 확률로 소멸된다고 한다. $X(t)$, $0 \le t < \infty$를 임의의 시점 t에서 입자의 수라 할 때, 다음의 물음에 답하라.

a. 위 과정 $X(t)$의 출생률과 사망률을 구하라.

b. 위 과정에 대한 상태천이율 다이어그램을 그려라.

APPENDIX 표준정규랜덤변수의 누적분포함수

표 1 랜덤변수 x에 대한 표준정규곡선 $\Phi(x)$의 면적

x	0.00	0.01	0.02	0.03	0.04	0.05	0.06	0.07	0.08	0.09
0.0	0.5000	0.5040	0.5080	0.5120	0.5160	0.5199	0.5239	0.5279	0.5319	0.5359
0.1	0.5398	0.5438	0.5478	0.5517	0.5557	0.5596	0.5636	0.5675	0.5714	0.5753
0.2	0.5793	0.5832	0.5871	0.5910	0.5948	0.5987	0.6026	0.6064	0.6103	0.6141
0.3	0.6179	0.6217	0.6255	0.6293	0.6331	0.6368	0.6406	0.6443	0.6480	0.6517
0.4	0.6554	0.6591	0.6628	0.6664	0.6700	0.6736	0.6772	0.6808	0.6844	0.6879
0.5	0.6915	0.6950	0.6985	0.7019	0.7054	0.7088	0.7123	0.7157	0.7190	0.7224
0.6	0.7257	0.7291	0.7324	0.7357	0.7389	0.7422	0.7454	0.7486	0.7517	0.7549
0.7	0.7580	0.7611	0.7642	0.7673	0.7704	0.7734	0.7764	0.7794	0.7823	0.7852
0.8	0.7881	0.7910	0.7939	0.7967	0.7995	0.8023	0.8051	0.8078	0.8106	0.8133
0.9	0.8159	0.8186	0.8212	0.8238	0.8264	0.8289	0.8315	0.8340	0.8365	0.8389
1.0	0.8413	0.8438	0.8461	0.8485	0.8508	0.8531	0.8554	0.8577	0.8599	0.8621
1.1	0.8643	0.8665	0.8686	0.8708	0.8729	0.8749	0.8770	0.8790	0.8810	0.8830
1.2	0.8849	0.8869	0.8888	0.8907	0.8925	0.8944	0.8962	0.8980	0.8997	0.9015
1.3	0.9032	0.9049	0.9066	0.9082	0.9099	0.9115	0.9131	0.9147	0.9162	0.9177
1.4	0.9192	0.9207	0.9222	0.9236	0.9251	0.9265	0.9279	0.9292	0.9306	0.9319
1.5	0.9332	0.9345	0.9357	0.9370	0.9382	0.9394	0.9406	0.9418	0.9429	0.9441
1.6	0.9452	0.9463	0.9474	0.9484	0.9495	0.9505	0.9515	0.9525	0.9535	0.9545
1.7	0.9554	0.9564	0.9573	0.9582	0.9591	0.9599	0.9608	0.9616	0.9625	0.9633
1.8	0.9641	0.9649	0.9656	0.9664	0.9671	0.9678	0.9686	0.9693	0.9699	0.9706
1.9	0.9713	0.9719	0.9726	0.9732	0.9738	0.9744	0.9750	0.9756	0.9761	0.9767
2.0	0.9772	0.9778	0.9783	0.9788	0.9793	0.9798	0.9803	0.9808	0.9812	0.9817
2.1	0.9821	0.9826	0.9830	0.9834	0.9838	0.9842	0.9846	0.9850	0.9854	0.9857
2.2	0.9861	0.9864	0.9868	0.9871	0.9875	0.9878	0.9881	0.9884	0.9887	0.9890
2.3	0.9893	0.9896	0.9898	0.9901	0.9904	0.9906	0.9909	0.9911	0.9913	0.9916
2.4	0.9918	0.9920	0.9922	0.9925	0.9927	0.9929	0.9931	0.9932	0.9934	0.9936
2.5	0.9938	0.9940	0.9941	0.9943	0.9945	0.9946	0.9948	0.9949	0.9951	0.9952
2.6	0.9953	0.9955	0.9956	0.9957	0.9959	0.9960	0.9961	0.9962	0.9963	0.9964
2.7	0.9965	0.9966	0.9967	0.9968	0.9969	0.9970	0.9971	0.9972	0.9973	0.9974
2.8	0.9974	0.9975	0.9976	0.9977	0.9977	0.9978	0.9979	0.9979	0.9980	0.9981
2.9	0.9981	0.9982	0.9982	0.9983	0.9984	0.9984	0.9985	0.9985	0.9986	0.9986
3.0	0.9987	0.9987	0.9987	0.9988	0.9988	0.9989	0.9989	0.9989	0.9990	0.9990
3.1	0.9990	0.9991	0.9991	0.9991	0.9992	0.9992	0. 9992	0.9992	0.9993	0.9993
3.2	0.9993	0.9993	0.9994	0.9994	0.9994	0.9994	0.9994	0.9995	0.9995	0.9995
3.3	0.9995	0.9995	0.9995	0.9996	0.9996	0.9996	0.9996	0.9996	0.9996	0.9997
3.4	0.9997	0.9997	0.9997	0.9997	0.9997	0.9997	0.9997	0.9997	0.9998	0.9998
3.5	0.9998	0.9998	0.9998	0.9998	0.9998	0.9998	0.9998	0.9998	0.9998	0.9998
3.6	0.9998	0.9999	0.9999	0.9999	0.9999	0.9999	0.9999	0.9999	0.9999	0.9999
3.7	0.9999	0.9999	0.9999	0.9999	0.9999	0.9999	0.9999	0.9999	0.9999	0.9999
3.8	0.9999	0.9999	0.9999	0.9999	0.9999	0.9999	0.9999	1.0000	1.0000	1.0000

참고문헌

다음 책들에 수록된 몇 개의 장들은 이 교재와 유사한 수준으로 확률과 랜덤과정 및 통계학에 대한 정보를 제공한다.

Allen, A. O. (1978). *Probability, statistics, and queueing theory with computer science applications.* New York: Academic Press.

Ash, C. (1993). *The probability tutoring book.* New York: IEEE Press.

Bertsekas, D. P., & Tsitsiklis (2002). *Introduction to probability.* Belmont, Massachusetts: Athena Scientific.

Chatfield, C. (2004). *The analysis of time series: An introduction* (6th ed.). Boca Raton, Florida: Chapman & Hall/CRC.

Chung, K. L. (1979). *Elementary probability theory with stochastic processes* (3rd ed.). New York: Springer-Verlag.

Clarke, A. B., & Disney, R. L. (1985). *Probability and random processes: A first course with applications.* New York: John Wiley.

Cogdell, J. R. (2004). *Modeling random systems.* Upper Saddle River, New Jersey: Prentice-Hall.

Cooper, R. G., & McGillem, C. D. (2001). *Probabilistic methods of signal and system analysis.* New York: Oxford University Press.

Davenport, W. B., Jr., & Root, W. L. (1958). *An introduction to the theory of random signals and noise.* New York: McGraw-Hill Book Company.

Davenport, W. B., Jr. (1970). *Probability and random processes: An introduction for applied scientists and engineers.* New York: McGraw-Hill Book Company.

Drake, A. W. (1967). *Fundamentals of applied probability theory.* New York: McGraw-Hill Book Company.

Durrett, R. (1999). *Essentials of stochastic processes.* New York: Springer-Verlag.

Falmagne, J. C. (2003). *Lectures in elementary probability theory and stochastic processes.* New York: McGraw-Hill Book Company.

Freund, J. E. (1973). *Introduction to probability.* Encino, California: Dickenson Publishing Company, Reprinted by Dover Publications, Inc., New York, in 1993.

Gallager, R. G. (1996). *Discrete stochastic processes.* Boston, Massachusetts: Kluwer Academic Publishers.

Goldberg, S. (1960). *Probability: An introduction.* Englewood Cliffs, New Jersey: Prentice-Hall, Inc, Reprinted by Dover Publications, Inc. New York.

Grimmett, G., & Stirzaker, D. (2001). *Probability and random processes* (3rd ed.). Oxford, England: Oxford University Press.

Haigh, J. (2002). *Probability models.* London: Springer-Verlag.

Hsu, H. (1996). *Probability, random variables, & random processes.* Schaum's Outline Series, New York: McGraw-Hill Book Company.

Isaacson, D. L., & Madsen, R. W. (1976). *Markov chains.* New York: John Wiley & Sons.

Jones, P. W., & Smith, P. (2001). *Stochastic Processes: An introduction.* London: Arnold Publishers.

Leon-Garcia, A. (1994). *Probability and random processes for electrical engineering* (2nd ed.). Reading, Massachusetts: Addison Wesley Longman.

Kemeny, J. G., & Snell, J. L. (1975). *Finite Markov chains.* New York: Springer-Verlag.
Ludeman, L. C. (2003). *Random processes: Filtering, estimation, and detection.* New York: John Wiley & Sons.
Maisel, L. (1971). *Probability, statistics and random processes.* Tech Outline Series, New York: Simon and Schuster.
Mood, A. M., Graybill, F. A., & Boes, D. C. (1974). *Introduction to the theory of statistics* (3rd ed.). New York: McGraw-Hill Book Company.
Papoulis, A., & Pillai, S. U. (2002). *Probability, random variables and stochastic processes* (4th ed.). New York: McGraw-Hill Book Company.
Parzen, E. (1960). *Modern probability theory and its applications.* New York: John Wiley & Sons.
Parzen, E. (1999). *Stochastic processes,* Society of Industrial and Applied Mathematics. Philadelphia: Pennsylvania.
Peebles, P. Z., Jr. (2001). *Probability, random variables and random signal principles.* New York: McGraw-Hill Book Company.
Pfeiffer, P. E. (1965). *Concepts of probability theory.* New York: McGraw-Hill Book Company, Reprinted by Dover Publications, Inc. New York in 1978.
Pursley, M. B. (2002). *Random processes in linear systems.* Upper Saddle River, New Jersey: Prentice-Hall.
Ross, S. (2002). *A first course in probability* (6th ed). Upper Saddle River, New Jersey: Prentice-Hall.
Ross, S. (2003). *Introduction to probability models* (8th ed.). San Diego, California: Academic Press.
Rozanov, Y. A. (1977). *Probability theory: a concise course.* New York: Dover Publications.
Spiegel, M. R. (1961). *Theory and problems of statistics.* Schaum's Outline Series, New York: McGraw-Hill Book Company.
Spiegel, M. R., Schiller, J., & Srinivasan, R. A. (2000). *Probability and statistics* (2nd ed). Schaum's Outline Series, New York: McGraw-Hill Book Company.
Stirzaker, D. (1999). *Probability and random Variables: A beginner's guide.* Cambridge, England: Cambridge University Press.
Taylor, H. M., & Karlin, S. (1998). *An introduction to stochastic modeling.* San Diego, California: Academic Press.
Thomas, J. B. (1981). *An introduction to applied probability and random processes.* Malabar, Florida: Robert E. Krieger Publishing Company.
Trivedi, K. S. (2002). *Probability and statistics with reliability, queueing and computer science applications* (2nd ed.). New York: John Wiley & Sons.
Tuckwell, H. C. (1995). *Elementary applications of probability theory* (2nd ed.). London: Chapman and Hall.
Yates, R. D., & Goodman, D. J. (1999). *Probability and stochastic processes: A friendly introduction for electrical and computer engineers.* New York: John Wiley & Sons.

INDEX